深圳大鹏所城历史遗迹与文化研究

『第一辑』

黄文德 著

学苑出版社

图书在版编目（CIP）数据

深圳大鹏所城历史遗迹与文化研究 / 黄文德著 . —
北京：学苑出版社，2025.1. — ISBN 978-7-5077
-7123-7

Ⅰ . K878.34

中国国家版本馆 CIP 数据核字第 202545K44D 号

出 版 人：	洪文雄
责任编辑：	周　鼎
出版发行：	学苑出版社
社　　址：	北京市丰台区南方庄 2 号院 1 号楼
邮政编码：	100079
网　　址：	www.book001.com
电子邮箱：	xueyuanpress@163.com
联系电话：	010-67601101（销售部）、010-67603091（总编室）
印 刷 厂：	廊坊市印艺阁数字科技有限公司
开本尺寸：	787 mm × 1092 mm　1 / 16
印　　张：	58
字　　数：	1078 千字
版　　次：	2025 年 1 月第 1 版
印　　次：	2025 年 1 月第 1 次印刷
定　　价：	800.00 元

目 录

第一章　深圳大鹏所城研究保护与利用概要……………………………………… 1

第二章　明卫所制度与大鹏所城建城研究………………………………………… 10
　　第一节　大鹏所城建城是明卫所制度的产物…………………………………… 10
　　第二节　大鹏所城建城是守卫、开发我国东南海疆的需要…………………… 13
　　第三节　大鹏所城的建城………………………………………………………… 14
　　第四节　大鹏所城建城的重要影响……………………………………………… 16

第三章　大鹏所城防御体系研究…………………………………………………… 18
　　第一节　大鹏所城的位置及其在明清中国海防体系中的地位………………… 19
　　第二节　大鹏所城的自然防御体系……………………………………………… 20
　　第三节　大鹏所城周边防御设施及布局………………………………………… 21
　　第四节　利于防御的大鹏所城营造设计………………………………………… 22
　　第五节　精神层面的防御体系…………………………………………………… 29

第四章　明初大鹏所城城门楼形制调查研究……………………………………… 32
　　第一节　研究背景………………………………………………………………… 32
　　第二节　文献记载与遗址、遗存………………………………………………… 45

第三节　阁楼与箭楼 …………………………………………… 59

　　　第四节　深圳及周边地区卫、所、城寨门楼 ………………… 65

　　　第五节　大鹏所城城楼明初形制及其演变 …………………… 95

　　　第六节　结论 …………………………………………………… 117

第五章　大鹏所城驿递系统调查与研究 ……………………………… **118**

　　　第一节　大鹏半岛古驿道调查 ………………………………… 119

　　　第二节　大鹏半岛古驿道相关遗存 …………………………… 124

　　　第三节　大鹏半岛古驿道历史事件 …………………………… 159

　　　第四节　保护与展示、利用策略分析 ………………………… 161

第六章　大鹏所城赖氏家族建筑与人文研究 ………………………… **163**

　　　第一节　赖氏起源 ……………………………………………… 163

　　　第二节　大鹏所城赖氏 ………………………………………… 164

　　　第三节　大鹏所城赖氏敦厚堂始祖赖恩爵 …………………… 168

　　　第四节　赖恩爵与九龙海战 …………………………………… 172

　　　第五节　大鹏所城赖氏恩爵敦厚堂简谱 ……………………… 175

　　　第六节　大鹏所城赖氏敦厚堂族贤 …………………………… 189

　　　第七节　大鹏所城赖氏敦厚堂现存建筑 ……………………… 191

　　　第九节　大鹏所城赖氏敦厚堂现存墓葬 ……………………… 193

　　　第十节　大鹏所城赖氏敦厚堂现存文物 ……………………… 195

第七章　大鹏所城戴氏家族历史文化研究 …………………………… **197**

　　　第一节　导言 …………………………………………………… 197

　　　第二节　大鹏所城戴氏家族历史渊源 ………………………… 204

第三节　戴卓民——中国工人运动的先驱 …………………………………… 206

　　　第四节　戴机——为党的事业鞠躬尽瘁 …………………………………… 217

第八章　大鹏所城中英海界碑研究 ………………………………………………… **231**

　　　第一节　深圳西涌大鹿湾界石 ……………………………………………… 231

　　　第二节　香港大屿山"屿北界碑" …………………………………………… 235

　　　第三节　香港大屿山"屿南界石" …………………………………………… 237

　　　第四节　三处中英海域界石的比较研究 …………………………………… 240

　　　第五节　中英海权界碑的价值评定 ………………………………………… 242

　　　第六节　中英海权界碑保护策略 …………………………………………… 243

第九章　大鹏所城城及其周边古建筑壁画调查研究 ……………………………… **244**

　　　第一节　导言 ………………………………………………………………… 244

　　　第二节　大鹏壁画编年 ……………………………………………………… 252

　　　第三节　大鹏古建筑壁画内容特征 ………………………………………… 305

　　　第四节　大鹏古建筑壁画的保护 …………………………………………… 397

第一章　深圳大鹏所城研究保护与利用概要

深圳大鹏所城，位于深圳东部大鹏半岛中部，始建于明洪武二十七年（1394年），距今已有630年历史。2001年6月，大鹏所城被国务院公布为全国重点文物保护单位，是深圳第一个"国保"，也是中国明清海防遗存最早的"国保"之一。大鹏所城还是深圳称"鹏城"的起源，经过二十余年的保护与宣传，大鹏所城已成为深圳市城市历史的标志。

"沿海所城，大鹏为最"来源于清康熙《新安县志》记载，1996年，时任国家文物局局长张文彬视察大鹏所城，也题写了"沿海所城，大鹏为最"，此时则是从文物遗产的价值"最"的意思，即大鹏所城是中国18000千米海岸线上保存最完好的明清海防遗存。历史上大鹏所城与香港九龙寨城、东涌寨城共同扼守珠江口左海路，是省会门户、珠江锁钥，是明清两代抗击外来侵略的历史见证，也是深港历史文化同根同源的重要载体。

大鹏所城的保护与修缮则以考古和古建筑调查作为规划与修缮的依据，确保保护工作的原真性和科学性，最大限度地保留了大鹏所城的历史信息，提升了环境和参观学习活动的舒适性；在文物建筑的活化利用上"老瓶装新酒"，尽可能体现其明清海防卫所的文化个性，突出其爱国主义教育基地的功能，服务于深港民众了解本土历史文化，并尽可能提供参与、互动体验的场馆与业态，近距离触摸历史，塑立文化自信和文化认同，打造文化与自然、传统与现代有机结合的国际旅游目的地。

一、大鹏所城历史沿革

（一）建置沿革

明朝初年，大鹏半岛因"缘为此地，最为险僻"，明朝廷在此设守御千户所，"特设专城"，分筑墩台，屯种荒田，且耕且守，以备倭寇。大鹏守御千户所虽隶南海卫，却和南海卫一样设官："大鹏所指挥高宣，原河南确山人，祖高礼永乐十五年以千户调本所，至高宣袭升指挥"①，从官设"指挥"说明了大鹏所城的重要性。大鹏守御所指挥以下还设正、副千户，称"管军"。正千户掌印，正五品，副千户佥书，从五品；设百户，正六品；设镇抚，处理军中刑狱，从六品；另设有幕官吏目、司吏等。"大鹏守御千户所正千户一员、副千户一员、百户十员、镇抚一员、幕官吏目一员、司吏一员……"②

清初，大鹏所设防守千总一员，兵三百员名，清顺治四年（1647年），抗清队伍李万荣攻陷大鹏所城，顺治十三年（1656年）为总兵黄应杰招抚，新安县知县傅尔植奏请改设大鹏所防守营，并设守备一员，把总一员，官兵五百员名。清初"迁界禁海"过程中，大鹏所城作为执行朝廷迁海政策的军事机构没有迁："大鹏所由陆路以归善淡水边界为口子……以便官兵运粮行走，地方官给予验票"③。康熙七年（1668年），大鹏所防守营改由惠州协副将管辖，康熙四十三年（1704年），改大鹏所防守营为大鹏水师营，提升为游击营，兵931名。其时，该营辖管塘汛九处：九龙汛、大屿山汛、盐田汛、上峒塘汛、关湖塘汛、下沙塘汛、老大鹏汛、红香炉汛及东涌口汛；另炮台三座：大屿山炮台、沱泞炮台及佛堂门炮台，防所大炮共168位。大鹏所城防守区域扩大至香港全部海面。

雍正四年（1726年）大鹏营再由游击营提升为参将营，改隶广东水陆提标统辖；嘉庆十五年（1810年），水陆区分，广东增设水师提督，驻虎门，设五营，大鹏为外海水师营，仍为参将营，兵额八百员名。清道光十一年（1831年），随着鸦片走私及西人东来的威胁日益严重，大鹏营管辖面广，难于防卫，朝廷便将大鹏营分为左右两营，左营驻扎大鹏城，右营移驻大屿山东涌寨城。

道光十九年七月二十七日（1839年9月4日），英国挑起事端，九龙海战爆

---

① 清嘉庆《新安县志》卷六。
② 清康熙《新安县志·职官志》。
③ 《清实录.康熙实录》康熙四年四月戊寅（1665.6.5）。

发。中国官兵在九龙山、穿鼻洋和珠江口官涌山一带击退了英殖民侵略者的八次进犯，大鹏营管辖洋面日广及香港、九龙地区为英人觊觎，为加强防务，道光二十年（1840年），林则徐《奏请把大鹏营提升为大鹏协》："窃照广东虎门海口，为中路扼要之区……西则香山，东则大鹏，形成两翼"，"应将大鹏改营为协，拔驻副将大员，统带督率，与香山协声势相埒。"阐述大鹏营管辖洋面的重要性。得到朝廷批准后，林则徐将大鹏协副将派驻九龙山，靠前指挥。

民国时期，大鹏所城失去其延续了500多年的海防功能，成为一处管辖范围仅限于大鹏半岛的行政中心——大鹏区署所在地，管辖葵华（葵涌）、王母、大鹏、南平四乡[①]，即现在大鹏新区的范围。

（二）历史事件

大鹏所城建城后，成为南国中海防军事要塞，明清两代防倭抗盗、守卫海疆，在明代抗倭、抗葡；清代抗英；近代抗日等一系列抵御外来侵略的斗争中发挥重要作用，成为南疆要塞、粤海门户。特别是爆发于1839年9月4日的中英九龙海战，更是一个影响中国历史进程的重大历史事件，是大鹏所城成为全国重点文物保护单位的历史价值所在。

1. 筑造所城

明洪武二十七年（1394年），广州左卫千户张斌奉命开筑"大鹏所城"。初选址大鹏半岛南部的西涌，后因故停建，复建时选现址。大鹏所城，"在县东一百二十里大鹏岭之麓……内外砌以砖石，沿海所城，大鹏为最，周围三百二十五丈六尺，高一丈八尺，面广六尺，址广一丈四尺，门楼四，敌楼如之，警铺一十六，雉堞六百五十四，东、西、南三面环水，濠周回三百九十八丈，阔一丈五尺，深一丈……"[②]。城内有衙署、庙宇、民居等建筑，有水井水关等设施，以南北街为中轴线，依"左堂右寝"分布，大小民居1000余间有序分布、错落有致。大鹏所城至今仍保存建城初期的规模、布局及整体风貌，是研究中国古代城池类建筑的重要标本。

2. 康公子守城

据康熙《新安县志》记载，"（明）隆庆五年（1571年），倭贼攻大鹏所，舍人康

[①] 民国二十七年（1948年）大鹏魂《南平乡筹建新校，美金三万元年底可汇回》"大鹏全属，计有四乡，1葵华，2王母 3大鹏 4南平。"
[②] 清康熙《新安县志·地理志》。

寿柏御之。时所城被围四十余日，贼具云梯泊城。柏呼众坚守，有登陴者，手刃之，即碎其梯，围乃解。当道奖赏，扁旌之。"康寿柏是城内康千户之五子，舍人是因袭的衔，而非军籍，且当时守城的主力部队被调派他处抗倭，城内防守空虚。在这危急关头，康寿柏率领全城军民守城，全城军民同仇敌忾，康寿柏虽非军籍，却因父亲是城内千户大人，康公子从小喜欢武艺，模仿其父排兵布阵，对军法略知一二，最终拒敌四十余日，击退倭贼。

3. 九龙海战

1839年6月，林则徐在虎门销烟，震惊中外，沉重地打击了英殖民主义者。以义律为首的西方殖民者不甘心失败，寻机挑衅。7月7日，数名英国水手在尖沙咀借酒行凶，殴打村民林维喜致死。林则徐要求英方交出凶手。然而，义律却拒不交凶。为了捍卫中国司法主权，林则徐于8月15日下令断绝英人的淡水和食物，同时，通过澳门同知谕令澳门当局驱逐英人出境。这时的义律，处于"于澳门不能陆居，于尖沙咀不能水处"的狼狈局面。

1839年9月4日，义律率领五艘快船到达九龙附近海面以求食为名，猝施炮轰，英国侵略者的行径激起了中国水师官兵的极大愤慨，大鹏营参将赖恩爵立即指挥各船和九龙炮台反击，打响抗击英殖民入侵第一枪。关于九龙海战，林则徐曾向道光皇帝奏报[①]："英夷欺弱畏强，是其本性，向来师船未与接仗，只系不欲衅自我开，而彼转轻视舟师，以为力不能敌，此次乘人不觉，胆敢先行开炮，伤害官兵，一经奋力交攻，我兵以少胜多，足使奸夷落胆。"

九龙海战是鸦片战争的首战，赖恩爵为首的中国守军英勇战斗，打击了侵略者的气焰，充分显示了中国人民保卫祖国领土主权的力量和必胜的信念。

（三）历史人物

大鹏所城在600年抗击外来侵略的斗争中名将辈出，有明武略将军刘钟、徐勋；清赖氏三代五将、刘氏父子将军、有杨氏杨耀宗、李氏、郑氏等等都出过将军，抗日战争时期，大鹏人延续了先辈的"血性"，在抗日战争中有戴机、赖仲元、刘黑仔、柯彩凤等抗日英雄。

---

① 《筹办夷务始末》。

二、遗产保护

（一）申报国保

大鹏所城成功申报全国重点文物保护单位是大鹏所城保护与利用的一个里程碑。成功申报国保，使得大鹏所城得到《中华人民共和国文物保护法》最严格的、最科学的保护。同时也因为大鹏所城是深圳唯一的"国保"，2003年，大鹏所城被住建部和国家文物局共同公布为首批"中国历史文化名村"，成为第一批中国12个、广东仅有的两个之一的国家级历史文化名村，大鹏所城得到《中华人民共和国文物保护法》和《名村名镇保护条例》双重保护。之后，大鹏所城又陆续得到中国华侨国际文化交流基地、中国传统村落、深圳八景之首、广东省爱国主义教育基地、深圳十大文化名片之首、深圳十大文化街区之首等荣誉。所以，成功申报国保是大鹏所城文化遗产保护与利用的里程碑。

（二）文物征集

自1997年大鹏所城成立专门管理机构大鹏古城博物馆，博物馆同人就在大鹏所城内进行相关文物的征集，所幸当时的所城被当成廉价出租屋，租客对屋主的东西很少扰动，所以20多年来，很多所城历史的见证物被请进了博物馆的文物库房和展览厅。文物的来源主要来古城内建筑的阁楼、古城及周边考古出土和田野调查，这些文物是大鹏所城六百年历史的见证，串起大鹏所城六百年的通史，提升了大鹏所城的历史内涵，通过考古、征集、接受捐赠、调拨等手段丰富馆藏文物，多年来征集了明代城墙砖、马道砖、明代瓦当、《重修大鹏所城碑记》《文庙芳名》《重修城隍庙乐助芳名碑》《刘起龙功名碑》；赖氏家族的田产、地契、分单、租部等纸质文物；在大鹏所城十字街15号发现两大箱的书信、老照片、地契等文件；在南门街四号发现曹安《省港罢工工人凭证》、护照、名片、汇票、书信等一批纸质文物。这些纸质文物有着大鹏所城作为海防聚落的社会学意义；在大鹏所城城隍庙后水井考古出土一批金银器；在大鹏所城北门、城隍庙、赵公祠等遗址出土大量的瓷器、瓷片等等。为研究、展示大鹏所城历史提供宝贵的实物资料。

（三）历史研究

开展对大鹏所城相关历史研究对所城的文物价值是有提升意义的。我们开展了东南沿海明清海防遗址的田野调查，包括从福建龙海的镇海卫遗址到六鳌所、铜山所、悬钟所、大埕所、海门所、靖海所、甲子所、捷胜所、平海所，最后到雷州半岛的乐民所，通过与大鹏所城进行比较研究；通过文献研究对赖恩爵九龙海战的历史价值进行研究等，形成以下几个结论。

1. 大鹏所城是中国屯兵制的标本

中国古代兵制主要为屯兵制和募兵制两种，但总体来说以募兵制为主，屯兵制在历史上一直处于补充地位，如唐代的府兵制和元代的近卫军制。大规模实行屯兵制的是明朝，"自京师达于郡县，皆立卫所"，卫所屯兵制成为明朝国家的军事常备军制度。大鹏所城是明卫所制度的产物。大鹏所城堪称中国古代"屯兵制"的标本，完整保存了大鹏所城作为一个海防军事防御体系的要素构成，包括城防体系、民居建筑群、屯田、屯围、驿递系统、烟墩、"水下长城"等等，大鹏所城堪称中国18000千米海岸线上保存最为完好的明清海防军事城堡之一，是明清海防遗存中最早的全国重点文物保护单位之一。

2. 大鹏所城是鸦片战争的肇始地，见证了中国近代史的开端

大鹏所城赖恩爵将军指挥的九龙海战打响了鸦片战争第一枪，著名鸦片战争专家牟安世认为：鸦片战争爆发于道光二十七年七月二十七日（1839年9月4日）的九龙之战。即将九龙海战确定为鸦片战争的开始，并将第一次鸦片战争分为三个阶段，九龙海战属于第一次广东战争阶段，在这一阶段，因为林则徐部署得当和赖恩爵、关天培等英勇善战，英殖民者在这一阶段虽有坚船利炮，其侵略目的也无法得逞。

（四）文物修缮

大鹏所城作为深圳第一个"国保"，其保护工作得到深圳市政府的高度重视，深圳市主要领导到大鹏所城开现场办公，2005年，深圳市政府召开大鹏所城文物保护专题会议，会上确定大鹏所城保护项目整体立项，立项资金达3.4亿元，是当时也是迄今为止深圳最大规模的文物保护项目。共修缮城内一百余处单体建筑；改造了6000余米的街巷市政设施，部署了给排水、排污、强弱电、消防等基础设施，既提升了大鹏所城整体环境，又为后来的保护利用奠定了基础。

1. 考古先行

为实现修缮的科学性，为修缮方案编制提供科学依据，大鹏古城博物馆委托深

圳市文物考古鉴定所开展考古调查、钻探与发掘工作,对大鹏所城护城壕沟、城墙选择东段、北段合适的位置进行揭露,对南墙西段外侧城墙、北墙西段内侧城墙、东北角、北门以及西南城区水系等方面的调查、发掘以及钻探;对整体城墙选点进行打孔,以期搞清楚城墙走向;对大鹏所城内外有较大研究和保护价值的遗迹进行全面系统探查,了解遗迹的年代、性质、范围、布局以及功能等各方面的内容。考古结论为大鹏所城保护与维修方案编制提供了必要的依据,也为大鹏所城代表的明清海防的深入研究提供较多的新的线索和新认识。解决大鹏所城是否建于明代早期?大鹏所城是否有护城河?城墙周围是否设有马面?北门是否存在城楼?所城四角是方,还是圆?历史上,大鹏所城经过几次修葺和加固?这些问题的解决可以为当前古城保护和开发工作提供科学依据,也可以有效避免文物修缮和保护过程对文物本体造成损毁和破坏。大鹏所城是国内揭露面积最大的一处明清海防遗产,通过考古挖掘,明确大鹏所城内主要官署机构、寺院庙宇以及城墙壕沟等建筑的位置与分布范围,了解海防建制与设计思想,追溯其历史根源,可以大大推动我国明清海防方面的研究。

2. 建筑研究

大鹏所城作为一处建筑类的全国重点文物保护单位,建筑研究决定着修缮的科学性甚至保护成败。大鹏所城地处广客潮接合部,其建筑融合了三种民系的特点,融合后形成了大鹏的特色,主要表现在梁架的做法、垂脊的样式,廊屋与正屋的接驳方式、平面布局、建筑装饰等等。为此,我们以所城为中心,分别向三个方向进行古建筑调研,同时为沿海卫所遗址进行调研,结果对所城近千栋民居建筑、城防类建筑、街巷等进行分型分式,根据不同建筑等级、不同建筑年代结合所城内建筑实际将所城内建筑分成四十多种类型,并指导修缮设计,避免修缮结果的"整齐划一、焕然一新"。

三、展示利用

2020年,深圳大鹏所城游径入选第一批"广东省粤港澳大湾区文化遗产游径",大鹏所城活化利用项目入选"2020年度广东省文物古迹活化利用典型案例",2021年,大鹏所城文化旅游区入选"广东省文化和旅游融合发展示范区"和"2021全国文化遗产旅游百强案例"。2021年10月,国家文物局印发《大遗址保护利用"十四五"规划》,大鹏所城明清海防类目名列其中。

1. 作为"鹏城"深圳的起源的意义存在

深圳别称鹏城，即源于大鹏所城，深圳是国内著名的移民城市，而大鹏所城就是政府组织的移民，大鹏所城的卫所军士来自五湖四海，据调查，大鹏所城现有原住民姓氏多达70余种，区别于以大部分以血缘为纽带的聚落。大鹏所城为深圳作为移民城市的缩影，为深圳当代新移民找到其历史归属感，丰富深圳作为现代化都市的文化内涵和历史底蕴，提升城市文化品位。

2. 大鹏所城作为深港同根同源的历史见证

大鹏所城在明清两代承担珠江口左海路的海防安全，其管辖范围涵盖所有香港海域，在香港陆域，也有大量的寨、台、营、讯等防卫设施。大鹏所城还是新安县左堂所在地。新安县于明万历元年（1573年）设县，当时新安县的范围就是现在深圳和香港的大部分地区。新安县的左堂（即副县长）就驻守在大鹏所城，至今大鹏所城仍保存左堂署遗址，并附有《新安县左堂署遗址历史展》。大鹏所城是深港青少年、中小学生感受深港同根同源的历史渊源重要基地。

3. 遗址博物馆

大鹏古城博物馆依托大鹏所城作为博物馆展陈的载体，充分利用所城内的建筑空间和遗址空间进行相关主题展示，使得游客走进历史，近距离触摸历史，从而得到深刻的历史体验，发挥了大鹏所城作为国保文物的教化功能。目前，大鹏所城内各类展馆有《大鹏所城海防历史展》《一代水师名将赖恩爵将军生平展》《革命熔炉——东江纵队青干班历史展》等十余个展览向公众开放。

4. 遗址公园

大鹏所城是明清海防遗存，所城内至今仍有左堂署、副将署、军装局、火药局、城墙等遗址，依托这些遗址，将大鹏所城打造成遗址公园，作为深圳"千园之城"的组成部分，打造依托人文资源的特色公园。逛大鹏所城址公园，可以感受历史，还可以享受丰富的配套服务，体验特色本土美食。

5. 世界文化遗产

大鹏所城历经600多年沧桑，依然保留完整的历史格局体系，是中国18000千米海岸线上保存最完好的明清海防遗存，是明清国家防御体系的象征，具有重要的历史、科学、艺术及社会价值。2017年11月7日，大鹏所城——明清海防申遗吹响集结号，全国知名的海防和申遗专家及江苏省、福建省研究明清海防的专家们，就大鹏所城申遗的可行性和路径进行了研究探讨，并倡议启动大鹏所城联合申遗工作。

经过对明清海防的调研，著名遗产专家郭旃在近代史见证了东西方文明的碰撞与冲突，建议大鹏所城以"明清珠江防御体系"为题联合广州、东莞、中山、珠海、香港、澳门申报世界文化遗产。

四、结语

深圳大鹏所城文化遗产保育与活化实践项目为深圳对全国的先行示范提供了文化遗产保护与利用实践的先行示范，该项目既确保的文化遗产的原生态保护，最大程度地保留了历史信息，同时为深圳乃至全国、全世界提供了一处不可多得的主题文化遗产公园，特别是以大鹏所城为代表的珠江口明清海防遗产研究和申遗预备工作，顺应了粤港澳大湾区建设人文湾区、弘扬中华传统文化并促进中西交流的文化战略，有助于增强大湾区文化软实力，对于塑造湾区同根同源的文化认同，丰富湾区人文精神内涵，将起到巨大的推动作用。

第二章 明卫所制度与大鹏所城建城研究

大鹏所城，始建于明朝洪武二十七年（1394年），因其以明朝所设"大鹏守御千户所"而建城，故称"大鹏守御千户所城"，简称"大鹏所城"（以下有时简称"所城"）。大鹏所城的建城，对深港地区的政治、军事、经济、文化等方面都产生了重要影响。

第一节 大鹏所城建城是明卫所制度的产物

明朝建立后，明太祖朱元璋总结前朝军事建制经验教训特别是唐朝府兵制以及自身建国征战过程中的经验，创立了"卫所"制度。"革元旧制。自京师达于郡县，皆立卫所"[①]。"卫所者，分屯设兵，控扼要害，错置京省，统于都司而总隶五军都督府。五府无兵，卫所兵即其兵，屯操、城守、运粮、番易，仿唐府兵遗意"[②]。"度要害地系一郡者设所，连郡者设卫（全称卫指挥使司），大率五千六百人为卫，千百二十人为千户所，百十有二人为百户所，所设总旗二，小旗十，大小联比成军"[③]。分别由指挥使、千户、百户、总旗官、小旗官等率领。大鹏所即为一千户所，为五军都督府之前军都督府之广东都司南海卫大鹏守御千户所。

大鹏所因其战略位置非常重要，故区别于一般的千户所，为"守御"千户所（大鹏守御千户所设立之前全国仅有守御千户所65个）。守御千户所不由卫指挥使司统属，而直接由都指挥使司管辖。即大鹏守御千户所虽在南海卫的范围内却由广东都

---

① 《明史·兵制序》，转引自张德信著《明朝典章制度》，吉林文史出版社，2001，第405页。
② 《明会要》。
③ 《明史·兵制二》，转引自张德信著《明朝典章制度》，吉林文史出版社，2001，第406页。

司直属。故大鹏所城与卫一样设指挥一职。"大鹏所指挥高宣,原河南确山人,祖高礼永乐十五年(1417年)以千户调本所,至高宣袭升指挥"①。

大鹏所还设正、副千户,称"管军"。正千户掌印,正五品,副千户佥书,从五品;设百户,正六品;设镇抚,处理军中刑狱,从六品;另属有幕官吏目、司吏等。"大鹏守御千户所正千户一员、副千户一员、百户十员、镇抚一员、幕官吏目一员、司吏一员……"②。

清康熙《新安县志·职官志》有载之大鹏守御千户所千户、副千户、百户、吏目:"(千户)高礼,永乐十五年(1417年)以正千户调本所……;(千户)刘昌胤,原湖广武昌府江夏县人,祖刘源洪武二十九年(1396年)以百户调本所,至刘钟阵亡,以刘昌胤应袭;(千户)康仕杰,原江西吉安府泰和县人,祖康宁,正统九年(1444年)以副千户调大鹏所;百户王有梁;吏目郑大纲"。

卫所"军士"是一种固定的职业,也是一种永久性的组织系统。卫所军士世袭,与其家属另立军籍,是为军户,全家迁至指定的卫所世世代代为军。若为军的长子死亡或老病,则由次子或余子顶替为军;若全家死亡或老病,则到原籍族人中找人顶替。军户不由地方管理,而是直属朝廷,由五军都督府直属,不得随意脱籍。这样,卫所制度为朝廷提供了稳定的兵源,以储备兵力,以备调遣。由于卫所的军士世袭制度,大鹏所城居民逐渐形成世代当兵的传统,这种传统直至卫所制度衰弱废除甚至大鹏所城遭裁撤也没有改变。很多大鹏所城人出外当兵,立了军功当了将军回来者多达十几个。清中叶的大鹏所城达到了顶峰,相继出现了三个水师提督四个总兵③,副将、千总以下更是多不可胜数。即使清末大鹏协遭裁撤后,大鹏人也纷纷加入近代各种革命活动如省港大罢工、抗日战争、解放战争等,并涌现出像戴卓文、杨仲安、赖仲元、刘黑仔等卓越的人物。卫所军士世袭制度是大鹏所城曾经代出名将的主要原因。

卫所制度实行军士屯田制度。军户由国家分给土地、种子、耕牛等生产资料,屯田自养,这样,朝廷可以省去一笔庞大的军饷和运输军事物资的人力物力。明太

---

① [清·嘉庆]《新安县志》卷六。
② [清·康熙]《新安县志·职官志》。
③ 水师提督有广东水师提督赖恩爵、福建水师提督刘起龙、赖信扬,总兵有琼州镇总兵赖世超、定海镇总兵赖英扬、晋江镇总兵赖恩锡、南澳镇总兵刘仕开。

祖朱元璋得意地说，"吾京师养兵百万，要令不费百姓一粒米"①。隆庆年间，总督王象乾上言曰："祖宗养兵百万，不费朝廷一钱，屯田是也。"②屯田也可以使因长期战乱荒芜的土地和边疆尚未开发的"蛮荒之地"得到开发。

卫所屯防比例因防区不同而有所差异，较为普遍的是三分守城、七分屯田，"天下卫所军卒，自今以十之七屯田，十之三守城，务尽力开垦，以足军食"③。大鹏所城即实行三七标准。大鹏所城建城后设王母洞屯、盐田屯、葵涌屯三屯，每屯又设有子屯。卫所内部又有分工："其在所守城曰操军，在屯种田曰屯军。在所操军应捍御而在屯屯军以预调用。"④

军士屯田制度是明卫所制度的典型特点，也是卫所制度存在的物质基础。军士屯田制度实际上又是一种国家组织的开发形式，大鹏守御千户所城与东莞守御千户所城的建城及其屯田是古代深港地区大规模开发的开始。明宣宗以后，卫所制度逐渐走向衰弱。正统二年（1437年），"沿海诸卫所官旗，多克减军粮入已，以致军士艰难，或相聚为盗，或兴贩私盐"⑤；正统十四年（1449年），兵科给事中刘斌上疏说"近数十年典兵官员既私役正军，又私役余丁，甚至计取月钱，粮不全支。是致军士救饥寒之不暇，尚何操习训练之务哉"⑥。正统八年，广东按察司按察史郭智上奏："广东缘海地方卫所城堡于要害之处，专备倭寇。比闻都司卫所官不得其人，贪污暴虐，玩法欺公，或侵用公粮，或卖放军士，或私下海捕鲜，或令营丁干家务，以致军伍空阙，兵备废弛，脱遇警急，何以应用……"⑦而大鹏所城也"屯籍纷乱，额军存者十仅一二，又皆老羸惫疾奴隶将领之门而已"⑧。卫所制度衰弱，边备废弛，倭盗更是猖獗，且广东海岸线绵长，"沿海地方，无处不可通倭，则随处皆当戒严"⑨，卫所军士疲于奔命。正统十四年，广东总督备倭置都指挥佥事官杜信等奏："往者奉命亿部沿海专一备倭防贼，顷年广东都司将南海等卫官兵调去泷水等地方操守，今又调广海、香山、海朗、新会、东莞、大鹏、海丰、海南各卫军前去泷水、信、雷地

---

① 陆深《同异录》卷《典常上》，《宝颜堂密笈·普集》，转引自张德信著《明朝典章制度》，吉林文史出版社，2001，第416页。
② 《明史·王洽传》。
③ 《明太祖实录》卷216，转引自张德信著《明朝典章制度》，吉林文史出版社，2001，第415页。
④ [清·康熙]《新安县志·兵刑志》。
⑤ 《明实录·英宗实录》卷126，转引自张德信著《明朝典章制度》，吉林文史出版社，2001，第434页。
⑥ 《明实录·英宗实录》卷186，转引自张德信著《明朝典章制度》，吉林文史出版社，2001，第434页。
⑦ 《明实录·英宗实录》。
⑧ [清·康熙]《新安县志·兵刑志》。
⑨ 《明实录·神宗实录》万历三十年十二月戊子朔。

方征剿，恐沿海贼徒闻知上岸劫掠，以何为备。"①

隆庆五年，大鹏所军士被调随抗倭名将余大猷抗倭，大鹏所城防守空虚。时倭寇偷袭大鹏城，城中守军皆老羸疲弱，形势十分危急，幸有舍人康寿柏②挺身而出，率领全城军民守城，"贼具云梯泊城，柏呼众坚守，有登城者，手刃之，即碎其梯，围乃解，当道奖赏，匾旌之"③。时城被围四十余日，仍无救兵来援，说明当时的沿海防倭实力已十分衰弱，顾此失彼。

为加强军事力量，明朝廷不得不实行一种与卫所制平行的军事系统——募兵制，以补充已经衰弱了的卫所制度。

第二节　大鹏所城建城是守卫、开发我国东南海疆的需要

大鹏所城所处的我国东南海疆一贯都是海盗、倭寇出没的地方。元末明初开始，我国海疆开始出现大量的倭寇（日本海盗）。"日本，从洪武中数为边患，沿海备"④。深港地区海盗、倭寇最为猖獗。"崇祯三年（1630年），艚贼李魁奇寇，参将陈拱死之……南头地方，尽被焚劫；……崇祯六年（1633年）二月，海寇刘香寇新安，闽抚将郑芝败之；……五月，刘香复寇新安……崇祯八年（1635年），刘香复入寇新安"……⑤到了清朝，甚至出现张保仔、邬石二、郭婆带等汪洋巨盗。这些海盗、倭寇到处烧杀掳掠，极具破坏力，对沿海一带居民财产及生命安全造成极大的危害。大鹏半岛穷山恶岭，人迹罕至，生产力低下，是"蛮荒之地"，同时在军事上也是空白地带，理所当然成为海盗、倭寇的理想巢穴。

明朝建立后，明朝廷重视广东海防，为防倭抗盗、相继在广东沿海地区建立了众多的卫所，从全国各地调派军官、征集军士屯戍沿海地区。洪武二十七年（1394年）八月，"命安陆侯吴杰、永定侯张铨等率致仕武官往广东训练沿海卫所官兵以备倭寇"⑥。大鹏所城就在这样的背景下开筑了。

大鹏所城所处的大鹏半岛地理位置十分重要。它是古代广州府与惠州府的交界

---

① 《明实录·英宗实录》。
② "舍人"：为正千户的二子所袭受职，非正式军职，康寿柏为所城千户康仕杰之子。
③ [清·康熙]《新安县志·防省志》。
④ [明]顾天俊：《兵垣四编》。
⑤ 卢坤：《广东海防汇览》下函，卷四十《事纪二》，第23页。
⑥ 《太祖实录》卷二三四。

地，大鹏所城也时属广州府，时属惠州府。且大鹏半岛多山，自然条件恶劣，人迹罕至，是军事力量较为薄弱的地区，故此，大鹏半岛就成为倭寇的登陆点与理想巢穴。同时大鹏所城所防御的大亚湾、大鹏湾海面，是倭寇、海盗南下入省的必经之路。大鹏所城建城后，一直被列为广东海防中路的要冲。"大鹏一城，所以御东北也，平海相连，而自惠潮至者，则大鹏适当其冲"①。到了清中期以后，大鹏所城管辖的海面更广至整个深港地区外洋海路（珠江口左海路），"窃照广东虎门海口，为中路扼要之区……西则香山，东则大鹏，形成两翼"②，大鹏与香山同为"省会门户"。

第三节　大鹏所城的建城

洪武元年（1368年）二月，明朝廷命平章廖永忠为征南将军，参政朱亮祖为副将军，由海道取广东③。元朝驻防岭南的何真奉表以降。广东平定后，明政府以"沿海寇患频繁，遂命朱亮祖镇广东，置卫所，卫戍沿海要冲"④。洪武十四年（1381年），以"岛夷之患"增设广东沿海卫所⑤。八月，置南海卫于广东东莞县及大鹏、东莞、香山三守御千户所⑥，洪武十七年（1384年），"指挥花茂上言，复设沿海诸卫所，分筑墩台，屯种荒田，且耕且守，以备倭寇"，朝廷许之⑦。洪武二十七年（1394年），大鹏所城建城。

大鹏所城，"在县东一百二十里⑧大鹏岭之麓……广州左卫千户张斌开筑，内外砌以砖石，沿海所城，大鹏为最，周围三百二十五丈六尺，高一丈八尺，面广六尺，址广一丈四尺，门楼四，敌楼如之，警铺一十六，雉堞六百五十四，东、西、南三面环水，濠周回三百九十八丈，阔一丈五尺，深一丈……"⑨。

大鹏所城所处的大鹏山麓，周围只有东面东村刘氏数家及西南乌涌村落，人烟

---

① ［清］卢坤：《广东海防汇览》卷三。
② 林则徐等：《奏请把大鹏提升为大鹏协》。
③ ［清·嘉庆］《新安县志》。
④ ［明·嘉靖］黄佐：《广东通志》卷七《事纪》五。
⑤ ［明·嘉靖］《广东通志》卷31。
⑥ 《明史·太祖实录》。
⑦ ［清·嘉庆］《新安县志》。
⑧ ［清·嘉庆］《新安县志》重新丈量为一百六十里。
⑨ ［清·康熙］《新安县志·地理志》。

稀少，地理位置"为最险僻"①，由东莞守御千户所城（即南头城，后为新安县城）至大鹏所"高山峻岭，如鹞鹰三转。大、小梅沙尖、九顿岭等处，轿马难走，必步行登越。横涌海港无渡，伺潮退以涉。无大风雨，四日可至；遇有风雨，高山难越，海潮难沓不退，路期不定"②。故大鹏所城有"沿海所城，大鹏为最"③之说。

广州左卫千户张斌奉命开筑大鹏所城，初选址大鹏半岛最南端的西涌。建了八十多米城墙后停建，改在大鹏半岛东侧大亚湾畔筑城，西涌还因之一直被称为"南门头""城篱头""老大鹏""旧大鹏"。至于为什么要改址，当地人至今仍盛传这样一个故事：筑城士兵在建城的夜晚惊闻黄猄的叫声，认为"黄猄黄猄，皇帝都惊"，不吉利，于是改址兴建；也有人认为是因为西涌地理位置太过偏远，交通不便，人力、财力无法到达，因而罢建。

大鹏所城改址兴建其实是由大鹏半岛的地理位置决定的。大鹏半岛中部有一很窄的部分称"水头"，是大鹏半岛的"脖颈"，若大鹏所城建在西涌，一旦有敌人从海上登陆先行占领这个"脖颈"部分，大鹏所城后路将被切断，而城也将成为一座死城。而后来兴建的大鹏所城，"其南面有七娘山，山外为老大鹏，即滨大海所城东南有海口，大舶可入"④，依山傍海，地势险要，前有龙歧海澳可停泊战船，出海平寇，城所依排牙山后即为惠州大后方，可谓进可攻，退可守。

大鹏所城建城地点为一小山坡，所以今天的大鹏所城，地势仍是由北向东、西、南三面倾斜，城内有南门街、东门街、西门街等三条主要街道（称正街）形成十字街。其挖山之土往周围堆，再包砌以砖石即为城墙。城外东、西、南三面掘以护城河，"四时灌水"。

大鹏所城周围有利瞭望的山头设有墩台五座：野牛墩、大湾墩、旧大鹏墩、水头墩、叠福墩。以上每墩驻守旅军五人。大鹏辖地实设墩台四座：盐四墩台一座，设千总一员，安兵二十五名；鸦梅山墩台一座，安兵一十五名；东坑墩台一座，安兵一十五名；西山墩台一座，安兵十五名⑤。发现敌情，各墩台"连接走报……日则举烟，夜则举火，敢有私自下墩台者，棍打一百，离墩所回家躲闲者斩首，传示如

---

① [清·康熙]《新安县志》卷之四《职官志》。
② [清·康熙]《新安县志·地理志》。
③ [清·康熙]《新安县志·地理志》，"最"为险僻解。
④ [清]卢坤：《广东海防汇览》下函，卷四十《事纪二》第23页。
⑤ [清·康熙]《新安县志》。

失报误事、若已得邻墩之报，而不即传闻误事者，亦斩首"[1]。

大鹏所城建城后，相继在城东北和西南设东、西校场以操练士兵。

大鹏所城建城后，还在城前龙歧海澳填筑一长近800米的"海底小长城"。大鹏所城前的龙歧海澳，大多是浅水的海滩，每逢退潮，可露出一大片滩涂，船只容易搁浅而不宜登岸。在城西南海面有一深水海澳，大小船舶可自由出入，守城士兵便在此处填以大石，筑"海底小长城"，以阻敌船登岸。并在"海底小长城"近三分之二的地方留一口子，以便所城战船出入。

第四节 大鹏所城建城的重要影响

大鹏所城建城，对深港地区的政治、经济、军事、文化等方面都产生了深远的影响。

政治上，大鹏所城建城前的深港地区，人烟稀少，而大鹏所城的一千一百二十户人家三千余人聚居于一个近十万平方米的城中，大鹏所城理所当然地成为一个区域的政治中心。到了清代，雍正三年（1725年）所设的驻守大鹏所城的正八品官新安县县丞，管辖深港东部的一百条村，这种政治中心的地位一直保持到1947年刘士学新任大鹏区长时把区署迁至王母墟[2]。

经济上，大鹏所城建城之前，深港地区生产力极为落后，大都是穷山恶岭，闭塞而落后，甚至还处于刀耕火种的水平，是"蛮荒之地"。大鹏所城的军士都来自北方中原地区或经济相对较为发达的地区，他们为深港地区带来较为先进的生产方式和生产工具，他们对深港东部地区的大规模开发，大大促进了当地经济的发展。由于军事的需要，大鹏所城还设立了众多的急递铺："大涌铺……月冈铺……彭坑铺……大鹿铺……下冈铺……大鹏铺在铺东一百二十里，以上六铺由急递以东通大鹏所，路颇偏僻，皆无铺舍坊牌"[3]。这些急递铺一定程度上改变了大鹏所城闭塞落后的面貌。大鹏古城博物馆发现的"重修城隍庙乐助芳名碑"（清道光己亥年，即公元1839年）中统计的大鹏所城里的店号居然多达三十几家，说明这时的大鹏所城已相当繁华热闹，成为区域经济、商业中心。

---

[1] 应槚、刘尧晦重修《苍梧总督军门志》卷二十二，第231-232页。
[2] 1947年《大鹏魂》复版第一卷第一期。
[3] ［清·康熙］《新安县志》卷之五。

军事上，大鹏所城的建城，填补了大鹏半岛这一军事上的空白地带，加强了广东沿海的海防军事力量，保护了区域人民的生产生活安全。到了清中期，我东南沿海正值多事之秋，大鹏所城位于抵抗外来侵略的最前哨，在鸦片战争及以后的抗英斗争中发挥了重要的作用。爆发于1839年9月4日的中英"九龙海战"，就是大鹏所城人赖恩爵指挥大鹏营水师官兵打赢的中国近代史反侵略的第一战，揭开了一部中国近代史。大鹏所城谱写了一部轰轰烈烈的抵抗外来侵略的民族英雄史，涌现出一大批杰出的民族英雄如赖恩爵、刘起龙、赖英扬等。文化上，大鹏所城建城后会集了来自不同地方的人聚集在一起共同生活。"归附军、职目军、水军、降民军、收集军、逃民军、无籍军、垛集军、招捕军、稍水军、附籍军、杂泛军、建言军"[①]等竟多达十三种，而大鹏古城博物馆发现的"重修城隍庙乐助芳名碑"中统计的大鹏所城姓氏种类就多达60几种。这些来自不同地区的人带来了不同的生活方式和民俗习惯，不同的文化经融会贯通，再注入军营生活的特点，逐渐形成今天独特的大鹏民俗文化，包括语言、神灵崇拜、节庆习俗、服饰等方面，是深圳文化的重要组成部分。

---

① ［清·康熙］《新安县志·兵刑志》。另：笔者进行过广泛的群众调查，所调查的群众主要有：赖氏家族族长赖卓洪、林仕英后人林蓓鑫、东江纵队的好群众黄娣妹、东纵老战士鹏城老乡长郑汉老人及不知名群众多人。

第三章　大鹏所城防御体系研究

　　大鹏所城位于深圳东部大鹏半岛，全称"大鹏守御千户所城"。始建于明洪武二十七年（1394年），时隶南海卫。大鹏所城在明清两代抗击葡萄牙、倭寇和英殖民主义者的斗争中起过重要作用，是岭南重要的海防军事要塞。大鹏所城东西宽345米，南北长285米，占地约10万平方米。城内主要街道有南门街、东门街、正街等；主要建筑有清广东水师提督赖恩爵"振威将军第"、清福建水师提督刘起龙将军第等十余座清代府第式建筑，以及侯王庙、天后宫、赵公祠（参将署）等公共建筑和左堂署、副将署等遗址。城内现存建筑近千栋，保留了其作为千户所的原有规模：或小门小窗小园，青瓦盖顶；或大门大厅大堂，雕梁画栋。历经数百年风雨，部分建筑显得有些破旧，但其景致依然，风格如故。身处大鹏所城，沿着青石板铺就的狭窄街巷，穿行在古朴而宁静的明清建筑群里，仿佛回到了人来人往、车水马龙的明清时代。井然有序的军事化城池，仿佛传来几百年来抵御倭寇、抗击英军时兵器的撞击声和隆隆的枪炮声……

　　大鹏所城不仅保存有完整的物质形态的城防系统、明清民居、街巷格局、周边环境，还保存了系统的大鹏文化（包括语言、神灵崇拜、节庆习俗等），其原住民几乎均为明清两朝军士的后代。其中"太平清醮——大鹏所城祭拜英烈习俗"为广东省非物质文化遗产。

　　大鹏所城是中国18000千米海岸线上保存最为完好的明清海防遗存，堪称中国明清海防卫所的"标本"。2001年6月，大鹏所城被国务院列为"全国重点文物保护单位"。2003年10月，鹏城村被建设部和国家文物局列为"中国历史文化名村"。2004年6月，大鹏所城被评选为"深圳八景"之首。2016年6月，大鹏所城被评为"深圳十大文化名片"之首。深圳别称"鹏城"，即源于大鹏所城。

第一节　大鹏所城的位置及其在明清中国海防体系中的地位

大鹏所城位于南海珠江口左海路，明代建城之初属南海卫，东隔大亚湾与粤东之碣石卫（清代碣石镇）相接，共同管辖大亚湾一带海面。这一带海面，历史上为广府与潮汕两大民系的末端，是行政与民系势力的空白地带，从而成为自北向南迁徙的客家人和从海路迁徙而来的闽海人争夺的目标，因而民风彪悍。"大鹏一城，所以御东北者，平海相连，而自惠潮至者，则大鹏适当其冲。"①

清代大鹏所城行政上属广州府新安县，是广州府也是新安县的最东边界，与惠州府归善县接壤，行政与军事上都需加强巩固。因此，清政府在明代大鹏守御千户所原址设大鹏营，后提升为大鹏协，军事力量不断加强；同时保留大鹏守御所，至雍正改设县丞，对古代深圳地区东部第七都进行行政管理。"故县东北一百四里特建专城为大鹏一营，盖大鹏海面为广惠连接之所，内设参戎，与归邑之平海营，陆路之左翼镇兵，互为接应。"②综上所述，大鹏所城是清代海防中路与海防东路接壤的一处军事要塞。

清嘉庆十五年（1810年），水陆区分，广东设水师提督于虎门，大鹏为外海水师营，直属广东水师提督管辖，设参将一员，兵八百员。"大鹏所城管辖零丁洋一带海面，盗艇出没，靡常巡缉，最关紧要。且统辖之大屿山，孤悬海外，为商船夷船经由泊之区，防范尤宜严肃，必须熟悉情形干练有为之员，方足以资经理。"③至清代中期以后，清政府实行广州一口通商，大鹏所城作为珠江外海门户，战略位置更显重要。道光二十年（1840年），林则徐奏报朝廷："……经臣与水师提督臣关天培再四筹商，应将大鹏改营为协，拨驻副将大员，统带督率，与香山协声势相埒，控制方为得力。"④

至鸦片战争前夕，大鹏所城管辖海面重点为应对夷人，地位更显重要。"广东虎门海口，为中路扼要之区，于嘉庆十五年（1810年）设立水师提督，驻扎其地，西则香山，东则大鹏，形成两翼。大鹏管辖洋面四百余里，其中有孤悬之大屿山，广袤一百六十里。"⑤

---

① ［清］卢坤等辑《广东海防汇览》卷三十二。
② ［清］李侍尧、沈廷芳编纂《广州府志》卷二《舆图》。
③ 《筹海初集》卷四《澄海协都司要贤越升参将折》。
④ ［清］林则徐《奏请把大鹏营提升为大鹏协》。
⑤ ［清］林则徐等奏《请改大鹏营制而重海防折》。

第二节　大鹏所城的自然防御体系

各历史时期，城邑建筑的选址、规划、设计、营建无不受到风水观念影响。大鹏所城作为一座以军事防御为主的古城，风水观念不仅在城池整体中表现明显，还体现于城市布局与单体建筑中。

大鹏所城选址于珠江口左海路的大鹏半岛中部，左临大亚湾，右接大鹏湾，山环水抱。孙子云："夫地形者，兵之助也。"大鹏所城后有排牙山（古作大鹏岭①）作为镇靠，前有大鹏山（今作七娘山）作为岸朝，左右东、西山为护砂，南墙、东墙濒海，西有鹏城河环绕，隔海对峙的七娘山构成了所城的屏障。四面环山，形成了一个避风港，将古城纳入其中，从而使大鹏所城易守难攻。

排牙山（古称大鹏岭，山名"岭"指其山脊线较长，连绵十余里）的山脊线为古代广州府新安县与惠州府归善县的分水岭，也是一道天然屏障。山势陡峭，山上猛兽出没，难以翻越，仅有一东一西两条驿道（分别为坝岗坳、径心坳）可通行。坝岗坳通惠州府归善县碧甲司（今淡水），径心坳通葵涌。大鹏所城北有一桥名官坑桥，清康熙《新安县志》称之为"广惠要冲"。这两条古道上曾发生过大量战斗，最近的一次为1943年——淡水国民党军兵分两路，从坝岗坳和径心坳两路进攻大鹏，当时共产党游击队袁庚带队在坝岗坳设伏，击溃敌人。

七娘山，古名大鹏山，《大清一统志》载："因形似大鹏而得名。"海拔864米，为深圳第二高峰。山的北面为龙旗湾，形似口袋，加之七娘山的阻挡，成为一个天然避风良港，是大鹏所城的"水上营盘"。七娘山的南面才是南海，军事上也起到隐避作用。大鹏所城也因七娘山的屏护，六百余年间经受住了台风的考验。2018年，百年一遇的大台风"山竹"在大鹏登陆，大鹏所城安然无恙、固若金汤。

东山，因在大鹏所城东面而得名，又名龙头山。山顶有龙头石，山下有龙井。龙井是新安县有记载的名泉，其泉水甘美，夏寒东温。东山山峰的龙头石正处于大鹏所城东门街中轴线上，是鹏城百姓的风水石。整个东山如一条巨龙卧在所城东面，正合左青龙之形。

西山，因在所城西面而得名，又因山上有锣鼓石而得名"锣鼓山"。本地村民称之为老虎岭，对应所城右白虎之意。

大鹏所城东南西北四个方向均为山脉，进风口位于东南出海口，空气进入所城

---

① 《重刻卢中丞东莞旧志》卷之一："大鹏岭，在县东南二百五十里。"

片区聚集，进行微循环，同时也化解了风煞等不利因素，其现实意义则表现为防止台风及台风产生的海浪的侵袭。

第三节　大鹏所城周边防御设施及布局

大鹏所城在大鹏半岛布局了一系列辅助防御设施，如烟墩、校场、屯堡、"水下小长城"等，并通过多条驿道串联成整体的防御体系。

烟墩　即烽火台，是大鹏所城的耳目。大鹏所城在周边山上设有五个烟墩："野牛墩、大湾墩、旧大鹏墩、水头墩、叠福墩。以上五墩，每墩瞭守旗军五人，大鹏所拨。"野牛墩位于大鹏半岛最东端，可瞭望大亚湾南北海面。明崇祯十五年（1642年）置。墩台呈方斗形，以石头垒砌。大湾墩，又名"大坑烟墩""烟墩山""大坑烽堠"，位于大鹏镇大坑村南濒海高约100米的山岗上。明崇祯十五年（1642年）置，南临大亚湾龙岐澳，可俯瞰整个龙岐澳的出海口及龙岐澳大鹏所城水上营盘的动静。旧大鹏墩，位于南澳镇西涌临海的狂芒山顶上，明崇祯十五年（1642年）置，由五个东西向排列的烟墩组成，烟墩平面呈覆斗形，以石头垒砌。东、北山坡地势低缓，西、南山坡地势陡峭。站在墩台上东可望柴鞋角，西可望牛奶牌。水头墩，位于大鹏新区南澳街道水头沙社区英管岭山顶上，又称"水头烽堠"。明崇祯十五年（1642年）置。烟墩东西长约20米，南北宽9米，占地面积约180平方米，由四个烟墩组成。烟墩，一大三小，三小墩成"一"字形排列。墩台呈圆斗形，大烟墩底部直径约6米，小烟墩直径约1米，均以山石垒砌而成。烟墩砌筑于高约350米的山头上，可观察整个大鹏湾海面。叠福墩，亦名"叠福烽堠"，位于大鹏镇叠福村北的求水岭山上，由一个大瞭望墩和三个小烟墩组成。明崇祯十五年（1642年）置。墩台呈方斗形，用石头垒砌，筑在高约250米的山头上，可观察整个大鹏湾洋面，王母、葵冲等地均在其俯瞰之下。

校场　校场[①]是古时操练或比武的场地。大鹏所城有东、西两个校场。大鹏所城建成后，为提高驻防将士的战术和作战能力，遂在城东数百米处的龙头山下开辟了一个面积数十亩的演武场——俗称"东校场"。至清康熙三年（1664年），大鹏营增驻官兵500名，改"城守备"为"中军守备"，统率全营布防。如此，所有官兵在东

---

① ［唐］李濯《内人马伎赋》："人矜绰约之貌，马走流离之血，始争锋于校场，遽写鞚于金埒。"

校场练兵，就显得十分拥挤。康熙十年（1671年），大鹏营中军守备马玉成在大鹏所城东南方的大亚湾海滨又开辟了一个面积与东校场相近的演武场，俗称"西校场"。两个校场一直使用至清末才废弃，为提高当时边防官兵的素质起到了积极作用。

"水下小长城" 大亚湾龙歧海澳是大鹏所城的水上营盘，为保证所城水师战船不被偷袭，所城在龙歧澳水下修筑了一道防御工事，当地人称"红腊"，又称之为"水下小长城"。它实际上是水下的一道堤坝，中间开口，可容己方船只出入，敌船不知，船舵往往被水下石篱卡住，不得进退。

驿道和铺舍 大鹏所城与各防御设施的关联主要依靠驿道。通过驿道传递情报、运送军粮、调动军力，是大鹏所城防御系统的关键要素。驿道上有官方修建的铺舍、桥、寺庙等设施。"急递铺，古之置邮，即今急递铺也。邑境急递铺三十有七，每铺设铺司一名，附写铺历；铺兵十名，走递文书，昼夜须行三百里，稽迟者罪之。复设铺长一名。大鹏半岛有盐田、大鹿、上梅沙、下梅沙、溪涌、下峒、乌涌、叠福、凹头、大鹏十铺（以上俱陆路至所）。"[①] 以上十铺，串起一条从大鹏所至新安县（东莞所）的驿道。

第四节 利于防御的大鹏所城营造设计

大鹏所城的营造以防御为主要目的，防御敌对势力的入侵，且有防灾避险的功能。大鹏所城，"广州左卫千户张斌开筑，内外砌以砖石。沿海所城，大鹏为最，周围三百二十五丈六尺，高一丈八尺，面广六尺，址广一丈四尺；门楼四，敌楼如之；警铺一十六，雉堞六百五十四；东、西、南三面环水，濠周回三百九十八丈，阔一丈五尺，深一丈"[②]。

一、大鹏所城的整体规划与布局

（一）趋利避害

大鹏所城平面呈倒梯形，形状设计有利于防守。根据地形与各个城门的功能分工，迎敌的南墙和东墙设计得较短；作为后方的西门和制高点的北门，相应的西墙

---

① [清·康熙]《新安县志》。
② [清·康熙]《新安县志》卷之一"舆图志"条，"城池"条。

和北墙设计得较长，有利于集中优势兵力御敌。据本地老人回忆，旧时大鹏所城有六十八门铁炮，均陈设于东墙和南墙上。现深圳市博物馆老馆前广场，依然摆放着两门从大鹏所城征集的铁炮。大鹏所城自建成后，并无扩城，至今城内仍保存近千处民居，与明初作为千户所时的规模相当。城内民居形成的街巷错综复杂，尺度较小，便于守城方在城内进行巷战。

（二）防灾避险

所城利用其原始滨海小山岗的地形略做改造，营造所城的水系，设计十分巧妙——在整个城的南北中轴线形成一条较高的"龟背"，沿着这条龟背向南、向东、向西散水。主要水关设在西南角，较为隐蔽，可通行。它既是水关，又是所城危急关头的出城通道。东门北侧和东南角也有暗渠出城。大鹏所城利用自然地形设计，城内地平比城外高出两米，可防止海水倒灌。建城六百年来，从未出现水浸现象。民居建筑采用客家堆瓦作，一般为压三盖七，瓦头做成较长的猪嘴筒或稳重的扇瓦头，利于防风，从而应对南海多台风天气。民居多采用共墙，既节省空间也利于防风。墙体多采用条石下碱，且排水沟一般顺着房屋的山墙面，均利于防水浸和潮湿。瓦坡多为27度，利于屋面排水，以应对南方的多雨天气。

二、城门、城楼及马面

（一）城门

城门是所城防御体系的主要部位，也是敌军攻击的主要对象，故城门的防御坚固程度是决定城池是否沦陷的关键。大鹏所城的四个城门呈券洞式，均由内门洞和外门洞组成，顶部用平砖和模型砖以三顺三丁的纵连砌法结拱起券。其中，外门洞较内门洞宽，有利于防守。外门洞前半部分安装有闸门以御敌。因大鹏所城东南滨海，从海上进犯的倭寇、海盗势必进攻东、南门，因而东、南二门相距最近，方便呼应。西门是居民出入的主要通道，也是生活区与商业区。大鹏所城西门街内外店铺林立，西墙外与之平行的东向排屋形成的西门路，在近西城门两端原设有铁闸，形成瓮城。其他三个城门，文献与考古均无瓮城之说。北城门为所城最高点，只要高筑城垣，守城兵士居高临下，即可从北城墙上观察到东西两边的敌情，只需坚守，完全可以防御偷袭。东南城门设有马面。

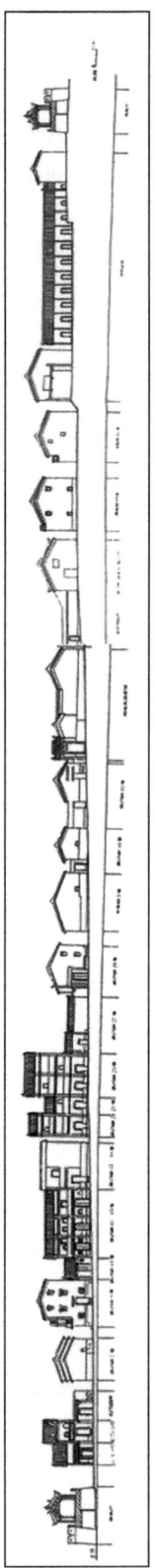

图 3-1 大鹏所城南北向剖面图

（二）城楼

城楼是守城的指挥所和所城的地标。城楼是整个城最高的建筑，因攻防战争和台风侵袭集中于城门，故城楼的毁坏最为严重，屡有修复。中国的城门楼一般有两种，一种是阁楼式，另一种是箭楼式。作为军事要塞的大鹏所城，应该采用比较利于防守和实用的箭楼式，但目前除了西城楼尚有箭楼的痕迹之外，东南二楼在1998年重修时采用了阁楼式，北门在2012年复原时参考距大鹏所城最近的惠东平海所城之城楼样式修成了箭楼式。

（三）马面

大鹏所城西门和重修的北门没有马面。马面为宋代名词，即城墙外的一个方垛，长宽大约为5米×8米。马面是由于军事需要而建设，产生于战国时期。明清时期的城墙，设置马面较多。大鹏所城现存的南城门和东城门左右各两个马面，保存完整，均从城墙处伸出二到三米。其功能是方便瞭望与形成交叉火力，减少防守死角。

三、城墙、马道、雉堞、角楼、警铺

城墙 由黄泥沙和灰土夯筑而成，墙体外侧用砖包砌，砖长39厘米、厚5厘米。外城墙砖块错缝平砌，砖墙与夯土结合紧密，有部分砖块深入夯土内。内部城墙局部用花岗岩条石叠砌，大部分则用卵石砌筑，就地取材，也方便沿城墙内侧向上攀爬；同时，在弹尽粮绝的最后关头，卵石也是最后的守城武器。城墙内侧向上收分也十分明显，较为稳固。古城作为军事要塞，攻防活动频繁，又因人为或降水等自然因素，损坏严重，历代均有修葺，局部出现在城墙外侧加砌城砖的现象，使城墙加厚。

马道 南城门的马道设在城门西侧，东城门马道设在北边，西城门的马道设在城门南侧。新修的北城门则东西两侧均有马道。据见过城墙的老人讲述，旧时四个城门两侧均设有马道。现东南西三个城门的马道均呈阶梯式，宽度为0.8米左右。北城门的马道也呈阶梯式，但较窄，仅容一人上下。

雉堞 又称城垛，是城墙、马面墙顶部外沿建的挡墙，一般高0.5米，中间设有枪眼。大鹏所城雉堞数，从建城时到1895年重修，一直保持为654个。

角楼与警铺 据文献记载，大鹏所城原有四个角楼和十六个警铺，现均无存。2011年，深圳市文物考古鉴定所对东北角楼进行发掘，发现东北角楼基址为凸角

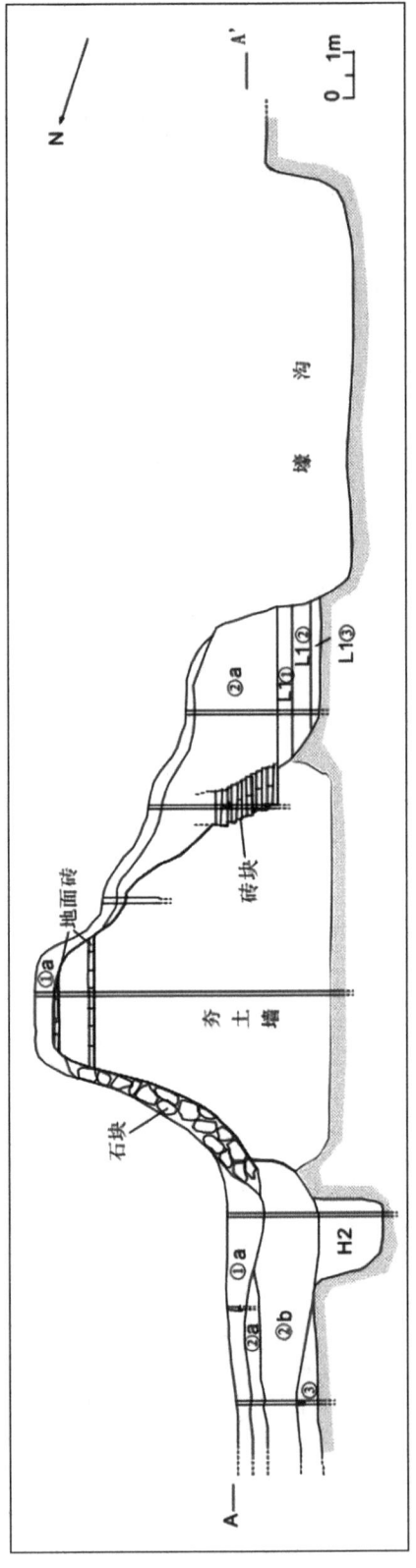

图 3-2 大鹏所城城墙剖面图

楼。角楼的功能与马面警铺一样，为凸出城墙部分，方便瞭望与形成交叉火力，减少防守死角。

四、顺城巷与护城河

大鹏所城沿着城墙内侧设计可绕城一圈的顺城街，以方便对所城的日常巡查和战时调动兵力；但有一些建筑会紧靠城墙修建，这时顺城巷就不在城墙内侧，如赖府巷、东城巷等。沿着城墙外侧墙角为护坡，护坡外则是绕城一圈的护城河，城墙长约1200米，护城河长1500米。在对东墙外护城河考古挖掘时，发现东边的护城河外侧没有驳岸，对南墙外侧进行考古挖掘也发现南墙外侧有明代的码头。从而证明东南墙外为潟湖，涨潮时海水直到东南墙外。这样的地形符合沿海所城的共性，利于防守——寇盗攻城要伺潮退，潮退后也是一片沼泽，不利于攻城。

五、衙署建筑与将军府邸

大鹏所城衙署建筑与将军府邸，在所城的防御系统中占有重要地位。

衙署 衙署是整个防御体系的指挥中枢，其选址在考虑到礼制的同时要最大限度发挥其指挥功能，一般处在居高临下、视野开阔、可以控制全城的高地上。大鹏所城内有左堂署、守备署、都府署、参将署、副将署、军装局、火药局等。除军装局和火药局之外，其余衙署均位于所城中轴线以东，这与所城以东南为防御重点的特点有关。火药局则较为隐蔽，掩藏于所城最腹地的西北角民居群中。所城的最高指挥官副将（协台大人）为从二品大员，其衙署位于南门街顶部的东侧，占地约5000平方米，内置水井。

将军府邸 大鹏所城因明卫所制度军士世袭形成从军的传统，且代出名将——出了三个提督、十几个总兵，总兵以下不计其数，因此城内有多座将军府邸。在守城的危急关头，这些府邸的主人往往发挥重要作用。同时将军府邸建筑因为其建筑的坚固和防御的设计，往往成为守城军队最后退守待援的工事。将军府邸建筑作为古城内等级较高的建筑，具有整体布局规整、对称型布置、功能分区明确等特点。厅堂与天井结合紧密，室内外连通，形成了外封闭、内开敞的建筑空间，这也是防御功能的体现。以城内规格最高的赖恩爵将军第为例，该将军第占地面积达2500平方米，四周有四米高的五合夯土围墙围着，围墙顶部插满瓷片，尖角朝上，防止攀爬。大门为厚4厘米的东京森大木门，大门后是由八根直径12厘米的东京木棍组

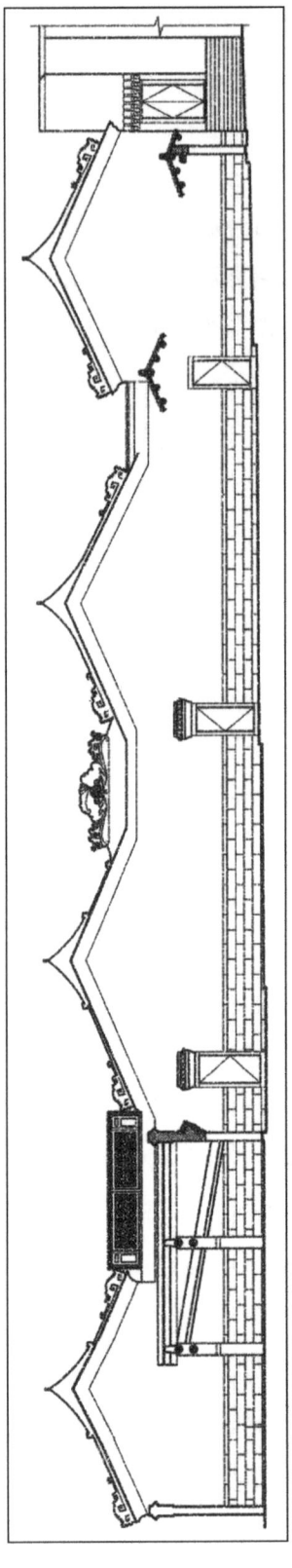

图 3-3 赖恩爵将军第立面图

成的趟栊，坚固异常。将军府内部亦是层层设防，将军第由东、西两座组成，在防卫上相对独立。西座内建有一座高四层的炮楼，炮楼入口隐藏于一个外观十分普通的房门内，进入房门，却是一道坚固的入口工事；炮楼整体用宽大的花岗岩石砌成，条石上设有枪眼，入口门和炮楼门均十分窄小，仅容一人勉强通过。

明隆庆五年（1571年），倭寇乘隙入侵，守城将士寡不敌众，退守城中。寇贼围城四十余天，仍不破，舍人康寿柏率领全城军民守城，"贼具云梯泊城，柏呼众坚守，有登城者，手刃之，即碎其梯，围乃解"[①]。康寿柏不是正式的守城军人，仅是一个舍人的闲职，在守城的危急关头，率领全城军民守住了防守空虚的危城，也说明城池的坚固性和设计上的易守难攻。

第五节　精神层面的防御体系

以防御为主的城池建设，往往采取层级防御结构，通过对"物质实体防卫"与"精神防卫"的综合运用，以达到防卫内外统一的目的。上文所提及对大鹏所城选址的考虑既是物质实体防卫，同时也是精神防卫。下面主要对大鹏所城对祠庙建筑的布局与功能进行分析。

一、庙宇

大鹏所城内的庙宇较多，有城隍庙、侯王庙、天后宫、文庙、武庙、华光庙六大庙，还有水关庙、水神庙、潭公庙及东北、西北、西南福德祠，所城东山有东山寺，西山有西山庙。东山寺更是神灵汇集，有佛祖、观音、武松、医仙、文昌公，等等。

关帝庙处于轴线的中心位置，顶住北门。据说城内百姓至今还认为北门是白虎门，不但不能开敞，还加以封塞，并在北门内建武庙，镇守北门的"煞气"。旧时关帝庙前有戏台，"唱戏给老爷看"的习俗一直到民国还盛行。

城隍庙为"护城守护神"，南城门又是所城的主入口，故设置在此。城隍庙遗址的考古发掘表明，城隍庙的建设经历了两个时期：明代城隍庙规模较小，至今仍保留墙基；1839年重修城隍庙，形成现在规模——三开两进，前有八字形卵石广场。

---

① ［清·康熙］《新安县志·卷十一·防省志》

天后宫在大鹏所城最热闹的正街。天后娘娘（即妈祖）是海神，百姓出海捕鱼、将士出海巡洋均要祈求妈祖保佑，所以对天后的祭拜最为隆重。每五年一次的太平清醮，乡民均要将天后像迎出，巡游四里八乡，祭拜牺牲将士的亡灵。

侯王庙位于大鹏所城东南赖府巷尽头，是祭祀汉代良将张良的庙宇。始建年代不详，原为二进三开间两廊一天井的庙宇式建筑，后遭破坏。原石柱、柱础、庙门的花岗岩石联被完整保存，上阴刻楷书"灭项兴刘多妙计，庇民护国著奇功"。现庙门口平置一长1.8米、宽0.7米的花岗岩石匾，石匾上书大楷阴文"侯王古庙"四字，周边雕忍冬草纹，上行正中有一钱眼。张良是刘邦的谋臣，素以运筹帷幄、决胜千里闻名天下，所城的军人及其家属，希望在战争中也能像张良一样以谋略取胜，故对其进行崇拜祭祀。

福德祠内供奉福德公和福德婆，是土地神，也是保佑一方平安的保护神。所城内原由十字街分割成东南角、东北角、西南角、西北角四个部分，因西南城隍庙担当了西南土地的职能，故东南角无福德祠，其他三处均有福德祠一座。相对于所城外大鹏半岛自然村落的土地崇拜多为伯公小庙，大鹏所城内专门设福德祠祭祀，规格更高。

诸多神灵的存在，满足了城内军士的精神要求，同时也让他们在心理上有了依托。风水观念、宗教信仰、宗族文化等传统思想在城池中表现强烈，这属于军事防御体系中心理层面的组成部分，与"硬邦邦"的军事防御设施互为表里，相辅为用。人的精神意念、"软性"意识在大鹏所城的防御中起着相当大的作用。"文能兴邦，武能安国"，这体现了其精神震撼作用，反映了将士的心理需求。

二、宗祠

大鹏所城原住民来自全国各地，是一个地缘聚居、寓兵于农的集城堡与村落于一体的聚落。城内居民姓氏达七十种之多，城内宗族在族中有人考得功名、加官晋爵，达到一定的地位和财富时，常常在城内兴建祠堂。宗祠建筑是民间宗法制度及其组织系统的缩影，在大家族中扮演着重要的角色，它不仅是祭祀场所，也是处理宗族事务、执行族规家法的地方，主要用途为"尊祖敬宗""团结对外"。大鹏所城内姓氏复杂，宗祠在很大程度上维系了城内的主要姓氏宗族，如赖氏宗祠、李氏宗祠、戴氏宗祠、罗氏宗祠、樊氏宗祠等。宗祠是同族内成员宗族活动与精神寄托的重要场所，也是一种宗教礼仪文化场所，同时还具有一定的社会伦理功能，可以对民众的日常行为进行教化和约束。宗祠在所城内有利于对大姓的抱团，在巡洋缉盗时祈求祖宗的庇佑，也是一种精神层面的防卫。

无论明清两代如何经营，大鹏所城从海路与东莞守御千户所共同扼守珠江口，是外敌入侵岭南重镇广州的必经之路，其城池营建与军事防御体系两者间的关系是重中之重。综合上述分析，大鹏所城作为海防重镇，其军事设防的关键可概括为：根据所城东、西、南、北的山川形势，因地制宜，加强、完善军事防御工程体系的建设。

第四章 明初大鹏所城城门楼形制调查研究

第一节 研究背景

一、大鹏所城历史

大鹏所城位于广东省深圳市龙岗区东南的大鹏半岛之上，位于北回归线以南，陆域位址东经113度45分38秒，北纬22度26分59秒①。其地东北与惠阳市相邻，北至西北进入深圳市区，半岛之南即南海，西南与香港隔海相望，距广州200千米，离深圳市中心50千米。大鹏所城背依大鹏岭、排牙山，面向大亚湾，东山、西山护卫两旁，高峻的山峰为其提供了天然的依托和屏障，这样的地理位置契合了《周易》"负阴而抱阳"的思想。大鹏所城在保护沿海边境免受外敌入侵方面起到过重要作用，是明清时期广东沿海军事重镇。大鹏所城大部分建筑保留至今，为研究明清军事制度、海防及深圳地方史提供了宝贵的文物资料。

明朝初年，统治者大力加强中央集权，完善国家制度，在继承前代旧制的同时，又多有创新，卫所制就是这一时期新出台的一项军事制度。作为明朝的基本军事制度之一，卫所制曾经在维护地方安定、巩固中央统治方面做出卓越贡献。洪武元年（1368年），明太祖朱元璋在唐代府兵制、元代禁卫军制的基础上建立卫所制度②，经

---

① 宝安县地方志编纂委员会编《宝安县志·第一章第一节·位置面积》，广东人民出版社，1997。
② 《明史·兵制序》曰："（卫所制）盖得唐府兵遗意。"除源自唐府兵制度之外，明代的卫所制度还深受元代禁卫军制的影响。陈文石在《明代卫所的军》一文中说："所谓明卫所制'得唐府兵遗意'者，只是'征伐则命将充总兵官，调卫所军领之。既旋，则将上所佩印，官军各还卫所'而已，《明史·兵志》言之明。其实明代卫所制度，倒是受了元代兵制的不少影响。"文章载于《"中研院"史语所集刊》第48本第2分，1977年版。解毓才在《明代卫所制度兴衰考》一文中也持此观点，文章载于《说文月刊》1940年第2卷。

图 4-1 大鹏所城俯视图

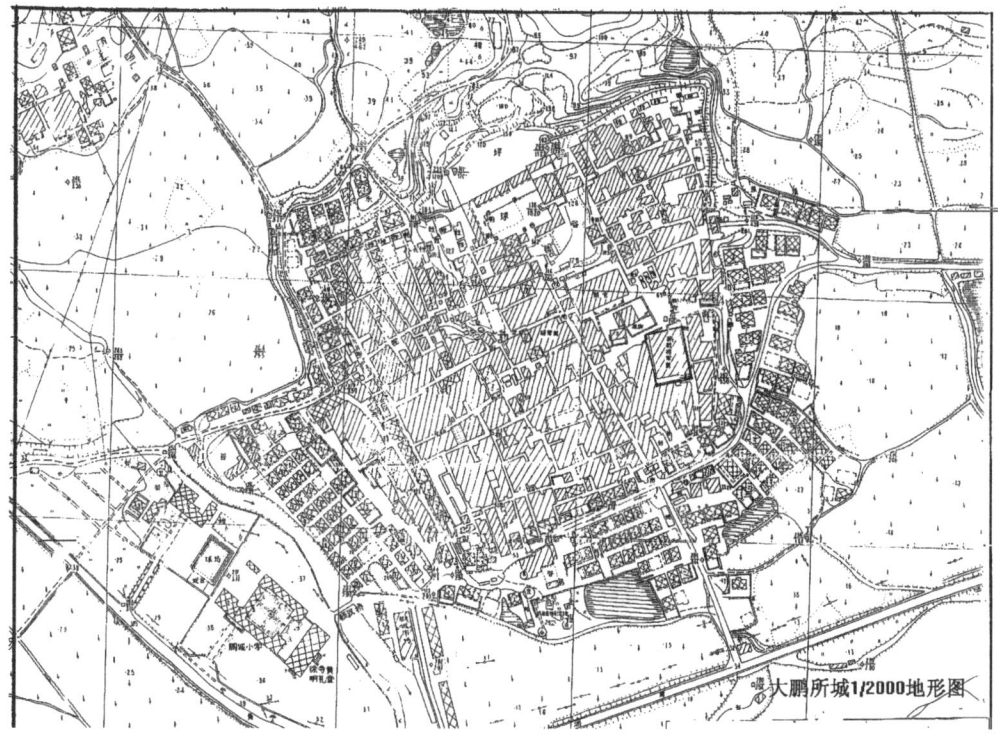

图 4-2 大鹏所城地形图

过数年改进，逐步完善。洪武三年（1370年）明政府先后建立八都卫指挥使司，掌管地方军政；洪武四年（1371年）增设广东等五都卫；洪武七年（1374年）对卫所制作了进一步完善，卫所体制基本成形。"天下既定，度要害地，系一郡者设所，连郡者设卫。大率五千六百人为卫，千一百二十人为千户所，百十有二人为百户所。所设总旗二，小旗十，大小联比以成军。"①每"卫"设兵5600人，其最高长官为指挥使，其下设指挥同知、指挥佥事等官。分为前、后、中、左、右五个"千户所"。每个"千户所"设兵1120人，设正千户一员，副千户二员，镇抚一员，幕官吏目一员，司吏一员。百户10员统领10个百户所，每百户所112人。"凡军政，卫下于所，千户督百户，百户下总旗、小旗，率其卒伍以听令。"②"卫"全称为"卫指挥使司"，所按级别、大小分为守御千户所、千户所、百户所。卫与守御千户所直接听命于都司，千户所、百户所隶属于卫。守御千户所在行政级别上与卫等同，但在军事建制上与千户所一致，一般设立在比较重要的军事关卡。

自元末以来，沿海的海盗及倭寇就经常登陆骚扰，大大影响了沿海人民的生活安定，特别是广东沿海地区所遭祸患尤为严重。时任广东都指挥同知的花茂曾进言曰："广东南边大海，奸宄出没，东莞、笋冈诸县逋逃蜑户，附居海岛，遇官军则诡称捕鱼，遇番贼则同为寇盗。飘忽不常，难于讯诘。不若籍以为兵，庶便约束。"③根据当时的海防情况和社会治安情况，花茂认为必须大量增加沿海卫所的数量，加大防御密度，才能对入侵实行有效控制，于是"又请设沿海依山广海、碣石、神电等二十四卫所，筑城浚池，收集海岛隐料无籍等军，仍于山海要害地立堡屯军，以备不虞"④。由于花茂的积极主张，朝廷在广东沿海再增设二十四个卫所，其中包括洪武二十七年（1394年）设立的东莞、大鹏二所，"以备倭寇；且耕且守"⑤。二所隶属东莞县南海卫。同年，广州左卫千户张斌开始筑大鹏所城城池。⑥明代的大鹏守御千户所在东南沿海防御系统中占有突出地位，它的设立对加强广东全省的海防及维护地方的社会治安起到了重要的作用。由于大鹏所战略位置的重要性，故区别于一般的千户所，为"守御千户所"，此前全国仅有守御千户所65个。守御千户所不由卫

---

① 《明史·兵志二》。
② 《明史·职官志五》。
③ 《明史·花茂传》。
④ 《明史·花茂传》。
⑤ ［清·康熙］《新安县志·卷之八·兵刑志·军志》。
⑥ ［清·康熙］《新安县志·地理志·大鹏所城》。

指挥使司统辖,而直接由都指挥使司管辖,即大鹏守御千户所虽在南海卫的范围内,却由广东都司直属,故大鹏所城与卫一样设指挥一职。

在清代,大鹏所城最初所属的新安县位于广东中路沿海防线的最东部,而在新安县各个卫所之中,大鹏所城最东,毗邻惠潮地区,成为中路防线东端的最前沿,因此在清初曾被划归惠州协管辖。"(新安)县治面俯大洋,如急水、佛堂、独鳌、小三门、大屿山诸隘,皆出海所必经也。其东则屯门、辋井,其西则鳌湾、茅洲,而南头一寨,则为虎门之外卫,即为省会之屏藩,尤为扼要;至大鹏所,则毗连平海,防御惠潮,亦重镇也。我朝德威远播,岛夷率服。然慎封守,重海疆,自古迄今,莫之或易也。"[①] 当时东路的惠州、潮州地区匪患较为严重,"大鹏一城,所以御东北也,与平海相连,而自惠潮至者,则大鹏适当其冲"[②],可知大鹏古城设于惠、潮以南,与平海卫成犄角之势,彼此形成较为有效的支援。

据统计,我国明代的万里海疆修筑了60多座卫城。仅《广东通志卷九·海防志·卫所》(四库全书本)就记录有九座卫城,另外有二十九座所城,以此构筑起以卫城、所城为骨干,堡、寨、墩、烽堠和障碍物相结合的军事工程设施。这些海防设施,或独立于海岛之上,或筑于江河海口,或密布于海岸,各镇互相呼应,编织成一道保卫家园的滨海长城。

综上所述,大鹏所城建于明代初期,鼎盛于清代中期,衰落于清代晚期。从防御对象来看,大鹏所城的发展可以依次分为前、后两个阶段:前期以抗击倭寇、海盗侵扰为主;后期主要是抵御西方殖民入侵。

以抗倭防盗为目的而建立的大鹏所城,因殖民入侵而地位日益突出,最终也因殖民入侵的程度加深而走向衰败,它的历史反映了中国封建社会末期广东沿海局势的变化。按时间及所城作用的变化情况,可以将其发展过程分为三个阶段:

第一阶段,明洪武二十七年(1394年)至清康熙四十二年(1703年),是大鹏所城的建立与发展时期。这一时期所城基本维持原来的建制规模,虽然在清顺治十三年(1656年)时改为大鹏所防守营,但级别与原来相仿。

第二阶段,康熙四十三年(1704年)至咸丰元年(1851年),是大鹏所城的鼎盛时期。此期大鹏半岛的海防形势发生变化,海防任务加重,先是改为大鹏水师营,增加兵力,后分设左右二营,又因鸦片走私愈演愈烈,在道光二十年(1840年)大

---

① [清·嘉庆]《新安县志·海防略》。
② [清·嘉庆]《新安县志·海防略》。

鹏营升为协①，进一步提升兵力。道光二十二年（1842年），英割香港岛，大鹏协边界防守的作用更加突出。

第三阶段，咸丰二年（1852年）至光绪二十五年（1899年），是大鹏所城的衰落期。此时期面对西方殖民者的入侵，清政府节节败退，步步妥协，大鹏地区逐渐划归英界，大鹏协的防御作用也随之消失，最终被裁撤。

二、研究缘起

（一）文物保护工作的需要

2001年6月，大鹏所城被国务院公布为全国重点文物保护单位，逐渐成为深圳的文化名片。但是现在大鹏所城文物现状却令人担忧：一方面，近现代以来被改造的所城内建筑与古时面貌大相径庭，更为严重的是，大鹏所城原有大量重要的历史关节点上的建筑物和城池结构，如今早已遭到毁灭性破坏，其中就包括古城城墙与城楼。另一方面，改革开放以来，全国各地兴起"复原""复建"之风，但是普遍都做成以"天安门"为基本范型的"阁楼"样式，仅仅有极少数按照当地民国以前的老照片以及其他资料来进行设计，类似的重建设计和施工对于文物原貌、文物整体风貌造成了难以估量损失的破坏。

2006年，大鹏所城保护与开发工程正式开工，展开了全面的架空线网入地工程和临街立面"穿衣戴帽"工程。但是，由于此次工程完全按照普通工民建维修的标准实施，完全排除了作为国家级文物保护单位所必须考虑的文物保护因素，事先未做任何历史与考古调研，临时找到一家所谓具有古建筑维修某级资质的施工队，没有经过文物部门审核批准过的施工设计图纸，没有合格资质的文物建筑维修施工监理，完全凭着工人的感觉和良心，在古城内开展了全面施工。结果是城内接近一半的道路被挖开平均1.8米深，从明初以来堆积起来的地层和大量文化包含物被直接用机械挖掉抛弃，大量历代的古文化信息遭到灭失；而临街立面也被改造得不伦不类、面目全非；道路用毛石满铺，凹凸不平，与本地古代道路形态相去甚远。

这种严重破坏"国保"文物的现象引起了当地居民和游客的注意，开始多次向新闻媒体乃至文物部门投诉和举报，由此引起了文物部门的关注。深圳市文物局在派人进行了细致的调研之后，即组织龙岗区政府相关部门召开了"大鹏古城文物保护

---

① ［清·康熙］《新安县志·职官志·武官表·国朝大鹏所营条》。

工程协调会",对严重违反文物保护法的破坏性修缮改造行为进行了严厉批评,同时确定由文物部门介入大鹏所城保护工程的原则。为了将大鹏所城保护工程纳入《中华人民共和国文物保护法》的监控范围,使所有的保护性修缮都有历史依据,避免再次出现维护修缮性破坏,从2007年10月开始,开展了为期一年的"大鹏所城历史建筑调查与研究"工作。

同时,国内学术界对于古代城楼的研究尚处于起步阶段,自民国以来对古代城楼进行专题研究的著作寥寥无几,对于古代城楼基本形制和基本分类缺少基本的理论认识。

因此,基于文物保护工作的需要,对大鹏所城城墙、城楼的专题研究就成为文物工作者刻不容缓的任务。

(二)目的及意义

由于大鹏所城保护工程的前期缺乏文物主管部门的监管和指导,原有的保护规划和保护工程施工方案其实都只是一个"草案",缺少几乎所有的施工细节,因而造成施工方的随意乱挖乱建,粗制滥造,大量地毁坏了古城内的原生态建筑,大幅度破坏了古城风貌。在制止了前期的破坏行为之后,文物保护单位要为一期工程的后续展开提供翔实的历史依据,更要提供各种局部构件的形制、做法、结构等的大样。

城门楼及城墙是大鹏所城作为一座海防军事防御设施的核心建筑,同时也是大鹏所城目前保留的唯一明代遗存。对城门楼形制的专题研究有助于更为深入全面地认识所城、恢复古城全貌。大鹏古城保护一期工程的后续阶段开始施行后,各有关方面组织大鹏所城博物馆和深圳市文物考古鉴定所进行大鹏所城城门楼的研究。因此,本章即以城门楼及城墙的形制为研究对象,最大限度剔除后世的干扰因素,尽可能对城章楼及城墙的最初形制做出客观、科学和准确的判断。

三、研究方法及资料

(一)现存实物、遗迹与文献相结合

大鹏所城现存西门建于清代,保留了较为可靠、原始的历史信息,以此为基点为上溯复原城门初建时的原貌提供了可能性。此外,闽粤两地沿海岛屿密布、岸线曲折,是明代卫所城堡分布较密集的区域,按照"由近及远,由同质到异质",参考价值递减这样的思路和标准,确定、收集了大量同性质、同时期、同地域、同建筑

风格的现存城门楼资料作为参照样本。"同性质"指防御性质的卫所建筑,"同时期"指记载建于明初的城门楼,"同地域"指闽、粤沿海,"同建筑风格"指以广府为主,潮客因素少有加入的建筑类型。

主要样本例如:

惠州平海所城:据嘉靖《惠州府志》记载,平海所城于明洪武十八年(1385年)始建,洪武二十七年(1394年)建成,城墙周长1716米、高5.9米,有雉堞871个,辟东、西、南、北4门,门上建敌楼。现存四座城门楼及部分城墙等仍保持了建成时的主体结构和外观样式,均已有六百余年历史。

崇武所城:属福建司泉州永宁卫,据《崇武所城志》记载,始建于明洪武二十年(1387年),"四方设门,各置楼于上","东、西、北三面月城,南无月城,门外照墙为屏蔽"。建成后经明永乐、清顺治、康熙、道光等朝多次整修,现存南、西、北城楼为20世纪90年代仿明代城楼样式改建。

漳州铜山所:据《东山县志》载,铜山古城建于明朝洪武二十年(1387年)。始建时城周长五百七十一丈,高二丈六尺(一说二丈一尺),设东西南北四城门,城上堞墙八百六十四片,窝铺十六间,置大炮数十门,建有水寨。以依傍的"铜钵""东

图 4-3 崇武所城

第四章　明初大鹏所城城门楼形制调查研究

图 4-4　崇武所城

山"两个村名中各取一字，合为"铜山"城。

潮州大埕所城：大埕所城为千户所，位于广东省饶平县所城镇，据《饶平县志》载，建于明洪武二十七年（1394 年）。此后嘉靖十七年（1538 年）、崇祯十年（1637 年）均有扩建，康熙三年（1664 年）甲辰迁拆，康熙八年（1669 年）由知县刘鸿业重建。现东面城垣保存完整，东、西、南、北四个城门尚在。

赵家堡：始建于明万历二十八年（1600 年），万历三十七年（1609 年）扩建了外城。现存四城门、城楼及瓮城均为初建时遗留，且保存较好。

诒安堡：又称诒安城，位于福建省漳浦县湖西乡城内村，建于康熙二十六年（1687 年），现存四座城楼均为清代遗物。

（二）考古发掘与文献相结合

经国家文物局批准，由深圳市大鹏所城博物馆、深圳市文物考古鉴定所（以下简称"考古所"）双方商定，由考古所专家主持分别于 2006 年、2008 年对大鹏所城进行了科学的考古发掘和记录。其中，在 2006 年的发掘中，解剖了东城墙北段、南

图 4-5 修葺后的漳州铜山所晨曦门

图 4-6 大埕所城东门

图 4-7 大埔所城南门

图 4-8 大埔所城西门

图 4-9 大埕所城北门

图 4-10 赵家堡

第四章 明初大鹏所城城门楼形制调查研究

图 4-11　诒安堡

门和东门门洞过道，在东门外广场挖掘一个探方和数十个探孔，试图寻找瓮城遗迹，未果。同年在北门遗址上挖掘探方二条，见到少量遗迹现象，但未能确定北门的具体位置和规模。2008 年考古工作者全面揭露北门基址，找到大量遗迹现象，但仍未能找到北门城台的南北边界和城门洞遗迹，同年对城墙东北角大面积揭露，对北墙东段部分全面揭露。

大鹏所城相关文献主要有：《明史》《清实录》《清史》、[清] 阮元等编《广东通志》、[清] 卢坤等辑《广东海防汇览》、《广州府志》、《惠州府志》、《归善县志》、宝安县地方志编纂委员会编《宝安县志》，等等。与大鹏所城城墙及城楼有关的记载较为集中在 [明·天顺] 卢祥《东莞县志》、[清·康熙] 靳文谟《新安县志》、[清·嘉庆] 舒懋官《新安县志》中。

（三）将建筑物拆解分析

本项形制研究采用将建筑物拆解再整合的方法。建筑物可以分解为"构件""单元"和"整体"三部分，其中不同的"构件"通过"结构"组成"单元"，不同的"单元"通过结构组成"整体"。本研究依次准确、科学地分析组成大鹏所城城门楼建筑的"构件""单元",最终完整勾勒所城城门的最初原貌。

(四) 有选择吸收已有研究

现在通行的多种《中国古代建筑史》教科书和相关的中国古建筑著作及资料书中,有关城门楼形制的图片数量不可谓不多,但是关于这一问题的论述却少之又少,关于东南沿海卫所城门、城楼形制的讨论文章或专著则迄今未见。人们对于东南沿海城门楼形制的认识至今大概还止步于20世纪二三十年代时的水平,以为它与内地常见的普通城门楼"大同小异",甚至出现了楼高二层、歇山、重檐、回廊周匝等明显偏离原貌的复原设计方案。这使文物行政管理部门困惑不已,最终只好按照与城门台基大小相匹配的规格选择一种更为流行、相对接近原貌的方案,同时不得不忽略最重要的代表地域和年代特征的形制要素。

关于我国古建筑中的城及城楼,梁思成先生曾经说过城及城楼,实物仅及明初,元以前实物,除山东泰安岱庙门为可疑之金元遗构外,尚未发现也。山西大同城门楼,为城楼最古实例,建于明洪武间,其平面凸字形,以抱厦向外,与后世适反其方向。北京城楼为重层之木构楼,其中阜成门为明中叶物,其余均清代所建。北京

图 4-12 北京正阳门

角楼及各瓮城之箭楼闸楼,均为特殊之建筑型类,甃以厚墙,墙设小窗,为坚强之防御建筑,不若城楼之纯为观瞻建筑也。至若皇城及紫禁城之门楼角楼,均单层,其结构装饰与宫殿相同,盖重庄严华贵,以观瞻为前题也。其他如《中国古代建筑史》教科书(建筑规划院本、刘敦桢本、潘谷西本)等也都仅有顺带的叙述,未能尽其详。

四、调研进程

2010年6月中旬,深圳市文物考古鉴定所相关科研人员进驻大鹏所城,展开调研工作。按计划调研工作分为三期:第一期为文献资料的收集整理与初步的实地勘查调研;第二期为对本地乡耆的采访和周边同类城门楼建筑的田野调查;第三期为保护对象的深入调查和调研报告的编撰。

第二节 文献记载与遗址、遗存

一、大鹏所城始建与历次修缮

大鹏古城现存城门楼三座,分别为南门楼、东门楼、西门楼。始建年代为洪武二十七年(1394年),与城墙墙体同时建成,后代屡毁屡建。

(一)始建

始建时,广东都指挥同知花茂建议在大鹏岭之麓设立大鹏守御千户所,据[清·康熙]《新安县志》载:大鹏所城"在(新安)县东一百二十里,由新安城至大鹏所城,路径多系高山海港,旧有乌石渡,从乌石海边至下沙,道里二日可通。今无船设,不复可渡,高山峻岭,如鹞鹰三转。大、小梅沙尖、九顿岭等处[①],轿马难走,必步行登越。横涌海港无渡,伺潮退以涉。无大风雨,四日可至;遇有风雨,高山难越,海潮难沓不退,路期不定"[②]。大鹏山峦重叠,人烟稀少,地理位置"最为险僻"[③],所城最初选址在半岛最南端西侧的一处地方,即今深圳市龙岗区南澳镇新屋

---

① 乌石渡在今深圳市南头附近,地名今已不存;下沙村在今深圳市龙岗区大鹏镇政府南约5000米处。大、小梅沙尖、九顿岭:地名今仍存,皆今深圳市盐田区内。
② [清·康熙]《新安县志·卷之四·职官志·武官制》。
③ [清·康熙]《新安县志·卷之三·地理志》。

村旁（现在的大鹏新区南澳街道西涌社区鹤薮村），"洪武二十七年（1394年），广州左卫张斌开筑"①，修筑了八十多米城墙后停建。至今该地仍保留着一段八十多米的明初弃置的城墙，被称为老大鹏城。

后选取地理位置更为有利的大鹏半岛东侧大亚湾畔的乌涌村侧，即今大鹏古城所在地（现在的大鹏新区大鹏街道鹏城社区鹏城村）。此处为大鹏半岛颈部，南向隔海有七娘山为其屏障，城池隐于大亚湾，后枕大鹏岭、排牙山，此为城之镇山，东山、西山护卫两旁。周思源在《〈周易〉与明代沿海卫所城堡建设》一文中，独辟蹊径，用《周易》的思想来研究明代沿海卫所的选址与布局，其中在谈到福建省莆田平海卫时指出："卫城北向有朝阴山、后城山，南临东海，东向后城山余脉一直向南延伸，西有江一直向南延伸。后城山余脉与江堤山似人向前伸展的两臂，负阴而抱阳。"②大鹏所城的位置与之十分相似：东、西、北三面环山，南面临海，正是"负阴而抱阳"的典型。前面天然避风港湾可泊战船，若有敌来犯，以七娘山上的烽火台为前哨，传递信息，及时出击。依山傍海，地势险要，进可攻，退可守，可谓选址得当，进退皆宜。所城现址选择于山坡之上，由北向东、西、南三面倾斜，依其山势造城，既可居高临下，又无水淹之忧，前后左右均有依据，完全符合中国古代的军事思想。有研究文章指出，除了"传统风水思想"之外，现在大鹏所城的选址还综合了"地理因素""地形因素""空间层次"及"交通便利"等诸多因素。因此，可以说今天的大鹏古城的选址是中国古代堪舆学说与军事思想在城市规划和建设上的一个典型案例。

大鹏所城平面布局呈不规则梯形，占地约10万平方米，东西宽约345米，南北长约285米。原城墙用黄泥土夯筑而成，外表用砖石包砌，高约5.5米、下宽约6米，上宽约3.5米，长约1200米，上设雉堞654个，分东、南、西、北四座城门，每座城门上有一座门楼，其中东、南、西三座城门，保存较好，"内外砌以砖石，周围三百二十五丈六尺，高一丈八尺，面广六尺，址广一丈四尺，门楼四，敌楼如之，警铺一十六，雉堞六百五十四，东、西、南三面环水，濠周回三百九十八丈，阔一丈五尺，深一丈"。③

---

① ［清·康熙］《新安县志·地理志·大鹏所城》。
② 周思源：《〈周易〉与明代沿海卫所城堡建设》，《东南文化》，1993年第4期。
③ ［清·康熙］靳文谟：《新安县志·卷五杂署》。

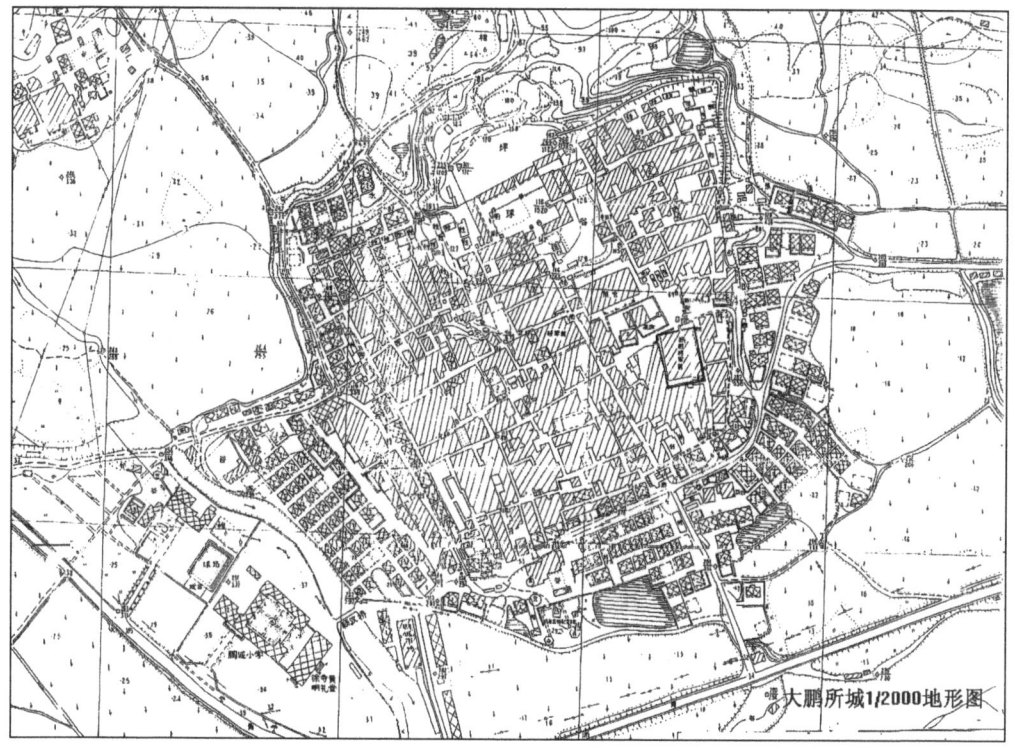

图 4-13 大鹏所城地形图

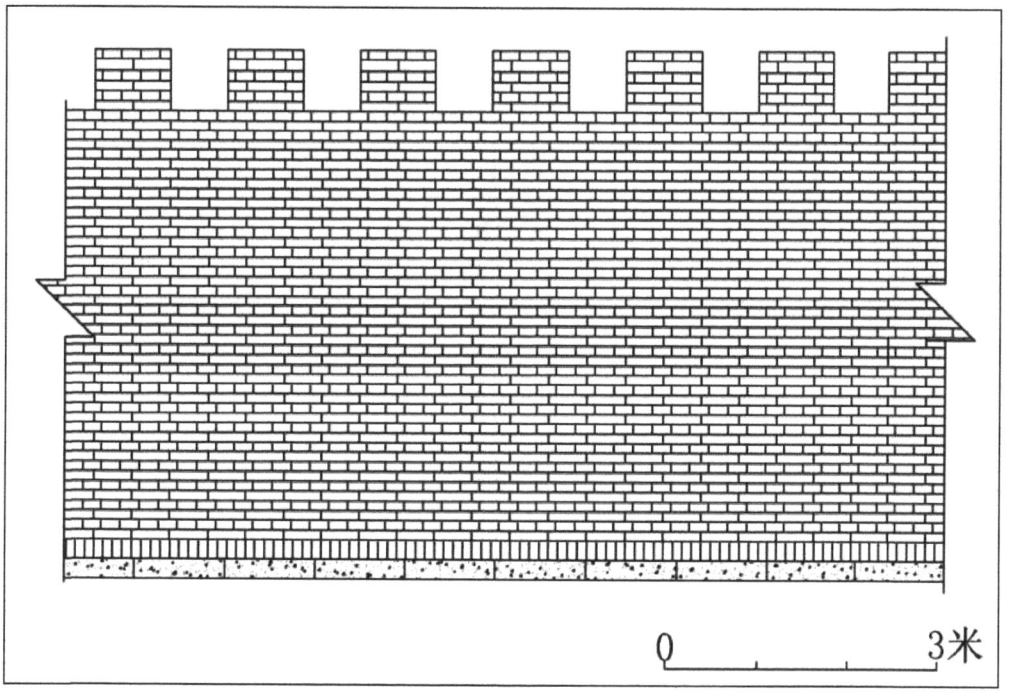

图 4-14 根据方志尺寸推测复原大鹏所城城墙外侧正立面图

（二）历次修缮

据史料记载，大鹏所城自洪武二十七年建成后没有扩建，只是由于自然及战争的破坏，曾经进行修整，有史可考者有以下诸次：

明隆庆五年（1571年），"倭贼攻大鹏所，舍人康寿柏御之。时所城被围四十余日，贼具云梯泊城，柏呼众坚守，有登城者，手刃之，即碎其梯，围乃解①。"

顺治四年（1647年），"山寇陈耀破大鹏所城，劫掳而去"，同年匪首李万荣盘踞大鹏所城，一直以此为根据地四处劫掠，直至顺治十三年（1656年）方受招安而降。②

"康熙十年（1671年）八月二十一日，飓风倒塌城楼四座，城角窝铺四间，垛子五十八个。知县李可成捐银一百七十五两九钱九分五厘，并倡率文武各官，大鹏营守备马四玉捐银七十两，千总陈万捐银十两，把总洪英捐银五两，把总刘彦捐银五两，大鹏所千总李呈芳捐银十两，协助修复。具报上台，照例题叙。"③

康熙二十年（1681年）以后，大鹏城"间有朽烂。各前令虽随时粘补，但历

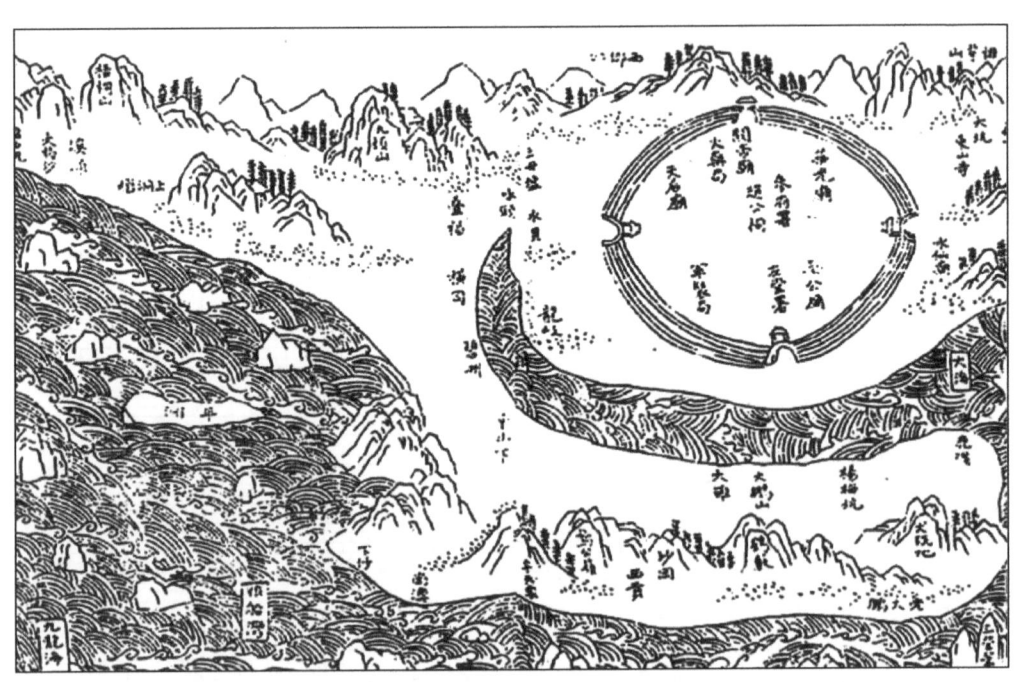

图 4-15　[清·嘉庆]舒懋官《新安县志》大鹏所城平面示意图

---

① [清·康熙]《新安县志·卷十一防省志》。
② 同上。
③ [清·康熙]《新安县志·卷三地理志》。[清·嘉庆]《新安县志·卷七建置略》也有相关记载。

年久远,究属修少坍多,东、西、南、北城楼四座,及城墙、马道、垛子,日就倾圮"。

乾隆十六年(1751年),"奉准动项修葺"。

嘉庆十七年(1812年)六月,"知县李维揄会营勘估,捐廉兴修,旋卸任,未能蒇事。十八年(1813年)正月,移交署知县章予之,亦未报竣。十九年(1814年)二月,署知县孙海观接修,十二月竣工,具报"^①。

(三)方志记载的城楼使用情况

从[明·天顺]《东莞县志》、[清·康熙]《新安县志》和[清·嘉庆]《新安县志》的记载来看,至少在嘉庆十九年(1814年)冬之前,大鹏所城东、南、西、北四座城门应该不存在某座城楼门洞被人为堵塞、城楼被弃置不用的情况。证据有三:其一,据[清·康熙]《新安县志·地理志》"大鹏所城"条,康熙十年(1671年)八月,大鹏所城东、南、西、北四座城楼受飓风而倒塌,时任知县李可成"倡率文武各官"捐银修复;[清·嘉庆]《新安县志·宦迹略》"李可成"条下称赞其"所在设防守险,百度经营,务以固圉卫民而已"。可知李可成在任内尤为重视各类防御建置的守卫功能,其倡率修复大鹏所城四处城楼自然也必定以保证所城军事功能为要务。其二,据[清·嘉庆]《新安县志·建置略》"大鹏所城"条,自康熙二十年(1681年)起,所城各处虽"间有朽烂",但各任县令仍皆"随时粘补",以保证所城各处设施的正常使用。有史可考包括四座城楼在内的最后一次大修乃在嘉庆十七年(1812年)六月,由时任知县李维揄发起,至嘉庆十九年(1814年)十二月由署知县孙海观完成。可以想见,这次耗时两年零六个月之久的大规模修整,亦必以保持所城的军事功能为准的,四处城门的畅通以及四处箭楼的坚固自然包括在其中。其三,在[清·康熙]《新安县志·地理志》"城池"条下,有新安县城北门被堵塞的事例,并且明确记载了于何时因何事被何人所为,其云:"邑城在城子岗,即因东莞守御所城也。……隆庆六年(1572年)建县。万历元年(1573年),知县吴大训谓:北门当县治之背,地脉非宜,塞之,止通东、西、南三门……"依循县志成书体例,倘若大鹏所城某处城门于嘉庆前亦有被人为有意填塞的情况,一定也会为县志所载,但我们遍寻三部县志,并未发现丝毫相关记载。综上三条原因,我们认为

---

① [清·康熙]《新安县志·地理志·城志·大鹏所城条》,亦见[清·嘉庆]《新安县志·卷七建置略》。

至少在嘉庆十九年冬之前，大鹏所城四座城楼及其所属城门均应该仍保持着正常使用的状态。

二、城垣遗址、遗存分析

在明代以前的朝代，大部分的城垣可以说是土筑的。到了明代，砖的生产大量增长，全国各州、县城的城墙都加砌砖面，于是雄厚的砖城也应运而生。大鹏所城是明清两代有效抗击倭寇海盗和殖民入侵者的海防城堡，其陆上城垣的修筑自然也不逊色。古城现存东、南、西三个城门楼，门洞城墙体内部夯土心及少量城墙砖可能为洪武年间初建时的原构，而大部分的城墙砖都可能是明代中期以后维修时添换上来的。

现大鹏所城城垣除西墙毁坏殆尽外，北城墙的东段和西段都还保留一段土垣。东城门北段尚存约100米，保存最好，从这一部分可以清晰辨别其构筑形式与结构。

城垣顶部由黄土夯实而成，城墙是用黄泥沙和灰土夯筑而成，墙体外侧用砖包砌，砖长39厘米厚5厘米，外城墙砖块错峰平砌，砖墙与夯土结合紧密，有部分砖块深入夯土内。内部城墙下部是用石块叠砌，壁面陡度比较大，收分也很明显，呈

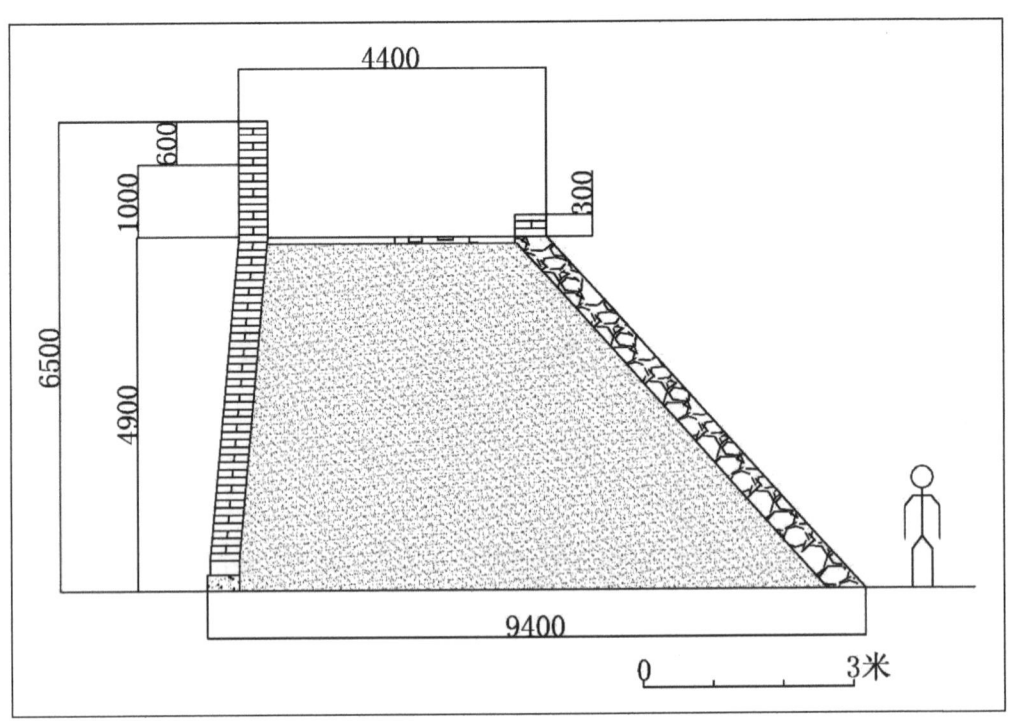

图 4-16 根据考古发掘复原大鹏所城城墙剖面图

台阶式。

三、城门楼现状及分析

（一）概述

大鹏所城现存城门楼三座，分别为西门、东门、南门。城门均为券洞式，由内门洞和外门洞组成，外门洞较窄，内门洞较宽。西门楼仍保存原始结构，但墙体和屋顶已改成晚清、民国之际的砖瓦材料与做法。南门楼、东门楼1949年以前已经毁坏，至20世纪80年代后期为发展旅游事业而新建；1998年深圳市文物管理办公室为保护大鹏所城，又请专家重新设计，在原址上修建成城门楼，但这两座城门楼在形制上仍然没有摆脱国内一般流行的式样或图纸的基本特征，以追求旅游景观效果为主，基本上与本地区明代卫所、城门楼无甚关联。前面、后面与雉堞之间留出一米余宽的过道，与内地绝大多数城门楼和城墙的关系相同，而与沿海卫城、所城的通用形制有异。

图4-17　大鹏所城南门楼正面（一）

图 4-18　大鹏所城东门楼正面（二）

（二）现存西门楼分析

西门楼至今仍保持清末、民国的原始结构。券门两券两伏保存完好，表面用砖规格、火候、质地均不一致，应为经过近代维修的结果。门洞内门扇、枢臼等构件均已遗失，只留有过梁窝、门闩窝。

城台现已独立，两侧城墙早年被拆除，登城阶梯仅保留南侧一处，依据现存坡度、高度以及中段右折三五级阶梯的现状来看，与邻近的平海所城登城阶梯非常相似，因此可能与原始的登城阶梯有关系。外墙砖也存在多种规格、火候、质地，以及多种砌法，亦是近现代维修的结果。

城门楼前墙与城台前墙平齐直上，墙砖为青砖，规格围绕长 250 毫米～300 毫米、宽 100 毫米～120 毫米、厚 40 毫米～50 毫米，其中最小者为本地民国时期常见规格，而 20 世纪 80 年代此楼最后一次大修，所以墙体整体上属于晚清至现代多个时期多种规格青砖砌成，已经不纯粹是某一时期的建筑。屋面为硬山双坡顶，阴阳瓦五十九坑，瓦宽 150 毫米×长 130 毫米×厚 8 毫米左右。正脊为堆瓦罩灰沙清水脊，垂脊为梢垄。南北两侧靠前墙各设一青砖拱券小门，室内原为三开间，北

图 4-19 平海所城登城阶梯

侧又有明显添加的一小间,现已全部隔成小间出租,即粤语所谓"劏房"者。

西门楼现存墙体底层约一米高左右为夯土,其上叠压上述小青砖,是民国时期常见的规格与火候,部分墙体被后期多种规格、火候的杂砖填充,当为现代维修时填补。屋顶是极其简陋的不规则檩条架桷板,为现代常见的简易做法。盖瓦为堆瓦,底瓦为叠瓦做法。檩条架于山墙与隔间承重墙之间,没有梁架结构,是为"檩架"结构。后墙从城台后立面退入1.5米,全部用杂乱无章的砖块砌成,当是现代填充结构。

据此,现存西门楼平面为面阔三开间,北侧添加一小间,进深方向到后墙被切割成三段,中间为过道,后墙外尚留有1.5米宽通道;此平面形制除后墙与城墙后立面之间的1.5米通道为平海所城所无外,其他部分与平海所城各门楼平面形制颇为一致。平海所城四座城门楼都有明代中期或其稍前稍后的柱础,和不晚于清代早期的梁架,因而其整体形制应不晚于清代早期,其平面形制应在明代中期甚至更早。此外,依据民国时照片复原的兴宁明代北门楼("拱辰门"门楼),其平面与平海所城门楼完全一致。因此这种门楼平面的基本特征是:城墙外侧是一个通廊式的作战掩体,城墙内侧是作战待发区,用于兵员休息、整备及储存弹药。现存西门楼平面由于前部被分割为"劏房"出租,前方唯一通道被劏房占用,而据当地居民讲,修复时后墙已经坍塌不存，所以将后部留出上述 1.5 米宽的通道。隔间承重墙底部墙体材料为杂砖，上部为土坯砖，明显为现代砌筑。结构上未见木构梁架，与平海所城各门楼和兴宁北门楼明显不同。

由此可见，西门楼现今至少保存了晚清、民国时期的主体平面，后部减去一条留作通道，北侧添建一间以增加出租面积，实际上很可能还保存着明代的原始平面，

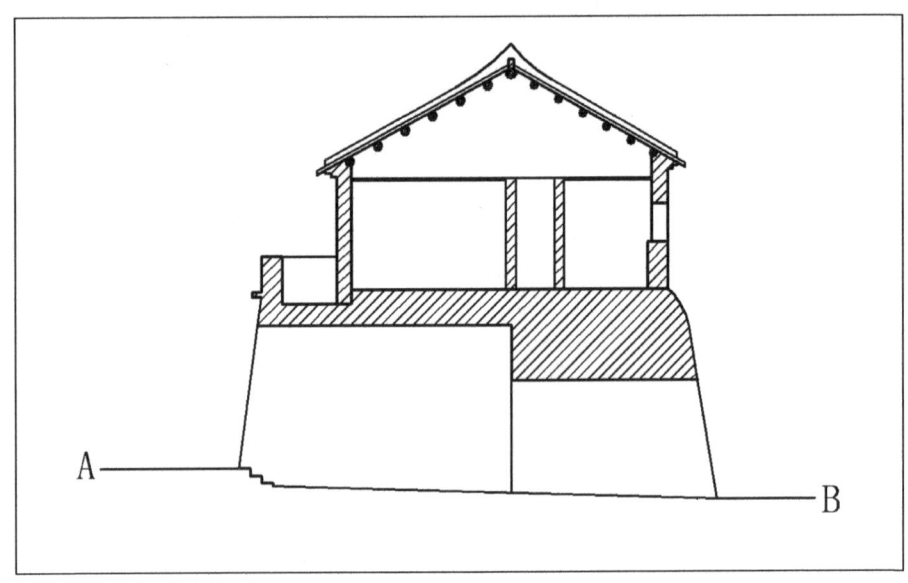

图 4-20　大鹏所城西城门纵剖现状图

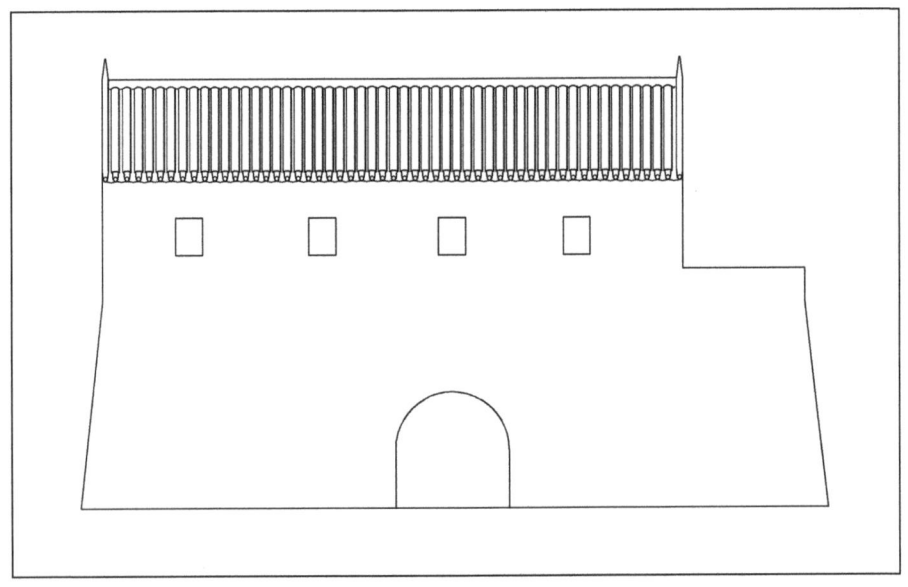

图 4-21　大鹏所城西城门正立面现状图（一）

第四章 明初大鹏所城城门楼形制调查研究

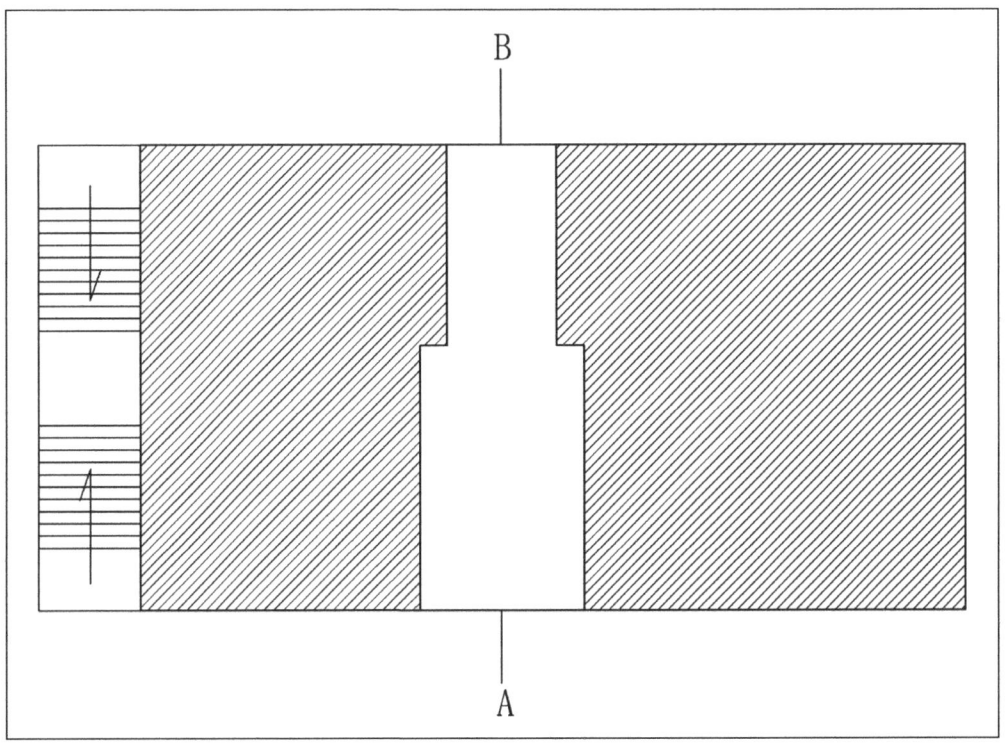

图 4-22 大鹏所城西城门正立面现状图（二）

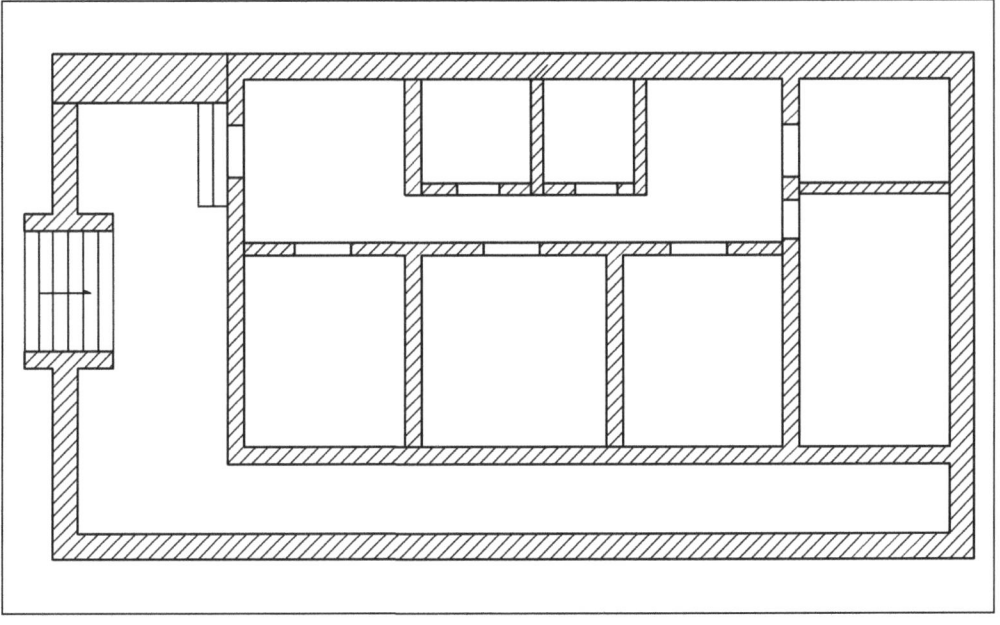

图 4-23 大鹏所城西城门正立面现状图（三）

55

是现存唯一的与原始形制有密切联系的实物遗存。

（三）城楼与街道位置关系分析

依据对北门城台遗址的考古勘探、发掘（图 3-24）[①]，对探坑 46（T46）附近北门城台夯土基址及白石护坡墙做出大样图，进而测算出北门城台基址中心点所在位置（图 3-25）。

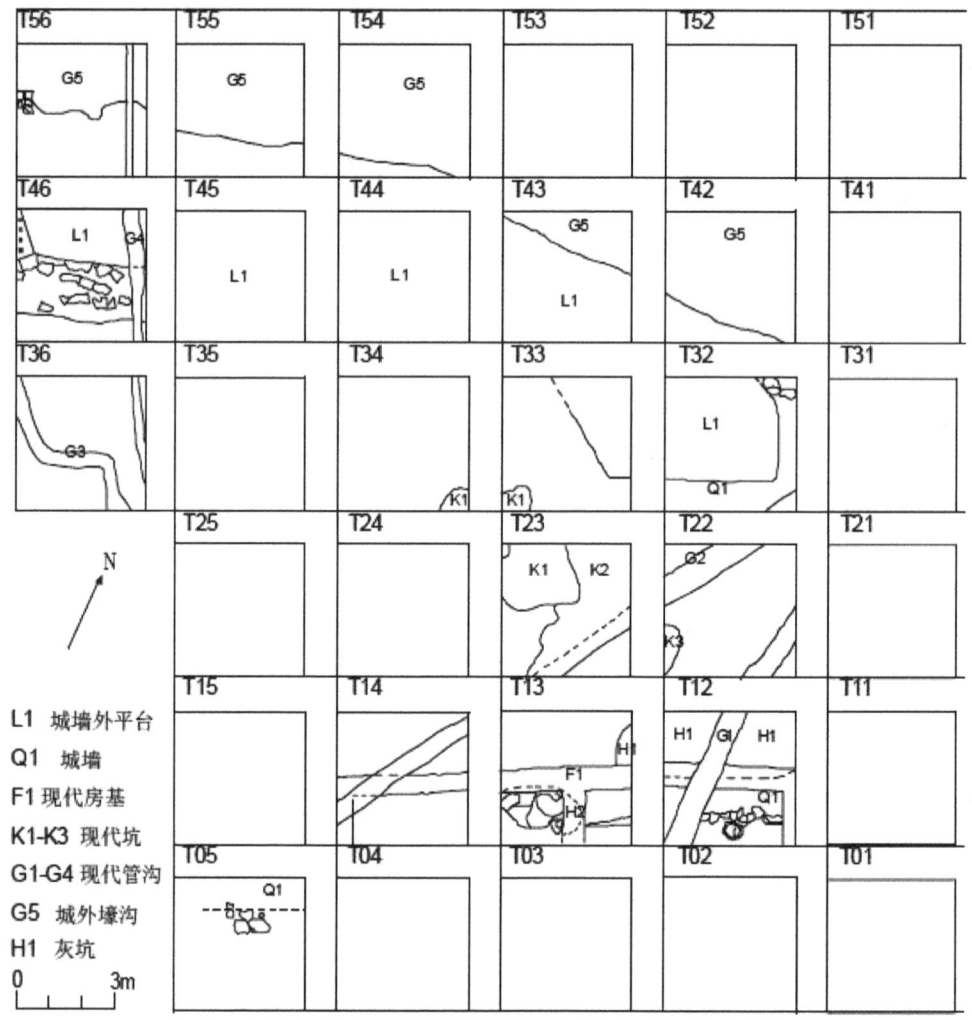

图 4-24　2008SLDN 区探方与主要遗迹分布图，见
《大鹏所城第一期第二阶段考古发掘工作中期发掘简报》

---

① 参见 2008 年 11 月深圳市文物考古鉴定所《大鹏所城第一期第二阶段考古工作中期发掘简报》第 26—29 页。

辅以对东、南、西三座城楼的现场测绘所得数据，可知大鹏所城四座城门的初始位置以及与街道关系如图 3-26 所示。

如图 3- 所示，根据对于各个城门精确位置研究定位的结论，如果将南门与北城台遗址的十字中心点相连接，则此条连接线大体与南门街以及十字街以北一段（北门街）方向大体一致，并且通过现存鹏城学校大门的中心点。同样，若将西门与东门的十字中心点相连接，连接线亦与正街（西门街）与东门街方向完全吻合。

据此认为，大鹏所城在建造之初，应该依循我国古代城池建造的通例，设定有南北和东西的两条轴线，而这两条轴线在现存东西南城台和北城台遗址上仍然完整地保留着，并且通过对四座城台的定位就可以获得其准确线路。现存鹏城学校大门所在位置正位于所城城池南北中轴线之上，可知鹏城学校创建之初也有意将学校大门建在所城南北中轴线上，这一事实也印证了对南北、东西轴线线路的推测。南北轴线与南门街北段吻合度较差，存在曲折偏差，认为造成这种情况有两方面原因：一方面是风水原因。古代建造城池为了避免所谓"漏财""漏气"之说，城池内连接两端城门的街道通常在街道中段有意偏离城门洞中线而做出几个曲折，以避免两端城楼门洞直通相望。另一方面缘于后世临街房屋的维修与搭建。后世临街房屋在维修和搭建过程中，大多会有意向街道方向扩展，以期占用更多的公共空间来方便自家，从而造成在平面图上看，沿街道两边凹凸不平并且与轴线偏离的情况。除上述

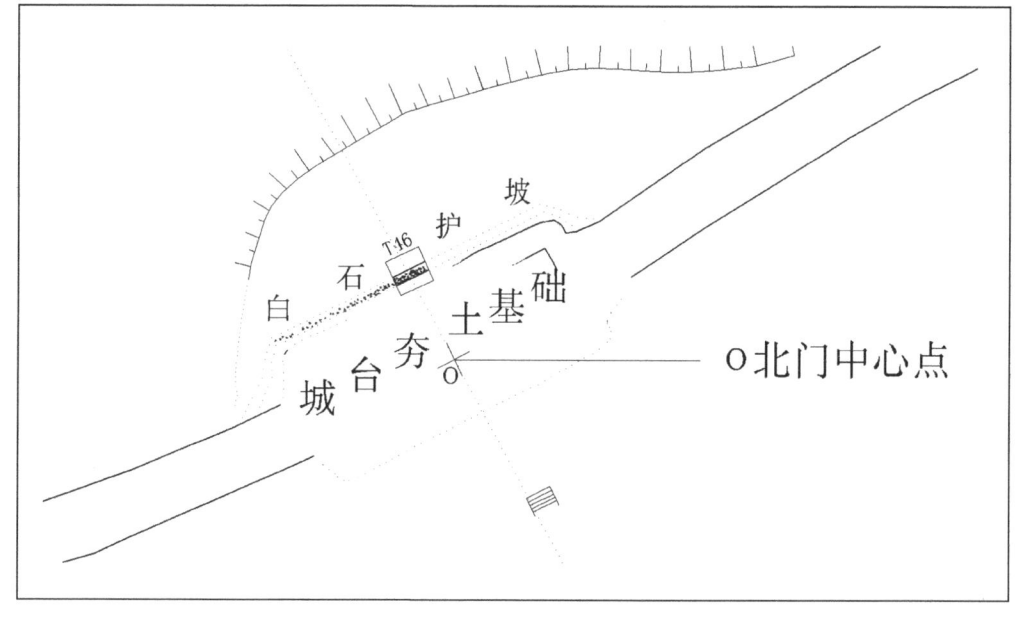

图 4-25 大鹏所城北城台夯土基址大样图

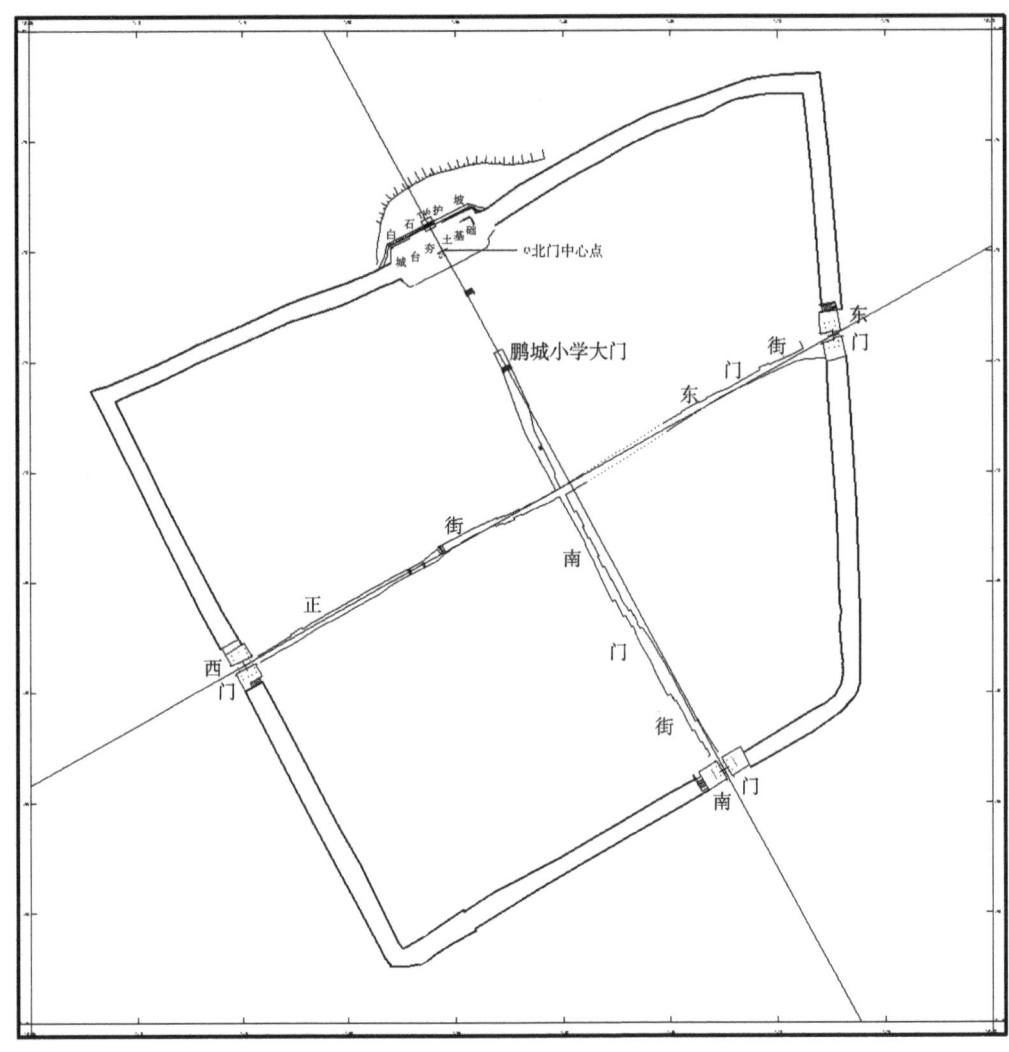

图 4-26 大鹏所城城门与街道位置关系图

两方面原因之外，张驭寰先生在《中国城池史》一书中，还提出了古代城池出于军事防御角度而有"城门不相对"的建造原则，对于解释大鹏所城的城门与街道位置关系亦可备一说[①]。

---

① 张驭寰：《中国城池史》，百花文艺出版社，2003，第552-554页。

第三节 阁楼与箭楼

一、理论的提出

搜检历代文献,我们不难发现,在中国古代建筑史的研究中,对于城门楼的研究是一个弱项,专门的研究少之又少;浏览关于城门楼的图片,不难发现全国遗存的古代城门楼似乎多得不可胜数,令人眼花缭乱,造型却是大同小异。因此可以说关于城门楼的问题是一个人们既熟悉又陌生的问题。

前文已经提到,梁思成先生的《中国古代建筑史》曾经简单提及城门楼:"北京角楼及各瓮城之箭楼闸楼,均为特殊之建筑型类,甃以厚墙,墙设小窗,为坚强之防御建筑,不若城楼之纯为观瞻建筑也。"这里的"城楼"与"角楼""闸楼""箭楼"相提并论。其中将"角楼"和"箭楼"均列为"特殊之建筑型类",大概是忽略了这些"特殊建筑型类"普遍存在的事实,也就是说这些所谓"特殊类型"其实并不特殊。另外这里的"城楼"大概是指城墙主通道城门洞上面的建筑,说这些建筑"纯为观瞻建筑",亦涉以偏概全。

我们认为所谓"城楼"是一个比较模糊、容易发生歧义的概念,通常可以也应该是指城墙上面的所有楼观建筑。已有的研究对"城楼"的分类和命名基本上都是"自说自话",大多根据自己研究的需要而对城楼加以区分和命名,并没有一个统一的、清晰的、科学的标准。如根据城楼所处不同位置,称之为"门楼""角楼""腰楼""水关楼";根据组成构件,称之为"闸楼""箭楼""炮楼";同样是防御功能的城楼,根据不同的方言称谓,又有"箭楼""炮楼""敌楼""哨楼"的区别。问题在于,这样的所谓的分类尽管不无道理,但只侧重细节特征,实际上是混淆了不同城楼建筑的本质区别。比如当一座城楼处在城门的位置,并具有军事防御功能,显然无论称之为"门楼"或是"箭楼",对其都是以偏概全的称谓。因此,对城楼进行深入研究的前提,首先需要通过归纳法将不同类城楼的共性区分开来。

在这样众多名目的城楼中,在"建造目的"(也可以称作"城楼功能")的角度来看,存在也仅有两类具有本质意义区别的城楼形制:一类的建造目的主要考虑"壮观瞻",即建造这类城楼是为了作为财富、权力或者群体力量的象征物,是礼仪性的;而另一类的建造目的主要考虑"固锁钥",即建造这类城楼是为了在战争中最利于保护自己打击敌人,是防御性的。由这两种不同的建造目的形成了城楼的两种最基本的形制——阁楼式与箭楼式。

（一）阁楼式城楼

所谓阁楼式城楼，就是用殿阁的样式来建造城楼，以崇高、壮丽、繁华为主要特征，其功能在于为建造者举行仪式甚至是游憩来服务，如北京天安门城楼、正阳门城楼等。此类城楼数量极多，在古时各个府、州、县的城池主要通道门洞上方所建门楼均为阁楼式。

阁楼式城楼具有如下基本形制特征：城门洞上方有一段墙额，从城门洞横梁上皮或者券枕上皮至雉堞底线或城墙眉线之间的距离，阁楼墙额以上为雉堞，从雉堞向城内方向退若干尺为过道，于过道内建殿阁式建筑，规模较大者周匝用柱廊，较小者直接用门墙。阁楼式城楼主要特征是墙额以上做雉堞，城楼从雉堞向内退入若干尺而建，与层高无关。建于城门洞上的阁楼一般应该称为"门楼"，建于城墙转角处的一般称为"角楼"。

图 4-27 北京天安门

图 4-28 北京正阳门

（二）箭楼式城楼

现在使用"箭楼"这一概念时，人们大多误以为"箭楼"只是某一个位置的城楼的名称，如人们在认识西安安定门时，通常会将它的两部分分别称之为"安定门"城楼"与"箭楼""。

事实上，"箭楼"这一概念是对某一类形制的城楼的统称。

箭楼式城楼具有如下基本形制特征：墙额上直接向上砌出城楼的正面墙体；墙中设置射箭用的大窗，谓之箭窗；有的仅于正面设置箭窗，有的则在侧面山墙上也开有箭窗。

箭楼式城楼一般用在京师和府州县政治中心城墙主体之外所建瓮城之上，现存者如北京德胜门瓮城箭楼；也用在一些需要加强防御的城墙转角部。所有的墙体都相当于战斗掩体，因此不能用可燃物修建。箭楼外墙是砖或者夯土，阁楼式城楼的外墙则以木材为主，比如柱廊、门窗。箭窗"喇叭口"攻击角度最大，防御面积最大。与阁楼式城楼相比较来说，阁楼式城楼是以礼仪、观赏功能为主的建筑类型，箭楼式城楼是以军事防御功能为主的建筑类型。

图 4-29 西安安定门

图 4-30 1886 年北京德胜门箭楼

第四章　明初大鹏所城城门楼形制调查研究

图 4-31　北京德胜门瓮城箭楼

二、箭楼式城楼与阁楼式城楼的年代关系

城或城池产生之初的基本功能即是防御，此后随着社会文明发展进步，逐渐被附着了礼制的功能，这种情况早在先秦时期就已有明确记载，如《左传》有云"都城过百雉，国之害也"，《孟子·公孙丑》也有"三里之城，七里之郭"之说。城池的礼制——等级规定——也直接作用于城楼上，只是先秦时期的城楼现在已无实物遗存。在形制上，为防御功能设置的构造、构件是城楼最初最原始的组成部分；而为礼制功能而设置的构造与构件则是后期演化的结果。

在整个古代社会，大部分的城池都兼具防御功能和礼制功能，但最迟在不晚于汉代，就已出现单纯偏重防御功能的城池，比如与"屯垦戍边"相关联的"塞"，后代如唐代"府兵制"中的"府城"、宋代"军州"的"军城"、明代关塞的"关城"和卫所制度的"所城"也均属此类。而国内大部分城池都是行政区划治所的"治城"，从县治、州治到府治，都是以行政功能为主严格按照礼制等级规定建造，这种等级规定主要表现在平面的大小和城楼的规格上。

现在已知的单纯防御功能的城池，其城楼初建时都应该以有利于防御性作战为

图 4-32 嘉峪关城楼

设计目标，因此不会使用毫无防御作用的木结构的柱廊或门窗面对来敌方向。

现在我们只能见到少数近代以来少经扰动的防御性城楼实物，而现存大部分城楼都是经过改造的形式，考虑观赏性要优先于考虑防御性，因而混淆了城楼的基本的功能区别，如嘉峪关城楼。

综上所述，"城楼"这一建筑物的出现，其最初目的必然是防御性的，因而箭楼必然是所有早期城楼建造样式的唯一选择。在人类社会发展史上，聚落发展的后期必然出现堡寨，国家产生的初期必然出现城池，而城池的原始功能必然是出于安全、防御的社会需求，只有在保证安全的前提下，人类社会才会考虑偏重礼制需求的建筑物。因此作为社会制度，礼制的完善和成熟即是标志着社会的完善和成熟，军事防御则是社会组织诞生的标志，军事防御功能设施的出现必然早于偏重体现礼制功能的设施。当某一个地方社会进入成熟发展期时，其标志之一便是城楼的功能与形制出现明显的分化，阁楼逐渐从箭楼中分化独立出来。在我国封建社会中，在安定时期，阁楼式城楼就会凸显其作用；而在动乱或战争时期，箭楼式城楼就会凸显作用。这也是现代社会大多数人只知有阁楼而不知有箭楼的根本原因。

第四节　深圳及周边地区卫、所、城寨门楼

一、箭楼式城楼

（一）惠州平海所城

惠州平海所城位于广东省惠州市惠东县，建于明洪武十八年（1385年），现存四座城门楼及部分城墙等仍保持了建成时的主体结构和外观轮廓。东、南、西三座城门规模较大，为三开间加两翼披屋。各个城门厚10.5米~14米，高3米~4.2米，外宽2.5米~3.6米，内宽3.2米~3.5米。垫脚用整齐的石块，青砖砌墙，砖线整齐划一。城楼在各殿顶、脊壁、檐口、殿堂，或雕刻，或镶嵌陶瓷。据《归善县志》记载：平海城"城周五百二十丈，高一丈八尺"。城墙虽屡遭劫难而受到了严重的破坏，但尚存在部分残墙仍可见明代的"城砖"，有的还打印着"官砖"字样。

平海古城现有东、西、南、北四门都用砖石砌成拱券门，门洞上为披屋假歇山顶门楼。正脊、垂脊、栏杆等处以灰塑、砖雕、壁画等工艺装饰。灰瓦屋面，绿琉璃瓦剪边。门楼内侧两边设石步级，各门的形制、规模大体相同而稍有变化。

东门：门前高筑城墙，呈弧形，上筑雉堞，右边设侧门进出，谓钟城的"钟耳"，门进深14米、高4.2米、宽2.5米、城楼长17.4米。

西门：门进深14米、高3.8米、宽2.4米、城楼长16.2米。城楼最西边一进为藏兵守望之用，与城墙马道有门相连，中间一进当心间面阔4.2米，供奉"华光大帝"。两侧批屋则是守庙人卧室和储藏室。

南门：现存南城门城内侧有五个城门洞，两侧各2个门洞为圆拱假门，当地俗称"天子门"，由于资料匮乏，难以断定是否是原始样式，但从形制上看，与各地瓮城或城门内侧所建"藏兵洞"较为接近。正门中横卧一块稍微隆起的石头，俗谓"奠基石"，实乃古礼中的"阑"，即门槛，古人通过"阑"来限制车轴的高度，从而限制出入城门车辆的等级。其城楼为五开间，总面阔逾12米。进深10.5米、高3米、宽2.4米、城楼长16.2米。

北门：门进深12.5米、高3.8米、宽3.6米、城楼长16.2米。

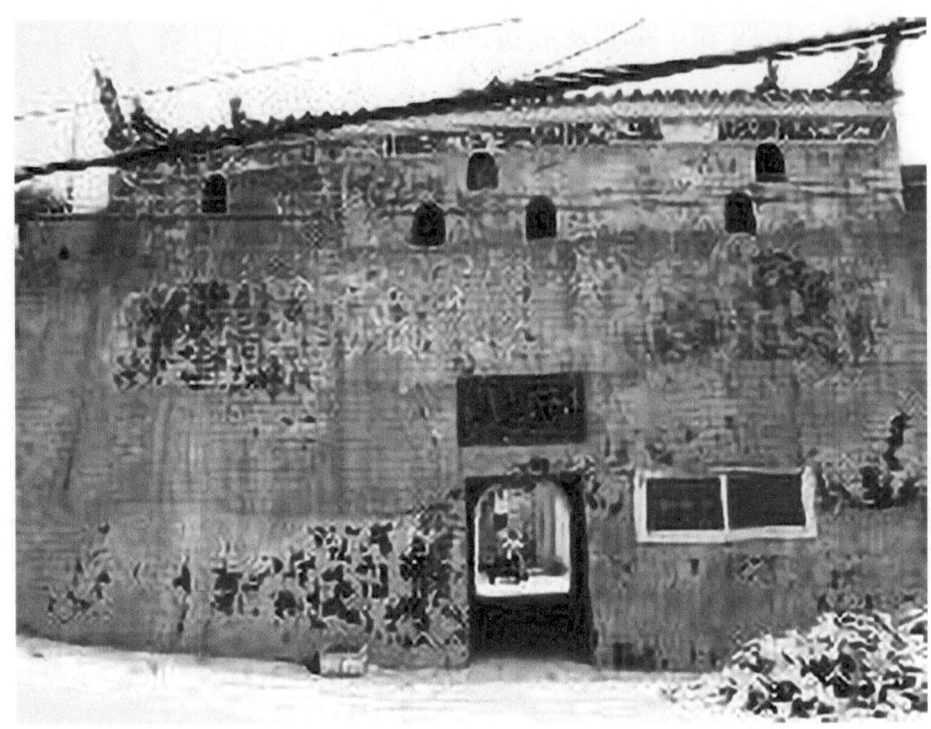

图 4-33 平海所城西门外侧

图 4-34 平海所城西门内侧

图 4-35 平海所城西门梁架

图 4-36 平海所城南门内侧（一）

图 4-37 平海所城南门内侧（二）

图 4-38 平海所城南门明间北侧

（二）惠州老城门门楼（龙兴门、朝京门）[①]

民国前惠州共有城门13座，其中府城7座，县城6座。府城的城门规模较大，街道也比较宽，即便是规模相对较小的小东门，城门的宽度都有3米以上。惠州归善县县城6座城门，其中正门4座，宽度大概有2米左右，分别为东门——辅阳门，南门——龙兴门，西门——通海门，北门——娱江门；便门2座，分别为东北方的便门仔和西南方的水门仔。

朝京门是惠州府城北城门正城楼，现存城门楼据称是按照明代惠州北城门原样恢复重建，已知的潮州府北门正城楼也是这样双层歇山的阁楼式。

（三）崇武所城

崇武所城位于福建省泉州市惠安县，据《崇武所城志》载，始建于明洪武二十年（1387年），其时所城"四方设门，各置楼于上"，"东、西、北三面月城，南无月城，门外照墙为屏蔽"，后于明万历三年（1574年）又在"南、北、西三面卜建四座，名

图 4-39 1933 年惠州归善县龙兴门外侧

[①] 龙兴门照片出自"今日惠州网"http://www.huizhou.cn/tpxw/201010/t20101013_367034_2.htm http://www.huizhou.cn/tpxw/200910/t20091025_274966.htm

图 4-40　1933 年惠州归善县龙兴门内侧

图 4-41　抗战时日军占领下的惠州归善县龙兴门

第四章　明初大鹏所城城门楼形制调查研究

图 4-42　惠州府城朝京门

曰虚台，其制上下四旁俱有大小穴孔，可以安铳，台内可容数十人"，这些敌台距城门 50 米～100 米，现均完好。环城还有窝铺 26 座，系供守城士兵休息用。

　　崇武所城历代几经增筑维修。明永乐十五年（1417 年）城增高四尺，加筑东西门月城；嘉靖年间（1522—1566 年）置四门楼，添砌跑马道，新建弓兵窝铺；清顺治十八年（1661 年）因战乱而肆行迁界，城摧屋毁，至康熙十九年（1680 年）复界修治；道光二十一年（1841 年）重加整修。城内有四个城门，南北门相距约 500 多米，东西门相距约 300 多米。东、西、北三座城门相似，各有两道城门，外加筑月城，上建城楼，城门上各设烽火台一座，南城门则外加设一照墙，照墙前有一尊关公雕像。南门城楼正间稍大，除瞭望外也作供奉神佛的"大庙"，两边次间较小，除瞭望外通常作为储藏室，放置一些兵器和焚烧炉等杂物，其正间面阔不到 4 米，总面阔亦不超过 7.5 米。西门的两道城门如今依旧完好地保留下来。城墙全部由白色花岗岩垒成，城围长 2467 米，城基高 5 米，墙高 7 米，内砌跑马道二或三层，宽 4 米。墙上有墙碟 1304 个，箭窗 1300 个，窝铺 26 座，四方设有敌台 5 座，四面设城门。在城内莲花山制高点，还设有瞭望台，四面城边有窝铺、月城、墩台和通外涵沟，构成一套完整的军事防御工程体系。

图 4-43 现存铜山所城东门上凉亭（一）

（四）漳州铜山所城

漳州铜山所城位于福建省漳州市东山县，据《东山县志》载，建于明朝洪武二十年（1387年）。始建时城周长五百七十一丈，高二丈六尺（一说二丈一尺），设东西南北四城门，城上堞墙八百六十四片，窝铺十六间。四城门皆有石门额，上镌城门名称，东门称"晨曦"、西门"思美"、南门"答阳"、北门"拱极"。东门增建月城，月城内至今仍有洞，疑是"藏兵洞"。月城上是现代新修建的楼亭，傲然耸立，神气凛然。南门不知废于何年，只留下一方门额，字迹漫漶不清，只"答阳"等字隐约可辨。西门废于抗战时期，离原址不远处重建了一座西门楼。

现铜山所城东门上近年新建有一凉亭，此间凉亭与卫、所城门上的箭楼风马牛不相及，可见设计者完全不了解卫、所城楼应为何物。

（五）赵家堡

赵家堡位于福建省漳浦县畲乡湖西硕高山下，始建于明万历二十八年（1600年），万历三十七年（1609年）扩建了外城。现存四城门、城楼及瓮城均为初建时遗留，且保存较好。外城是条石砌基的三合土墙，高6米，宽2米，周长1082米，

图 4-44 现存铜山所城东门上凉亭（二）

筑东西南北四个城门。东门横匾刻"东方钜障"，门楼为三开间，南门刻"丹鼎钟祥"，西门刻"硕高居胜"，北门没有题额。占地 173 亩，平面基本呈方形。城墙以条石砌筑，厚 2.5 米，高 3 至 4 米，墙上三合土城垛高约 1.5 米城门上建城楼，北门筑瓮城，瓮城内建武庙和父子大夫坊。城墙根据地形筑六座马脸以及墩台、藏兵洞等，城内东南侧即为内城。

（六）诒安堡

诒安堡又称诒安城，位于福建省漳浦县湖西乡城内村，建于清康熙二十六年（1687 年），现存四座城楼均为清代遗物。诒安堡城墙周长 1200 米，高 6.7 米，厚 2.2 米，平面呈锁形，与赵家堡有"姐妹堡"之称。诒安堡的城墙上，全是用条石筑成的马道，马道外侧建 2 米高的女墙，全城共开 365 垛口。城内侧每隔 50 米设登城石阶。城墙转角处设深、宽各 3 米的敌楼，用于瞭望和射击。全城设 4 个城门，东、南、西三门的城楼，仿船形。南门至西门前开凿护城河，河宽 10 米。

从赵家堡与诒安堡的资料可以看出，在当地民间心目中并未将官方的城池与民间的堡寨严格地区分开来，而且民间的大型寨堡规模往往要大出官方的小型城池许

图 4-45 赵家堡东门(一)

图 4-46 赵家堡东门(二)

图 4-47　赵家堡东门（三）

多。所有的防御性墙体都被称之为"城"，如深圳龙岗坑梓城肚老围，本为比较标准的客家围龙屋，由于外墙比较厚，当地自称为"城"。在做法上，民间的"城"也会模仿官方去做瓮城，于是也会出现正城楼与瓮城楼。

（七）兴宁古城

兴宁古城位于广东省梅州市兴宁市，据研究者整理，兴宁古城始建于明洪武二年（1369年），"筑土垣200丈，围公署、仓库于城墙内"，成化三年（1467年）冬，重建县城，改土垣为砖城，翌年夏建成。城高1.85丈，周长626丈，筑雉堞903个。环城掘濠，深0.7丈，宽两丈。跨濠架桥，辟东西南北4门。嘉靖四年（1525年），知县应鹏冲修砌城墙，加建4门楼，并将东门改名为平远门，西门为阜成门，北门为拱辰门，南门为迎薰门。嘉靖三十九年（1560年），知县陈其箴加建重门，并将平远门改名为朝阳门，阜成门改名为观澜门[①]。

兴宁古城现在的北门门楼为典型的箭楼样式，通过兴宁古城的南门样式以及前

---

① 参见李映碧《兴宁明代古城探考》一文，见 http://blog.sina.com.cn/s/blog_607c028a0100joqh.html。

图 4-48 兴宁古城南门

图 4-49 兴宁古城北门（拱辰门）

第四章 明初大鹏所城城门楼形制调查研究

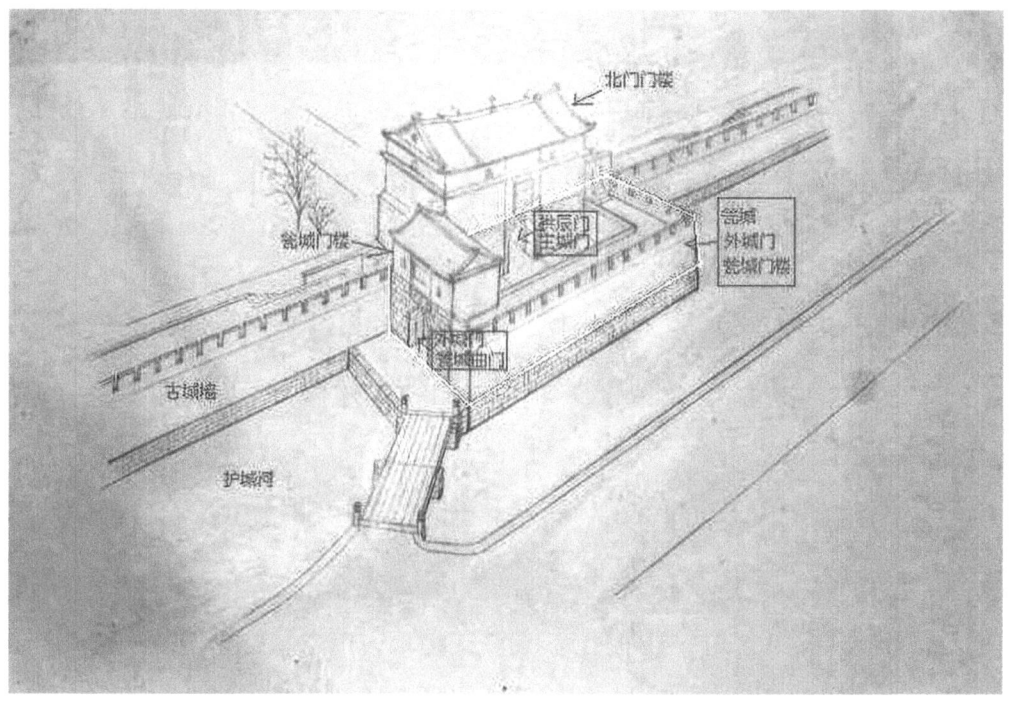

图 4-50 二十世纪七八十年代兴宁北门俯瞰图

图 4-51 兴宁古城拱辰门门楼内檩架

图 4-52 兴宁古城拱辰门门楼内檩架

图 4-53 兴宁古城南门正城楼内侧

图 4-54 兴宁古城南门瓮城楼内部

引俯瞰图,可知现在的北门门楼做法有据可依。此外,从俯瞰图可以看到,在二十世纪七八十年代,北门旁有一座瓮城,瓮城城门楼也为箭楼样式。

(八)靖海所城

靖海所城位于广东省揭阳市惠来县,据雍正《广东通志》记载:明洪武二十七年(1394年)建,高二丈一尺,围五百六十丈(一说周长五百零一尺),门四。此后嘉靖、万历间知县林春秀、游之光相继重修。清康熙十年(1671年)、康熙三十八年(1699年)、雍正五年(1727年)累有修筑。靖海城设东、西、南、北4个城门,城门上均勒石铭写牌匾:东曰"表海胜概",西曰"靖海安澜",南曰"化捷趋虞",北曰"莱钥永固"。4个城门均设有瓮城,每个瓮城面积约300多平方米。1952年,南城门连城墙被拆除,北门、西门、东门连同部分约600多米的城墙保存完好,东门、北门及瓮城保存完整。2007年,当地政府将所存之600多米古城墙及东、西、北城门及城堡按原貌修葺加固。城墙两边系条石垒筑,中夯灰土。灰土乃砂及贝壳火炼而成。城墙上布满垛口,垛上有望孔,城墙内侧设跑马道,跑马道路面距城墙约1.8米,垛口和望孔距跑马道路面约1.5米。瓮城无城楼,瓮城后的正楼为无窗箭楼式。

图 4-55 靖海所城东门

图 4-56 靖海所城瓮城

图 4-57 靖海所城城面

二、堡寨箭楼式门楼

堡寨门楼即是堡寨的大门。早期门楼的拱门都安有用厚实的木料做成的门板,有人专司关门之职。堡寨门楼可以视为小式的箭楼式城楼,门楼上的射击孔当为箭楼的箭窗演化而来,这一方面与堡寨门楼的大小有关,另一方面也与火器的发展有关。事实上,在很多堡寨的发展历史上,当功能和社会环境发生变化时,军事设施与礼仪标志互相转化,构件的形制也会相应变化,比如在许多堡寨门楼之上,以箭窗为代表的防御功能结构逐渐退化,以军事防御为主的建筑类型逐渐转变为突出礼仪装饰的民居建筑。因此建造者会选择保留骨架,争取做到改动最少的部位,从而以最小的成本获取最大的使用面积。此外,部分堡寨门楼也延续了城楼供神的惯例,如墨园围、东莞塘尾等,门楼内已改作神庙,供奉神主。

(一)元勋旧址

元勋旧址又称笋岗老围,坐落于深圳市罗湖区笋岗村,始建于明初,为典型的广府围村建筑。南面的大门外墙用红砂岩石砌成,门额石匾刻有"元勋旧址"四个大字。

图 4-58 元勋旧址箭楼式门楼

（二）东莞兴仁里、塘尾

兴仁里围门楼位于广东省东莞市企石镇江边村兴仁里围二队 48 号前，建于明朝正德年间，是旧时江边村民（兴仁里）出入之门楼。围门坐东南向西北，平面呈长方形，面阔 4.2 米，进深 5.0 米，占地面积约 21 平方米；砖木石结构，碌灰筒瓦。围门正面为红石砌筑，其他各面为青砖墙体，拱门，门上方有匾，"兴仁里"嵌在围门的中上方，内有木质阁楼。当时建围门、围墙的作用是为防盗。它对研究明代东莞地区门楼具有一定的价值。

塘尾东门楼位于广东省东莞市石排镇塘尾村旧围内，建于清康熙四十六年（1707 年）。旧围设置东、西、南、北四个门，以东门规模最大。东门楼面阔 4.24 米、进深 5.53 米，首层平面为长方形，高 9.27 米，占地面积约 23 平方米。正面有两块题额，一为"秀挹东南"，另一模糊不清。东门楼集交通、防御、祭祀于一体，内设木梯通二层阁楼，一楼设有福德宫供村民上香祭拜，二楼设有关帝庙。

塘尾北门楼箭楼式门楼位于塘尾村旧围东北角，建于清康熙四十六年（1707 年），坐南向北，面阔 4.18 米、进深 5.48 米，高 7.01 米，占地面积约 23 平方米。镬耳山墙，内部设阁楼层，现阁楼层已失。入口左手边设有神台供奉土地。

图 4-59 兴仁里箭楼式门楼外侧

图 4-60 兴仁里箭楼式门楼门洞内

图 4-61 塘尾箭楼式东门楼（一）

图 4-62 塘尾箭楼式东门楼（二）

第四章　明初大鹏所城城门楼形制调查研究

图 4-63　塘尾箭楼式北门楼（一）

图 4-64　塘尾箭楼式北门楼（二）

(三）惠州市墨园围、吉水围

墨园围门楼，位于广东省惠州市惠城区横沥镇墨园村委会墨园围前。门楼为两层砖木结构，单间，平面呈长方形，占地面积32平方米，建筑面积28平方米。底层为进围过道，石砌门洞，方框券顶，青石框边，上灰塑黑字"墨园围"。门阔1.7米，门内左边设木梯上二层为协天宫。二层楼面为木板，有砖砌神台，供奉关帝爷、医灵大帝和福德公。墙为青砖清水墙，以墙承重。子孙梁下刻"乾隆癸巳年仲春吉旦重建"字样。正面墙左右竖开绿釉砖雕花窗，中以青石框边开大窗，上悬挂"协天宫"木匾。山墙上有石挑檐伸出，墀头上的图案、灰雕已模糊不清。上盖为硬山顶，龙船脊，碌筒瓦，绿琉璃瓦当，滴水剪边。

吉水围位于广东省惠州市博罗县公庄镇南溪村。据当地人介绍，东、南两门楼均始建于清代。东门楼坐西向东，平面呈"虎形"。悬山顶，龙船脊，阴阳瓦，屋檐叠涩出挑，墙是置两瞪眼窗户，呈"虎眼"，夯土墙，大理石门框。门楼高11米，宽8.76米，厚2.6米，占地面积23平方米。石门上书写着"东来紫气"四字，正中书"福"字为浮灰塑，门楼外部自下而上楼层渐高，内部是四层层檐飘出。

图 4-65　墨园围箭楼式门楼

图 4-66 吉水围箭楼式东门楼

图 4-67 吉水围箭楼式南门楼

南门楼坐北向南，门楼高7米，宽6.5米，厚1.4米，平面呈"虎形"，占地面积10平方米。悬山顶，龙船脊，阴阳瓦，屋檐叠涩出挑，夯土墙，人字山墙，两侧大理石夹墙，大理石门框。石门上书"鹿洞家风"四字。

（四）韶关双峰寨

双峰寨位于广东省韶关市仁化县石塘镇石塘村委会石塘村。据双峰寨《碑记》记载，建于清光绪二十五年（1899年）。坐北向南。平面呈四方形，中间是空坪。四角建有三层高的炮楼，正面中间建有五层高的主楼（现四层），用石墙连接五楼。

（五）香港围寨

香港现存有一百余座宝安类型的围寨，其门楼样式统一，原始形制皆为箭楼式。

三、小结

（一）概览

国内现存基本可信为1911年之前建造的数百座城楼，其形制似乎是千姿百态变化多端，其实仍然有许多基本的共同之处。如从外墙材料来看，向外一面是以砖

图 4-68　龙跃头老围

第四章　明初大鹏所城城门楼形制调查研究

图 4-69　觐龙围

图 4-70　东阁围

图 4-71 麦园围

图 4-72 积存围

第四章 明初大鹏所城城门楼形制调查研究

图 4-73 沙江围

图 4-74 泰康围

图 4-75 麻笏围

图 4-76 上水围

第四章 明初大鹏所城城门楼形制调查研究

图 4-77 永宁围

图 4-78 粉岭大围

墙或石墙或土墙等阻燃材料为主修筑的，与以木材为主的柱廊、隔扇窗、屏风门等易燃材料建造的不同；从外墙的形制看，是以箭窗或射击孔为主要立面结构的，与门窗、柱子、斗拱外露的不同；从建筑外观的色调看，以土灰颜色为基本色调，与色彩斑斓的油漆彩画为主色调的不同；从平面结构上看，向外一面与城墙平齐砌筑，向内一面或敞开或有屏门，这种平面布局与外侧城墙有雉堞，由雉堞向城内侧退后形成通道，通道后建造木结构外露的城楼不同。上述不同其实都指向一个目标，即建造城楼的目的所在——如果为了战争防御等军事需要而建，就必须建造具有前者特征的建筑物；反之，如果为了显示所有者的力量强大、等级高贵、财力丰厚等礼仪性需求，就必须建造具有后者特征的建筑物。因此，在这许多千姿百态的城楼中，我们就可以将之分出两个基本大类，前者称之为"箭楼"，后者称之为"阁楼"，现存绝大部分城楼都可以纳入这两类中。

（二）城门楼位置功能与形制的关系

一般情况下，都（京都）、府、州、县的瓮城楼基本上皆为箭楼式，如北京、西安、济南；在大部分情况下，府城以上的正城楼均使用阁楼式建筑，如北京、西安、济南；已知形制的县城和所城正城楼皆为箭楼式，如北京的宛平县、广东兴宁县北门正城楼、广东惠州归善县城门楼、江西省定南县东门（迎阳门）正城楼。由此可见，等级地位最高的都城、府城正城楼的规模与样式主要用来满足礼仪性的需求，用来展示不同等级执政者的权力与财力，是重要的礼制建筑类型之一，因此主要意图通过阁楼宏伟高大的建筑特征来反映繁荣昌盛的社会特征，意图通过阁楼丰富乃至艳丽的色彩来表现当时最高层次的审美情趣，但是都、府的瓮城则担负着防御功能，因而仍然选择具有防御功能的箭楼式来建造城楼；县城、所城所处位置大多在郊区或者边地，其城池担负的功能主要是维持一方安定，而没有必要去炫耀执政者的物力或财力，因而其正城楼以及瓮城城楼的建造则依循实用的建造理念，选择修筑箭楼式城楼。

深圳及其周边地区已知的所城和现在留存的成百上千的堡寨，晚清以前的门楼形制全部都是箭楼式。所以现在已建成的按照阁楼式复原的这些城门楼，形制上与上述已知的情况相距较远。

至此，综合大鹏所城现存西门及其他城楼实例的资料，我们可以比较肯定地认为，大鹏所城作为明初设置的沿海卫所，其城楼必然是一座箭楼式的建筑，其建筑形制及各处细节也必然遵循箭楼式城楼的各项特征。

第五节　大鹏所城城楼明初形制及其演变

如上文"研究方法"一节所提到的，所有的建筑物都可以分解为"构件""单元"和"整体"三部分，其中不同的"构件"通过结构组成"单元"，不同的"单元"通过结构组成"整体"。故而所有的建筑形制研究，也都有相应的三个层次。本节内容即通过准确、科学地梳理组成大鹏所城门楼建筑的"构件"，进而复原这些"构件"所组成的"单元"，最终完整勾勒大鹏所城门楼的最初原貌。这样的分析方法，可以保证我们从细节到全貌的每一个结论，都建立在前一步科学、坚实的基础之上。

可以设想，大鹏所城始建之初有一种特定的整体形态和单元结构以及构件细节，而任何这些具体的形态与细节都与特定的时间和空间联系在一起。因此对于特定时间、空间内建筑物的充分了解，就是为研究对象准确定位的前提。

一、建材简述：

木：大鹏所城建筑除了杉木（俗称"东京木"）之外，未见其他树种。

砖：砖的来源有三种：其一为所城内现存古代建筑物上仍然使用的砖，其二为在所城内地表各处散落采集而来，其三为考古发掘出土的砖。现在仍在使用的砖大多数规格为24厘米（长）×11厘米（宽）×4厘米（厚）的青砖，根据其建筑物风格和周边地区已知使用此砖的建筑物年代对比，以及与现代流行的红砖规格对比，应该是民国以来烧制，在清代中晚期有少量规格稍大的青砖（30厘米（长）×12厘米（宽）×5.5厘米（厚））流行于本地。在采集而来的散落砖块标本中，有少量大规格的浅色红砖（40厘米～42厘米（长）×18厘米～20厘米（宽）×10厘米～12厘米（厚）），明显是城墙砖；另有长度在30厘米～35厘米以上的青砖，在深圳地区属于清代早中期之间的常见规格；还有一些浅红砖，大多形制不够完整；其他基本都是晚清以后流行的小青砖。出土的砖种类繁多，从地层体现出的年代来看：清晚期以后全部为青砖；清中期以前青砖与红砖夹杂，并且有年代越早火候越低的倾向；清早期以前青砖的比例迅速减少，到了明代基本上以红砖为主，也有年代越早火候越低的倾向，亦能看出年代越早规格越大的倾向。明代房屋用砖中，规格较大者可达35厘米（长）×16厘米（宽）×7厘米～8厘米（厚）的接近城墙砖

图 4-79　大鹏所城城隍庙遗址出土红砖

图 4-80 大鹏所城内散落的花岗岩柱础

的标准。

石：城门道与一般街巷均使用比较光洁的条石，城台与城楼基础均使用粗条石，柱础一般会精雕细琢，本地仅见花岗岩（俗称"麻石"）材质。

土：大鹏所城现存夯土结构已经很少，大部分集中在城墙芯和城台芯内，还有少量民房保存有夯土残墙。

二、构件形制

（一）屋顶构件

1. 正脊：大鹏地区民居建筑普遍使用清水正脊，而公共建筑则普遍使用龙舟脊。本地早期村落如明代的水贝村，其祠堂庙宇都使用龙舟脊，其居民都讲广府白话，因此在建筑类型上也都属于广府系统的宝安"围头"分支，广府系统的文化类型至今仍然有很大的影响力，而客家的堆瓦脊、潮汕的燕尾马背脊未能真正影响到大鹏地区的公共建筑。

2. 垂脊：本地公共建筑的垂脊普遍使用广府文化系统的大式飞带，而客家的梢垄脊、潮汕的叠带脊也未能影响到这一地区的公共建筑。

图 4-81 大鹏所城城隍庙遗址出土明代滴水瓦

3. 瓦：屋顶瓦件应该有屋脊瓦件、屋面瓦件、檐口瓦件。晚清时期本地官式建筑使用的瓦件主要由两种：青瓦、红瓦。由于本地属于广、客、潮三大民系交界地，三个民系的建筑风格都在这一地区聚集。广府官式建筑瓦件（筒瓦和板瓦）凡早期（明代）均使用标准规格的红瓦，晚期（清代以后）使用一部分小规格的青瓦（来自客家地区）和大规格的红板瓦（来自潮州地区），部分建筑物用小青瓦代替筒瓦做盖瓦，大红板瓦曲率小于标准规格，用来代替标准规格的红瓦做底瓦。从出土遗物看，明代瓦材的火候偏低，颜色偏白；清代以后的瓦材则颜色越来越深，火候及硬度越来越高。大鹏所城城楼规格在当地较高，因此自明代至清初其盖瓦应为筒瓦。由于出土遗物中未见清代中期及以后的筒瓦，结合本地晚清普遍使用小青瓦做盖瓦的实际情况，我们推测清代中期以后维修所城官式建筑时，已经不再专门烧制广府类型专用的筒瓦做盖瓦，而是大批使用流传进来的客家系小青瓦做盖瓦，同时使用潮汕系的大平红板瓦代替原来广府系的标准红板瓦做底瓦，因为后二者宽度基本上都在 25 厘米左右，非常接近，可以互相替代。

坑宽：30 厘米瓦规格：底瓦 28 厘米 ×30 厘米 ×2 厘米，望瓦 28 厘米 ×30 厘米 ×2 厘米，盖瓦 15 厘米 ×30 厘米 ×2 厘米排列。底瓦做叠瓦，压七留三；望瓦

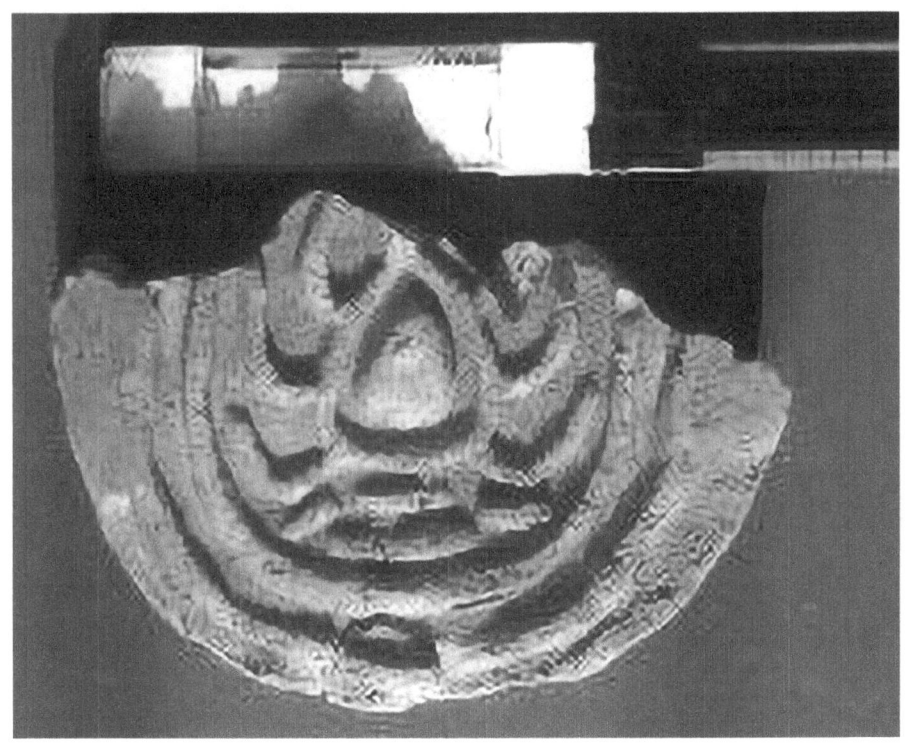

图 4-82　大鹏所城城隍庙遗址出土明代筒瓦

早期做叠瓦，压五留五，晚期做碰瓦。盖瓦为筒瓦，按接口排列，全部烧制成浅红色。

4. 檐口：明代早期封檐板收头上用船头纹，板身做连续如意头纹。

（二）梁架构件

大鹏所城箭楼梁架应与平海所城梁架基本相同，为半架梁，靠城外方向为半面山墙。

1. 椽：明代早期的椽板由于间距达到了 30 厘米，强度必须比现在 25 厘米间距椽板要大的多，因此我们推测当时椽板的厚度应当在 3 厘米 ~ 3.5 厘米，宽度在 12 厘米左右，长度以檩间距为基本单位即可，如 "一檩距" 或 "三檩距" 之类，越长越好。

2. 檩：脊檩直径与跨度和材种都有直接关系。假设使用本地常用的杉木，当跨度大于 5 米时，明间脊檩的直径也应大于或等于 30 厘米，金檩以下直径一般用 18 厘米 ~ 20 厘米。梢间各檩同明间金檩以下各檩。

图 4-83 平海所城梁架（一）

图 4-84 平海所城梁架（二）

3. 正梁：从明代初年至今，大鹏地区东边平海所城是现在广、客、潮三种建筑风格的交汇地，但是平海所城在装饰风格上基本上只用潮汕和广府两种元素，平海所城城门楼的外檐装饰完全照搬潮汕"燕尾马背"与"垂脊叠带"的屋面装饰风格，梁架以下的核心构件则使用广府风格的"高浮雕背涡卷"。正梁三层，从下至上为大梁、二梁、耍头梁，杉木圆作。梁头一律用高浮雕手法从上皮向下雕刻出两朵背向的涡卷。此架为半架梁，跨度仅为2米有余，而又要模仿全架梁的规格才不至于显得过于纤细，所以直径应当在28厘米~30厘米。

广府建筑系统中，明代的公共建筑梁头雕刻的样式几乎只有一种，即上述"背涡卷"，并且一直延续使用至今。后期所有的变化都是从这一特殊的雕刻式样出发：大致来说，明代前期是线条粗犷的高浮雕背涡卷；明代后期及清代早期，主要是在两侧涡卷根部中间向上生出了芽状的叶尖，并且外侧涡卷已经明显变小；到了清代晚期则由接近圆形的涡卷向圆角方形图案转化，雕刻也越来越浅。

4. 楣梁：近代广府祠堂庙宇中有一个构件为"罗锅梁"即所谓"虾公梁"，一般所见往往是清代晚期或民国时期的实物。清代早期以前在同样位置的构件一定是木质材料，形制上也一定是直梁而不是虾公梁"，所以"虾公"之名只适用于此构件的晚期形式，早期应另择名称。如果将整座建筑视为一个人的脸面，则此构件位置在整个建筑的"眉眼"之间，故可以称之为"楣梁"。"楣梁"应该包括所有垂直于建筑主体进深方向的梁式结构。早期楣梁多用硬杂木圆作，直径约为25厘米左右，造型通直而没有所谓的"罗锅"或"虾公"的弯曲。梁中设一或二朵补间斗栱，一般做一斗三升，底下由扁三角形柁墩承托。

5. 瓜柱：瓜柱近似圆筒形，上部开口以使梁头箍头榫落入，中部略粗，底部内收骑在圆作梁上。明代早期瓜柱中部比上部稍粗，底部内收平缓，看面无雕刻纹饰；明末清初时期瓜柱中部有明显隆起，底部内收略呈球面；清代中晚期瓜柱中下部迅速膨大，如垂腹之木瓜，底部急速内收，中间往往又多加一条凸起的筋。

6. 柱：此式建筑仅有后金柱与后檐柱。明代早期柱径与柱高之比约为1:8~1:11（中柱、倚柱不在此例），此后逐渐升高，至清晚期约为1:12~1:18（中柱、倚柱不在此例）。明代略有梭形，可称为"微梭柱"，最大柱径在由下往上五分之二处，柱脚与柱肩皆有卷杀；清代梭柱渐变为筒柱，卷杀也渐变为圆角。本地明代已经大量使用硬木做柱，已知者以杉木（本地俗称"东京木"）为主，明末以后进口木材逐渐增加，进入楠木与格木（本地俗称"坤甸木"）共同使用时期。如有中柱、倚柱，径高比随脊檩或倚墙的高度变化，不受上述金柱、檐柱比例的限制。卷杀变化与所用木料情况与后金柱、后檐柱同。

7. 柱础：后金柱、后檐柱柱础形制及演变相同。表面看，广府系统现存的柱础样式复杂、种类繁多，其实绝大部分都来自一个演化序列。据笔者研究，这一演化序列在明初时期有如下特征：①有木榍，②盆式础身，③方础。明早期边长与总高度（含榍）之比为 1∶0.9，明末清初时这一比例变为 1∶1.2～1∶1.5，清末时这一比例为 1∶2。

表 4–1　大鹏所城柱础调查表

始建和大修年代	建筑名	地址	照片	备注
宣统年间	医灵古庙	广州市白云区嘉禾街道鹤南居委		始建于雍正二十年，道光十九年重建，宣统元年重修
宣统年间	廷亨陆公祠	广州黄埔文冲		宣统元年建

续表

始建和大修年代	建筑名	地址	照片	备注
光绪八年	大塘南田麦公祠	顺德区勒流街道		标形器
咸丰元年	东源李公祠	番禺区钟村镇石壁三村		标形器
咸丰十年	荷村麦氏宗祠	顺德区乐从镇荷村百顺大街4号		标形器

续表

始建和大修年代	建筑名	地址	照片	备注
万历三年	员岗崔氏宗祠	广州市番禺区		标形器
嘉靖	伯甫陈公祠	德庆县永丰镇古蓬村		标形器
永乐	小龙曾氏大宗祠	广州市番禺区石碁镇小龙村祠堂东街5号		标形器

续表

始建和大修年代	建筑名	地址	照片	备注
永乐年间	甘村甘氏宗祠	佛山市顺德区陈村镇培英村大街		标形器
明早期	李忠简祠	广州市番禺区沙湾镇东村		标形器

续表

始建和大修年代	建筑名	地址	照片	备注
元末明初	子俊黄公祠	广州市天河区黄村街道江夏社区居委会黄村		标形器
元末	子贤黄公祠	广州市天河区黄村街道江夏社区居委会黄村		标形器

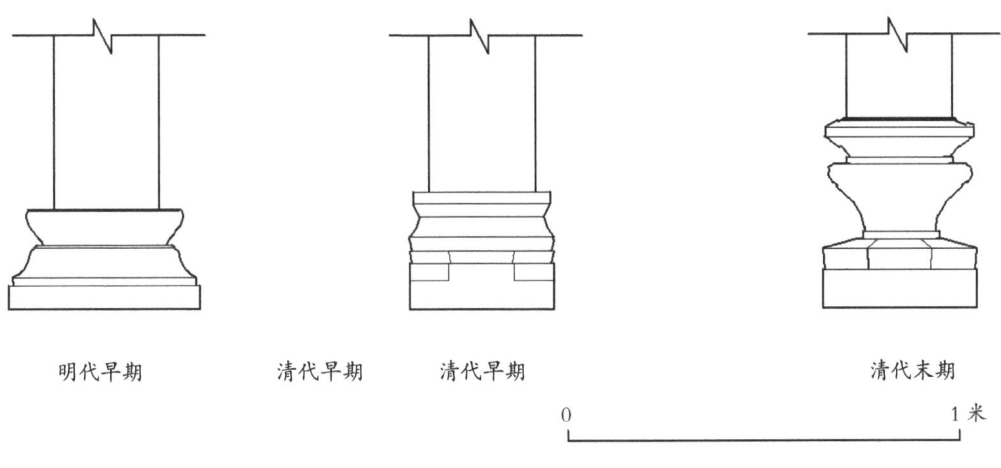

| 明代早期 | 清代早期 | 清代早期 | 清代末期 |

图 4-85 柱础演变大样线图

据上表，我们确定大鹏所城城楼柱础的演变应当为上图所示：

（三）墙面、地面构件

1. 墙面砖：砖为明早期规格的浅红砖，根据大鹏所城城隍庙遗址考古发掘，最底层的早期砖规格为 35 厘米（长）×16 厘米（宽）×6 厘米（厚），清水墙，一顺一丁砌法。

2. 铺地：平海所城地面铺有红色陶土砖，错缝平铺，室外平台和台阶则铺砌花岗石。按照广府系统的做法，门楼地面也应铺有红色陶土阶砖。根据大鹏所城城隍庙考古遗址发掘，在晚明地层的房屋遗址上有一小片错缝平砌的红色陶土墙砖，与之相对应的是，广府地区现存祠堂庙宇保留的清代晚期普遍流行的砌法是明间菱格纹（方砖45度角斜砌）、次间与梢间错缝平砌。大鹏所城城隍庙遗址明代地层出土了大片三合土地面，而根据笔者调查的经验，从中古时期到明代，本地流行的官式建筑和富裕人家的地面使用最多的还是三合土地面。自明代中期开始，有一种称作"阶砖"的地面专用红色陶土砖得到普遍应用，这种早期的阶砖规格在25厘米~30厘米见方，厚度一般在5厘米~6厘米，按比例说属于较厚的一类，大鹏所城的考古发掘中也曾见到过其残块。这种阶砖在历史上自出现以后就越来越盛行，其规格也在不断变大，清中叶以后的边长达到了35厘米以上，而厚度却降到了4厘米以下，面积越来越大，强度越来越低，但仍然是越来越流行，名称也被改为"大阶砖"。三合土地面和阶砖地面共同流行了至少五六百年，在这个过程中，随着生产力的不断发展，阶砖的产量不断提高，价格不断下降，三合土地面的成本越来越高，

图 4-86　大鹏所城城隍庙遗址三合土标本

质量随之降低，大约到清末民初就完全被阶砖所取代了。据此我们推测，明代早期大鹏所城城楼地面多半会使用三合土地面，到了明代中期之后跟随时代潮流而使用当时较为流行的早期阶砖错缝平砌，而清代中期以后才有可能使用菱格纹砌法。

三、单元形制：

（一）城垣：

1. 护城河：据文献记载，大鹏所城"东、西、南三面环水，濠周回三百九十八丈，阔一丈五尺，深一丈"[①]，并且护城河的泥土挖出来后，复又用作城墙的填土，外以砖石包砌，"掘河聚泥，复砌以石"。

2. 城墙：潮州大埕所四角各设敌台。坎下城城墙外墙体宽约 0.9 米，内墙宽约 0.8 米，每层夯筑高度在 33 厘米～38 厘米。墙基石纵横相间铺设，城墙墙体直接夯筑于其上。坎下城南门至东门间上下城墙之步级除东门楼仅有一处残留，其他各处

---

① ［清·康熙］靳文谟：《新安县志·卷五·杂署》。

步级均已无存。

据文献记载,大鹏所城城墙"内外砌以砖石,周围三百二十五丈六尺,高一丈八尺,面广六尺,址广一丈四尺"[①],现存大鹏所城城墙遗迹内侧铺鹅卵石,略呈阶梯状排列,便于有突发紧急情况时城内兵士紧急攀登而上。城外墙基为单层皮条石,石上为包筑夯土墙芯的城砖其原始砌法为:在墙基皮条石上砌一层立丁砖,其上皆按一顺一丁砌筑至顶。

3. 雉堞:雉堞由女墙(也称宇墙)、垛墙和垛墙之间形成的垛口组成。明代以后,普遍开始在夯土的城墙外面包砖,此时的雉堞是砖砌而成。而石城的雉堞则是石砌而成。雉堞的作用是在作战中隐蔽身体和装备,同时又便于观察和射击。

崇武所城为石头所建。雉堞的女墙高105厘米,厚45厘米;垛墙长190厘米,宽40厘米,高95厘米。垛口宽55厘米,女墙中部每隔数十米至百余米有长方形的孔洞。女墙与城墙一样用长方形条石砌成,垛墙由块石和不规则的石块砌成,较女墙内收5厘米。

有学者研究认为:

1. 垛墙的宽度与城的大小和城墙的厚度有关,城越大,城墙越厚,垛墙的宽度就越宽。而不论城有多大,城墙有多厚,垛口的宽度都是基本一致的。

2. 雉堞的高度(女墙加垛墙的高度)与城墙的高度有关,城墙越高则雉堞越低,城墙越矮则雉堞越高。这是由雉堞在作战过程中的防御和进攻的实用性而决定的。城大而墙厚则城上守军就要多,垛墙宽才能有效地进行隐蔽,城墙越高则攻城武器的射角也越大,雉堞低些也同样能起到防护作用。

3. 雉堞上的开孔,过去一直认为是炮孔或射击孔,这种孔有三种情况,即分别开在垛墙中部、女墙中部或女墙底部。南京城开在女墙底部的孔是用来排水的,而西安城的海墁是向内倾斜的,所以孔就没有排水的功能,而其紧贴海墁的地面也无法进行射击。开于女墙中部和垛墙的孔都很窄小,没有向城下射击的射界。北京城也只在女墙的底部开孔,而垛墙上没有开孔。开封城有专门用于射击的炮口,每隔6个垛墙设1个,炮口由上下两块石头对合,中间挖有直径28厘米的圆洞,但开封城是清道光二十二年至二十三年(1842年~1843年)重修完成的。因此,这些雉堞上的开孔,除底部的部分有排水的功能外,并没有射击的功能,它们与欧洲中世纪城墙上的雉堞

---

① [清·康熙]靳文谟:《新安县志·卷五·杂署》。

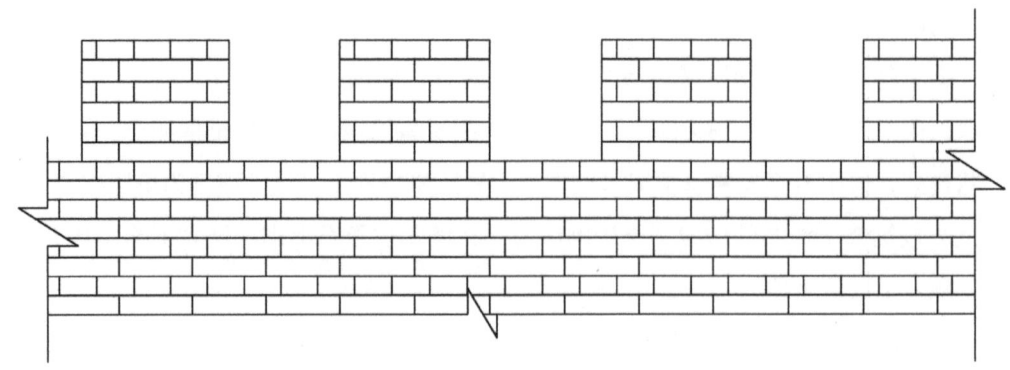

图 4-87 大鹏所城雉堞复原大样图

的开孔一样,主要是起对外瞭望的作用,也有对整个城墙的装饰作用①。

根据文献记载,大鹏所城"周围三百二十五丈六尺,高一丈八尺,面广六尺,址广一丈四尺,……雉堞六百五十四"②。

(二)城门拱券

两券两伏,所用砖同城墙。城台包砖,从考古发掘大鹏所城古城墙砌法来看,凡有规律齐整的地方砌法皆为一顺一丁;此外,沿海所城用条石砌墙时也多用一顺一丁。综上两点,可知大鹏所城城台包砖砌法也应为一顺一丁。

(三)箭楼:

1.整体定位

首先,大鹏所城城门楼外观轮廓应为箭楼式。其次,在建筑细节上,大鹏所城城楼应属于广府文化类型。原因有二:其一,从文化类型分布来看,大鹏所城西北方向广州、东莞地区是广府文化类型的核心地区。由大鹏湾沿海向西至惠州惠东地区,此处是广府、潮汕两种文化类型的交界地,此地始建于洪武年间的平海所城四座城楼的柱础、梁架仍然保存了较为纯正的广府文化系统的形制与风格,可知广府官式建筑文化东北方向的"前锋"应该一直延伸到平海以北地区,大鹏地区完全是在这一文化区的范围之内。其二,根据我们调查,在大鹏地区凡是清代早期以前的柱础(包括使用中和散落各处的),都属于广府文化类型。因此,我们认为大鹏所城箭楼式城楼的柱础、梁架都应属于广府类型。

---

① 陈振坤:《雉堞初探》,《文物春秋》2007年第2期。
② [清·康熙]靳文谟:《新安县志·卷五·杂署》。

图 4-88　大鹏所城内散落的柱础（一）

图 4-89　大鹏所城内散落的柱础（二）

图 4-90　大鹏所城内散落的柱础（三）

2. 举架

举架即屋面坡度，依据迄今为止在珠三角地区的调查，所有例证都围绕着"五举"（约 27 度）来定举架，最低者不低于"四五举"（约 25 度），最高者不高于"五五举"（约 29 度）。因此我们认为大鹏所城城门楼举架也在此范围之内。由于明代早期建筑举架偏低，清末及民国举架偏高，而"五举"是清末建筑所普遍使用的，所以我们围绕着清末"五举"来确定大鹏所城城门楼从明至民国的举架。

3. 举折

广东现存仍然保留举折做法的比较重要的古代建筑，其始建时代都在明代以前，例如广州光孝寺、潮州开元寺、肇庆梅庵，据此可以推测广东地区宋代以前的公共建筑是普遍使用举折做法的。由于对清初以前的梁架实物我们了解不足，所以现在尚不能确定明代至清初这段时间的公共建筑是否存在举折做法，可以肯定的是，自清代中期以后，举折做法在广东逐渐减少，至清末彻底消失。由此我们怀疑明代初年广东的公共建筑在一定程度和数量上仍然保留举折做法，此时期建造的大鹏所城城门楼或许即属于其中之一。

4. 梁架结构

大鹏所城梁架结构应该使用广府地区公共建筑普遍使用的"箍头落榫"结构，我们称之为"箍头造"。此结构属于抬梁结构的一种做法，原则上与穿斗结构可以明确区分开来，二者是平行共存的关系。其结构特点为：柱头开出 U 形掐腰榫，梁头做 H 形箍头榫，二榫相扣形成叠压关系，梁、柱靠重力结合，如欲分开，必须将梁向上抬起，因此属于抬梁结构系统。

5. 平、立、剖面形制

全国各地的箭楼形制在整体规模上往往有比较一致之处。据《钦定八旗通志卷一百十八·营建志七·八旗驻防规制三·各省驻防三》（四库全书本）："乌鲁木齐驻防：乾隆三十八年（1773 年）设巩宁城土城一座……瓮城楼五座各三间……箭楼四座各三间。"又《钦定八旗通志卷一百十八·营建志七·八旗驻防规制三·各省驻防三》（四库全书本）："吐鲁番驻防：乾隆四十五年（1880 年）设广安城土城一座……瓮城楼五座各三间……箭楼四座各三间。"闽粤箭楼平面率以三开间为常见布局，例如赵家堡四座箭楼、诒安堡四座箭楼、崇武所城南、西箭楼均是此布局。其中，崇武所城是闽地规模较大的所城，其现存箭楼明间面阔不到 4 米，总面阔约 7.5 米，可见所城箭楼尺度之小。

据此，大鹏所城城楼在平面形制上亦应为三开间布局，平面尺度应遵循现存西门箭楼遗迹。

（1）平面图

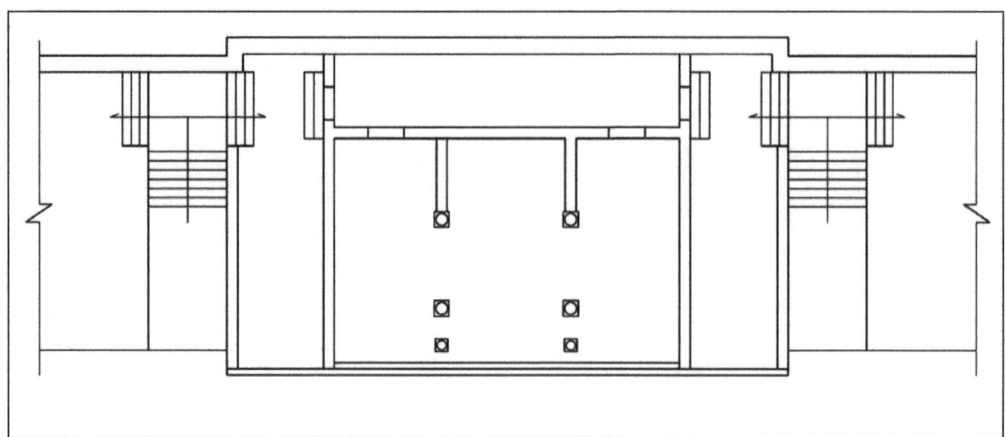

图 4-91　大鹏所城城门二层平面示意图

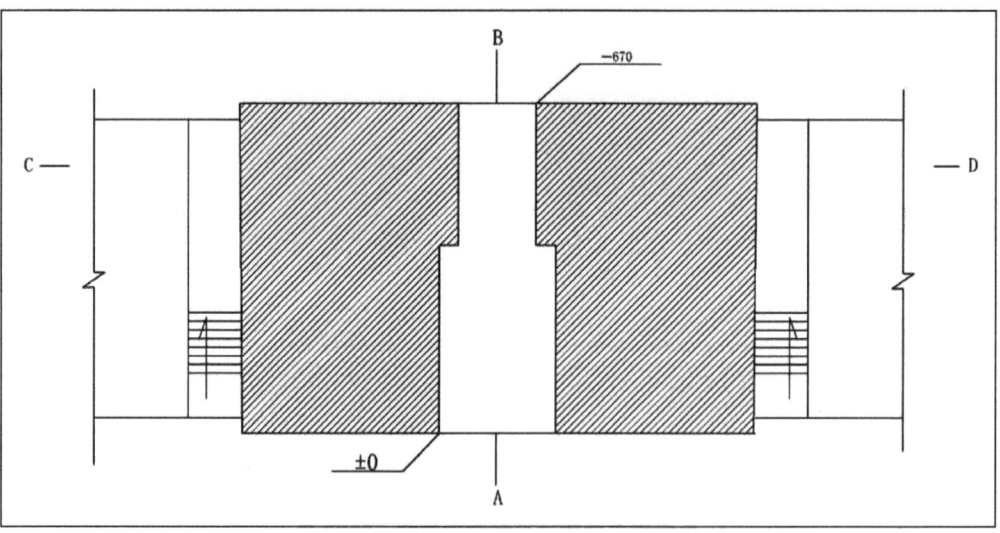

图 4-92　大鹏所城城门一层平面示意图

（2）立面

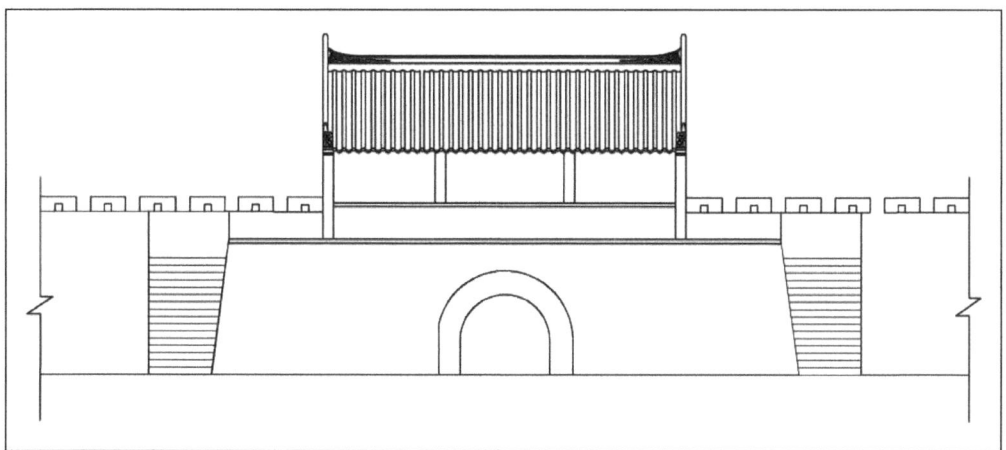

图 4-93　大鹏所城城门后立面复原示意图

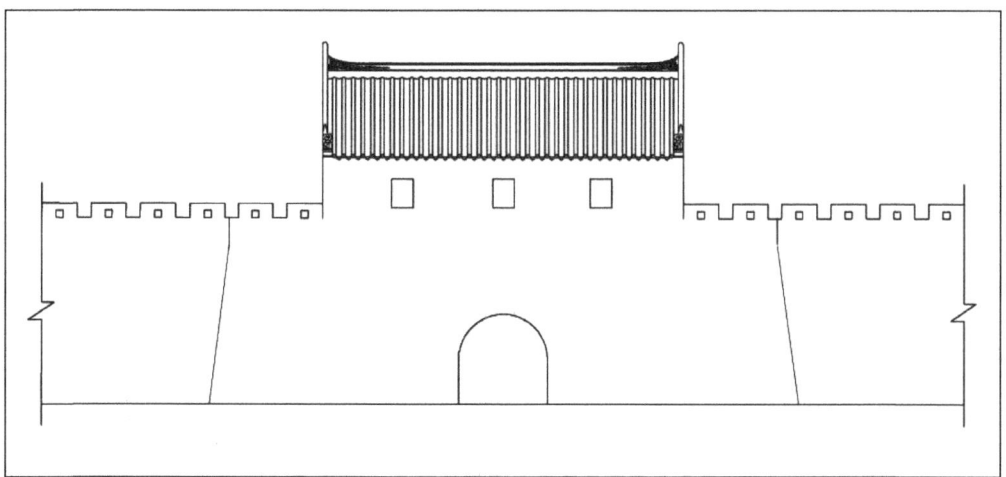

图 4-94　大鹏所城城门正立面复原示意图

（3）剖面

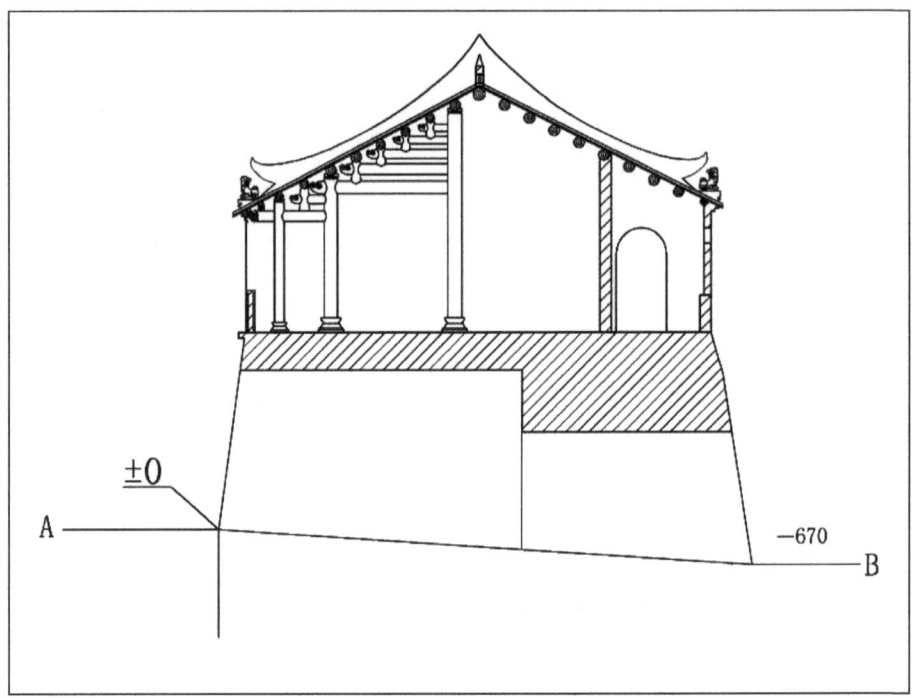

图 4-95　大鹏所城城门纵剖面复原示意图

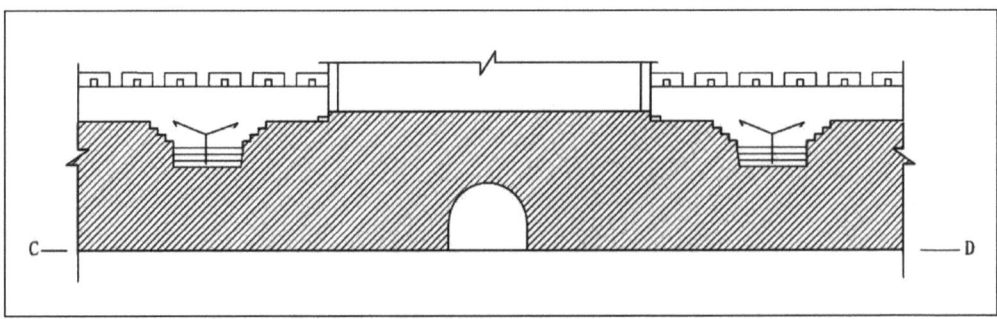

图 4-96　大鹏所城城门横剖面复原示意图

第六节 结论

根据我们对大鹏所城及周边地区古代城楼的普遍调查，可知城楼可分为箭楼式与阁楼式两大类型。就沿海卫城、所城、巡检司城、铳城、堡寨而言，凡是比较早期的城楼，都是以军事防御为主要功能的箭楼，在形制上与以行政和居住为主要功能的阁楼完全不同。从规模上看，阁楼的开间普遍大于箭楼，阁楼的装饰普遍比箭楼更加华丽，而箭楼的开间一般不超过三间，对外御敌的一面往往只有用作掩体的砖、石、土墙和用来反击敌人的箭窗。我们根据搜集的大量史料和本地的实例，确认大鹏所城城楼最初形制，即依循上述箭楼式城楼的主要特征，同时也具备沿海所城城楼的一般特征，同时在建筑细节装饰上符合广府建筑文化系统。综合这三方面特征，我们对大鹏所城城楼的最初形制进行了上述讨论，并得出一些初步结论，进而据此绘出上述示意图。

当然，就建筑细节而言，在实际的操作当中会有很多变化，本项研究仅能就大致的文化类型而举出其中的某几种演化路径，而对于更多演化路径的研究还有待于掌握更加丰富资料后，再进一步开展研究。

第五章　大鹏所城驿递系统调查与研究

　　古驿道是重要的线性文化遗产，承载着极其重要而丰富的历史人文信息。其自身建造的选址、功能、防灾避险的设计、材料、规格等均具有丰富内涵外，它还串联起包括古村落、古桥、古井、古河道、古建筑、碑刻、古寺庙等在内的文化遗产。这些因素结合在一起，形成了古驿道独特的历史价值和科学艺术价值。

　　广东省政府高度重视对古驿道的发现、保护与利用，副省长许瑞生亲自牵头全省古驿道保护与利用工作，多次率领省直有关部门赴各地市调研，深入挖掘与古驿道有关的历史文化资源，坚持保护为主、古为今用，做好古驿道的修复开发，促进地方经济社会发展。针对驿道这一古代经济交流、文化传播的重要通道，要古为今用，进一步开展相关史料挖掘、梳理收集和考证工作，完善路牌、标识等景区基础性配置，抓好古村落古道的全景规划，加强保护和修缮，原汁原味保留历史风韵。同时要重视跨地市跨区域联动，成系统而非分割成段。许瑞生强调，古城古驿道古村落是先辈留下的丰厚资源和"宝贝"，见证了当地历史文化发展，保护保存、利用开发好意义重大。他要求，要认真按照"保护为主、抢救第一、合理利用、加强管理"的方针，统筹处理好文物保护与经济社会发展的关系；在保护修缮过程中，要利用好遗留建筑原构件，尽量保留原貌；要深入挖掘古建筑的历史文化底蕴，提升修复项目的文化内涵和品质；要探索古驿道沿线贫困村落发展的新路径，科学合理规划，利用旅游、体育带动特色产业发展，促进经济发展。

　　2017年3月，广东省文物局下发《关于请报送南粤古驿道新发现有关材料的通知》要求各地市、各单位上报南粤古驿道有关材料。包括古驿道的总体情况、新发现情况、现状保存情况、保护利用情况、存在问题与下一步工作计划等。古驿道的现状保存、保护修缮、科学研究、展览展示的基本情况包括：现存古道的数量共多少处,其中国保、省保、市县保、一般不可移动文物、三普登记点各多少处,新发现有多少处;保存完好、基本完好、残缺遗迹的古道各多少米;沿线有驿亭、古桥、古镇、古村、单体古建筑、纪念史迹、碑刻、遗址、其他各多少个,其中新发现多少个;已经完成和正在实施的保护工程与展示项目多少项等。

2018年,广东省文化和旅游厅、自然资源厅、住房和城乡建设厅联合下发《关于印发粤港澳大湾区文化遗产游径建设工作方案的通知》。要求各地市政府切实担负起本地区粤港澳大湾区文化遗产游径建设的主体责任,把此项工作列入重要议事日程,制订工作方案,明确工作目标、具体任务、工作进度和责任分工。要求在2019年年底前,建成包括古驿道在内的文化遗产游径。通过三年左右时间,形成系列粤港澳大湾区文化遗产游径,包括制定标识标准,完善基础设施建设;持续开展积极开展宣传交流活动。

为了掌握和了解大鹏半岛古驿道及其沿线相关文物古迹家底,促进古驿道历史文化遗产的调查发现和保护利用工作,大鹏古城博物馆专门成立课题组,采取文献辑录和田野调查相结合的方法,历时三个月,基本摸清大鹏半岛古驿道名称、位置、年代、规模、保存状况、历史文献记载、作用与意义等核心要素内容。

第一节 大鹏半岛古驿道调查

根据广东省文物局定的标准,古驿道文化遗产的内涵包括以下内容:利用传统材料与技术建造的一切古道本体实物遗存;古道及其沿线的古亭、古桥、古关、指路石、古码头等建筑物、构筑物和碑刻、标语等实物遗存;古驿道及其沿线上的考古学文化遗址、建筑基址和古墓葬;古道及其沿线的在建筑形式、规划设计及其与环境景观结合方面,具有普遍价值的传统建筑群体;经过调查研究和科学考证,对原存古驿道及其相关遗存的历史、艺术、科学、社会、文化价值有科学合理的重大新认识或全新的诠释等。

自明代初年建城后,大鹏所城便是大鹏半岛最重要的军事、政治、文化、经济中心。大鹏半岛的古驿道系统以大鹏所城为中心,可谓四通八达:向东联通东山寺、野牛角烽堠、大坑、岭澳等;向西经登云桥到王母墟再到叠福、下沙、官湖、沙鱼涌、葵涌土洋、上洞、下洞、洞背、溪涌,通往盐田和新安县城南头;向西南经荣荫桥到达较场尾、龙岐、水头到新墟,再到西涌老大鹏;向西北经窑坳到打马坜,走径心坳到葵涌墟；向北经西坑仔桥、官坑桥上坝岗坳，到旧时属归善的坝岗墟，再到惠阳淡水。

由大鹏所城出城后，城外有通往各个方向的驿道，这些驿道，或由军方，或由当地政府，或由地方乡绅大族，或由当地村民出人出资砌筑。大鹏所城与外界的联系，包括与惠州府归善县碧甲司城、平海所城、惠州协、香港九龙、大屿山、东莞所城（明万历为新安县治）、南海卫城、广州府城等地之间的交通，通过古驿道逐步建立起来。大鹏所城与其军事设施王母洞屯、葵涌屯、碧州屯、盐田屯、叠福烟墩、老大鹏烟墩、水头墩台、野牛角墩台、大坑墩台等来往更是密切。古代深圳地区设治新安后，大鹏所城与新安县城东莞所城的联系频繁。

大鹏所城有东南西北四个城门，四个城门各有分工。东、南两门及东墙、南墙主要防御倭寇。因大鹏所城的东南濒海，海盗倭寇多由城东方向的岭澳登陆攻城，故城东海边部署了野牛角和大坑两个墩台以作瞭望。东门外东山是一道屏障，东山寺有兵驻防，遇小股敌人，伏击歼灭；如有大敌，则先行放过，再与城内互为犄角，围攻敌人。所以大鹏所城的东门、南门及东墙、南墙担负御敌功能。有80余岁的赖氏族长赖荣茂在民国时曾见过东墙、南墙上的68位大炮。而考古资料显示，大鹏所城东南护城河外沿没有修筑边沿。一般认为是因有海水会涨潮至城墙下，如此有利于泄洪，且利于防守。西门是大鹏所城最主要的生活通道，人们出城返乡都从西门出入。西门正街、西门外等环西门地区也因此一度成为商业街和市场所在。今西门外尚存"参戎许总爷去思碑"，记载了大鹏营参将许国腾在大鹏所城的政绩。北门则是不开的。大鹏所城人从风水学上认为北门有煞气，不能开，对北门实施了封堵。他们不仅封堵了北门，还在北门内兴建关帝庙，防止北门外煞气侵害。

如今，寻找并还原大鹏半岛的古驿道，难度极大。随着深圳特区的高速发展，原本位于特区内的古驿道已不复存在，特区外的古驿道已被废弃，而且因为现代农业、水利、旅游、交通的发展，这些古驿道或被完全铲除，或被分割成片段。课题组通过走访当地老年人、现场勘查清理和查阅史料，尽可能地恢复位于大鹏半岛的古驿道的形制、走向。

可以说，大鹏半岛的古驿道是由各种各样的点连接而成的。这些点包括桥梁、邮铺、村庄墟镇、山凹（坳）、古径、山峦等。

古驿道"路径多系高山海港……高山峻岭，如弁鹰三转……横涌海港无渡，伺潮退以涉……遇有风雨，高山难越，海潮杂沓不退，路期不定"。故清康熙《新安县志》云："沿海所城，大鹏为最。"又云："缘为此地，最为险僻。"古驿道之难的原因除了地形因素，也包括不可预测的天灾人祸。其中首当飓风对通行人员的伤害及古驿道的毁坏："六、七、八月有飓风，飓风所到之处，毁屋杀稼、拔木沉舟，危害巨大。康熙十年（1671年）八月二十一日，飓风坏城楼四座，城角窝铺四间，垛子五十八个，知县李可成，大鹏营守备马玉成等同捐修复。"此次飓风，毁坏了大鹏所城所有较高的城门楼与角楼，破坏力之大可见一斑。飓风所带来的风雨经常冲压崩陷古道。另外，山路亦常有狼虎伤人："康熙十九年（1680年），多虎，伤人甚众，年余乃止。""乾隆三十七年（1772年），狼虎成群，伤人甚多。"虎患以大鹏为甚。大鹏王桐山钟惠波先生回忆，20世纪60年代，他正读小学，曾亲眼看见大鹏王母墟还有人卖老虎。此外，海盗倭寇啸聚山林，劫掠商旅，也是一大祸害，给古驿道通行造成巨大威胁："顺治四年（1647年），山寇陈耀破大鹏所城，劫掳而去。贼首李万荣据城，罗钦赞盘踞梅沙、葵涌等处，四出流劫，县属乡村房屋，焚毁过半，杀掳男妇数万。"

虽然古驿道充满艰难险阻，但一路风景优美。清雍正《广东通志》记载："梅沙尖山，山在梧桐第三支，高一百丈，周二里，为新安秀山之最，一峰插天，峭丽如笔。梅沙岩，在梅沙尖（《深圳地名志》名梅花尖）山麓，天欲雨，岩先响如雷。

出大鹏所城4个城门，共有以下5段古驿道。

一、东出大鹏所城至岭澳

东出大鹏所城的古驿道，主要通往东校场、东山寺、大坑、岭澳两个自然村落和野牛角烽堠。东山寺山门有"鹫峰胜境"石牌坊。"大坑桥，在大坑村前，嘉庆十二年建"。大坑村为徐姓聚居，分为大坑上村和大坑下村，其徐姓太公曾参与建造大鹏所城。因建核电站，大坑、岭澳两村均迁至大鹏王母建大坑新村和岭澳新村。原大坑村有徐太公墓和明武略将军徐勋墓，也因建核电站迁至大鹏所城东校场。大坑村还有大鹏所城赖恩爵原葬墓，清光绪三年（1877年）迁至大鹏打马坜水库。大坑村原有清福建水师提督刘起龙原葬墓，也因建核电站迁至大鹏所城东校场。

此段古驿道至今仍保存从大鹏龙井至东山寺一段约30米的古道，由青石铺就，宽约1.5米。

二、南出大鹏所城至海边

大鹏所城原有东校场，可容纳五百士兵操练。清嘉庆年间，因海患严重，大鹏所城战略地位提升，提升了营制，增加了兵员船只，同时开辟了西校场。大鹏所城南面的龙岐海澳又是大鹏水师的水上营盘，今仍存"水下小长城"。南出所城到海边西校场操练、登船出海巡哨，今仍存荣荫桥。

三、西出大鹏所城而西北通葵涌墟、坪山墟

从鸭母脚（今大鹏山庄）溯山涧向北可登径心凹。"径心凹，在大鹏凹，道险隘，监生欧阳铨捐石，砌十余里，邑令汪鼎金［汪鼎金，浙之钱塘人，由进士，乾隆十一年（1746年）知县事］有'利及行人'匾额题赠"。至径心凹顶西南通叠福烟墩，北经上径心、下径心村，经济安桥，通葵涌屯、葵涌墟，"济安桥，在葵涌，监生潘光大建"。潘光大为古代深圳惠州地区望族"葵涌潘"，潘家建济安桥，还修砌了葵涌墟至坪山墟的石路。

四、西出大鹏所城而西南至新安县城

清初，卫所兵制由屯兵制向募兵制转变，原大鹏所军屯设大鹏守御所千总专理屯科，负责大鹏营军需粮草的生产。因为幅员广阔，交通不便，为了方便管理，清雍正元年（1723年）裁千总，改设新安县丞于大鹏所城，管辖今大鹏湾大亚湾沿岸近百村庄，兼管大鹏营军粮。大鹏所城与东莞所城之间的联系更成为常态，两城之间逐步修成官道相连。

对于这条官道，新安县志是这样描述的："城在县（今深圳南头新安故城）东一百六十里（旧志一百二十里有误）大鹏岭之麓"；"由新安城至大鹏所城，路径多系高山海港，旧有乌石渡（今南头）至下沙，道里二日可通，今无船设，复可渡。高山峻岭，如弁鹰三转。大小梅沙尖、九顿岭等处，轿马难走，必步行登越。横涌海港无渡，伺潮退以涉。无大风雨，四日可至。遇有风雨，高山难越，海潮杂沓不退，路期不定"。说明此条道路采取沿海沙坝加攀越山地结合的路线。经登云桥过鹏城河。"登云桥，在大鹏城西，嘉庆二十二年（1817年），县丞余鸣九、守备张清亮倡建"。经王母桥到王母屯、王母墟，"王母桥，一在墟东，一在墟西。"再经叠福径到官湖。"迭福径，在七都迭福村近海"。又经沙鱼涌、土洋、上洞、下洞到溪涌

盐村。在修此官道之前，取道河涌下游海边，不用攀越高山，无虎狼之危胁，无攀越之困苦，但"横涌海港无渡，伺潮退以涉"。从盐村（今溪涌）后山上九顿岭（今名九栋岭）。"九顿山，在县东一百余里，从山麓而上，连顿九层，至顶平旷，往大鹏必由之路。监生李潴光、李绍光捐石砌平十余里，山溪并架以桥，置有亭子，为行人栖息之所，邑令李维榆、举人侯倬云俱为《记》，以志其事"。过次大小梅沙尖。"梅沙尖山，在县东九十里，尖秀插云如笔"。过大小梅沙尖后，进入盐田，旧时有盐田屯，在今盐田洪安围，便有一南北向驿道——盐田径与之交汇。"盐田径，在梧桐山腰，大石砌结，宽一丈许，延亘十余里。相传元季邑人萧观庇创造，有碑记，岁久湮没，至今称亭子步"。

从东莞所城出发每二十里一个邮铺至大鹏所城，传递公文政令，互通情报。其中，"大鹿铺，在县东，离治八十里"。又有彭坑铺，"彭坑铺，在县东，离治六十里"。又行黎峒径（今香港境内），"黎峒径，在县东六十里，通盐田、大鹏等处"。至大涌铺，"大涌铺，在县东，离治五里"。最后抵新安县东莞所城。

五、西出大鹏所城向北至归善县

出大鹏所城西门向北经西坑桥，"西坑桥，在大鹏城西门外"。再过官坑桥，"官坑桥，在大鹏城北，通广惠冲衢，邑庠（县学或县学生）李福建"。经西向径（今坝岗坳）出大鹏。"西向径，在大鹏，东抵归善界"。此条通道是大鹏所城与惠州府各政军部门联系的要道，也是古代广州府与惠州府沿海陆路的必经之路。清初迁界禁海，大鹏所城官兵留守以贯行迁界政策，原亦兵亦农自给自足的大鹏所城官兵食粮由内地提供，西向径（坝关坳）因此成为运粮通道。"兵部议复。广东总督卢崇峻不好意疏言，粤省边界地方，各应留一出海口子。香山县水路以顺德石玑边界为口子，广海卫由陆路以城冈堡边界为口子，大鹏所由陆路以归善淡水边界为口子……以便官兵运粮行走。地方官给予验票。设立口子处拨兵防守，稽查验票放行。如借端在海贸易，通贼妄行，地方保甲隐匿不首者，照例处绞。守口官兵知情者，以同谋论，处斩。不知情者，从重治罪。从之。"

第二节　大鹏半岛古驿道相关遗存

一、大鹏所城

大鹏所城是一个军事堡垒，城防是其最主要的特征和要素。而要充分发挥其城防的作用，确定适宜的城址是实施防御策略的关键的第一步。

大鹏所址最初是定在大鹏半岛最南端的南澳镇西涌海边（即老大鹏）。筑城三月后，广东寇乱涌起，大鹏将领奉命去平定匪寇。其后，出于防卫和地势的考虑将大鹏所改设于东部大鹏半岛的大鹏岭下，东靠龙头山，北临排牙山，南向有七娘山。所选地址是一处北高东南低的地段，既有天然的山峰作为屏障，也符合我国古代堪舆学环山面水、负阴抱阳、护砂相围的地理格局。在此地高筑城垣，城内的将士便处居高临下之势。这一选址既从战略角度考虑，还充分利用了地形特点，适应当地气候条件，增强了大鹏所城抵御自然灾害的能力。

大鹏所城东西345米，南北285米，城墙高6米（东北方现存约300米古城墙基址）、长1200米，上设雉堞654个，并辟有马道。平面呈近梯形布局，占地面积约10万平方米。全城分东、西、南、北四个城门（北门于明万历年间被堵塞）。每个城门上建有一座敌楼，两边各设两个警铺。城内主要街道有南门街、东门街、十

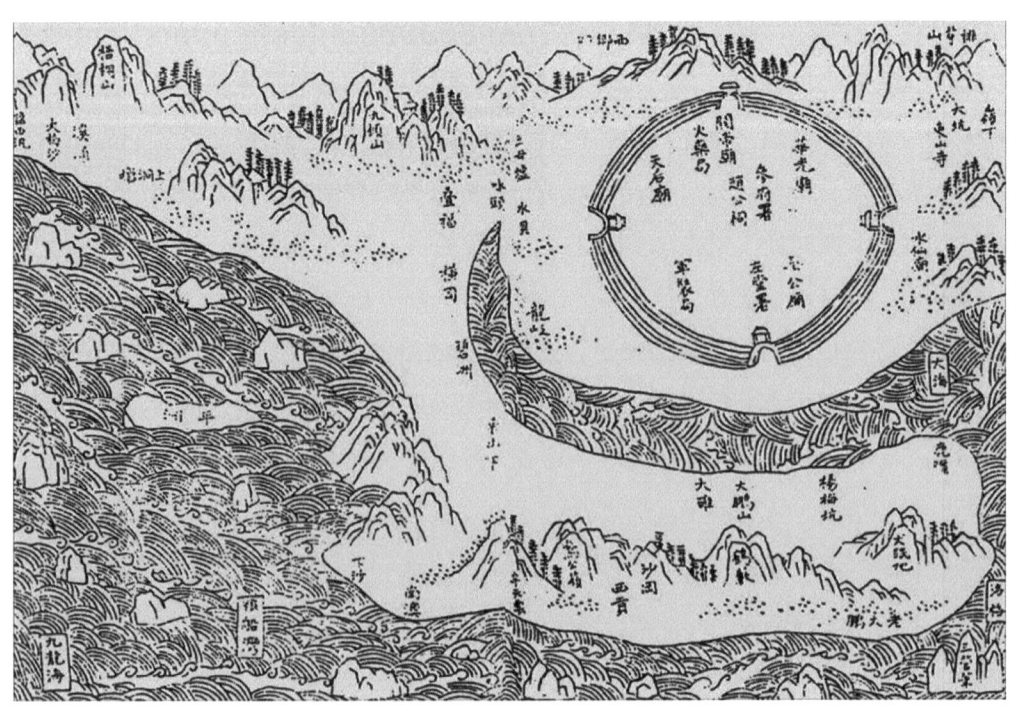

图 5-1

字街和正街等。城中心设有军粮仓库,城内的巷道幽深弯曲,也具有防御作用。和全国的其他所城相比较而言,大鹏所的城池体量不算大,但防卫性较强。

大鹏所城的城防系统主要由城墙、城门与城门楼、马道、马面、女墙、城墙外沿的护城河、城内的顺城街组成。城墙是用黄泥沙和灰土夯筑而成,墙体外侧用砖包砌,砖长 39 厘米,厚 5 厘米。外城墙砖块错缝平砌,砖墙与夯土结合紧密,有部分砖块深入夯土内。内部下部是用石块叠砌,壁面坡度较大,收分也很明显,呈台阶式。大鹏所城有 4 个城门、4 个角楼、16 个警铺、654 个雉堞(城垛)。城门楼及城墙是大鹏所城的核心建筑,同时也是大鹏所城目前保留下的唯一明代遗存。易守难攻的天然基址、大规模的高台城池以及全面的守备设施,共同构筑了大鹏所城坚固的防护体系[1]。

另外,据康熙《新安县志》记载,明代新安沿边共设 11 座墩台[2]。其中 6 座墩台的瞭守旗军由东莞所拨,而"野牛墩、大湾墩、旧大鹏墩、水头墩、叠福墩,以上五墩,每墩瞭守旗军五人,大鹏所拨"[3]。这些烟墩均为东莞所和大鹏所之耳目,若发现敌情,则白天以烟云传讯,夜晚以火光报警。正所谓"日则了望,夜可伏路;如逢有警,一台烟起,左右响应,营将各挥众合围攻击"。城内驻守设正千户一员,以下设副千户两员、百户十一员、镇抚两员、幕官吏十员、司吏一员。另有武官两员、旗军二百二十三员,隶属南海卫管辖。这样一来,如有倭寇进犯,一旦登岸就有烟墩报警,再经过巡检司的盘查,卫所军士抵御,在沿海形成了一道防线,对倭寇的进攻给予及时、有效的打击。

大鹏所城自建城以来,曾多次修葺,但终因年深日久,日渐衰败。城楼、城墙等在 20 世纪 50 年代被毁坏严重,特别是经历了"文革"的大规模破坏,一部分古迹已荡然无存,只剩下残垣断壁。现大鹏所城除在万历年间被堵塞的北门外,尚保留有东、南、西三门及东北部分城墙。1984 年,深圳市政府拨款 20 万元,维修大鹏所城南门和东门。

大鹏所城虽被严重破坏,但残存的建筑遗存遗址仍然展现了古城雄姿,彰显了它的文物、旅游等价值,这些建筑遗存遗址包括以下各项。

---

[1] 刘涓,赵万清:《论大鹏所城之变迁》,《山西建筑》,2014 年第 1 期,第 9 页。
[2] [清·康熙]《新安县志·卷之八·兵刑志》:"岗墩、赤湾墩、伏涌墩、嘴头墩、赤岗墩、鳌湾墩,已上六墩,每墩瞭守旗军五人,东莞所拨。"见张一兵校点《深圳旧志三种》,海天出版社,2006,第 384 页。
[3] 张一兵校点:《深圳旧志三种》,海天出版社,2006,第 384 页。

（一）南门楼

南门楼始建于明代，坐北朝南，面阔 25 米，进深 12 米，占地面积约 300 平方米，通高 11 米。结拱起券和闸门安置的方法集中体现了作为军事卫所城池的特殊构造和工艺，是所城格局的重要组成部分。城门洞由内、外两道门组成，呈凸字形，内门在门道前后两部分的交接处，由向内而开的两扇门扉组成，宽 3.45 米，拱高 2.6 米，外门为上下起落的闸门，宽 2.7 米，拱高 2.1 米。门道地面用花岗岩石板铺设，顶部用平砖和模形砖以三顺三丁的纵连砌法结拱起券，集中体现了大鹏所城作为军事卫所的特殊构造和建筑工艺。内外墙面为城砖包砌，花岗岩条石墙基，墙内夯土填芯。城墙上设有雉堞，内设女墙。城门楼为砖木结构，抬梁穿斗式木作梁架，硬山顶，阴阳瓦屋面。南门楼历经多次破坏，曾多次修葺。

（二）北门楼

北门楼始建于明代，坐南朝北。明万历年间（1573—1620 年）被堵塞。清代北门内曾设有文庙、武庙、关帝庙、火药局、大夫第等，现保存有北门遗址群。城门及城墙为后来新建。

（三）东门楼

东门楼始建于明代，坐西朝东，面阔 25.2 米，进深 11.4 米，占地面积约 288 平方米，通高 11 米，结拱起券、闸门安置的方法集中体现了作为军事卫所城池的特殊构造和工艺。东门楼城门洞由内、外门组成，呈凸字形，内门宽 4.1 米，拱高 4 米，外门宽 2.6 米，拱高 2.63 米。内外墙面为城砖包砌，花岗岩条石墙基，墙内夯土填芯。城墙上设有雉堞，内设女墙。城门楼为砖木结构，抬梁穿斗式木作梁架，硬山顶，阴阳瓦屋面。城门楼历经多次战火和自然风化，曾多次修葺。因年深日久，1998 年深圳市文管办对其进行修复，现由深圳市大鹏新区鹏城社区管理和利用，可供登楼观赏。

（四）西门楼

西门楼始建于明代，坐东朝西，面阔 17.7 米，进深 10.3 米，占地面积约 180 平方米，通高 4.4 米，结拱起券、闸门安置的方法集中体现了作为军事卫所城池的特殊构造和工艺，是所城格局的重要组成部分。城门洞由内外、门组成，呈凸字形，内门宽 3.8 米,拱高 3.7 米,外门宽 2.4 米,拱高 2.5 米。内外墙面为城砖包砌、花岗岩条石墙基,墙内夯土填芯。城墙上设有雉堞,内设女墙。城门楼为砖木结构,抬梁穿斗式木作梁架,硬山顶,阴阳瓦屋面。城门楼历经多次战火和风雨侵蚀,曾多次修葺。因年深日久,2015 年经国家文物局立项批复,深圳市大鹏所城整体保护项目二期工程将对其进行修复竣工。

二、古桥

大鹏所城临海,港湾、河道不少,必须依靠桥梁往来。这些古桥成为古驿道及其周边重要的历史遗物遗存。以下 10 座古桥甚有历史文物和旅游价值。

(一)荣荫桥

荣荫桥位于大鹏所城东面的三角潭畔、教场尾村旁,距大湾海数百米。此桥宽 2 米,长约 10 余米,距今已有 200 多年的历史。据清嘉庆《新安县志·建置略》记载:"荣荫桥,在大鹏城东,嘉庆十年(1805 年)建。"此桥首尾皆有一个呈半月形的桥引,中间有两个橄榄形、高盈丈的桥墩。桥面分为三段,每段均架四条尺余宽、近两丈的花岗岩条石。桥引、桥墩皆是花岗岩砌成。

荣荫桥靠近大亚湾海面,曾因台风盛发时海潮暴涨冲坏桥基。中华人民共和国成立前夕,由华侨捐款,在桥下游百余米处用磨石、水泥、灰沙筑了一道防浪堤。

荣荫桥不但可以行人,车马行于其上亦畅通无阻。清朝时,大鹏所城防守营之将士,朝夕必跨此桥到东、西较场操练。据民间传说,经此桥出行则万事无有不顺。这一说法反映了人们追求平安的愿望[①]。

(二)登云桥

登云桥位于鹏城村西侧,宽约 3 米,长近 10 米,由花岗条石构成,建于清代。嘉庆《新安县志·卷之七·建置略·梁》载:"登云桥,在大鹏城西,嘉庆二十二年(1817 年)县丞余鸣九、守备张清亮倡建。"[②]

相传这座桥的修建与明代振威将军刘起龙有关。有一年,刘起龙将军打算回乡

[①] 纪志龙主编:《大鹏游览指南》,内部刊印本,第 52 页。
[②] "嘉庆二十二年,县丞余鸣九、守备张清亮倡建"三句,(清道光)阮元《广东通志》同文作"嘉庆年间新建"句。见张一兵校点:《深圳旧志三种》,海天出版社,2006,第 796—798 页。

图 5-2　位于鹏城村西侧的登云桥[1]

省亲拜祖。新安县丞余鸣九、守备张清亮闻此，便事先来鹏城村安排张罗、看路查桥。为了便于刘起龙将军的车马通行，他们决定将鹏城西门外的简陋木桥改建成一座牢固宽阔的石桥。他们征用民夫几百人，晓夜建桥，在河中间用大花岗岩条石砌成橄榄形的桥墩，两岸亦用块石砌成桥墩。余、张将之命名为"登云桥"，寓刘起龙将军"飞黄腾达"之意。后来，刘起龙将军返乡，见这座桥这样好，心中非常高兴，对这两位官员十分赞赏。民间传说，只要走过此桥，必将会有"好运"来临。"登云桥"古迹至今犹存[2]。

（三）官坑桥

官坑桥位于大鹏新区大鹏街道鹏城社区所城北九顿山南麓的小溪之上，小溪冬天常干涸，当地人称之为"旱坑"，史称"官坑"。官坑桥为东西走向的单孔石板桥，两岸各置高丈许桥墩一个。桥面长 4 米，宽 2 米，占地面积约 10 平方米，由四条青麻石组成。该桥虽然现已荒废，但保存完好。2012 年 1 月 13 日，官杭桥被深圳市龙岗区人民政府公布为不可移动文物。

---

[1] 纪志龙主编：《大鹏游览指南》，内部刊印本，第 51 页。
[2] 纪志龙主编：《大鹏游览指南》，内部刊印本，第 51 页。

图 5-3 官坑桥

（四）西坑桥

据清嘉庆《新安县志·建置略》载："西坑桥，在大鹏城西门外。"① 乾隆三十六年（1771年）建②。现状不明，有待勘察。

（五）福隆桥

位于鹏城的西北面，清嘉庆《新安县志》记载："福隆桥，在大鹏西北，土名黄泥潭，嘉庆十六年（1811年）监生王广勋建。"③ 此桥因现在修有公路，行人较少。但桥碑至今保存完好，其高 172 厘米，宽 70 厘米，厚 28 厘米。碑文阴刻如下：

上部横书：福隆桥

中间直书：国学王广勋男国学嘉元郡庠嘉猷

右侧直书：嘉庆十六年辛未岁春月吉旦

左侧直书：董理弟王遴贤日祥侄维同立

---

① "在大鹏城西门外"句，〔清·道光〕阮元《广东通志》同文作"乾隆三十六年（1771年）建"句。见张一兵校点《深圳旧志三种》，海天出版社，2006，第796—798页。
② 张一兵校点：《深圳旧志三种》，海天出版社，2006，第798页。
③ 张一兵校点：《深圳旧志三种》，海天出版社，2006，第795页。

（六）三盛桥

三盛桥位于南澳东山高岭村下，是现存最为完整的高岭村古驿道的起点。三盛桥为东西走向，始建于民国十五年（1926年），桥长8米，桥面由长条石构成，桥下砌石修成拱形，桥前有一通建桥芳名碑，桥后有一座土地伯公庙，为高岭古村居民出入必经之路。现该桥整体保存完好。2012年1月13日，三盛桥被深圳市龙岗区人民政府公布为不可移动文物。

图 5-4　三盛桥

三、古井

（一）大鹏龙井

大鹏龙井位于大鹏镇鹏城东门外的龙头山下。据清嘉庆《新安县志·山水略》记载："龙井，在鹏城东山麓，横开一穴，泉流不竭，其水夏寒冬温，甘美与他泉异。"现在的龙井以西修有排水涧及宽敞的大路，路旁新立混凝土牌坊，上阴书"大鹏龙井"四字。龙井的泉眼仍原封未动，有一石槽将清澈的泉水从墙根涓涓引出，如龙吐水。

图 5-5　大鹏龙井

（二）水头古井

水头古井位于水头村东北角，始建于清代，占地面积约 30 平方米。井前有青麻石铺设小径，井边和井口均用长条青麻石铺置。井口呈圆形，直径为 4 米，井深约 4 米，井水清凉。井口中间横跨四条长达 4 米的长条石。旁边还有一棵古榕树。2012 年 1 月 13 日，被深圳市龙岗区人民政府公布为不可移动文物。

四、烟墩

烟墩，又称烽台、烽火台、烽燧、烟火台，多建于边界高山险要之处，通常由土或山石垒成，用于点燃烟火传递重要消息，为古代的军事报警系统。如有敌情，则白天燃烟（燧），夜间点火（烽），台台相连。在大鹏所城四周地势险要之处分布的各烟墩，与所城共同组成一个完整的军事防御体系。

（一）野牛烟墩

野牛烟墩，又名"野牛烽堠"，位于大鹏镇岭澳村濒海的山岗上，由此可俯瞰大亚湾龙岐澳的入口，明崇祯十五年（1642 年）置。墩台呈方斗形，用石头垒砌。1982 年修建大亚湾核电站时，划为禁区，岭澳村整体迁移到大鹏镇。

（二）大湾墩

大湾墩，又名"大坑烟墩""烟墩山""大坑烽堠"。位于大鹏镇大坑村南濒海高约1000米的山岗上。明崇祯十五年（1642年）置，是现保存较好的一个烟墩遗址。它南临大亚湾龙岐澳，可俯瞰整个龙岐澳。1982年修建大亚湾核电站时，划为禁地，大坑村整体迁移到大鹏镇。后来广东核电总公司在山岗上修建休闲阁亭，烟墩被毁，荡然无存。

（三）旧大鹏墩

旧大鹏墩，位于南澳镇西涌临海的狂芒山顶上，明崇祯十五年（1642年）置。它由5个东西向排列的烟墩组成，烟墩平面呈覆斗形，用石头垒砌。东、北山坡地势低缓，西、南山坡地势陡峭。

（四）水头墩

水头墩，位于大鹏新区南澳街道水头沙社区英管岭山顶上，又称"水头烽堠"。明崇祯十五年（1642年）置。烟墩东西长约20米，南北宽9米，占地面积约180平方米，由一大三小四个烟墩组成，三小墩成"一"字形排列。墩台呈圆斗形，大烟墩底部直径约6米，小烟墩底部直径约1米，均用山石垒砌而成。烟墩砌筑于高约350米的山头上，由此可观察整个大鹏湾海面。2012年1月13日，被深圳市龙岗区人民政府公布为不可移动文物。

（五）叠福墩

叠福墩，亦名"叠福烽堠"，位于大鹏镇叠福村北的求水岭山上，由一个大瞭望墩和三个小烟墩组成。明崇祯十五年（1642年）置。墩台呈方斗形，用石头垒砌，筑在高约250米的山头上。由此可观察整个大鹏湾洋面，王母、葵冲等地均在其俯瞰之下。

（六）盐田墩

盐田墩台位于大梅沙西侧的梅沙尖，由6座石砌墩台组成，均呈覆斗形，最大的一个主墩台底座呈正方形，底座的一边长为6.3米，顶部的一边长为5.83米，石头墙的厚度近1米，高2.2米。大墩台的南侧3米左右，有5座小的墩台，从东至西呈一字形排列。其中最东侧的墩台与其他墩台的间距稍大一些，有3米。其余的每个墩台之间的间距为1.9米，墩台的长和宽基本上都是1.6米。

盐田烟墩设立具体年代尚无法考证。但在嘉靖十四年（1535年）戴璟《广东通志初稿》中就已有明确记载。当时盐田隶属大鹏守御千户所，防守旗军则来自东莞所。但在以后的地方文献中盐田烟墩时无时有。到康熙七年（1668年）展界，史料记载新安沿边奉设墩台二十一座，其中有盐田墩台一座。同时还有大梅沙、小梅沙墩台各一座。康熙二十七年（1688年）编撰县志时，大小梅沙墩台改作瞭望台，盐田墩台仍在。[①]嘉庆二十四年（1819年），盐田墩台、大、小梅沙瞭望台俱不存。[②]由此变迁过程可见盐田墩台一直是附近地区军事设施的中心，而大小梅沙墩台和瞭望台存在时间都很短。据此推断现存形制完整的烟墩应该是盐田墩台，属明代遗存。

此外，《新安县志》记载的还有深圳墩、五通岭墩、大梅沙墩、小梅沙墩等四座烟墩，惜已不存。

到清代，明代有些烟墩被保留下来，也有一些烟墩是新建的。据康熙《新安县志·兵刑志》载，新安沿边奉设墩台二十一座。其中新安营汛地共有墩台十三座，大鹏汛地共有墩台八座，即盐田墩台、鸦梅山墩台、东坑墩台、西山墩台、深圳墩台、五通岭墩台、大梅沙墩台和小梅沙墩台。后来一些墩台改作瞭望台，只有盐田墩台保留下来，并于2008年被发现。

盐田烟墩地处山间，视野开阔，西可俯瞰盐田港口，东可眺望大梅沙海滨，是目前深圳发现的烟墩中形制最完整、保存最完好的一座，为深圳市烟墩遗迹研究提供了新资料。

五、校场

校场是古时操练或比武的场地。大鹏所城有东、西两个校场。

大鹏所城建成后，为了提高驻防将士们的战术和作战能力，遂在城东数百米处的龙头山下开辟了一个面积数十亩的演武场，俗称"东较场"。

至清康熙三年（1664年），大鹏营增驻官兵500名，改"城守备"为"中军守备"，统率全营布防。这样一来，所有官兵在东较场练兵，就很拥挤了。康熙十年（1671年），大鹏营中军守备马玉成在大鹏所城东南方的大亚湾海滨又开辟了一个面积与东较场相近的演武场，俗称"西校场"。

---

① 张一兵校点：《深圳旧志三种》，海天出版社，2006，第385页。
② 张一兵校点：《深圳旧志三种》，海天出版社，2006，第853页。

大鹏所城的东西两个校场一直使用至清末，为提高当时边防官兵的素质起到了积极的作用。

六、墓葬

（一）刘起龙墓

刘起龙将军墓原位于深圳市大鹏新区大鹏街道大坑上村，地名"爬龟地"，坐北向南，建于清道光十一年（1831年），为一典型清代将军墓。1984年9月，为配合核电站基建工程，深圳市博物馆对此墓进行了发掘，并迁移到深圳市大鹏新区大鹏街道鹏城社区东校场，按原貌修建。搬迁墓坐北朝南，全墓约长9.8米，享堂宽6.2米，祭堂宽4米，墓堂宽3米，用经过雕凿的花岗岩结砌。墓主刘起龙为清一代名将，官至福建水师提督，封振威将军，从一品，大鹏所城内还有其"将军第"。刘起龙墓碑碑文、御祭文碑、古之遗爱碑等文字资料对研究大鹏所城历史、清史具有重要的参考价值。

1983年5月30日，刘起龙墓被深圳市人民政府公布为第一批"深圳市文物保护单位"。

图5-6 刘起龙墓近景

（二）赖恩爵墓

赖恩爵墓原位于深圳市大鹏新区大鹏街道王母社区黄歧塘大坑山，地名"爬龟地"，光绪三年（1877年）迁葬王母黄歧塘。墓面建筑平面呈"8"字形，为花岗岩石筑成的三级享堂墓。迁葬墓坐北朝南，全墓长11米，享堂宽8米，祭堂宽4.4米，墓堂宽3.5米，占地面积约1432平方米。墓顶浮雕双龙戏珠，其下一块"岘山遗爱"石匾。原墓仍遗留一对石人和一对石马，1983年由深圳市博物馆收集。墓主赖恩爵为清广东水师提督，封振威将军（从一品），大鹏所城内还有其"振威将军第"。墓碑碑文内容对研究大鹏所城赖氏世系具有重要参考价值。1984年9月6日，赖恩爵墓被深圳市人民政府公布为第二批"深圳市文物保护单位"。

（三）赖太母刘老夫人墓

赖太母墓位于深圳市大鹏新区大鹏街道鹏城社区大鹏古城东侧，当地名叫"石地"，建于清道光十九年（1839年）。该墓坐北朝南，墓全长9米，墓堂宽6米，享堂3.6米，占地面积约100平方米，全墓用花岗岩雕凿结砌。墓主赖太母刘老夫人为武功将军赖世超夫人，育三子，长子英扬官至定海镇总兵官，封振威将军；三子信扬官至福建水师提督，封建威将军。赖太母以教子有方著称，现有其家训口传至今。该墓为一典型规模宏大清代墓，至今保存完好。1984年9月6日，被深圳市人民政府公布为第二批"深圳市文物保护单位"。

（四）杨耀宗墓

清武显将军杨耀宗墓位于深圳市大鹏新区大鹏街道鹏城社锣鼓山东麓，坐西北朝东南，建于清光绪二十年（1894年）。全墓长5米，墓堂宽4米，占地面积约50平方米，为一典型清代将军墓，整体保存较好。对研究大鹏所城历史、清史具有重要的参考价值。2006年7月14日，被深圳市龙岗区人民政府公布为文物保护单位。

（五）刘太母林夫人墓

刘起龙夫人刘太君（林夫人）墓原位于深圳市大鹏新区大鹏街道鹏城社区大坑下村松树岭东麓，坐北向南，建于道光十九年（1839年），为一典型清代墓。1984年9月，配合大亚湾核电站工程，深圳市博物馆对此墓进行了发掘，并将其迁往深圳市大鹏新区大鹏街道鹏城社区东校场，按原貌修复。

图 5-7 明武略将军刘钟墓

（六）明武略将军刘钟墓

刘钟墓位于深圳市大鹏新区大鹏街道王母社区坪西公路西侧，朝向北偏东 30 度，为清光绪元年（1874 年）重修墓。该墓占地面积有 108 平方米，墓面建筑为青砖结砌，分墓堂和享堂两部分。青砖规格为长 31.1 厘米，宽 14.3 厘米，高 5.3 厘米。刘钟，史料不详。其生卒年据碑中所载为"明戊寅—癸亥"，享年 46 岁，据考证应为大鹏所城明代将军，其夫人杜氏为"宜人"，在明代为五品诰命。该墓为明武略将军刘钟与夫人杜氏合葬的清代墓，保存完整。2012 年 1 月 13 日，被深圳市龙岗区人民政府公布为不可移动文物。

（七）南澳文氏"义冢"

南澳"义冢"位于深圳市大鹏新区南澳街道西涌社区格田居民小组，由大鹏新区西涌文氏族人世代祭祀和维护，故当地人称"文氏义冢"。该墓朝向西偏北 20 度，年代不详，面阔约 30 米，长约 28 米，冥堂约 10 米。墓高 2 米多，由拜堂、拜台、祭台、冥堂和墓冢等组成，用三合土夯筑而成。青麻石墓碑嵌于花岗岩碑框内，中央上刻"义冢"及"神画"。两侧有"慈悲变面，分求施食"等字画，整体保存较好。据了解，该"义冢"有可能是宋末文天祥率领的"文家军"的义冢。2006 年 7 月 14 日，

图 5-8 南澳文氏"义冢"

被深圳市龙岗区人民政府公布为文物保护单位。

七、牌坊

（一）东山寺石牌坊

东山寺石牌坊位于深圳市大鹏新区大鹏街道鹏城社区东山古寺前，朝向南，建于清咸丰四年（1854年），为四柱三间三楼式，均用花岗岩雕砌而成。石柱前后均有护柱嵌于槽中，三楼间均有榫卯相接，柱顶饰"山"字形，中楼上饰一石珠，石板面向前后斜，有檐槽。中楼横额上书"鹫峰胜境"四个阳文行楷，落款署"咸丰四年"，乃大鹏营守备张玉堂所书。背面横额上书"鹏岛灵山"，左右两楼前后均有雕花图案。石牌坊至今仍保存完好。1984年9月6日，东山寺石牌坊被深圳市人民政府公布为第二批"深圳市文物保护单位"。

（二）水贝"清标彤管"石牌坊

"清标彤管"石牌坊位于王母墟至王母墟中和里水贝村的古驿道北侧雄鸡拍翅山上，现该道已改道，原路无存。石牌坊当地人称"清标彤管"牌坊为"节牌"。此牌

图 5-9 东山寺石牌坊

图 5-10 水贝"清标彤管"石牌坊

坊始建于嘉庆五年（1800年），坐东朝西，占地面积约3平方米。牌坊为四柱三间三楼式，均以花岗岩砌成。正楼最高的一块匾额上书"奉旨旌表"，背后为"圣旨"，其下一额书"清标彤管"，左、右两楼门额上书"百世""流芳"。此牌坊是为水贝村欧阳氏聘妻李氏而立，至今整体保存完好。李氏年十八亡夫后守贞不嫁，嘉庆五年（1800年）题准旌表。2001年6月7日，水贝"清标彤管"石牌坊被深圳市龙岗区人民政府公布为文物保护单位。

八 古遗址

（一）咸头岭遗址

咸头岭遗址分布在大鹏新区大鹏街道下沙社区咸头岭居民小组的海边沙堤上，东南至西北长150米，西南至东北宽200米，面积约30000平方米。此遗址于1981年被发现，1985—2006年共进行过5次考古发掘，出土遗物十分丰富。其中有距今7000余年的彩陶、白陶器及石器，是目前珠江三角洲地区发现的时代最早的史前遗址，为建立珠江三角洲地区距今7000—6000年的史前文化编年系列提供了重要标尺。2006年7月，咸头岭遗址被公布为大鹏新区文物保护单位。2006年度，咸头岭遗址被国家文物局公布为当年的"全国十大考古新发现"之一。2014年12月1日，被深圳市人民政府公布为文物保护单位。

（二）迭福遗址

迭福遗址位于深圳市大鹏新区大鹏街道王母社区西南面的台地上。遗址东西长约100米，南北宽约300米。地表可见印纹硬陶片和少量瓷片，时代为东周至汉代。此遗址的调查发现，对研究深圳大鹏半岛早期社会发展史有一定的历史价值。2012年1月13日，迭福遗址被深圳市龙岗区人民政府公布为不可移动文物。

（三）迭福窑址

迭福窑址位于深圳市大鹏新区大鹏街道王母社区迭福村的山丘下。2009年1月，深圳市文物考古鉴定所于该地考古发掘出一座马蹄形窑炉遗迹，总长792厘米，主体由窑室、火膛、窑门和斜坡通道四部分组成。窑室顶部为拱形，平面近似"长方形"，窑壁规整，窑床表面平坦，有约10厘米厚的桔黄色烧结面。窑室后侧有三条底宽口小高约300厘米的烟道，烟道上口为圆形，直径20厘米。烟道底部形状不

图 5-11 迭福窑址

规则,直径 50 厘米~70 厘米。窑外为一长方形斜坡通道,东高西低。南壁及东壁部分已损毁,残长为 204 厘米,宽 100 厘米~124 厘米,深 70 厘米~140 厘米,内填灰褐色砂土,包含大量瓦片、砖块和清代晚期青花和黑酱釉瓷片。器形主要有盆、罐、碗等。

从附近地层遗留有堆叠有序的瓦片来看,这应是一座烧造青瓦的瓦窑,对研究当地清代民居建筑材料史有一定的价值。2012 年 1 月 13 日,迭福窑址被深圳市龙岗区人民政府公布为不可移动文物。

(四)打马沥水库遗址

打马沥水库遗址位于深圳市大鹏新区大鹏街道鹏城社区打马沥水库坝首东侧的泄洪口,东西长约 40 米,南北宽约 30 米,分布面积 1200 平方米。出土文物主要有印纹硬陶片,另出土一红陶底部残片,有弦纹,还有一把锈蚀铁刀。从遗物的时代特征来看,大多属于汉代。此处汉代遗址的发现,对研究深圳大鹏半岛汉代社会状况有一定历史价值。2012 年 1 月 13 日,打马沥水库遗址被深圳市龙岗区人民政府公布为不可移动文物。

(五) 水贝村遗址

水贝村遗址位于深圳市大鹏新区大鹏街道布新社区水贝居民小组东北面。遗址西南有一条小河自西南向东北流过,北部为山岗,遗址分布于山前坡地上,东西长约100米,南北宽约80米,面积约8 000平方米。文化层厚约40厘米,地表散落有泥质灰陶片、釉陶片、青瓷、白瓷及青花瓷片,可辨器形有青花瓷碗、釉陶壶、大口罐等。水贝村遗址的年代为唐代至清代。水贝村遗址于2000年深圳市第二次文物普查时发现。2012年1月13日,被深圳市龙岗区人民政府公布为不可移动文物。

(六) 水磨坑遗址

水磨坑遗址位于深圳市大鹏新区大鹏街道鹏城社区东村居民小组水磨坑水库北岸台地。遗址东西长100米,南北宽80米,分布面积约8000平方米,文化堆积厚30厘米~40厘米左右。遗址呈阶梯状分布,但因受雨水冲刷和水库水位上升影响,遗址的文化堆积被分割得支离破碎。遗址地表散布有较多的青瓷片和青花瓷片,以及少量泥质灰陶片,器形以碗、罐、器盖为主,推测其年代为宋元至明清时期。此遗址应是修建水库需要移民而将古村废弃所形成,此遗址对了解深圳大鹏半岛古代居民点的分布状况有一定的历史和考古价值。2012年1月13日,水磨坑遗址被深

图 5-12 水磨坑遗址

圳市龙岗区人民政府公布为不可移动文物。

（七）西涌口遗址

西涌口遗址位于深圳市大鹏新区南澳街道西涌社区南社居民小组的天后宫附近。遗址海拔约 3.2 米，分布面积约 2000 平方米，东边是山丘，其上种满果树，西边是鱼塘，北边是天后宫，南边是西冲的入海口。2000 年 9 月深圳市第二次文物普查时发现。根据当时钻探和试掘及采集的遗物，推测原遗址的中心部分可能在现在的鱼塘附近，从鱼塘的断壁上可以看到保留有厚约 30 厘米的文化堆积层。当年调查时采集有大量的战国时期陶片及少量新石器时代遗物，高领瓮口沿、罐口沿、陶纺轮、陶网坠等。陶片以夹砂黑陶为主，泥质灰陶次之，少量泥质黑陶。纹饰以方格纹居多，另有少量米字纹、编织纹、人字纹、刻划纹。西涌口遗址是深圳市大鹏半岛上发现的一处重要的新石器晚期至战国时期的早期遗址。2012 年 1 月 13 日，西涌口遗址被深圳市龙岗区人民政府公布为不可移动文物。

（八）坪山仔窑址

坪山仔窑址位于深圳市大鹏新区南澳街道新大社区坪山仔居民小组西南 60 米山丘下。窑址坐南朝北，依山而建。窑形属馒头形，封土（高 2.8 米）完好。窑深约 4 米，宽约 2.3 米。窑壁红烧土厚约 20 厘米，窑口呈三角形（高约 90 厘米，底宽 70 厘米），封土堆上有一烟道孔。地表未发现遗物。从窑形判断为瓦窑，年代为清代。此窑址对了解当地砖瓦的烧造技术史有一定价值。2012 年 1 月 13 日，被深圳市龙岗区人民政府公布为不可移动文物。

（九）罗屋田水库遗址

罗屋田水库遗址位于深圳市大鹏新区葵涌街道高源社区罗屋田水库北岸。遗址平面呈带状形，南北宽 30 米，东西长 400 米，面积约 12000 平方米，地表散布有大量的青花（纹饰多且器形较大）、青白、青釉、白釉、黑釉等瓷片。器形有碗、盘、水盂（方形）、高足杯、杯、壶等。经钻探，该遗址堆积厚约 30 厘米。从遗物的时代特征来看，遗址的堆积年代主要为明清时期，对研究当地聚落变迁史有一定的历史价值。2012 年 1 月 13 日，罗屋田水库遗址被深圳市龙岗区人民政府公布为不可移动文物。

图 5-13 坪山仔窑址

（十）坝光水库遗址

坝光水库遗址位于深圳市大鹏新区葵涌街道坝光社区坝光村西面的坝光水库内缘。遗址东西宽 40 米，南北长 100 米，堆积厚约 20 厘米，属二级台地。地表暴露的标本有青花瓷片及陶片，器形有碗、盘、壶、擂钵等，主要时代特征为清代。该遗址应为修建水库需要移民搬迁村庄而形成，对研究当地村落变迁史有一定价值。2012 年 1 月 13 日，坝光水库遗址被深圳市龙岗区人民政府公布为不可移动文物。

（十一）田寮吓新村遗址

田寮吓新村遗址位于深圳市大鹏新区葵涌街道坝光社区田寮吓新村旁。遗址东西长约 100 米，南北宽约 60 米～80 米，面积 6000 平方米～8000 平方米。遗址坐南朝北，南为高岗坡地，约 50 米处有坝核公路在山腰通过，北面约 1100 米处为大海海湾。遗址原为沙丘，现辟为阶梯式菜地。在菜地中部第四级阶梯用砾石垒叠的石坎下发现青石质长身石锛一件，残石器和陶片各一件，遗址上还有唐宋至明清的陶瓷片。从印有方格纹的硬陶片判断，此遗址的年代处于东周至西汉时期。这是在大亚湾龙岗地界发现的一处沙丘遗址，比较难得，尤其是采集到这件石锛，体形较大，质地较硬，磨制精巧，更为难得。此遗址的调查发现，为探索深圳先秦文明发

图 5-14 坝光水库遗址

图 5-15 田寮吓新村遗址

展史提供了新资料。2012年1月13日，田寮吓新村遗址被深圳市龙岗区人民政府公布为不可移动文物。

九、寺庙

（一）东山寺

东山寺位于大鹏所城东门外的龙头山①南侧山腰，俯瞰大亚湾，背山面海，始建于明洪武二十七年（1394年），是传承中国禅宗"东山法门"②的岭南名刹。据清康熙《新安县志·卷之十三·杂志·寺庙》载："东山寺，在大鹏所东门外山岭。中为观音堂，左上帝殿，右文昌阁，前三宝殿。"相传南宋著名堪舆学家赖布衣云游岭南，沿罗浮山脉南来，路经大鹏湾龙头山，发现该地有紫霞光，便告诉当地村民，此乃福地，当建梵刹，以播祥瑞。东山寺由此而建。东山寺周围风景绮丽，钟灵毓秀，可闻蝉音鸟鸣，可眺碧海渔舟。明代岭南名士王德昌曾赋七律《大鹏东山寺》曰："不到东山二十秋，西风藜杖又重游。烟霞有约山如在，岁月无私人白头。檐下花飞深院静，菩提树荫古坛幽。丹梯欲上应长啸，遥望汪洋天际浮。"③清末民初的文人墨客亦赋诗《东山寺十二景观》云："古刹东山寺，鹏城远不离。门前青草地，庭内白莲池。毛狼居北厥，老虎坐南屿。文笔三山架，武营五色旗。龙头弄石卵，蜈公吐宝珠。烟台放烽火，雁鹅插翼飞。"其山川形胜、风光之美，尽在诗中。

东山寺为混凝土结构建筑，清水石外墙，黄色琉璃瓦屋檐，依山势从低到高分成四进，前后进之间有天井隔开。第一进前门，门前有十一级石阶，东侧禅房和客厅，西侧厨房。第二进"关帝殿"，供奉关帝神像，右为玄坛，后为韦陀塑像、雄钟和大鼓等。第三进"大雄宝殿"，设三宝佛和十八罗汉，右为"医灵殿"。第四进"观音堂"等。寺内增建"黄大仙殿"。寺院墙壁镶嵌福建彩画一百八十幅，寺外新建凉亭、水榭假山、石龟和花苑，周围新种桃李、枇杷、沙田柚、龙眼和荔枝等果树。④

---

① 因在大鹏所城的左边、东边，所以也称东山，因形象龙，寓意风水学中的左青龙。因之山上有一巨石称"龙头石"，山下有一山泉称"龙井。"
② "东山法门"是中国禅宗思想的雏形，缘起于四祖道信大师。唐高宗永徽五年（654年），禅宗五祖弘忍大师创建蕲州东山寺（今湖北黄梅东山五祖寺），开创"东山法门"。仪凤元年（676年），六祖惠能大师在南海法性寺菩提树下开法传禅，"东山法门"自此传承光大于岭南。
③ ［清·康熙］《新安县志·卷之十二·艺文志》。见张一兵校点《深圳旧志三种》，海天出版社，2006年，第1087页。
④ 《深圳大鹏东山寺》，http://www.baike.baidu.com。

图 5-16 东山寺

东山寺自清咸丰以来，经多次修建，最近一次为 2009 年。东山寺现占地 5000 平方米，功能齐全，布局精巧，是岭南规模最大、规格最高的佛道庙宇。1984 年 9 月，东山寺石牌坊被深圳市人民政府公布为深圳市文物保护单位。

（二）龙岩古寺

龙岩古寺位于深圳市大鹏新区大鹏街道王母社区观音山上，寺内供奉神灵为观世音菩萨。古寺建于清同治年间（1862—1874 年），光绪三十四年（1908 年）有重修，曾毁于"文化大革命"时期，1986 年由华侨和当地居民集资进行重修。古寺坐北朝南，面宽 10 米，进深 23.5 米，占地面积有 230 平方米，为三进三间两天井结构，后殿祭台就置于石岩之下，其南侧置一花园，均依自然坡势而建。前殿下有一眼泉水，百年不歇，饮之甘甜清凉，当地人称"仙水"。寺庙前大门有一花岗岩石匾，长 2.3 米，宽 0.8 米，上楷书阴刻"龙岩古寺"四字。古寺最有特色的是作为古寺屋顶的一块天然大石头。这块大石厚 3 米，直径 20 多米，从山谷中蓦然伸出，翘着向上，有如出地龙，所以叫"龙岩"。后人依岩筑寺，名为"龙岩古寺"。百多年来青灯不熄、香火不断。抗日战争期间，东江纵队战地医院曾设于古寺。现龙岩古寺整体保存完好。2012 年 1 月 13 日，被深圳市龙岗区人民政府公布为不可移动文物。

图 5-17 龙岩古寺

(三) 谭大仙庙 (谭公庙)

谭大仙庙（谭公庙）在鹏城村有两处。一处位于大鹏所城南门外的龙头山西麓，占地 20 平方米左右，相传最早建于明隆庆年间（1567 后—1672 年）。深圳和香港地区有许多座谭大仙庙，供奉的神叫谭大仙或谭公，其职司一般是在旱天求雨，类似内地民间信仰中的风伯雨师一类的神仙。但是大鹏的谭大仙庙里供奉的谭公，却是明朝末年生活在这里的一个真实的人，职司求雨祈年和社会治安[1]。据《新安县志》所载和民间传说，隆庆五年（1571 年），倭寇袭击大鹏所城。当时正是冬夜，村民正在梦中。倭寇从校场尾海滩悄悄登陆，扛着云梯等器械准备偷袭鹏城。这情景恰巧被一位姓谭的老者看到，他即敲锣打鼓通知全城军民起来守城。最后在"舍人"康寿柏的领导下，"贼具云梯泊城，手刃之，即碎其梯"。经过"四十余日"的浴血鏖战，终于击退了倭寇的猖狂进攻，并将之逐出大鹏湾。在护城战事中，谭公立下不朽功勋，却不幸而殁。为了铭念谭公，当地百姓建了这座"谭公庙"[2]。

位于龙头山西麓的谭大仙庙（谭公庙）为瓦房式建筑，门前有"八宝炉"，门楣

---

[1] 王雪岩、翁松龄编著:《大鹏所城》，大鹏所城博物馆内部刊印本，1998，第 91—92 页。
[2] 王雪岩、翁松龄编著:《大鹏所城》，大鹏所城博物馆内部刊印本，1998，第 91—92 页。

图 5-18　位于鹏城村东南鹏城河出海口的谭公庙

镌"谭大仙"漆金阴文，门面墙头左绘虬龙绕柱壁画，右雕"福禄寿"三仙塑像。厅置神坛、香案，正中供谭公像，上方悬挂一块大红幡，书"谭大仙殿"，其上则明镜高悬，两侧以"八仙过海"为伴。两旁有对联两副曰：

"谭恩浩荡常流海；厚德巍峨独配天。"

"迹著龙峰昭万古；恩流鹏海播千秋。"

谭公塑像前的祭台右侧有一大铜钟，高约 1 米，直径约 1 米，上面分别刻有"谭公仙圣""国泰民安""风调雨顺"等字样。

此庙"文革"中被毁。1994 年，鹏城百姓和海外华侨、港澳同胞集资 6 万多元，在原址按原状重建。

另一处谭大仙庙（谭公庙）在鹏城村西部核电公路旁，规模较小，庙内设置与前者相仿[1]，同样受到大鹏人虔诚崇拜。

---

[1] 纪志龙主编：《大鹏游览指南》，内部刊印本，第 53 页。

（四）水神庙

水神庙位于大鹏所城东南鹏城河出海口，建于明嘉靖年间（1522—1566年）。此庙占地面积约20平方米，背倚青山，面朝碧海，琉璃绿瓦，飞檐斗拱，椽桷流丹，景致优美。庙前有一高2米的"宝壁"，壁右有一"宝炉"。庙前有一联云："恺泽长流思其源饮其水，恩波广披过者化存者神"。

庙分两进：第一进较小，神台上供一洪圣仙君坐像，乃为"洪圣仙公"。上挂一锦织长幅，书有"神恩普照"的描金楷字。旁有铜钟，上书"国泰民安""风调雨顺""洪圣宫""水仙娘娘"等字样。

第二进为主体建筑，比前者高近二米，也阔大数倍。厅堂的神坛上置有"七宿灯"七盏，铜制品，小巧玲珑；并有香炉三个，一铜二陶。神坛两端各蹲一陶器狮子头像。里面临壁神台上，供着一大一小的水仙娘娘塑像两个——大者曰"坐圣"，小者曰"行圣"。像两侧对联云："尺鲤呈祥鸣圣德；杯茶化雨沐神恩。"像上端悬一锦旗，旗中书"水仙娘娘"金字，四围则有"八仙过海"绣像。

相传在明朝嘉靖某年夏五月，风雨大作，"潦潮大溢"，围堤决口，海水吞没了鹏城大片田庄，一部分民房也被潮水冲得摇摇欲倒。百姓叫苦不迭，遂聚集于龙头山坡上，面海跪拜，祈求龙王开恩，"吸"去海潮。突然，一阵电闪雷鸣过后，在波涛万顷的海面上空，出现一位白衣仙姑和一位金甲神灵（前者被称为"水仙娘娘"，后者被称为"洪圣仙君"），驾云朝鹏城方向飘然而至。他们施法退去了海潮，解救了大鹏百姓。为感谢这两位神仙，鹏城百姓便在龙头山麓脚下建了一座"水神庙"，以供四时拜祭。

水神庙规模虽小，但所奉祀的实为海神，其中洪圣仙君即为南海神，与广州南海神庙供奉的神祇一样，反映了大鹏人祈求海上平安、海上贸易兴旺，正是海洋文化风格，而小庙建筑之精巧，环境之清幽，传说之神奇，实乃不失为一胜迹。只是这座古庙在"文革"期间被夷为平地。1990年秋天，鹏城百姓和侨居海外的乡亲集资数万元在原址依原规模状貌重建，这座具有古色古香神韵的庙宇又重现在大鹏湾畔，[①] 成为当地人崇拜活动、海洋文化旅游的常履之地。

---

① 纪志龙主编：《大鹏游览指南》，内部刊印本，第54—55页。

(五)谭仙古庙

谭仙古庙位于南澳西涌西贡。西涌旧称老大鹏,是大鹏所城始建选址地,后大鹏所城设"老大鹏烟墩"于西涌,故有古驿道从大鹏所城通西涌。谭仙古庙正门朝东南偏南5度,建于清光绪十一年(1885年),面宽10米,进深14米,占地面积有140平方米。平面布局为三开间两进一天井结构,正门上有"谭仙古庙"石匾,内堂侍奉神灵为谭大仙,庙有重建芳名碑,上记载有"光绪十一年建有谭仙庙,于一九三四年重建,二零零零年再建",砖石结构,是一座始建于清代的庙宇建筑,现整体保存较好。2012年1月13日,被深圳市龙岗区人民政府公布为不可移动文物。

(六)伯公庙(土地庙)

古驿道上,伯公庙是必不可少的。伯公,是管理土地的神祇,又称"土地公""社神""句龙""福德""幽都""社官爷"和"后土"等,简称"土地"。大鹏人一直视土地伯公为一个主要的传统俗神崇拜对象。大鹏人除了初一、十五在家宅和村边树头五方五土燃香纸烛,还在每年农历二月初二伯公神诞日举行"伯公会节"。据清康熙《新安县志》的事典、祀典记载,县长率属官,穿礼服净身,祭祀山川、社稷和土地祠。民间则"乡人烹豚(猪)骊(斟)酒,祭社神,以祈有年"。伯公庙现

图 5-19 谭仙古庙

已拆毁。

十、古村落

(一) 王桐山

大鹏王桐山为大鹏大姓钟聚落,是大鹏所城通往王母墟古驿道的必经之处。王桐山钟氏清代中期由西涌西贡钟氏第五世钟鸣瑞迁居大鹏落居,时称吉龙里。民国时应时代潮流,由钟氏家族的钟胜改名中山里,又称松山,因松山与桐山谐音,故又叫王桐山。王桐山钟氏宗祠有清乾隆国子监太学生钟廷耀"辟水腾辉"匾,始建于清乾隆年间,历有重修,其前两角楼的平面布局与闽海地区建筑存在一定的关系。大宅平面布局为五开间三进两天井,砖木结构,占地面积约为1450平方米。前庭有两前哨楼,后有高五层的"天一涵虚"炮楼,炮楼外墙为夯土构成并布满枪眼。建筑特征有条石基,青砖墙,阴阳瓦屋面,硬山顶。清末,王桐山钟氏宅第进行大范围的装饰与修缮,大量的灰塑、壁画、木雕雕工精细,栩栩如生,至今保存完好。2001年6月7日,王桐山钟氏宅第被深圳市龙岗区人民政府公布为文物保护单位。2008年,大鹏新区政府拨专款对王桐山钟氏宅第进行抢救性维修。2014年,大鹏新

图 5-20 王桐山

区公共事业局对王桐山钟氏宅第内的"天一涵虚"炮楼进行抢险加固保护。

"天一涵虚"炮楼始建于清代晚期，建筑朝向北偏西20度，占地面积约80平方米，高四层，墙体为夯土构成，墙上布满石制枪眼和望窗，东面墙上有"天一涵虚"四个大字。易经八卦"天一"为水，即建此楼原意为防火，后具备防盗自卫功能。2012年1月13日，"天一涵虚"炮楼被深圳市龙岗区人民政府公布为不可移动文物。2014年，大鹏新区公共事业局对其进行了抢险加固。

王桐山钟氏宗祠始建于清乾隆十九年（1754年），朝向北偏西40度，面宽10米，进深29米，占地面积为290平方米。平面布局为四进三天井结构，条石基，砖木结构，中厅上保存有完好的乾隆十九年（1754年）款"壁水腾辉"牌匾。宗祠于1933年首次重修，1989年由海外和本村钟氏后人集资再次重修祖祠。2012年1月13日，王桐山钟氏宗祠被深圳市龙岗区人民政府公布为不可移动文物。

（二）王母墟

王母墟形成年代较早，早在清康熙《新安县志》就有记载。王母墟位于王母河中游。王桐山为王母墟吉龙里（后改中山里），水贝村为王母墟中和里。王母墟也是古驿道中心，东北连大鹏所城，东南连水贝、龙歧、水头，西出叠福往新安县城方向，南接下沙油草棚，可从水路抵香港、九龙，地理位置十分重要。王母河上有两座桥为连接大鹏所城古驿道的组成部分。1948年，大鹏区政府由鹏城迁到王母墟，王母墟正式成为区域政治中心。

（三）王母围

王母围原名王母洞，其名源于南宋景炎帝南逃时其母杨太后曾在村前大石上梳妆。王母围始建于明代，是明初大鹏所城三处军屯之一。王母围坐北朝南，面宽81米，进深65米，占地面积约5300平方米。围前有禾坪，禾坪前有半月池，围面开一门，围内建筑布局为九横五纵，中心为围内主街，石板路面。围内房屋多为砖、土木结构，条石基础，灰瓦顶，为清代典型围屋样式，至今整体保存较好。围内主要建筑有廖氏宗祠、郭氏宗祠等，宗祠为三间两进结构带炮楼。围内居民姓氏较为复杂，以郭姓、廖姓、林姓为主。王母围于民国四年（1915年）重修，1989年重修池塘等公共部分。2012年1月13日，被深圳市龙岗区人民政府公布为不可移动文物。

图 5-21 王母围

图 5-22 水贝古村之欧阳氏以贤宗祠

(四) 水贝古村

水贝古村位于大鹏新区大鹏办事处水贝居民小组，朝向西偏南，占地面积约9880平方米。水贝古村系元末明初由江西迁徙至此的欧阳氏兴建。清代时水贝石寨曾与大鹏所城齐名，解放初期遭拆毁。福建永定知县欧阳宏（水贝人）是著名的明代清官，当代的袁庚（原名欧阳汝山，水贝人）更是深圳改革开放的开创者。村口有"水贝村"牌坊，村前有半月风水池，池塘两边均树有旗杆石。村里巷道分明，路面铺设条石等，保存有欧阳氏宗祠、书室以及司马第等，均为砖木结构，条石基础灰瓦顶。大部分的建筑为晚清民国重修，具有一定的历史价值。2012年1月13日，水贝老屋被深圳市龙岗区人民政府公布为不可移动文物。

(五) 布新村

布新村是王母河南岸的一个大村，由布锦、石桥头、南坑埔、新桥等自然村落组成，是王母墟往龙岐古驿道上的一个重要村落。

布新袁氏宗祠位于深圳市大鹏新区大鹏街道布新社区石桥头居民小组迎宾公路边。宗祠建于清代，坐西朝东，面宽10米，进深18米，占地面积为180平方米，平面布局为三开间两进一天井结构，砖木结构。正门上刻有"袁氏宗祠"石匾和石对联，祖堂上书有"汝南堂"。现整体保存较好。2012年1月13日，布新袁氏宗祠被深圳市龙岗区人民政府公布为不可移动文物。

布锦老村（仲璧宗祠）位于深圳市大鹏新区大鹏街道布新社区布锦居民小组，始建于清代，坐西朝东，面宽4米，进深21米，占地约84平方米，为砖木结构，灰瓦顶。布锦老村以仲璧宗祠为中心，四横两纵的巷道清晰，旁边有古井一口。布锦老村主要是袁姓族人聚居场所，距今已有150多年历史，现整体保存较好。2012年1月13日，被深圳市龙岗区人民政府公布为不可移动文物。

(六) 龙岐大围

龙岐大围位于深圳市大鹏新区大鹏街道水头社区龙岐居民小组。龙岐大围建村于清代，坐东北朝西南，占地面积约12680平方米，巷道五横四纵，多为石板铺设。村前村后均有土地伯公庙，围中有詹氏宗祠、炮楼、古井等保存完好，古建筑多为砖木结构。龙岐大围主姓为詹氏，主要为渔民，至今已200年历史。

詹氏宗祠建于清代，朝向南偏西35度，面宽10米，进深14米，占地约160平

图 5-23 龙岐大围

方米。平面布局为三开间两进一天井结构，设有禾坪并开"风水歪门"。门额上有"詹氏祖祠"四字，檐下灰塑壁画保存完好。前厅有屏门，上有左书"河间堂"，后堂为龙岐始祖詹氏八世祖堂神龛。宗祠为条石基青砖墙，硬山式灰瓦顶，砖木结构，是一座清代宗祠建筑。

詹氏炮楼建于民国初年，朝向南偏西20度，面宽4.5米，进深4.5米，占地约20平方米。正门设有拱门廊，楼高两层，条石基青砖墙，楼顶四周有女儿墙并留有出水口。詹氏炮楼为龙岐大围的防御设施建筑。2012年1月13日，被深圳市龙岗区人民政府公布为不可移动文物。

（七）水头老屋

水头老屋位于深圳市大鹏新区大鹏街道水头社区水头居民小组，建于清代，整体坐西朝东，占地约9840平方米。村落街巷分明，多为石板路面，纵巷街有3条，横巷道有3条。村里有土地庙、古井、陆氏宗祠、萧氏宗祠、陈氏宗祠等保存尚可，古建筑为条石基础，砖木结构，尖山式灰瓦顶。2012年1月13日，被深圳市龙岗区人民政府公布为不可移动文物。

（八）油草棚村

油草棚村有叶氏宗祠，位于深圳市大鹏新区大鹏街道下沙社区油草棚村，建于清代，坐北朝南，面宽 10.5 米，进深 10.5 米，建筑占地面积为 110 平方米。平面布局为三开间两进一天井结构，条石基青砖墙，砖木结构。正门上有"叶氏宗祠"石匾，祖堂上有"南阳堂"神龛。该宗祠依山而建，为油草棚村最高点，是一座清代祠堂建筑。1944 年，东江纵队部队电台设在该宗祠小房间楼上。宗祠旁边有一土地庙。2012 年 1 月 13 日，被深圳市龙岗区人民政府公布为不可移动文物。

（九）大岭吓村

大岭吓老屋位于大鹏新区南澳街道新大社区大岭下居民小组，整体坐西南朝东北，建于清代，占地约 5300 平方米。村前有一古井和伯公庙。老村前一巷有"□氏祖祠"。后排一建筑上有"泰山石敢当"石刻，檐下壁画保存完好。西北角有土地伯公庙。村落整体三横两纵巷道清晰，古建筑为砖木结构，灰瓦顶，大部分为民国时期重修，保存有民国三十年（1941 年）款壁画。2012 年 1 月 13 日，被深圳市龙岗区人民政府公布为不可移动文物。

图 5-24 大岭吓村

（十）坪山仔村

坪山仔村位于位于大鹏新区南澳街道新大社区坪山仔居民小组。村前有叶木桂炮楼。炮楼始建于清末民初，正门朝向西北偏北25度，占地约30平方米。建筑主体为砖木结构，底部呈长方形，高3层，楼顶设有女儿墙。该炮楼原为美国华侨叶木桂所建民居，后于民国时期加建一层，改造成现在的炮楼样式与功能。2012年1月13日，被深圳市龙岗区人民政府公布为不可移动文物。

（十一）高岭村

高岭村位于七娘山北麓的半山上，海拔约211米，属南澳街道东山社区。该村有200多年历史，当地居民主姓周，原籍为福建，主要是逃避战乱而迁居于此。村落整体坐西朝东，占地面积约2000平方米。村中有建于民国十五年（1926年）的三盛桥，石路上有一座炮楼，村里有高岭学校和周氏宗祠等。现保留有古建筑三排，为砖木结构，灰瓦顶。村内有周氏宗祠，为两进一天井结构，祖堂有"爱莲堂"神龛。改革开放后为方便生活，高岭村民均下山兴建新房居住。2012年1月13日，被深圳市龙岗区人民政府公布为不可移动文物。

（十二）西涌西贡村

西贡村位于西涌社区。西贡村始建于明代，整体坐西朝东，占地面积约3900平方米。古村背靠红花岭，面朝大海。村口两侧古树交错并设有土地伯公庙，村内房屋依山而建，有钟氏祠堂等。古建筑为砖木结构，灰瓦顶，有六横两纵的巷道清晰可辨。村南、村北有两条溪流，溪水从紧靠村后的山上顺势流下，刚好将整个村落"合围"了起来，颇具江南水乡的味道。该村居民多为钟姓，据村内宗祠重修碑记记载，西贡钟氏源起明朝，西贡钟氏始祖荣启公与大鹏王桐山钟氏始祖荣乐公为亲兄弟。2012年1月13日，被深圳市龙岗区人民政府公布为不可移动文物。

（十三）西涌沙岗村

沙岗村位于南澳西涌沙岗。村口有门楼，门楼门额上有"沙岗村"石匾，门楼北侧有炮楼。沙岗炮楼建于清嘉庆年间，是深圳地区现存最早的炮楼。炮楼坐西朝东，面宽7米，进深5米，占地面积有35平方米。牌楼为沙岗村居民进出的主要通道。旁边为望楼，楼高两层，由石加黄泥沙浆砌成，有防卫放哨功用。村民集资于2000年对门楼进行装修。2012年1月13日，沙岗炮楼被深圳市龙岗区人民政府公布为

图 5-25 西涌西贡村

不可移动文物。

（十四）葵涌潘氏福田世居

福田世居位于深圳市大鹏新区葵涌街道三溪社区福田居民小组，建于清代，坐西朝东偏北 15 度，面宽 60 米，进深 42 米，建筑占地面积为 2520 平方米，平面布局为三堂四横结构。前有禾坪并带有角楼，主体建筑为砖木结构。正门上有"福田世居"石匾，当心间为潘氏宗祠。福田世居是葵涌地区少有的清代大型客家围屋，现整体保存较好。2012 年 1 月 13 日，被深圳市龙岗区人民政府公布为不可移动文物。

（十五）黄氏围屋

黄氏围屋位于葵涌三溪，朝向南偏西 40 度，面宽 129 米，进深 51 米，占地面积有 6759 平方米，平面布局为三堂两横结构。前有禾坪和半月池，中间为黄氏宗祠，砖木结构。据了解，黄氏族人原由福建迁至广东紫金，再有分支迁于此并定居。1988 年和 2003 年，由黄氏族人对黄氏宗祠进行重修。2012 年 1 月 13 日，被深圳市龙岗区人民政府公布为不可移动文物。

第三节　大鹏半岛古驿道历史事件

大鹏半岛是抗日东江纵队的根据地，也是广东省临委驻地。东江纵队很多指战员如袁庚、钟原、赖仲元、刘黑仔等都是本地人，对古驿道了如指掌。游击队利用古驿道送情报、打伏击，也有不少同志为了革命事业牺牲在古驿道上。古驿道是这段历史的见证。

一、坝岗坳伏击战

排牙山古称大鹏岭。《新安县志》记载之大鹏所城就建于"大鹏岭之麓"。大鹏岭层峦叠嶂，地势险要，是一条天然的防御体系，是古代广州府和惠州府的分水岭。坝光坳就位于排牙山和横头岭相接之处，是当时往来坝岗与鹏城间的必经之地。1943年1月2日，广东人民抗日游击总队刘培独立中队在坝光坳伏击国民党顽军陆如钧大队王玉如中队，取得胜利。

1942年冬，国民党反动派集结重兵，向大鹏半岛发动"围剿"。国民党杂牌军陆如钧大队进驻大鹏所城、王母墟等地进行"驻剿"，企图切断广东人民抗日游击总队进入大鹏半岛的陆上通道。广东人民抗日游击总队总队长曾生要求刘培独立中队想办法拔掉这个"钉子"。

当时，驻大鹏所城顽军经常派出一个中队，到坝光、小桂村一带以"进剿"游击队为名，大肆抢掠财物、奸淫妇女，危害百姓。刘培独立中队决定消灭这股顽军，经过慎密策划，选定在坝光坳进行伏击。

坝光坳路险林密，地势险要，是打伏击战的理想地方。1943年元旦拂晓，刘培带领部队来到坝光坳一片树林里埋伏，可是这天顽军没有出来。第二天，独立中队在刘培、叶基率领下，仍按原定作战计划进入阵地隐蔽，沉着、耐心地等待。当天，国民党顽军王玉如中队过坝光坳向小桂方向开进。刘培独立中队决定趁顽军返回时再打。下午2时左右，王玉如带着他的人马，扛着、背着抢来的东西，队伍稀稀拉拉，毫无戒备地向刘培独立中队的伏击圈内走来。待敌人全部进入伏击圈后，刘培独立中队立即发起攻击。机关枪、冲锋枪、步枪一齐射击，顽军乱成一团。副中队长叶基发出冲锋号令，小队长魏辉、王键等率领部队，冲入丧魂落魄的敌人之中强令敌人缴枪投降。仅10多分钟即胜利结束战斗。20分钟左右，敌陆如钧带100余人前来增援，爬至半山腰，刘培独立中队组织火力，交叉射击，打得援敌仓皇逃回。

坝光坳伏击战胜利结束，歼顽军 50 余人，缴获机枪 2 挺，步枪 50 多支。对顽军震动很大，第二天，驻大鹏城、王母墟、澳头等地的顽军即慌忙撤回淡水，其"驻剿"阴谋被粉碎。①

二、大鹏保卫战

大鹏保卫战也是发生在大鹏与惠州淡水分水岭之排牙山、横头岭一带古驿道。

1944 年春，国民党部队以罗茂勋为首带领独立第九旅四个营，独立第二十二旅一个营，会同徐东来、李乃名等部共二千人，分三路强攻大鹏半岛，企图取得战果。

港九大队、一中队、护航一个中队、大鹏联防队等五百人，由袁庚统一指挥，

图 5-26　图为径心坳

---

① 龙岗档案局：《坝光坳伏击战遗址》，《龙岗区革命遗址普查资料》，第 66—67 页。

分别将兵力分布在坝岗坳、径心坳、叠福径、下沙、油草棚一带山头,分五至十人一组,把守险要关卡,用麻雀战的方法,同来犯敌军作战,击退敌军多次冲锋。

战斗坚持了两天两夜,大鹏人民群众纷纷支援前线,不少青年妇女,冒着生命危险挑茶送水送饭送果到战斗山头,大大鼓舞士气。国民党部队由于居于劣势,前进受阻,无法坚持原计划攻入半岛被迫撤退。

第四节 保护与展示、利用策略分析

大鹏半岛有着丰厚的历史文化底蕴,而古驿道是重要的文化遗产形态,承载着重要历史信息,同时也是串连其他文化遗产的纽带。保护、展示、宣传、利用好古驿道,可以让人们更加接近历史,更加了解先人们的生产生活状况。古驿道是先辈留下的丰厚资源和"宝贝",见证了当地历史文化发展。要认真按照"保护为主、抢救第一、合理利用、加强管理"的方针,统筹处理好古驿道保护与社会经济发展的关系,确保文物的完整性,避免古驿道受到损害。

一、古驿道的保护

随着现代交通的发展,很多古驿道已被废弃不用,需要有针对性地对其进行抢救性保护修缮。在保护修缮过程中,要尽量减少因修复带来的外观变化,尽量保留原貌。做好古驿道的保护修复,要怀着"敬畏"之心进行传承保护。要进一步加强组织引导,通过制定"村规民约",让村民群众遵守规则,共同保护好驿道及其附属文物。

二、古驿道的展示

古驿道的展示,要大力挖掘古驿道的历史信息,深入挖掘其文化内涵,把古驿道的历史事件及其附属文物信息进行线性展示,把古驿道打造成历史文化长廊。展示内容可包括姓氏人文专题,古代商业贸易、古代生产生活场景复原再现等。还可以对古驿道所在地区的动植物进行科普展示。要更加注重古驿道历史文化的整理,深入挖掘古建筑的历史文化底蕴,提升修复保护项目的文化内涵和品质。

三、古驿道的利用

古驿道风貌沧桑古朴，石砌阶梯层次鲜明，小桥流水潺潺，环境幽静怡人，是集自然生态与人文生态于一体的旅游文化资源，有良好的开发利用前景。可开发旅游线路，包括远足、徒步穿越等户外运动体验线路及红色旅游线路等。要探索古驿道沿线自然村落发展的新路径，科学合理规划，利用旅游带动特色产业发展，促进当地经济发展。

第六章 大鹏所城赖氏家族建筑与人文研究

第一节 赖氏起源

得姓由来：赖氏出自姬姓，以国为名，赖氏始祖叔颖乃轩辕黄帝二十世孙，文王之子，武王之弟，于公元前1122年领兵助兄文王讨伐暴君商纣，功成后受封古颍川郡赖地（今河南省息县包信镇，今赖氏祖地），列爵诸侯，号称赖国。昭公四年，赖国为楚灵王所灭，子孙奔散，逃迁鄢城（今湖北省襄阳），为逃避楚人追杀，后世子孙遂以国为姓，姓赖。奉叔颖公为开姓始祖，为避开楚人报复，更有部分后人改姓罗、傅，此为赖、罗、傅三姓联宗之所由①，且三姓不能通婚。

叔颖公六十八世标公从江西揭阳县迁居福建省汀州府上杭古田。标公于唐高宗乾封二年（667年）征西番有功，封锦衣卫副使、升直殿大将军，子孙世袭其职十一世至七十八世五郎公②止；叔颖公八十世朝美公，名觐，于宋理宗丙午（1246年）科、壬子（1252年）科两考中式，授中宪大夫，后隐居山林，后裔由上杭古田迁居永定汤湖，朝美公被奉为汤湖一世祖；叔颖公八十三世千一郎公由闽入粤，寓潮州、惠来，初移大埔，后移梅县松口溪南南阳寨下；叔颖公九十四世鉴堂公生于明嘉靖六年（1527年），卒于万历二十七年（1599年），享寿72，于明末由兴宁西厢麻岭下迁至紫金县蓝口禅塘，生三子瑞廷、正廷、参廷。长子瑞廷留居蓝口车头五星赖屋，至今繁衍十五代人；三子参廷迁宽得都（现紫金县义容镇甘棠村），为义容甘棠

---

① 《左传·昭公四年》。
② 《甘棠谱》23页称七十八世五郎公由宋太祖同意继续延续世袭六十八世祖标公将军职，而七十九世六郎公即忠于宋不仕元，两代人分别为宋初至宋亡，跨度太大，不合理。

开基祖。

叔颖公九十五世参廷公，字纲，生于明万历八年（1580年），于清初由蓝口卜居古竹约河子径，后见桥田约（现义容镇）庚良窝（甘棠）山环水抱，风水绝佳，逐迁居于此，与刘姓起茂公共屋而居，后刘、赖二姓商定联袂建宗祠，内供刘姓起茂公和赖姓参廷公牌位。

据紫金《赖氏族谱》记载：参廷公育四子，长曰兴、次曰贤、三曰章、四曰化。曰兴生一子，其涣，无嗣，此房止；曰贤生子其衡、其卫，此房后人①均迁出至大亚湾的大鹏城、淡水和三门岛；曰章、曰化房留居甘棠。曰章公长子伯良长子简俊公靠诚信经营和待人宽厚发家。

深圳大鹏所城赖氏就是紫金义容甘棠分支。据大鹏所城赖氏两任族长赖卓洪、赖荣茂口述大鹏所城赖氏始祖吾彪为紫金义容甘棠赖氏参廷公第五世。而赖吾彪迁居鹏城时带来九世神牌，现存赖英扬振威将军第的赖英扬神牌称赖英扬为赖氏十三世祖。

从河南始祖叔颖公至2014年，赖氏已有3136年历史，在中华姓氏中赖氏排列在一百个大姓之内。《中国姓氏寻根游》一书将赖姓排位于9位，并将河南信阳息县和广东深圳鹏城村两地作为全国赖氏寻根游两个点。

第二节　大鹏所城赖氏

一、大鹏所城

大鹏所城，当地百姓俗称"大鹏城"，故有"大鹏所城赖氏"一说。大鹏所城位于深圳东部大鹏半岛，东临大亚湾龙歧澳，龙歧原名龙旗，其名源于宋末宋室南逃经过此地，皇室仪仗队龙旗招展而得名，今仍有龙歧大围。大鹏所城西接大鹏湾与香港新界相望。大鹏城背靠排牙山，南望七娘山（又称大鹏山，因形似大鹏而得名），是为南朱雀；东有东山如神龙侧卧，形成左青龙；又有西山俨如虎踞，形成右白虎，城周围有鹏城河汇集八方之水注入龙歧澳，是为一绝佳的风水宝地，历史上人才辈出。清初，清政府实行迁界禁海的海策以抵御台湾郑氏集团。大鹏所城作为

---

① 清嘉庆二十年（1815年）燕锦公编《赖氏族谱》载：曰贤公生二子：其衡、其卫；其衡公生二子：子珍、子珠；其卫公生子：子莹；子莹生子吾彪。

军事要塞没有迁，清康熙八年（1669年）复界后新安县人口严重不足，向内地招垦，大鹏所城作为一个有着三千人口规模的政治、经济、军事文化中心吸引了应招入新的兴梅客家人。紫金赖姓就在这样的历史背景下来到大鹏所城。

二、大鹏所城赖氏[①]

大鹏所城赖氏源流至今有两个说法：

一是据大鹏所城赖氏家族族传赖家开基祖为赖吾彪，又名日贤（原称曰贤有误，因为紫金赖氏没有曰字辈，却有日字辈），兄弟三人即日贤、日章、日化离开紫金县义容甘棠经惠阳淡水到大鹏城。吾彪三兄弟于清雍正九年（1731年）迁居大鹏城，一年后因生活陷入窘境，一人迁惠阳淡水圩经商，一人移居大亚湾三门岛屿所属沱泞列岛务渔。并称赖吾彪为参廷公第五代孙。还称赖吾彪带着其父亲神牌到大鹏城，神牌上显示九世祖。

二是据清嘉庆二十年（1815年）燕锦公编《赖氏族谱》载："日贤公生二子，其衡、其卫；其衡公生二子：子珍、子珠，其卫公生子：子莹（又名赐荣）。公葬古竹约大陂，后裔移居大鹏城"。民国三十三年（1944年）连三公编《赖氏族谱》载："吴彪公之父赐荣公，查吾彪公于清康熙季年由甘棠移大鹏城开居……"大鹏所城赖氏始祖陵园墓联："源流紫金清乾居世冑，典坟窑坳虎穴出英雄。"查紫金赖氏清朝迁居大鹏城的只有参廷公后裔。根据以上史实可以确认"吾彪公"是大鹏所城赖氏开基祖赖吾彪，参廷公五世孙。

吾彪公康熙四十八年（1709年）在广东永安县（今紫金县）甘棠出生，于雍正九年（1731年）时年二十二岁，由紫金迁居大鹏城，抵埠后在古城西面乌涌村租赁农舍一所，以竹艺手工业谋生。一年多后吾彪公与乌涌村郑府淑女成亲，郑氏生于清康熙五十一年（1712年），婚后育独子名显贵。吾彪公乾隆三十年（1765年）在鹏城乌涌村病逝，享年五十六岁，原葬在窑坳。本族称吾彪公的墓地为"虎地"，1995年7月石地赖氏始祖墓园落成后提金安放陵园内。吾彪公卒年不详。郑妣原葬古城西山，清嘉庆二十年（1815年），迁葬大坑寒牛不出栏荫山山顶，地名"金交椅"。

[①] 大鹏古城博物馆2017年10月6日赴河源紫金县古竹镇（今属河源市江东区）留洞村、义容镇甘棠村对大鹏所城赖氏源流进行考证，留洞赖姓与甘棠赖姓共七九世祖，至八十世祖为亲兄弟。留洞祖为长子虞观公；甘棠祖为次子朝美公。

图 6-1 紫金义容甘棠赖氏宗祠

显贵公，吾彪公之独子。生于清雍正十一年（1733年），在乌涌村出生。乾隆五十三年（1788年）逝世，享年55岁，坟墓在乌涌西山（近谢福园），地名"伏地虎"。因风水关系不能迁移，坟墓已有210年之久。1992年10月由吾彪公十世孙荣茂提议在墓前竖石碑为记，以便后人祭祀，此事由吾彪公八世孙孟旋办妥。第一次迁葬墓于道光二十年（1840年）农历六月上旬建成，坟墓在西北面龟地笼小山上，由于她的长孙英扬已授从一品官，故赠赐她为二品夫人。第二次重修于道光二十六年（1846年）农历四月上旬，那时她的长孙被追封为振威将军，第四代恩爵已是一品官，故赠赐为一品夫人。黄氏育一独子名世超。

世超公（叔颖公一百零一世，昌公十五世，参廷公七世），显贵公之独子，生于乾隆十五年（1750年），清诰封武义都尉，晋封二品武功将军。道光十二年（1832年）农历三月逝世，享年82岁。原葬墓在大坑寒牛不出栏荫山半山腰．墓地名"仙人献掌"。坟墓用精美花岗岩建造，严肃壮观。墓前有华表石狮一对，墓首有一对小石狮。早期大鹏所城赖氏人丁单薄，家境贫寒，自第三代赖世超迎娶刘府小姐、考取官职后人丁渐旺、生活较富裕。后竟发展至三代五将、中华显族。

赖太母刘老夫人，生于乾隆十七年（1752年）大鹏城外东村人，父亲为大鹏营守备，即大鹏城内守府大人（大鹏营守备）。刘老夫人出自名门，自幼聪颖，琴棋书

图 6-2 发现于正街振威将军第之"赖光远堂大宅"印章

画无所不会。年 23 时遵父命嫁入赖家。刘大人购得城内东南角杨家宅地一处,盖三间两廊住所一处,作为嫁妆,赖家始得从城外乌涌入城居住。刘太母嫁入赖家后,吃苦耐劳,相夫教子,育三子:英扬、升扬、信扬。因丈夫世超从小学文习武,长成时在刘太母父亲府里任文员一职。刘老夫人与丈夫世超商量文职不可长久,难有出头之日,适逢东莞招考千总,鼓励丈夫赴东莞应考武举。赖世超一举中试,喜子敲锣打鼓前来大鹏城通报喜讯,遍寻不得赖家居所,可知当时的赖家人丁单薄,家境清贫,当时还属外来人,大鹏城人无人识。世超从武报国后,刘太母白日要出外种田养家,夜里秉烛教子读书,总结历史经验和父亲守府大人教诲,编成家训,教育子孙。

大鹏所城赖氏第三代赖世超投笔从戎开始,大鹏所城赖氏在清朝嘉庆、道光、咸丰三朝历经三代出了五位将军,成为广东杰出姓氏,遂与广东连平县颜氏并称"文颜武赖",时称"一门四督抚,三代五将军"。咸丰六年(1856年)十一月,清廷遣兵部尚书①到广东查访两姓家族突出典型姓氏。到赖家时,钦差特嘉奖赖氏一家为国立了大功,代代武将奋战沙场,慷慨赞誉,即题横匾"皇清赞誉广东武赖父子兄弟叔侄公孙提镇——三代五将"。"宋朝杨家将,清代赖家帮"就是从那时说起。

---

① 应为当时两广总督。清朝咸丰年已废兵部尚书,兵部尚书成为每个总督照例加的衔。

笔者曾见证过赖恩爵将军第内祖堂神龛气派非凡，三层木刻透雕，金木雕刻，内有赖氏先祖神位呈阶梯排列，甚是庄严肃穆，可惜土改时被破坏。现大鹏所城赖氏与一般客家族姓一样，祖堂简陋，艺术水平较原貌相去甚远。现祖堂高挂"颍川堂"，祖堂神龛内也只是"赖氏堂上始高曾祖神位"，一牌以概之。大鹏所城内还有赖恩爵的敦厚堂等多个分支堂号。

吾彪为大鹏赖氏始祖，迁居鹏城已经历二百八十三年（至2014年计），繁衍子孙十三代，男女裔孙仍在世的约计二百八十人，分居故里鹏城，广州，香港，新加坡，澳大利亚，加拿大，美国，英国，希腊，荷兰。大致形成国内（主要为大鹏城本地，部分广州、厦门）、香港、海外三三三比例。

第三节　大鹏所城赖氏敦厚堂始祖赖恩爵

大鹏所城赖恩爵将军第东座上堂有"敦厚堂"木牌，为赖恩爵一支堂号。赖恩爵即为敦厚堂始祖。

赖恩爵（1795—1849年），字简廷，广东省新安县大鹏城人（今深圳市大鹏新区大鹏街道鹏城社区），1795年出生于大鹏城内正街"振威将军第"。一代水师名将，曾在中英鸦片战争中与英殖民者首次交战，并取得辉煌胜利，史称九龙海战。清道光年间任广东水师提督，封振威将军。

赖恩爵出身武术世家，祖父、父亲、两个叔父、兄弟堂兄弟等均为水师武官，后发展成威名显赫的"三代五将"。祖父世超曾任闽粤两省武举考官，父亲赖英扬任浙江定海镇总兵，三叔父赖信扬官至福建厦门水师提督，堂弟赖恩锡任福建晋江镇总兵，三个一品两个二品，两个提督三个总兵，即为"三代五将"。赖氏逐成广东望族，时称"文颜武赖"，纵观中国历史也属罕见，有"宋朝杨家将，清代赖家帮"的美誉。少年赖恩爵跟随父亲、叔父苦练武功。嘉庆年间，时年19岁的赖恩爵随父亲英扬广东阳江入伍，翌年升把总，逐年晋级，历任千总、守备、都司、游击。道光十八年（1838年）十月任广东海门营参将。1839年初调任大鹏营参将。1839年9月4日，赖恩爵率领大鹏营水师官兵在香港尖沙咀洋面英勇阻击以义律为首的英殖民者的入侵，取得了鸦片战争首战九龙海战的胜利，受道光皇帝嘉奖，赐"呼尔察图巴图鲁"名号，赏戴红顶花翎并"即升副将"，升任广东龙门协副将。道光二十一年（1841年），两广总督耆英向朝廷上奏恩爵最熟悉外洋情形，正月初七（1841年

图 6-3 恩爵爵将军出生地：正街"振威将军第"

2月5日）赖恩爵任南澳镇总兵。

赖恩爵任南澳镇总兵时，率所部水师加强巡洋，日夜不懈，夷船匪帮俱知有备，不敢犯境。而廉琼洋贼复职，赖恩爵督拖船四十前往清剿，首次降贼438人，其中擒土贼95人。

道光二十三年（1843年）接替被免职的原水师提督吴建勋，赖恩爵提升广东全省军务水师提督诰授振威将军（从一品）武阶军衔，时年48岁，并御准一品官职俸禄。

赖恩爵任广东水师提督期间，对侵占香港的英殖民者积极防御，向朝廷上奏倡建九龙城，并率先捐俸建造，得到广东乡贤的极力支持，营建经费迅速达47万两白银。时主持修建工程的顾炳章估算工程造价为9万两，以致道光皇帝下旨停止捐输，修城所余款项用于维护珠江口炮台。九龙城建城后，成为中国抗英最前哨，大鹏协副将移驻九龙城，统辖大鹏、东涌左右二营。如今残留的九龙寨城寨门横额上的落款为两广总督耆英、广东巡抚黄恩彤、广东水师提督赖恩爵，可谓是两广地区党、政、军一把手联名落款，可见九龙城的重要性。

图 6-4　九龙寨城全景

图 6-5　位于九龙寨城内的大鹏协副将署

赖恩爵心忧朝廷腐败无能，官僚媚外，贪生怕死，丧权辱国，把亲身固守的香港也割让予人，痛心疾首。水师提督任上，赖恩爵派人刺探香港情报，伺机收回香港，终因国力衰微，未能如愿以偿。道光二十九年（1849年）二月，将军托病解甲归田，抑郁而终，享年54岁。临终前，赖恩爵将军召集子孙嘱咐"吾忧朝政腐败而忧，吾乐香港回收而乐"，并将道光皇帝御赐之金线五爪龙袍用于激励族人：谁为国家贡献最大，此袍就传给谁。今天，此袍妥善保存于香港族人手里。

赖恩爵一生大小经历海战三十六战，战无不胜，功勋卓著，九龙海战是第一次鸦片战争的开端，赖恩爵是中国近代史上第一个与西方殖民者正面交锋的水师名将，他的名字与九龙海战一起被永远载入史册。

赖恩爵不仅是一名战斗英雄，还精通诗文，恩爵7岁入私塾念书，勤奋好学，天资超群，10岁丧母，由祖母刘氏夫人亲自训导："欲知官以尚，时怀读我书。"其任南澳镇总兵时，"与澳绅黄庆元，同具儒将风多年，袍泽交谊甚深，暇则以诗唱酬，并以忠清交勉，两人卒成南疆名将"。

图6-6 位于赖恩爵将军第照墙上庆祝香港回归"还我祖愿牌"

第四节 赖恩爵与九龙海战

赖恩爵于 1839 年初调任大鹏营参将。大鹏城为左营,香港大屿山为右营,赖恩爵兼顾两地防务,驻九龙居中调度。是年英美公司在广东沿海贩卖鸦片甚烈,清朝觉察鸦片毒害国民,指派湖广总督林则徐为钦差大臣赴广东查禁鸦片。

1839 年 3 月林则徐到了广州收缴英国不法商人鸦片 2376,254 斤,于 1839 年 6 月 25 日间在东莞虎门海滩当众销毁,这是近代史上闻名中外的虎门销烟,赖恩爵参与其中,负责收缴鸦片。

虎门销烟后,英人不甘心鸦片被烧毁,不承认有夹带鸦片者"船货没官,人即正法"的具结,烟贩商船仍然在珠江口沿岸、澳门、香港等地猖獗活动。1839 年农历七月下旬,一群英兵在九龙尖沙咀借酒行凶,殴毙村民林维喜,案发后林则徐严令义律交出凶犯,但遭拒绝。林则徐为捍卫国家主权与义律为首的英商集团进行针锋相对的斗争,并令参将赖恩爵率水师巡船三艘进驻九龙湾,明令"禁绝英夷柴米食物、停供食水,撤其买办工人",并通过派驻澳门的"澳门同知"知会葡澳当局不得向英人提供粮食、淡水补给。英人受到制裁在澳门等地无法立足,便以武力相威胁。

道光十九年七月二十七日(1839 年 9 月 4 日)下午二时半,赖恩爵奉林则徐之命带领水师船只三号巡视大鹏营辖之九龙、尖沙咀洋面,严断英殖民者粮食、淡水接济。义律率"窝拉夷"号舰长士密和亚当·艾姆斯里乘坐装备有十门旋回炮和四门三磅长筒炮的军用小艇"路易莎"号、装备六尊六磅炮的巡洋舰"珍珠"号、装备有

图 6-7 虎门销烟浮雕

一尊十八磅炮的快艇一艘到达九龙山炮台对开海面，以求食为名，不宣而战，猝施炮轰。赖恩爵麾各艘及炮台牟兵还炮，碎双桅洋舶二，英人暂退。下午五时，英殖民者加强进攻，配备足够武器的"威廉要塞"号赶来增援，"窝拉夷"号也驶进港湾，英军以船横鲤鱼门，势极汹涌。赖恩爵奋不顾身，击毙英兵三十余人，炮断英目甘米力治号船长得忌剌吐手腕，兵酋伤者甚众，下午六点半，英人逃往尖沙咀。之后赖恩爵又令水师烧毁鸦片趸船多艘。

整个战斗历时5个小时，中国水师死二、重伤二、轻伤四，船只间有渗漏，桅蓬也有损伤均俱赶修完整。而查明的英人捞起尸体掩埋的已有十七具，在海上漂流的英人尸体更是无法计算。英军亚当·艾姆斯里事后回忆说："我希望我绝对不要再参加这种战斗，在这次战斗里，我们已经被揍得很够受的了。"林则徐在后来向道光皇帝上的奏则中这样说："臣等查英夷欺弱畏强，是其本性，向来师船未与接仗，只系不欲衅自我开，而彼转轻视舟师，以为力不能敌，此次乘人不觉，胆敢先行开炮，伤害官兵，一经奋力交攻，我兵以少胜多，足使奸夷胆落"。英军失败后，"向澳门同知投递恳求说帖，并托西洋夷目代为转圜"。道光十九年（1839年）九月，英船攻官涌营盘，但被守军击退；十月，赖恩爵会同陈连升等，分兵五路袭击英军舰艇，击沉双桅洋舶一只、划艇一只，朝暮间接仗十一次，重创英军。英船尽退出洋。九龙海战以中国水师的胜利告终。

九龙海战震惊朝野。当时的清廷因禁烟问题而分为严禁派和驰禁派，严禁派即为以林则徐、黄爵滋等为首的以国家利益出发的汉族大臣，驰禁派是在鸦片走私中形成的鸦片受贿集团。而最高统治者道光皇帝的立场徘徊于两派之间，1838年底，道光皇帝的立场开始倾向于严禁派，派林则徐南下禁烟。临走前，驰禁派的满汉王公大臣警告林则徐"无启边衅"。而偏偏赖恩爵与英人打了起来，且"衅"非我开，使得驰禁派哑口无言。道光皇帝在事后评价"我朝抚绥外夷，恩泽极厚，该夷等不知感戴，反肆鸱张，是彼曲我直，中外咸知"。道光皇帝对赖恩爵的战后封赏肯定了这次战争："广东大鹏营参将，著赏给呼尔察图"（四字御笔，蒙古语，正白之意）巴图鲁名号，照例赏戴花翎，以副将即行升用，先换顶戴"。九龙海战的胜利，打击了驰禁派，坚定了道光皇帝禁烟的信心，道光朱批："既有此番举动，若再示以柔弱，则大不可。"有力地支持了林则徐在广东的一系列禁烟备战措施得以顺利实施，从而使鸦片战争初期侵略军在粤闽无隙可乘。

九龙海战是鸦片战争首战，属于鸦片战争三年五个阶段的第一年第一次广东战争阶段，是鸦片战争的重要组成部分，最后以中国水师的胜利告终。赖恩爵在中国古代史向近代史过渡的转折时期奋起抵抗英殖民入侵，有着重要的历史地位，是深圳最重要的历史名人。

九龙海战是鸦片战争首战，更是中国近代史第一战，揭开了中国近代史的序幕，影响了中国历史进程，从此，中国进入了百年抗击外来侵略的坚苦历程。因为赖恩爵、赖恩爵将军第、九龙海战等成为大鹏所城的历史价值、社会价值和科学艺术价值重要组成部分，大鹏所城成为深圳唯一一个全国重点文物保护单位，鹏城村成为第一个中国历史文化名村。

表 6-1 清代武官官阶表

阶数	品级	武阶名
1	正一品	建威将军
2	从一品	振威将军
3	正二品	武显将军
4	从二品	武功将军
5	正三品	武义都尉
6	从三品	武翼都尉
7	正四品	昭武都尉
8	从四品	宣武将尉
9	正五品	武德骑尉
10	从五品	武德佐骑尉
11	正六品	武略骑尉
12	从六品	武略佐骑尉
13	正七品	武信骑尉
14	从七品	武信佐骑尉
15	正八品	奋武校尉
16	从八品	奋武佐校尉
17	正九品	修武校尉
18	从九品	修武佐校尉

表 4-2　赖氏"三代五将"世系表

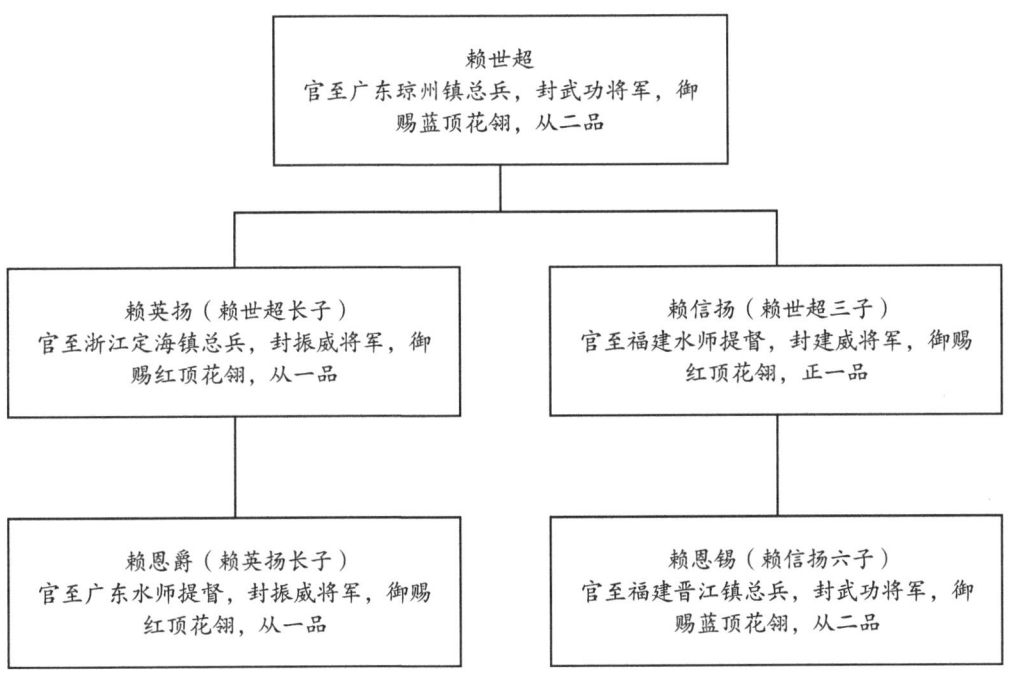

第五节　大鹏所城赖氏恩爵敦厚堂简谱

一世：

恩爵（1795—1848 年），大鹏所城赖氏敦厚堂始祖，钦赐呼尔察图巴图鲁名号，官至广东全省军务水师提督，封振威将军。父亲英扬，官至浙江定海镇总兵官，晋封振威将军。恩爵娶妻三，原配陈氏金枝，封一品夫人，鹏城西南角人；副室徐氏（封三品淑人）广州殷商之女；副室谢氏（封四品安人），广东巡抚后人，官绅之女。生子六：长子绍贤，三子绍元，四子绍杰（陈氏生），二子绍林，五子绍彝（徐氏生），六子绍曙童年六岁夭折（谢氏生），生女三，长女懿升，陈氏生，一生未嫁，随胞弟一家生活，五十多岁去世；二女懿洁，徐氏生，嫁周浩荣①；三女懿君，徐氏生，嫁淡水圩名门邓姓②。

---

① 福建人，炮兵，随同赖恩爵在九龙官涌一带防护炮台，并参与穿鼻洋海战，赖恩爵将二女下嫁周浩荣。
② 邓姓，淡水（清善县碧甲司）望族，邓姓邓承修，中国近代最著名的外交官，在弱国无外交的背景下争取国家的最大利益，今淡水有邓承修故居，有承修路以表纪念。

图 6-8 敦厚堂大门

二世：

绍贤：恩爵长子，号竹洲，妣黎慈惠，生子四，长子毓乾，字葆贻；次子鑑湖，字秋帆；三子鑑光，号鲁斋，四子鑑修，号立斋；生女一素齐，嫁大坑村徐姓。

绍林，恩爵次子，字梅峰，官香山协骑尉，赐奉政大夫（正五品）。妣王氏，生子二，长子毓琛，次子毓球；生女二，长女素琴，次女素琨。

绍元，恩爵三子，光绪十年候选知县。生子二，长毓钧，次毓晟；生女二，长女素卫，次女素蓓。

绍杰，恩爵四子，光绪年间福建候补通判。过继叔父恩禄为嗣①。

绍彝，恩爵五子，字卓山，妣陈氏，继室陈氏，育子四，长子毓泓字子楼，原配陈氏生；次子毓桓，原配陈氏生；三子毓盘，字守初，继室陈氏生；四子毓灏，继室陈氏生，青年去世。生女一素芳，原配陈氏生。

绍曙，谢氏生，童年六岁夭折。

---

① 恩爵四子绍杰已于未婚时过继西南村十字街恩爵之二弟恩禄为嗣。恩禄原本有一子名绍魁，不幸绍魁于1846年冬童年因病去世，恩禄约于1840年春离世。
西南角英扬第二儿子，恩禄是恩爵同父异母的弟弟，恩禄于1840年青年时婚后去世。

三世

毓乾：绍贤长子，字葆贻。育一子，名孟乔。

鑑湖：绍贤次子，字秋帆，育二子二女。长子孟献，婚后去世，由鑑光四子孟伟过继；次子孟结，婚后去世无子嗣，由鑑修第二位孙子六敏过继孟结之妻潘氏为子；长女丽杏；次女丽稚。

鑑光：绍贤三子，号鲁齐，育五子发二女。长子孟崇；次子孟盈；三子孟宾；四子孟伟；五子孟操；长女丽榴，次女丽环。

毓旭：绍贤四子，又名鑑修，号立斋，生于清同治元年（1862年），卒于民国二十六年（1937年）农历五月，享年七十五岁。妣李氏，大鹏城西南角一品夫人后嗣，育四子一女，长子孟昶；次子孟益；三子孟颜；四子孟侃；女：丽颐。

毓琛：绍林长子，字子城。育四子一女，长子孟谦，字信夫；次子孟鑫，字仙舫；三子孟喜，字剑雄，四子孟澧，字泽夫；长女秀容。

毓球：绍林次子，字玉川，育二子一女。长子孟振；次子孟炯，字步云；女：彩容。

毓钧：绍元长子，字葆棠。毓钧无子嗣，由鑑光长子孟崇过继为嗣。

毓晟：绍元次子，字心源。登仕佐郎（文官正九品）。育有一子，孟樵。

毓基：绍杰长子。育二子一女，长子子楷；次子子松；女：丽菊。

毓清：绍杰次子。育一子一女，长子子生；长女丽锦。

毓明：绍杰三子，字鑑秋。育二子二女，长子北生；次子子游；长女丽华；次女丽川。

毓源：绍杰四子。育一子一女，子：金生，字学波；女：丽照。

毓泓：绍彝长子，绍彝原配陈氏生，字子楼。育一子，孟远。

毓桓：绍彝次子，绍彝原配陈氏生。育一子，孟达。

毓盘：绍彝三子，绍彝继室陈氏生。育三子三女，长子孟光；次子孟柱；三子孟贤；长女月里；次女月影；三女月巧。

毓灏：绍彝四子，绍彝继室陈氏生。青年时未婚因病去世。

四世

孟乔：每毓乾长子。育四子二女，长子六通；次子六奎；三子六和；四子六经；长女玉翠；次女玉美。

孟献：鑑湖长子。婚后去世，由鑑光四子孟伟过继。

孟结：鑑湖次子。娶妻潘氏，婚后去世无子嗣，由孟昶次子六敏过继为嗣子。

孟崇：鑑光长子。

孟盈：鑑光次子。育二子，长子六琦；次子六钊。

孟宾：鑑光三子。育二子一女，长子六汉；次子六凯；女：玉嫦。

孟伟：鑑光四子。过继鑑湖为子。曾任大鹏邮政局局长。育一子一女，子：六康；女：玉清，又名赖枫，早年参加东江纵队，嫁王桐山钟原（钟宝斌）为妻，钟原为大鹏第一任区委书记，后任职农业部政策研究室主任，司长。

孟操：鑑光五子。育一子一女，子：六宁；女：玉兰。

孟昶：鑑修长子。育二子一女，长子六弥；次子六敏；女：玉肖。

孟益：鑑修次子，字友三。育二子，长子六强；次子六合。

孟颜：鑑修三子。青年未婚去世。

孟侃：鑑修四子。青年未婚去世。

孟谦：毓琛长子，字信夫，任香港华民政务司副司长。育二子一女，长子继业；次子继桓；女：淑婉。

孟鑫：毓琛次子，字仙舫。娶妻周锦杏①。育三子三女，长子继武；次子继为；三子继铿；长女淑玲；次女淑薇；三女淑艳。

孟喜：毓琛三子，字剑雄。育二子一女，长子继熙；次子继邦；女：淑玑。

孟澧：毓琛四子，字澤夫。育一子，继铄。

孟振：毓球长子。育二子四女，长子继铮；次子继鸣；长女淑娱；次女淑鍼；三女淑综；四女淑茵。

孟炯：毓球次子，字步云。育二子三女，长子继灿；次子继昇；长女淑雅、次女淑緻、三女淑芬。

孟崇：毓钧继子。育四子二女，长子树藩；次子树添；三子树璧；四子树本；长女玉遑；次女玉萍。

孟樵：毓晟长子。无子嗣，有一继子，六和（孟喬三子六和过继为嗣）。

子楷：毓基长子。育二子一女，长子伯柬、次子伯垩；女：月欢。

子松：毓基次子。育一子，伯广。

---

① 周锦杏，大鹏城西南角赖府巷人，周锦荷堂姐，赖府女婿周浩荣四代孙女。

子生：毓清长子。育三女，长女月玫、次女月蓉、三女月静。

北生：毓明长子[①]。

子游：毓明次子[②]。

金生：毓源长子，字学波。育三子两女，长子伯城、次子伯西、三子伯留；长女月裡、次女月佩。

孟远：毓泓长子。育一子，璧友，字崧生。

孟达：毓桓长子。育二子，长子树禄、次子树立。

孟光：毓盤长子[③]。

孟柱：毓盤次子。曾任鹏城村委主任。育三子一女，长子继祥、次子继良；三子继房；长女淑怀。

孟贤：毓盤三子。育一子三女，子：继达；长女淑颜、次女淑妃、三女淑慧。

五世

六通：孟乔长子。育一子三女，子：荣中；长女淑真；次女淑瑛；三女淑敬。

六奎：孟乔次子。育三子一女，长子荣民（墓碑荣文有错）、次子荣定、三子荣慶；女：淑红。

六和：孟乔三子。过续孟樵。

六经：孟乔四子。育二子，长子荣泰、次子荣平。

六琦：孟盈长子。育三子，长子国成、次子国雄、三子国森。

六钊：孟盈次子。育四子，长子国祥、次子国泉、三子国麟、四子国宏。

六汉：孟宾长子。育二子，长子国富、次子国昌。

六凯：孟宾次子。育二子五女，长子国权、次子国豊；长女佩晴、次女佩艳、三女佩圆、四女佩莲、五女佩颜。

六康：孟伟长子[④]。

六宁：孟操长子。育三子一女，长子国让、次子国我、三子国翘；长女佩廉。

六弥：孟昶长子。育二子，长子荣启；次子荣茂。

六敏：孟昶次子。育二子一女，长子荣兴；次子荣柏；长女淑媚。

[①] 未婚去世。
[②] 未婚去世。
[③] 童年夭折。
[④] 未婚，82岁在香港去世。

伯西：金生次子。

伯留：金生三子。

璧友：孟远之子。育一子一女，长子镇圩；长女淑嫄。

树禄：孟达长子。

树立：孟达次子。

继祥：孟柱长子，育一子智浩。

继良：孟柱次子，育一子屹铭。

继房：孟柱三子，育一女雅妍。

继达：孟贤之子。

六世

荣中：（1915—2002 年）六通之子。育一子二女，子：德润；长女意好；次女意满。

荣民：六奎长子。育三子一女，长子运昌、次子运行、三子运监。女：翠芳。

荣定：六奎次子。一子，德焜。

荣慶：（1932—2010 年）六奎三子。

荣泰：六经长子。二女，长女丽娟；次女嘉燕。

荣平：六经次子。育二子二女，长子德智、次子德明；长女嘉茹；次女嘉美。

荣启：（1928—1995 年）六弥长子。广东省文化厅处长。生三女，长女晓萍、次女晓怡、三女婷婷。

荣茂：1931 生，六弥次子。侨居英国，曾任英国普茨茅斯华人协会会长。育二子三女，长子德健、次子德乐；长女坚琪，现任英国朴茨茅斯华人协会副会长；次女碧琼；三女碧瑗。

荣兴：六敏长子。童年夭折。

荣柏：六敏次子。育一子一女，子：德韶；女：碧瑶。

荣华：六合长子。育二子二女，长子德辉、次子德信；长女意琪、次女意美。

荣夏：六合次子。童年夭折。

国成：（1931—1985 年）六琦长子。

国雄：六琦次子。

国森：六琦三子，

国祥：六钊长子。育一子一女。子：文伟；女：詠恩。

国全：六钊次子。

国麟：六钊三子。育二子。长子沛基、次子沛丰。

六强：孟益长子。青年未婚去世。

六合：孟益次子。育二子，长子荣华；次子荣夏。

继业：孟谦长子①。

继桓：孟谦次子。育二子二女，长子哲文；次子小文；长女洁珩；次女洁丽。

继武：孟鑫长子。育二子，长子英松；次子英柏。

继为：孟鑫次子。育一子四女，子：英豪；长女洁凝；次女洁瑶；三女洁慧；四女洁雯。

继铿：孟鑫三子。育一子一女，子：英伦；女：洁珊。

继熙：孟喜长子。育一子二女，子：炜峰；长女洁婵，次女洁莲。

继邦：孟喜次子②。

继铄：孟澧长子。育二子一女，长子英杰、次子英伟；女：洁儀

继铮：孟振长子。育三子一女，长子耀龙；次子耀乾；三子耀新；女：霭慈。

继鸣：孟振次子。育四子，长子耀彤、次子耀辉、三子耀栋、四子耀威。

继灿：孟炯长子。育一子二女，子：英略；长女洁晶；次女洁思。

继昇：孟炯次子。育一子一女，子：英岱；女：洁芙。

树藩：孟崇长子。育一子二女，子：镇耀；长女淑从次女淑通。

树添：孟崇次子。育一女：悦丽。

树壁：孟崇三子。育二子一女，长子镇杰，次子曼海；女：曼琳。

树本：孟崇四子。青年婚后去世，无嗣。

六和：孟樵继子。育三子四女，长子荣邦；次子荣仲③；三子镇桃；长女淑养；次女淑善；三女淑娴；四女淑钿。

伯柬：子楷长子。育一子一女，子：荣殿④；女：淑禾。

伯堃：子楷次子⑤。

---

① 青年未婚去世。
② 童年水神庙水浸遇难。
③ 荣邦与荣仲均青年未婚去世。
④ 童年夭折。
⑤ 青年广州失踪。

伯廣：子松长子。

伯城：金生长子。

国宏：六钊四子。育一子：文礼。

国富：六汉长子。育四子一女，长子伟舜、次子伟欣、三子伟尧、四子伟强；女：婉敏。

国昌：六汉次子。育一子二女，子：伟伦；长女婉群、次女婉谊。

国权：六凯长子。育二子，长子伟仁、次子伟义。

国豐：六凯次子。

国让：六宁长子。育二子，长子振邦、次子振轩。

国我：六宁次子。育三子，长子易仁、次子易维、三子易新。

国翘：六宁三子。育二女，长女霭璇、次女霭儀。

哲文：继桓长子。育二子，长子骏鹏；次子骏乐。

小文：继桓次子。育一子一女，子：骏扬；女：颖圆。

英松：继武长子。育三子，长子文俊；次子文杰；三子文广。

英柏：继武次子。育一子：言信。

英豪：继为之子。育一子二女，子：嘉健；长女嘉琪；次女嘉衍。

英伦：继铿之子。

炜峰：继熙之子。

英杰：继铄长子。

英伟：继铄次子。

耀龙：继铮长子。育一子一女，子：祖翘；女：安琦。

耀乾：继铮次子。育一女：思颖。

耀新：继铮三子。育一子一女，子祖烨，女思宁。

耀彤：继鸣长子。

耀辉：继鸣次子。

耀栋：继鸣三子。

耀威：继鸣四子。

英略：继灿之子。

英岱：继昇之子。

镇耀：树藩长子。育二子三女，长子毅明；次子毅勋；长女世珍；次女穗珍，三女毅坤。

镇杰：树璧长子，育一子一女，子：允中；女：允臧①。

曼海：树璧次子，育一子一女，子：朝晖，女：朝华。

荣邦：六和长子。少年病逝。

荣仲：六和次子。少年病逝。

镇桃：六和三子。育一子：德麟。

荣殿：伯柬之子，童年夭折。

镇圻：璧友之子，字仲元。1918年生，东江纵队领导人，解放后任广东省委党校副校长。1988年9月在广州病逝。育三子二女，长子济煌、次子济时、三子济潮；长女婉明；次女婉晖。

七世

德润：荣中长子，育一女，颖珊。

德焜：荣定长子。育一子一女，子：虎威；女：页颖。

德智：荣平长子。

德明：荣平次子。

德健：荣茂长子。育二女，长女詠君，次女映琳。

德乐：荣茂次子。育二女，长女詠思，次女詠恒。

德韶：荣柏长子。育一子一女，子志诚，女步云。

德辉：荣华长子。

德信：荣华次子。

伟舜：国富长子。

伟欣：国富次子。

伟尧：国富三子。

伟强：国富四子。

伟伦：国昌之子。

伟仁：国权长子。

伟义：国权次子。

---

① 嫁杨仁，生子杨坤、杨明。

运昌：荣民长子。

运行：荣民次子。

运监：荣民三子。

振邦：国让长子。育一子一女，子明因，女明都。

振轩：国让次子。

易仁：国我长子。

易维：国我次子。

易新：国我三子。

骏鹏：哲文长子。

骏乐：哲文次子。

骏扬：小文之子。

文俊：英松长子。

文杰：英松次子。

文广：英松三子。

言信：英柏之子。

嘉健：英豪之子。

祖翘：耀龙之子。

毅明：镇耀长子，育一子，雅维。

毅勋：镇耀次子。

朝晖：曼海之子，育一女，允迪。

德麟：镇桃之子。

济煌：镇圩长子，1940年生，笔名丁冬。著名作家,《黄金时代》杂志创办人、总编辑。育一子，梦海。

济时：镇圩次子。育一子：尔立。

济潮：镇圩三子。育一女：依菲。

八世

虎威：德焜之子。

梦海：济煌之子。育一子一女，子：逸和，2010年8月25日生；育一女，允希，2013年4月28日生。

尔立：济时之子。

志诚：德韶之子。

明因：振邦之子。

雅维：毅明之子。

九世

逸和：梦海之子。

表 6-3　大鹏所城赖氏恩爵敦厚堂世系表

紫　金	十四世	十五世	十六世	十七世	十八世	十九世	二十世	二十一世	二十二世
大鹏城	五世	六世	七世	八世	九世	十世	一十一世	一十二世	一十三世
敦厚堂	一世	二世	三世	四世	五世	六世	七世	八世	九世

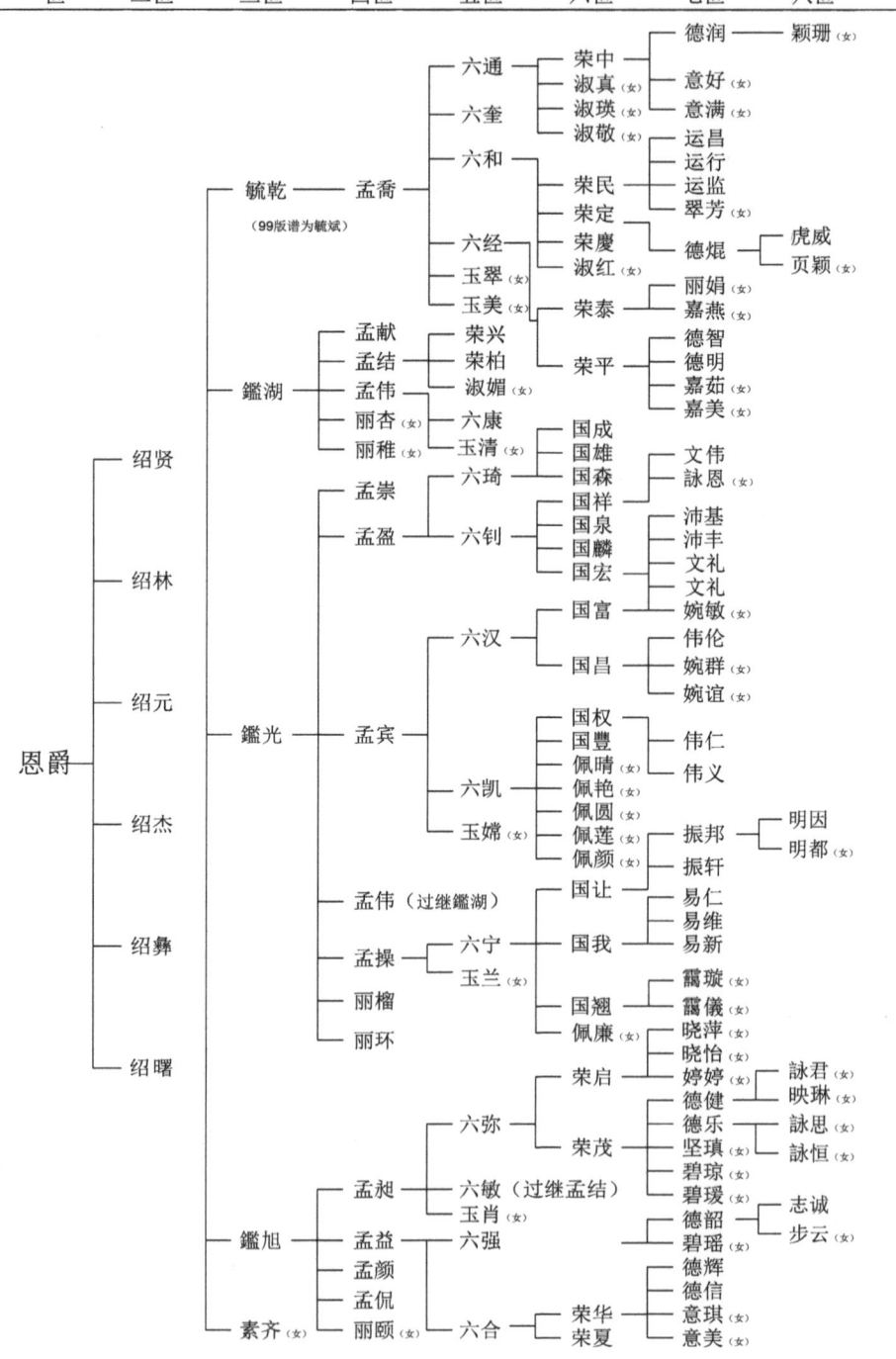

第六章 大鹏所城赖氏家族建筑与人文研究

紫　金	十四世	十五世	十六世	十七世	十八世	十九世	二十世	二十一世	二十二世
大鹏城	五世	六世	七世	八世	九世	十世	十一世	十二世	十三世
敦厚堂	一世	二世	三世	四世	五世	六世	七世	八世	九世

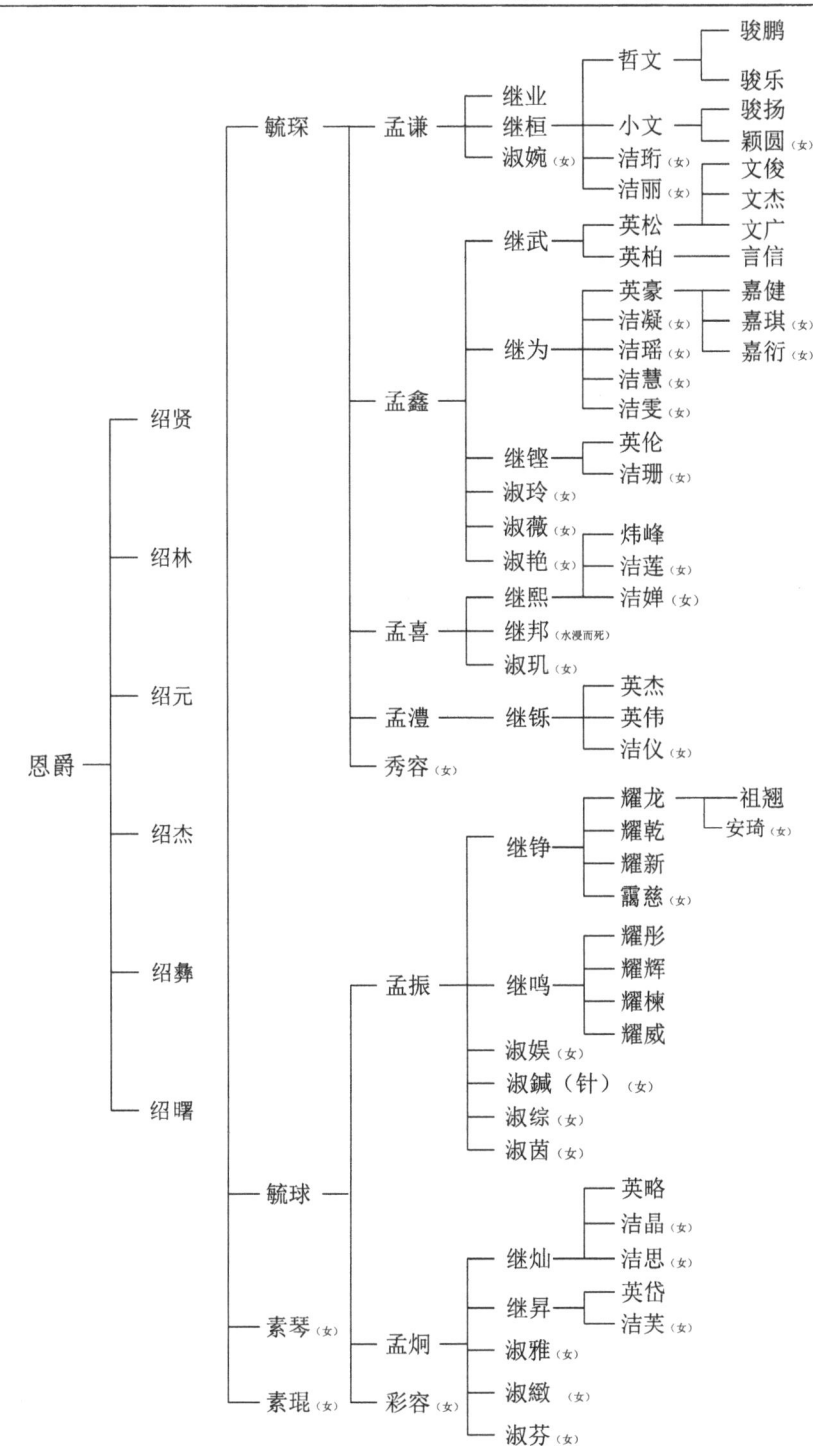

紫　金	十四世	十五世	十六世	十七世	十八世	十九世	二十世	二十一世	二十二世
大鹏城	五世	六世	七世	八世	九世	十世	一十一世	一十二世	一十三世
敦厚堂	一世	二世	三世	四世	五世	六世	七世	八世	九世

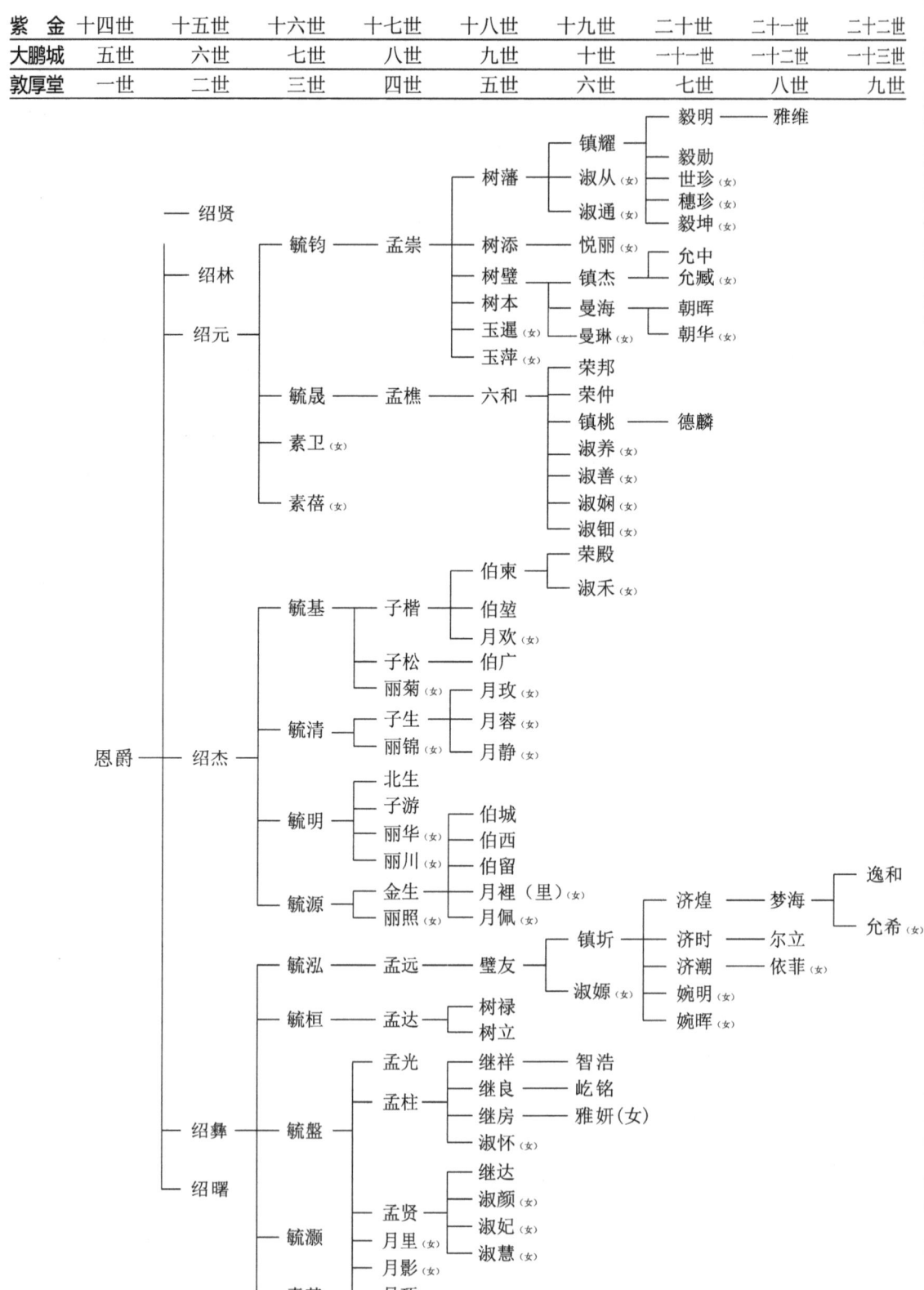

第六节　大鹏所城赖氏敦厚堂族贤

赖毓旭： 又名鑑修，号立斋，生于清同治元年（1862年），卒于民国二十六年（1937年）农历五月，享年75岁。立斋公国医学堂毕业，授赐修职郎，在大鹏一带行医数十载，是著名中医师，精通妇儿科、皮肤病专科，医患者不计其数，曾开设中药店两间"养和堂"①、"永福堂"对贫者赠医施药，受乡民赞称颂。1937年老中医与世长辞，乡人表示悼念和惋惜，出殡之日乡民坊众特设祭坛三处向受人尊重的老中医哀悼和辞行，葬礼隆重，极备哀荣。

赖镇圻（1918—1988年），字仲元。1938年日本侵略军在大亚湾登陆后，赖仲元积极投入抗日救亡运动。同年10月加入中国共产党。此后历任地下党乡党支部书记、区委书记、东江纵队独立中队政委、东江纵队特派员等职。1944年任路东新一区区委书记兼区长。路东新一区是东江纵队第一个抗日民主政权，路东新一区人民政府是抗日民主政权在东江地区的尝试，为后来成立路东县人民政府进行了有力的尝试。赖仲元任区长期间，因对敌斗争坚决、群众工作成绩显著，受到上级机关通令嘉奖。日本投降后，赖仲元在惠阳地区镇隆、永湖一带领导武装斗争，任东江江南第二战线政委。1946年5月—6月，赖仲元跟随东江纵队司令员曾生，在惠阳地区的惠州、坪山、多祝等地与敌人展开斗争。7月随东江纵队北撤山东烟台，任中共华东军政大学教导员、华东党校营团队队长、华东野战军司令部粟裕将军随从参谋等职。建国后，赖仲元先后任华南分局党校组教处长、广东省委党校党史研究室主任、副校长、校党委常委、广东省农科院副院长、哲学社会科学研究所副所长、广东省农林水办公室副主任兼省科委副主任等职，为党的干部教育事业以及科学研究事业倾注了毕生的精力。1964年，在罗天同志的指导下，他亲自带队到东莞县搞农业区划试点，对东莞农业生产的发展做出了贡献。后试点在全省推广并向全国介绍，被国家科委列为1965年全国重大科技成果之一。

1988年9月，赖仲元在广州病逝。

赖济煌： 1940年生，笔名丁冬。1958年参加广州青年垦荒队到海南岛。在农场场宣教科工作时开始写散文诗，发表50多篇。1963年调澄迈县团委工作，后任团县委副书记，多写农村题材的小说和报告文学。1965年出席全国青年文学创作积极分子大会。曾任县委宣传部副部长，共青团广东省委委员。参与创办《黄金时代》杂

---

① 毓旭公所开"养和堂"药店店招，现收藏于大鹏古城博物馆。

图 6-9 赖镇圻（1918—1988 年），字仲元

志，后任总编辑。曾任团省委第六、七届常委，广东省青联第五届副主席，广东作协第三届理事。现任中国青年报刊工作者协会副会长，广东省杂志出版协会副会长，广东省青联委员联谊会会长，广东省青年企业家协会名誉会长。代表作有《"半边天"小传》。

赖镇杰： 赖恩爵六世孙，父赖树壁。童年移居香港，英国大学毕业后从事教学与学校行政工作，任某教会学校校长联会主席、考试局中央委员、地区法院审裁顾问、中华人民共和国教育部外籍子弟学校认证委员等职。赖镇杰还熟读国史，并融会贯通，著有《经纬天下》一书。

赖宾： 按字辈名为赖继为，英文名 BunLai.。赖恩爵五世孙，父赖孟鑫。出生于香港，8 岁时因日军攻陷香港回大鹏城居住，1945 年重回香港继续学业。初就业于驻港英军供应合作社，开始接触罐头洋酒，1956 年，赖宾由四叔介绍，进入香港最大的连锁超市惠康公司洋酒部工作，开始与酒结下不解之缘。1977 年转明叔的爱民超市供职。1978 年 12 月与明叔等人合伙成立伟华洋行，开始赖宾的创业发展之路。

赖玉清（赖枫）：（1919—2004 年）赖恩爵五代孙女，父赖孟伟，曾任大鹏邮政局局长。嫁大鹏王母墟王桐山钟家，钟姓是大鹏望族，大鹏三大姓钟、王、李之一。赖枫丈夫钟原是大鹏早期的革命者，中共大鹏最早的三个党员之一，中共大鹏区委第一任书记。钟家还是大鹏的红色家族，除赖枫、钟原外，钟原的弟弟、弟媳、妹妹、妹夫一共九人参加革命，有二弟和二妹夫为革命英勇捐躯。赖枫1939年3月参加革命，同年加入中国共产党，1944年2月被派到东莞教书，以掩护特委交通。1945年2月在东江纵队二支队政治部民运队工作；东江纵队北撤山东烟台后任两广纵队妇女队支委；1949年1月任两广纵队后方家属队大队长；1950年10月任中南劳动部机要秘书；1953年3月，调中央劳动部工作；1959年3月后先后在劳动学院、北京经济学院任组织部部长、监察委员会副书记等职；1982年12月离休。

第七节 大鹏所城赖氏敦厚堂现存建筑

一、赖恩爵振威将军第

赖恩爵振威将军第（以下简称"将军第"），当地人称"赖府"，位于大鹏所城东南角赖府巷15号，始建于清道光二十三年（1843年），道光二十四年（1844年）完工。是道光皇帝御赐的"诰封第"，占地面积达2500平方米。门前摆设一对象征武官府第的石狮和一对石鼓，正门横额"振威将军第"五个大字为道光皇帝御笔亲题。府第为坐北向南偏东15度，侧门内进，由东、西两座组成，中有"冷巷"分隔东座主体建筑七开三进，规格极高。附属用房有倒座房、门楼、前院、厨房、井院、杂务房、更楼及库房（已坍塌）。整体建筑为砖、土、木结构，阴阳瓦屋面，硬山顶，博古脊。振威将军第有大小厅房约五十间，室内地面铺红色陶土阶砖，走廊，过道及天井铺设青石板，青砖墙，木梁架，石柱楚，瓦顶，檐板，梁枋等饰金木雕刻上绘人物故事，花鸟草木及墨书诗词等。走进大门可见月门，月门顶上原设有谯楼，谯楼约于1861年因失火烧毁，后没有进行修复，但遗留的檩窝清渐可辨。后将炮楼修成月门。整座府第围以一丈有余的高墙，有如城中之城，气势雄伟，大有"将门府第"之气派。

1984年，深圳市人民政府将赖恩爵振威将军第公布为文物保护单位；1989年，广东省人民政府振威公布为广东省文物保护单位；1995年3月，深圳市龙岗区人民政府、龙岗区教育局将赖恩爵振威将军第公布为深圳市龙岗区中、小学校德育基地。2001年6月，大鹏所城被国务院公布为第五批全国重点文物保护单位，振威将军第成为国保单位最重要的组成部分。1997年起，东座被大鹏古城博物馆租用并辟为文物展览厅向公众开放。2011年，大鹏古城博物馆对将军第进行全面统租并进行全面修缮。

西座有前庭，1944年，东江纵队青年干部培训班在这里创办，并进行第一期培训，后迁往王母墟陈火楼、博罗等地。

振威将军第内东座东边三间三进厅房分给二子绍林；东座西边三间三进厅房分给五子绍彝；西座（赖恩爵生前所住）三间五进（存四进）厅房及库房、后花园分给三子绍元。

二、怡文楼[①]

怡文楼又称赖府书房、崇兰书室，位于大鹏所城赖府巷，始建于清道光年间，占地面积362.282平方米，座北朝南偏东10度，高两层，砖木结构，小青瓦屋面，硬山顶，船形脊。怡文楼曾是赖恩爵将军的书房，后成为赖氏族人学堂，为敦厚堂房产。解放后怡文楼被作为大鹏粮所粮食仓库，并根据粮食仓库的功能进行改造，封闭了天井。粮油公司还办理了房产证，现产权所有人为龙岗区城投公司，使用人为大鹏古城博物馆。1998年，大鹏古城博物馆对怡文楼办理了产权变更，登记至博物馆名下，并对怡文楼进行了复原维修，在原平面的基础上全面复原了屋面、木构件等。维修后作为办公及展览场所，一层布置《鹏城春秋　大鹏所城历史展》，展出大鹏所城历史及赖恩爵将军的事迹；二层办公，偏房为值班监控室及卫生间。2011年，大鹏所城整体保护项目二期工程将怡文楼的整体修缮列入项目内容。

2001年6月被大鹏所城被公布为第五批全国重点文物保护单位，怡文楼成为国保单位最二十一处国保文物本体建筑之一。

三、赖恩爵副将府

在西南村将军巷，门首横额"将军第"，是赖恩爵提升副将职后，于1840年冬建成之副将府。该将军第分为三个大门，北间大门横额阳刻"将军第"三个楷书大字，总面阔30米，第三路有水进、后花园及别院，此处将军第分给长子绍贤。

四、刘屋巷赖氏宅第

位于大鹏所城西南刘屋巷14号，原为三开两进一天井府第式建筑，正间条石下碱，花岗岩石门框下部有花岗岩门枕石，檐下有封檐板木雕，以麒麟、花鸟为题材，

[①] 怡文楼，位于大鹏所城赖府巷，楼内悬挂"崇兰书室"匾，当地人称赖府书房。

残留石绿色,为清光绪晚期作品;檐下壁画题目为"富贵绵绵到白头",落款"戊子仲夏"(1888年)。画中有"长命百岁""百子千孙"文字,内容有松柏、喜鹊、民居等。瓦作为堆瓦作,勾头滴水收口,规格较高。一进有屏门,屏门上有格扇窗花。正间举架高达六米有余,二进正间有祖堂神龛,神龛前有架几案,保存完好。次间有阁楼,阁楼铺大阶砖。现一进西开间被改建成二层小楼。该处宅第由赖绍贤建造,分给二子毓廉居住。

五、赖绍杰宅第

赖绍杰,赖恩爵四子,过继给二叔父恩禄,宅第位于所城西南村将军第附近,由敦厚堂资助建成。整体建筑坐东朝西,侧门内进。

六、赖恩爵将军纪念陵园

赖恩爵将军纪念陵园位于大鹏所城西南赖府园,始建于1985年,占地面积约6000平方米,由1.6米高的围墙围着,内有"抗英名将赖恩爵纪念碑"、水塘、赖英扬原葬墓。

第九节 大鹏所城赖氏敦厚堂现存墓葬

一、赖恩爵振威将军墓[①]

赖恩爵原葬墓在大坑上村,墓地规模宏大,设文武石俑,石兽,墓前设华表石狮各一对。清光绪三年(1877年)拾金重葬王母王歧塘打石山,迁葬墓宏伟壮观,墓顶浮雕双龙戏珠图案,有华表石狮在墓地前方,现为为深圳市文物保护单位。赖恩爵将军原葬墓石俑由深圳市博物馆征集,陈列在深圳市博物馆(旧馆)南广场。

1987年3月,赖恩爵将军墓第一次被盗,因是拾金重葬墓,没有陪葬品,贼人砸烂陶棺而去;1988年冬,赖恩爵将军墓第二次被盗,贼人把墓塘毁坏后也是空手而回。赖恩爵将军墓被破坏后,由深圳市博物馆按原样修复。

---

① 现位于大鹏黄歧塘打马坜水库南面的清广东水师提督振威将军赖恩爵墓。

图 6-10　赖恩爵将军墓（一）

图 6-11　赖恩爵将军墓（二）

二、赖太母陈夫人墓[①]

赖太母陈夫人墓是赖恩爵原配夫人陈金枝墓葬。陈夫人卒于 1885 年,享年 86 岁,葬于福合园左,乡民称麻板地,又称"金夫人墓",该墓为原葬墓。墓地较为平坦,座北向南,墓由砂石夯砌而成。墓前左右两侧立有花岗岩石狮,再前有八字形伸手。两边为两墓表。墓碑上刻:皇清诰封一品夫人显妣赖太母陈夫人墓。奉祀男员外郎衔附贡生绍贤、侯选知县绍林、提举衔福建候补通判绍杰,孙鑑修、鑑光、葆贻、鑑湖、葆棠、心源,曾孙孟盈、孟献、孟乔、孟崇、孟樵、孟达同立,光绪十一年岁次乙酉季冬月吉旦。

1988 年 4 月 9 日下午 2 时左右,多名匪徒带备炮竹等物伴作扫墓,日间行事,盗取陪葬凤冠、珍珠、玉佩等珍贵文物,失物未有找回。1988 年重阳节前由纪念碑筹委会拨款修理。现该墓整体保存完好。

三、赖绍贤与夫人合葬墓

赖绍贤,号竹洲,赖恩爵长子,元配夫人陈金枝所生,封从五品官,附贡生、进士。赖绍贤生于道光三年(1823 年),卒于光绪二十五年(1899 年),原葬大坑上村。绍贤公与夫人黎慈惠于民国十六年(1927 年)拾金重葬于大鹏所城外西南赖府园内(即恩爵陵园),墓地名"莲叶盖龟形"。

第十节 大鹏所城赖氏敦厚堂现存文物

一、赖恩爵"巍峨独配"木刻

2014 年 11 月 26 日,赖恩爵振威将军第修缮施工现场发现赖恩爵将军题写的"巍峨独配"木刻对联残件,木刻直书阴刻"巍峨独配"四个楷书大字,落款为"全省水师军务呼尔察图巴图鲁赖恩爵盥沐敬书"。该木刻长 164 厘米、宽 35 厘米、厚 3.5 厘米。为赖恩爵遗留下来唯一书法作品,书法刚劲有力、韵味别致,印证了赖恩爵历史上被誉为"南疆儒将"的说法,也是赖太母刘老夫人"欲知官以尚,时怀读我书"教育理念的成功佐证。

---

① 现位于大鹏所城西北之赖太母陈夫人墓。

二、赖恩爵砚台

赖恩爵原有砚台两方,其中一方作为孙女陪嫁至鸭母脚叶家。现保存完好,存于大鹏山庄。

三、赖恩爵官袍

赖恩爵有道光皇帝御赐龙袍一件,龙袍上有金线织就五爪金龙,是赖氏家族的传家宝。1849年,赖恩爵临终前以该龙袍激励家族后人为国争光。后龙袍传至赖氏家族老族长赖卓洪,赖老族长去世时没有交代龙袍的去向,至今尚未找到龙袍。

第七章　大鹏所城戴氏家族历史文化研究

第一节　导言

大鹏所城始建于明洪武二十七年（1394年），来自五湖四海的3000军士及其家属迁居大鹏，在这里亦兵亦农，屯田戍边。从他们到大鹏的那一天起，家与国即为一体，不可分割。600年抵抗侵略、保家卫国，形成大鹏人"担道义、忧天下"的家国情怀，这也是近现代众多大鹏人积极投身红色革命的历史文化渊源。其最典型的代表就是大鹏所城的戴家。

戴家是大鹏所城望族，聚居于古城东北的戴屋巷。戴家人有着大鹏人文武兼备、耕读传家的优良传统。从近代起，国家的积贫积弱，激励起几代受过良好教育的戴家人强烈的爱国激情和强国志向，纷纷投入到革命的洪流中，并成为大鹏红色革命的骨干。他们前赴后继，不怕牺牲，涌现出以戴卓民为代表的革命先烈和英雄模范人物，为大鹏红色革命史写下了浓重的一页。

戴屋巷是中共早期工人运动重要领导人戴卓民的出生地。戴卓民是参与领导香港海员大罢工和省港大罢工的工运领袖，是国民党四一二政变时与毛泽东、周恩来等中共领导人一起被列入"清党"189人名单的中共要员之一。他和他的两个儿子都为红色革命事业献出了生命，一门三烈士。戴家还有戴机、戴辉、戴富等参加了革命，戴机的发妻黄娣妹还是东江游击队的保垒户和交通员。他们在战争年代不惜身家，英勇战斗，新中国成立后兢兢业业为人民服务，在改革开放时再立新功。

戴屋巷，满门忠烈，在这些普通的民房内曾经走出一批甘为缔造新中国抛头颅洒热血的志士，发生过一个个催人泪下的故事。铭记历史，发扬革命传统，继承先辈遗志，让我们以此激发爱国爱家的激情，为建设美好未来努力奋斗！

图 7-1　戴氏宗祠

图 7-2　戴氏宗祠

图 7-3 戴屋巷民宅

图 7-4 戴氏大屋

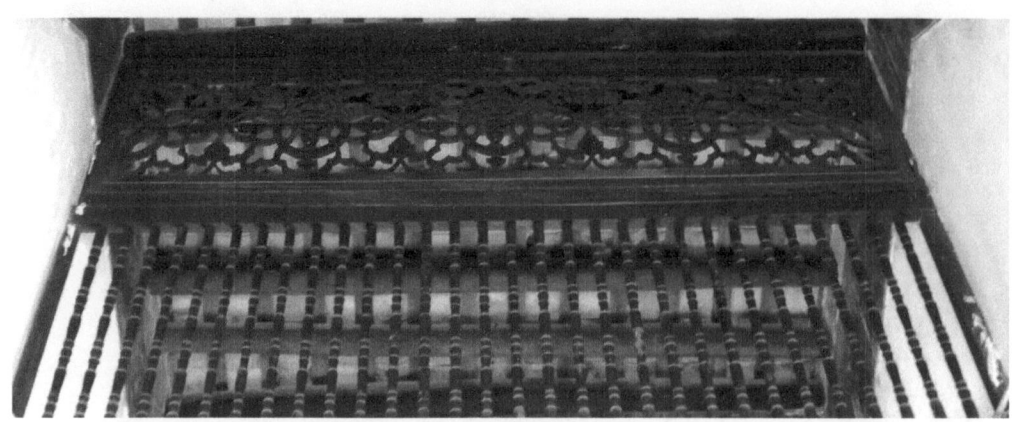

图 7-5 戴氏大屋隔扇雕花

图 7-6 戴氏大屋精美的神龛木雕,神龛对联"桐枝奕叶绍箕裘,瓜瓞贻谋绵德泽"

图 7-7 代表戴氏曾经的家族地位的高门

图 7-8 戴氏大屋展览馆 2021 年修整后——大门

图 7-9　戴氏大屋展览馆 2021 年修整后——展厅

图 7-10　戴氏大屋展览馆 2021 年修整后——展览陈设 1

图 7-11　戴氏大屋展览馆 2021 年修整后——展览陈设 2

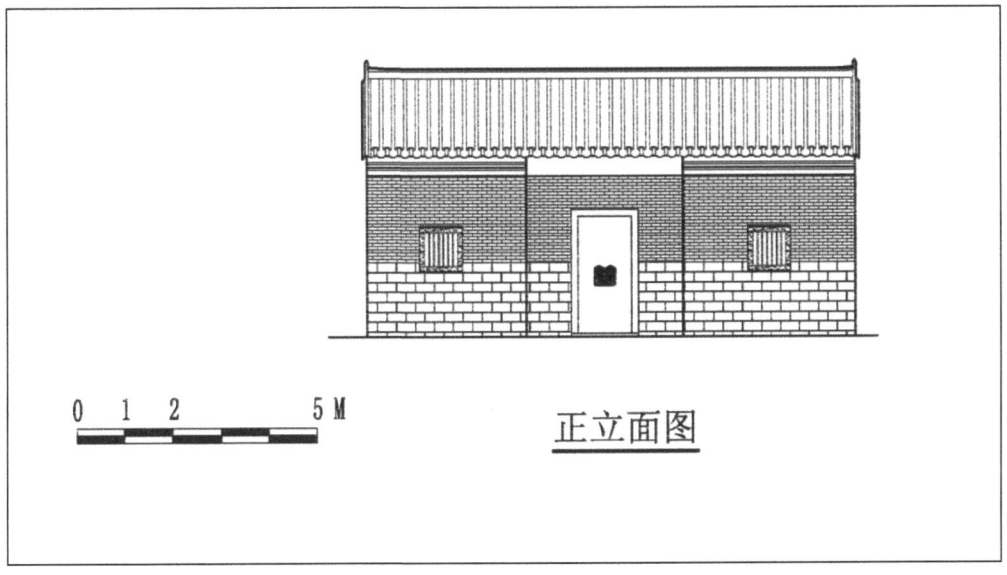

图 7-12　戴氏大屋正立面图

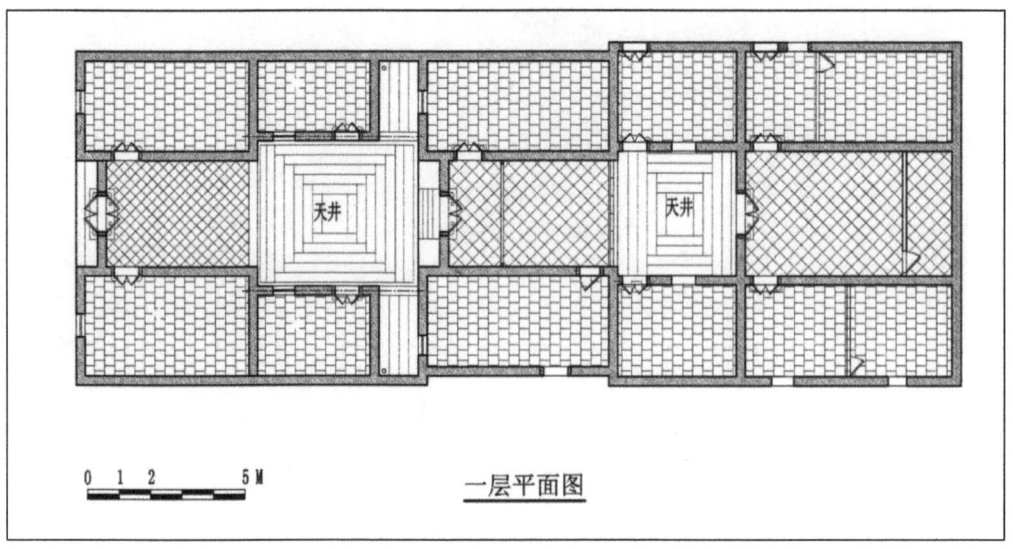

图 7-13 戴氏大屋一层平面图

第二节 大鹏所城戴氏家族历史渊源

中华姓氏戴氏有多个起源，其中最大的一支是周代宋国宋戴公的后裔。周灭商后封商纣王的庶兄微子启于宋国（今河南商丘南），第 11 代国君死后被谥为戴公，其后代以祖先的谥号为姓，姓戴。东周时期，宋戴公后裔戴云升迁居谯郡，其后代留居于此，以谯郡为郡望，戴氏谯国堂号源此。宋末，谯国堂 74 世戴杏定居于福建汀州府宁化县石壁乡杏花村，大鹏城戴氏即源于此世系。

据修于 1914 年（民国三年甲寅）的大鹏城戴氏族谱记载：戴氏始祖原居福建省汀州府宁化县石壁洞，自宋之初由杏公开基。洪武七年官府进行户籍登记，半印勘合的登记号为"兴字壹佰捌拾肆号"。及后丁口繁盛，移东迁西，有一支由福建迁居广东长乐县，后代再由长乐县西迁归善县，顺治年间迁居新安县大鹏城。至第五代戴朝祺入武职，官至千总；其子煜文亦武职，官至电白营都府，实授海口游击，戴氏门第从此光耀。

戴氏世居大鹏城东北的戴屋巷，从这里开枝散叶，迁往周边，现在大鹏和坪山多个地方的戴姓与之同族，亦有一支落籍香港。戴氏大鹏城望族，各房均为多田富户，其子孙在近现代多因读书或谋生而走出大鹏，进而有的参加革命，有的在外工作。现在大部分世居戴屋的巷戴氏族人已定居广州、港澳和欧美，戴氏祖屋已无戴家人居住。

现存族谱由移居香港的戴氏族人所藏，其序言部分抄录如下：

新安县大鹏城谯国堂世系自序，父若天，母若地，谁无思亲。木有本，水有源，孰不追远。我戴氏始祖原居福建省汀州府宁化县石壁洞，自宋之初由杏公而根始，于洪武七年辛亥岁仲秋论户部给出半印勘合兴字壹佰捌拾肆号为记。及后丁口繁盛，移东迁西应有各房亲宗族谱。吾先祖则由福建迁居广东之长乐县七都黄湖肚水寨居住，由长乐县西迁归善县双山仔。至文策公承昌公始于顺治年间迁居新安县大鹏城第。时当倥偬，族谱未有存焉。及后寻求，皆不得其真宗。今谨将私自近脉排出，源流书明各号，历代传记无忘宗支，是为序。

至族谱修撰，新安县大鹏城谯国堂世系传至11世。

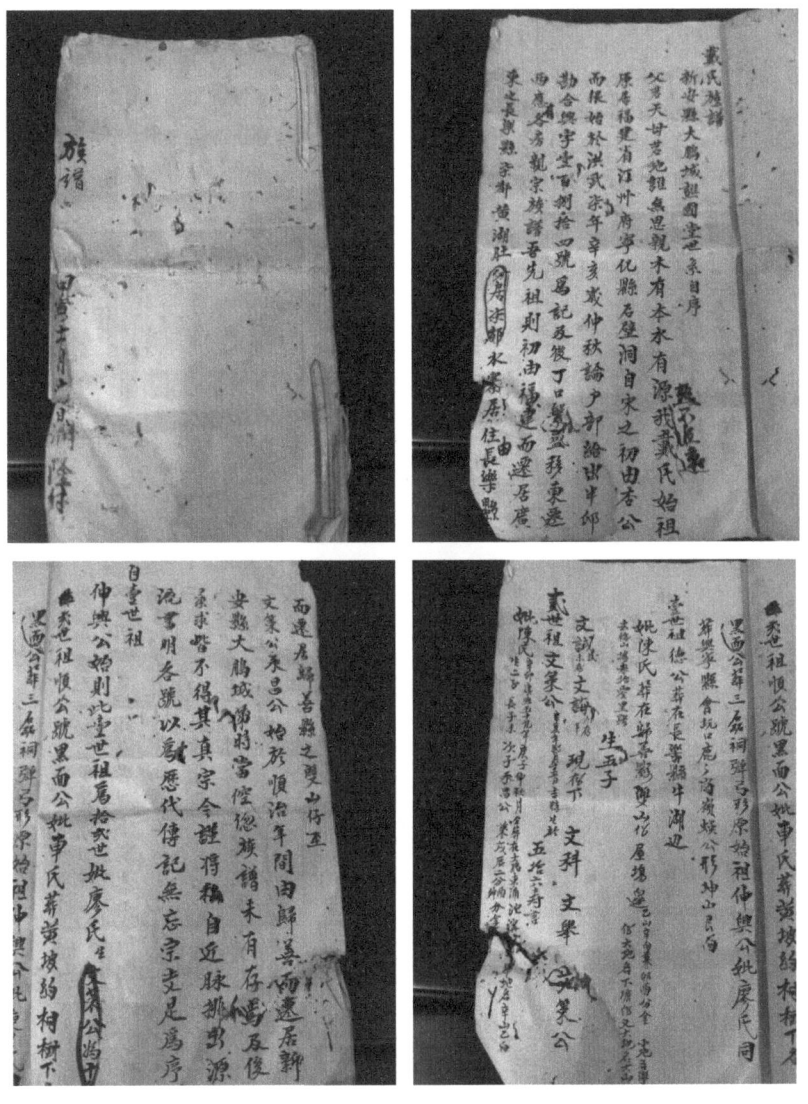

图 7-14

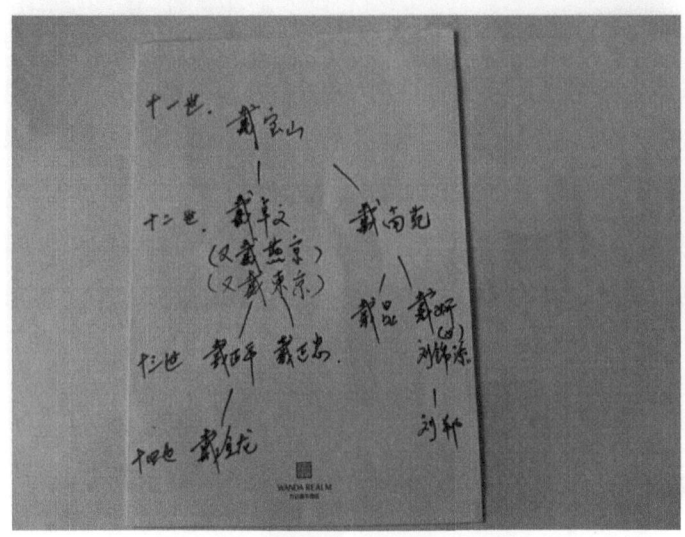

图 7-15 戴宝手写戴卓民家族脉络

第三节 戴卓民——中国工人运动的先驱

家世与生平：戴卓民（1894—1931），出生于戴屋巷，属戴氏十二代，曾用名有戴卓文、戴东京、戴燕京。父亲戴宝山，生戴卓民、戴尚苑兄弟。戴卓民早年跟随在香港谋生的父亲在香港读书，成年后做海员并做到了工头，继而成为香港"联义社"的负责人，参与创办"中华海员工业联合总会"即后来的"香港海员工会"，成为

图 7-16 戴卓民

图 7-17　罢工宣传刊物《工人之路》1926 年 1 月 9 日报道

香港知名的工人领袖。

　　戴卓民是中国工人运动的先驱，参与组织和领导了 1922 年香港海员大罢工和 1925 年省港大罢工。曾任第一、第二届全国总工会执委、香港总工会执委，1927 年全总迁往武汉后，留广州任全国总工会驻广州办事处主任。1930 年 7 月起为全国海

图 7-18　戴卓民烈士在香港、广州、宝安县从事革命活动时使用的木箱

图 7-19 戴卓民烈士在香港、广州、宝安县从事革命活动时使用的铁水桶

员总工会领导成员之一，并兼任全国总工会巡视员。1931 年 2 月化名黄季仲到青岛巡视，由于叛徒告密，于 4 月 14 日被捕，8 月 19 日在济南被国民党山东当局杀害。

戴卓民生子戴正中、戴正平，收养的烈士遗孤戴鼎（又名耀坤，本姓叶）。三兄弟都在抗战期间参加革命，戴正中、戴鼎牺牲。戴正平受伤退伍，后定居香港，其子戴春永，现居荷兰。

戴卓民长子戴正中（1917—1941），原名戴正忠，后改名"正中"，即把蒋中正的"中正"反过来，立志反蒋。戴正中于 1938 年由地下党安排奔赴延安参加八路军，堂兄弟戴辉、戴富随行。戴正中在中条山战役期间牺牲，时任八路军指导员，年仅 24 岁。与戴正平一同参加革命的戴辉（1917—1946）于 1946 年在北京郊区门头沟战斗牺牲，年仅 29 岁。

戴卓民养子戴鼎（戴耀坤 1921—1943），1941 年参加东江游击队，1943 年 2 月 18 日，因伪保长告密在梧桐山下的莲塘坳下村（今深圳仙湖植物园大门附近）被数百名分别从深圳、沙头角、大望出发的日军包围。20 多名惠阳小队的东纵战士在小队长戴鼎的带领下，经过激战，击毙日军 20 余人，掩护了民运、税站的同志撤退，戴鼎等东纵壮士全部壮烈牺牲。戴鼎牺牲时年仅 22 岁。

图 7-20 坳下村血战遗址

（一）从联义社到海员工会

1913 年，孙中山在反对袁世凯的二次革命失败后东渡日本。为了依靠中国海员传递信息、运输枪支弹药，指派海员出身的总统府侍卫赵植芝和日本"地洋丸"轮中国海员黄本、黄森、林来、雷德佳、肖权等人组织"侨海联义会"。会址设在日本横滨。年底，将"侨海联义会"改名为"联义社"。联义社成立后，组织发展很快，在日本横滨、美国旧金山等地成为国民党的一个外围组织。

1914 年，第一次世界大战爆发，欧洲各港口实行军事管制，检查极严。因此，孙中山又委派赵植芝、区玉、李拔南等人到香港，依靠当时海员工人团体组织成立"联义社"。当时海员工人团体的宗旨是开展会员间的互助互利，救济遇难船员和家属，团结海员群众，维护中国海员利益。同时，在来往太平洋及东南亚各航线的轮船也组织联义分社。这样孙中山依靠海员购运枪械及传递秘密文件等困难便迎刃而解。戴卓民先后在"皇后"轮和"总统"轮工作过，后来在一家船务公司任工头，是海员工人团体的活动家，在工人中享有极高的威望。戴卓民积极响应组织联义社的活动，同赵植芝一道成为香港联义社的主要负责人，早期工人运动的著名领袖苏兆征、林伟民、陈权等也都是该社骨干。到 1921 年 3 月，联义社和其他海员组织共同建立了"中华海员工业联合总会"即后来的海员工会。

香港联义社最初是以海员宿舍的名义在香港政府领有执照。后来该社发展壮大，成为一个社团组织，戴卓民在香港期间一直是该社的负责人。1925 年 8 月，戴

图 7-21 联义社徽章

卓民和林昌炽为联义社编辑出版了《哀悼孙先生专号》。这是一本孙中山先生刚刚逝世几个月后的第一本哀悼专号，基本介绍了孙中山先生死后的各界动况及哀悼情况。但由于发行不多，经过近百年的时间磨蚀，至今已经非常罕见，在收藏方面有非凡价值。

戴卓民家境富裕，做工头时收入颇丰，领导联义社也需要出入上流社会，因而在香港有洋楼、汽车，家里有工人。1927年四一二政变后毅然舍弃一切，赴内地秘密领导工人运动，直至在山东被捕牺牲。

《哀悼孙先生专号》相关信息：

书名：《哀悼孙先生专号》

出版时间：中华民国十四年八月出版

编辑者：联义社员戴卓民、林昌炽

出版处：联义社广州厂后街联义海外交通部

印刷者：粤东编译印务公司

经理人：苏坤

目录：

孙中山先生事略

中山先生最早的政治革命论

中山先生患病之经过及弥留时之景象

中山先生仙游后的情形

国民纪念先生之伟举

中外唁电及重要宣言

全国各界追悼先生盛况

京津方面

沪海方面

粤垣方面

各省追悼详情

孙先生移灵大典纪

本社哀悼详情

海外华侨追悼详志

被压迫人们的呼声

自由论坛

友邦舆论

本社论坛

哀感录

挽联（本社同人哀挽）

悲歌

（二）参与领导香港海员大罢工

1922年1月12日，香港海员要求增加工资，遭到英国资本家拒绝后，就在海员工人的工会组织——中华海员工业联合总会的苏兆征、林伟民等领导下，开始举行大罢工。戴卓民作为香港联义社的负责人和中华海员工业联合总会的骨干，参与领导了这次大罢工。到1月底，包括运输工人在内，罢工人数增至两三万人。香港英国当局对工人罢工极为恐慌，2月1日，以武力封闭了中华海员工业联合总会和运输工会，并逮捕罢工领袖。工人群众联合起来，组成纠察队，奋起反抗。在广州

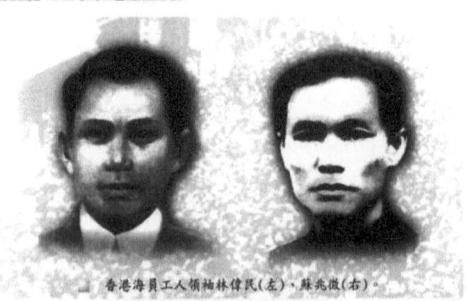

图 7-22　海员工会合影 1922 年 3 月

附近农民的支援下，封锁香港，断绝交通。从 2 月 27 日起，香港各工会陆续开始罢工，到 3 月初，罢工人数激增到 10 万以上，其中包括邮局和银行职员、仆役、厨役、轿夫等。罢工浪潮席卷了整个香港。

3 月 4 日，数千名罢工工人徒步经沙田返回广州，港英军警竟向工人开枪扫射，打死 6 人，打伤工人一批，造成震惊中外的沙田惨案。沙田惨案激起广大工人和各阶层群众的强烈义愤，纷纷提出强烈抗议。港英当局和轮船资本家迫于形势，遂不得不向工人屈服，答应了海员工人的基本要求：分别增加工资；实行新的雇用船员办法，以减少工头的中间盘剥；抚恤"沙田惨案"死者家属，赔偿伤者医药费；恢复被取缔的工会，释放被捕工人等。3 月 8 日，历时 56 天的香港海员大罢工宣告胜利结束。

(三) 参与领导省港大罢工

1922年5月1日至6日，在广州召开第一次全国劳动大会，决定筹备成立中华全国总工会。1925年5月1日至7日，在广州召开第二次全国劳动大会，中华全国总工会宣告正式成立。选出全总第二届执委会委员25名，林伟民当选委员长，刘少奇、邓培、郑绎民当选副委员长，邓中夏任中共全总党团书记，戴卓民任执委和秘书部负责人。

1925年5月30日，英国巡捕在上海枪杀我国同胞，制造了震惊全国的"五卅惨案"，反帝的怒潮席卷了整个中国。作为革命力量的中心，国共两党在广东迅速作出了反应。共产党人邓中夏和杨匏安等5人组成领导香港工人大罢工的核心，赴港发动工人大罢工。他们当时就住在戴卓民家中。其中杨匏安以革命政府财政部部长兼国民党中央工人部部长廖仲恺代表的身份秘密领导罢工。邓中夏（中华全国总工会总书记）及苏兆征（香港海员工会）等人以中国国民党员身份组织，以全国总工会名义，召集香港各工会联席会议，成立全港工团联合会，决议罢工。

6月19日起，各个由全港工团联合会指挥的工会，包括：电车、印刷、船务等首先响应，三日内即有二万人离开岗位，返回广州。各学校学生亦同时罢课。在广州，沙面英租界的华工亦于6月21日起响应，拒向英商及领事馆提供服务。当时的

图7-23 邓中夏《中国职工运动简史》

图 7-24 杨匏安（1896—1931），广东香山（今珠海市）人，是我国最早宣传马克思主义的"南杨北李（大钊）"中的"杨"；他作为中共早期党员之一，为国共合作作出了突出贡献；他是中共五大设立的中央监察委员会副主席，周恩来称赞他"为官清廉，一丝不苟，堪称楷模"。他身居高位时两袖清风，身处逆境时又贫贱不移，树立了良好的家风。

广州国民政府处于联俄容共时期，在国民党及共产党以国民党名义组织下，广东各界巡行大示威，赴会者包括省港澳各团体，省内国立市公私立等大小男女学校、商界各团体、农民团体及黄埔学生军、粤军、湘军、警卫军等，人数十万余众。

在以杨匏安为代表的国共革命人士的积极推动下，省港大罢工历时1年零4个月，成为世界工人运动史上规模最大、坚持时间最长、影响最深远的一次罢工，沉重打击了帝国主义。

香港政府对事件最初持强硬态度，认为广州政府受俄国共党资助，要求伦敦派遣海军封锁华南各港口；并且试图煽动反对广州政府的地方军事力量进攻广州。不过英廷指示港府必须保持克制。至1925年年底，对峙开始出现缓和现象。

至1926年初，国民政府内部出现微妙变化。廖仲恺先于1925年8月底被暗杀。而省港罢工委员会于1926年3月初因中山舰事件而被蒋介石缴械。4月初以后，国民政府开始北伐，注意力有所转移，大罢工逐渐松懈。至9月18日，国民政府宣布将于10月10日解除对香港封锁。10月10日，罢工委员会解散，持续16月之久的省港大罢工正式宣告结束。

图 7-25　油画：省港大罢工

图 7-26　省港大罢工

图7-27 董建华、罗欧峰在《为保卫香港而捐躯之东江纵队港九独立大队阵亡战士名单及《军属及群众骨干》烈士名单安放现场

在省港大罢工期间，5人领导核心就住在戴卓民家中。当时港英当局在经受省港大罢工的打击后，草木皆兵。凡是华人三五聚谈的，皆被以为"煽动罢工"，或以"不法行为罪"拘押。杨鲍安等人常在戴家出入，引起了英警的注意和监视，7月1日下午香港政府派差搜查戴宅，并设伏将杨鲍安和戴卓民拘捕。杨鲍安领导工人罢工一事一直处于严格保密状态，港英当局无法对其定罪，50天后释放。戴卓民则被判监禁6个月，在1926年1月8日释放抵达广州，受到社会各界隆重热烈的欢迎。第二天，省港罢工委员会机关报《工人之路》专门为戴卓民获释发布了《戴卓民君昨晚抵省》的特别报道。

后来任珠江纵队司令员的林锵云当时正积极参加工会活动。1925年参加了联义社，参加了省港大罢工的酝酿工作。并在"联义社海外交通部"（香港海员早期的革命组织）联络下参加了海员公益社，联系海员工人参加或支持革命斗争。罢工爆发后，他在戴卓文的领导下搞宣传工作，上街贴标语、散发传单、演讲等，积极组织洋务工人参加省港大罢工。

（四）工人运动先驱

戴卓民1925年5月被推选为首届全国总工会执委，1926年4月香港总工会成立时，与苏兆征、陈权三人被选为执委，同年5月被选为第二届全国总工会执委、

图 7-28 黄季仲

秘书部主任。1927年2月全国总工会迁武汉后,任驻广州办事处主任。1927年蒋介石发动四一二政变、国共分裂时,戴卓民是与毛泽东、周恩来等中共领导人一起被列入"清党"189人名单的中共要员之一。1930年7月全国海员总工会从香港迁上海,他是全国海员总工会领导成员之一,并兼任全国总工会巡视员。1931年2月化名黄季仲到青岛巡视。为发展山东青岛的工人运动,他一面深入纱厂、铁厂工人群众中指导赤色工会小组活动,发展赤色工会组织;一面与中共山东省委领导机关商讨、研究,理顺了省市工人联合会与省、市委及各方面的工作关系,设立了办事机构,并主持举办山东工联和青岛工联职工运动训练班,使初创中的工联工作获得稳固与发展。由于叛徒告密,1931年4月14日戴卓民在住地益都路133号被捕。在反动当局酷刑面前,大义凛然。8月19日,在济南被国民党山东当局杀害。由于戴卓民同志坚贞不屈,即使敌人最后枪杀他时连他的真名都得不到,以至于我党多了一个黄季仲的烈士,而戴卓民却失踪了,直至1990年1月13日,经广州市公安局鉴定,戴卓民与黄季仲为同一人。

第四节 戴机——为党的事业鞠躬尽瘁

家世与生平:戴机(1921—1993),原名戴焕枢,字子基,出生于戴屋巷,属戴氏十一代。父亲生三男二女,长子戴金成,次子戴焕彬,三子戴焕枢,长女戴有妹,次女戴就。戴机少年时代随在香港谋生的二哥戴焕彬在香港读书,学过无线电专业。

图 7-29

戴机 1938 年 10 月加入中国共产党，并加入曾生领导游击队（当时称称"惠宝人民抗日游击总队"，1939 年 5 月改为"第三战区第四游击纵队新编大队"）。1939 年秋参加新编大队的电台组建立电台，1942 年 2 月任广东人民抗日游击总队电台台长，东纵成立后任司令部电台总台长，一直致力于东纵通信力量的发展壮大。抗战胜利后的 1946 年 4 月任军调处第八执行小组通信官，参加东纵北撤谈判，后随东纵

图 7-30 戴机年轻时照片

北撤山东解放区。1947年8月，在华东军政大学结业后，任山东军区渤海军区第三军分区通信科科长。1949年11月，任中南军区气象处通信科科长。

戴机1954年11月转业地方，历任广州市电信局局长，广州市建设局局长，广州市城市规划委员会副主任，中共广州市顾问委员会委员，广州市花园酒店董事长等职。1993年5月在广州病逝。在任广州市建设局局长时，在时任市长的曾生领导下具体实施了曾生任内8大建设项目。在广州规划委工作时适逢改革开放初期，参与了广州大北立交、广州花园酒店等三大酒店等的项目建设。这些项目不仅是广州的地标，而且是广东乃至全国改革开放、开拓创新的历史见证。

戴机在14岁按传统在戴屋巷娶大自己4岁的黄娣妹为妻，婚后无子女。1948年在跟随部队驻武汉时与部队报务员郑韵平相爱结婚。1951年新中国严格推行一夫一妻婚姻制度，戴机与黄娣妹离婚。黄娣妹离婚后未再嫁，戴机按月给她邮寄生活费，直至"文革"。黄娣妹2018年离世，享年101岁。夫人郑韵平曾在广东省邮电管理局任处级职务，后在邮电报任编辑，2003年离世。戴机1993年在广州因病逝世，享年72岁，时任花园酒店董事长。

戴机与夫人郑韵平育有二男二女，长子戴鹰（1953年生），长女戴懿（1955年生），次女戴红（1961年生），次子戴宝。戴鹰出生于武汉，毕业于广州暨南大学新闻系专业，曾留校助教，后在澳门新华社、澳门电视台等地工作并定居澳门。其余三个子女均出生于广州，并在广州工作至退休，现均在广州居住。

（一）东纵电台创始人

1938年，戴机经妻兄黄闻介绍加入中国共产党并参加曾生领导的东江抗日游击队。戴机在他的回忆文章《我在东江纵队电台工作的经历》中写道："三十年代的短波无线电通信是一种新兴事业，学这种专业的人并不多，这种人工资待遇很高，比一般工人高三倍到十倍，若不是共产党党员，一般人不会到游击队工作。"

1939年秋，曾生因惠宝人民抗日游击总队孤悬敌后，远离党中央，为了及时得到延安的指示，通过香港"八办"买来一部电台，命令戴机、王彦芝等人筹建电台。电台设在坪山谷仓下村，但是因为种种技术问题，电台始终没能开通。

1940年春游击队被迫东移，这部电台交由高潭地下党隐藏起来，部分人员派到"香港八办"担任报务员并进一步学习，部分人员疏散，戴机随军。1940年8月东移严重受挫的游击队奉命返回惠东宝地区，戴机被派往香港"八办"负责基要电台。东

图 7-31　刘澄清 1919—2018

移结束后,游击队原曾生、王作尧两部统一改名"广东人民抗日游击总队",梁鸿钧任司令,林平任政委。

1941年12月8日,日军进攻香港,八路军驻粤港办事处人员及电台紧急撤离香港,而香港大营救工作又急需电台联络,被游击队从香港营救出的南委副书记张文彬,率香港"八办"电台基要人员康一民、刘澄清等撤退到东江游击区,戴机、江群好等人也相继来到东江游击区电台工作。电台工作由张文彬领导。

不久,电台器材零件亦先后经秘密交通从香港运到。大家在环境极其困难,器材又很缺乏的情况下,紧张地装配基器。用烧火钳钳着铜线当烙铁,用买来的锡茶壶当焊锡,上山刮松香做焊油,用打仗缴获的零碎接线作导线。这样装装拆拆,反复多次,昼夜苦干。1942年春,东江游击队的第一部土洋结合的电台终于在戴机等人的手上诞生了,并开始收听和呼叫延安党中央电台。

1942年1月下旬的一个晚上,在甘坑的一个山沟里,手摇基发出"呜呜呜"的响声,熟悉延安总部电台工作特点的刘澄清戴上耳机,按动电键,用原香港秘密电台的呼号、频率、时间尝试向延安呼叫:"延安,延安,我是东江!"几天过去,终于听到来自延安的声音:"东江,我是延安!东江,我是延安!"成功联络上延安的东江电波,让游击区一片欢腾。

1942年2月1日,张文彬、林平、梁鸿钧召集刘澄清和戴机等几个人开会,由张文彬直布成立电台,刘澄清为基要科长,负责译电和兼做电台工作,戴机为台长。所以这一天被定为东纵电台诞生的日子,戴机作为东纵电台的创始人被永载史册。

图 7-32 大家团结报社旧址纪念馆里的东纵电台仿制品

戴机:《我在东江纵队电台工作的经历》(摘录)

再次建立电台:1942 年 3 月,国民党军两个师进入宝安,企图消灭我们游击队,游击队作大运动转移,张文彬因要去粤北省委,当即把电台交林平直接管理。在战斗频繁、敌强我弱的环境下,电台跟着部队是无法工作的,于是把笨重的多余的器材分散掩蔽。刘澄清则去香港新界勘探能安放电台的地方。新界是我们港九大队的活动地区,香港日军顾不上,国民党顽军又不敢去,如果保密工作做得好,就可以有个安定的工作环境。

1942 年 4 月,我们搬到新界乌蛟腾附近山顶上的石水涧村,这条小村实际只有一户人家,很荫蔽,外人很少知道这个地方,环境比较理想。电台抄收来的电报和新闻稿由交通员送给林平同志,上级有电报发也由他们带来。港九大队的同志在外围加强警戒,保障电台的安全。在这样比较安全的环境里,电台的工作比较正常。这时杜襟南调来电台当政委,他主要的任务还是接替刘澄清的译电工作。

同年夏天,粤北省委出了叛徒,廖承志、张文彬被捕,南委等地方组织亦受到破坏。至此,抗战初期我党在南方建立的 6 个电台不是被破坏就是停止了工作,而能够和延安保持联络的,就剩下我们东江游击队这个电台了。

我们电台工作的重要性在这时是可想而知的,既要负责和延安联络,又要抄收

图 7-33　杜襟南 1916—2012

新华社的电讯,还要代中央留在香港的工作部门转报,所以林平十分重视电台的安全。

1942年冬天,林平和广东省委的负责人来新界开会,因要靠近电台,以便取得中央指示,就在石水涧山下的九担祖村住下。为着保密,他们都不上山,消息只由交通员来往传递。临近春节期间,接到日军要对新界进行扫荡的情报,林平带同省委开会的同志,要我和刘澄清、江群好以及摇基员共5个人,带上轻装的电台随着行动,继续开会。电台其他人员分散在新界掩蔽,多余的器材埋藏在山上。

我们在宝安坪山一带频繁地转移了三四个月,上半夜行军,下半夜工作,白天休息,基本和延安保持不间断的联络。至1943年3月,环境好转,我们的武装力量逐步壮大,留在新界那边的电台人员亦全部回来。

电台进入发展时期:1943年夏天,省委领导同志连贯、饶彰风、谭天度等以及我们电台迁去比较安全的后方大鹏半岛。选定在鹅公角山上的只有三家人的小村大山田落脚。自从省委会议以后,东江游击队有了较大的发展,除了各县的地方大队之外,还建立了主力部队和海上大队。珠江、向路、粤中的武装也有相应的发展。因此电台的发展工作亦提到议事日程。电台除了联络之外,另设一部收报基专门抄收新闻。《前进报》亦在靠近我们的地方出版。

1944年春节过后,正式开办第一期报务训练班。跟着电台又和省委一起搬到山下西涌的西贡村,由原任粤北省委秘书长的陈志华担任电台政委,杜襟南任基要科长。

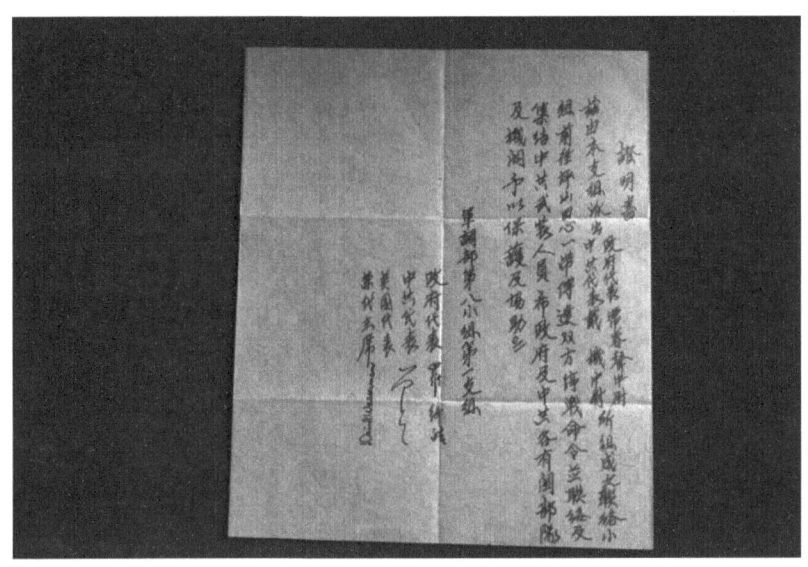

图 7-34 戴机前往坪山田心协调证明书

1944年夏天,东江纵队日益发展壮大,省委从大鹏半岛搬到土洋,我们电台亦随行。后因土洋联络情况不甚理想,电台单独搬回大鹏半岛的油草棚。

电台增加到六七十人。电台处于发展时期,除了举办两期训练班外,还派出伦永谦、吴文辉、余绿波、李子芬去珠江纵队建立电台,派出何子良去南路解放军建立电台。

协助美军建立电台:1944年夏天,一位叫欧戴义的美国人找东江纵队联系,商讨合作抗日。司令部马上通过电台请示中央,中央批复可以和美方来人联系。欧戴义前来的目的是想和我们合作,收集日军在香港和广州的情报,以供美军飞机轰炸之用。

东纵为此成立了包括欧戴义在内的一个小组,由黄作梅负责,配备了几个翻译人员,后来东纵司令部又成立一个有几十人参加的联络处,由袁庚负责,专门负责供给十四航空队有关日军的情报。这一合作直到日军投降以后,美国人才撤走。在合作期间双方关系是好的,美国方面多次表示,我们提供的情报很准确,加上东纵部队在这期间救过几批美国飞行员,都是经过欧转送回后方,美国人为此给了我们几部电台。

电台的全盛时期:1944年日军占领惠州,国民党军队退到东江河以北,东江南岸大片地区成为解放区。我们电台从大鹏半岛撤出,住在龙岗附近的付坑一带,随着部队的发展先后派出两个电台随队北上。其中一个由丘海生负责,另一个由王强

图 7-35 油草棚叶氏宗祠东侧土地庙

图 7-36 油草棚叶氏宗祠

图 7-37　油草棚叶氏宗祠内景

负责。为了跟上形势的发展,我们又着手筹备开办第三期报务训练班。1945 年春天,东纵司令部进驻罗浮山,我们留下由张婉玲负责的一部电台交给江南指挥部,其余的全部人员随司令部渡过东江河到达罗浮山,司令部住在冲虚观。这一时期可谓东江纵队的全盛时期,也是电台工作的大发展时期。司令部设立了 4 个总台:一个是对延安的电台,由我负责,跟司令部住在冲虚观。第三期报务训练班约 20 人参加学习。日本投降后,第四期训练班亦开办,有四五十人受训。这个时候可谓东纵电台发展史的全盛时期。它不但负责东江纵队本身无线电通信工作,还担负在广东区党委领导下各个武装部队,诸如珠江纵队、韩江纵队、南路解放军、粤中部队电台的建立以至琼崖纵队电台的重建的重任。

《通信兵颂》

作词:戴机　作曲:韩继元

北斗星灿耀,豆油灯闪照,这夜的光芒啊,伴着我们到明朝,呜……的的的答,的的的答 V 的讯号在天空中交流,广阔的永恒的缭绕,笔在纸上伸展,手在电键

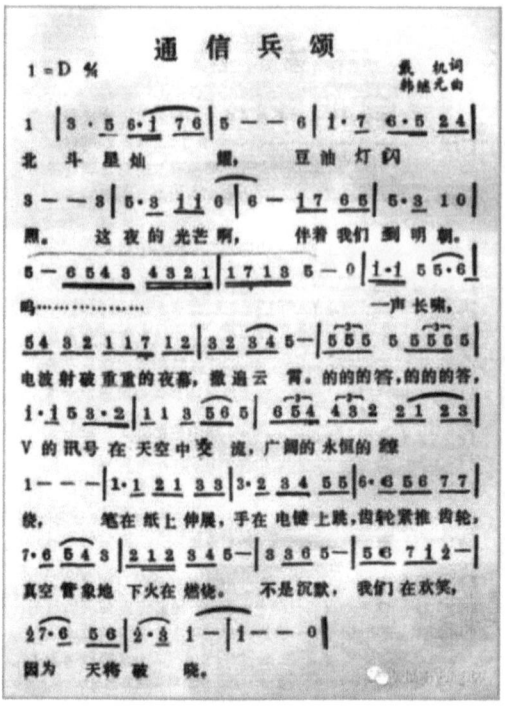

图 7-38

上跳,齿轮紧推齿轮,真空管象地下火在燃烧!不是沉默,我们在欢笑,因为天将破晓……

(二)完成了历史使命

1946年4月,东纵领导同志去广州军调部第八小组和国民党广东当局谈判北撤协议,要我和机要员林立随行。广州谈判取得协议后,东江纵队集中在沙鱼涌,随部队北撤的共有7部电台的人员和机器,北撤山东后编入两广纵队。其余留在南方的电台和工作人员,后来分布在广东各个部队,如粤赣湘边纵队、闽粤赣边纵队等,为解放广东作出了贡献。

东江纵队的电台建立从无到有,从小到大,走过几年的艰苦历程,完成了历史给予的使命。

(三)改革开放再立新功,为广州市建设做出重要贡献

20世纪60年代,曾生时任广东省副省长、广州市市长,戴机任广州市建设局副局长、局长。曾生任广州市市长时完成了8件大事:水上居民迁陆和改造木屋区、

爱群大厦的扩建与广州宾馆的兴建、珠江两岸的整顿改造、道路交通设施的整治改造和建设、园林绿化建设、白云国际机场扩建、新火车站建设、广州电视塔与人防九号工程等建设等。作为曾生得心应手的老部下，戴机呕心沥血，为这些项目的完成做出了重要贡献，树立起一座座丰碑。曾生在《我当广州市长的时候》这篇回忆文章中，这位老领导多次提到过戴机，流露出对他能力和人品的肯定。

曾生在《我当广州市长的时候》有这样一段记述：

当时搞城市建设还缺乏经验，人才更为宝贵，在坚持自力更生的原则下，一切重大建设项目的设计只能依靠自己来解决。但是，在当时以"阶级斗争为纲"的时期用人讲政治，对一些出身成分不好或被怀疑有这样那样问题而又有真才实学的知识分子，敢不敢用，这是一个重要问题。如市建设局对建筑结构力学方面很有经验的工程师郑昭，桥梁建筑专家、工程师陈伯臻，他们都是1936年中山大学土木工程系的毕业生，但在"左"的错误思潮影响下，不敢重用他们。我经过反复研究后，认为他们有真才实学，一贯从事建筑技术工作，表现不错，便大胆起用他们。新爱群和广州宾馆等高层建筑工程，最初我是提心吊胆的，我对建设局局长戴机说：最怕是基础结构不牢固，建好后经不起强台风的袭击而塌了下来。如果是这样，我这个市长你这个局长都得坐牢。戴机说不用怕，郑昭是很有经验的工程师，他计算过签了字的工程，你可以放心。党的十一届三中全会后，给郑昭、陈伯臻落实了政策，提为三级工程师。广州许多大的建设项目，如白天鹅宾馆等郑昭都参加了工程结构的设计（郑昭于1983年去世）；陈伯臻除了参加当时建造从化神岗大桥和大北立体交叉、沙河立体交叉等建设项目的设计、施工之外，后来广州地区许多桥梁建设都有他参加研究设计，对桥梁建设作出了贡献。珠江第三桥的建筑方案，就是在陈伯臻生前设计方案基础上修改而成的（他已于1982年去世了）。

对于大胆使用郑昭、陈伯臻等一批高级工程技术人员方面，还应归功于叶帅。这些曾一度被清理回乡的工程师，是叶剑英元帅听了我们汇报之后，用他的名义叫林西同志去找回来参加工程设计的。并说："如果有人说什么，就说是我同意的。"这样就给我们一个有力的支持，使一批建设人才不致被埋没，解决了最宝贵的人才问题。

通过这段记述，戴机对广州市建设的贡献可见一斑。

全程参与了三大酒店建设。20世纪80年代，戴机出任广州市城市规划委员会副主任。这期间，广州建成了三座五星级酒店：白天鹅宾馆(1983.2.6)、中国大酒店

(1984)、花园酒店(1985.8.28)，这三间同期诞生的酒店，也是广州的标志性建筑，通称三大酒店。作为中国第一批中外合作、合资的五星级酒店，三大酒店是在邓小平直接倡导下建成的，邓小平直接的关注与关怀中成长起来的。它们在中国的改革开放进程中作为"国内五星级酒店的样板工程"，对冲破僵化的计划经济思维，开社会风气之先扮演了举足轻重的角色。现在三家酒店已先后收归国有，这是中国改革开放的伟大成就，更是广州改革开放的重大成果。戴机作为广州市规划建设主管部门的负责人，全程参与了三大酒店的合作谈判、选址、规划、设计和建设，为之倾注了大量心血。尤其是建设花园酒店，他参加了由副市长林西为组长的中方五人小组，参与了酒店投资合作谈判，并一直跟踪到建成开业。

（四）鞠躬尽瘁

花园酒店于1984年10月部分开业，1985年8月28日全面开业。它的建筑面积达17万多平方米，拥有客房、公寓和写字楼共2000多间，是当时全国最大的酒店。戴机是广州花园酒店的第二任董事长。

图7-39　戴机（右一）在白天鹅酒店。左二是朱玲玲，1977年香港小姐总冠军，当时是霍英东先生的长子霍震霆的夫人，白天鹅酒店建设的港方负责人之一

花园酒店在当时是影响最大的酒店,在开工建设前,时任国家主席的杨尚昆就亲自守在这里,并主持酒店开工奠基。花园酒店是由港方股东与广州市政府各占50%的股份兴建的。1984年2月2日邓小平第一次南巡经过广州,此时,花园酒店即将竣工开业,也正值中、英就香港回归祖国谈判的关键时刻,港澳商界人心浮动。在得悉花园酒店即将竣工开业的消息后,从不轻易题字的邓小平欣然提笔,写下了"花园酒店"四个大字。不少历史学家认为,邓小平为花园酒店题字,对广东改革开放渐入佳境表示了肯定,同时也稳定了外商在中国投资的信心。这足见花园酒店在改革开放初期的分量。

花园酒店的第一任董事长由时任广州市副市长的赖竹岩兼任,1989年赖竹岩改任广州市人大常委会主任,同时董事长由戴机接任。戴机上任后因适逢特殊时期,国际往来骤减,以外宾为主要客源的花园酒店面临严峻形势。在他的领导和支持下,酒店合作经营方锐意进取,积极开发国内市场,并成为国内首家走向境外进行广告宣传的酒店,声誉大振,效益连年大幅增长。1990年被国家旅游局评为五星级酒店,1992—1993年在500家全国最大服务企业评比中位居榜首,是广东省唯一获此殊荣的企业。作为党总支书记的戴机重视酒店的党建工作,党总支勇挑重担,积极处理棘手问题,关心员工,鼓励党员带头努力工作,为这家中外合作企业注入新风和活力。1992年,酒店管理方利园管理公司派驻的总经理美籍华人袁伟明对党总支对他们的支持大为赞赏,特意赠送了一面"党的支持,如鱼得水"锦旗和一面"良师益友"的铜匾。

1993年5月,戴机因病在广州逝世,享年72岁。逝世前一直在工作岗位上,可谓为了党和国家鞠躬尽瘁,死而后已。

图 7-40 戴机旧物

第八章　大鹏所城中英海界碑研究

1898年，英国政府拓展香港界址，中英签订《展拓香港界址专条》。条约规定，中国政府将大鹏湾、深圳湾两海域租给英国。

2007年6月5日，笔者与深圳市文物考古鉴定所的张一兵研究员在大鹏半岛南部海岸一个被称之为大鹿湾的海边发现了一块中英大鹏湾海域界石。之后我们又在香港知名学者萧国健的帮助下在大屿山西海岸找到了两块界碑，这两块界碑分别被称为屿北界石与屿南界石。迄今为止，我们共找到三块中英海域界碑。

第一节　深圳西涌大鹿湾界石

一、界石的发现

2007年6月5日，根据有关线索，笔者与深圳市文物考古鉴定所张一兵研究员在南澳街道西涌社区居委的协助下，从西涌海滩乘快艇出发，沿着海岸线西行。经过近20分钟水路，我们到达大鹿湾。这是一个狭小的海湾，经过一小段岩石的攀爬，我们见到了这块石碑。石碑由花岗岩打制而成，呈长方形，边长为65厘米，高46厘米。顶部中间稍高，向四周收分，置有榫口，榫口亦呈方形，边长为19厘米。石碑上部应当还有构件，因为碑的榫口内还残留上部构件的残件。在石碑旁边，我们还发现了一块石碑底座的残块，残存约一半，底座上有用于固定石碑座的水泥痕迹。奇怪的是碑的底座两头的厚度不一。根据当地百姓的说法，碑确实还有一个构件在半山腰。于是，我们继续往上爬，在十来米高的地方我们发现了一方身尖头石构件，底部还有榫子，榫子有缺损，缺损部分与下面的碑座榫口上残留的残块吻合。

图 8-1 大鹿湾

图 8-2 发现石碑残件

第八章　大鹏所城中英海界碑研究

图 8-3　碑身

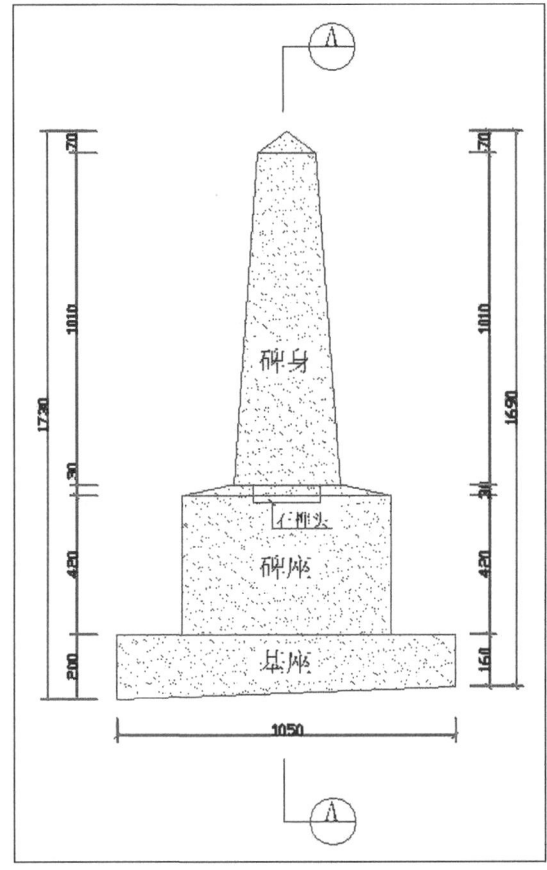

图 8-4　界碑结构示意图

毫无疑问，与它下面的碑座碑身基座是一套的。这是一个三件套的石碑。

二、碑文释文及译文

碑的三个构件只有碑座刻有文字。其中一面为中文，直书阴刻；两面为英文，横书阴刻；一面空白。经辩析，碑文内容如下：

（一）中文碑文

此界石安竖在美士湾之东岸地嘴，高出潮涨处□丈□尺，免漫溃也。即东经线壹佰壹拾肆度叁拾分，自此界石正南潮涨处起点，正向南至与北纬线贰拾贰度九分会合处，向北沿美士湾一带海岸。

大英一仟九佰二年，管带霸林保兵舰水师总兵官力，会同本舰员弁等，勘明界址共立此石界。

（二）英文碑文释文之一

1902 THIS STONE IS IN LONGITUDE 114°30'0" E FIXED BY LIEUT AND

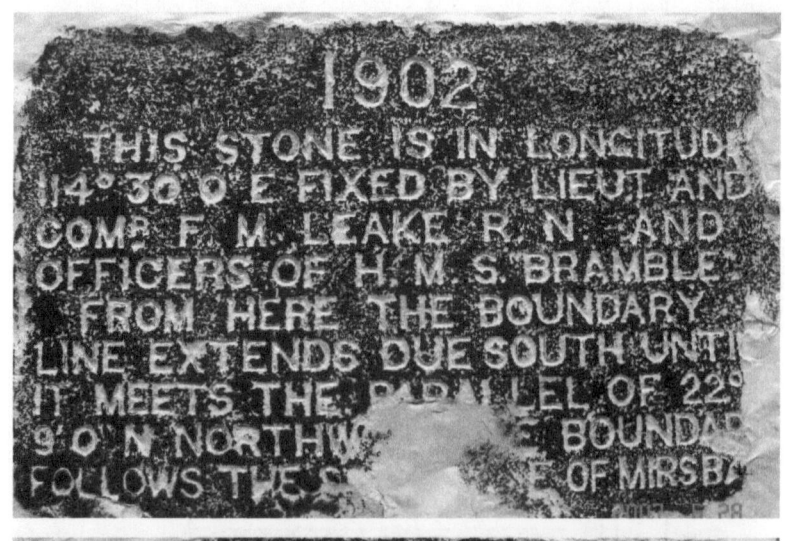

图 8-5 英文碑文

COMR F.M. LEAKE R. N AND OFFICERS OF H.M.S. BRAMBLE[①]。FROM HERE THE BOUNDARY LINE EXTENDS DUE SOUTH UNTIL IT MEETS THE PARALLEL OF 22° 9' 0" N. NORTHWARD THE BOUNDARY FOLLOWS THE SOUTH SHORE OF MIRS BAY.

（三）英文碑文释文之二

THIS STONE IS PLACED 450 FEET ABOVE H.W.MARK FOR THE PURPOSE OF PROTECTING IT FROM POSSIBLE INROADS OF THE SEA[②]。

第二节　香港大屿山"屿北界碑"

一、寻找界石

2007 年 7 月 6 日，笔者与张一兵研究员、深圳电视台"第一现场"栏目记者翟

图 8-6　屿北界碑

---

① 译文：此界石位于东经 114° 30' 0"，由英国舰队霸林保号上尉指挥官 F.M、LEAKER.N. 及全体官弁。国境线由此界石向正南延伸一直到与北纬 22° 9' 0" 平行线会合处向北沿着美士湾南岸一带海域。
② 译文：此界石位于高出海平面 450 英尺的山上，目的是防止海水对界碑可能造成的侵蚀。

一晶，与香港著名地方史专家萧国健先生在香港大屿山东涌地铁站会合，前往大澳寻找"屿北界碑"。穿过大澳海干货街与香港著名的"棚屋"，我们远远地就看到了山上的界碑。界碑所处的山是一座坟山。沿着石阶走到山顶，我们见到了这块石碑。石碑完整地静静地矗立着，遥望对海的深圳南头半岛。碑座北面临海向着深圳南头半岛的是中文碑文，南面与东面则是英文。我们对石碑的文字进行了拓打。因为是台风天气，制作拓片难度相当大，也影响了拓片的质量。

二、碑文释文

（一）中文碑文

此界石安竖在大屿山北方，即东经线壹佰壹拾叁度伍拾贰分，自此界石正北潮

图 8-7　中文碑文

图 8-8　英文碑文

涨处起点，沿大屿山西便一带海岸向北直至南头陆地南角尽处之平线。

大英一仟九佰二年，管带霸林保兵舰水师总兵官力，会同本舰员弁等，勘明界址共立此界石。

（二）英文碑文释文之一

1902 THIS STONE IS IN LONGITUDE 113°52′0″ E FIXED BY LIEUT AND COMR F. M. LEAKE R. N. AND OFFICERS OF H.M.S. BRAMBLE。

FROM HERE THE BOUNDARY LINE EXTENDS DUE NORTH UNTIL IT MEETS THE PARALLEL OF THE SOUTHERN EXTREMITY OF THE NAM –TAU PENINSULA。SOUTHWARD THE BOUNDARY FOLLOWS THE WESTERN SHORE OF LANTAO ISLAND[①]。

（三）英文碑文释文之二

THIS STONE IS PLACED 380 FEET ABOVE H. W. MARK FOR THE PURPOSE OF PROTECTING IT FROM POSSIBLE INROADS OF THE SEA[②]。

第三节　香港大屿山"屿南界石"

一、寻找界石

从大澳的屿北界碑下来，我们前往大屿山郊野公园内寻找屿南界石。从郊野公园入口步行约两个小时后，我们找到了"屿南界石"。

二、碑文释文

（一）中文碑文释文

此界石安竖在大屿山南方。即东经线壹佰壹拾叁度伍拾弍分，自此界石正南潮涨处起点，沿大屿山西便向南直至北纬线弍拾弍度九分。

---

① 译文：1902年。此界石位于东经114°52′0″，由英国舰队霸林保号上尉军指挥官F.M.LEAKER.N.及全体官弁立。国境线为从此界石正向北，直至与南头半岛南端的平行线相交，往南沿着大屿山西部海岸。
② 同注②，高度则为380英尺。

图 8-9　屿南界碑

图 8-10　中文碑文

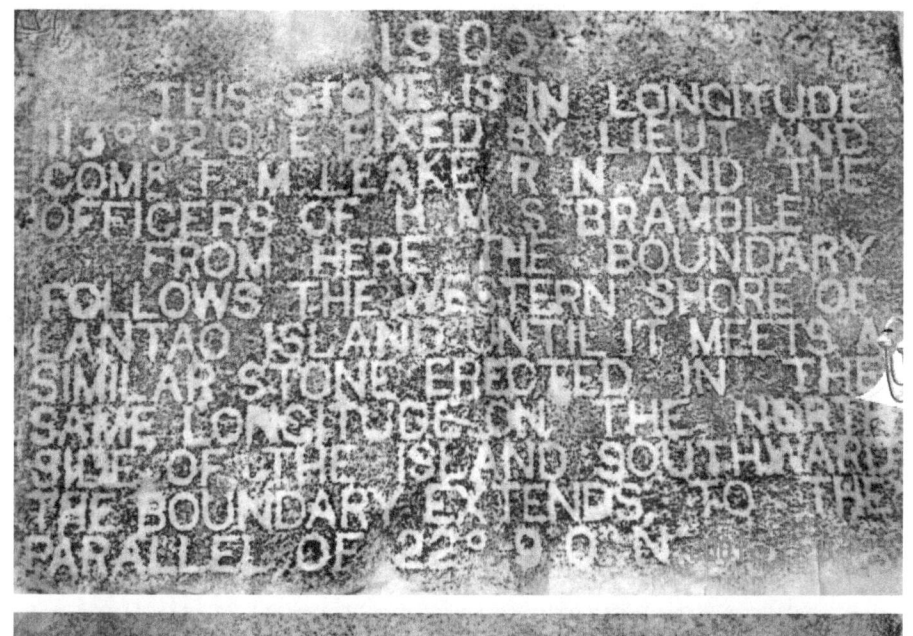

图 8-11 英文碑文

大英一仟九佰二年,管带霸林保兵舰水师总兵官力,会同本舰员弁等,勘明界址,共立此界石。

(二)英文碑文释文之一

1902 THIS STONE IS IN LONGITUDE 113°52′0″ E FIXED BY LIEUT AND COM R F.M. LEAKE R. N AND OFFICERS OF H.M.S. BRAMBLE ②。FROM HERE THE BOUNDARY FOLLOWS THE WESTERN SHORE OF LANTAO ISLAND UNTIL IT MEETS A SIMILAR STONE ERECTED IN THE NORTH SIDE OF THE ISLAND SOUTHWARD THE BOUNDARY EXTENDS TO THE PARALLEL OF 22°9′0″ N①。

---

① 译文:1902 年。此界石位于东经 114°52′0″,由英国舰队霸林保号上尉军指挥官 F.M.LEAKER.N. 及全体官弁立。国境线由此界石沿着大屿山西海岸直至与竖立在岛的北边的同样的界石,向南延伸至与北纬 22°9′0″ 平行线相交。

（三）英文碑文释文之二

THIS STONE IS PLACED 200 FEET ABOVE H.W.MARK FOR THE PURPOSE OF PROTECTING IT FROM POSSIBLE INROADS OF THE SEA。①

第四节　三处中英海域界石的比较研究

1. 三处界石均为英方单独竖立

（1）中英文碑文之间互为译文，而不是像一般的界碑，两边的内容根据不同国家的立场进行表述。如中文部分的年代 1902 年，表述为"大英一千九百二年"。如果是中英双方各派代表勘界，共同立此界石，那中文碑文应是站在中方的立场，年代表述应该是"大清光绪二十八年"。

（2）立碑人员只提到英国海军军舰"霸林保"号的官兵，而没有中国政府代表参与立碑。

（3）界碑为典型的西式方身尖顶碑，尖顶不符合中国人的审美观和风水观。这些海界碑与中英双方共同勘界共同竖立的中英界碑形制上有着明显的区别。

（4）中文碑文应当是港英政府临时请人对英文碑文进行原文翻译。这个翻译不是完全的中国通，或者是久居香港的中国人，不懂英尺与中国丈尺的度量衡转换，在多少丈多少尺的地方留空。

（5）承包界碑"批量生产"的承制在刻写英文时工整美观，但在刻写中文时却有错误。如深圳南澳半岛的界碑最后的"界石"两字被刻成"石界"；香港屿南界石中有"西便"，应为西面；屿南界碑的"沿大屿山西便向南直至北纬线式拾式度九分"并不是一句完整的句子，下面应还有会合处等的文字表述。

以上特征说明英方不管是译文还是承制者，都对中文不熟，界石的竖立应是英方单方面的行为。

英方单独树立这些界石，说明中方并不承认碑文表述的中英关于大鹏湾海域边界的观点。但港英政府立了这些碑，还有两块立在中国境内。中方对英方所立的界石所以不予理睬，也没有提出具有反对意见的外交照会，在某种意义上是默认了界石的内容表述。这也是当时中国弱国无外交的表现。

---

① 同注②，高度则为 200 英尺。

2. 现存的三块界石都位于《展拓香港界址专条》粘附地图上港英领海的陆上几个端点。理论上讲，粘附地图有五个端点，除了现在发现界石的这三个点，有一个在香港离岛南部，另一个在深圳蛇口半岛南部。萧国健教授表示，香港境内只有大屿山的两处界石，至今没有发现离岛上有界石。至于蛇口半岛是否有界石存在，笔者认为可能性很大，需要我们进行进一步的考古调查。

3. 界石三面刻有文字，文字内容都是根据界石所处的位置利用经纬度或地名进行位置描述和领海范围描述，碑文的英文部分面向香港领土或领海，中文部分或面向深圳或背向香港领海。

4. 界石都竖立于海岸线离海平面不高的山上，目的是让行驶于海上的船只稍靠近海岸就能看到这些界石。

5. 永无休止的"潮涨能到处"与"水尽见岸处"的争吵。

三处界石都提到"潮涨处起点"。这几个字出现在界石上是不合时宜的。

1898年6月9日，清政府代表李鸿章与英国驻华大使窦纳乐在北京签订《展拓香港界址专条》，专条规定从7月1日起中国将大鹏湾、深圳湾水面租于英国。1899年3月19日，中英再度签订《香港英新租界合同》，合同规定香港北界为"大鹏湾英国东经线一百一十四度三十分潮涨能到处，由陆地沿岸……"为港英租界大鹏湾的边界，开始提出"潮涨处"的概念。之后，港英当局借口"潮涨能到处"，经常派船闯入大鹏、深圳两湾自北面入海各河流的河口，甚至远及各内河沿岸的村庄，诡称此等地方为"潮涨能到处"，英方有权前往。为此，中英双方产生了很大的分歧。

1901年5月31日，英国驻广州领事照会中国两广总督陶模《香港英新租界水面照会》专门就所谓"潮涨能到处"进行修正，改为"水尽见岸处"：

一九〇一年五月三十一日，光绪二十七年四月十四日，广州。

英国领事致两广总督照会。

为照会事，新租界水面英国之权至何处一事，现准香港总督来文内开："本港政府并不以为英权可至流入海湾之内河港与流入新界深圳河之河港，但可至各海湾水尽见岸之处与深圳全河至北岸之处。至于流入各海湾及流入租界深圳河这各河港，本港政府甚愿于各该河港口，由此岸水尽见岸之处至对岸水尽见岸之处画一界线，为英国权所至之止境"等因。本总领事查看香港总督文内有深圳全河至北岸一语，自是指租界内深圳河至陆界相接之处为止，相应照会贵部堂查照，量贵部堂亦以为妥协也。为此照会，须至照会者①。

自此，"潮涨处"问题可以说是比较合理地达成一致意见。但在1902年竖立的这一批海域界碑却依然把海界定为"潮涨处起点"，这是违反中英照会内容的，是港英政府出尔反尔的行为。

第五节 中英海权界碑的价值评定

中英界碑有三种。一种是陆界碑，以中英街中英界碑为代表。第二种是海关关碑，现存有两块，分别是九龙新关关碑和大铲新关关碑，现被深圳市博物馆收藏；第三种是海域界碑，西涌大鹿湾界碑就是第一块在大陆发现的海域界碑。长期以来，这些中英界碑一直被当作中国耻辱史的象征，是清政府丧权辱国的历史见证。人们在承认这些界碑有较高文物价值的同时，也在讳而言之，好像现在我们国家强大了，便不用再追忆起那些伤心的"往事"了。但从客观上说，界碑见证了中国的历史进程，更标志着香港的重大历史转折。如果把中国比喻成一个父亲，把香港比喻成儿子，不管香港这个孩子在成长过程中发生了什么事，不管是挫折还是成功，这些记忆都应该被尊重与怀念。

这里，我提出一个文化现象——大宝安文化现象。东晋咸和六年，南海郡分设东官郡，领县六，首宝安，深圳南头城子岗（今南头古城东门外）是宝安县治所在地。"大宝安"文化现象从此开始形成，深圳也因之成为大宝安文化圈的中心地。当时的宝安县包括现在的中山、珠海、澳门（旧时称香山）、东莞、深圳、香港。唐至德二年（757年），改宝安县为东莞县，县治移至到涌；南宋绍兴二十二年（1152年），分置香山县。明万历元年（1573年），分置新安县。清光绪二十四年（1898年），中英签订《展拓香港界址专条》，英国完成了对香港的侵占。1902年，港英政府在中英边界竖立了本文所提及的这批海权界石，标志着原为一体的宝安县一分为六。这六个部分在一百年后的今天，成长为影响全国乃至全世界的六大都市。这六个城市像六兄弟一样有着不可改变的各种共同特征，他们的语言、民俗、建筑风格

---

① 马金科编《早期香港史研究资料选辑》，香港三联书店，2019，第994页。

等都能找到共同的文化背景。张一兵教授就长期从事大宝安文化现象的研究,并从建筑地域风格上将其定义为广府系统宝安类型。大量的调查资料显示,有很多建筑特征,如果离开这个地区,就再也找不到了。

第六节　中英海权界碑保护策略

中英界碑早在 20 世纪末就开始申报全国重点文物保护单位,但都没有成功。此次海域界碑的发现增加了中英界碑的文物价值,加大了申报成功的可能性。笔者建议深港文物部门携手合作,共同将这些位于深港两地的陆界碑、海界碑、海关关碑等捆绑申报全国重点文物保护单位。这将成为国保申报史上的一次特例。

第九章　大鹏所城城及其周边古建筑壁画调查研究

第一节　导言

一、中国传统壁画简述

壁画是指以绘制、雕塑或其他造型手段在天然或人工壁面上制作的画，是人类历史上最早的绘画形式之一。作为建筑物的附属部分，它的装饰和美化功能使它成

图 9-1　云南岩画

图 9-2 内蒙古阴山岩画

为建筑艺术的一个重要方面。现存史前绘画多为洞窟和摩崖壁画,最早的距今已约两万年。原始社会人类在洞壁上刻画各种图形,以记事表情,是最早的壁画。埃及、印度、巴比伦、中国等文明古国保存了不少古代壁画。

我国自周代以来,历代宫室乃至墓室都饰以壁画。中国传统壁画在 3000 多年前的商周时期已处于萌芽时期,以简单的装饰纹样为开端,这时的几何图案只起到装饰功能,是一种不含任何政治思想的潜意识行为。作为壁画,它还没有形成一个完整的社会功效和教育功能,只起到了壁画的一部分作用,可谓是中国古代壁画的雏形。

中国壁画作为独立的一门绘画始于春秋,它除了装饰殿堂还起到了宣传教化的功能。此时壁画的内容丰富,包括天神、圣贤及远古传说等。中国陕西咸阳秦宫壁画残片,距今有 2300 年。

汉代壁画开始繁荣,20 世纪以来出土者甚多,而且据历史记载,汉武帝画诸神像于甘泉宫,宣帝图功臣像于麒麟阁,也都是壁画。

自魏晋到唐形成壁画兴盛期,出现了吴道子、阎立本等一代大师,在社会上有

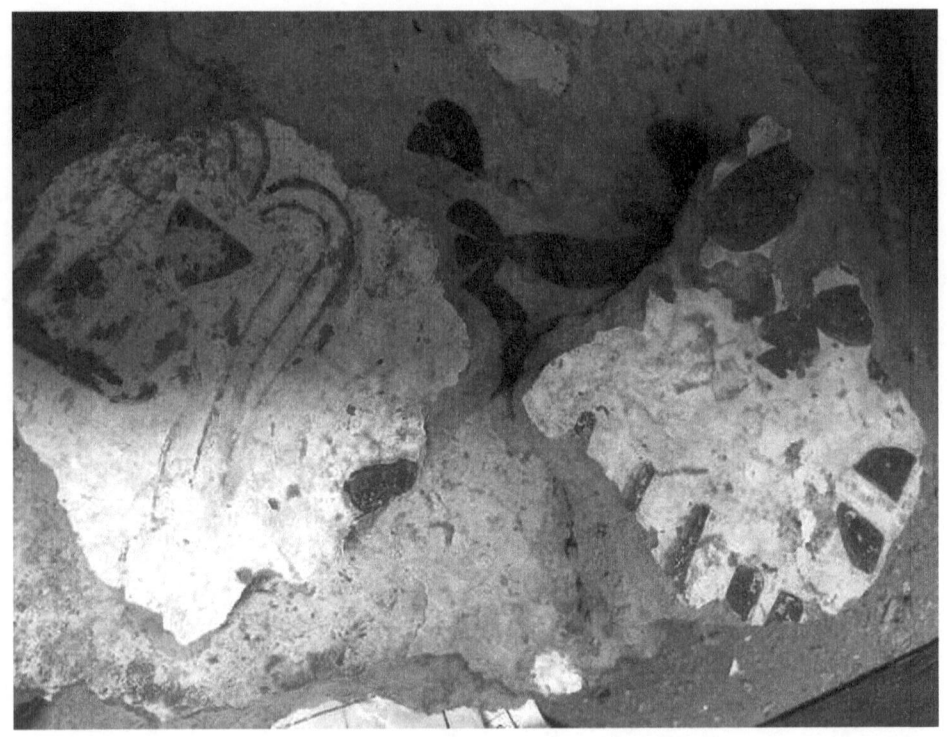

图 9-3 秦咸阳宫壁画残片

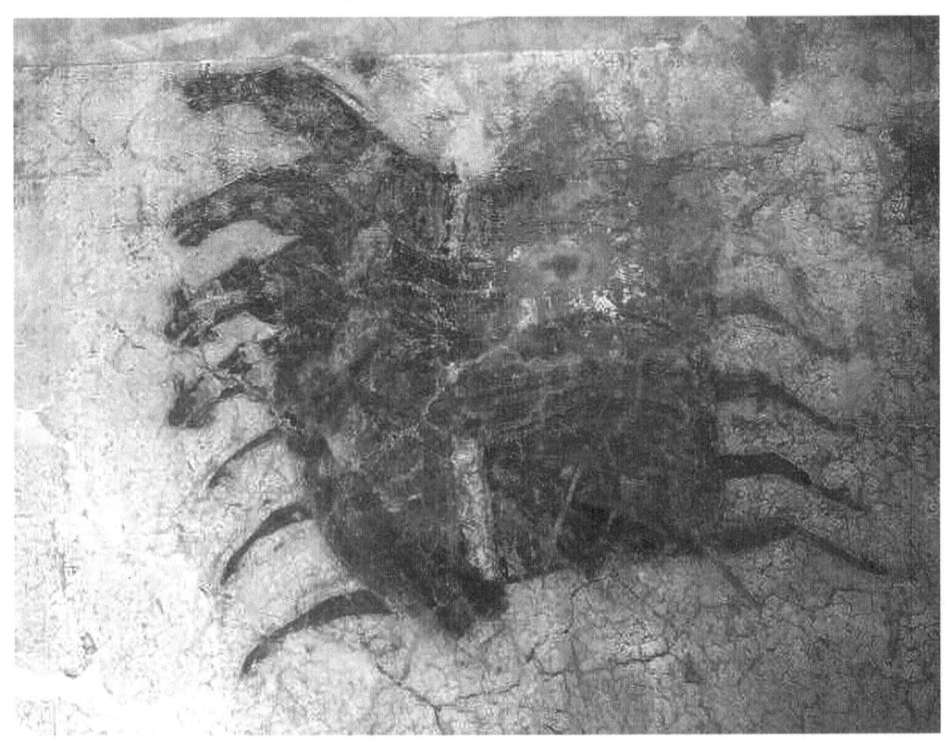

图 9-4 秦咸阳宫壁画·驷马图

图 9-5　汉代壁画

图 9-6　洛阳偃师杏园东汉墓壁画局部

很大影响，是中国美术史上浓墨重彩的一页。随着宗教信仰的兴盛，壁画又广泛应用于寺观、石窟（如敦煌莫高窟、芮城永乐宫等）。我国至今仍大量保存着著名的佛教壁画和道教壁画遗迹。这些遗迹有部分已经被列入了世界文化遗产的保护名录，成为我们古代文明的见证。唐骆宾王《四月八日题七级》诗："铭书非晋代，壁画是梁年。"唐段成式、张希复《游长安诸寺联句·诸画联句》："惜哉壁画世未殚，后人新画何汗漫!"郭沫若《李白与杜甫·杜甫的宗教信仰》也称:"太微宫里面有壁面,是名画家吴道子的手笔。"此外,敦煌壁画保存了当时大量杰出的艺术作品,为当时壁画艺术的高峰。宋代至明、清,卷轴(宣纸画)盛行,壁画逐渐衰落。宋陆游《老学庵笔记》卷二:"江渎庙西厢有壁画辂车。"壁画的社会地位开始下降,逐渐沦为建筑艺术的一部分,而画师也多为画界底层以画为谋生手段的民间艺人。但壁画艺术并没有因此而沉沦、被人们所抛弃。正如后来宣纸画受到少数社会精英的追捧而成为"雅"文化一样,壁画也因为走向民间而更加受到大众的喜爱,成为影响广泛的"俗"文化。壁画的内容从以前的佛教和贵族文化转变为世俗的民间传统文化,表达了底层社会普遍的审美情趣、价值取向和道德风尚。

传统的壁画艺术描画了人们或听戏喝茶,或饮酒赋诗,或赏画博古的生动场景,表现了丰富多彩的市民生活,说明当时的壁画已开始贴近大众的审美情趣,而不仅仅是"成教化、助人伦"的工具。在社会发展进步的清代晚期,能够接受系统教育的人口在人群中仍然是少数,而大多数人,特别是乡村民众,获得教育的一个主要途径就是这些绘制在墙上的艳丽纷繁的自然美景和通俗易懂的经史故事。壁画对于传承民族的传统文化,凝聚民众人心,弘扬良好的社会风尚,都起到了非常重要的促进作用。毫无疑问,这些古建壁画和其他文物一样,是前人留给我们的宝贵文化遗产。

二、大鹏古建筑壁画遗存概况

大鹏新区有非常悠久的历史,咸头岭遗址显示了7000年以前的珠三角新石器时代中期先民的文化发展水平,大黄沙遗址则显示了珠江口东岸新石器时代晚期文化的发展水平,而这两处遗址中的出土物中都有画在陶器上的彩绘,说明这里的先民有着深远的绘画传统。但是在这里已发现的从秦汉到元明时期遗存的文物比较少,也未见各类绘画遗存;明代的建筑遗存虽然还有几处,如水贝围、王母围、屯洋等,但原始的基础仅存于地下,地面以上可以作画的墙体都是清代以后修缮改造的结果。现在在大鹏新区范围内能见到的,基本上都是清代晚期以后的壁画。

从广东的情况看,壁画可能出现在建筑物的几乎所有类型中。大鹏新区历史上建筑以民居居多,祠堂庙宇也不少,还有少量的私塾和炮楼。由于地处偏远,经济上又欠发达,各类建筑的等级和质量都不太高,所以有壁画的建筑比例偏少,壁画遗存的年代也偏晚,而且相当一部分壁画都是后来经过重新描画和修饰的。尤其是解放后历次政治运动中，很多壁画都被当作"四旧"而被人用石灰、墨汁涂抹。大鹏新区现存的壁画不少都是改革开放后重新绘制的，或者重新修改过。

有些地区由于地处偏僻等原因，少数壁画保存得相当完好。1980年以后，传统样式的建筑在大鹏新区就已不再建造，传统建筑建造技艺也同时彻底衰落，传统壁画也停止了再生产，仅有残存的少数壁画得以保存。

大鹏传统壁画题材多样，内容广泛，是反映大鹏民间和市井风情的历史记录。而官修地方史书没有描绘这方面的资料，以往的史学研究也很少关注这些内容，壁画的历史价值和重要性还大有开拓研究的空间。

三、大鹏古建筑壁画源流

现在从表面上看，大鹏新区的三个街道似乎都是客家方言区，而实际上这里在清初以前，一直都是广府白话方言区。之所以这样说，是因为我们现在所看到的当地村落建筑，凡是明代以前的，都是广府类型而非客家类型。所以严格说来，大鹏传统壁画最主要的来源是大鹏本地明代以前的广府类型壁画，以及对大鹏传统壁画影响比较大的晚清广府壁画（图7-7、图7-8、图7-9、图7-10），其影响主要是在题材方面。

图9-7　顺德勒流扶闾廖氏宗祠《东坡听琴》图，光绪三年（1877年）

图 9-8　广州市白云区江高镇长岗村苏氏大宗祠

图 9-9　广州市白云区江高镇长岗村苏氏大宗祠

图 9-10　番禺大岭陈氏门楼

对大鹏传统壁画有重大影响的晚清潮汕壁画，其影响主要是在色调和风格方面。（图 7-11、图 7-12、图 7-14）。

此外，对大鹏传统壁画有一定影响的客家传统民居壁画，与潮汕壁画一样，其影响主要是在色调和风格方面，如梅江区（原梅县）城北镇干才村"联辉楼"门楼壁画和梅县西阳镇新联村"棣华居"门楼壁画等。（图 7-15、图 7-16）

图 9-11　潮汕古村落——普宁洪阳德安里（中寨）方氏家庙壁画

图 9-12 梅州吉水村祠堂的壁画

第二节 大鹏壁画编年

一、同治

位于葵涌办事处三溪社区福田旧村的福田世居古色古香，谱载由葵涌大姓潘氏祖先于 1865 年建造而成，距今已有 150 多年的历史，其间仅做过捡瓦补漏，没有大修。福田世居壁画尽管没有落款纪年，但对比广东省、深圳市其他纪年壁画标准器，可以判断福田世居保留了相当一部分同治时期的壁画。

佛冈上岳古围村位于广东省清远市佛冈县龙山镇。上岳古围村主要建筑包括朴山朱公祠、上归仁里、中归仁里、下归仁里等部分，是建于清同治年间的广府围屋，整个围村建筑布局合理，按照风水格局进行建造。上岳古围村是南宋抗元名将朱文焕后裔所建。2006 年，上岳古围村被列入县级文物保护单位；2010 年被国家住房和城乡规划建设部、国家文物局评定为历史文化名村；2012 年被评为广东省第七批省级文物保护单位。

类似风格的还有宝安松岗东风村文氏宗祠。文氏宗祠最早修建于明朝，清同治三年甲子（1864 年，见门楼前壁画落款）重修，明间彩色壁画有人物故事花卉等

图 9-13 同治年间三溪福田世居壁画(一)

图 9-14 同治年间三溪福田世居壁画(二)

图 9-15　同治年间三溪福田世居壁画（三）

图案。

　　经过对比得知，福田世居壁画题材上多用花草古树、珍禽瑞兽、人物故事；色彩上多用中墨线宝兰雄黄赭石花框组合，主画面则以粗墨线勾勒造型，以石绿赭石搭配大面积宝兰，上承道咸时期重墨打底的色调，下启光绪宝兰搭配石绿的画风，与周边同类祠堂的同期壁画风格和用色完全一致，又与文献记载的年代相吻合，是同治年间壁画的标准器之一，具有非常高的文物价值。

图 9-16　同治年间朴山朱公祠壁画

图 9-17　同治年间上岳古民居朴山朱公祠壁画

图 9-18　松岗文氏宗祠门楼壁画

二、光绪

(一) 丰树山李氏宗祠 (1891年)

图 9-19　光绪年间丰树山村李氏宗祠

图 9-20　光绪年间丰树山村李氏宗祠

图 9-21 壁画落款：辛卯岁□□前五日

按："辛卯岁"为清光绪十七年，即公元 1891 年。

（二）石禾塘东 29 号（1895 年）

图 9-22 光绪年间石禾塘东 29 号

图 9-23 壁画落款：己未岁仲春月吉旦偶题

按："己未岁"为清咸丰九年，即 1859 年。

（三）西涌·鹤薮一区 188 号（1896 年）

图 9-24 光绪年间鹤薮村一区 188 号

图 9-25　光绪年间鹤薮村一区 188 号

图 9-26　壁画落款：岁在丙申□□

按："丙申"为清光绪二十二年，即 1896 年。

（四）大鹏古城东门街14号（1907年，2006年重修）

图 9-27　壁画落款：丁年（应为"未"）孟夏中浣吉日

按："丁未"为光绪三十三年，即 1907 年。

图 9-28　壁画落款：丙戌年仲夏五华一建培潮修复

按：丙戌年为 2006 年。

大鹏光绪壁画特征：壁画题材上多用花草怪石、珍禽瑞兽、人物故事；色彩上多用墨线填充石绿宝兰赭石花框组合，主画面则以墨线勾勒造型，以赭石雄黄搭配大面积石绿或者灰蓝。上承同治时期墨线打底、以少量石绿赭石搭配大面积宝兰的色调，下启宣统民国宝兰为主的画风，与周边同类祠堂的同期壁画风格和用色完全一致，又与文献记载的年代相吻合，具有比较高的文物价值。

三、宣统

（一）王母围七巷2号（1910年）

图9-29　宣统年间王母围村7巷2号

图 9-30　宣统年间王母围村 7 巷 2 号

图 9-31　壁画落款：宣统二年下月书庚戌岁

按：宣统二年庚戌岁，即 1910 年。

图9-32 宣统年间王母围村7巷2号

图9-33 壁画落款：庚戌年孟夏月吉

图 9-34　宣统年间王母围村 7 巷 2 号

图 9-35　壁画落款：宣统二年庚戌岁夏月

（二）大围东 30 号（1910 年）

图 9-36　宣统年间大围东村 30 号

图 9-37　宣统年间大围东村 30 号

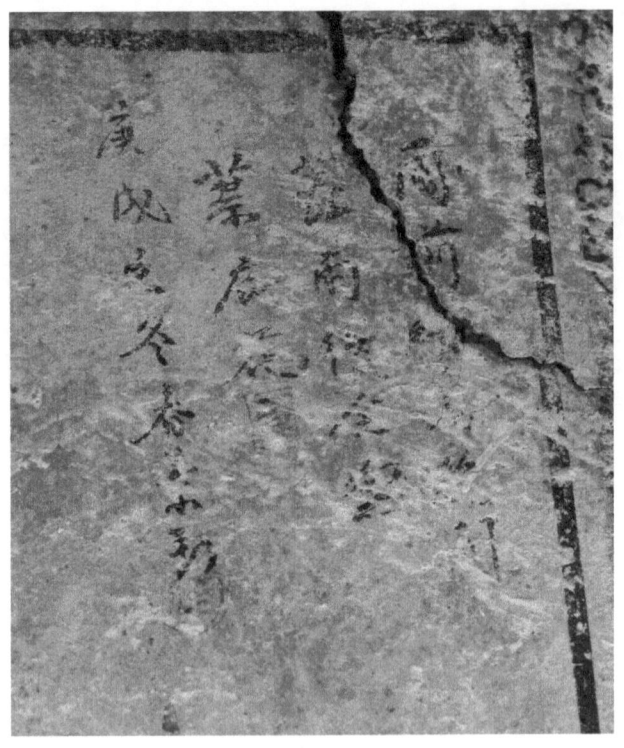

图 9-38　壁画落款：庚戌之冬春

（三）大鹏山庄（1911年）

图 9-39　宣统年间大鹏山庄

图 9-40 宣统年间大鹏山庄

图 9-41 壁画落款：辛亥夏季

按：辛亥年为宣统三年，即 1911 年。

(四) 王母围 (1911年)

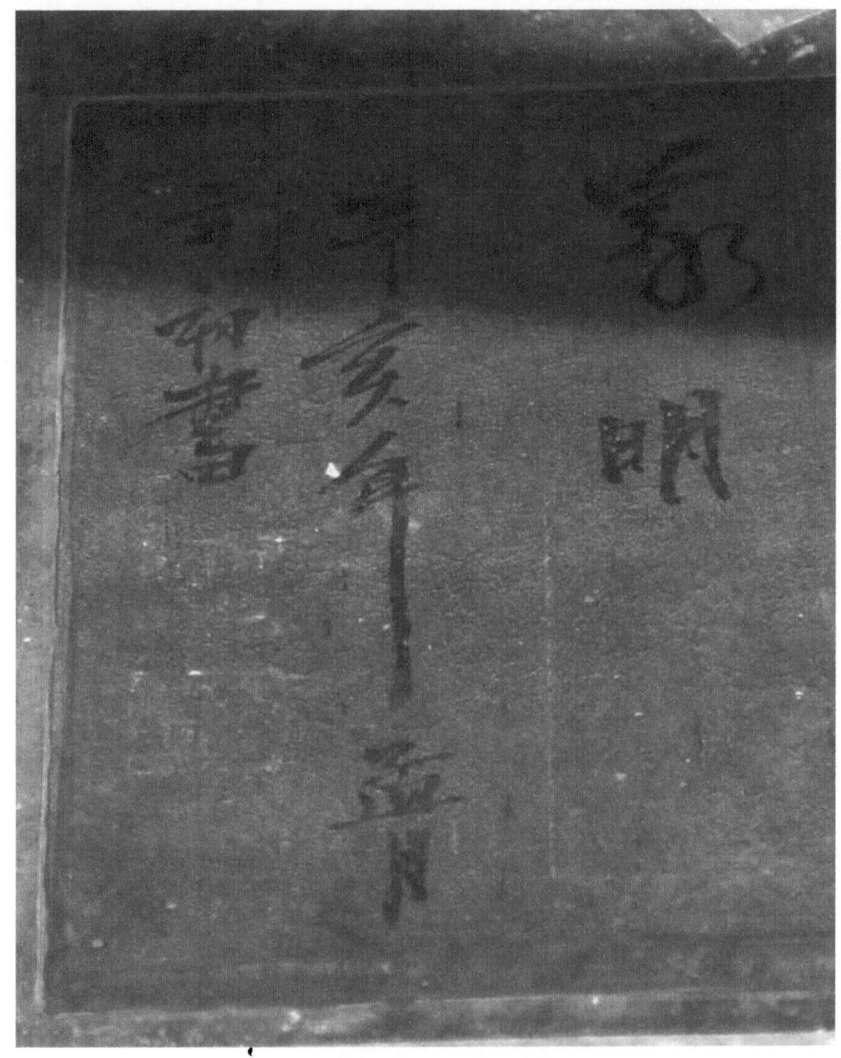

图 9-42　壁画落款：辛亥年孟月立初书

按：辛亥年为宣统三年，即 1911 年。

(五)水头71号(1911年)

图 9-43 壁画落款：宣统三年端阳前十日书澄溪居士草

按：辛亥年为宣统三年，即 1911 年。

四、民国

(一) 中山里 3 号 (1913 年)

图 9-44　壁画落款：癸丑冬偶书……

按：癸丑年为民国二年，即 1913 年。

(二) 大鹏山庄 56 号 (1921 年)

图 9-45　民国年间大鹏山庄村 56 号

第九章　大鹏所城城及其周边古建筑壁画调查研究

图 9-46　民国年间大鹏山庄村 56 号

图 9-47　壁画落款：岁在辛酉孟春中浣　牧童五律诗八首

按：辛酉年为民国十年，即 1921 年。

（三）大鹏山庄61号（1921年）

图 9-48　民国年间大鹏山庄村 61 号

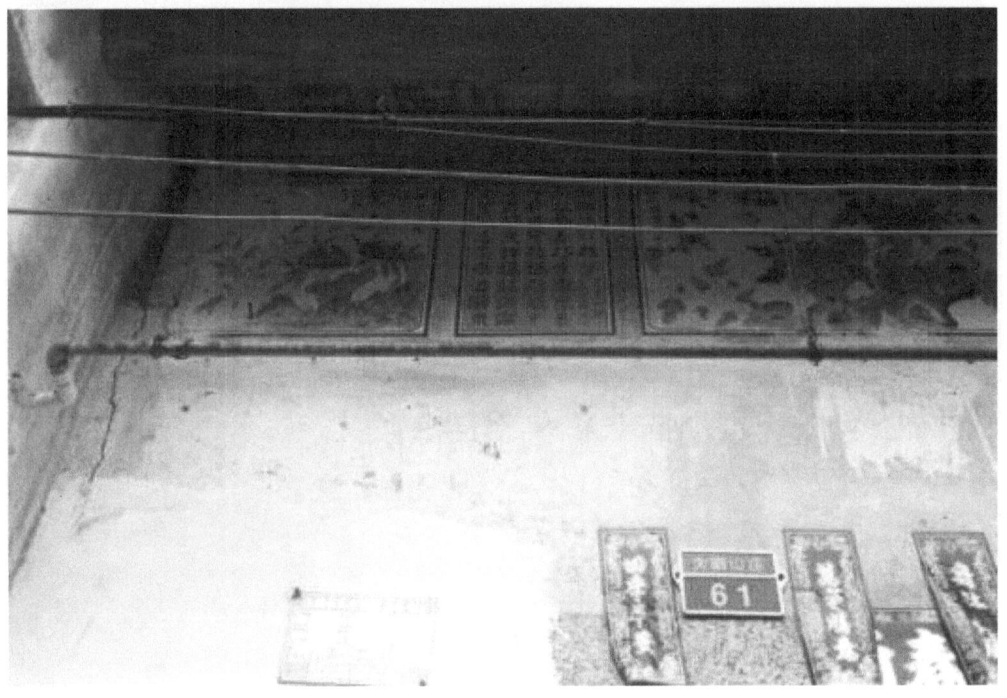

图 9-49　民国年间大鹏山庄村 61 号

图 9-50　壁画落款：辛酉岁上浣

按：辛酉年为民国十年，即公元 1921 年。

（四）大鹏山庄 88 号（1922 年）

图 9-51　民国年间大鹏山庄村 88 号

图 9-52　民国年间大鹏山庄村 88 号

图 9-53　壁画落款：壬戌季春后

按：壬戌年为民国十一年，即 1922 年。

(五)中山里6号(1924年)

图 9-54　民国年间中山里村 7 号

图 9-55　民国年间中山里村 7 号

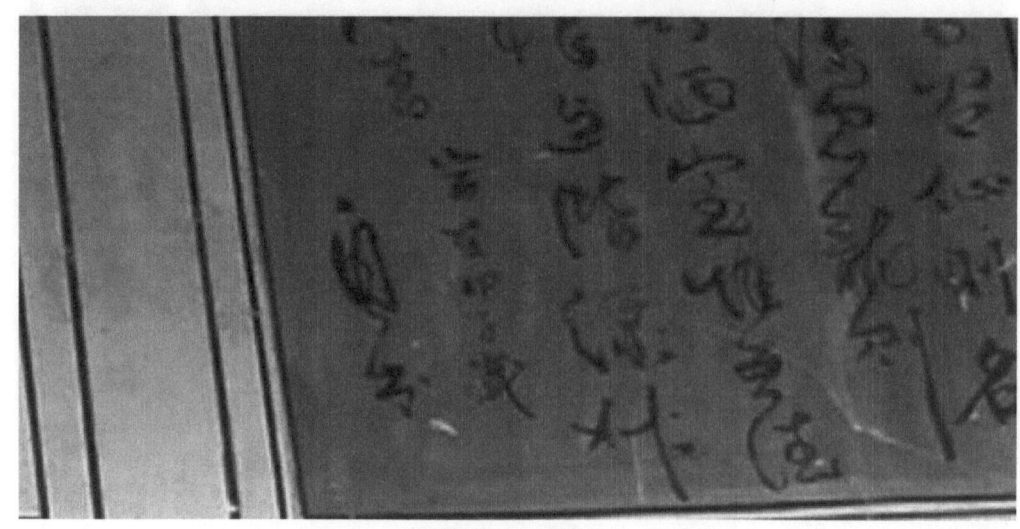

图 9-56 壁画落款：岁在甲子岁自书

按：甲子年为民国十三年，即 1924 年。

（六）中山里 7 号（1925 年）

图 9-57 民国年间中山里村 7 号

图 9-58　民国年间中山里村 7 号

图 9-59　壁画落款：乙丑岁？？？书

按：乙丑年为民国十四年，即 1925 年。

（七）王母围．叶氏炮楼院（1926年）

图 9-60　民国年间大鹏山庄村叶氏炮楼院

图 9-61　民国年间大鹏山庄村叶氏炮楼院

图 9-62 壁画落款：岁次丙寅布衣氏

按：丙寅年为民国十五年，即公元 1926 年。

（八）王母围 59 号（1926 年）

图 9-63 民国年间王母围村 59 号

图 9-64 壁画落款：岁在丙寅岁仲春

按：丙寅年为民国十五年，即 1926 年。

（九）大鹏山庄 68 号（1928 年）

图 9-65 民国年间大鹏山庄村 68 号

图 9-66 民国年间大鹏山庄村 68 号

图 9-67 壁画落款：戊辰正意

按：戊辰年为民国十七年，即 1928 年。

（十）新塘一巷5号（1928年）

图 9-68　民国年间新塘一巷68号

图 9-69　民国年间新塘一巷68号

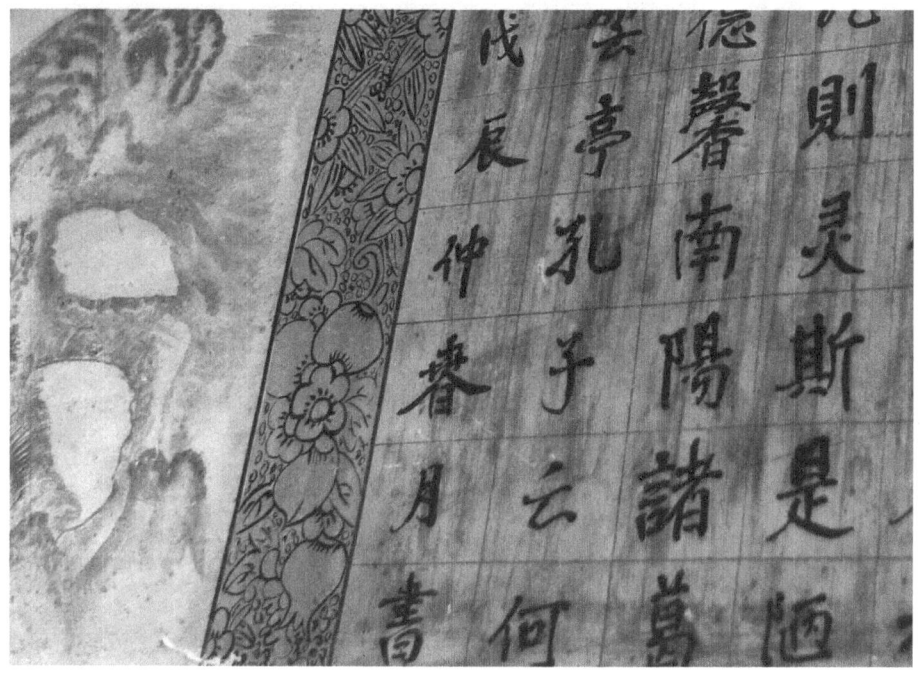

图 9-70　壁画落款：戊辰仲春月书

按：戊辰年为民国十七年，即 1928 年。

（十一）新屋园村 24 号（1929 年）

图 9-71　民国年间新屋园村 24 号

图 9-72 民国年间新屋园村 24 号

图 9-73 壁画落款：己巳年孟春月正意

按：己巳年为民国十八年，即 1929 年。

（十二）大鹏所城十字街严氏大屋（1930年）

图 9-74　民国年间十字街严氏大屋

图 9-75　民国年间十字街严氏大屋

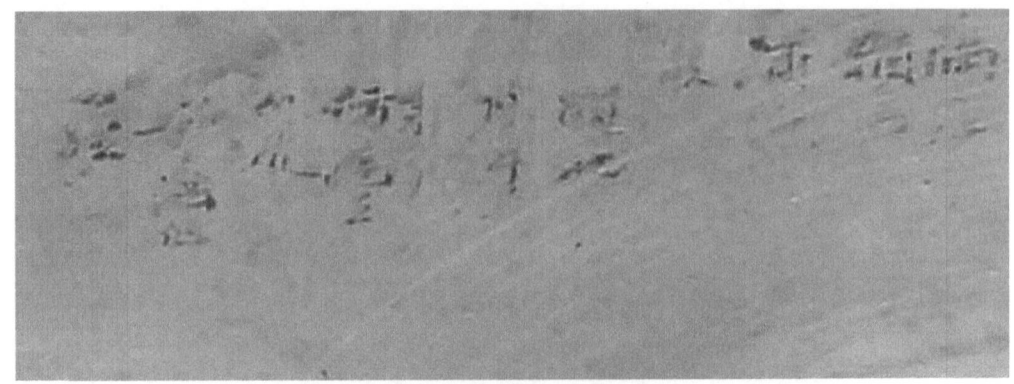

图 9-76 壁画落款：时在庚午

按：庚午年为民国十九年，即 1930 年。

（十三）南坑铺南 9 号（1930 年）

图 9-77 民国年间南坑铺南 9 号

图 9-78　民国年间南坑铺南 9 号

图 9-79　壁画落款：岁在庚午年，民国十九年冬月题

按：庚午年为民国十九年，即 1930 年。

（十四）大鹏所城戴屋巷 10 号（1931 年）

图 9-80　民国年间戴屋巷 10 号

图 9-81　民国年间戴屋巷 10 号

图 9-82 壁画落款：时在辛未冬为，民国二十年冬立

按：辛未年为民国二十年，即 1931 年。

（十五）南坑铺南 25 号（1931 年）

图 9-83 民国年间南坑铺南 25 号

图 9-84　民国年间南坑铺南 25 号

图 9-85　壁画落款：辛未冬立

按：辛未年为民国二十年，即 1931 年。

（十六）围之布村七巷12号（1932年）

图9-86　民国年间围之布村七巷12号

图9-87　民国年间围之布村七巷12号

图 9-88 壁画落款：壬申年夏天敬书，民国壬申年

按：壬申年为民国二十一年，即 1932 年。

（十七）张家巷 3 号（1932 年）

图 9-89 民国年间张家巷 3 号

图 9-90　民国年间张家巷 3 号

图 9-91　壁画落款：民国二十一年春，岁在壬申春为

按：壬申年为民国二十一年，即 1932 年。

（十八）围之布村围布路 32 号（1933 年）

图 9-92　民国年间围之布村围布路 32 号

图 9-93　民国年间围之布村围布路 32 号

图 9-94 壁画落款：时在癸酉年夏四月中浣偶笔

按：癸酉年为民国二十二年，即 1933 年。

（十九）王母围 15 号（1937 年）

图 9-95 民国年间王母围村 15 号

图 9-96　民国年间王母围村 15 号

图 9-97　壁画落款：廿六年暮春

按：廿六年为民国二十六年，即 1937 年，其顶篷有中华民国国徽图案。

（二十）大鹏所城正街8号·司马第（1946年）

图9-98　民国年间大鹏所城正街8号司马第

图9-99　民国年间大鹏所城正街8号司马第

图 9-100　壁画落款：丙戌仲春月

按：丙戌年为民国三十五年，即 1946 年。

（二十一）大岭吓村（1947 年）

图 9-101　民国年间大岭下村

图 9-102　民国年间大岭下村

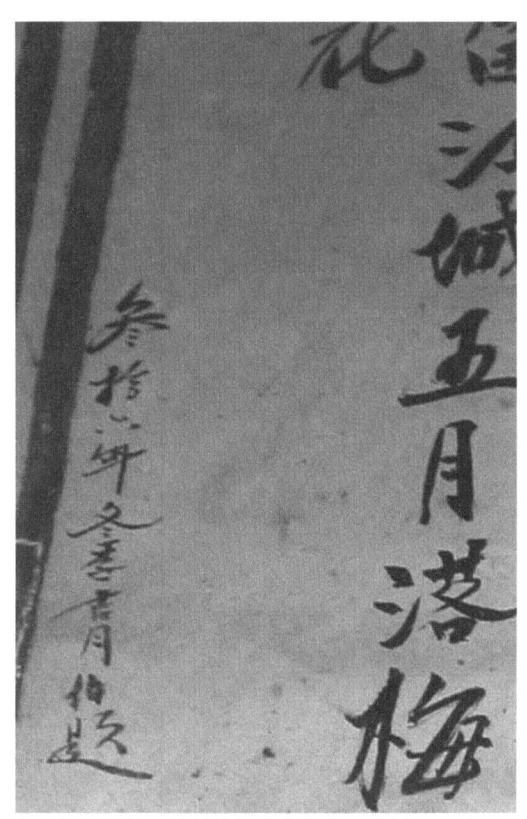

图 9-103　壁画落款：三十六年冬季吉月偶题

按：三十六年为民国三十六年，即 1947 年。

(二十二)刘屋巷14号(1948年)

图 9-104　民国年间刘屋巷 14 号

图 9-105　民国年间刘屋巷 14 号

第九章　大鹏所城城及其周边古建筑壁画调查研究

图 9-106　壁画落款：戊子仲夏

按：戊子年为民国三十七年，即 1948 年。

五、中华人民共和国成立后

（一）大岭吓村（1965 年）

图 9-107　现代大岭下村

图 9-108　现代大岭下村

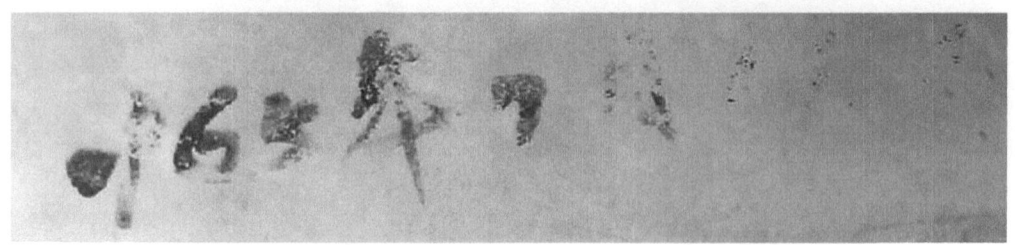

图 9-109　壁画落款：1965 年 7 月 11 日

(二)大岭吓村西区 2 号(1966 年)

图 9-110　现代大岭下村

图 9-111 现代大岭下村

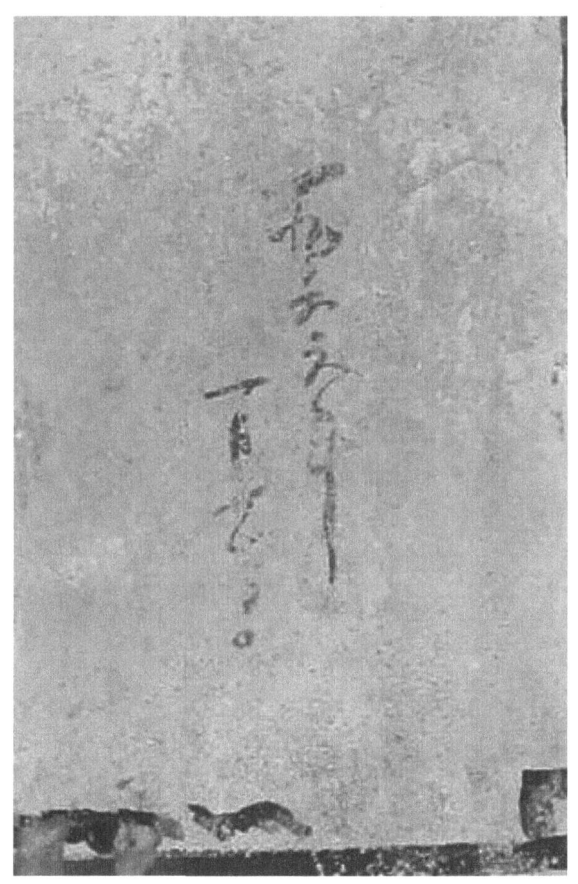

图 9-112 壁画落款：一九六六年一月五日

（三）西涌·牙山村202号（1968年）

图 9-113　现代牙山村 13 号

图 9-114　现代牙山村 13 号

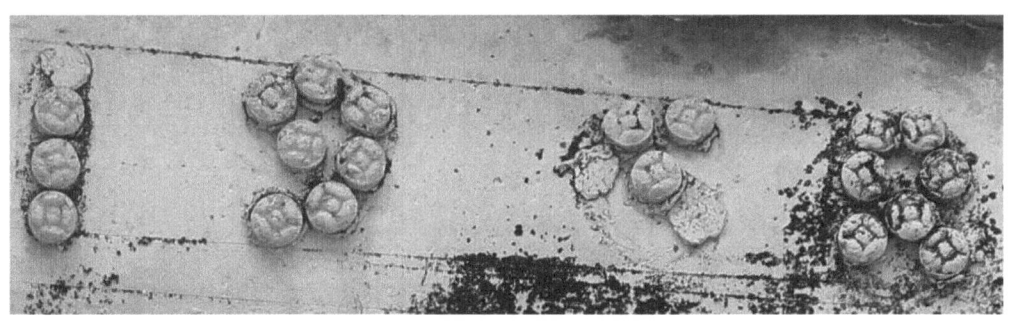

图 9-115　壁画灰塑字：1968

第三节　大鹏古建筑壁画内容特征

大鹏古建筑壁画内容主要有三类：一是寓吉祥意义的静物画，如象征平安、多子、福寿的花瓶、葡萄、蝙蝠等静物、动物画。二是山水风景、人物场景画。这两类主要是装饰画，多绘制在建筑后堂内沿房屋的山墙头，体现了民间的审美和祈求吉利的内涵和意趣。三是古文诗词，其中有古代名篇，也有部分尚不知出处，抑或时人自作，体现了好古崇文的传统特质。

一、吉祥图案

（一）麒麟

麒麟是中国传统瑞兽，性情温和，不伤生灵，传说能活两千年，主太平、长寿。古人认为，麒麟出没处，必有祥瑞。有时用来比喻才能杰出、德才兼备的人。

（二）二龙戏珠

二龙戏珠一般是两条云龙、一颗火珠。《庄子》中有："千金之珠，必在九重之渊而骊龙颌下。"《通雅》中有"龙珠在颌"的说法，龙珠被认为是一种宝珠，可避水火。有二龙戏珠也有群龙戏珠，还有云龙捧寿，都是表示吉祥安泰和祝颂平安与长寿之意。

图 9-116 同治年间葵涌三溪福田世居

图 9-117 石禾塘东 29 号

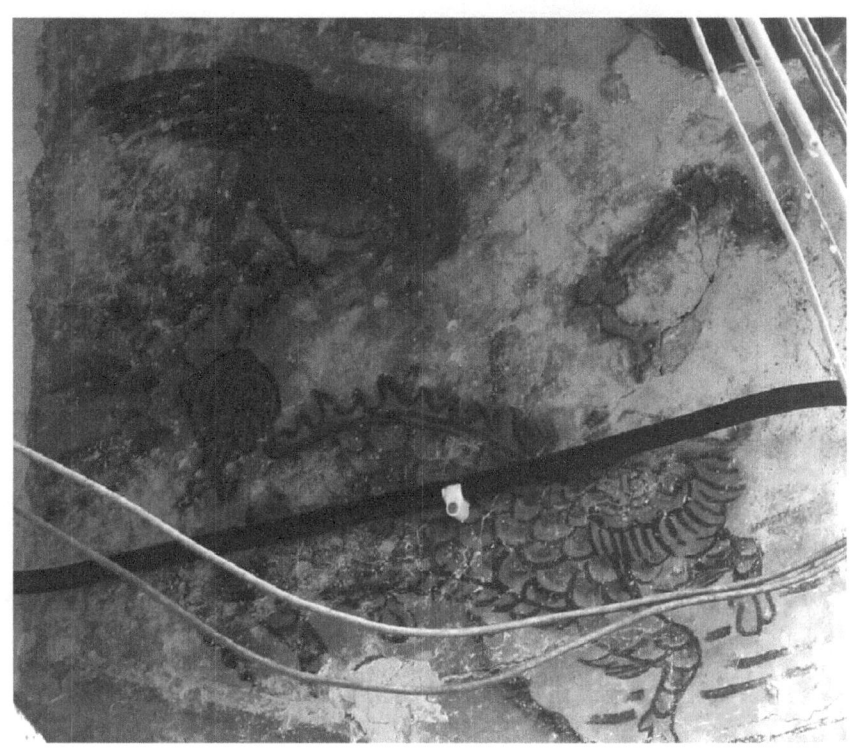

图 9-118　大鹏所城·西北村 25 号

图 9-119　大鹏所城·赖绍贤将军第

图 9-120　大鹏所城·赖绍贤将军第

图 9-121　大鹏所城·西门将军第

（三）狮子

图 9-122　大鹏所城·西门将军第

图 9-123　半天云村 67 号·松柏鹰狮

（四）锦鲤

中国自古有"鲤鱼跳龙门"之说，喻人飞黄腾达，官运亨通。其实早期锦鲤只是皇家王公贵族和达官显赫等家庭的观赏鱼，后来在民间流传开来，人们则把它看成吉祥、幸福的象征。锦鲤最早见于中国西晋时期的记载。中国古代宫廷最少从唐代开始就已经有大规模养殖锦鲤的纪录，距今已有 1000 多年历史。

（五）喜鹊

民间将喜鹊作为吉祥的象征，画鹊兆喜的风俗也大为流行，品种也有多样：如两只鹊儿面对面叫"喜相逢"；双鹊中加一枚古钱叫"喜在眼前"；一只獾和一只鹊在树上树下对望叫"欢天喜地"。流传最广的，则是鹊登梅枝报喜图，又叫"喜上眉梢"。

（六）松柏

松柏象征坚贞。松枝傲骨峥嵘，柏树庄重肃穆，且四季长青，历严冬而不衰。《论语》赞曰："岁寒然后知松柏之后凋也。"松与竹、梅一起，素有"岁寒三友"之称。文艺作品中，常以松柏象征坚贞不屈的英雄气概。

图 9-124　同治·葵涌·三溪福田世居彩画

图 9-125　大鹏山庄 89 号彩画

图 9-126　赖绍贤将军第彩画

图 9-127 大鹏山庄彩画

图 9-128 王母围 52 号彩画

图 9-129 大鹏所城·西城五巷·严氏民宅彩画

图 9-130　大鹏所城·西城五巷·严氏民宅彩画

图 9-131　半天云村 67 号·松柏鹰狮彩画

（七）梅兰竹菊

梅兰竹菊指梅花、兰花、竹、菊花，被称为"四君子"所指代的品质分别是：傲、幽、坚、淡。正是根源于对这种审美人格境界的神往，梅、兰、竹、菊成为中国人感物喻志的象征，也是咏物诗文和文人字画中最常见的题材，号称花中四君子。四君子并非浪得虚名，它们各有特色：

梅：探波傲雪，剪雪裁冰，一身傲骨，是为高洁志士。

图 9-132　赖绍贤将军第左彩画

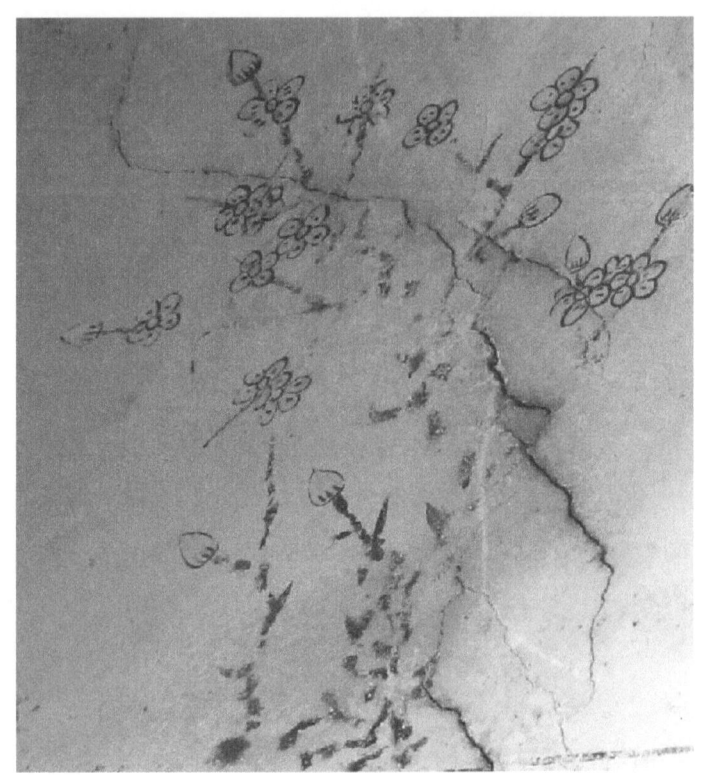

图 9-133　大鹏山庄彩画

第九章 大鹏所城城及其周边古建筑壁画调查研究

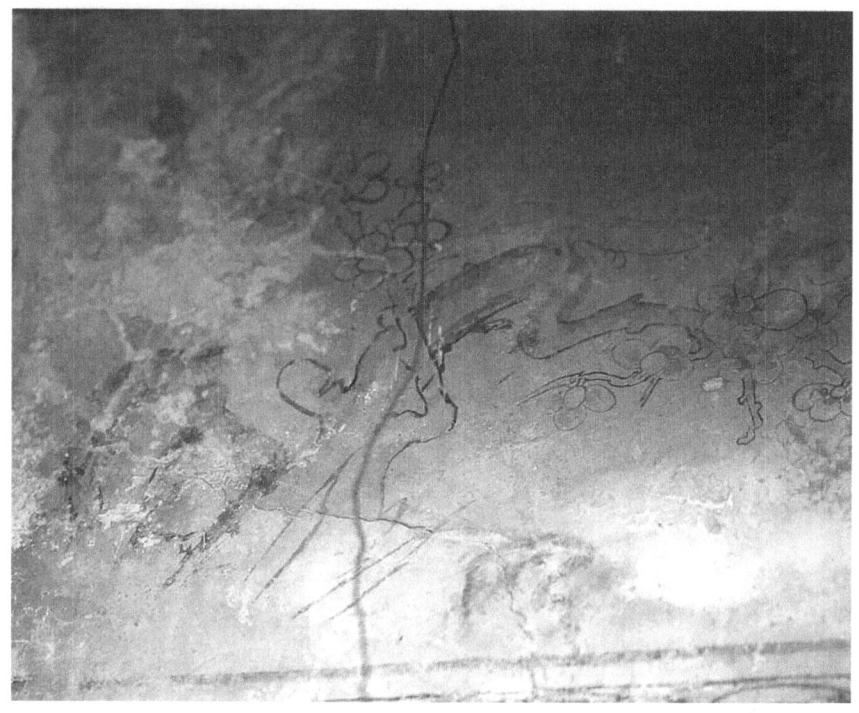

图 9-134 大鹏古城·大夫第彩画

兰：空谷幽放，孤芳自赏，香雅怡情，是为世上贤达。

图 9-135 大鹏所城·西门将军第彩画

图 9-136　大鹏山庄彩画

竹：筛风弄月，潇洒一生，清雅淡泊，是为谦谦君子。

图 9-137　三溪福田世居彩画

图 9-138 大鹏古城·百家祠彩画

图 9-139 王母围 52 号彩画

图 9-140　王母围 52 号彩画

菊：凌霜飘逸，特立独行，不趋炎势，是为世外隐士。

图 9-141　大鹏所城·西门将军第彩画

图 9-142 大鹏古城·赖绍贤将军第彩画

图 9-143 王母围 52 号彩画

（八）螃蟹

古代科举中有"一甲一名"之谓，暗喻及第登科，状元之才。当时科举有三甲之制，三甲之中以一甲最尊贵难得。蟹，有厚壳护身，犹如壮士披甲，故蟹被视为一甲的象征。蟹有八只脚，且横向爬行，寓意八方来财、纵横天下、横财到手。

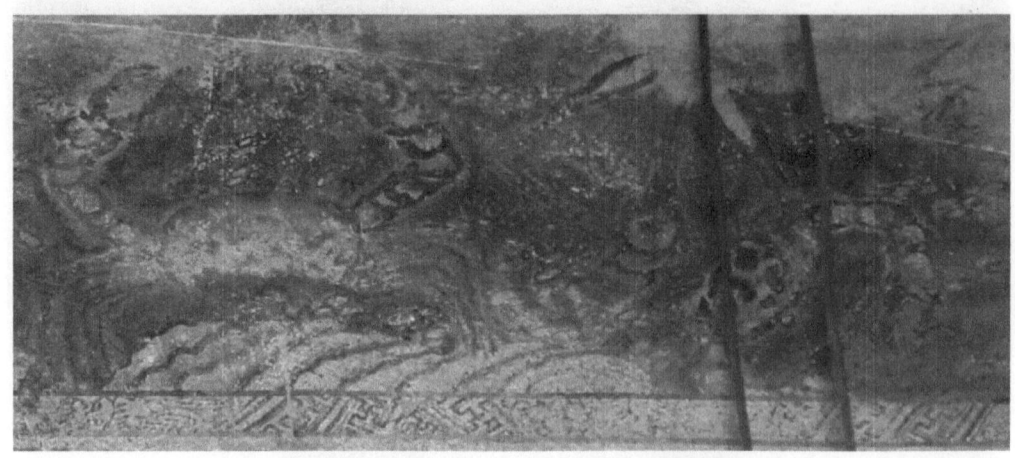

图 9-144　同治年间葵涌三溪福田世居彩画

图 9-145　王母围 52 号彩画

图 9-146　大鹏山庄 89 号彩画

（九）石榴

中国人视石榴为吉祥物，以为它是多子多福的象征。古人称石榴"千房同膜，千子如一"。民间婚嫁之时，常于新房案头或他处置放切开果皮、露出浆果的石榴，

图 9-147　鹤薮一区 333 号彩画

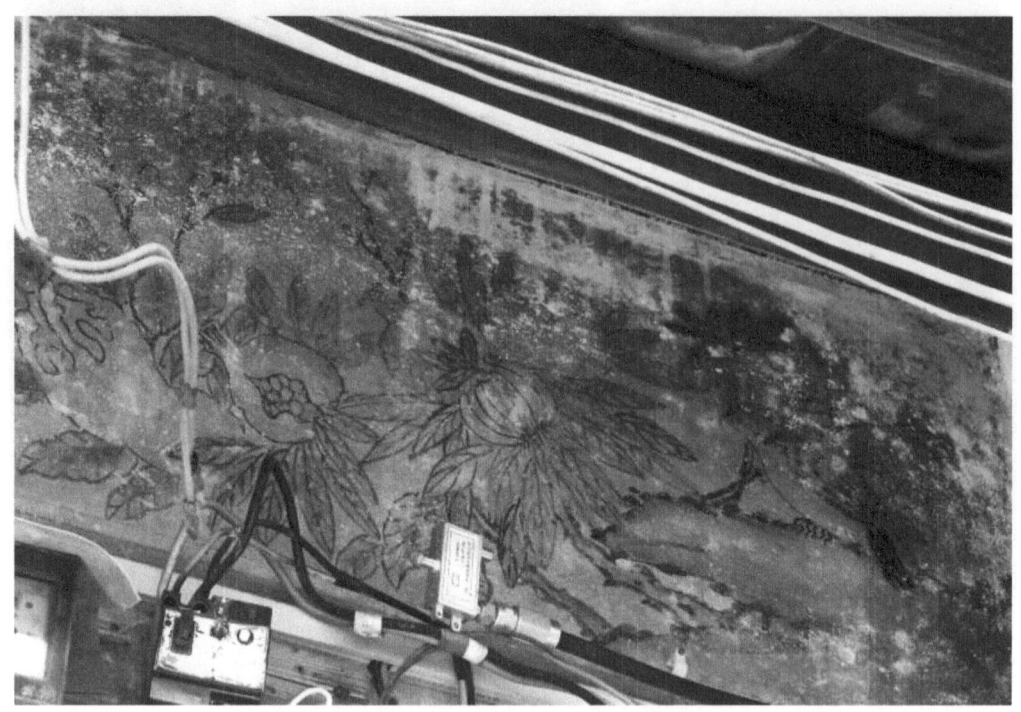

图 9-148　大鹏所城·西北村 25 号彩画

亦有以石榴相赠祝吉者。常见的吉利画有《榴开百子》《三多》《华封三祝》《多子多福》等。

（十）梅花鹿

鹿在古代被视为神物，认为能给人们带来吉祥幸福和长寿，那些长寿神仙大都骑着梅花鹿。鹿的肉是人类的健康食物，皮可用作寝具，骨头可用作器具、药材等。谐音"进禄加官"等词语，有仕途、权力的象征。一些商标、馆驿、店铺扁额也用鹿，是人们向往美好、企盼财运兴旺的心理反映。由公鹿、母鹿成双出游衍生而有婚姻含义。作为美的象征，鹿与艺术有着不解之缘，历代壁画、绘画、雕塑中都有鹿。

（十一）燕子

燕子是原始先民的图腾崇拜对象。原始时期三大部族华夏族、东夷族、西南古族，其中东夷族少昊系统的图腾物之一便是玄鸟。它表现春光的美好，传达惜春之情。燕子怀旧的这种情感属性，既是燕子的生物属性，也是人对燕子的情感体验。尤其是成双成对、双栖又双飞的燕子，寄托着中国人对美好爱情的向往。

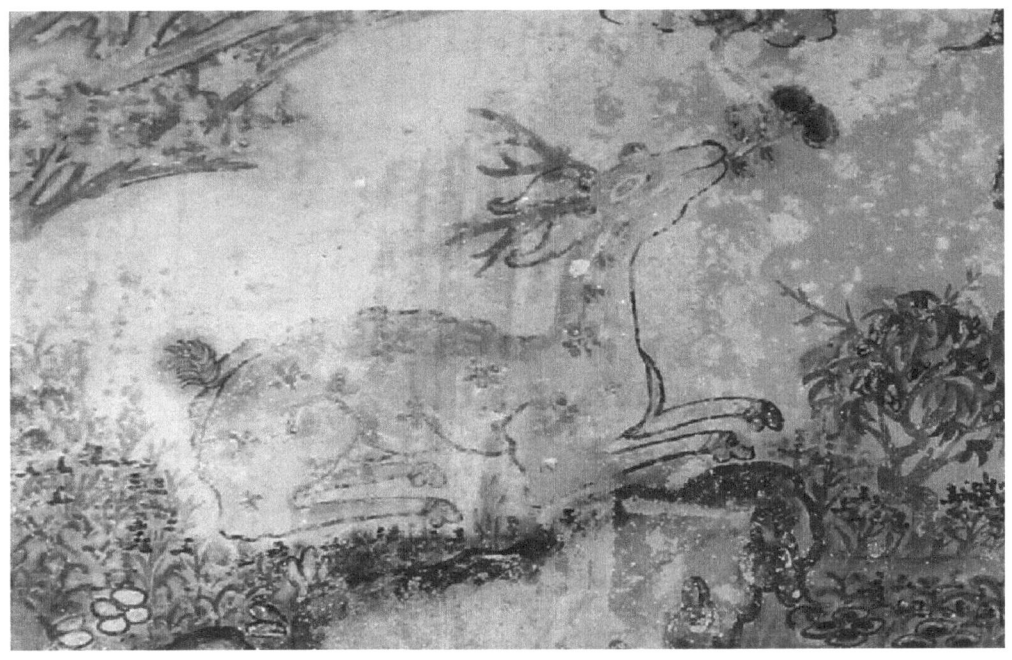

图 9-149 同治年间葵涌三溪福田世居彩画

图 9-150 黄屋村二巷 11 号彩画

（十二）凤凰（雉鸡）

凤凰是中国古代传说中的百鸟之王，雄者为凤，雌者为凰，在中华文化中的地位仅次于龙，亦称为丹鸟、火鸟、鹍鸡、威凤等，其图徽常用来象征祥瑞。它是人们心目中的瑞鸟，天下太平的象征。古人认为时逢太平盛世，便有凤凰飞来。凤凰也是皇权的象征，常和龙一起使用，龙凤呈祥是最具中国特色的图腾。民间美术中

图 9-151　鹤薮一区 188 号彩画

也有大量的类似造型。

(十三) 蝴蝶

在中国古代的许多传说中，蝴蝶是一个吉祥的预兆。《天中记》卷五十七记载隋唐之际，长安城禁苑内一大树，某一年的冬雪中，忽然花叶茂盛，凋落后结果实。这些果实能发光，过了几天都化为红蝴蝶飞去。第二年，唐高祖就攻下了长安，这些红蝴蝶就是一个前兆。而李贺有诗句："东家蝴蝶西家飞，白骑少年今日归。"欧阳修有诗："拂面蜘蛛占喜事，入帘蝴蝶报佳人。"这里都引用了唐代李淳风《占怪书》中的典故，书中云："蛱蝶忽入人宅舍及帐幕内者，主行人即返，又云生贵子，吉。"所以，大到国家大事，小到老百姓的生活，蝴蝶经常与好的传说联系在一起。除此以外，蝴蝶还经常预示着大富大贵。《元明事类钞》卷四十引《悬饲琐探》称吴郡有个叫施般的人，曾经作了一首《蝴蝶诗》称："莫怪风前多落魄，三春应作探花郎。"蝴蝶探花，应中举之象，后来他果然高中。

第九章　大鹏所城城及其周边古建筑壁画调查研究

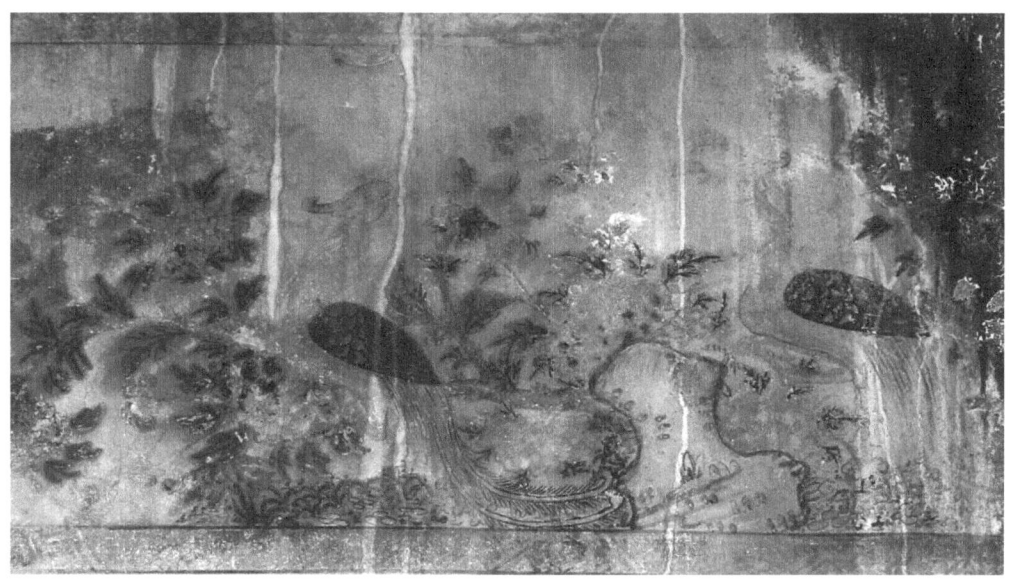

图 9-152　同治年间葵涌三溪福田世居彩画

图 9-153　光绪年间大鹏新区丰树山村李氏宗祠彩画

图 9-154　赖绍贤将军第彩画

图 9-155　大鹏所城东门街 14 号彩画

图 9-156　同治年间葵涌三溪福田世居彩画

第九章 大鹏所城城及其周边古建筑壁画调查研究

图 9-157　同治年间葵涌三溪福田世居彩画

图 9-158　鹤薮一区 333 号彩画

(十四)周易八卦图案

八卦最初是上古人们记事的符号，后被用为卜筮符号。古代常用八卦图作为除凶避灾的吉祥图案。八卦吉祥物因其分类不同其寓意也有所不同，如有阴阳鱼八卦镜、十二生肖平面八卦镜等。八卦镜、八卦盘主要用来改善风水、镇宅、化解冲射、挡煞避邪，具有挡煞化煞的作用，可以将煞气四方挡散，达到把煞气瓦解之功效。

图 9-159　王母围 7 巷 2 号

图 9-160　王母围 7 巷 4 号

第九章 大鹏所城城及其周边古建筑壁画调查研究

图 9-161　大围东 30 号

图 9-162　大鹏山庄

二、山水人物

（一）山水

图 9-163　大鹏山庄

图 9-164　大鹏所城·李屋巷 17 号左

图 9-165 大鹏所城·刘起龙将军第

图 9-166　大鹏所城·刘起龙将军第

(二) 人物

图 9-167　三溪福田世居

图 9-168　大鹏所城·刘屋巷 5 号（八仙）

图 9-169　大鹏所城·刘屋巷 5 号（弄孙福）

图 9-170　大鹏所城·刘起龙将军第

三、诗词古文

（一）诗词：

图 9-171　光绪年间大丰树山村李氏宗祠壁画诗词

文章大雅妙传神，上苑探花末了因。

怪底繁花经眼后，几曾醒却梦中身。

新盘仁兄大人雅鉴，白下罗牧生作

注明　① 题诗词内容用宋体，落款用楷体。
　　　② 有无法识别的字用□代替。

图 9-172 光绪年间大丰树山村李氏宗祠壁画诗词

百样精神百样春,小园深处静无尘,
笔花妙得天然趣,不是寻常梦里人。
花事将成蝶又飞,香为魂梦粉为衣,
萋萋深处王孙草,莫学王孙去不归。

图 9-173 光绪年间石禾塘东 29 号壁画诗词

姑苏台上月团团,姑苏台下水潺潺。

月落西边有时出,水流东去几时还。

仲春上浣偶书　罗浮老道人题

图 9-174 光绪年间西涌鹤薮一区 188 号诗词

秋风平步上天梯，□桂亭□笔一枝，
即得嫦娥亲嘱付，□□壮志负男儿。
特地南阳访故人，□论□□□□新，
东风□□马蹄软，山下飞花开遍春。

图 9-175 光绪年间将军巷左诗词

□有园□□,偏□目不窥,
半弓运□圃,三载下重帷,
小院频年别,重帘五夜垂,
藤□缠径处,风雨闭关时,
学本天人贯,春惟草木知,
专精缘董相,千古采鸿辞。

偶书

图 9-176 光绪年间将军巷左诗词

十□仙掖句□入□□实篆萦□丽华同镂玉工标显金陛上挥洒木天中墨妙传蓬岛诗才重蕊宫长看丹？列更胜碧纱笼献颂趣宸？□□林泽□。

图 9-177 光绪年间将军巷左诗词

坡老豪千古长□续□重申诗律□一□酒□攻结阵□飞白生花尽□红八又争胜负一甲失英雄戛击金□隐描摹玉戏工总教□□韵扮本照玲珑。

春三月　中浣之吉

图 9-178　光绪年间石禾塘东 29 号诗词

【唐】黄滔《明月照高楼》

月满长空朗，楼侵碧落横。

波文流藻井，桂魄映（拂）雕楹。

深鉴罗纨薄，寒搜户牖清。

冰铺梁燕噤，霜覆瓦松倾。

卓午收全影，斜悬转半明。

佳人当此夕，多少别离情。

乙未岁仲春月吉旦夕偶题

罗浮翼思　翼维

图 9-179　光绪年间东门街 14 号 -2006 修诗词

锦衣壮士久还乡，前后讴思总不忘，
紫诰乍佩增福寿，青宫今又简贤良。
何方淑气钟龙马，台阁家声继凤凰。

丁未孟夏中浣吉日

图 9-180　现代王母围村 9 巷 5 号诗词

【宋】王珪《上元应制》

雪消华月满仙台，万烛当楼宝扇开。
双凤云中扶辇下，六鳌海上驾山来。
镐京春酒沾周宴，汾水秋风陋汉才。
一曲升平人共乐，君王又尽紫霞杯。

图 9-181　宣统年间王母围 7 巷 2 号诗词

【唐】崔涂《春夕旅怀》

水流花谢两无情，送尽东风过楚城。

蝴蝶梦里家万里，杜鹃枝上月三更。

故园书动经年绝，华发春催两鬓生。

自是不归归便得，五湖烟景有谁争？

图 9-182　宣统年间王母围 7 巷 2 号诗词

【唐】李商隐《霜月》

初闻征雁已无蝉，百尺楼台水接天。（一作：楼南/楼高）
青女素娥俱耐冷，月中霜里斗婵娟。

图 9-183 宣统年间大围东 30 号诗词

【唐】韩愈《早春呈水部张十八员外》

天街小雨润如酥,草色遥看近却无。

最是一年春好处,绝胜烟柳满皇都。

图 9-184　宣统年间大鹏山庄诗词

【唐】刘禹锡《乌衣巷》

朱雀桥边野草花,乌衣巷口夕阳斜。

旧时王谢堂前燕,飞入寻常百姓家。

图 9-185　宣统年间大鹏山庄诗词

【唐】李白《与史郎中钦听黄鹤楼上吹笛／黄鹤楼闻笛》

一为迁客去长沙，西望长安不见家。

黄鹤楼中吹玉笛，江城五月落梅花。

辛亥□日书

图 9-186 宣统年间水头 71 号诗词

不作寻常号,专称富贵花。

图 9-187　民国年间十字街将军第诗词

□兰长映画□明，支石横眠道气清。

千载短□动紫□，好须翘望上蓬瀛。

图 9-188　民国年间大鹏山庄 61 号 14 诗词

燕贺新居奕世昌，凤凰重舞照吉祥，
福荫家庭千载盛，儿孙禄德万年长，
富贵寿考康宁泰，凫□□绩续流芳。
辛酉岁上浣津时不老李氏题

图 9-189　民国年间大鹏山庄 56 号诗词

【唐】李白《赠孟浩然》

吾爱孟夫子，风流天下闻。

红颜弃轩冕，白首卧松云。

醉月频中圣，迷花不事君。

高山安可仰，徒此揖清芬。

图 9-190 民国年间大鹏山庄 56 号诗词

【唐】李白《庐山谣寄卢侍御虚舟》

屏风九叠云锦张,影落明湖青黛光,
金阙前开二峰长,银河倒挂三石梁。
香炉瀑布遥相望,回崖沓嶂凌苍苍。

图 9-191　民国年间大鹏山庄 88 号诗词

亭亭紫树蝶吟香，爱问桃花却晚妆，

珠蕊晤飞怜曲径，霞林风动误清行，

低枝带笑久人色，坠影含情胜碧光，

满地阳光凝脂点，知他春次助春觞。

壬戌季春后遂桃花句于

菊影山房之西廨

仿古山人题

图 9-192　民国年间大鹏山庄 80 号诗词

【宋】晏殊《无题》

油壁香车不再逢，峡云无迹任西东。
梨花院落溶溶月，柳絮池塘淡淡风。
几日寂寥伤酒后，一番萧瑟禁烟中。
鱼书欲寄何由达，水远山长处处同。

图 9-193 民国年间新屋园村 24 号诗词

【南宋】戴复古《月夜舟中》

满船明月浸虚空,绿水无痕夜气冲。
诗思浮沉樯影里,梦魂摇曳橹声中。
星辰冷落碧潭水,鸿雁悲鸣红蓼风。
数点渔灯依古岸,断桥垂露滴梧桐。

【南宋】谢枋得《蚕妇吟》

子规啼彻四更时,起视蚕稠怕叶稀。
不信楼头杨柳月,玉人歌舞未曾归。

图 9-194 民国年间新屋园村 24 号诗词

【宋】王令《送春》

　三月残花落更开，小檐日日燕飞来。
　子规夜半犹啼血，不信东风唤不回。

【宋】司马光《客中初夏》

　四月清和雨乍晴，南山当户转分明。
　更无柳絮因风起，惟有葵花向日倾。

【宋】赵师秀《约客／有约》

　黄梅时节家家雨，青草池塘处处蛙。
　有约不来过夜半，闲敲棋子落灯花。

图 9-195　民国年间南坑铺南 9 号诗词

【唐】崔曙《九日登望仙台呈刘明府容》

汉文皇帝有高台，此日登临曙色开。

三晋云山皆北向，二陵风雨自东来。

关门令尹谁能识，河上仙翁去不回。

且欲近寻彭泽宰，陶然共醉菊花杯。

岁在庚午年　山道人笔

图 9-196　民国年间南坑铺南 9 号诗词

门遥责花到此开，五雁同堂亦是来，

脱衣换锦文中幸，英雄得雀栋梁材。

民国拾九年冬月题

图 9-197　民国年间戴屋巷 10 号诗词

白头富贵到此开，丹桂重匕亦是来，
五雁同堂名泗海，英雄得雀栋梁材，
住在鹏城良善积，天地总成福赐来。

第九章 大鹏所城城及其周边古建筑壁画调查研究

图 9-198 民国年间围之布村七巷 12 号诗词

【宋】王珪《上元应制》

雪消华月满仙台，万烛当楼宝扇开。

双凤云中扶辇下，六鳌海上驾山来。

中华民国壬申年

图 9-199　民国年间王母围村 15 号诗词

□□始祖属梅州，□□徙鹏四百秋，
□□□□经八代，□□□母冠群侯。

图 9-200 民国年间大岭下村 5 号诗词

岭小岂无云巫岫，台高谁有树参天，宝尊留客春弄曲，银烛题诗宜剪红，以理天伦皆叹息，矜已和家喜乐宽。

【唐】李白《与史郎中钦听黄鹤楼上吹笛／黄鹤楼闻笛》

黄鹤楼中吹玉笛，江城五月落梅花。

三十六年冬季吉月偶题

图 9-201　民国年间大鹏山庄 61 号诗词

茂井花发在其中，□水源来□样风，
恃系忮童□优□，□步虚殷富贵翁，
□庆□成□日□，自有豪杰晋赤丰。

岁在辛酉孟春罗浮

三百峰道人杨氏绿芳杲图□笔

图 9-202　现代王母围村 34 号诗词

【唐】张谓《早梅》

一树寒梅白玉条，迥临村路傍溪桥。

不知近水花先发，疑是经冬雪未销。

【唐】于鹄《江南曲》

偶向江边采白蘋，还随女伴赛江神。

众中不敢分明语，暗掷金钱卜远人。

三月节南□一是题

图 9-203　现代王母围村 34 号诗词

【唐】顾况《题叶道士山房》

水边垂柳赤栏桥，洞里仙人碧玉箫。

近得麻姑音信否，浔阳江上不通潮。

【唐】李约《江南春·池塘春暖水纹开》：

池塘春暖水纹开，堤柳垂丝间野梅。

江上年年芳意早，蓬瀛春色逐潮来。

□道人笔

图 9-204　现代母围村 3 巷 5 号诗词

【宋】程颢《秋日》

闲来无事不从容,睡觉东窗日已红。

万物静观皆自得,四时佳兴与人同。

道通天地有形外,思入风云变态中。

富贵不淫贫贱乐,男儿到此是豪雄。

图 9-205　现代王母围村 3 巷 5 号诗词

【唐】李白《黄鹤楼送孟浩然之广陵》

故人西辞黄鹤楼，烟花三月下扬州。

孤帆远影碧空尽，唯见长江天际流。

【唐】李白《早发白帝城／白帝下江陵》

朝辞白帝彩云间，千里江陵一日还。

两岸猿声啼不住，轻舟已过万重山。

图 9-206　现代王母围村 3 巷 6 号诗词

【宋】苏轼《读书乐》

读得书多胜大丘，不须耕种自然收。

在家有酒在家醉，到处逢人到处留。

日里不怕人来借，夜里不怕贼来偷。

虫蝗水旱无伤损，快活风流到白头。

丁卯岁季秋月

【唐】白居易《放鱼》

晓日提竹篮，家僮买春蔬。
青青芹蕨下，叠卧双白鱼。
无声但呀呀，以气相煦濡。
倾篮写地上，拨剌长尺余。
岂唯刀机忧，坐见蝼蚁图。
脱泉虽已久，得水犹可苏。
放之小池中，且用救干枯。
水小池窄狭，动尾触四隅。
一时幸苟活，久远将何如。
怜其不得所，移放于南湖。
南湖连西江，好去勿踟蹰。
施恩即望报，吾非斯人徒。
不须泥沙底，辛苦觅明珠。

一九八七年九月书

图 9-207　现代刘屋巷 9 号诗词

江南岭顶一枝梅，山公赠送入一来，
千年挂查呼盅内，古道从新宝库开，
秀才钦点探花回。
甲辰月浣雪霞作

图 9-208　现代刘屋巷 9 号诗词

花逢滋雨锦上添，木梨香浓映日红，
四处名芳还念旧，时来明月伴金球，
春迎百福庆齐高。

少年七律诗

图 9-209　现代大碓村民居诗词

【宋】徐元杰《湖上》

　　花开红树乱莺啼，草长平湖白鹭飞。

　　风日晴和人意好，夕阳箫鼓几船归。

【宋】王令《送春》

　　三月残花落更开，小檐日日燕飞来。

　　子规夜半犹啼血，不信东风唤不回。

图 9-210　现代大碓村民居诗词

【元】卢挚《沉醉东风·七夕》

银烛冷秋光画屏，碧天晴夜静闲亭。

蛛丝度绣针，龙麝焚金鼎。庆人间七夕佳令。

卧看牵牛织女星，月转过梧桐树影。

（二）古文

富贵诗有绝妙者。如唐人："偷得微吟斜倚柱，满衣花露听宫莺。"宋人："一院有花春昼永，八荒无事诏书稀。""烛花渐暗人初睡，金鸭无烟却有香。""人散秋千闲挂月，露零蝴蝶冷眠花。""四壁宫花春宴罢，满床牙笏早朝回。"元人："宫娥不识中书令，问是谁家美少年。""袖中笼得朝天笔，画日归来又画眉。"本朝商宝意云："帘外浓云天似墨，九华灯下不知寒。""那能更记春明梦，压鬓浓香侍宴归。"汤西崖少宰云："楼台莺蝶春喧早，歌舞江山月坠迟。"张得天司寇云："愿得红罗千万匹，漫天匝地绣鸳鸯。"皆绝妙也。谁谓"欢娱之言难工"耶？

图 9-211　光绪年间将军巷左 17《富贵诗》

图 9-212　光绪年间将军巷左民居诗词

袁枚：《随园诗话补遗》卷三，二一：吾乡多闺秀，而莫盛于叶方伯佩荪家。其前后两夫人、两女公子、一儿妇，皆诗坛飞将也。先娶周夫人瑛清，《甲戌闻捷》云："双眉欲展意犹惊，起听铜钲屋外声。不惜雕梁驱乳燕，泥金帖子挂题名。"秦家上计动经年，闺梦何由向日边？今日离情暂抛却，知君身到大罗天。"

图 9-213 光绪东门街 14 号民居诗词，-2006 修

《千字文》之选段

图写禽兽，画彩仙灵，丙舍旁启，甲帐对楹，肆筵设席，鼓瑟吹笙，升阶纳陛，弁转疑星，右通广内，左达承明，既集坟典，亦聚群英。

图 9-214　宣统年间水头 71 号民居诗词

《礼记·中庸》

好学近乎智，力行近乎仁，知耻近乎勇，知斯三者，则知所以修身；知所以修身，则知所以治人；知所以治人，则知所以治天下国家矣。

宣统三年端阳节十日书

澄泽居士草

图 9-215 宣统年间水头村 71 号民居诗词

【唐】王勃《滕王阁序》

物华天宝,龙光射牛斗之墟;人杰地灵,徐孺下陈蕃之榻。雄州雾列,俊采星驰。台隍枕夷夏之交,宾主尽东南之美。都督阎公之雅望,棨(qǐ)戟遥临。

辛亥岁端阳前十日书

图 9-216 宣统年间王母围村 52 号民居诗词

郁。严公之元望启急陶林永乐士之宽那管翁鱼示我家明

辛亥年孟月　立初书

第九章　大鹏所城城及其周边古建筑壁画调查研究

图 9-217　民国年间一字街将军第民居诗词

一□湘竹荡花阴香气潜生瑞气临行。不知春日。新莺不知春日新莺啼过杏林。
□□

图 9-218　民国年间中山里村 6 号民居诗词

【唐】刘禹锡《陋室铭》

　　山不在高，有仙则名。水不在深，有龙则灵。斯是陋室，惟吾德馨。苔痕上阶绿，草色入帘青。

　　岁在甲子岁　　自书

【唐】王勃《滕王阁序》

　　时维九月，序属三秋。潦水尽而寒潭清，烟光凝而暮山紫。

　　自书

图 9-219 民国年间大鹏山庄叶氏炮楼院诗词

【唐】王勃《滕王阁序》

物华天宝，龙光射牛斗之墟；人杰地灵，徐孺下陈蕃之榻。雄州雾列，俊采星驰。台隍枕夷夏之交，宾主尽东南之美。

图 9-220　民国年间新塘一巷 5 号诗词

【晋】陶渊明《五柳先生传》

先生不知何许人也，亦不详其姓字，宅边有五柳树，因以为号焉。闲静少言，不慕荣利。好读书，不求甚解；每有会意。

图 9-221　民国年间新塘一巷 5 号民居诗词

【唐】刘禹锡《陋室铭》

山不在高,有仙则名。水不在深,有龙则灵。斯是陋室,惟吾德馨。南阳诸葛庐,西蜀子云亭,孔子云:何陋之有?

戊辰仲春月书

图 9-222 民国年间南坑铺南 25 号诗词

【唐】王勃《滕王阁序》

物华天宝,龙光射牛斗之墟;人杰地灵,徐孺下陈蕃之榻。雄州雾列,俊采星驰。台隍枕夷夏之交,宾主尽东南之美。都督阎公之雅望,棨戟遥临;宇文新州之懿范,襜帷暂驻。十旬休假,胜友如云。

辛未冬立

第九章 大鹏所城城及其周边古建筑壁画调查研究

图 9-223 民国年间南坑铺南 25 号诗词

【唐】王勃《滕王阁序》

豫章故郡，洪都新府。星分翼轸，地接衡庐。襟三江而带五湖，

图 9-224　民国年间围之布村七巷 12 号诗词

控蛮荆而引瓯越。物华天宝，龙光射牛斗之墟；人杰地灵，徐孺下陈蕃之榻。

壬申年夏天敬书

图 9-225　民国年间围之布村七巷 12 号诗词

【魏晋】王羲之《兰亭集序》

群贤毕至，少长咸集。此地有崇山峻岭，茂林修竹，又有清流激湍，映带左右。

图 9-226 民国年间张家巷 3 号民居诗词

【唐】王勃《滕王阁序》

物华天宝,龙光射牛斗之墟;人杰地灵,徐孺下陈蕃之榻。雄州雾列,俊采星驰。

民国二十一年春

图 9-227　民国年间围之布村围布路 32 号民居诗词

【唐】刘禹锡《陋室铭》

山不在高,有仙则名。水不在深,有龙则灵。斯是陋室,惟吾德馨。苔痕上阶绿。

图 9-228 民国年间围之布村围布路 32 号民居诗词

草色入帘青。谈笑有鸿儒,往来无白丁。可以调素琴,民国癸酉年写于陋室铭以为

图 9-229　民国年间围之布村围布路 32 号民居诗词

【唐】王勃《滕王阁序》

十旬休假，胜友如云；千里逢迎，高朋满座。腾蛟起凤，孟学士之词宗；紫电

图 9-230　民国年间围之布村围布路 32 号民居诗词

青霜，王将军之武库。家君作宰，路出名区。童子何知，躬逢胜饯。或残偶笔以为

中华民国廿一年敬书

图 9-231　民国年间大岭下村民居诗词

【唐】刘禹锡《陋室铭》

山不在高，有仙则名。水不在深，有龙则灵。斯是陋室，惟吾德馨。苔痕上阶绿，草色入帘青。谈笑有鸿儒，往来无白丁。可以调素琴，阅金经。无丝竹之乱耳，无案牍之劳形。南阳诸葛庐，西蜀子云亭。孔子云：何陋之有？

丁亥年冬月吉日鸿题

四、锦灰堆

图 9-232　大鹏所城·西门将军第·"斗室中宽天地阔"

图 9-233　大鹏所城·西门将军第·"寸心内月白风清"

第四节　大鹏古建筑壁画的保护

我国的壁画历史悠久，《史记·秦始皇本纪》中有"木衣锦绣，土坡朱紫"，《后汉书·梁冀传》中有"墙面以蜃灰涂白施以壁画"。由于自然损毁和社会发展变革，古建筑越来越少。壁画是古建筑的重要组成部分，"皮之不存，毛将焉附"，一些古建筑壁画亦随古建筑的损毁和破坏一同而去。一方面，在自然侵蚀、人为破坏或修缮过程中，依附于古建筑上的壁画被毁弃，或被污物、白灰、泥浆等覆盖；另一方面，古建筑壁画一般由支撑体即墙体层、批荡层和颜料层制作而成，相对于比较容易保存的砖石材料，壁画中的泥土和白灰材料，及颜料层中的植物颜料难以长期保存，因此是古建筑各组成部分中最易损毁的部位。故此保存至今的古建筑壁画为数较少，弥足珍贵。

目前，大鹏新区经济社会发展日新月异，传统壁画的载体古建筑正在大量地被新建筑所替代，大鹏传统壁画正在迅速消亡，亟须抢救性记录和归纳整理。"文革"破"四旧"时这些壁画首当其冲，大部分被涂盖。而且由于其对墙壁天然的依赖性，比起木雕、灰塑等建筑构件，壁画因无法收藏故难以保存。建筑一旦翻修，墙壁重起，与墙壁不可分割的壁画就只有消失。改革开放以来，众多住宅民居和祠堂庙宇因修缮而重新砌墙，又使大鹏传统壁画继续遭到毁灭性的破坏。另外，人们虽然发明了一些手段来延长建筑壁画的寿命，但迄今并没有找到有效的保护办法。随着时间的推移，壁画所依附的古建筑的自然损毁和人为损毁将日益严重。及时地对这些古建筑和壁画进行有效合理的保护与研究，就显得越发迫切。抢救性采集记录并整理出版这些大鹏传统壁画并加以研究，是保护大鹏新区文化遗产工作的切实可行的重要内容，更是引导和促进公众提高文化遗产保护意识的重要举措。

大鹏古建筑壁画伴随着所附着的古建筑的兴衰，或得到积极的保护，或遭受不同形式的破坏。壁画从形成之初就因为外界环境、社会环境和人为因素的影响而被重绘、补绘、维修，或画面被破坏、覆盖。壁画的支撑材料、制作材料以及绘画材料也出现了不同程度的老化变质。部分古建筑经过多次扩建、维修、重修，建筑的数量、结构和布局基本上趋于稳定，但建筑内部的壁画却随着历次的重建和修缮或被重新绘制，或被缓慢破坏，或在修缮中损毁。

有人曾提出一种古建筑壁画保护方法，其方法步骤为：①在古建筑屋面进行揭顶维修之前用蒸馏水对壁画表面清污；②壁画自然风干后，在壁画表面涂刷一层有机硅溶液;③在壁画表面覆盖一层塑料薄膜;④在塑料薄膜表面覆盖一块聚乙烯泡沫板;⑤在泡沫板表面覆盖一块木夹板;⑥待屋面揭顶维修完成后,依次逐一拆除木夹板、泡沫板、塑料薄膜等覆盖物;⑦最后用蒸馏水对壁画表面进行清洗。此法能在古建筑屋面修缮过程中避免壁画受到损害,并能最大限度地实现对壁画的原状保护。有人提出:"譬如修补'历代壁画'时,……只能对其损坏残缺部分,采用'修旧如旧'的方法进行保护,而不能原状更新,更不可除掉重来。在修补壁画时,一定用矿物质染料,传统工艺,不可采用现代材料现代手法,画得再好也不可取,如有发生,就是破坏了历史文物。"还有人提出:壁画的保护修复,要有针对性地实施。

根据学界已有研究成果,古建筑壁画的病害危害来源主要有以下几个方面:①支撑体病害,表现为支撑体的坍塌、位移、空鼓、剥落和酥粉等;②地仗层病害,表现为脱落缺失、酥减、空鼓玻璃支撑体、裂隙或裂缝等;③颜料层病害,表现为脱落、粉化、污染、覆盖污斑、龟裂起甲、疱疹状突起、水浸扩散等;④环境危害,包括温度、湿度、水分、空气污染物、光照、通风、灰尘等,以分解壁画的制成材料、降低壁画的机械强度为主;⑤生物危害,来源于霉菌类、昆虫类、鸟类、鼠类、爬行动物类等,以机械磨损和分泌有害物为主;⑥人为病害,表现为机械病害、污染覆盖,等等。据此提出壁画的分级保护办法。最低级的是原地原状保护,中级的

图9-234 大鹏所城将军第

是原地遮蔽式保护，最高级的是壁画的"馆藏式"保护。可移动文物大部分已实行了馆藏式保护，壁画可视为不可移动文物的部分，只能够用不可移动文物保护的方法。但是现在不可移动文物保护一般都是用最低级的即原地原状保护，其缺陷是无法阻止或者延缓风蚀和生物病害。壁画的馆藏式保护的优势在于：①可阻止绝大部分风蚀，可控温控湿；②可避免其他人为的物理性破坏和生物病害；③成本相对较低；④理论上可永久保存；⑤便于展示和鉴赏。其不足是：脱离了原生的大环境，难以体现壁画与原生建筑之间的联系和整体风格特征。

古建筑壁画在预防病害发生的过程中所实行的预防手段要遵循不改变原状、尽量少干预、预防为主，安全性、保护材料可操作性的原则。在具体的施工过程中，首先从预防古建筑墙体也就是壁画支撑墙体做起，可以对损毁部分的墙体进行加固修缮，阻隔侵蚀古建筑墙体的水分，对古建筑墙体进行密闭处理。在对古建筑内部环境实施调节控制时，从控制环境温湿度、防光照辐射、防尘和空气净化等方面进行处理。对于古建筑周围环境的净化防护，可以通过对环境中壁画害虫使用植物性杀虫剂进行防治、对霉菌和微生物进行综合防治、多栽种净化空气的植物来改善古建筑周围的环境质量等方式进行。在对古建筑壁画的日常管理工作中，要注重日常维护、安全维护和开发利用。此外，还有一些特别情况下的特殊保护方法，如把壁画揭取后异地放置在博物馆库房中集中保护，对古建筑壁画实施全面的数字化保护工作等。

据不完全统计，大鹏半岛留存至今的古建筑壁画至少有100多处，时间跨度从清同治到近现代，以光绪、宣统时期居多，保存面积不等。壁画内容有神话故事、宗教故事、历史传说、花鸟风景、古文经典、民间生活场景等。保护这些珍贵的古建筑壁画，是文物保护工作的重点。

深圳大鹏所城历史遗迹与文化研究

『第二辑』

黄文德 著

学苑出版社

目　录

第一章　王母河流域历史文化调查研究 …………………………………… **401**

　　第一节　导言 ……………………………………………………………401

　　第二节　王母河流域历史文化概述 ……………………………………403

　　第三节　王母河流域的历史文化 ………………………………………405

　　第四节　王母河流域的建筑文化 ………………………………………423

　　第五节　王母河公共空间历史文化展示建议 …………………………450

　　参考文献 ……………………………………………………………………451

第二章　葵涌历史文化调查研究 ……………………………………………… **453**

　　第一节　导言 ……………………………………………………………453

　　第二节　葵涌概况 ………………………………………………………455

　　第三节　基肇葵乡——葵涌客家文化 …………………………………461

　　第四节　峥嵘岁月——葵涌红色革命文化 ……………………………499

　　第五节　葵涌河红色革命历史文化展示策划 …………………………580

　　第六节　结语 ……………………………………………………………611

第三章　大鹏潘氏家族建筑与人文研究·················612

第一节　导言·················612
第二节　社会背景调查·················618
第三节　家族史调查·················623
第四节　建筑调查·················668
第五节　潘氏民俗文化·················687
第六节　结论·················693

第四章　大鹏王桐山钟氏家族建筑与人文研究·················696

第一节　王桐山村简介·················696
第二节　钟氏得姓由来·················698
第三节　钟氏原为广府人·················698
第四节　大鹏钟姓源于惠东竹园·················702
第五节　王桐山钟氏·················702
第六节　鹏城松山钟氏开基祖钟闻宇·················704
第七节　红屋瓦钟氏·················704
第八节　大鹏钟氏家族简谱·················704
第九节　大鹏钟氏家族与大鹏红色革命·················709

第五章　大鹏半岛革命遗迹调查研究·················716

第一节　导言·················716
第二节　大鹏半岛红色革命史·················721
第三节　大鹏半岛红色革命资源·················775
第四节　大鹏半岛红色革命纪念设施、纪念场所·················865
第五节　大鹏半岛红色革命资源的保护与展示利用策略分析·················884

第一章　王母河流域历史文化调查研究

第一节　导言

近年来，随着城市的快速发展与旧村改造，大量的自然村落正在消失，有幸留存下来的不是自身遭受风雨侵蚀，就是遭到人为毁坏。在经济建设的同时，对历史文物的保护工作并没有引起人们足够的重视，以致造成自然村落及单体建筑的遗产价值在降低。之所以造成这种局面，除了利益的驱使和开发商的急功近利，其主要原因是人们对历史文化的认知程度太低，无知而无畏，对先辈遗留下来的文化遗产

图 1-1

缺乏敬畏之心；加之缺乏专业知识，不知道怎么保护和利用，尤其是缺乏对稀缺和濒临灭绝的历史文化遗产采取抢救性保护的方法和手段。要解决上述问题，除了加大对历史文化资源的保护、挖掘与研究，还要加强宣传和展示，按照"谁使用谁保护"的文物属地保护原则，提高人们对文物资源保护和利用工作的自觉性。

大鹏新区所在的大鹏半岛是深圳文化之根、历史之源，是深圳文化遗产分布的重点地域。早在七千多年前，大鹏半岛地区就已经居住着远古时代的百越族先民，他们在这里劳动、繁衍和生息，创造了灿烂的"咸头岭文化"，进而成为深圳地域文化的重要组成部分。

大约在一千年前，流经大鹏半岛腹地的王母河流域成为人们居住生活的理想之地，人们沿河而居。随着人口的不断增加，王母河流域作为大鹏半岛中心的地位逐步得以确立，逐步成为大鹏半岛政治、经济、文化的核心区。王母河一河两岸，分布着鸭母脚、旱塘仔、黄岐塘、上圩门、下圩门、石禾塘、中山里、王桐山、王屋围、曹屋围、王母围、布锦、石桥头、水贝、水头、龙岐、石角头、沙埔等自然村落。随着深圳农村城市化发展速度的加快，新的中心城市和城镇不断涌现，大鹏新区对大鹏半岛的未来发展已经规划了新的蓝图。在这一形势下，如何保护、挖掘和利用当地的历史文化遗产，已成为摆在我们面前亟待解决的问题之一。

2017年，习近平总书记在十九大报告中针对生态环境保护提出了新的理念和要求："建设生态文明是中华民族永续发展的千年大计。必须树立和践行绿水青山就是金山银山的基本国策，坚持节约资源和保护环境的基本国策，像对待生命一样对待生态环境，统筹山水林田湖草治理……"为了贯彻和落实习近平总书记关于环境和生态保护的讲话精神和全国环境保护工作会议精神，省市相关部门已对环境保护工作做了专门部署。

王母河水环境综合整治工程于2017年4月26日开工建设，根据相关规划，到2020年，完工后的王母河有望变成一条融防洪、水质、绿化改造于一体的景观河道。

大鹏新区建筑工务局为将王母河打造成大鹏街道新的旅游景点，将王母河活化起来，决定将王母河周边丰富的历史进行展示。本着保证历史文化的真实性、向历史负责任的态度，大鹏新区建筑工务局成立了课题小组，拟在河道两侧分段展示王母河流域的历史文化，将自然景观与历史人文融为一体进行综合性展示。这一做法对当地历史文化遗产进行积极保护和利用，得到当地文物管理部门的高度评价。深圳市古迹保护协会对此予以支持，组织专业团队承担该项工作。

大鹏新区建筑工务局与深圳古迹保护协会就配合王母河水环境治理工程，开发"王母河一河两岸公共空间文化展示"的历史文化课题一事进行了协商，决定由大鹏新区建筑工务局委托深圳市古迹保护协会对王母河流域的历史文化进行调研，在调研的基础上，提交调研报告，作为建筑工务局开展"王母河一河两岸公共空间文化展示"项目参考的内容与素材。

课题组对王母河流域历史文化进行系统调查、研究、整理，所提交的调研报告包括王母河的名称由来及变迁、传统建筑地域特点、民系文化、宗教民俗、红色文化等。

从2018年6月开始，深圳市古迹保护协会课题组对王母河流域的系列王母文化［含王母妆台、王母屯围、王母圩、王母庙（观音山龙岩古寺）］，以及河流两岸的自然村落王桐山、布新水贝、石桥头、龙岐的历史文化进行了调研，2018年6月已将在调研基础上撰写完成提纲初稿提交给甲方课题管理人员审核，并在征求意见的基础上，对提纲修订稿进行了修改、补充和调整，拟汇总后，以报告形式报给专家组审核。

在调研中，课题组除开展野外调查和采访工作，还结合文献资料《清嘉庆新安县志》《宝安县志》《深圳通史》《深圳市志·社会风俗卷》《深圳咸头岭2006年发掘报告》《深圳炮楼调查与研究》《深圳市大鹏新区2015年不可移动文物》《龙岗记忆——深圳东北地区炮楼建筑调查》《深圳东北地区围屋建筑研究》《深圳民俗寻踪》等资料，综合开展调研工作。

第二节 王母河流域历史文化概述

大鹏半岛历史源远流长，是一座融大自然于一体的历史文化宝库。这里有丰富的民系文化，客家人、广府人、潮汕与闽海人、疍家人融入大鹏，形成现在的大鹏人。大鹏人有自己的语言特点、民俗习惯等特质，形成可识别人群，有着共同的价值取向和审美取向。大鹏所城卫所军事屯田的背景，使得大鹏人作为汉族一个独特的人群，具有自身独特的气质。

7000年前的大鹏咸头岭史前先民，依托滨海湾区独特的地理环境，依靠原始采集和渔猎经济赖以生存。他们在长期的生活实践中掌握了用绳子和贝壳在陶坯上面压印各种精美的纹饰，以及钻木取火的方法。他们还把青面獠牙的动物形象描绘在陶器上作为膜拜的偶像。根据已发掘的房屋遗迹，咸头岭先民已经学会在沙丘上建造房子。

由于咸头岭史前遗址考古发现所具有的历史、艺术和科学价值，该遗址于2006年被国家公布为中国十大考古新发现。咸头岭文化不仅成为学术界公认的珠江文明的起源，也印证了深圳大鹏半岛地区也是中华文明的发源地之一。

700年前，宋少帝之母杨太后率两个年幼的儿子在南宋江山覆灭之际曾流落大鹏，留下王母妆台遗址，经过发展形成了大鹏独具特色的"宋室遗踪"。随之而来的北方士族在宋朝覆灭后选择留在深圳，大鹏水贝欧阳就是典型代表。这次移民形成了深圳最主要的原住民之一——广府人。

600年前，大鹏所城建城，数千人受朝廷征召到了大鹏，以所城为中心辐射盐田、葵涌、大鹏、南澳，写下深圳东部历史上浓墨重彩的一笔。大鹏所城及其屯田和子屯奠定了现在大鹏半岛古村落的雏形。大鹏所城建城后，其完备的海防设施曾让倭寇和英夷闻风丧胆，在明代抗倭、抗葡，清代抗英、抗日等一系列抵抗外来侵略的斗争中发挥了重要作用，反映了深圳人民不畏强暴，英勇抗击外敌侵略的英雄气概。

300年前，清朝迁界、禁海、复界。应朝廷征召，新梅地区的客家人挑着担子出外谋生，还有一部分人经过惠阳淡水沿大亚湾古驿道到了大鹏半岛，经过300年的发展，成为大鹏最主要的原住民之一。在大鹏，出现了很多广客杂居的自然村落，如大鹏城、王母围、半天云等。在大鹏，广府、客家两种完全不同系统的语言，大鹏人均可以轻松应付。

清雍正三年（1725年），新安县设县丞[①]驻大鹏所城，大鹏所城成为大鹏行政中心，管辖包括王母河22村在内的新安县第七都近百村庄。1947年，新任大鹏区长官刘士学新官上任，即将区署由大鹏所城迁至王母墟陈火楼。从此，王母成为大鹏行政中心，成为大鹏的代名词。

80年前，在大鹏王母墟一幢楼房的二层小阁楼中，三位英姿勃发的年轻人宣誓加入中国共产党，他们是黄闻、钟原和陈培；同时还成立了大鹏地区第一个党支部，由黄闻担任支部书记。这是大鹏革命的火种，犹如星星之火，顿成燎原之势。在短短半年的时间里，大鹏地区的共产党员发展到四十多人。1939年5月大鹏区委成立。

---

① 又称左堂，即副县长，正八品文官。

大鹏的热血青年组建了坝岗抗日自卫队，在坝岗大亚湾阻击登陆的日寇，打响了大鹏抗战第一枪。从此，大鹏半岛抗日的枪声再也没有停止过，直至抗战胜利。大鹏半岛逐渐成为东江纵队的策源地和根据地。东江纵队的司令部、广东省委临时常委、东江纵队的电台、兵工厂、医院、军政干部学校、青年干部训练班都曾设在这里。

1978年，党的十一届三中全会确定了中国坚定走改革开放的道路的大政方针。1980年，深圳经济特区成立，蛇口打响了改革开放的第一炮。一系列改革开放的变革措施均源于蛇口这个改革"试管"，而紧握改革"试管"进行试验的改革之星则来自大鹏。他就是在我国改革开放40年庆祝大会受到党中央表彰的先锋人物袁庚。袁庚是大鹏社区水贝村人，在水贝村至今仍保留着袁庚故居、祖屋，以及他小时候读书的学校。

王母河流域属于多元文化汇集发展的地区，海防文化、广府文化、客家文化、潮汕文化、海洋文化、红色文化，经过千百年的发展，已形成相对独立、融合发展的文化体系。

深圳在历史上被称为"鹏城"。"鹏城"即深圳，深圳即"鹏城"。它们在历史文化的发展上相融互通，永不分离。

第三节　王母河流域的历史文化

一、大鹏文化之源——咸头岭文化

1981年，深圳考古工作者在大鹏文物普查时，在咸头岭发现了一处史前人类沙丘文化遗址，经过多次发掘，获得一批重要的考古资料。据史料记载，这里曾是古越族先民的聚居地。由于该文化中所具有的地域代表性，它被考古学家命名为咸头岭文化。

从咸头岭文化层叠压的关系来看，咸头岭文化在岭南是出现最早的，距今7000年，因此它被确定为珠江文明的源头，是深圳地区迄今发现最早的人类活动遗迹。深圳考古工作者先后对咸头岭遗址进行了5次科学发掘，发现了一座房屋遗迹，以及不规则的红烧土和柱洞。在房基的填土中包含夹砂粗绳纹陶釜残片、泥质黄白陶彩陶盘残片、泥质红褐陶彩陶盘残片、白陶盘和杯的残片，另外还有石器，其中石锛4件、凹石2件、石料4件。这一批丰富的文物，描绘出史前人类从事生活和生

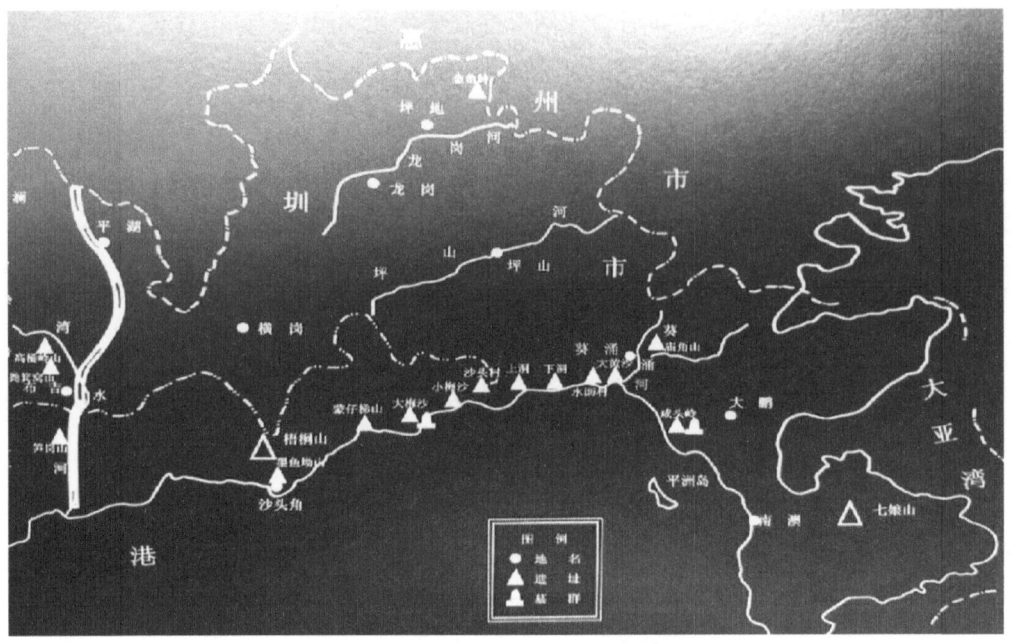

图 1-2 咸头岭文化遗址分布示意图

图 1-3 咸头岭遗址出土的陶器

图 1-4 咸头岭遗址出土的石锛和饼形器

产的生动画卷。陶器以夹砂陶为主，主要有釜、碗、支脚等。泥质陶多为白陶和彩陶，还有少量磨光黑陶，器类包括罐、杯、盘、豆、钵等。石器的种类有锛、拍、砧、石饼、砺石等。咸头岭遗址出土陶器和石器的制作工艺水平说明，当时珠江口地区已经存在着具有较高水平的人类群体。

考古工作者在咸头岭遗址不仅发现新石器时代文化遗存，也有商、东周、汉代、宋代、和明清时期的文化遗存。之所以会有不同时代的文化连续在一地延续发展，正是由于咸头岭周围良好的生活、生产条件，使得古代先民选择在这里居住。

二、宋帝遗踪

（一）王母妆台

据清康熙《新安县志·古迹》记载："王母妆台，在大鹏王母洞村前，有大石，高数丈，昔传王母梳妆于此。"

一般而言，新形成的文化与旧的传统观念会发生冲突，但随着时间的推进，旧的文化观念会逐步减弱甚至消亡。比如"王母文化"就是由南宋杨太在大鹏半岛避难的故事发展而来。后由于它在本地区所具有的影响力，不断发酵、演绎，逐步形成王母河、王母妆台遗址、王母屯围、王母圩、王母庙等以"王母"命名的河流、建筑、围屋和墟市等，逐步形成了王母文化系列。它多少有点像考古学上的类型学，凡属于同一类型的文化就归为一类。于是，研究者把这一文化统称为王母文化。

南宋景炎元年（1276年），南宋国都临安陷落，宋恭帝被俘。南宋大臣护送赵昰和赵昺南逃，并在福州拥立赵昰为帝，即宋端宗。祥兴元年（1278年）赵昰病故后，众臣立赵昺为帝。因为两个皇帝儿子年幼无知，杨太后是实际的控制者，宋帝一行到达大鹏半岛。为了纪念杨太后及宋室，人们把"王母"作为当地地名。大鹏当地河流、圩市、庙宇、围屋均以"王母"冠名。随着时光流逝，当地逐渐形成了王母文化。

宋帝南逃及官民抗元活动在东南沿海留下众多遗迹，在深圳尤为集中。著名的文天祥《过零丁洋》就发生在深圳沿海，为此，今天的深圳南头古城内还有"信国公文天祥祠"。祥兴二年（1279年）正月，元军进攻崖山，宋军寡不敌众。3月19日，陆秀夫见大势已去，担心小皇帝赵昺受辱，背起小皇帝，跳入茫茫大海。深圳至今仍有宋少帝陵。

大鹏的"王母妆台"不仅是新安名胜，也是大鹏遗留的名石之一，大鹏还有文氏义冢，由文氏后代世代看守，现为区级文物保护单位。

（二）王母屯围

明朝建立后，明太祖朱元璋创立"卫所制度"，大鹏所城实行军屯制度。卫所者分屯设兵，军队三分守城，七分屯田。据清嘉庆《新安县志》记载：大鹏所城在历史上曾有三个屯：王母屯、葵涌屯和盐田屯。明清时期，为解决军队给养或税粮，政府在戍边时建设屯围，有组织地开展屯田生产活动。军户子孙世代为兵，作战而外，平时屯种。卫所制度实行军士屯田，由国家分给土地、种子、耕牛等生产资料，屯田自养。一座屯围并非当地单纯的居住建筑，它反映了明清时期大鹏所城的军屯制度的发展状况。以此来看，王母屯围具有很高的历史价值。

清康熙《新安县志》记载："大鹏所屯二：王母峒屯、盐田屯（俱坐七都）。屯田原额：税四十四顷八十亩，粮一千三百四十四石。除抛荒，尚税三十五顷七十五

图 1-5 王母屯围

亩一分,粮一千零五十九石零四抄。清初,屯军已散,所有屯田尽系转佃民间,随田瘦腴纳租不拘则例。康熙元年,全奉迁移。今经展复,所官陆续招徕丁佃二百三十三户,初集垦耕。内除展复迁移,现在荒陷,税不编外,尚实在垦升税六顷零一亩零二厘八毫,征本色米一百四十一石四斗二升三合。康熙十年、十一年、十二年、十七、八、九年,垦复税二十七顷三十四亩二分三厘四毫。康熙二十三年分,垦复税一十顷零八十二亩四分二厘。

三、广府先民——水贝欧阳

宋室覆亡后,随着宋军举族南迁的北方士族成了宋室遗民,流落深圳。曾经参与抗元的宋室遗民隐姓埋名,后来才慢慢恢复原姓,成为深圳最主要的原住民之一——广府人。最具代表性的有福永的文姓,祖先为文天祥的胞弟文璧。至今大鹏南澳的西涌仍保存有文氏义冢,其所在的村人姓文,义冢疑为抗元牺牲义军的公墓。另外还有宝安的潘姓、邓姓,大鹏的水贝欧阳。还有些宋室遗民不愿为元朝子民,长期生活于近海的江、河、海上,拒不上岸,成了疍家人。

水贝欧阳宋末由江西庐陵府吉水县(今江西吉安,欧阳修故里)举族迁至大鹏王母河东建村。至明代,欧阳家族成为大鹏第一望族。有传说在大鹏打到的鱼、鸟都要向欧阳家交税。水贝村发展到最高峰时期,有人口2000人,自设墟市、学校,且建有防御海盗、倭寇的水贝石寨。水贝石寨是一处坚壁清野的防御设施，内存粮食，挖有水井。如有小股倭寇，本村护村壮丁可予以击退。大敌当前，则可避居石寨，直至寇敌自退。

四、有"客"自兴梅来

清顺治十八年（1661年），清廷公布迁海令。下令江南、浙江、福建、广东沿海地区居民内迁50里。清康熙三年（1664年）三月，勒令沿海居民再迁30里，新安县（古代深港地区）仅存人口2172人，新安县城也再迁海界内，新安县并入东莞县。清康熙八年（1669年）清政府复界30里，恢复新安县，直到清康熙二十二年（1683年）才全面废除迁海令。迁界禁海对深圳产生重大影响，是深圳历史上的大浩劫，复界后的新安县人口严重不足，土地闲置，赋税无收。于是向内地的兴梅客家地区发出招垦令。兴梅地区的客家人自宋元之际进入广东，经过300年的发展，在兴梅地区已经成为主人。多山的兴梅地区无法满足客家人口的增长，他们也有外迁的需求。古代兴梅地区的客家人先到惠州府归善县，有一部分人到了归善县的碧甲司（今惠阳淡水尚有碧甲司城）。碧甲司与大鹏城之间有一条古驿道相连，客家人沿着这条古驿道，经坝岗坳、径心坳到达大鹏。他们中从事手工业、工商业的选择人口比较集中的大鹏城、王母圩、葵涌墟落脚，从事农耕的选择一些无人居住的山野开荒，从事渔业的则选择一些滨海的"涌"落居，同时从事一些珠盐的副业。

五、红色文化

清末民初，因为生活所迫，大鹏人利用与香港交通的便利，赴港谋生。很多人选择当海员这个苦活累活，海员随船走遍全世界。很多大鹏人选择侨居海外，美国最多，英国其次，还有荷兰、东南亚诸国。大鹏人看到世界各国已进入工业时代，社会高度发达，与之相比，自己的祖国依然贫穷落后。他们迫切希望改变现状，发展祖国。因此，海员及有海员家庭背景的大鹏人成了大鹏革命的先驱。如大鹏钟家的钟胜，其子女参加共产党；水贝欧阳的欧阳亨，其子欧阳山就是后来的袁庚是东江纵队的领导人，并做出卓越贡献……

当前，见证这些革命历史的人与物正在逐渐消失。很多红色旧址不为人知，可识别性也低，在社会发展与城市更新中被改造或拆除：曾经作为抗大第七分校的东江纵队军政干部学校旧址，被夷为平地、复建、再拆除又重建；蓝造的故居只剩下残垣断壁；大鹏半岛革命的起源地"海岸读书会"旧址坝岗小学也只剩下墙基；曾经是东江纵队路东行政督导处的大鹏王母圩陈火楼岌岌可危，已纳入旧改拆迁范围。东江纵队人渐渐老去，还能够清晰口述这段历史的已廖若辰星。要做好对大鹏红色文化的挖掘与保护，应从以下几方面入手：第一，尽快组建课题组，通过调查采访，大力挖掘、系统整理红色文化的重大历史事件、革命运动、著名革命领导人、英雄人物有关的具有重要纪念意义、教育意义、史料价值和科学研究价值的一切物质文化和精神创造。第二，通过对革命遗址进行普查登记、价值评估，进而公布为不可移动文物，树立保护标记，明确管理职责。第三，发展大鹏半岛红色旅游。在重要革命遗址，通过红色文化景墙、纪念亭、红色文化史迹展、主题壁画等，让游客可以深入了解东江纵队部队英勇抗战的历史，凸显大鹏红色旅游特色，打造大鹏文化旅游品牌，实现大鹏新区差异化发展。

六、侨乡文化

大鹏是远近闻名的侨乡。大鹏境内多山，很多村落在半山或低山的山坡，如半天云、高岭、鹅公、马料等村落均选址在山顶上，海拔最高达400多米，山上耕地面积很少，限制了大鹏自然村落的规模。随着人口的增长，一旦村落的人口承载不足，部分村民只能选择出外谋生。再加上历史上的香港曾是大鹏所城的军事辖区，香港开埠后，吸引了大量的大鹏人到香港谋生。晚清民国时期，大鹏与香港的交通非常便利，大鹏人可以到叠福花一毛钱坐疍家艇到海上，再花一元港币转坐蒸汽大船到香港的大埔，转乘火车至九龙塘。

民国时期，大鹏人到香港后，很多人选择收入较高但异常艰苦的海员工作，他们随船走遍全世界，并在世界各地定居。据《大鹏月报》记载，1930年侨美的大鹏人有一千余人。纪念大鹏1938年11月22日抗日牺牲的烈士纪念碑就是侨美同乡会立的。出外谋生的大鹏人发现世界的变化，相比之下家乡却还是贫穷落后。他们想改变家乡、发展家乡的愿望极为强烈。民主革命时期、抗日战争时期，他们或纷纷回国回乡参加革命，或在国外捐钱捐物回乡改变家乡条件，创办教育。改革开放后，香港的大鹏人纷纷回大陆办厂。大鹏是著名侨乡，旅外华侨和港澳同胞有13700多人，主要分布在香港、美国、荷兰、德国、英国、比利时、澳大利亚、新加坡等18个国家和地区。海外的主要社团有美国纽约大鹏同乡会、美国大鹏育英总社、香港大鹏同乡会、荷兰大鹏同乡会。

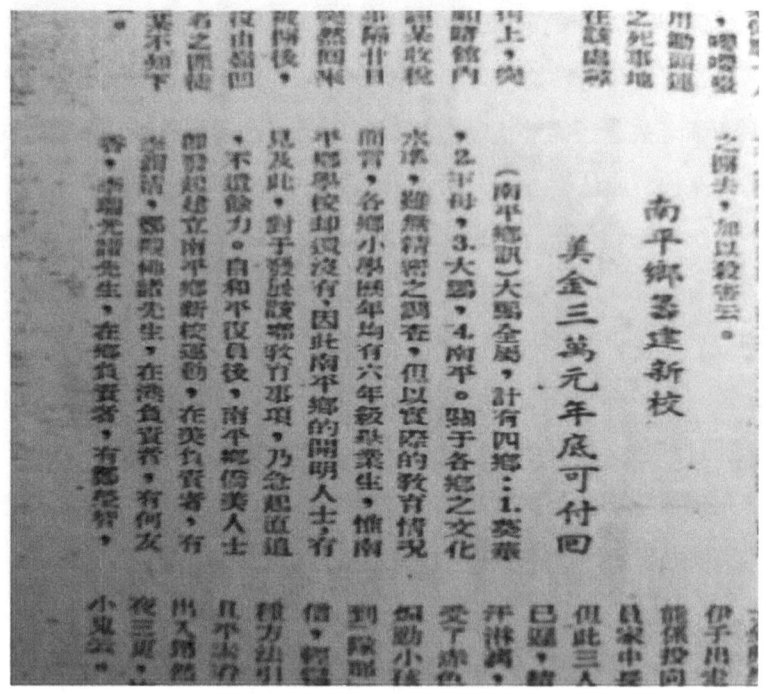

图 1-6 《南平乡讯》的报道
释文：南平乡（今南澳）筹建新校，美金三万元年底可付回

多年来，大鹏华侨和港澳同胞热爱家乡，捐资总额达到 4000 多万港元。其中捐资建校舍达 1500 多万元。他们捐资 500 多万建成了大鹏影剧院，捐资 400 万元，兴建大鹏华侨医院门诊大楼。大鹏王母人王少清女士，其家族是大鹏三大姓之一。其父王朝栋毕业于清末保定陆军军官学校，如今在半天云还保存有王少清故居。王少清婚后，夫妻远赴美国谋生，丈夫张三隆在美去世后，王少清返回香港。时值抗战刚刚结束，香港百废待兴，王少清在进入地产界后取得卓越成就。王少清女士热心公益，1955 年，她在香港牵头成立"大鹏建校委员会"，并带头捐资 10 万元，并动员华侨捐资 20 万港元，共同为筹建大鹏华侨中学出力。多年来，除王少清女士外，还有陈树容、梁锦浩、徐悦森、陆章、叶肇夫、杨启文、董强、毕传友等侨领和广大侨胞心系乡梓，为家乡建设、为改变大鹏落后面貌做出了巨大贡献。

表 1-1　海外华侨和港澳同胞支持大鹏建设项目捐赠一览

姓名	捐建项目	捐资额度（仅限大鹏）
王少清女士 （香港保良局原总理；大鹏同乡会名誉主席）	1955年在港成立"大鹏建校委员会"并为大鹏华侨中学捐资	捐资10万港币，发动捐资20多万元
	1976年筹建"香港大鹏同乡会"；1984年倡议捐款建设"大鹏华侨工业技术学校"，1985年设立"王少清助学金"	捐资24万元港币，捐楼二栋（共12层）
陆章先生 （香港大埔区商会副会长，深圳市首届荣誉市民）	资助水头村小学	140万港元
	为大鹏中学兴建"陆章图书馆"	10万港币
	兴建大鹏华侨医院、大鹏福利工厂	捐资180万港元
梁锦浩先生 （香港大鹏同乡会会长）	为筹建大鹏华侨中学筹款	筹款23万多元
	建立大鹏华侨中学奖励基金	捐资20万元
	领导香港大鹏同乡会支持家乡文教、医疗、交通等建设	680多万元
叶肇夫先生 （香港嘉银国际（控股）有限公司董事会主席；深圳市首届荣誉市民）	捐资修建大鹏自来水工程及水泥路	20万元
	捐资大鹏镇兴建大鹏标志	180万元
	捐资美化鸭母脚和牛唇岭地段	80万港元
	兴建新大鹏中心小学	500万元（另12万人民币、2万港币奖学基金）
	捐款大鹏中心幼儿园	30万港币
	修建大鹏山庄路灯设施	120万元
	捐款完善大鹏华侨中学绿化设施	
毕传有先生 （荷兰海上皇宫大酒楼董事长；深圳市荣誉市民）	捐资家乡建设	30多万元；

资料来源：纪志龙主编《迈向新世纪的大鹏》

图 1-7 叶肇夫先生捐建新大鹏中心小学

七、民俗文化

王母河流域的民俗文化是中原汉民俗文化在漫长历史中不同程度地接纳了闽粤及潮汕地区的民俗,加上传承的古越族原始民俗而形成的,具有自身独特的风貌。如今,大鹏新区拥有区级非遗项目 13 项,其中市级以上 5 项、省级 4 项。按照类别划分,有民间文学 1 项、传统音乐 3 项、传统戏曲 1 项、传统技艺 3 项、民俗 5 项。

(一)神灵崇拜

在王母河流域的多个自然村落都保留有观音庙、伯公庙、关帝庙等。这说明该地区是一个多神崇拜地区。有的村落还供有树神、井神、灶神等。它说明当地居民在信仰方面是自由的,这些民间诸神崇拜正是从古代的神灵崇拜发展而来的。

1. 伯公崇拜。大鹏王母河流域的很多村落都有伯公崇拜。这种对农业神灵的崇拜是客家迁徙时带来当地的。布新石桥头村在村口就修建了"伯公祠"和"洪圣公祠"。

2. 洪圣公信仰。龙岐村有洪圣公民间信仰。清同治年间,当地修建了一座洪圣古庙。洪圣是中国民间信奉的海神,据称本名洪熙,是唐代官员,倡读天文地理,立气象台以观天候,后因辛劳早逝,皇帝追封他为广利洪圣大王。相传洪圣死后英灵不灭,屡次拯救居民于灾难。后朝中士人纷纷建庙奉祀他为南海神,以表彰他的

图 1-8　布新石桥头村伯公祠

图 1-9　伯公祠供奉的神灵牌位

图 1-10　布新石桥头村洪圣公祠

图 1-11　龙岐洪圣宫庙中的洪圣公像

图 1-12　观音山龙岩古寺（王母庙）

功德。

3. 观音崇拜。观音山龙岩古寺（王母庙）位于大鹏新区大鹏街道王母社区观音山洞穴中，供奉着观世音菩萨。寺庙建于清同治年间（1862—1874年），光绪三十四年（1908年）重修。古寺曾毁于"文化大革命"。1986年由华侨和当地居民又重修。古寺面宽10米，进深23.5米，占地面积235平方米，为三进三间两天井结构。前殿下有一眼泉水，百年不歇，饮之甘甜清凉，当地人称"仙水"。古寺最有特色的是作为古寺屋顶的一块天然大石头，厚3米，直径20多米，被称为"龙岩"。后人依岩筑寺，名为"龙岩古寺"。抗战时期，东江纵队战地医院曾设于古寺。2012年1月13日，龙岩古寺被深圳市龙岗区人民政府公布为不可移动文物。

（二）节庆习俗

1. 大鹏舞狮。大鹏舞狮又叫大鹏醒狮，在明代就已盛行，至今已有600多年的历史。大鹏舞狮与大鹏曾经作为军事重镇崇尚武功的传统分不开的。舞狮艺人一般都会功夫，而且代代相传。大鹏的狮道分为两类，一是盖仔狮，二是麒麟狮。盖仔狮又叫土狮，因其狮头形同过去农民用来筛米的盖仔，故得名。麒麟，古代传说中的一种动物。其状如鹿，独角，全身生鳞甲，尾像牛，多作为吉祥物的象征。传说中的麒麟神兽，生性活泼、吉祥仁和、极富灵性。狮道则大同小异，只不过是师傅传授的功夫不同，派别各异而已，一般分为舞狮和武术两部分。在舞狮中，盖仔狮多了悟空、花和尚的演练，增加了套路的趣味。武术中又分徒手和器械，有单人、对打、棍、耙、刀、铆针、藤牌等。舞狮表演完后，武术表演上场。武术表演有麒麟"尾仔" 5人对打，祖传6人赤手空拳对打，3人打"三门顶"，1人打"四门曰"，1人打乌鸦散翅，"的哒棍"双打，铁栅对锐针，锐针对"拳遮"，双拳对打，双刀对单拳，打长棍，打"五尖"，打大耙等13套。当武艺高强的师傅打完后，教头最后上场表演，然后抱拳致谢，整个表演结束。

　　大鹏舞狮曾是抗击外来入侵者的一支力量。明末清初，社会混乱，土匪、强盗横行，狮队就以自保为己任。有时村与村之间发生矛盾，狮队亦成为械斗的主要力量。鸦片战争时期，舞狮人打出"以狮会友、以武会友"的旗号，团结仁人志士共同抗英。中华人民共和国成立后，大鹏舞狮有了长足的发展，村村有狮队，每到逢年过节或遇迎亲嫁娶都要请狮队助兴。特别是新春佳节，狮队都会走家串户、走村过寨给人们拜年。大鹏人深信，狮队的拜年能带来平安好运、幸福吉祥。

　　2. 大鹏婚俗。大鹏的婚礼仪式保留了丰富的中国古代传统礼仪文化。在传承和发展过程中，又与多种文化相融合。中国古代历来对"九"有一种特殊的崇拜。《易经》将"九"定为阳数，天有九天，歌有九歌，龙有九龙壁，皇帝是"九五之尊"，等等。这种崇"九"文化，在大鹏婚俗中表现得十分明显。择定吉日良辰要有九，聘金数额要含九，嫁妆件数要是九，迎亲人数也要九，等等。唱哭嫁歌、对歌是大鹏婚俗中结婚礼仪与民间文学、民间歌谣及民间音乐的结合，使整个婚礼既庄重又不失生动活泼。婚礼上拜祖先、拜天地则是祖先信仰和神仙信仰的反映。这些都充分体现了大鹏婚俗丰富的文化特征。

　　3. 大鹏清醮。大鹏清醮举办的最初目的是追念英烈。其起源与最初的大鹏所城有关。大鹏所城明清以来历为海防重地，抗日战争和解放战争时期又是革命根据地，战事不断。大鹏清醮相当一段时期是为纪念阵亡军士和超渡海上罹难孤魂的"瘟醮"。到太平盛世，就做"太平清醮"。

　　4. 南澳"舞草龙"。南澳渔民舞草龙习俗是南澳渔民过年中最为热闹的一种民俗活动，这项活动在清朝时已经盛行，并且一直流传至今。南澳"舞草龙"是南澳渔民在长期海上生活、习作中形成的以娱神、娱人为内容，以舞草龙拜祭为载体，含有历史、民俗、艺术等诸多文化内容的传统民间文化活动。舞草龙是深圳渔民文化的精髓之一，集中体现了渔民文化的思想、信仰。它还是南澳渔民凝聚民心、对外交流和民俗传承的重要舞台，所以它还具有一定的文化艺术价值和社会价值。其最大特色是所有程序都是在一天之内全部完成的，当天上山割草、当天扎龙、当天舞龙、当天化龙。这是其区别于其他任何一个地方舞龙的特点。舞草龙又称舞火龙，是南澳渔民极具特色的风俗。舞草龙主要分为扎龙、舞龙和送龙三个部分。

5. 疍家人婚俗（南澳渔民娶亲礼俗）。疍家人婚俗是南澳渔民在独特的环境条件下形成的，包括订婚、娶亲、庆贺等过程。娶亲送礼时男家船在前，女家船在后，船队形成半月形。男家船用两船绑在一起，规定大嫂子摇桨，大伯掌舵，船上挂有灯笼、彩帐。男方和女方船对接后，便恭恭敬敬地送上礼物，完成过礼手续。

6. 东渔村天后祭。深圳地区因地处沿海，居民多与渔业生产关系密切。清嘉庆《新安县志·舆地略·风俗》载："邑地滨海，民多以业渔为生。"其地大多以农业为主，渔业为辅。但大鹏、南澳等地专业渔民较集中，特别南澳更是深圳历来著名的渔港。地处南澳的东渔村全体村民皆为渔民。中华人民共和国成立前，渔民地位低下，被视为"贱民"，被严禁上岸定居。故渔民均以船为家，过着水上人家的生活，长期与大海、风浪做伴。对渔民生命财产威协最大的，莫过于狂风巨浪。古时渔民们认为这是海神显威或发怒，故对海神诚惶诚恐、敬祀拜祭，由此衍生出东渔村天后祭这一民俗。

（三）传统音乐

大鹏山歌是用"大鹏话"来演唱的民歌，是大鹏所城几百年的演变过程中形成的独具艺术特色的山歌品种。它形式灵活，无论是山间、田头、海角，还是村尾，任何地方均能演唱；能即兴编词，即兴演唱，极富表现力和感染力；内容多样，从内容上分有生活歌、爱情歌、劳动歌、放牛歌、哭嫁歌、哭丧歌、地名歌和仙歌等，从演唱方法上分有独唱、男女对唱、群唱和尾驳尾等。

1. 东山渔歌。东山渔歌历史悠久，具体起源时间已难考证。中华人民共和国成立前，渔民长年累月生活在船上，生活单调、枯燥，更谈不上什么文化娱乐活动。唱歌，便成为渔民们的重要文化生活。他们用歌声来抒发他们对大海的深情，对生活的热爱，对丑恶事物的憎恨和对美好未来的追求。他们过去在海上驾着船唱歌，掌着舵唱歌，打鱼时唱歌，织网时唱歌，休息时唱歌，兄弟、朋友在一起喝酒聊天时也唱歌……做什么唱什么，看见什么唱什么，即兴演唱，张口即来。没有谁教，

图 1-13 大鹏山歌

就是从小跟着大人唱，世世代代传下来。

2. 客家哭嫁歌。客家哭嫁歌的表达形式比较自由，有些四句或一节同韵的，有些是下句跟上句押韵的，有些则是完全不押韵的。但总的来说，逢双句的末字基本都用平声字（有些字普通话读音仄声而客家话读平声），这样唱起来就显得顺畅悠扬，听之悦耳。

客家哭嫁歌产生年代久远，是客家传统文化的积淀，在客家民俗方面具有很高的研究价值。嫁歌是沿袭下来的传统古典作品，新的即兴作品很少，因此更显出其历史价值和民俗价值。

3. 葵涌民间谚语。葵涌依山临海，当地居民既务农耕种，上山樵猎，也从事出海捕鱼和海上运输。他们在长期的劳动实践中认识了许多自然现象的内在规律，总结了许多宝贵的经验，形成谚语。其中许多反映海洋气象、海上捕捞经验的谚语，具有十分鲜明的地方特色。葵涌谚语相当一部分是原生态作品，均是人们口耳相传。葵涌谚语分为人文风俗类、自然类、经济生产类、生活类、社交类和事理类 6 个类别。葵涌民间谚语是流行于葵涌民间的简练通俗而富有意义的语句，大多反映人民生产、生活的经验。葵涌民间谚语生动而深刻，简洁而信息量大。

(四)传统技艺

1. 大鹏凉帽制作。大鹏半岛气候炎热,凉帽为常年必备的劳动保护用品。大鹏凉帽最初的做法很简单。大家去山上砍来竹子,破成竹片,编成圆盘状的竹笠,穿上绳子就成了。但这里海风大,竹笠常被吹掉。人们又在竹笠中心编一个5寸左右的圆孔,戴在头顶就稳定了。随着时间推移,人们又在竹笠边缘用竹片做一个外圈,还用五寸宽的蓝布做成帽帘沿着帽檐围成一圈以遮挡阳光。在长期的传承过程中,人们的技术水平不断提高,凉帽制作工艺不断成熟,形成了最终的大鹏凉帽传统制作技艺。心灵手巧的姑娘们还在凉帽上编出各种图案,用丝线编织精美的丝织带,或用彩色毛线编起来做帽带,在凉帽上刷上红漆。大鹏凉帽变成了人见人爱、精美实用的工艺品。

2. 大鹏打米饼。明清时期,大鹏半岛倭寇、海盗、匪贼猖獗,所城将士常年东征西讨,需携带干粮。大鹏所城兵士多为南方人,广东又主产水稻,以大米为主食。但大米做成的饭食既不便携带,又更难保存。一些军人家属便将大米磨成粉,以水调和做成饼,放在铁锅里,用柴火烤熟成为米饼,不但便于携带,更能保存较长时

图 1-14　大鹏客家妇女凉帽

间。大家纷纷效仿。但这样做成的米饼既硬又粗糙，咬起来很费力，而且没有味，不好吃。大家又将大米先用开水浸泡，再用石磨磨成粉状，还在米粉中加入糖水、芝麻、花生等原料。这样烤出的米饼金黄松脆又香甜可口。

3. 大鹏濑粉仔。大鹏濑粉仔主要流行于大鹏半岛及周边区域，尤其以大鹏所城为代表。大鹏所城的军士多来自南方各省，比较喜爱吃米粉。因为军营条件有限，人们因陋就简，将大米浸泡后，用石臼舂成粉，再以生熟粉混合，加凉水调成浆，直接盛入椰壳中，在椰壳下面钻一个2厘米左右的圆孔，手执椰壳不停地摇晃、抖动，米粉浆就会从孔中流到下面铁锅的沸水中，煮熟后放上油盐调料，即可食用。当地人称这种以手摇动椰壳，让米粉浆从孔中流出的动作为"濑"，以这种方法制作的米粉便被称为濑粉仔。

考究起大鹏濑粉的历史，民间有另一种说法，相传1839年9月，赖恩爵指挥九龙海战抗击英军入侵取得重大胜利。捷报传来，赖恩爵的夫人亲自下厨制作濑粉仔，慰劳胜利归来的将士。从此濑粉仔名声大噪，与胜利的捷报一起传遍四面八方。

（五）传统戏剧

大鹏地区的传统戏剧有潮俗皮影戏。皮影戏，又称影子戏或灯影戏，是一种以兽皮或纸板做成平面人偶以及场面景物，在光源的照射下用隔亮布进行表演。人偶或场面景物由民间艺人用手工刀雕彩绘而成，制作工艺较为复杂，包括选皮、制皮、过稿（描图样）、剪刻、敷彩、发汗烫平、缀结、完成等大小18道工序。

表1-2　王母墟

习俗	婚俗："哭嫁"、乔迁、祭祀、待客
传统小吃	濑粉仔（四月初八），粽子（端午），菜头角（七月十四）、糍粑（十月初一），起糕仔（冬至），年龙（春节）
节庆	大鹏海节等
当地语言	大鹏话、客家话等
其他	对歌、凉帽、服饰

表 1-3 大鹏非物质文化遗产

省级	大鹏山歌、大鹏太平清醮
市级	大鹏潮俗皮影工艺、大鹏植物染、麦轩糕饼、传统水印版画、传统绣球工艺、传统剪纸工艺、特色糕点
区级	大鹏凉帽、大鹏打米饼、大鹏濑粉仔、大鹏婚俗

第四节 王母河流域的建筑文化

由于王母河沿岸村落远离深圳中心区域，地理位置偏僻，村落里遗留下来的清代至民国时期的建筑大多保存完好。这些不同时代和不同民系的建筑交融共存，呈现了较高的历史价值和艺术价值。建筑物上至今仍保留的绘画、诗词、木刻、灰塑，虽已历经几百年的历史沧桑，却依然清晰可辩，色彩斑斓。少量潮州风格的祠堂建筑雕梁画栋，屋脊上的吉祥动物和人物故事保留着潮汕地区的建筑文化传统与特色。该地区典型的古建筑有水贝书室、以贤宗祠、袁庚故居、清标彤管石牌坊、王桐山钟氏宅第、钟氏祠堂，天涵一虚炮楼、鸭母脚王母叶氏炮楼院、石桥头袁氏宗祠等，保存得非常完整，体现了中国古代宗祠文化的建筑特色。

一、王母河沿岸的自然村落

大鹏半岛位于深圳东部，东有大亚湾与惠州的惠阳淡水、澳头相连，西有大鹏湾毗邻香港，北有连绵的山脉与内陆相隔，在山海之间分布着近百个村庄。它们主要沿着王母河、鹏城河、葵涌河两岸依次排列，或者每一个"涌"都会有一个独立的村庄。在这些村庄里，有讲大鹏话的大鹏人，也有讲客家话的客家人，甚于还有讲疍家话的南澳疍民。村落普遍规模较小、建筑装饰较为简单、空间呈条带状分布，但也有规模较大的村庄和营造考究的宅第，如大鹏城的赖氏家族、水贝欧阳家族、王桐山钟氏家族、王屋巷王氏家族、王母围李氏家族、葵涌潘氏家族等家族的宅第。

近代以来，随着城市建设的快速发展，当地有些村落被破坏得比较严重。由于新建筑的增加或者随意插建，原古建筑被分割成一个个的单体建筑，给村落原有规模、格局、街巷，以及建筑物机理尺度等均带来较大改变。

清康熙《新安县志》所记载的王母河流域村落有：水贝村、龙岐村、黄母峒、新桥村、石桥头、沙莆村、石角头。至清雍正三年（1725 年），王母河流域村庄属驻守大鹏所城的新安县县丞管辖。据清嘉庆《新安县志》记载，当时的本地村庄有：水贝村、水头村、埔锦村、埔尾村、吉龙里、王母墟、鸭母脚、王母峒、石桥头、新桥村、南坑埔；客籍村庄有：黄旗塘、王母洞围、王母洞墟、石角头、龙岐村、水头等。

现在的王母河两岸有鸭母脚、黄岐塘、上新屋、下新屋、上墟门、下墟门、王屋巷、张家村、王桐山、中山里、花树尾、曹屋围、王母围、布锦、石桥头、新桥、水贝、南坑埔、石角头、水头、龙岐、沙埔共 22 个自然村落。

二、大鹏广府建筑的代表——水贝古村

大鹏人主要讲大鹏话，而大鹏话是广府方言的一个分支。在行政上，大鹏一直隶属广州府新安县，广州府即广府。大鹏广府民系的典型代表即水贝欧阳。其代表建筑有水贝以贤宗祠、水贝书室和袁庚故居等。

水贝古村位于大鹏新区大鹏办事处水贝居民小组，占地面积约一万平方米。该村于明末清初由江西迁徙至此的欧阳氏兴建，历史悠久，人文荟萃，是大鹏广府大姓水贝欧阳血缘聚居的村落。清代时，该村颇具规模的石寨与大鹏所城齐名，1950年前后遭到拆毁。但水贝村至今仍保留着历史遗留下来的建筑物水贝老屋（以贤宗祠、水贝书室和袁庚故居）等。

（一）以贤宗祠

以贤宗祠建于清代。坐东朝西，面宽 8 米，进深 23 米，占地面积 184 平方米，平面布局为三开两进两天井结构。前有两抱台、条石基、青砖墙，砖木结构，堆瓦顶，为广府式结构的宗祠建筑。于 20 世纪 90 年代由欧阳氏后人进行修缮，现整体保存完好。

（二）水贝书室

水贝书室位于深圳市大鹏新区大鹏街道布新社区水贝村，朝向西偏南 30 度，始建于清代中晚期。根据调查，该建筑是一栋坐东朝西，面宽 9 米，进深 19 米，三开两进的广府宗祠建筑。书室占地面积 190 平方米。平面布局为三开两进一天井结构，前有抱台和方石柱、条石基、青砖墙，砖木结构。堆瓦顶，该建筑完成初期是作为水贝村欧阳氏祠堂，后改为欧阳氏的学堂书室。这种广府式宗祠建筑，在大鹏半岛

图 1-15 水贝书室

地区极为少有。

在现场勘查过程中,通过对水贝书室现存建筑材料及其形制分析,判断该建筑在民国初期进行过重修。因受客家建筑文化的影响,在建筑形制及装饰上均掺杂有客家建筑风格。

水贝书室残损严重,主要表现在:建筑格局被改,较大面积屋面坍塌;屋面木基层大量严重糟朽,大量瓦件破碎。外墙有增开的窗洞及改建过程中的凿损,多处存在严重的结构安全隐患。造成以上残状的原因为:日晒雨淋下的自然毁损,白蚁侵蚀,人为拆改等。水贝书室现存建筑大多为民国重修后留存。现就水贝书室留存建筑作建筑特征阐述如下:

1. 平面格局

水贝书室建筑平面呈三间两进两廊带一天井式布局,前进檐廊两设有抱台,进入大门为敞厅,两侧为耳房。继续往里即为天井,两侧为敞廊,后堂三间开敞的敞厅形式。建筑通面阔9.5米,通进深19.5米,建筑面积约190平方米。

2. 地面

前进廊部、天井及阶沿均为麻条石铺地。(规格:280毫米×120毫米×1200毫

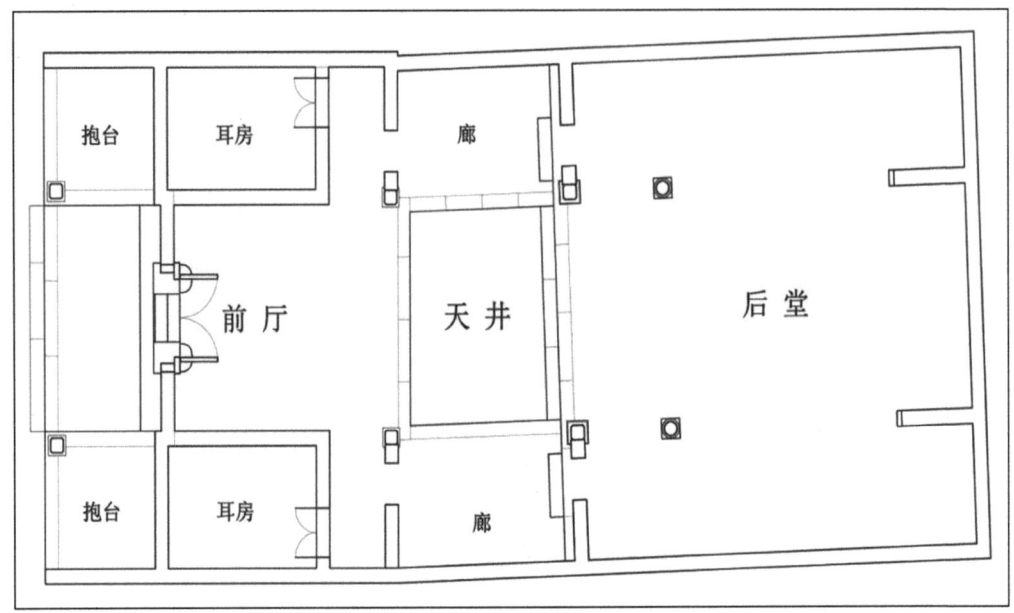

图 1-16 水贝书室平面格局示意图

米~1800 毫米）；其余室内地面均为大阶砖地面（规格：370 毫米 × 370 毫米 × 40 毫米）。

3. 墙体

该建筑墙体由条石、青砖砌筑而成，条石墙裙高度为 1 米~2 米不等，墙厚均为 280 毫米，为眠砖顺丁混合砌筑。由于民国初期重建，青砖墙的用料较为杂乱。根据对现存建筑所有青砖墙的调查，左右两侧山墙及背立面墙体青砖规格相对统一，其余内墙均为杂砖墙。

4. 柱、柱础

书室前厅前后廊及后堂前廊檐柱、金柱均为花岗岩石柱。柱础亦为花岗岩石础，样式均为櫍鼓座础，属民国时期仿制。

5. 木构架

建筑前厅前檐廊及后堂明间均为杉木穿柱式木构架，其余均由墙体承重。

6. 屋面

屋面形式为硬山顶，小青瓦堆瓦屋面，双坡排水。屋面构造层次为：先在墙上或木梁架柱顶架安桁条，其上铺钉桷板（90 毫米 × 30 毫米 × 245）。屋面瓦件共有三层（望瓦、底瓦、盖瓦），最下层为望瓦（规格为 220 毫米 × 230 毫米 × 8 毫米）平接满铺，望瓦上为底瓦（规格为 220 毫米 × 230 毫米 × 8 毫米）和盖瓦（规格为

图 1-17 水贝书室前屋檐结构

175 毫米 ×150 毫米 ×8 毫米）。底瓦搭七留三，盖瓦搭八留二。檐口为猪咀筒瓦头收口，前后两进屋面正脊两端做有博古脊饰。

7. 门窗

入口大门、前厅左右耳房门均为实榻板门，门扇厚度分别为 80 毫米、50 毫米等。建筑原状无外窗。入口大门门扇无存，上连楹糟朽严重。上部匾额中部被人为凿损，从凿损断面中可辨出三个时期文字内容：最外层为"文革"期间红色标语"毛主席万岁"，现已部分脱落，第二层为蓝色字，文字应该为"水贝学校"，最里层为黄色灰塑字，据说为"XX公祠"。前厅左右耳房原门扇无存，木作门槛、门框均严重糟朽。

8. 木雕

书室前后两进屋面檐口封檐板、前厅檐廊次间横梁正面作有精美木雕，主题为花、鸟。

9. 油漆

由现存抱台梁架构件判断，木作梁架、露明桁条、雕花封檐板、大门门扇等应当均有作油漆，颜色为暗红色。目前大部分木作构件均已油饰。此类构件多是后期维修时更换，极少数桁条、前厅檐梁架留存有斑驳暗红色油漆装饰。

图 1-18 水贝村清标彤管石牌坊

10. 彩画

书室室内一侧各横纵墙体墙眉部位作有大量水墨画，内容以花、鸟及人物情景故事为多。前厅檐廊处墙眉彩绘剥蚀较严重，整体被刷石灰浆，污损严重。前厅（厅部）处彩绘整体保存相对完整，但90%被石灰浆污损覆盖。后堂山墙及后墙内侧墙眉草尾40%剥落无存，剩余部分一半保存较好，其余亦被刷白浆污损。

11. 排水系统

水贝书室因年代久远，多年未有修缮，天井排水暗沟淤积较多，排水不畅。建筑外围未发现明沟，为自由排水。

（三）清标彤管石牌坊

清标彤管石牌坊（亦称"贞洁牌坊"），位于大鹏新区大鹏街道水贝村北雄鸡拍翅山，坐东朝西，立于嘉庆五年（1800年），占地面积3平方米。牌坊为四柱二间三门式，均以花岗岩砌成。正楼最高的一块牌匾上书"奉旨旌旗"，背后为"圣旨"，其下一额书"清标彤管"，左右两门额上书"百世""流芳"。此牌坊是为水贝村欧阳氏聘妻李氏而立，李氏年十八亡父后守贞不嫁，嘉庆五年题准旌表。清标彤管石牌坊至今整体保存完好。2001年6月7日，被深圳市龙岗区人民政府公布为龙岗区第一批文物保护单位。

(四)袁庚祖屋

袁庚祖屋位于深圳市大鹏新区大鹏街道布新社区水贝居民小组。建于清代晚期,坐北朝南,偏西65.78度,原为村中最大的建筑。祖屋的主人是袁庚先辈。

经勘察,袁庚祖屋和袁庚旧居建筑平面格局虽保存较好,但现存建筑残损却非常严重,主要表现在:较大面积屋面坍塌;后期大量增建灶台卫生间、隔间等;建筑整体受白蚁蛀蚀,屋面木基层严重糟朽,无法继续承受屋面荷载,瓦件破碎缺失严重;外墙上多处后凿窗洞口,墙面抹灰大面积空鼓剥落,清水砖墙大面积发黑,墙脚发霉,原门扇大半缺失,现存门扇多半糟朽严重等。造成以上残状的主要原因有:自然因素、白蚁侵蚀、人为拆建改造。

袁庚祖屋建筑特征如下:

1. 平面格局

袁庚故居为硬山顶小青瓦屋面建筑。平面呈矩形布局,布置形式分为正屋和偏屋两部分。正屋为五开间三进两天井结构形式,按东西中轴线方向对称布置,沿中轴线方向从前到后依次为门厅、前天井、中厅、后天井、后厅。厢房在中轴线天井两侧对称布置,各居住单元的分隔亦完全对称。偏屋为两间二进硬山顶小青瓦屋面建筑。整个建筑面阔22.39米,进深24.13米,总占地面积约为539.65平方米。旧

图 1-19 袁庚祖屋鸟瞰

图 1-20 袁庚故居顶部结构（一）

图 1-21 袁庚故居顶部结构（二）

居后侧临近山丘，植被茂密，其余三侧均临近老屋民居。墙体多为青砖墙砌筑，前后檐檐口叠涩出檐。

从平面格局来看，袁庚旧居可算同类民居中保存较好的一处，正屋与偏屋均保存较好，内部建筑也无大的拆建、改建。整体保存完整。当然也存在一些问题，如内部部分建筑屋面坍塌；因20世纪80年代以后旧居多半租给外来务工人员居住，在各间房屋内加建了较多隔间、小厨房、灶台等；中厅右稍间、后厅左稍间等房间内，加建部分隔墙，前天井右厢房有后加墙体；正屋左侧有后建房屋建筑；偏屋前侧也有后做罩壁；偏屋前偏厅格局被改，前天井无存。

2. 楼地面

建筑室内外地面均为三合土夯实地面（其中包含：房间地面、天井地面）。天井阶沿、踏跺为花岗岩条石（280毫米×120毫米×900毫米～1200毫米）。正屋前

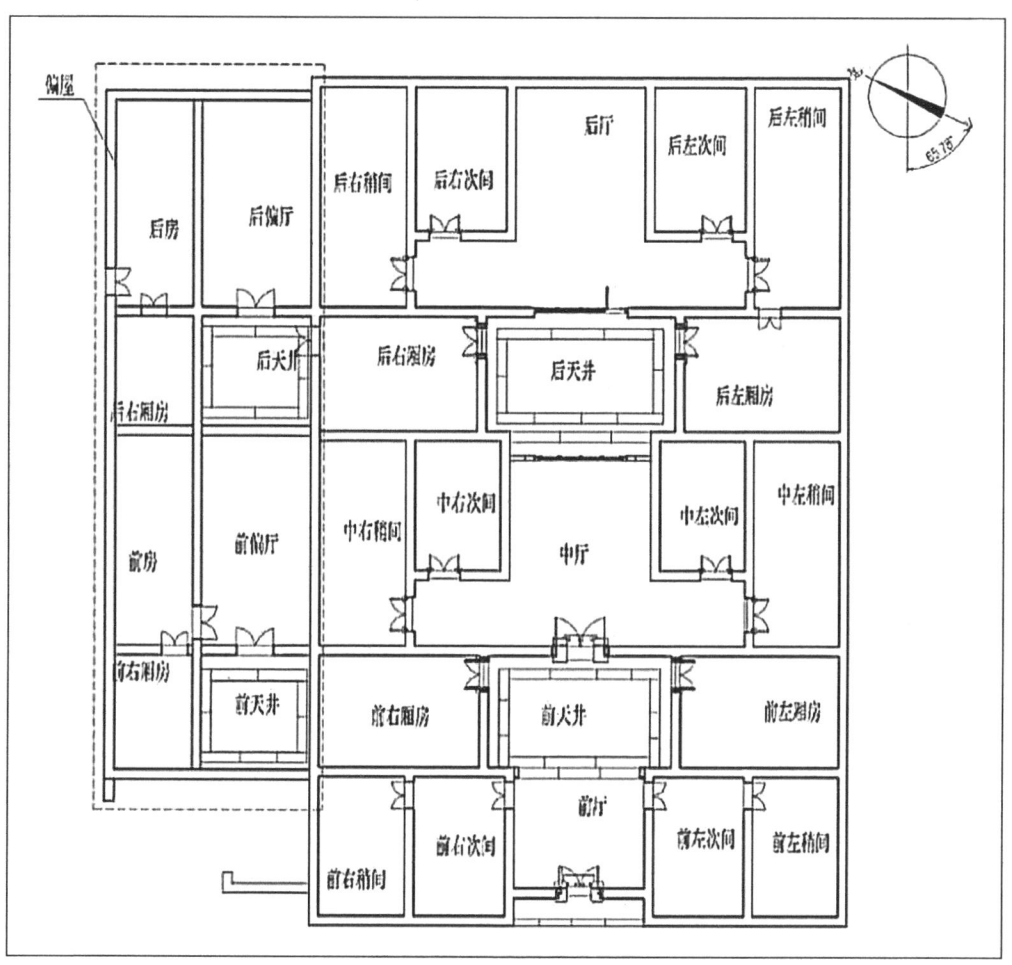

图 1-22 袁庚故居平面图

中后厅，除中、后两厅两侧廊部约有 6 个平方米有二层外，其余部位均无二层，两天井两侧厢房也为一层，其余各房间均有二层，楼面均为杉木板楼面，板厚为 25 毫米。

3. 墙体

建筑两侧外墙墙脚有 0.8 米～3 米高，以黄土、沙石和海贝灰拌成三合土，加少量红糖糯米粥版筑而成的夯土墙，其余墙体均为 280 毫米厚的青砖墙（青砖规格 260 毫米 ×130 毫米 ×65 毫米），墙高多为 5.0 米～6.9 米不等。内墙绝大部分楼面以下为用贝灰砂浆抹面，楼面以上为青砖清水墙。

4. 柱、柱础

整个建筑为墙体承重。桁条、楼楞直接架立在墙体上，无柱与柱础。

5. 木构架

整个建筑为墙体承重。桁条直接架立在墙体上，无木构架。

6. 屋面

屋面形式主要为硬山顶，屋面盖小青瓦。屋面构造层次为：先在墙上架设桁条，其上铺钉椽板。所有范围内原屋面瓦件共有三层（望瓦、底瓦、盖瓦），最下层为望瓦平接满铺，用于挡灰（规格为 220 毫米 ×230 毫米 ×8 毫米）；望瓦上为底瓦（规格为 220 毫米 ×230 毫米 ×8 毫米）和盖瓦（规格为 175 毫米 ×150 毫米 ×8 毫米）。底瓦搭七留三、盖瓦搭八留二。檐口灰塑瓦头有蝴蝶瓦头与猪咀筒式样。江米贝灰砂浆做脊，内围正脊与垂脊，脊端灰塑有多种花纹装饰。

屋面年久失修，破损严重。屋脊多处后改，后堂正脊大部分为后改屋脊，前厅正脊半数开裂破损严重，其余屋面正脊垂脊局部开裂。屋面木基层糟朽霉烂严重。多处屋面坍塌，屋面望瓦全部无存，底盖瓦缺失破损过半，屋面檐口绝大部分都破损严重。

7. 门窗

入口正大门、各厅大门、房间入口门均为实榻板门，门扇厚度有 70 毫米、60 毫米、50 毫米等多种。中厅后侧与后厅前侧都有四扇雕花隔扇门，门板厚度为 20 毫米。为加强主要通道口的防卫功能，在前厅与中厅两个入口门门扇前增设一道趟龙门，门扇后面又插竖向门杠。整座故居内外墙均未开窗户。

8. 装饰装修：

（1）木雕：后厅前檐挑檐枋及陀墩表面做有祥云雕刻，极具装饰效果。

（2）油漆：此旧居仅偏屋后偏厅桁条有施暗红色油漆，各房间木构件多为木质原色，未施油漆。

（3）灰塑：前厅门外两侧做有博风灰带，两侧立面垂脊下侧都做有博风灰带。

（4）屏风隔扇：中厅后侧与后厅前侧都有隔扇屏风门。隔扇雕刻精美，镂空雕刻有花、果、鸟、兽等，极具装饰效果。

9. 门、窗

（1）部分原门洞封堵无存，或被拆改。

（2）大量门扇缺失，特别是房间门，门扇、门框及门枕（安装门扇的木连檐）整体约50%已无存。

（3）现存门扇：门扇与木门框、木连檐基本全部严重糟朽，已无法继续使用。

（4）部分门洞在被拆改时，门框过梁亦被拆除，同时新安装部分铁质门扇。

10. 排水及整体环境

（1）故居排水系统设计科学，现保存完整。但因年代久远，多年未有修缮，排水明沟和暗沟中都积压了淤泥、沉沙、垃圾杂物等，暗沟局部有堵塞，造成局部排水不畅。

（2）故居现已无人居住，内部厅房及房间内外均一片狼藉：或因屋面墙体坍塌、瓦砾土方堆积杂草丛生。或因租户居住时随意增设给水管网、强弱电线等；搬走时，遗留大量杂物垃圾、灰尘满屋。因白蚁蛀蚀导致楼楞楼板糟朽塌落或悬挑，屋面桁条糟朽断裂，瓦件下落，存在安全隐患；各天井内长满杂草青苔。整体而言，故居内部环境比较差。

（3）故居外围环境较好：前侧、右侧为2米左右宽的巷道，右侧巷道边前部为倒塌的残墙地基，现改为菜地，后部为青砖老屋；前侧巷道前为一片树木，林木茂盛；左侧前部为空地，现改为菜地，后部种植苗木；背侧也为一片林木，林木茂盛，仅靠右边为后建的农民矮房。

三、布新袁氏宗祠

布新袁氏宗祠位于深圳市大鹏新区大鹏街道布新社区石桥头居民小组迎宾公路边。布新袁氏家族为广府人，其宗祠建于清代，砖木结构，面宽10米，进深18米，占地面积为180平方米，为三开间两进一天井结构。正门上刻有"袁氏宗祠"石匾和石对联，祖堂上书有"汝南堂"。1993年袁氏后人集资重修。重修的祠堂具有浓郁的潮汕建筑风格。屋脊上有彩塑二龙戏珠,祥瑞动物。祠堂大门左右两侧分别建有浮雕人物故事并配篆体典故,制作精良。该建筑现整体保存较好。2012年1月13日,布新袁氏宗祠被深圳市龙岗区人民政府公布为不可移动文物。

四、王母围——"先广后客"

在属于王母文化的建筑中,还有明代实行屯田制度建设的王母屯围。王母围原名应为王母屯围。今人的简称把其中最重要的说明其起源的"屯"字省略了。清代,废除了明初实行的屯田制被,随着历史的发展,屯逐渐但屯才是他的关键词。王母还是源于宋室南逃的故事,是村名的由来,但该村的建村则是起源于"屯"字,即大鹏所城的三大屯田之一——王母屯。

王母屯围现名王母围,始建于明代,是明初大鹏所城三处军屯之一。王母围占地面积约5300平方米,一门围门,前有禾坪、月池,布局为九横五纵,中心为围内主街,石板路面。围内房屋多为砖、土木结构,条石基础,灰瓦顶,为清代典型围屋样式,至今整体保存较好。该围于民国四年(1915年)重修,1989年重修池塘等

图1-23 布新袁氏宗祠

公共部分。2012年1月13日被龙岗区人民政府公布为不可移动文物。

王母围有两块碑刻有重修围屋时各家各户捐款的姓名，其中一块刻有林、郑、陈、郭、李、卢、邓、廖、江、何、魏、薛、余、王、叶等15个姓氏。这说明王母围是一个地缘聚居的村落。王母围的平面布局、形制、结构均属"广府"民居系列。其主要标识就是王母围的中心巷的平面布置，区别于客家围的中心祠堂布局。王母围现住民为讲着大鹏话的大鹏人。他们大部分是清代中期从兴梅地区迁来的客家人，来到大鹏后，入乡随俗成为广府大鹏人。

经考证，清康熙迁海复界后，内迁的广府原居民很多没有返回，使得王母围一度空置。明代大鹏所城的王母屯田土地，到清初归属官田所有。大鹏所城设守御所千总"专理屯科"，将这些官田招人佃种。被招垦的客家人来到王母围，利用了王母围的建筑，并保留了王母围的整体格局，在四周增加了客家系统的一圈围屋。王母围是研究迁海复界不可多得的实物资料。现王母围屋整体风貌、平面布局依存，结构稳定，不失原有历史、艺术、科学、文化和社会价值。

五、王桐山钟氏宅第——"广客潮"相结合

王桐山钟氏宅第位于深圳市龙岗区大鹏街道王母社区王桐山居民小组。建筑始建于清乾隆年间，主体建筑朝北偏西40度。平面整体呈矩形，为五开间三进六天井带前院布局。通面阔21米，通进深32.5米，总占地面积约810平方米。据了解，钟姓祖上从福建迁至大鹏半岛的西涌开基，后迁王桐山，再分至王母上圩门和鹏城松山等地。王桐山钟氏宅第于2001年被龙岗区人民政府公布为龙岗区文物保护单位（现为大鹏新区文物保护单位）。

（一）王桐山钟氏宅第建筑特征

1. 平面格局

王桐山钟氏宅第建筑平面整体呈矩形，建筑平面沿中轴线对称布置，布局为五间三进六天井带前院，前院两侧各设哨楼，通面阔21米，进深32.5米，建筑占地面积约810平方米。前院两侧为哨屋，正面为照壁。主要由前院东西两侧出入，另外在天井两侧都设有通往外面的侧门，类似于潮汕地区建筑的"子孙门"。

后有高四层的"天一涵虚"炮楼，外墙为夯土构成并布满枪眼。其建筑布局形式与部分装饰风格与闽海建筑有一定的亲缘关系，防御功能极强。

图 1-24 王桐山钟氏大宅与炮楼航拍图

图 1-25 大宅的前角楼

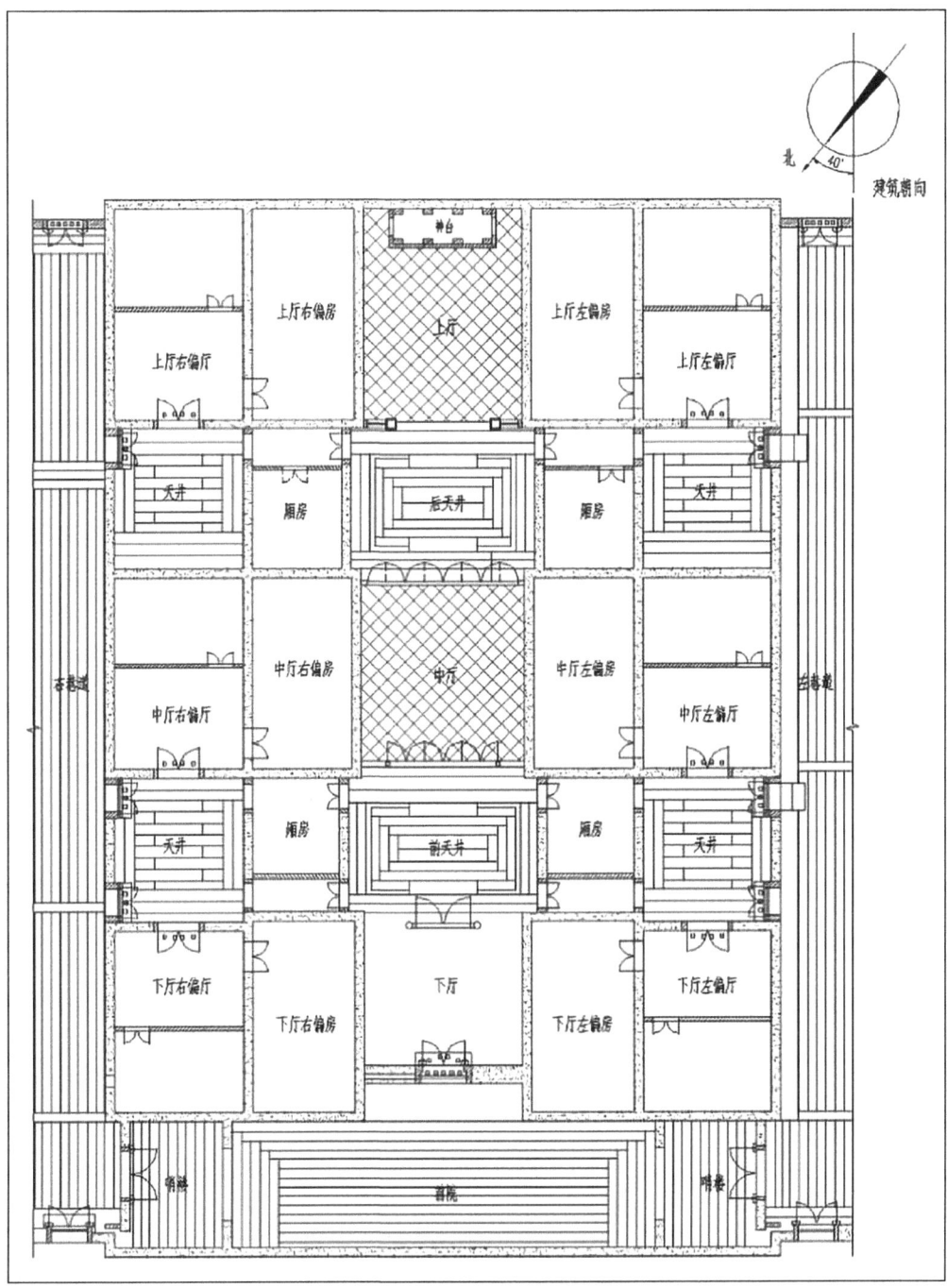

图 1-26 王桐山钟氏大宅平面图

2. 地面、楼面

建筑地面有三合土地面、大阶砖地面、条石地面三种。二层均为杉木楼板，部分楼板上覆有三合土面层。

下厅、偏厅、偏房室内地面均为三合土地面。中厅和上厅为大阶砖（370毫米×370毫米×40毫米）地面。

东西两侧巷道、哨楼、厢房、所有天井均为条石地面。

各居住单元二层偏厅后隔间、房间的楼板上均覆有三合土面层。

3. 墙体

建筑外墙有夯土墙、土坯砖墙、青砖墙（哨楼外墙为青砖墙，青砖规格240毫米×120毫米×60毫米），下部均为条石下碱，墙厚均为280毫米，墙高多为3.8米~6.4米不等。内墙下部均有条石下碱（850毫米~1140毫米），绝大部分楼面以下为三合土夯筑墙，厚度约280毫米。部分楼面以上为土坯砖墙，内外用贝灰砂浆抹面（青砖清水墙除外）。

图1-27　王桐山钟氏大宅天井

4.柱、柱础

整栋建筑仅明间下厅、上厅设有四柱,均为石质。下厅柱截面为圆形,上厅柱截面为正八边形。柱础亦为花岗岩石质,雕凿成两级束腰三层,底部是四边或八边形底座,中部是圆鼓形、方鼓形,上部为圆形、方形平盘。

5.屋面

屋面形式均为硬山顶,屋面盖小青瓦。屋面构造层次为:先在墙上架设桁条,其上铺钉桷板。所有范围内原屋面瓦件共有三层(望瓦、底瓦、面瓦),最下层为望瓦平接满铺,用于挡灰(规格为220毫米×230毫米×8毫米)。望瓦上为底瓦(规格为220毫米×230毫米×8毫米)和面瓦(规格为175毫米×150毫米×8毫米)。底瓦搭七留三、面瓦搭八留二。檐头有灰塑猪咀头和勾头滴水式样,江米贝灰砂浆做脊。中路两天井四周檐部用飞椽(俗称"鸡胸椽")。

6.门窗

建筑入口正大门、东西侧门,屋内通道门、各居住单元入户门均为实榻板门,门扇厚度有80毫米、60毫米、45毫米等多种。为加强主要通道口的防卫功能,前门楼入口、建筑正大门入口和东西侧门均在门扇前增设一道趟龙门,门扇后面又插竖向门杠,少部分入户门、门扇后亦附有竖向门杠。

各居住单元户内为双开镜面板门。明间下厅设有一扇屏风门,中厅辟六及八扇屏风门,顶部设有横窗,横窗花式有万字、拐子锦等。

整座建筑外围墙开少量矩形小窗,外侧条石嵌边,其他各部在建筑始建之时均未开设窗洞。

7.装饰装修

木雕:中路下中上厅的屏风门、挂落、神龛、挑檐枋及陀墩表面雕刻丰富,主要以花、鸟及狮兽为题材,极具装饰效果。

油漆:各居住单元入户门、中路下中上厅桁条、桷板、隔扇门,施暗红色油漆,横窗用蓝、绿色油漆,各居住单元木构件多为木质原色,未施油漆。

彩绘:建筑内外墙均有大量的墙眉草尾,中路下中上厅墙眉处作有大量彩画,彩画内容广泛,有花、果、鸟、兽等。

灰塑:建筑正立面、背立面檐口处、中路天井左右厢房侧门的门楣上有工艺细致的灰塑,图案有花、果、鸟、兽等。

图 1-28　钟氏宅第屋檐下的彩色灰塑

图 1-29　钟氏宗祠

（二）王桐山钟氏宅第周边建筑

钟氏宗祠：位于钟氏大宅东侧，由王桐山钟氏分支迁出来，由太公钟福仙所建。祠堂曾于 2000 年由钟氏后人对濒危部分重修，现整体保存完好。

王桐山"天一涵虚"炮楼：炮楼由门厅天井、拖屋、主楼及副楼四个部分组成，兼具防卫与生活起居两项功能。整栋建筑坐西南朝东北，平面为不规则的几何

图 1-30 王桐山钟氏"天涵一虚"炮楼

图 1-31 王母墟鸟瞰图

形状。进门为天井,天井两侧为拖屋,天井里边为主楼,主楼左后侧为副楼。现存主楼面阔3.86米,进深4.75米;副楼面阔4.19米,进深5.98米。现存建筑占地面积111.48平方米。土木结构,墙体承重,硬山顶屋面。主楼五层,副楼三层,拖屋两层。

六、古代墟镇的典型代表——王母墟

根据《新安县志》记载,清康熙二十七年(1688年),朝廷下令复界,大批客家人迁到大鹏。嘉庆年间,由于人口的聚集,达到了筹建墟市的标准。于是,在王母河上游形成了墟市,成为新安县36个墟市之一,墟期为每个月三、六、九日。当时,王母墟市场繁荣,店铺林立,进入了第一次兴盛发展时期。

1947年,由于大鹏将行政管理机构迁到王母街,使之成为大鹏片区经济、政治和文化中心,极大促进了王母墟的第二次兴旺发展。

(一)墟市的变迁

清代时,王母墟形成三个"家族聚落"的空间分布,即王母墟、王屋巷、石禾塘

图1-32 清嘉庆《新安县志》地图上标注的王母墟

图 1-33 《大鹏月报》对王母墟的记录

（形成于清末）。就功能而言，王母墟以商业功能为主，王屋巷和石禾塘以居住为主。南昌街是位于王母墟的一条商业街巷。街上有大量的商业店铺，诸如茶楼、杂货、中药、理发、木铺、熟食店等一应俱全，光烟馆、赌馆就有50多家。糖街是专门经营食糖和饼干的地方。鱼街专门经营水产品。在糖街和鱼街之间设有鱼市。西盛街和东盛街以住家为主。

从王母墟保留的民国建筑来看，王母墟在原来的基础上形成"一纵四横"格局，街区向南、向西扩建。王屋巷和石禾塘有后增建的建筑，南昌街上出现了当时最时尚的三层骑楼建筑和陈伙楼等。就功能而言，陈伙楼开始是作为西医馆，大厅为教堂。1941年7月，政府迁入王母墟后，陈伙楼成为新一区民主政府。中华人民共和国成立后，王母墟不仅是供销社所在地，也是片区的经济贸易中心。南昌街圩容整治后仍为商业中心。刘云楼为邮电局和消防局。王母大宅为客栈。大鹏人民会场成为公共活动中心。

（二）民国王母墟

根据民国十九年（1930年）《大鹏月报》记载："王母墟本是较好的市场，往昔地方不靖。"民国时期，王母墟曾经历了一段兴衰发展的历史。兴旺时，墟市经常会有外地"乐而乐"剧团来墟市演戏，一演就是六七天，很热闹，就像过节一样，丰富了当地居民的文化生活。但由于请来的剧团演戏"其费用非出自公款，由各赌摊凑合而来，看戏者需购票，方得入场"。衰落时，墟市则"土匪盘踞，剥削甚堪，以致商业凋零，各号多点招牌广告，令人望之，不禁令人致慨"。

《大鹏月报》还尽数列举了墟市的老字号商铺。按照其服务的种类，计有：黄福、吴谭安、吴乙、梁斋分别经营的协昌、茂隆、永隆、连记杂货店；蓝翼成、王均蘭分别经营的天德堂、保安堂药材；李林、李佛、王南等人经营的谦成、昌记、永合车衣店（裁缝铺）；郭全、叶倍经营的南香、华记糕饼；叶胜、邓木分别经营的联合、永祥纸扎店；彭有、李才经营的新锦昌、广昌银器、翁恩经营的永兴锡器、邹有经营的惠安居茶楼、李国珍经营的会合熟烟、曾子祺经营的南华镶牙、钟戊来经营的新荣华理发等。当时，不少商店为了占有市场，把商品合在一起经营，如：张秀、王添芬分别经营的康记、祥安蒸酒杂货店；还有永泰猪屠杂货、永合车衣杂货、李焕南经营的利亨酒米杂货等。从以上店铺的经营种类可以看出，墟市中最多的还是杂货店。此外，还有一种兼具专营及兼营的店铺，如"蒸酒杂货店""猪屠杂货店""车衣杂货店"，反映了商贩为增加收入，追求多品种兼营的状况。王母墟为附近村镇所提供的商业服务可以说应有尽有，呈现一片繁荣景象。

（三）墟市建筑遗迹

王母墟现有 16 处重要建筑。分别为不可移动文物一处：大鹏人民会场；历史建筑 3 处：王母钟氏齐头斗廊院、王母王氏大宅、刘云楼；重要建筑 12 处：陈伙楼、王氏祠堂、世德堂、（李氏祠堂）、陈氏祠堂、幸氏祠堂、石禾塘街民居两处、下南街民居两处、王屋巷民居两处。

根据《宝安县志》记载：南昌街南侧有建于民国二十年（1931 年）的陈伙楼。该建筑是当时墟市内最豪华的建筑。

大鹏人民会场占地约 260 平方米，为砖石加钢筋混凝土结构，会堂上方有"大鹏人民会场"六个大字，顶部装饰有红旗和谷穗齿轮五角星图案灰塑。该建筑是中华人民共和国成立后地方人民代表集会场所，会场前为一大禾坪，两边有阶梯座。2012 年 1 月 13 日，该建筑被龙岗区人民政府公布为不可移动文物。中华人民共和国成立初期，镇乡领导成员由人民代表选举产生，由此形成镇乡人民代表大会制度初型。

2004年，经深圳市民政局批复，大鹏镇撤镇建街道，至此，镇人民代表大会职能终止。禾坪改为灯光篮球场。

世德堂（李氏祠堂）、幸氏祠堂、王氏祠堂、李氏祠堂、陈氏祠堂、幸氏祠堂等6座祠堂；保存现状：祠堂建筑保存尚好；有三间两进或一间两进格局，部分祠堂有彩画等装饰。

民居建筑。王屋巷民居、石禾塘街民居、下南街民居等五座民居保存状况尚好。

七、王母炮楼

（一）王母叶氏炮楼院

王母叶氏炮楼位于大鹏新区大鹏街道王母社区大鹏山庄出租屋059号（旧名称鸭母脚），坐南朝北，面阔24米，进深11.5米，占地面积约276平方米，由一座天井院带一座炮楼组成，砖木结构。炮楼高三层。楼顶四周有女儿墙，属瓦坡顶加女儿墙式。炮楼是民国时期华侨叶氏为抵御土匪所建，现整体保存较好。

图 1-34　大鹏人民会场

图 1-35 王母墟附近的民居

（二）王母郭氏炮楼院

王母郭氏炮楼院位于大鹏新区王母社区王屋围村 52 号，朝南偏西 35 度，面阔 10 米，进深 10.5 米，占地面积约 105 平方米，由一座连体炮楼加一天井院落式结构组成，砖木结构、灰瓦顶。炮楼高三层，其中主炮楼为素瓦坡式加建天台女儿墙式，墙上有长方形石抢眼，楼顶四周有女儿墙，并留有出水口。主炮楼前面有一座素瓦坡顶炮楼，前出檐，山面装饰红色彩带。据壁画题记可知郭氏炮楼院建成年代不晚于 1911 年。

（三）王母陈氏炮楼

王母陈氏炮楼位于大鹏新区大鹏街道王母社区王母围村 53 号，朝向南偏西 35 度，面阔 3 米，进深 10 米，占地面积约 21 平方米，为民国时期建筑。炮楼底部为长方形，砖木结构，瓦坡锅耳山墙式，前后有女儿墙，是民国时期典型防卫建筑。

图 1-36 王母叶氏炮楼院

八、中西文化的交融——封闭与开放

反映"西风东渐"的骑楼建筑在大鹏葵涌、南澳和大鹏街道均有不同数量的分布。追根溯源,骑楼建筑最早起源于两千多年前古希腊的帕特农神庙,是雅典卫城的主体建筑。现代意义的骑楼起源于印度的贝尼亚普库尔,是英国殖民者首先建造的,当时称之为"廊房"。后来,由于该建筑形式可以挡避风雨侵袭,挡避炎阳照射,提供凉爽环境,因此开始在东南亚流行。从南洋返乡的华人,也在华南建起类似的骑楼,逐步形成沿海侨乡特有的南洋风景式建筑。

民国时期,广东及一些沿海城市的侨商开始从南洋等地引进骑楼,骑楼建筑很快在珠江三角洲地区迅速发展起来。如今分布在大鹏、葵涌和南澳地区的骑楼建筑就是20世纪30年代开始建造的。

王母墟现存的旧建筑保留了从明清时期开始的不同时代的不同建筑风格,诸如清代的民居、民国的骑楼和建国初期改建的商业店铺等。这些建筑汇聚在一起,形成了中西文化交融的建筑特点。来到王母墟,便仿佛走进了一座建筑博物馆。

图 1-37　王母郭氏炮楼院

图 1-38　王母陈氏炮楼

图 1-39　王母陈氏炮楼锅耳山墙

图 1-40　曾作为邮电部门的民国建筑刘云楼

第五节　王母河公共空间历史文化展示建议

（一）调查报告所描述的只是在调查中发现和搜集的具有代表性历史文化资料和观点，并非王母河流域的全部资料；尤其对于重复的历史文化现象均未在报告中赘述；

（二）王母河流域的历史文化和民俗是大鹏半岛不可多得的历史文化遗产，辖区相关部门在涉及建设和城市更新项目时，建议今后在实施旧改项目中，首先要保护好已经公布的各级文物保护单位和文物点；

（三）对于王母河沿线村落具有历史、艺术价值的古代建筑，如果要拆掉和迁移，务必通知大鹏新区文物管理办公室或大鹏古城博物馆，如果确实需要清拆的，也要在进行测量和拍照后进行；

1. 在大鹏区域范围内征集一些建筑构件，包括石柱、石柱础、石抢眼，石门框、青砖、瓦片等经过人工加工过的建筑建筑构件，进行地面的硬化铺装。

2. 可对一些旧墙体，必要时可以新建一些传统样式的墙体，并在整体上对大鹏本地建筑风格进行素描或者涂鸦。作为文化展示墙或者遮挡功能。

3. 浮雕墙在王母河露天展览中的表现形式是比较理想的。但在画面设计时需要把王母墟具有代表性的建筑物和百年老字号商铺做进去。可选择清代或者民国时代的历史背景来制作。

参考文献

[1] 贵州大学人文学院安芮《贵州古驿道之变迁与地方社会 以黄平县上塘乡白岩村为例》。

[2]《打造奢香古驿道文化线路》石莉。

[3]《奢香古驿道遗存情况调查》石莉。

[4]《福建省古驿道旅游价值探析》尹芳。

[5]《福建省古驿道旅游研究》黄先超。

[6]《古代广东的驿道交通与市镇商业的发展》颜广文。

[7]《古代交通的见证——秦皇古驿道》何昭。

[8]《古代秦岭驿道及其南北沟通考、兼考、省略、中方言对秦岭南麓区域的传播、渗透》柯西钢。

[9]《古驿道寻踪》陈峰。

[10]《井陉古驿道保护研究》李云虎。

[11]《梅关古驿道的兴衰》郑文。

[12] 陕西省铜川市王益区文广局秦陇华《铜官古驿道——丝绸之路北线之支线考察研究》。

[13]《西南丝绸之路驿道聚落传统与现状研究》奚雪松。

[14]《湘黔滇古驿道开通对元代湖广土官社会的影响》成臻铭。

[15]《驿道和丝路》王德恒。

[16]《驿道文化——走马古镇的保护 开发与利用》管维良。

[17]《元代隆兴至潮州新驿道的开辟及对赣闽粤三省省界开发的影响》颜广文。

[18]《云南驿 西南丝路古驿道聚落的研究》王志群。

[19]《重读成渝古驿道》金航。

[20]《走马古镇驿道文化视觉表达研究》杨乐。

[21] 马静.古苗疆走廊之内涵及特点[J].广西民族大学学报：哲学社会科学版，2014，(3).

[22] 方铁.唐宋元明清的治边方略与云南通道变迁[J].中国边疆史地研究，2009，（1）：73-78.

[23] 杨志强."国家化"视野下的中国西南地域和民族社会——以"古苗疆走廊为中

心[J].广西民族大学学报:哲学社会科学版,2014,(03).

[24]杨志强,赵旭东,曹端波.重返"古苗疆走廊"——西南地区、民族研究与文化产业发展新视阈[J].中国边疆史地研究,2012,(3).

[25]剡建华.山西交通史话[M].太原:山西春秋电子音像出版社,2005:114.陈代光.中国历史地理[M].广州:广东高等教育出版社,2004:289。

[26]张宪功.明代山西交通地理研究[D].西安:陕西师范大学,2014.11.4

第二章　葵涌历史文化调查研究

第一节　导言

大鹏新区所在的大鹏半岛是深圳文化之根、历史之源,有着7000年的咸头岭史前文化,700年的宋帝王母文化,600年的大鹏所城海防文化,80年的东江纵队红色文化,还有广府文化、客家文化、闽海文化等不同民系文化的汇集。河流为古代农业社会提供灌溉水源和饮用水源,截至2022年,大鹏新区共有121个自然村落,其选址均有沿河而居的共性。大鹏半岛滨海多山,在河海之间形成"涌"的地形,既可以抵御台风侵袭,亦可以渔猎、耕种,还为大鹏人提供了出海口,让大鹏人了解世界、走向世界,同时也引进新思想,让大鹏这个山阻海隔的边地得以开风气之先。大鹏半岛的大鹏湾是重要的深水港湾,其中葵涌沙鱼涌是大鹏半岛最主要的对外联系的港口,也是许多重要历史事件的发生地。

一、"东部三镇"各自的文化特点及葵涌历史文化调查研究

大鹏新区分为三个街道:葵涌、大鹏、南澳,俗称"东部三镇"。三镇既有文化的共性,又有文化的个性,各自承载着不同特色与主题的历史文化。南澳滨海且有疍家舞草龙和疍家渔民娶亲两个省级非物质文化遗产,承载了海洋文化和疍家文化;大鹏以咸头岭遗址和大鹏所城为代表,承载了史前文化和海防文化;葵涌则有葵涌客家潘氏和东江纵队司令部旧址,承载了客家文化和红色文化。

目前,学术界对大鹏半岛的研究主要集中在大鹏,包括大鹏所城、咸头岭、大鹏壁画,对南澳的研究也相对深入(主要集中在古村落和疍家文化),而对葵涌的发掘与研究却十分有限。有关葵涌历史文化的研究成果有:葵涌本土作家薛丁奎著的《葵涌掌故》,孔德云主编,李惠群著的《土洋、沙鱼涌红色纪事》,还有深圳古迹保

护协会受大鹏新区建筑工务署委托对坝岗片区进行历史文化调研而形成的调研报告，以及黄文德对葵涌潘氏家族源流及其建筑、人文进行考察的《从南口到葵涌——葵涌潘氏建筑与人文源流考》。其中有关葵涌中心区的历史文化研究成果少之又少。

根据大鹏新区对三个街道的发展定位以及葵涌的区位，葵涌街道在未来将成为深圳的城市副中心。当前，葵涌的城市更新如火如荼。目前，社会各界对葵涌历史文化及其遗存的认知十分有限。亟须对葵涌文化遗存及其历史信息进行全面的调查，摸清家底，并加以保护和合理利用。大鹏新区《葵涌河会议纪要大鹏新区治水提质指挥部第十四次会议纪要》《大鹏新区治水提质指挥部第十七次会议纪要》及《关于葵涌河景观提升工程可行性研究报告的批复》（深鹏发财〔2019〕7号）。

葵涌作为大鹏半岛红色革命文化的最重要的承载地之一，有众多红色革命人物及其故居、红色革命重要事件及其遗址。当地政府将葵涌河景观提升工程定位为红色文化主题，大鹏新区建筑工务署委托深圳市古迹保护协会按主题定位完成研究成果。

二、借葵涌河流域的治水提质工程对葵涌本土历史文化进行展示

葵涌河是葵涌的母亲河，其上游包括径心河、罗屋田河，沿途再汇入三溪河、西边洋河后，由沙鱼涌汇入大鹏湾。西边洋河流经葵涌屯，三溪河流经葵涌中心区，沿岸有白水塘潘氏围堡、福田世居客家围堡、长安世居、三栋屋、油榨围、欧屋炮楼、黄屋围、新二村炮楼排屋村、新二潘氏宗祠等。这些地区历史遗存丰富，文化底蕴深厚。

随着近年来的无序发展，葵涌的水系由显渐隐，河流水质污染严重，周边环境杂乱。大鹏新区和葵涌办事处狠抓治水提质，提出"河畅水清，岸绿景美"的目标要求。经过整治和生态修复，葵涌河水质逐步提升，流域环境也优美如画，但缺乏人文景观的植入。因此亟须进一步挖掘葵涌客家、红色等文化元素并融入其中，以丰富葵涌河流域的文化内涵，彰显当地深厚的历史文化底蕴。应通过对葵涌河流域历史文化进行系统的调查、研究、整理，对葵涌传统建筑、民系文化、宗教民俗、红色文化等进行调查研究，在此基础上，以多种形式展现葵涌河沿岸历史文化，从而凸显大鹏新区作为深圳文化之根、历史之源的地位。

本章所提及的葵涌历史文化调查研究主要是对葵涌河流域人文历史文化进行调研，综合梳理，进而形成基础成果。

第二节 葵涌概况

一、葵涌自然地理环境及区位

葵涌位于深圳东部大鹏半岛北部，东经114°24′，北纬22°38′，属亚热带海洋性气候，台风频繁，雨水充沛，日照充足，气候特征为温暖湿润，全年平均气温约为23℃。葵涌地形依山傍海，大鹏半岛形似大鹏鸟，葵涌即为大鹏鸟的头部。

葵涌地形以丘陵、山地、河谷、海湾为主。当地有着为数众多的"涌"形地形，如溪涌、葵涌、沙鱼涌。这是一种河流入海而形成的冲击小平原，三面环山，一面临海，一般都会作为海上登陆点。葵涌东临大鹏湾，与香港相望，距香港海路不足10千米。大鹏湾在葵涌境内的海岸线为16千米，大鹏湾是中国18000千米海岸线上仅有的3处15万吨级海湾之一，是稀缺的战略资源。葵涌西接大亚湾与惠州隔海相望，大亚湾在葵涌的海岸线有15千米。海岸线海水清澈，以岩岸和沙滩为主，风光旖旎，被中外环境规划专家誉为"中国最秀丽和最具开发价值的海岸线"。坝岗有着丰富的红树林资源，坝岗盐灶的银叶树是国内目前保存最完好、面积最大的银叶树湿地。

葵涌分为三个片区。一是葵涌中心区，即原来的葵涌镇区，包括葵涌、葵新、三溪等社区。葵涌中心区以盆地平原为主，地形较为平坦开阔，周边笔架山、黎壁山、雷公山三山环绕，区内三溪水、西边洋河、葵涌河三水交织，汇入葵涌河由沙鱼涌出海。二是位于葵涌东北的坝关片区，濒临大亚湾，包含坝一、坝二、盐灶、洞梓、西乡围等24个自然村。三是位于葵涌西南的大鹏湾沿岸的沙鱼涌、溪涌片区，包括官湖、沙鱼涌、土洋、溪涌等三个社区。葵涌现存自然村落55个（包括坝光片区），分别为沙鱼涌、土洋、谭屋、高圳头、深水田、官湖、丰树山、横头、黄榄坑、欧屋、上角、石场、双伍、松树、屯围、新村岭、澳头、白石岗、东门、虎地排、新围、张屋、福田、曾屋、黄屋、上禾塘、石碑、围之布、下禾塘、新屋仔、油榨、中新、洞背、上洞、溪涌、盐村、澳子吓、坝光、老屋、李屋、白沙湾、产头、洞梓、高大、横山、楼角、坪埔、山下、石鼓墩、双坑、田寮吓、西乡、盐灶、铁屎湖、径心。

二、葵涌历史与建置沿革

葵涌地处大鹏半岛中部，历史上历属宝安县、东莞县、新安县、惠阳县、宝安县、深圳市。建圩首见清康熙《新安县志》。古时这里河涌交织，盛产水葵。相传最初有女麦氏携二子，徙居过此。一子中暑，采莼（即水葵）服食，暑解，大喜，遂落居，"葵涌"因之得名。清嘉庆《新安县志》记载："葵涌山，在县东一百余里，多生水葵"。葵涌的"葵"即水葵，"涌"即河涌，"涌"音与意均与"冲"同，所以葵涌即为多生水葵的河涌。

东晋咸和六年（331 年），朝廷设东官郡，郡治设南头。这是古代深圳地区最早有独立行政建制的开始，时葵涌属东官郡宝安县管辖。后撤东官郡，设东莞县，葵涌一直属东莞县。直至明万历元年，析东莞设新安县，葵涌改属新安县。隋大业三年（607 年），属南海郡宝安县。唐至德二年（757 年），属岭南道广州都督府东莞县。宋开宝五年（972 年），属广州中都府增城县；宋开宝六年（973 年），复属广州中都府东莞县。元至元十五年（1278 年），属广州路东莞县。

明万历元年（1573 年），属广州路新安县。清康熙五年（1666 年），因迁界禁海，裁新安县入东莞县；清康熙八年（1669 年），复设新安县。1914 年 1 月，属广东省宝安县。1949 年 10 月，中华人民共和国成立后，大鹏属惠阳县第四区。1951 年 11 月，属惠阳县第七区。1957 年 12 月，撤区并乡，属惠阳县葵沙乡、大鹏乡。

1958 年 10 月，成立公社，属惠阳县大鹏公社。1958 年 11 月，归宝安县，属宝安县大鹏公社，坝光片区一并划归宝安县。1960 年 10 月，增设葵涌公社，属宝安县葵涌公社、大鹏公社。1961 年 7 月，属宝安县葵涌区葵涌公社、大鹏公社。1963 年 1 月，撤区，属宝安县葵涌公社、大鹏公社。1979 年 1 月，县改市设区，属深圳市葵涌区葵涌公社、大鹏公社。1982 年 12 月，复县撤区，属深圳市宝安县葵涌公社、大鹏公社。1983 年 7 月，取消公社改区，属深圳市宝安县葵涌区、大鹏区。1986 年 10 月，撤区建镇，属深圳市宝安县葵涌镇、大鹏镇、南澳镇。1993 年 1 月，宝安撤县、建宝安区和龙岗区，属深圳市龙岗区葵涌镇、大鹏镇、南澳镇。2004 年，镇改街道，属深圳市龙岗区葵涌街道、大鹏街道、南澳街道。2010 年 7 月 1 日，特区一体化，纳入深圳经济特区。2011 年 12 月 30 日，深圳市委、市政府决定成立大鹏新区，新区范围为现龙岗区葵涌、大鹏和南澳街道行政区域。

（一）先秦时期

葵涌地区早在 7000 年前就有人类居住。在葵涌海边考古发现多处新石器时代中期人类生活的遗址，其主要文化特征是几何印纹陶、红衣彩陶、夹沙陶等。此时的葵涌先民已开始筑造房屋、以狩猎与捕捞为生，即为古越先民。葵涌地区历史悠久，1981 年开始的深圳市第一次文物普查在葵涌发现大量的遗存，有位于溪涌的沙头遗址、上洞遗址、下洞遗址、土洋社区的水坝村遗址、大黄沙遗址和位于镇区的庙角山遗址。这些古人类遗址属大鹏咸头岭文化类型。

沙头沙丘遗址，位于葵涌溪涌社区沙头村，1984 年被发现，占地面积 500 平方米，现址已建成厂房。调查发现长身石斧、陶豆及部分夹沙陶、几何印纹陶片等，为春秋时期遗址。

水坝村沙丘遗址，位于葵涌街道溪涌社区水坝村，1984 年调查时发现，占地面积 100 平方米，调查发现夹沙粗陶、泥质几何印纹陶，为新石器时代晚期遗址。

上洞沙丘遗址，位于葵涌街道溪涌社区上洞村前东南面沙堤上。沙堤东西长 800 米，1956—1984 年调查时发现，占地面积 360 平方米，调查发现石制梯形石锛、亚腰形网坠、陶制夹沙粗陶。陶器上绳纹为主，间有刻纹、印纹，为新石器时代中期遗址。出土 338 件新石器时代夹砂粗陶和少量几何印纹陶片及磨光石器。从出土陶片看，夹砂陶以灰色为主，少许红陶或橙黄陶、白衣陶。陶土较为纯净，夹砂均匀。烧成温度可达 800℃。陶胎厚薄比较均匀。纹饰以粗绳为主，编织纹也很发达，也有红色，表面多挂黄色陶衣。几何印纹陶片为灰色和红色软陶。夹砂灰陶的纹饰以粗绳纹为主，还有划纹、编织纹。器形有罐、釜、钵、盆、盘、器座和炉箅等。泥质陶也以灰色为主，其次是陶虹、白陶。纹饰以曲尺纹、方格纹居多，器形有罐、釜、碗、杯、豆、盘等。有锛、凿、磨杵、砺石等。细砂岩石器 8 件，其中石锛 5 件、石凿 1 件、磨杵 1 件、砺石 1 件。石料均为细砂岩。

大黄沙沙丘遗址，位于葵涌街道土洋社区，东北距葵涌镇区 1.2 千米，西北距土洋社区 0.6 千米，北隔一鱼塘距旧公路 230 米，东侧是葵涌河入海口，此地黄沙堆积深厚，故称大黄沙。大黄沙遗址于 1981 年深圳市博物馆考古调查发现，遗址占地面积 1 万平方米。1989 年，为配合大鹏湾码头建设，再次进行抢救发掘，开探方 2 个，发掘面积 132 平方米。此遗址文化具有鲜明的特征，陶器主要为夹砂陶、橙黄陶两类，也有少量泥质红陶、白陶。制法采用手制，再慢轮修整。典型器物有折沿深腹圜底罐、扁圆腹釜、圈足盘、圜底钵、束腰器座等。圜底器为主，次为圈足

图 2-1 大黄沙遗址出土陶器座及器座上的水波纹

底器,未见三足底器。主要纹饰有绳纹、划纹、贝划纹、贝印纹等。有的纹饰种类因器而异。绳纹多施于釜、罐、器等座;划纹多不单独使用,与其他纹饰构成不同的组合图案。一般釜、罐、器座、盆等胎质较厚,而小罐、钵、盘、圈足盘等胎质相对较薄。泥质红陶中彩绘陶占绝大多数,主要发现于第 4 层,利用赭红彩构成多种不同几何图案,并兼与划纹、镂孔组合。其风格明显不同于中原及北方的彩色陶,而与岭南沿海一带史前遗址中所出的彩陶相似,其器类多为圈足盘。石器大体分为磨制石器、打制石器、天然石料工具三类。磨制石器占相当的比例,部分磨制得很精致。器类以梯形或长条形斧、锛及石砺为主。

(二)明代以前的葵涌

三国时期,葵涌归吴国管辖。吴在今深圳地区设置了司盐都尉,并筑有司盐都尉垒城,位于今南头古城,位置有交叉。葵涌是当时重要的产盐区,至今葵涌仍然有一些和盐有关的地名如盐灶、盐村等。这些产盐区归叠福盐场管辖,至宋代达到高峰。宋朝叠福盐场一年的盐产量是 15 万石,大鹏湾沿岸一些南北向的古驿道如盐田坳、坝岗坳、坪山古驿道也是运盐的盐道。

(三)明代的葵涌

葵涌原为明代大鹏所城三个屯田之一"葵涌屯"。现葵涌西边洋河北岸仍有"屯围"的地名，后发展成葵涌墟。土洋又名屯洋，为葵涌屯的子屯。

明洪武二十七年（1394年），明朝廷在大鹏半岛设大鹏守御千户所，并因之建城。这是大鹏半岛开发的重大里程碑。葵涌之前一直是山穷水恶，人烟稀少，为蛮荒之地。大鹏所城在葵涌设葵涌屯，并分兵屯田戍边，且耕且守。今葵涌仍有屯围村，即源于此。这是葵涌见于史书的最早记载。明万历元年，析东莞设新安县，葵涌属广州府新安县七都。

（四）清代葵涌成为客家聚集区

葵涌原为广府方言区，是广府方言的宝安类型，俗称围头话或蛇话。清顺治四年（1647年），打着反清复明旗号的李万荣、罗钦赞退守大鹏半岛。李万荣以七娘山为山寨，并占据大鹏所城；罗钦赞盘踞梅沙、葵涌等处。顺治十一年（1654年），吴姓总兵进攻大鹏半岛，以水师不利回兵，不成功。其后，李万荣和罗钦赞不和，李杀罗钦赞。直至顺治十三年（1656年），总兵黄应杰以刘烘为向导，围李万荣于大鹏山三月之久，李万荣投抚，历经十年战乱的大鹏半岛终于得以平息。

清初迁界禁海，葵涌原住民内迁三十里，再迁二十里，导致人民流离失所。这是沿海地区史无前例的一次沉痛灾难，葵涌顿时荒无人烟。康熙八年（1669年）复界后，很多被迁户因年深日久，并未回到迁出地，从而导致新安、归善县人口严重不足，遂向内地招垦。来自兴梅地区的客家人陆续迁至葵涌。但因为大鹏半岛地处偏僻，山高路远，新安县多次发布招垦布告，一些客家人开始才陆续迁来大鹏，且人数一直很少。直到嘉庆年间，才逐渐形成现在的村庄数量和布局，居民以潘姓、张姓、黄姓、欧姓、彭姓等为主。他们吃苦耐劳、艰辛创业，逐渐成为主要居民，葵涌也逐渐成为客家方言区。

清初，大鹏所城设守御所千总，专理屯科，葵涌屯属大鹏守御所千总管辖。清雍正元年（1723年），清廷设新安县丞于大鹏所城，管辖新安县东部沿海地域，即原新安县第七都。县丞所辖村落数量随着客家人的迁入而逐渐增加。至嘉庆年间，县丞已管辖大鹏半岛沿海近百村庄，葵涌地区即属新安县丞管辖。当时葵涌已有广府村庄上洞、下洞、沙鱼涌、关湖村、葵涌村、溪涌村、东门村等；有客籍村庄葵涌墟、土洋、白水塘、第三溪、径心、屯围子、黄榄坑、白石岗、张屋村、高圳头、盐寮下、新屋仔、凹头、横头村、新围、深水田等。以上村名给我们提供了两个信息：第一，清嘉庆以前，葵涌地区虽有广府村、客家村、广客杂居村，但葵涌已成为客家为主要民系的地区。清初还属大鹏守御所千总管辖的屯围村，这时已成为客家村落。第二，当时的潘氏家族已经兴建了白水塘（上禾塘）大围，潘氏已发展成望族，并开始有能力为葵涌地区修桥铺路。清嘉庆《新安县志 · 建置略》载：“济安桥，在葵涌，监生潘光大建。”

（五）民国时期葵涌成为大鹏半岛红色革命的策源地和根据地

民国年间，葵涌属宝安县第三区，第三区延续了原来的新安县第七都，下辖五个乡：东和、葵华、南华、王母、鹏城，即现在的盐田区和大鹏新区之和。葵涌谓葵华乡。1898 年，中英签订《展拓香港界址专条》，清政府保留了香港的九龙城作为“飞地”。从大鹏通往香港九龙城的海陆两条路也在条约里得到确认。这样，大鹏湾就有了一条航线可走船。这条航线初由鹏福公司经营，获利颇厚，于是港英政府收回航线运营权进行公开拍卖，由罗姓商人以每月 1000 元拍得，大鹏方面则收取南澳、叠福、沙鱼涌三个码头停靠费 8 千余元。民国时期的大鹏特别是沙鱼涌成为大鹏人走出去的重要通道。大量的大鹏人通过这条航线做“港货生意”，赴港打工谋生，成就了民国时期大鹏的繁华一时。沙鱼涌也成为兵家必争之地。

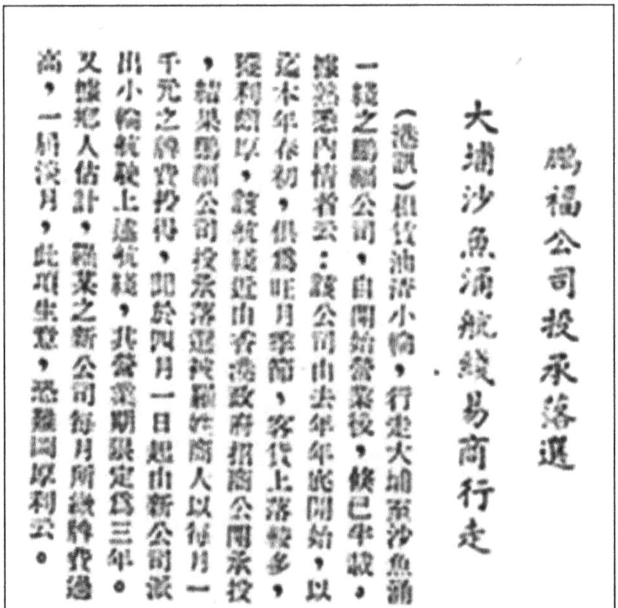
鵬福公司投承落選

大埔沙魚涌航綫易商行走

（港訊）租賃油渣小輪，行走大埔至沙魚涌一綫之鵬福公司，自開始營業後，倏已半載，據熟悉內情者云：該公司由去年年底開始，以迄本年春初，俱為旺月季節，客貨上落較多，獲利甚厚，該航綫經由香港政府招商公開承投，結果鵬福公司投承落選，被羅姓商人以每月一千元之牌費投得，即於四月一日起由新公司派出小輪航駛上述航綫，其營業期限定為三年。又據熟人估計，羅某之新公司每月所繳牌費過高，一俟淡月，此項生意，恐難圖厚利云。

图 2-2　1948 年港英政府将大鹏湾航线运营权收回并进行公开拍卖

图 2-3　大鹏人通过便利的赴港通道，走出大鹏赴港谋生，再走遍世界，图为大鹏人曹安 1939 年护照

第三节　基肇葵乡——葵涌客家文化

客家人，我国汉族八大民系中的一支，是岭南三大民系：广府、客家、学老（潮汕）之一。三大民系中，潘氏实为同宗。其先祖同为东晋望族潘瑾、潘安、潘尼等，后人南迁江西、福建后，经南雄珠玑巷迁居岭南一支的成为广府潘氏，主要代表有深圳怀德、万丰、石厦潘氏。经福建宁化石壁迁居粤东五华、兴宁、梅县、紫金、深圳等地的为客家潘氏，主要代表有南口、葵涌潘氏。经福建莆田、泉州南安、漳州龙海迁居潮州、海南形成潮汕潘氏，主要代表有乾隆年间世界首富的漳州潘启、南安潘氏等。即经西路、中路、东路的三条迁徙路线形成广府、客家、潮汕不同民系，潘姓如此，他姓亦然。

一、聚落姓氏

先秦时期，坝光原住民属百越族中南越的一支。秦始皇统一岭南后，坝光地区属南海郡博罗县管辖。二十万秦军留在岭南，与南越本地人融合后形成广府民系，葵涌则属于广府系东江亚系。清朝康熙八年（1669 年）"迁海复界"，新安县因人口严重不足向内地招垦，客家人陆续进入坝光，并成为现在葵涌原住民的主要构成。

（一）葵涌潘氏

1. 上禾塘潘氏围

三溪潘氏围屋位于广东省深圳市龙岗区葵涌街道三溪社区上禾塘居民小组（福塘北路3号），坐西朝东，建于民国时期，面宽37米，进深24米，占地面积为988平方米，为两堂两横带角楼结构，前有禾坪和月池等组成，中间正门上有"潘氏宗祠"字样，砖木结构，外墙为夯土构成，围屋内有走马道，是一座的民国时期带角楼客家围屋。现整体保存一般。2018年4月26日，大鹏古城博物馆组织省市部分文物保护专家对位于葵涌街道三溪社区不可移动文物潘氏围屋进行复查，并作价值评估。复查结果如下：三溪潘氏围屋角楼为三层、硬山顶瓦面。平面布局、建筑风貌和内部结构、构件保留了"三普"时的风貌。价值评估意见：三溪潘氏围屋建筑稳定，保留了原有历史、艺术和科学价值。根据《中华人民共和国文物保护法》及相关法律法规，建议对该处不可移动文物原址原貌加强保护。

2. 潘氏福田世居客家围堡

福田世居建筑占地面积为2520平方米，平面布局为三堂四横结构，前有禾坪并带有角楼，主体建筑为砖木结构，正门上有"福田世居"石匾，当心间为潘氏宗祠，是葵涌地区少有的清代大型客家围屋。现整体保存较好。2018年3月21日，大鹏古城博物馆组织专家对不可移动文物福田世居进行复查，并作价值评估。复查结果如下：围屋中轴为上、中、下三堂两天井的祖公堂，曾做过修缮，保留清代中晚期的部分石柱础和栏板，顶梁有雕花，墙楣残留彩画，木屏风残件有浮雕。天井搭建金属架。横屋坍塌、搭建、加建较为严重。价值评估意见：横屋破损、搭建、改建较为严重，原有历史、艺术、科学、文化和社会价值受损，但平面布局和客家围屋的风韵依存，曾作为抗日东江纵队司令部，东江纵队北撤山东烟台的出发地之一，被认定为革命老区。建议加强该处不可移动文物点的保护和修葺利用，作为革命传统和社会主义核心价值观教育基地。

3. 潘氏书屋

潘氏书屋又称"三栋屋"，位于葵涌街道三溪社区（三溪西路9号），始建于清末。整体建筑坐北朝南，面宽12米，进深28米，占地面积336平方米，三开三进二天井，砖木结构，为祠堂式建筑。上堂有三开屏门，屏门有花岗岩柱础，两次间有地袱，屏门正中原有匾额，内容已无法辩析。中厅有四金柱，花岗岩柱础、柱身，全梁架，木质，中厅南墙有瓷质花窗，年代为民国。后堂安置"大显威灵"神位，祭拜诸神。该建筑原为葵涌潘氏支系私立祠堂，后成为私塾，作为潘氏族人求学之所。抗战时期，该书室曾作为东江抗日游击队的医疗站，解放后被作为公社粮仓，至今产权仍属葵涌粮所。现整体保存较好。因其侧面有三个山面，故被村人称为"三栋屋"，也称为"粮所三栋屋"。

2018年3月22日，大鹏古城博物馆组织专家对不可移动文物潘氏书屋进行复查，并作价值评估。复查结果如下：书屋建于清代晚期，有上、中、下三堂，故当地人称之为"三栋屋"。建筑空间高旷、雄伟，改建城粮仓时将天井搭盖，局部受损。现出租他人作为电器修理厂，门面改动。价值评估意见：第一，潘氏书屋曾作为抗日东江纵队司令部，东江纵队北撤时的出发地之一。第二，建筑虽然局部受损（恢复修葺难度不大），保留了原有历史、艺术、科学、文化和社会价值。第三，建议将该处未定级不可移动文物申报公布为大鹏新区文物保护单位，活化利用，作为革命传统和社会主义核心价值观教育基地。

（二）葵涌黄氏

1. 三溪黄氏围屋

三溪黄氏围屋占地面积6760平方米，平面布局为三堂两横结构，前有禾坪和半月池，中间为黄氏宗祠，砖木结构。据了解，黄氏族人原由福建迁至广东紫金再分支迁于此并定居。黄氏宗祠分别于1988年和2003年由黄氏族人进行重修。现整体保存一般。2018年3月22日，大鹏古城博物馆组织省、市三名文物专家对不可移动文物黄氏围屋进行复查，并作价值评估。复查结果表明：三溪黄屋外部环境和建筑平面布局基本保留清代晚期风貌。门额木匾书"黄氏宗祠"，大门门框、门槛、门墩石保存原有构建。中轴祖公堂重修，前堂屋面盖黄色琉璃瓦外墙贴红色瓷片，破坏了原貌，左右横屋有坍塌、搭建情况。价值评估意见：第一，三溪社区黄氏围屋属较为规范并有一定规模的客家围屋，整体布局和围屋建筑格局尚存。第二，围屋修葺虽不规范，横屋失修，但整体风貌尚存，仍不失原有历史、艺术、科学、文化和社会价值。第三，鉴于大鹏新区现存具有一定规模的客家围不可多见，建议申报公布为大鹏新区文物保护单位，并予以修缮保护和活化利用。

2. 新二村黄氏炮楼

新二村黄氏炮楼建于民国初年，面宽9米，深4.2米，建筑面积37平方米，高三层，花岗岩条石基座，砖木结构，有圆形、方形和葫芦形枪眼多处，楼顶两边有封火墙，前后有女儿墙，是民国时期新二村防卫建筑。现整体保存完好。2018年3月21日，大鹏新区文体局旅游局组织专家对不可移动文物新二村炮楼进行复查，并作价值评估。复查结果表明：第一，炮楼高应为五层；第二，炮楼顶端东西向为镬耳山墙，在此不应称作封火墙；第三，建筑用材为石、砖、瓦、木，不仅仅是砖、木。价值评估意见：第一，2009年至今基本保存原样，结构稳定；第二，保存了原有历史、艺术、科学、文化和科学价值；第三，炮楼形制、装饰独特，气势雄伟，在大鹏乃至深圳市范围内较为罕见。根据《中华人民共和国文物保护法》第二章不可移动文物相关规定，建议将未定级不可移动文物新二村炮楼申报公布为大鹏新区文物保护单位。

（三）葵涌张氏

葵涌张氏有葵新张屋村，位于葵涌盆地，方位在葵涌街道南，距离葵涌街道约0.9千米，县道金葵中路可达该村，与其相邻的自然村有东门村。该村在清嘉庆年间就已存在，因人口迁入而形成。因该村以张氏为主而取名葵新张屋村。张氏先祖在清朝时从河源迁徙至此地。

葵新张屋村整体坐北朝南，现存传统民居约20座，为客家式民居。传统民居集中在村中间位置，整座围屋为三横三纵格局，建筑间的巷道宽约2米，在西侧还有一排横屋。建筑整体保存较好。多数民间有最近翻修过的迹象，外墙也大多都重新批灰。据了解，围屋内居住的均为外来人员，此地村民居住在围屋外围的新式居民楼。

村里现存宗祠3座，其中有张氏宗祠2座，彭氏宗祠1座，现均在使用。每逢重大节日，族人们都前去宗祠祭拜。宗祠也是一族人进行红白喜事之地。此外，每当族人生下男丁，也都会前往宗祠进行添灯仪式，向祖宗报喜，为孩子祈福。

（四）葵涌李氏

葵涌李氏有葵丰李氏炮楼，位于深圳市龙岗区葵涌街道葵丰社区石场村丰树山路旁。炮楼朝向南偏西25度，建于民国时期，面宽9米，进深8米，占地面积约

72平方米。底面为长方形,高四层,砖木结构,灰瓦顶,楼顶东西两边为"锅耳式"封火墙,前后为女儿墙。据了解,该炮楼为李氏华侨所建,原为一大围村的防卫设施建筑,现只存部分围墙与该炮楼。整体保存较好。2018年4月24日,大鹏古城博物馆组织专家对不可移动文物葵丰李氏炮楼进行复查,并作价值评估。复查结果表明:葵丰李氏炮楼体量较大,两侧镬耳山墙高耸,第四层方形开窗品字形布列,两间拖屋完整,平面布局、建筑结构保留了"三普"时的品貌。价值评估结果:葵丰李氏炮楼建筑结构稳定,保留了原有历史、艺术和科学价值。根据《中华人民共和国文物保护法》及有关法律法规,建议加强对未定级不可移动文物葵丰李氏炮楼的保护与利用。

(五)葵涌陈氏长安世居

葵涌陈氏长安世居由泰国华侨陈琳记在民国四年(1915年)建立,建筑面积660平方米,平面布局为两堂两横四角楼结构,角楼高三层,后有围墙,前有禾坪,主体建筑为砖木结构,外墙为夯土构成,房屋与角楼均为硬山尖山式灰瓦顶,是一处较典型四角楼客家围屋。据屋主述说,抗日时期长安世居曾为当地游击队暂住场所,于1941年12月22日冬至,被日军轰炸后坍塌了正门等共6间,至今未修复。现整体保存一般。2018年3月22日,大鹏古城博物馆组织专家对不可移动文物长安世居进行复查,并作价值评估。复查结果表明:长安世居整体布局尚存,后围墙中段位置建洋楼一座,乱搭乱建严重,屋面坍塌面积较大,墙体部分破损,风貌受损。价值评估意见:由于缺乏维修护理,围屋破损较为严重,削弱了原有历史、艺术、科学、文化和社会价值。长安世居是具有红色记忆的旧址。根据广东省实施《中华人民共和国文物保护法》有关规定,建议加强对未定级不可移动文物长安世居的保护和活化利用。

(六)葵涌欧阳氏

葵涌欧阳氏有欧阳氏炮楼,位于葵涌街道欧屋村二巷27号,高五层,属"土混帽檐式"结构。正、背两面,每层开竖向麻石框窗两个,两窗之间镶嵌麻石打制长方形射击孔,射击孔方向每层倒置错落镶嵌。炮楼两侧面每层三窗、四射击孔,排列方向与正面相同。拖屋两开间,硬山顶。紧靠炮楼左边建起与炮楼同高、外墙贴马赛克的洋房。2018年3月22日,大鹏古城博物馆组织专家对欧阳氏炮楼进行复查，并作价值评估。复查意见如下：炮楼为欧阳氏私人产业，屋主旅居美国，委托其妹欧阳凤娇（83岁）看管。托管人希望将炮楼纳入旧村改造，不愿意让专家们进入炮楼内查看结构。据欧阳凤娇说，炮楼内每层楼板尚存，但有破损坍塌。价值评估及建议：欧阳氏炮楼左边加建洋房，影响了文物本体布局和风貌，在一定程度上降低了原有的历史、艺术、科学、文化和社会价值。但"土混帽檐式"结构炮楼较为特殊，文物本体建筑稳定，根据《中华人民共和国文物保护法》及省、市有关不可移动文物保护的相关规定，建议列为大鹏新区不可移动文物点。

二、农耕文明

葵涌客家人原在北方长期从事农耕，他们的南迁带来了北方先进的农业生产技术。

葵涌地域过去以种植水稻、番薯、花生等农作物为主，居民农闲时上山砍柴、种植果园等作为副业。据《新安县志·舆地略》记载："民多重农桑而后商贾。农人种田，一年两收。""邑中宜稻，名类最多。"在长期的劳动实践中，当地形成了一些有特色的农业生产习俗，大多与水稻耕作有关。

（一）播种

葵涌自古以来主要以农业耕种为主。天气的变化对农业生产有重大影响。由于缺乏先进的气象预报，农民们只能依靠长期的生产实践总结出一些基本符合本地气象变化的规律。为了易于记忆，多将其以简约易记的谚语形式加以概括，并代代相传。现略举几例：

干冬湿年，禾谷满田。

立春晴一日，农夫耕田不用力。

清明须用晴，谷雨须用雨。

小满池塘满，不满天大旱。

六月初六晴，禾无虫，早稻有收成。

立秋小雨吉，大雨伤禾。

九月霜降值金，一晴一阴。

寒露风，谷不实；霜降雨，米多碎。

天下若逢处暑雨，纵然结实也难收。

十一月冬至晴，百物成。

十二月小寒晴，早禾熟；大寒晴，晚禾熟。

改革开放后，葵涌因地制宜，发展种植业，提高耕作技术，从过去不讲科学技术转变为科学耕作。从播种、栽培、施肥、灌溉、收割、包装到保鲜等各项工序，村民都认真学习新技术，采用新方法。此外，还实行"反季节"的耕作制，按"你无我有，你有我早，你早我好"的要求，安排生产，增强竞争力。同时，尽可能及时准确地了解市场信息，按商品生产的要求，改变或增加品种，提高复种指数，达到增产增收目的。

在传统农业中，葵涌播种耕作时使用的生产工具及辅助工具有犁、杖、耙、耱、镘、锄、镰，叉、刮、锤、斧、夯、铲、蓑衣、斗笠等。

（二）灌溉

在农耕经济时期，传统的粗放型灌溉方式使得很多地方的水资源严重缺乏。为了方便农田灌溉，农民往往在水力资源丰富的溪流挖坑蓄水，然后利用翻车等灌溉农田。

翻车，是一种刮板式连续提水机械，又名龙骨水车，是我国古代最著名的农业灌溉机械之一，是珍贵的历史文化遗产。相传由汉灵帝时毕岚造出雏形，经三国时诸葛亮改造完善后在蜀国推广使用，隋唐时广泛用于农业灌溉。翻车可用手摇、脚踏、牛转、水转或风转等方式驱动。龙骨叶板用作链条，卧于矩形长槽中，车身斜置河边或池塘边。下链轮和车身一部分没入水中。驱动链轮，叶板就沿槽刮水上升，到长槽上端将水送出。如此连续循环，把水输送到需要之处，可连续取水，且操作搬运方便，还可及时转移取水点。我国古代链传动的最早应用就是在翻车上，这是农业灌溉机械的一项重大改进。

（三）收割

过去，葵涌人收割庄稼时会用到镰刀、扇车、打稻桶、独轮车等工具。

扇车：又称风车、风扇车、飏车、谷风机、扬谷机、旋转式风扇车，发明于西汉（前206—公元25年）。曲柄摇手的周围圆形空洞为进风口，左边有长方形风道为出风口。葵涌人以脚踏连杆或手摇使轮轴转动，可产生强气流，旋转鼓风四面流动，使来自漏斗的稻谷通过斗阀穿过风道，饱满结实的谷粒落入出粮口，而糠杂物则沿风道随风一起飘出风口。

扇车由车架、外壳、风扇、喂料斗及调节门等构成。工作时手摇风扇，开启调节门，让谷物缓缓落下，谷壳及轻杂物即被风力吹出机外。这是利用连续转动轮形风扇鼓动空气的原理，区分轻重不同的籽粒，清除糠秕的谷物加工机械。

打稻桶是一种用来脱粒的传统农具。有的打稻桶底部装有 H 形的很粗的平行竹档，称"稻桶拔"或称"泥拖"，目的是方便在水稻田里拖行。如果稻田干枯，就不需要"稻桶拔"，仅用手一拉，稻桶即可轻松拖行。

（四）加工

历史上，葵涌地区域加工谷物用石磨盘、石磨棒等；加工蔗糖有糖寮；压榨花生油有榨油坊；加工酒则有酒坊；加工布料则有纺车；凡此种种，不一而足。

1. 糖寮

葵涌气候温和，雨量充沛，土地肥沃，自古以来是种植甘蔗的佳壤。清嘉庆《新安县志》载："蔗有二种，曰白蔗，曰竹蔗。而邑中惟竹蔗，长丈余，颇似竹。种蔗用蔗种尺余斜而种之，多蔗出蔗尤甘。冬时榨汁煮炼成糖，其浊而黑者曰黑片糖，清而黄者曰黄片糖，其白而细者曰白沙糖。"

葵涌地区有大量种植甘蔗的传统。历史上，每个村落几乎都有"绞寮"（寮即小屋，手工作坊，下同）、"糖寮"，榨、煮蔗糖。榨蔗汁，通常用类似石磨的两个磨轮，把甘蔗伸进去相绞挤压，石磨轮用人力推或用牛拉。为了多出糖，一般等甘蔗长到中秋时分，雨水少，甘蔗糖分高，且大田农事稍闲。糖寮开榨时，旺火煮糖汁，由煮糖师傅控制火候。

中华人民共和国成立前至 20 世纪 50 年代，葵涌糖寮榨蔗以牛为动力。把两粒重约 2 吨的圆石上部打孔衔接，可以转动，再用一根大而微弯曲的木条钳在圆石间，由四头大牛拉动木条，使两粒圆石转动。这时，有一专职人员把甘蔗插入石缝，甘蔗便被圆石压扁，蔗汁顺着石下小沟流进预先挖好的汁坑（或汁桶）。汁坑里的蔗汁被用桶挑到"煮糖间"。煮糖间有五个大锅并排的煮糖灶，一工人在灶孔用草木烧火，蔗汁的水分慢慢被蒸发。这时，煮糖的师傅便从一个大锅里弄一点成糊状的糖汁放进嘴里，称为"试甘"。"试甘"是一道技术性很高的工序，如未到火候，称为"较甘"，则榨出来的糖呈饼状。但如果煮过头了，称为"硬甘"，则榨出来的糖色泽变黑，吃了会"生火气"，卖不到好价钱。有经验的师傅反复试甘之后，在不软不硬时把大锅里的糖浆捞起来放到一个长方形的木质"糖槽",这时。有专门压糖的师傅用一块硬木片在糖槽反复推磨,糖浆慢慢变成粉末状的红糖,变成成品红糖。上等的红糖呈菜花黄颜色,质地松软,这时便可上市了。到了20世纪60年代以后,乡村土糖寮有了榨蔗机,改用机械榨蔗取汁,不再用耕牛拉石磨。此举大大减轻了劳力,提高了效率,甘蔗的出汁率也有很大的提高。到20世纪六七十年代,为了整合资源,宝安县在东片的龙岗和西片的西乡,分别建了两个糖厂,进行机械化搬运、输送、压榨、煮糖、品质检验和分级包装,产品的质量和产量有了质的飞跃。

2. 榨油坊

葵涌地区过去主要的经济作物为花生。20世纪50年代之前,葵涌人采用古法榨油。古法榨油工艺需要选料、去壳、炒籽、磨碾、蒸胚、结草、包饼、踩饼、上榨、撞榨、接油、沉淀、缸醒等十几道工序。传统的古法木榨每一道工序都十分考究,都有其要诀所在,如火候、力度、时间等。把包好的坯饼放到榨槽里撞油,这是榨油的核心,也是最有看头的环节。掌锤的油坊工双手把住悬吊在空中的200多斤的巨石锤,对油槽中的楔子进桩进行撞击积压,操作时需反向甩起,启、承、抛、拉,转身全力回撞。选取颗粒饱满、优质的大花生为原料。并采用独特的密封工艺,将正宗地道的秘法炒工艺技术推向高峰,充分保留花生原香。低温沉降与过滤控制法,尽可能地保留了花生油的营养与香味,纯净无添加,滤得原始醇香。

3. 酒坊

旧时乡下人饮酒,多为土酒坊造酒,抑或自酿黄酒。

土法酿酒,客家话叫作"逼酒"。"逼出来"的酒,形象地被戏称为"倒汗水"。因为这种小酒坊用蒸馏法造酒,出酒像流汗。

小酒坊,通常是一间小屋或一个草棚,内有几只盛放发酵米饭用的大笪箕、一口大锅和一个蒸炉,加上几十个窄口的瓦瓮。一般小酒坊只有三两个人,因此夫妻档的酒坊不少。"逼酒"选用上好冬米,此米少水分,淀粉足。先煮熟二三百斤米饭,摊凉至30度以下,拌上"酒娘"(酒饼,酿酒酵母)装埕。几天后发酵出酒味,再倒进密封的蒸炉里。蒸炉由一口锅和高三四尺的"企桶"(大木桶)组成。蒸炉下柴火烧旺,蒸馏出酒气,通过冷却,经一根小指头般细小的竹竿子,滴流出高浓度的米酒。这样制作出来的烧酒,不掺杂质,酒色剔透,入口醇甘清香,既不割喉,又不上脑,很受欢迎。

葵涌乡间另一种酒,就是客家黄酒。客家黄酒全用糯米酿造,香且甜,度数不高，是妇人坐月子最好的补酒。用它煮姜，是姜酒，祛风化瘀；用它煮鸡煮蛋，是鸡酒，行气补血。黄酒制作简单，是"浸酒"。将糯米三五十斤蒸熟，摊冷，撒入酒饼拌匀，放入窄口的瓦埕，稍加适量开水，然后密封，七八天后就有酒味发出，芬芳诱人。若嫌酒味太淡，可加几斤纯正米酒，使其在埕中再度发酵。三数天后，用酒篓筛隔去酒渣，汲取净酒，经过煮滚，便可饮用。制成的酒很"娇嫩"，容不得大力搬动，如过分摇晃，酒味则变酸。此酒色泽黄白，酒质黏稠，味道甜香。如在发酵浸酒时加入适当红曲米，其酒色即变淡红，色香味更佳。若用黑糯米浸酿，对产妇更为补益。

4. 纺织

家庭纺织业在葵涌有悠久的历史。由于本地不产棉花，自制土布主要以苎麻为原料。自制的土布尺幅较窄，一般为三尺左右，布的图案为直条和方格。一般如纱经过染色，成品布就不再染色。也有织成白布后再染色的。旧时葵涌乡民一般都穿这种土布衣服。织布的织机用竹木制成，占用面积较大，不易搬动。

织布工艺较为复杂，需要多道工序。而且，织布的技艺也很重要。技艺高的，织出的布即细又平整；技艺差的，织的布就较粗糙，穿着不舒服。所以，在过去葵涌能织布的农家较少。

5. 捣臼与石磨

捣臼为舂米的器具，过去捣谷碾米等粮食加工的必要器具，也是以前在葵涌农村常见的一种工具。

6. 木工

木工又称木匠，在旧时是乡村作用最大的工匠。每家每户，无论生活水平高低，都离不开木匠。旧时，葵涌农村一般人家的家具有睡床、桌凳、箱柜、菜橱、门窗、棚、屏风，以及纺纱的纺车、织布的布机、耕田的犁耙、扮禾的禾桶、车谷的风车、提水的水车、榨油的油榨等生产工具。以土木或砖木结构为主的房屋，从房柱到房梁、桁条、门窗，也都是木匠制作而成。由于乡民离不开木匠手艺，木匠也就成为旧时农村十分吃香的行当。有一句俗语说，"木匠师傅一个斗，一人能养十个口"。这是当时的真实写照。

传统的木匠师傅使用刨子、锯子、斧头、凿子、墨斗、角尺和竹尺（又称五尺）等工具。

7. 存储

"国家大事，食足为先。"仓贮是古代常见的地面藏粮方法，因此粮仓也是古代储存粮食的重要场所。葵涌地区过去的粮食存储方法很多，有瓦缸、瓮、木粮仓等存储方式。

粮仓不仅能够应对战争、饥荒、旱灾等意外情况的发生，也能对市场供需起到调节作用。在中国古代重农抑商的大环境下，仓储更重要的是承担社会救济和社会保障的职能。

三、宗族文化

葵涌地区的民间传统信仰，源于以祠堂为中心的祖宗崇拜。每逢当地的婚丧嫁娶及重要节日，乡民均会到祠堂祭祖。女子婚后若是生了男孩，男方一定会在祠堂"添灯"（添丁之意）。各个姓氏一般会在自家祠堂大门外用一副对联说明本族姓氏及来由，如葵涌潘姓——"泽流花县，基肇葵乡"。花县位于河南，葵涌潘氏显祖潘安在该地任县令期间广植桃花、李花，故有"花县"的佳话。同样"基肇葵乡"的还有葵涌江夏堂黄姓、清河堂张姓、述古堂彭姓，等等。

（一）追根溯源

历史上客家人曾经历五次大规模的迁徙运动，并在迁徙的过程中形成了客家民系。

第一次：受五胡乱华影响，自东晋始，大批中原人举族南迁至长江流域。

第二次：唐末的黄巢之乱，迫使客家先民继续南下，到达闽、粤、赣接合部，成为客家的第一批先民。

第三次：金人南下，入主中原，宋高宗南渡。更多的移民集聚于此，与当地的土著和先期迁入其地的畲族先民交流融合，最终形成客家民系。

第四次：明末清初，客家内部人口激增。因资源有限，大批闽、粤客家人从客家大本营向外迁移，最远内迁至川、桂等地区。历史上的"湖广填四川"即发生在此时期。

第五次：受广东西路械斗事件及太平天国运动影响，部分客家人分迁至广东南部和海南岛等地。

葵涌大多数客家人都是从广东梅县、兴宁、五华及江西等客家人聚居地迁至深圳的，因此和广东客家人有着大致相同的文化价值观念和风俗习惯。迁居时间大致为清初康熙复界之时，当时因原居民回迁者甚少，清政府遂实行粤、赣、闽的客家人南迁新安，即给予减免赋税和发给牛、口粮、种子的优惠政策。《新安县志》记载了明末至清初当地的人口变化情况：明崇祯十五年（1642年），人口为17871人；清康熙三年（1664年），人口为2172人；康熙十一年（1672年），人口为3972人；康熙二十四年（1685年），人口为7067人；乾隆二十六年（1761年），人口为10581人；嘉庆二十三年（1818年），人口为239115人。由此可以看出这些政策的积极效果。

（二）耕读传家

耕读传家是中国农耕社会传承下来的一种特有的家风。葵涌历史悠久，耕读传家是葵涌客家人的优良传统之一。葵涌客家人通过堂联、族谱、谚语、童谣、竖楣等，激励子弟勤奋好学、成才立业；普遍设立族学、书院和新式学堂，使客家地区教育普及，惠及百姓。"万般皆下品，唯有读书高"、"学而优则仕"的思想，在葵涌旧时的农村根深蒂固。

过去，客家人把入学读书当作人生的一件大事。当子女达七八岁时，作父母的便请人选择一个良辰吉日，送子女到学堂"破学"，意为打破人的原生蒙昧状态，开始学习文化知识。首先，焚香点烛，谒拜孔圣人像。然后拜见老师，对老师行跪拜礼，并奉送大红礼包。逢年过节亦要向老师奉送礼物。孩子毕业，哪怕是小学毕业，或是考上高一级学校，也是门楣生辉，就要摆设酒筵，称"毕业酒"或"升学酒"，宴请邻里亲朋，同时一定要请老师坐上座，酬谢老师的辛勤教诲。私塾教学内容是先读《三字经》《百家姓》《千字文》《千家诗》《幼学琼林》，以及《女儿经》《教儿经》《童蒙须知》和《增广贤文》等，进行启蒙教育。学生进一步则读四书五经、《古文观止》等。

旧时私塾先生十分注重蒙童的教养教育，强调蒙童养成良好的道德品质和生活习惯。对蒙童的行为礼节，像着衣、叉手、作揖、行路、视听等都有严格的具体规定。在教学方法上，先生完全采用注入式。讲课时，先生正襟危坐，学生依次把书放在先生的桌上，然后侍立一旁，恭听先生圈点口哼。讲毕，命学生复述。其后学生回到自己座位上去朗读。凡先生规定朗读之书，学生须一律背诵。先生对学生要求十分严格，私塾中体罚盛行。遇上调皮或不听话的学生，先生经常揪学生的脸皮和耳朵、罚站、用戒尺打手心等。

有钱人家的孩子上学读书，穷人家的小孩就从师学艺，学一手泥水、竹木匠、裁缝、理发等手艺。学艺一般三年为期，学艺期间，只有饭吃，不得工资，俗称"坐三年冷板凳"，有些还须交学费，称"师傅钱"。师傅每年发给学徒冬夏衣服各一套及少许零用钱。学徒在学艺时要不怕苦累，多问多做，做好分内分外甚至师傅家的家务活，博得师傅欢心，师傅才会将关键的绝活传授予学徒，不会留一手。三年期满后，师傅会赠给学徒一副工具，学徒则要请师傅吃"满师酒"，以作酬谢。师傅说些勉励话后，学徒就算"出师"，可以独立从业了。

（三）长幼有序

在封建社会，强调父子有亲，君臣有义，夫妇有别，长幼有序，朋友有信。在这"五伦"中最基本的是"父子"和"兄弟"两伦。要求子对父孝，弟对兄悌。葵涌历史悠久，在传统文化的影响下，历来讲究训诲子侄、长幼有序、和睦乡里。

沿袭至今，长幼有序在葵涌当地的生活中也有应用。按当地风俗，要是家里有几兄妹，必须哥哥先结婚，然后弟妹才能娶嫁。如果弟弟先结婚，村里人便会非议，说："哪能先造下堂再造上堂？"这个顺序不能错乱。但要真有哥哥迟迟不结婚，弟妹也不能终生不娶、不嫁。那只能在弟妹成亲的那天，在弟弟的洞房或妹妹的闺房，门头上挂一条哥哥的裤子，娶亲或出嫁那天让弟弟或妹妹从其下钻过去，寓示守俗。这样就不会受到村里人的非议了。

（四）春秋二祭

春秋二祭指的是春季清明节和秋季的重阳节都要祭祖、扫墓。春祭的时间一般在清明节，秋祭的时间一般在阴历十月（重阳节前）。按照客家人的的传统，每年的春天和秋天，后人要到死去亲人的坟前各祭奠一次，以表达怀念之心。

清明在唐宋后具有时令与节日的双重意义，并且其节俗意义日渐增强。民间将寒食节的节俗与清明合而为一。《唐书》载："开元二十年敕，寒食上墓，《礼》《经》无文。近代相传，寖以成俗，宜许上墓同拜扫礼。"

葵涌人清明节上山扫墓祭祖已成为历史传统，也称"拜山"。《宝安县志》载："清明是春祭日，本县多在这一天上山扫墓，俗称'拜山'。先除草，后用三牲、饭、菜、果品、茶酒等拜祭。"按葵涌当地习俗，清明节多数是家庭式拜祭祖先，重阳节是同姓家族拜祭祖先。

葵涌人对拜山很重视，在港澳台、海外的侨胞和亲属都赶回来拜祭。拜山前一天，就到酒楼订购烧乳猪一只，备好水果、茶、酒、米饭、糖果、"鸡屎藤粄"、艾粄糕点、饼干、香烛、炮仗、金银纸钱等祭品。拜山当天，一大早吃过饭，全家或兄弟几家男女老少数十人便去坟前祭拜。以前还要带上锄头、铁铲，为先人坟墓除草、培土。如今殡葬改革，个别村建了统一墓场，便无须如此。后人在先人墓碑前，摆上祭品，敬上茶酒。以年长者开始顺至子孙，每人点燃三炷香，虔诚地向先人跪拜，口中诉说："我们来看你了，带来你喜欢吃的用的穿的，希望祖先保佑子子孙孙平安大吉，事业有成。"然后，烧纸，续茶续酒，燃放炮仗。

旧时，传统拜山祭毕，就地在山头挖坑垒灶，拾柴做饭，土称"吃山头"。这是因为过去交通不便，人们一来一回花太长时间，只好在山上解决午饭。如今交通便利，大家很快就回到家围在一起吃饭。回家时，其他祭品留下，只带烧乳猪、苹果回去，把拜过山的烧乳猪和苹果分给兄弟各家吃。这是沿袭过去的风俗："分太公猪肉"。据传吃拜过山的烧乳猪，会得到祖先庇佑，各方面都会顺顺利利，平安无事。路上每人还吃一两颗拜过山的糖，体味亲人生前给后人的关爱和先人带来本族本房"枝繁叶旺"以及幸福的生活。

清明节还有吃"清明粄（米糕）"的习俗。清明粄就是"鸡屎藤粄""艾粄"和"苎叶粄"。

鸡屎藤是一种藤草植物，和艾草、苎麻叶、白头翁和狗耳草等均可食用。每年清明前后，草叶新绿，乡人上山将"鸡屎藤"等植物采摘回来，洗干净，晾干水，煮熟，拌在预先浸透滤干的糯米、黏米中，用石碓臼舂成粄团，按比例掺上红糖等搓匀，捏成指头般大小，一小颗一小颗排列在巴掌大的蕉叶上，放在蒸笼上蒸熟，就制作成甜"鸡屎藤粄"。如果拌上盐，就是咸"鸡屎藤粄"。用艾草叶做的叫"艾粄"，苎麻叶做的叫"苎叶粄"，颜色草绿、清香可口、风味独特。据民间说法，吃了清明"鸡屎藤粄"等米粄，清祛湿毒，在临近的夏天便不会生疮疖。"鸡屎藤粄"除了自家吃，还是馈赠亲友的佳品。

重阳节是中国的传统节日。《易经》中把"六"定为阴数，把"九"定为阳数。九月九日，日月并阳，两九相重，故曰重阳，也叫重九。古人认为是个值得庆贺的吉利日子，备受历代文人墨客吟咏。

在葵涌，重阳节是同姓家族拜祭祖先的日子，也是广东人所说的"拜太公山"。

这一天对于家族的人来讲是一年中最重要的日子,所有家族成员都要回来"拜太公山",特别是男丁。村中同宗族人,不管男女老幼,连外嫁女都有,包括深港两地同宗后裔,都会在每年农历中秋与重阳节之间,择吉日到祖墓祭祖。

(五)家规祖训

葵涌客家人具有优秀的传统文化内涵。耕读传家、晴耕雨读是客家社会的两大祖训。"耕"与"读"是传统农业社会的两大本业,"耕读传家"意即忠厚传家,寓意为人本分的优良传统。而"晴耕雨读"则为顺应天时、时间效用最大化的一种生活方式,隐喻为勤劳进取的优良作风。两者同为传统客家社会的基本精神。广义上,客家人更是弘扬家国天下、耕读传家、慎终追远、坚忍勇毅、开拓进取、守望相助的客家精神。

1. 葵涌潘氏

潘氏家训十四则:

钦德行;尊齿高。敦礼让;尚和睦。奖孝贤;诱英俊。掖贫懦;劝骄奢。安名分;警轻浮。戒躁率;禁强暴。阐贤淑;省淫欲。

世界潘氏宗亲共同守则:

尽忠尽孝	爱家爱乡	立人立己	必炽必昌
勤俭是本	诚信为纲	慎终追远	祖德馨香
居仁仗义	谨言淑行	敦亲睦族	天下为疆
富当济贫	强应扶良	和睦相处	共奔小康
互勉互励	自强不彰	团结奋发	振我伦

2. 土洋村李氏

土洋村李氏族人(余庆堂)现存有族谱,于 2000 年修编,里面记载有李氏家训。孝父母　和兄弟　睦宗族　重祭祀　修坟茔　重敬贤　慎婚配　禁洋烟　禁非为　正人伦。

3. 葵新张屋村彭氏

彭氏族人存有《彭氏族谱》,于民国十一年(1926 年)修编,1985 年曾进行重印。载有十则家训,分别为:正人伦　尊师传　谨祭祀　保家业　支门户　敦宗祠　恤孤寡　礼宾客　睦邻里　崇俭素。

4. 上洞袁氏

袁氏家规

敦孝悌、睦宗族

勤祭扫、端品行

务职业、戒奢靡

慎嫁娶、禁嫖赌

息争讼、珍宗谱

袁氏祖训

惟忠义、敬爹娘

亲兄弟、睦邻里

要勤俭、勤学业

讲卫生、守法律

做善事、隆祭祀

戒偷盗、戒淫秽

戒赌博、戒酗酒

戒打架、戒贪财

戒懒鬼、戒教唆

戒吸毒、戒谣谤

四、民间信仰

由于受特殊居住环境以及不断迁徙经历的影响，葵涌客家人的民间信仰除了有汉民族共同的特征，还有其明显的自身区域民系的特色，又有受周边民系或所迁入地南方百越族影响的成分。这充分显示了客家人适应生存环境的能力和智慧。葵涌地域的客家人以关帝、谭公、大王公、福德公、福德婆、天后、水仙爷、哪吒以及树头柏公、桥头柏公、路口柏公等各种柏公、土地为崇拜对象。不同的岁时节令及不同的灾害面前，又有着不同的风俗习惯。

（一）关帝

拜关帝和拜财神，都是葵涌民间崇拜的方式。财神一般指文财神，关帝则是武财神。葵涌以拜关帝为盛。葵涌人认为关帝英勇无敌、忠义千秋的形象，与客家精神极为一致，因此，拜关帝的习俗一直流传至今。

（二）谭公

谭公，即谭公神，民间俗称谭公爷、谭大仙，原名谭峭或谭德，是元朝（也有说是唐朝）时的惠东人。据说他自幼心地善良，聪慧过人，三岁时父母双亡，七八岁时能呼风唤雨，降龙伏虎，是太上老君的弟子。十三岁在惠东九龙峰得道成仙时，蚂蚁衔泥掩埋遗骸，蛇虎在一边守护。此后屡屡显灵，救苦救难，帮助乡民。明宣德九年（1434年），九龙峰建起谭公祖庙。谭公崇拜影响扩散，成为沿海客家地区影响最大的民间俗神之一。谭公十三岁成仙，因此庙里的神像大多是童子样貌。只有在道教里，谭公被封为"紫霄真人"，做道仙装扮。

葵涌的谭公庙出现在清朝康熙年间的迁海复界之后。当时，粤东等地移民迁入新安时，把谭公崇拜带入葵涌、横岗、龙岗、坪地、坪山、坑梓、大鹏等东部地区。这些移民期盼谭公能给这块新的土地带来风调雨顺，后又传言谭公能预测天气。于是，村头海边纷纷建起了谭公庙，祭拜这位客家"海神"。农历四月初八是谭公诞日，葵涌的一些信众会举行庆典仪式，祈求出入平安、五谷丰登、渔获满仓。

（三）大王公

很多葵涌人的祖上是福建的渔民，因为打鱼而来到葵涌。在这里上岸定居的同时，也把他们信仰的"白马将军大王公"（唐末开闽第一人王审知）传入这里。几百年来，葵涌的信众出海打鱼、启航海运、经商创业、出国留洋之前，都会到大王公前跪拜许愿，求财保平安。

（四）福德公

福德公由古代社神发展而来，又叫伯公、大伯公、福德正神、土地公公、土地伯公、福德公、土地公，地主爷，土地爷、福德、土公、土地等，琉球称为土帝君。土地公是管理土地之神，传统民间以其造福乡里，德泽万民，所以尊称为"福德正神"，客家人则称为"伯公"。潮汕人的后裔都称之为福德老爷，"伯公"，或"老伯公"，其庙叫福德庙。

古时，由于人们对土地的崇拜，上至天子，下至庶民，都封土立社。葵涌人对土地的崇拜，已从对自然神的崇拜转化为对保护神的崇拜。"伯公"的神位随处可见，一个土堆、一块石头、一潭水、一棵树、一间屋,都可以被指认为社神依附之所,作为崇拜物。甚至有的只在树干上贴一张红纸,在香炉里或地上插着几炷香,那里供奉的就是乡间人最直接的守护神"伯公"。这些崇拜物很受人尊重,是土的不能搬,是水的不能填,是树的不能砍,是屋的不能拆,也不能在这些地方乱扔杂物和大小便。这种崇拜现象,至今还时有出现。

在中国民间信仰诸多的神灵中,土地神职位是最低的,但他为人守土,乐施好善,最贴近老百姓生活,受祭祀的程度非常高。有的人家在住宅内也设有伯公神位,主人早晚上香供茶。

葵涌乡民在从事生产或其他活动之前,总要先敬伯公。如每年农事之始,首次下田时要备果品、香烛和茶水,在路边、树旁或石壁等处,祀奉伯公。播种时要在田头烧纸,禀告土地伯公。直至今日,不少居民的屋门前还会摆上一个香炉,每逢初一、十五,分别在早晚插上三支香火,以这种极为简单的方式,怀着虔诚的心态,表达对土地神的崇拜。

(五)福德婆

福德婆即福德公的夫人,俗称土地奶。

(六)天后

天后原名林默娘,福建莆田湄洲岛人。从宋朝开始,她渐渐成为我国东南沿海地区普遍奉祀的海神,俗称妈祖。因为历代朝廷加封,成为天后。除了海事范围内的神职,葵涌的天后还具有求子、生育、治病、调解民间纠纷等功能。

(七)水仙爷

水仙爷即郭璞,是中国民间供奉的继河伯冯夷、伍子胥、屈原之后的第四位水神。这是比天后妈祖还早的神祉。在古代,葵涌建水仙爷爷庙,有三个作用:第一,祷告祈福;第二,尽量把庙建于礁石的高处,提醒过往船只不可靠近礁石区,以免搁浅或翻船。第三,起到灯塔航标的作用,夜间点燃的灯笼会指点水路。

(八)哪吒

全国范围内较为少见的哪吒信仰,在闽南和台湾地区却非常兴盛,民间宫庙里的供桌上常常有手持火尖枪和乾坤圈、脚踏风火轮的哪吒神像。在葵涌坝岗,就有这样一座哪吒庙。历史上，葵涌乃至整个大鹏曾暴发过瘟疫。因为哪吒惩恶扬善，镇邪降魔，葵涌人深信哪吒能去除瘟疫，保民健康，就修建了供奉哪吒的庙宇。葵涌的太子庙位于坝光产头村前海边，据传已有200多年历史。此庙占地面积约30平方米，面朝北侧大海，琉璃瓦，内供奉的神灵为哪吒，是大鹏地区唯一一座供奉哪吒的神庙。旧时每年清明节前后，坝光地区的村民都会在此庙举行集体的祭拜活动。

（九）伯公树

在葵涌流行敬祀"伯公树"之俗，民居周边均有树荫庇护。树种涵盖古榕、古樟、古松、古杉、枫树、荷树、桂花树、竹等。村庄和古树相映成辉，百年树龄的古树随处可见。这便是客家人崇敬的守护神——伯公树。

"伯公树"在客家人心目中是敬畏而温暖的神明。当族群选定繁衍生息之地后，有声望的长者就会拈须掐算，将象征吉祥昌盛的青松、古杉、柏木或者依山选取的树木种下，作为他们的祭祀之树。这些祭祀之树，便是"伯公树"。客家人开始建筑自己的房屋时，也会在房屋面向北的方向种树，作为自家的镇宅之宝，而这棵树也称为"伯公树"。等到"伯公树"长到一定高度的时候，村民甚至会凑钱砌成一座大概一米的小庙，便于大家烧香、放鞭炮祭拜。"伯公树"在客家村里不能随意砍伐。

五、生活风俗

葵涌客家风俗，拙朴中不乏浓郁的生活情趣，遵古风又颇含海洋的开放气质，严谨的祭祖祀岁与热烈的舞麒麟相映成趣，即编即唱的客家山歌风情万种，客家狗肉、酿豆腐、糯米酒等客家饮食就地取材，颇具乡土特色。

广府、客家两大民系风俗，并存于深圳地区，如两峰并峙，双水分流，各领风骚。葵涌位于大鹏半岛，自古以来便是中国海内外商贸、文化交流必经之路和重要门户。葵涌的客家人面向世界，开放兼容。

自明清以来，大批不甘于贫困的人，毅然告别亲人，走出国门，远涉重洋到海外异域，谋求出路，开拓创业，葵涌从而成为国内沿海著名的侨乡。为数众多的华侨不断地从世界各地带回来异域文化的价值观念和奇风异俗，不仅使葵涌人开阔眼界，增广见识，而且在潜移默化下，为当地风俗不断注入异质的新鲜血液。

（一）舞麒麟

客家人有舞麒麟送福入屋的习俗。麒麟，古代传说中的一种动物，其状如鹿，独角，全身生鳞甲，尾像牛，多作为吉祥物的象征，亦简称"麟"。雄者为麟，雌者为麒，统称麒麟。麒麟性情温和，内在仁厚，表面凶恶狰狞，但不伤人畜、不踏青草昆虫，所以《宋书符瑞志》载述："麒麟者，仁兽也。"

葵涌的麒麟队一般有30至40人不等。他们敲着大锣大鼓，扛着各色武术大旗和棍、刀、栅、戟、耙、擂锤、锐针、拳遮等器具，在传统节日和喜庆日子上场表演。麒麟舞除锣鼓、唢呐和武术师傅，其实一只麒麟舞表演仅为2人，一人舞麒麟头，称"舞师"；一人舞麒麟尾，称"尾仔"。麒麟头宽0.8米，高0.7米，小的重6斤，大的重8斤。麒麟头除独角外，眼睛可转动，下巴能"上下禽动"。麒麟头画上桃花、牡丹、菊花、蝴蝶、凤尾等色彩艳丽的花纹、图腾，独角前额装有一面由红绸簇拥着的小铜镜，耳眼鼻周边镶上白棉絮，整个麒麟头鲜丽醒目、威武轻盈、灵气生动。麒麟头连着一张长8米宽1.2米长的被身，被身由黄、黑、红、蓝、灰色布间条，缀以闪闪发光的珠鳞片，麒麟尾有根小竹子在被内可操纵"尾巴"。麒麟头的"脖子"处书写着"风调雨顺"四个大字，接着横叠着黑、白、黄、红、藏青五色的披帘布，舞动起来，灵活飘逸，威风凛凛。

麒麟舞全套舞10节，分出洞、挠头、舔脚、耍尾、寻青、采青、醉青、铲脚、拜脚和嬲花园等，表现麒麟的喜、怒、哀、乐、惊、疑、醉、睡等动作神态。麒麟舞至高潮时，是舞师用牙齿咬住麒麟"下巴梁"，整个麒麟头由牙齿固定，双手分别抓住麒麟被，右脚单立，昂首生威，这是麒麟舞最高的技巧。在观众阵阵喝彩声中，村长或老板趁势"打赏"麒麟队员，就把赏钱装在红包里，红包和一扎生菜吊在丈把高的竹杆顶上，考考舞麒麟头的硬功头。麒麟头师傅在震天锣鼓和呐喊声中，一鼓作气，单立在"麒麟尾仔"的大腿上，抑或骑在尾仔肩膀上，腾空跃起，麒麟头"咬住"红包和生菜，夺得赏钱。

麒麟队一般大年初一在本村舞，初二开始就到附近的村镇舞，甚至舞到香港新界同姓族人的围村，过了元宵节才回到家。麒麟从村头舞到村尾，一家一户礼拜，屋主放鞭炮以示欢迎。放完鞭炮，麒麟就低着身子慢慢进屋，到厨房、天井、井边拜三拜，祈求五谷丰登，丰衣足食。拜完后，麒麟倒退着离开屋子，到了屋外，师傅打开"拜朿"（木匣子），屋主送个红包（金额随意），然后，再放鞭炮送麒麟。主人相信麒麟贺瑞会给新的一年带来好运。舞麒麟既给民间节日增添喜庆，又加强了村邻族氏的联谊，是受大众欢迎的娱乐形式。

（二）客家山歌

葵涌的客家山歌历史悠久，内容丰富，形式多样，具有浓郁的地方特色。客家山歌，是客家人聚居的地区流传着用客家方言演唱的民间歌谣。"山歌是有音韵的语言"。客家人多数"客居"山区地带，"开门见山"，衣食住行无不与山有关。他们在山间的劳动和生活岁月中，从胸臆中呼出劳动号子，长年累月创造出璀璨的口头文学，形成富有地域特色的民歌。客家山歌曲调基本固定，歌词却是即兴而起，一般为七言四句，随唱随编。男女老幼，都能出口成歌。无论是在劳动中、夏夜乘凉，还是婚嫁宴会、喜庆节日、男女恋爱，直至控诉统治者的残暴、诉说生活之苦等，都可以山歌表达。

葵涌山歌，和赣南、湘南、闽西、粤东的客家山歌相比较，从源流上来说，同宗共脉。但由于自然环境和人文环境的不同，又独具特色。葵涌由于面向海洋，因此山歌的音域多为一两度，唱腔上没那么高腔嘹亮，唱得平实婉转。曲调形式除了掌牛歌、情歌、仪式歌、劳动歌、生活歌，还有哭嫁歌、哭丧（叫哀）歌和叙事性"仙歌"。

深圳大鹏半岛客家哭嫁歌是流行于深圳东端的大鹏、南澳、葵涌一带的一种民间特色歌谣。所谓哭嫁歌，是指昔时乡间女子出嫁时哭唱的一种歌谣，或云"哭歌"，或云"叹情"，当地最土气而明白的说法是"行嫁妹叫"。在客家话中，叫就是哭。

中华人民共和国成立以前，在大鹏半岛地区，女子出嫁时有唱哭嫁歌的风俗。通常的情况是，婚期确定之后，待嫁少女（俗称行嫁妹）会在婚前一个月停止户外劳作，闲住家中，一是静养得更加肥嫩白皙，婀娜动人；二是处理些女儿细务，以待出嫁。如果条件不允许休闲一月，至少要有六天的待嫁期。这六天里，每晚都有数位知心姐妹在闺中相陪，俗称"坐浪阁"。浪，是浪棚的简称，浪棚即楼棚。旧时乡村居住条件不可能很好，女子闺房充其量只能安排在楼棚上，抑或本无楼棚上的房间，但到了行嫁之日，家中临时挪出个位置来，供待嫁女专用几天。姑娘来陪伴，称之"陪浪阁"；来陪伴的姑娘，叫"伴坐娇"。浪阁活动的主要内容是熟悉婚嫁礼仪，学唱各种哭嫁歌。哭嫁歌内容很多，其中大部分是沿袭既往的传承作品，待嫁女往往是在若干年前陪浪阁时就唱会背熟了，而今是正式"彩排"，以待行嫁时熟练"展演"。

被整理成《大鹏半岛嫁歌》的文本材料，主要采集于葵涌街道坝光双坑村老人王胜（1921年出生）、大鹏街道鹏城老人徐秀（1915—2015年）出嫁时所唱的唱段，以及其他人的一些零星唱段。歌谣的内容丰富，涉及面很广，几乎无所不包。如哭围中陪坐姐妹、出嫁前一晚哭姐妹、哭怨阿爸、哭怨哥嫂、哭骂媒婆、哭开面梳头、哭冲凉、哭叹天地、哭拜爷娘、哭落浪、哭更衣、哭叹自己妆束、哭进嫂房小便、哭拜祖公厅、哭嘱弟弟、哭嘱迎轿女、哭上轿、哭起行、骂轿、哭抛泪巾、哭月索、赞来宾中美妇，等等。内容多，涉及面广，但基本上不超越少女生活的范围和待嫁与出嫁的时间段。所以歌谣的主要内容是对少女时代生活、劳动事件的咏叹，对父母、哥嫂、闺蜜、弟妹交情的眷念与赞叹，对祖宗的感恩等。歌谣基本上不涉及对即将到来的婚姻的诸多"期待"，例如夫妻感情、家庭财富、生儿育女等，也鲜见自己对爱情婚姻的"忠贞表态"。类似《哭开面梳头》里所说到的"线刀刮面一下落，莫来转手又重刀。我嫂梳头梳到尾，莫来打结又重梳"，以及"泪巾抛落无忧地，一世无忧到白头"，算是难得一见的关于期盼"从一而终"的隐性表达。

旧时代"重男轻女"意识严重，加上家庭里各种复杂关系，待嫁女难免有许多委屈哀怨，包括对至亲的父母、哥嫂等，所以哭嫁歌中有不少《哭怨阿爸》《哭怨哥嫂》的唱段。但这种"委屈哀怨"总的来说是有限度的。依照习俗，出嫁女必须对男家"贬一贬""踩一踩"，例如在《哭拜祖公厅》时唱"系涯（我）祖公拜多拜，明天去拜屎缸桥"，把第二天要拜的男家祖公厅贬称为"屎缸桥"。《哭撒米程序》中"左手拿抓（一把）银白米，撒返撒入我爹财。右手拿抓红菊米，撒去胡番作米粮"，《哭起行》中"被他界（押）转胡人地，船到江心补漏迟"，把男家贬称为"胡番""胡人"。更有甚者，《哭嘱迎轿女》中"请一请，请娇沤火去拦门。我娇拦门拦得稳，莫被那群阴鬼走返来。阴鬼走返唔走出，唔损奴身也损财。损了钱财会赚过，损了奴身无处寻"，把男家迎亲队伍贬称为"阴鬼"。挨骂的还有花轿、轿夫和媒婆，如《哭上轿》中"一脚踢开阴鬼轿，一脚踢开阴鬼大棺材"，把大红花轿贬称为"棺材"。《骂轿歌》中"好儿被捉笼中锁，蓝襟睡衣转唐陀"，把花轿贬称为"笼"，出嫁是"转唐陀"进庙庵，出嫁女被轿夫抬着行进是"被困牢笼着犬欺"。被骂得最体无完肤的当数媒婆了：

你口似人油瓶嘴，斟了这头斟那头。

这头斟走我爹女，那头斟走死人钱（贬称男家给媒人的酬金）。

替我做媒无多谢，多谢媒婆生背痈。

生只背痈斗咁大，烂只湖潭（创口）斗咁深。

跑了三间膏药店，三间膏药贴唔眯（满）。

在表现手法上，大鹏客家嫁歌尽量运用起兴、比兴、比喻、夸张、联想、对比、反复等手段，使歌谣生活气息浓厚，人物感情丰富真实。

《哭围中陪坐姐妹》首句说"五更鸡仔柴笼转，鸡仔柴笼娇起身"。熟悉乡村生活的人都知道，小鸡和许多小鸟一样拂晓而醒，俗称"天光雕"。柴笼，指在笼中拥挤躁动。用此句起兴，一小群少女忙着起床的情状便活灵活现，似乎各人还带着几分因昨夜叽叽喳喳讲话而迟睡早醒的惺忪。

比喻的运用最多，《哭拜爹娘》中对"母乳"作了一个振聋发聩的借喻，说"一日食娘三点血，三日食娘九点浆"。天底下哪一个孩子不是吮着母亲的奶水长大的？唱词不说"奶"而说"血浆"，这实在是精准科学富于血肉情感的绝妙言辞。

比较深奥的比兴手法也用得非常妥帖生动。如"好草路边人割尽，好地（墓地）路边人葬完"，以"路边好草""路边好地"比喻人的权益、好处，从权益被不公平占有的现实下笔，勾勒出一个容易造成人生不完美的社会情境，再叙述某人的种种不幸际遇，自然就水到渠成。

再说夸张。《哭骂媒婆》中说"生只背痈斗咁大，烂只湖潭斗咁深。跑了三间膏药店，三间膏药贴唔眯"，这不就是夸张吗？媒婆的背部再宽，怕也长不下"斗"大的痈吧。还有《哭进嫂房小便》说"进去嫂房屙屎（撒泡）金龙尿，给回阿嫂去肥田。早造三棵割九斗，晚造三棵割九箩。禾叶拿回给嫂裹粽子，禾秆拿回给嫂做火筒"，那就更典型了。早造一棵禾收三斗稻谷，晚造一棵则收三箩，这样的禾株不是异乎寻常地高大吗？当然啰，不信你看，那禾叶可以用来包裹粽子，禾秆可以裁下一截作吹火筒哩！经过夸张修辞，发酵事物，强化人物感情，烘托气氛，引起读者的丰富联想和强烈共鸣，艺术效果非常突出。

此外，对比、反复等也是常用之法。总之，嫁歌唱段的很多表现手法都是精巧的、高妙的、细致入微的，作为民间歌谣来说，无疑达到了相当高的高度。

（三）客家服饰

中华人民共和国成立前，大鹏半岛的客家服饰秉承"朴拙成风，巧饰不习"的传统遗风，服饰特点是平实朴素。中华人民共和国成立前，客家男性衣服穿戴，与广府人无大分别。除有钱人穿"薯莨纱绸""丝麻"和进口"白洋布"衫裤，一般人多数穿由自家纺线和苎麻（有的用剑麻）织成的"家织土布"衫。这样的土布，因为"土织机"规格宽一尺，所以织出的土布宽一尺，长三丈（约43.2市尺），刚好够成年人裁剪一套衣服。土布纺线很粗，线头也多，衫裤较粗糙。土布开始只有染成黑色，后来有了"薯莨""乌臼树""土珠"植物汁和土制"靛粉"染色，衣服才多了几种色彩。但主要仍是黑色、蓝色、靛青、深褐、士林蓝及深灰色。大鹏地区的中青年妇女较特别，穿"姣婆蓝"衫，也就是海蓝色。

家中女性自己织染的粗洒布通常用以做蚊帐，线斜布用以做被单，自织的月布和茜鸡乌为通用粗布，长青为优质布，绸布为奢侈品。家织布有结实耐用、久穿不破的特点，但颜色较单调，一般为黑、乌青、蓝、暗红等。虽较易脱色，但可多次重染，整旧如新。

在服装样式方面，以唐装便服为主。男装上衣开襟，七纽四袋（有的还有内袋）或五纽二袋。女装上衣为右边开纽大襟，外面无袋，只在内小襟缝制一袋。客家女人穿的大襟衫与广府女人穿的大襟衫，最大的区别在于广府大襟衫收腰、贴身、讲究身型线条；客家人则直桶腰，但系上围裙绑带，也显出身段。男女装的裤子大体相同，接驳的阔裤头，宽裤脚，用带子束缚的大裆裤，又称"摄裤头裤""交头裤"。少数新进人士、圩镇居民、教师、学生、公职人员穿劳动装、中山装。少数女士、女学生穿裙装。中华人民共和国成立后，服饰变化比较快。衬衫、青年装、中山装、列宁装、裙装在圩镇很快普及，但上了年纪的农民服饰变化不大。20世纪60至70年代，男女盛行军干装，式样类似军队干部服装，颜色或蓝或灰或绿。

在传统服饰方面，较有特色的除穿自织自染的左衽大襟衫、大裆裤，还表现在其他穿戴发式等各方面。

凉帽：葵涌地区自古流行一种客家凉帽。它造型轻巧、帽檐飘着布帘、美观大方。不同于渔民戴的"铜鼓笠"，也不同于潮州和"鹤佬"人戴的小竹笠，更不同于梅县五华地区的大顶"尖笃笠"。女人戴上这凉帽，帽檐垂下一圈15厘米长的打皱褶的黑色布帘，既可遮挡直射双眼的阳光，又可挡住半截脸面，这与古时女人用头帕包住半边脸面，有异曲同工之妙。凉帽直径42至55厘米，帽的顶端开了个15厘米的圆孔，既可让凉帽戴稳，又可让头顶通风透气。这种凉帽凉爽、轻便、美观、实用，深受深圳市和周边的惠州、东莞、港澳地区的客家妇女人喜爱。

头帕：俗称"包头"，大鹏半岛客家人说叫"包头帕"。渔蚝民、客家人和基围人戴的头帕不尽相同。渔蚝民女人用一幅长约120厘米、宽约80厘米黑布或藏青布对折成三角状，从头发包至下巴打个结，包住头发遮阳，脸颊和下巴被头帕裹住，抵挡海风。客家中青年妇人喜欢用白色或花毛巾折三分之一后包头，然后用条自织的花丝带把毛巾系稳。这种打扮既可头发防尘、额头遮阳，又露出整张脸，给人美丽大方的感觉。客家老妇女则喜欢用黑色的方巾折一小段包头，然后用织有花纹的锦丝带系稳装饰。深圳、南头、西乡圩镇的广府妇女则讲究头帕的质量、颜色和装饰，用边缘绣有白色花纹的细黑布，末端缀有系带包头挡额，特别是每当玉兰花和茉莉花开时节，采买些花朵插在包头巾或发髻上，香气袭人。20世纪60年代后，姑娘少妇逐渐以方头巾代替包头，且只限于冬季天冷时才戴。包头只为中老年妇女使用，逐渐式微。

一些乡镇的老年妇女至今仍习惯戴"抹额"。"抹额"，多数是自制约三四寸宽的长条厚布缝制而成，讲究的还绣上各种花纹，两边缀有系带。用时紧系于前额直至左右两边耳后，使额门保暖防寒。

围裙：广府人称"肚搭"或"肚兜"、客家人叫"围身"，是加在上衣胸前掩至腹部的服饰。葵涌的客家妇女喜欢系绣花围裙，是因为客家妇女直接参与"家头灶尾""田头地尾"的劳动，为避免弄脏衣服而形成的一种习惯。未婚少女多用绣花的白色或天蓝色围裙，已婚妇女用红、青色围裙，老年妇女用黑色围裙。围裙制工颇为讲究，围裙上边有一条约2寸宽的绣花装饰边，挂在脖子上的吊绳多用小银链，系在腰上的花带是自家手工编织，以显各人手艺，末端缀以绒球或垂缨，束起来美观耐看。

发式：20世纪初，葵涌地区男子从小蓄发梳辫。民国初期剪辫，剃光头。之后逐渐理成平顶或圆顶发型，再后来流行西式发型，称为"西装头"。少女多数把长发梳成大辫子，结婚后梳成大辫后再盘成发髻。梳髻很有讲究。由内到外，分为红心、髻首、髻挞、马髻，然后再用发网罩着。有条件的，还要用银簪横插，一方面是为了使发髻固定不易松散，另方面也为了装饰。中华人民共和国成立后，男子以西式发型为主，间或小平头短发，西式发型常上发蜡。女子盛行梳双辫，剪齐眉发，用茶油揉抹头发，增加色泽和幽香，有童谣唱："龙岗妹梳靓头，一条毛仔半斤油"。20世纪80年代后，迅速接纳港式发型，青年男女喜欢烫发，女子尤有多种秀美奇丽发型。90年代后，部分女子又时兴男性化短发，青年中流行染发。由于有定型发液、护发膏之类，人们的发型容易创意标新。

首饰：葵涌地区客家妇女喜爱各种首饰。耳环、戒指、手镯均为妇女日常首饰，多数为银质，少数为金质。中老年妇女还常戴玉镯。有条件的人家，当少女出嫁时，做母亲的都会准备一对银质手镯和耳环，待其出嫁"梳头"时戴上。老年妇女在60岁第一次做大寿时，子女们都会专门打上一对铸有"长命富贵"字样的银质寿镯，送给寿星戴上。小孩子胸前一把银质或铜的如意锁，上镌各种吉利言辞。

穿鞋：中华人民共和国成立前，平民百姓劳动特别是远行或上山砍柴时，多数赤脚走路，为防备石子、草头和荆棘扎脚，乡人就地取较柔韧的山草或禾秆草编结成草鞋，因为"打脚"，不太好穿。到了20世纪六七十年代有自行车，便利用废旧的自行车外胎按脚形剪一双鞋，安上"脚趾耳"和"胶绊带"穿着，也叫"草鞋"。这种草鞋使用了20多年。圩镇居民穿布鞋。木屐在城乡为众人浴后穿用，平时舍不得穿，到了寒冷的冬天或下雨天才穿一穿。中华人民共和国成立后，人们以穿布鞋为主，亦有塑料凉鞋、拖鞋，皮鞋为高档品。20世纪80年代后，男女装皮鞋广泛普及，青年人爱穿高级球鞋，俗称波鞋，女性高跟、半高跟鞋和平底鞋很普遍。

（四）客家美食

旧时葵涌的乡民，大凡庆典、嫁娶、祝寿、添丁、醮会、酬神、春秋祭祖、拜山等诸项活动，都用一个铜面盆或木盆盛着满满的一盆菜，8至12人围盆而吃。盆里菜色多数以萝卜角、牙白菜、慈姑为菜底，往上依次铺叠用煎、煮、炸、炒、烧烤等方法加工熟了的菜胆、粉丝、竹笋、腐竹、炸猪皮、冬菇、蚝豉、五花腩肉、卤鹅、烧鸭、炸鳗鳝、白斩鸡等12至15种菜，一层一道菜，一菜一道味。

葵涌盆菜具有悠久的历史。相传南宋末年，元兵南下，宋保康节度使张世杰、吏部侍郎陆秀夫奉幼主赵昰和赵昺从杭州仓皇南逃至官富场（今香港九龙），驻跸九龙土瓜湾村。村民匆匆凑集各家各户饭菜煮成百家菜，盛在一只只大盆里招呼君臣官兵。后来，8岁的赵昺被立为帝。宋亡后，新安一带的南宋遗民为纪念宋少帝，慢慢形成了吃盆菜的习俗，后世又发展成为独具特色的凝聚宗族、维系感情的民俗活动。

客家酿豆腐久负盛名，是客家三大名菜之一。葵涌的客家人把老豆腐切成方块，小勺子和小刀子配合使用，在每块豆腐中间挖一个小坑，在每一个豆腐坑里酿入调好的肉馅，吃时再撒上些胡椒面、葱花，其味鲜美无比。正月期间有客来访，这个菜便是整个酒席的头道送酒菜。酿豆腐鲜嫩滑香、营养丰富，是客家人岁时节日的保留菜式。

（五）乔迁习俗

葵涌客家人乔迁新居，俗称"入伙"。先择定吉日良辰，由家长捧着祖先牌位，以点燃的香烛前导，从旧宅向新宅走去。沿途还要向祖先祷告，说明入伙因由、具体地址，敬请祖先入伙。到新宅后，将祖先牌位安放好，行礼如仪，然后退出，俗称"烧阴契"。全家正式入伙时，要重新选择吉日良辰（一般多选择子时以后、黎明时分），由家长手捧神灯前导，神灯要由专人用雨伞或竹笠遮顶，主妇挑着全新的炊具、餐具随后，其余家人按长幼次序鱼贯而行。进入新宅后，先拜天神地主，再拜祖先。主妇入厨升火做糖丸（俗称汤圆）分给全家人吃，以庆入伙完满、全家团圆。

入伙当天，主人都会在新宅内设喜筵宴请亲友助庆。赴宴的亲友要送现金红包，俗称"人情"。红包金额多少不定，但送红包的客人也心中有数，以不低于一席酒宴每人平均价为最低数。亲友中当年有红白喜事或正在建新宅的不可参与，要主动回避。

（六）节日习俗

葵涌有些较为特别的节日习俗，记载如下。

1. 天穿节

天穿节亦称"天穿日"，是指农历正月十九。相传这一天是女娲补天的日子，为示纪念，人们用米粉做成大而薄的粉板，用针线在上面连缀，祭天之后放到屋顶上去，谓之"补天穿"。实际上，二十四节气中的"雨水"，大约就在农历正月十九前后的日子，渐渐地，天穿节演变成祈求雨水时节"屋无穿漏"的含义。葵涌地区人家直至中华人民共和国成立前一直保留这个节俗，对"补天穿"的含义仍然理解为应付重大的变故与惊人的支出，故有一句家喻户晓的俗话流传至今，叫作"做死唔够补天穿"。天穿节那天，农村妇女在家做茶果，其中做几块大而薄的茶果，蒸熟或煎熟后，插上针线祭祀一番。这一天，村民不下田耕作，留在家中做其他杂务。传说这一天下田不吉利，一会导致当年出现旱情，二会招致人身意外。

2. 完田节

农历四月初八，春耕农忙结束，乡民便宰鸡杀鸭买鱼肉庆贺田事顺利，拜祀"田伯公"，祈求好收成。拜田伯公的茶果叫"禾串板"，是将米粉揉搓成条形，放到米筛里按扁，上面便印出无数凸凸点点，贴在禾笛竹长条形叶子上蒸熟，以象征稻穗又大长，能得好收成。

3. 十月朝

十月朝是在农历十月初一，应节食品是糍粑。时值秋收已毕，有新糯收成。用糯米粉搓糊蒸熟，捏成包皮，包进以爆米、炒花生和糖舂成的馅粉而成，即食。民谚"十月朝，糍粑碌碌烧"，所云即此。另又谚云："十月毛蟹担断腰。"此时是河蟹（俗称毛蟹）肥美的季节，葵涌盆地、坝光排牙山麓的河溪都有大量毛蟹下海繁殖，特别是葵涌河，所产毛蟹个体大，肉多膏厚，质地可与大闸蟹相媲美。人们在溪流中设籄拦截捕捉，收获不小。这种被誉为"鳌封嫩肉双双满，壳凸红脂块块香"的美食为十月朝增色不少。

六、传统营造

大鹏半岛的客家人多聚居于山地丘陵。他们秉承中原汉族诗礼传家的文化优势，自立、自强、艰苦创业。大多建有独特的客家排屋，聚族而居，以耕读持家，有极强的宗族观念和家族凝聚力。历史上，大鹏半岛的客家人几乎是自我封闭、特立独行地过着自耕自足的艰苦生活，极少与广府人交往。但他们毕竟生活在富于海洋文化气息的近海地区，颇得风气之先，故又能在重振家声、光宗耀祖的精神动力驱使下，除了重视以堂号、堂联、族谱、家谱等激励子孙发奋图强，也能突破祖传禁忌，积极寻求向外开拓，从事商贸活动，甚至扬帆海外，寻求发展。他们较之内地山区客家人，更具开放性。正因为这样，大鹏半岛的客家人从近代以来，在经济、文化诸方面获得巨大发展。这也充分体现在大鹏半岛的客家民居上。其中葵涌建筑是广客结合的产物，有个别民居融入了部分西洋建筑成分，是新客家排屋的典型代表，不同于内地的老式客家土楼。

葵涌本地建筑特色为广府宝安类型与惠州客家融合的产物，形成客家建筑的一个重要类型——深圳客家围堡。如葵涌潘氏围堡有高大的围墙，令人望而生畏的望楼，其建筑局部涵盖了葵涌本地建筑的飞带垂脊[①]的大式飞带、小式飞带、锅耳山墙、硬山搁檩、堆瓦作等做法。

（一）建筑类型分析

客家传统民居以土楼、围龙屋、排屋为代表，类型不一，风格有异。然而，坚

---

① 飞带垂脊是人字山墙的一种独特的形式。其特点是两条抛物线在中间相交，形成一个尖锐顶带，具有流线型的美感。

固性，安全性，封闭性，以及合族聚居性，则是它们突出的共同特点。第一，坚固性。葵涌地区现存的客家民居，一般都有一二百年乃至三四百年的历史。它们历经风雨洗刷、强烈地震、台风袭击，至今安然无恙，屹立在崇山峻岭之中。如此坚固的民居，与精心选择屋址、科学设计、用料及施工方法分不开。现从建筑材料和施工方法作一些说明。土楼的墙壁，夯筑时，先在墙基挖出又深又大的墙沟，夯实后，埋入大石为基，然后用石块和灰浆砌筑起墙基。接着就用夹墙板夯筑墙壁。墙的原料以麻石与砖为主，再加上外面抹了一层防风雨剥蚀的石灰，因而坚固异常，具有良好的防风，抗震能力。第二，安全性。历史上，客家人本是中原汉人，他们南迁至葵涌后，为防止土著和盗匪的打劫及猛兽的袭击，所建造的民居皆防范严密，甚为安全。一、二层不设朝外的窗子，或只开设枪眼似的细长石窗，三楼四楼和每个房间都有朝外的大窗，既利于采光、流通空气，又是瞭望敌情和向外射击的枪孔。民居大门的门框、门槛都是条石，门板厚约 10 厘米。有的大门上斜挖了几个嵌有竹筒的护门孔，倘有土匪攻门，可往下射击和浇开水。有的民居大门还安装了防火水柜、水槽，若来犯之敌放火烧门，只要一按开关，水便顺门而下，以灭火护门。客家民居本来已坚固异常，但为防万一，有的民房还夯筑了夹墙。万一外墙被炮火轰开，民房仍有夹墙支撑，安然无恙。民居内有各种齐全的生活设施，如设于天井的深水井，是被围困时的水源，楼内有砻、碓等加工粮食的设备。这一切都使匪敌久攻不下。至于那些四角建有高耸碉楼的"四点金"，更使盗匪望而却步。第三，封闭性。围屋里面的所有房间、厅堂、天井，都以走廊、巷道、楼梯相通，住户生活方便。然而，它们对外则是全封闭的。第四，合族聚居性。客家围屋一般都规模庞大，正是为了适应聚族而居的特点。住户虽多，但由于房间、厅堂、天井也多，能以厅堂及天井和若干房间组成一个个生活小单元，又令住户各各得其所，显得幽雅，舒适。值得一提的是围屋的"心脏"——祖宗祠堂。这里是族长聚集各户家长议事的地方。逢年过节，合族的每家都挑着各种供品，到这里祭祀祖先。男儿娶亲，须在祠堂拜天地，叩祖先，宴宾客。闺女出嫁，向列祖辞行后，方可罩上盖头，踏着象征团圆的大圆匾出阁。老人谢世，祠堂成了举哀发丧的灵堂。就这样，一座祠堂将合族融洽地凝聚在一起。

（二）石雕艺术

在葵涌的古建筑中，明清建筑广泛运用石刻艺术形式的例子，可说是不胜枚举。

石雕讲究造型逼真，手法圆润细腻，纹式流畅洒脱。在葵涌客家民居中，有许多客家石雕与构件，石雕艺术是客家民居文化很重要的组成部分。石雕主要运用于旗杆石、大理石门套、柱础石、石鼓、石凳、墓碑等。

旗杆石，也叫夹杆石，一般是家族里有人中举或中状元，在家门口或村口立柱子或旗帜的支撑。

柱础石，客家人或古代人修筑居屋时使用，一般下面都埋有"金银财宝"、铜钱或其他传家宝贝。从柱础石的图案可以看出家庭的富裕程度。

石鼓，有的也叫门当石，上面的木构架叫户对，所谓门当户对就是这么来的。

（三）木雕艺术

葵涌清代客家民居中的木雕艺术，是一项巨大的艺术工程，花费了大量的人力、物力、财力来完成。在上百年历史的客家古宅中，门廊、窗口、屋檐上，处处是形象生动的客家木雕，图案有金菊朝阳、龙腾凤舞、神兽护罩。这些木雕虽然部分已经斑驳脱落，却无不折射出客家先人对幸福生活的追求与期盼。

由于连年战乱迁徙，客家先人非常期盼生活幸福安定，因此在雕刻中注重融入表达向往美好生活的元素，包含祥禽瑞兽、神话故事、文学戏曲、花草树木等各种题材。客家木雕中的人物类图案，包括《八仙》中的铁拐李、韩湘子、何仙姑、张果老，《白蛇传》中的许仙、白娘子等神话传说人物，有孔子、老子、王羲之、陶渊明等历史人物，还有《西厢记》中的张生、崔莺莺等戏曲人物。禽鸟走兽类图案多为人们喜见的吉祥动物，包含了龙、凤、喜鹊、鸳鸯、蟾蜍、鱼等。山水风景类表现手法大多为人物背景，但也有的是直接作为主体展现，反映了当时客家迁徙的生活景象。博古杂宝类图案常雕刻在隔扇的绦环板、棂心和群板上，造型有各种古雅的碗、盘、盒、罐、鼎等器物，配以如意、古钱、八卦等。吉祥图案则内容丰富，可分为祈福类、喜庆类、吉祥类、长寿类等几个小类型，它们蕴藏着深邃的客家传统文化内涵，通过类比、谐音等方式表达美好祝愿，反映了客家先人的精神追求。

客家木雕在形象构造和题材选择上与民间艺术和工艺美术互通互融，常选用传统题材中的龙、凤、麒麟等图案。并且通常在采用花卉纹样时，巧用二方连续和四方连续等表现手法。常用深浮雕和圆雕以营造镂空效果，有的镂空层次多达10余层。亭台楼榭、树木山水、人物走兽、花鸟虫鱼，集中于同一画面，层次分明，错落有致，栩栩如生，充分展示了客家木雕独特的形式美。

（四）壁画

在葵涌的古建筑中，有些大户人家的门楼、墀头、门楣、槛墙等处均绘制了各种各样的壁画，画中有精彩的历史人物故事，文王访贤、桃园结义、武松打虎等名著故事贯穿其中；有美轮美奂的吉祥如意之物，麒麟戏球、龙腾虎跃等吉祥物栩栩如生。民居中的壁画处处展示了主人对幸福人生的期待和他们的审美情趣，也展示了当时地方工匠和画师高超的工艺水平。

葵涌壁画的内容常常会因为不同的位置而有不同的主题。门楼是重中之重，特别是大户人家，门匾上方常常画天官赐福、八仙祝寿，表达主人希望仕途进取。门楼楹联上下墙的小幅壁画则多是鸟虫花卉、瑞兽家禽，如有些屋脊装灰塑双凤，引首和鸣，寓意富贵吉祥。正厅横廊和绕天井的楼檐围栏上常画有象征高尚品德的梅兰竹菊等花卉植物，有些梅瓶插花卉灰塑装饰，瓶插牡丹，寓意富贵平安。客家民居不仅是建筑，也是一本本丰富多彩的生活画册。有些券门上方灰塑书卷装饰，附有彩绘字画、诗词等，颇具雅趣，意寓饱读诗书，文采风流。

客家民居壁画的乡土气息浓郁，题材广泛，内容十分丰富，有着悠久的历史。壁画工匠用鲜明的色彩，结合中国传统的水墨画意境、技法等，把各种传统文化的精髓融合至创作中。历史故事、神话传说、自然风光、田园生活等，均折射出浓厚的中华传统文化底蕴以及建楼主人对未来美好生活的向往。

葵涌壁画的代表作是福田世居壁画。其题材多用花草古树、珍禽瑞兽、人物故事，色彩多用中墨线宝兰雄黄赭石花框组合，主画面则以粗墨线勾勒造型，以石绿赭石搭配大面积宝兰，上承道咸时期重墨打底的色调，下启光绪宝兰搭配石绿的画风，与周边同类祠堂的同期壁画风格和用色完全一致，又与文献记载的年代相吻合。它是同治年间壁画的标准器之一，具有非常高的文物价值。

七、典故与掌故

（一）麦母迁葵涌

传说很早以前，有麦姓一母二子徙居葵涌。他们抵达时正值酷暑，幼子因跋涉艰难生了病。麦母从溪边采来治消渴热痹的水葵，让幼子食用。药到病除，母子大喜。又见此地为一处四面环山的盆地，中有一水，且南临大海，便决定在此安家。于是称水为葵涌，山为葵涌山，安家处即为葵涌村。

传说中所提到的葵涌山即现在的九栋岭。水葵即莼菜的俗称。《诗经》中说的"思乐泮水,薄采其茆",茆就是莼菜。西晋张翰在洛阳做官,秋风起时思及家乡吴中的"莼羹鲈脍",遂辞官回乡。

1936年成立的侨港葵涌同乡会,以摇曳多姿的水葵设计了会徽。

(二)捡螺仔

葵涌两端的大亚湾泥岸和大鹏湾沙岸,都非常适合贝类繁殖。葵涌人称类似外地"赶海"的海滩活动为"下海"或"捡螺仔"。时至今日,仍可看到三三两两的人在海滨休闲时捡螺仔。

(三)葵涌四条船

葵涌滨海,以农业为主,渔业为辅。葵涌俗语"三亩好田不如一间烂店,三间好店不如一条烂船"。因此葵涌几乎家家有船,只是有的大有的小,有的多有的少。最小的木船叫舢舨,两桨划行或一橹摇进,可用于放网捕鱼或灯火照鱼。载重一吨左右的帆船叫"小罾船",可在浅海进行拖网、挂网作业。再大一点的,叫"槽仔",一根大桅杆,船上有篷,可夜宿,短途运输用。载重20吨以上的,三根大桅杆,叫"大眼鸡",除了运输,还可以拖虾,又称"虾米罾"。

(四)烧石灰

葵涌盆地盛产石灰石(俗称白石),烧石灰皆用此石。但坝光一带没有石灰石,如果到葵涌去买,陆路靠挑,海路遥远,不划算。坝光人便开船到海里采集珊瑚石或用贝类的壳体烧石灰。

(五)行火船

因为葵涌距离香港近,很多人到香港选择当船员,被称为"行火船"。船员赚钱养家,在家乡起大屋。更有钱的,捐款修桥修路办学校。还有的跑到更远的地方,就成了华侨。

(六)谢阿达打老虎——打也死,不打也死

葵涌多山,早年常有华南虎出没。清末民初,坝光高大村有猎户谢阿达兄弟三人,在排牙山遇虎。谢老二被虎叼走,万分危急关头,不开枪,老二肯定没命;开

枪，还有一丝获救的希望。电光石火间，博命一试，竟然一枪击毙老虎。由此葵涌多了一个典故"谢阿达打老虎——打也死，不打也死"。到了1952年，土洋村民用渔炮炸死过一只老虎。这大概是大鹏半岛打死老虎的最后记录了。

（七）沙鱼涌里的大鲨鱼

沙鱼涌原名鲨鱼涌，经常有鲨鱼出没。据传，明时有袁姓五兄弟从东莞茶山迁来，一人到了上洞，一人到了坪山塘岭，一人到了盐田小梅沙，一人去了大鹏，还有一人到了沙鱼涌后不幸被鲨鱼所吃。1957年，葵涌渔民还捕获过两条体重万斤的大鲨鱼，这事还上了当时的报纸。

（八）钓鱼湾

钓鱼湾位于官湖角，据传这里常常会出现大批鱼群，还有许多野生鲍鱼、海胆等海产品。因在这里捕捞收获往往较大而得名。

（九）龙井与石头湖

龙井位于官湖村内西侧山间内。这里的井水四季不断，不断有泉水流出，形成一座小水潭，村民们称之为石头湖。旧时村民们也常常在此取水。

（十）蛤蟆石与三姐妹石

位于官湖村东侧约700米处的乌泥涌边，有一个黑色的形如蛤蟆的蛤蟆石，在旁有三个相连的石，村民们称之为三姐妹石。据传，有一个蛤蟆精在此作恶，使得官湖村连降大雨，殃及村民。这情况被南海龙王的三个女儿发现了，出于怜悯之心，三位仙女决定除掉此怪物。但由于蛤蟆精法力高强，三位仙女一时间也斗不过它，于是就向天庭借来九朵云彩并加以自己的血，最终将蛤蟆变成了石头。而三位仙女因失血过多也变成了三个石头。而从天庭而来的九朵云彩就变成了今天的九栋岭。

（十一）望鱼岭

望鱼岭位于官湖村内东侧海边，是一座海拔100多米小山坳，亦称青龙吉山。旧时村民打鱼，往往会挑选有经验的老渔民在山上的"望鱼石"上往海里看，通过海里的波纹来推测哪种鱼在哪个方位、鱼的数量、鱼群大小等信息，并将情况通过一种特殊的信息传递方式（村民们称之为"帽语"，即通过挥动草帽的方式传达信息）

告诉海上的渔民以便捕鱼。此山因此得得名。此外，据传"望鱼石"古称为"望夫石"，起源于古时妇人们在此翘首盼望打鱼的丈夫们早日回来。又有民谣一首："西向径前海茫茫，望夫石上望夫郎。望夫早归鱼满筐，妻欢子笑好时光。"

（十二）旗杆石

据传，欧屋村里原有一对旗杆石，位于村里的祖屋前，有一米多高，据传为村里有人中了科举后所立。

（十三）关公传说

虎地排村新庵古观的前身是关帝庙，庙高三层，里面有一关公巨像，在旧时属于层数较高的建筑，在当地非常显眼，远至4千米外的山上都能清晰看见此庙。据传自从此庙建好后，附近的村庄就再也没受到盗贼的困扰，是因为此庙震慑了山上盗贼，盗贼们认为关公护佑着这一片的安全，惧怕关公的神威而不敢进犯该村。附近的村民也一直视关公为护村之神，每逢重大节日都会前去拜祭，在关公诞辰之日尤其隆重。

（十四）重华古寺方位掌故

在新围村里，流传着这样这样一首歌谣："重华钟鼓响咚咚，抹角犀牛面向东。猛虎下山塞水口，红旗插在黑岩中。"这是一则关于重华古寺方位的掌故，但也相传是与宝藏方位有关。抹角犀牛指的是重华古寺右角对着的新围村的牛王爷，牛王爷是面朝东的。猛虎下山塞水口说的是重华古寺庙宇中轴线指正着葵涌河三大支流的汇合之地虎地排。黑岩指的是虎地排村前的黑岩石。

（十五）葵涌藏金密语

据传，在葵涌中学一带位置，新围村的先人藏了许多金银，先人们根据宝藏的位置编出了一条密语"葵涌新围仔，杉树印，柚子树头下"。

（十六）孪生兄弟树

石碑村北侧入口，有两棵紧紧相依的大榕树，两棵树的树龄均为115年，为国家三级保护树木，在树下设有香炉用以祭祀树神。其独特之处在于两棵榕树长势十分相似，如同孪生兄弟一般。据传，两棵榕树其实出自同一棵榕树，是两棵孪生兄弟树。这两棵大树枝繁叶茂，叶下的阴凉之处现已成为村民们休闲聊天集会之地。

（十七）惊扰山贼

据说葵涌潘氏兴旺后，嫁女到鹏城。因当时道路不便，潘家特意修了一条横跨排牙山的道路直通鹏城。但道路的修建惊动了隐蔽在山中的山贼，潘家也因此被山贼骚扰三年之久。

（十八）公母石传说

据说深水田附近的山上原来有两座紧紧相依的石头，村民称之为"夫妻石"，一公一母。一天，公石遭雷劈被毁，只剩母石。据传，公石被毁后，母石会在夜间移动寻找公石。

（十九）鲜鱼树

溪涌海鱼因其鲜甜而闻名于坪山、龙岗等地，有"溪涌海鱼最鲜甜"的美誉。旧时，村民常把捕捞到的海鱼担去龙岗圩和坪山圩售卖，但路程遥远，如何保持鱼肉的新鲜成了一大难题。当地人在一次偶然机会发现了用一种树叶包裹鱼身可以最大程度保持鱼肉的新鲜，这种树就被称为"鲜鱼树"。后来这种方法便一代代地传承了下来，成为了"溪涌海鱼最鲜甜"的一大有力保障。

（二十）海盗山寨

据传，溪涌后山旧时曾是海盗的聚居地，旧时曾有村民在后山砍柴时发现有海盗的山寨。

（二十一）井水治病

据传盐村古井内的井水能治百病，旧时村民得病后常饮用此水，两三天后病情就会好转。旧时，外嫁进村的妇女常常因水土不服而患病（据传为大脖子病），只要饮用此井水后病痛即消除。曾有水质勘测队对泉水进行勘测，得出的结果是此井水矿物质含量高，水质优良，属可直接饮用水质，在深圳地区十分难得。但因深圳市第十一高级中学建设，该古井已被污染无法饮用而被封起。

八、旧时葵涌儿童的游戏

（一）打奇乐

打奇乐亦名玩奇乐，"奇乐"是客家方言，它是一种近似北方陀螺的儿童玩具，但玩法有别。奇乐的形状类似球顶锥体，由木头削制，一般腰径五六厘米，高七八厘米，锥尖上钉一铁钉，外露二三厘米，磨成钝尖。玩时搓一小麻绳，粗头细尾，用绳子缠绕奇乐，尽处小结卡在小指与无名指指缝间，食指按住奇乐顶部或钉尖均可。往地上一撒，奇乐便在地上旋转。好的奇乐能"咬钉"，即钉尖旋于一处，不移位，好像咬住不放似的，这样旋的时间就长。还会"响风"，旋转时嗡嗡作响，气势不凡。比赛形式主要有两种，一是比谁转得久。大家在同时将奇乐撒在地上，先停转输。玩陀螺可不断用绳子抽打，奇乐则是一次性动作。二是攻击型的，两人或多人，先比旋转时间，首先倒地的被作为攻击对象，将奇乐搁地上，其他人依次用自己的奇乐朝它用力"锄"下去。能打中目标，把目标轰出去一段距离，而自己的奇乐还在转动，末了将转着的奇乐抓起，这就算有效攻击，可接着再进攻。打不中目标，或者虽然打中，但自己的奇乐却倒地"死了"，皆为无效攻击。有一种特殊情况，被击中的奇乐偶尔会立起旋转，称为"翻生"。攻击者应立即将其踩"死"，要是被其主人"活捉"，则判为击中作废。所以"久战沙场"的奇乐总是"伤痕累累"的。为此，游戏者喜欢选些特殊树木来做奇乐，有一句既含褒义也含贬义的俗话，叫"黄牛弹（树名，木质坚韧），刻奇乐；晤怕打，晤怕凿"。

（二）打噼啪筒

噼啪筒用竹子制作。取小竹竿一节长约20厘米，头稍大尾略细，尾端去节，头端留节，距节四厘米处切断，长段作"枪筒"，短段作"把手"。削一竹针固定在"把手"上，针的长度比"枪筒"短半厘米。竹针粗细尽量接近筒孔粗细，且能在筒管里进退自如。取一颗藤本植物的籽儿，塞入筒眼，用竹针顶至末端。再塞一颗，针顶进去，筒管内空气受压迫，快速一推，"啪"，末端的籽儿便像子弹一样飞了出去，而这一颗则留在末端，用于下一轮发射。这是单响的噼啪筒，用孩子们的话说，相当于"步枪"。取一节较粗的竹筒，在底端镌一孔，将管上挖了一小孔的"单响筒"穿进去，小孔对准竹筒内芯。竹筒盛装子弹籽，籽儿从小孔跌入枪管，针一推则响，接着一退退过小孔，又一颗籽儿掉入，推之又响。这就像是"冲锋枪"一样的武器，孩子们称之为"梭角"。"单响筒"对子弹不讲究，反正用手能塞进去就可，但"梭角"不同，子弹必须是圆球形的，才会在摇动中自动掉入。有一种叫"张弓斑藤子"的野藤籽儿，状如葡萄串，籽如胡椒粒，资源丰富，绝对可以满足孩子们对"子弹"的需求。

（三）踢黄牛

踢黄牛为多人游戏，开始时大体以猜拳之类决出输者。输者扮"牛"四肢着地，其他人牵手围成一圈，可伺机用脚踢"牛"的屁股以下，而"牛"也伺机反踢，踢中一人则自己解脱，被踢中的变"牛"居圈中，继续游戏。扮"牛"者手不离地，违者都算犯规。

（四）摘稔仔

这是采野果的代表项目。稔仔树，学名桃金娘，一种低山疏林中常见的常绿小灌木，结的浆果叫稔仔，熟时暗紫色，可生吃，味甜。果熟期8月以后，俗云"稔仔一日黄（成熟）三到（次），掌牛小孩没得嬲"。稔仔熟得快，满树乌嘟嘟的，非常诱人。于是孩子们挎篮背篓满山跑，个个满载而归。

（五）戽鱼

葵涌民间有句谚语，叫"勤鱼懒肉"，意指勤快的人有很多途径可以抓到鱼来吃，猪肉要现钱买，不是谁都能买得起。孩子们从小就喜欢尝试抓鱼，又好玩又能搞到食物，家长大都支持。孩子们发现有鱼蟮迹象的小水潭，便把水戽干，有时能抓到很多塘虱黄鳝之类。或把水圳小河上截下堵，把水戽掉，或撒些石灰，鱼蹦虾跳，捉个痛快。坝光海边还有一种"承流装鱼"的方法，是在咸田沟或涌沟里，截住上游来水，下游拦住却留一口，放置畚箕，再截一处把水戽掉，人为制造水流跌差，让鱼虾随水流下被捉。最初在最下游之处进行，接着再截一段，利用原来截流的设施承流捉鱼，之后次第上移，直到把整条水沟搜捕完。此举常常有不错的收获。

九、葵涌的非遗

1. 高源醒狮大鼓
2. 溪涌添丁点灯习俗

3. 葵涌客家茶果：艾茶果、青丸仔、糍粑、红籽

4. 客家婚俗：赏花夜、迎亲、花担、抛生鸡仔、分路红、入门、过三朝；客家嫁歌

5. 客家山歌

6. 官湖"望渔岭"捕鱼节习俗

7. 沙鱼涌渔民娶亲

8. 葵涌民间谚语

十、百家姓

葵涌地区将原住民的姓氏如下：

王、邱、曾、庾、郑、陈、何、石、张、李、利、黄、范、罗、林、刘、黎、朱、余、欧阳、潘、邱、周、叶、麦、卢、徐、梁、谭、薛、钟、曹、文、杨、孙、彭、庄、游、朱、赖、汤、廖、丁、巫、江、林、吴、陶、凌、符、蓝、谢、叶、袁、冼、阮、萧、汤。

十一、名人榜

以下为曾经在葵涌工作，为葵涌做出贡献的名人或葵涌籍乡贤：

麦母、蓝翼成、蓝翼香、李健如、陈宙安、陈维新、潘琼儒、欧阳璇、潘凤乾、欧阳铨、李观进、彭东海、张新、汪鼎金、廖承志、乔冠华、邹家华、连贯、赖生、罗洪璋、潘硕良、张友渔、潘光大、罗钦赞、蔡林蒸、周士第、廖乾五、黄华然、曾生、王作尧、周伯明、刘培、李惠群、刁燊、李秀灵、张敏、钟原、袁庚、钟明、钟义、陈培、蓝造、黄业、陈永年、潘清、赖仲元、杨湘荣、黄钰、徐飞、何存仁、欧阳松生、陈浪平、蓝瑞景、邓育英、李城英、张平、王柏、林丰时、戴来、李群芳、叶源、黄福友、谢达、黄闻、黄岸魁、黄端华、黄敏、黄林、黄和、钟少华、李秀灵、利进士、刘黑仔、叶基、戴基、杨康华、谢立群、尹林平、黄友、何清、利加小、曾源、罗范群、方方、蓝造、林文虎、肖伦、李华灵、蔡国梁、林锵云、谢斌、米勒、科尔、罗汝澄、邓华、袁带、欧阳奕和、林松、欧阳北祺、高玖、高文、张兆昌、张持平、廖裕康、何秋明、陈亮如、李木、黎仕、李家小、潘泉、戴进来、陈佛滔、李节、曾九、李牛贵、李兆麟、欧阳敏、欧阳松生、黄贵添、梁慧玲、王英、潘崇峰、何毓彬、范晖涛、范传友、叶贤、吴亨、钟有、陈南、陈春仁、

周清、李日生、黄亚左、张佛潭、罗观养、赖南生、潘成武、陈佛堂、何佛冠、李伯棠、李华、叶茵、赖祥、叶水、黄源昌、彭月榴、欧木兰、高荣茂、何一安、黄汉荣、黄柏强……

第四节 峥嵘岁月——葵涌红色革命文化

大鹏半岛是中国共产党领导的东江纵队的策源地和根据地。东江纵队的电台、兵工厂、医院、军政干部学校、青年干部培训班等都设在这里。大鹏半岛的100多个古村落，都留下了东纵将士的足迹。东江纵队护航大队成立并驻扎在大鹏半岛、港九大队也曾经在大鹏半岛设立长期后勤基地和临时指挥部……

1938年大鹏成立海岸读书会掀起轰轰烈烈的抗日救亡运动，到东纵北撤，大鹏半岛虽然一直是我、敌、伪、顽反复争夺的地区，但党组织的力量强，群众基础好，掌握了许多基层政权和地方自卫队。且南澳鹅公、西涌一带，以及七娘山区等边远地区一直在游击队的控制下。作战部队、干部学校、领导机关及后方医院等机构都在大鹏有过驻扎，发生了多次大的战斗和重要的历史事件，大鹏最终还是成为稳固的革命根据地。

八十多年前，在大鹏王母墟一处楼房的二层阁楼，三个年轻人在这里宣誓加入中国共产党、成立中共大鹏支部。这犹如革命的星火，迅速发展成为燎原之势。在不到半年的时间，大鹏的共产党员发展到40多人，进而成立中共大鹏区委；而后大鹏半岛成为指挥整个广东、整个华南抗战的中枢；再到解放战争时期大鹏的革命者与国民党反动派展开艰苦卓绝的斗争。大鹏地区的党组织从1938年10月成立直到今天，一直薪火相传，从未停止过活动。

我们通过大鹏新区红色革命资源现状调查工作，对史料、图片和历史文物的研究梳理，用遗迹、文物、史料来讲述过往发生在大鹏半岛的重大事件和惊心动魄的革命斗争故事，展现中国共产党人为了民族解放事业和人民幸福体现出的英勇不屈革命精神；我们组织人员对大鹏地区丰富的革命历史遗迹进行了初步的勘察测绘，基本摸排了大鹏新区红色革命资源的"家底"。根据本次调查掌握的基本情况，我们对这些红色革命资源进行了分类：革命旧址45处；革命遗址20处；革命人物故居、旧居138处。

1938年10月12日，侵华日军登陆大亚湾，撕开了入侵华南的口子。大鹏半岛成为抗击日寇的桥头堡,在大鹏坝岗的西乡围,一群热血青年英勇地向来犯之敌扣响了扳机,打响了华南抗战的第一枪。从此,有着光荣抗击外来侵略传统的大鹏人的抗日枪声再也没有停止,直至抗战胜利! 1943 年,东江纵队在大鹏半岛的土洋村宣告成立,大鹏半岛成为华南抗战的指挥中枢,其文化名人大营救、营救美国飞行员、卓越的情报工作等让东江纵队名震港九,中外咸知。朱总司令在中共七大《论解放区战场》中将东江纵队与琼崖纵队、八路军、新四军并称为"中国抗战的中流砥柱"。1946 年 6 月,东纵将士 2583 人从沙鱼涌北撤山东,开启了红色革命的新篇章。

抗日战争以来,东江纵队活跃于广东的沦陷区,积极打击日、伪、顽,先后建立了东江、韩江、始兴、佛冈、英德、翁源等广大解放区,总面积达 6 万余平方里,人口 450 万以上,他的功绩和八路军、新四军一样,对于同盟国打败法西斯的战争,显然是起了很大作用的。

大鹏半岛是东江纵队的策源地和根据地,大鹏坝岗的坝岗抗日自卫队是东江地区最早的抗日武装之一;1938 年 10 月 11 日,大鹏人袁庚打响东江抗日第一枪;中共广东省临时委员会在大鹏半岛成立,省临委也长期驻扎大鹏;1943 年 12 月 2 日,东江纵队在大鹏半岛的土洋村宣告成立,司令部也长期设在大鹏;大鹏半岛成立路东第一个抗日民主政权——大鹏区抗日民主政府;大鹏半岛还有东江纵队的军政干部学校、青年干部培训班、医院、兵工厂、电台等,1946 年 6 月 30 日,东江纵队在大鹏半岛的沙鱼涌登上美舰北撤山东,完成抗日东江纵队的使命。所以大鹏半岛有着丰富的红色革命文化。

习近平总书记指出,要"发扬红色资源优势,深入进行党史、军史、老区革命史优良传统教育,把红色基因代代相传下去"。大鹏的红色革命传统、红色革命基因是老区人民留下来的宝贵财富。铭记历史,让红色传统薪火相传。从革命先辈身上汲取奋发的力量,共同为推进中国特色社会主义伟大事业、实现中华民族伟大复兴的中国梦而努力奋斗。

抗日战争时期,大鹏半岛成为抗击日寇的桥头堡,在大鹏坝岗的西乡围,一群热血青年英勇地向来犯之敌扣响了扳机,打响了华南抗战的第一枪。从此,有着光荣抗击外来侵略传统的大鹏人的抗日枪声再也没有停止,直至抗战胜利! 1943 年,有着中国抗战中流砥柱之称的抗日东江纵队在大鹏半岛的土洋村宣告成立,大鹏半岛成为华南抗战的指挥中枢,其文化名人大营救、营救美国飞行员、卓越的情报工作等让东江纵队名震港九。1946 年 6 月,东纵将士两千余人从沙鱼涌北撤山东,开启了抗日活动新篇章。大鹏半岛是东江纵队的策源地和根据地。自1942年开始，中共广东省临委、广东军政委员会、东江纵队司令部都设在大鹏半岛，大鹏半岛成了中共华南地区党、政、军指挥中枢，具有极其重要的历史地位。

一、大鹏半岛革命的起源

葵涌老区的中共组织是在抗日救亡兴起的基础上建立起来的。1935年，一批进步青年在中国共产党的领导和推动"一二·九"北平青年学生爱国运动的影响下，在葵涌坝岗村成立了"海岸读书会"，开展抗日救亡宣传活动。1937年抗日战争全面爆发后，葵涌与周边进步青年于1938年8月又在坝岗村成立了"海岸流动话剧团"，向广大民众宣传抗日救国的道理，这些宣传活动，为葵涌地域中共组织的建立奠定了基础。

1938年11月，中共惠宝工委派中共党员黄国伟到大鹏地区发展党员，建立大鹏地区第一个党小组。此后，又先后在王母圩、大鹏城、坝岗、土洋、葵涌、沙鱼涌等地发展了一批进步青年入党，于1938年12月建立了中共大鹏地区支部。

至1939年春夏间，全区共有中共党员近40人，分别在坝岗、葵涌、沙鱼涌、王母圩、大鹏城等地建立了党支部，在这基础上，于1939年5月成立了中共大鹏区委。从此，大鹏地区人民在中共大鹏区委的领导下，成立人民抗日武装，建立抗日民主政权，开展艰苦卓绝的抗日反抗武装斗争。

（一）党组织建立前葵涌的社会变革

葵涌坝岗盐灶村人周澄宇，20世纪20年代初期在香港开设具有同乡会馆性质的"船馆"，介绍了不少到香港谋生的葵涌、大鹏籍青壮年做海员，并加入香港海员工会。

1925年，震惊中外的五卅惨案发生后，引起了全国范围的反帝风暴，6月6日，中国共产党发表《为反抗帝国主义野蛮残暴的大屠杀告全国民众书》，号召全国人民反抗帝国主义野蛮残暴的大屠杀，把长期的民族斗争坚持到底，"务使野蛮残暴的帝国主义在中国之特权与统治不断的动摇，务使其在华的政治经济地位发生永久的危机"。

6月19日，为声援五卅运动而举行的震惊世界的省港大罢工正式爆发。大量在港的葵涌人参加。赖生、戴卓民、蓝水、周志坤、陈维新、罗洪璋、潘硕良等人踊跃参加，有些人还成为罢工的领导成员。

（二）血战沙鱼涌

为了一致反对英、日、美、法帝国主义，在经济上援助省港罢工工人，7月9日，省港罢工委员会发出实行封锁香港的通告，宣布"实行封锁香港及新界口岸，自本月十日起，所有轮船轮渡一律禁止往港及新界，务使绝其粮食制其死命"。23日，省港罢工委员会派罢工工人纠察队第三大队第九支队进驻深圳，沿沙头角至沙头约30公里的边境水陆要冲布防，把守河口，日夜巡查，禁止所有轮船往来香港和新界口岸，断绝粮食、蔬菜和生活用品供应，严密封锁香港。随即，铁甲车队也奉命陆续开抵深圳，协同罢工工人纠察队执行全面封锁香港的任务。

此时，驻深圳地区的工人纠察队只有3个支队，负责东起沙鱼涌、西至宝安南头一线的封锁任务。为了破坏大罢工，英帝国主义唆使陈炯明残部在葵涌、大鹏一带进行骚扰破坏活动。10月30日，陈炯明残部、粤军第二师陆战队总指挥邓文烈与莫雄残部团长罗坤等部队在港英当局指使下，武装袭击驻沙鱼涌的工人纠察队，抓走队员10余人，挑起事端。铁甲车队闻讯后，派周士第、廖乾五率领4个班共50余人由深圳赶往沙鱼涌救援。

沙鱼涌是一个狭深的小港湾，面海背山，港湾内东侧住有十几户渔民。东西两山脊伸入海中，东面山嘴的东北面，有一座小拱桥，是沙鱼涌通往葵涌、坪山、大鹏的必经之路，也是大鹏湾通往葵涌、坪山的咽喉要塞。英帝国主义强租新界后，它成了走私港湾。为了遏制走私，清政府曾在此设立九龙关沙鱼涌缉私关厂。省港大罢工期间，蔡林蒸率领的省港罢工工人纠察队第十支队驻扎在沙鱼涌关厂。

港英当局侦知沙鱼涌驻守的铁甲车队和工人纠察队武装兵力总共才100余人后，便纠合民团、土匪和陈炯明残部共1000多人的兵力，妄图一举将革命武装消灭在沙鱼涌。11月4日凌晨，敌人趁天黑抢占了沙鱼涌东、南、北三面山头，控制了西边一片海滩，将工人纠察队和铁甲车队团团包围。周士第命令班长黄华然率领一个班坚守小高地，进行抗击。敌人集中火力向铁甲车队、工人纠察队阵地扑来，包围圈越来越小。天明时，2艘英国小兵舰拖着满载敌人的4只小船向沙鱼涌方向驶来。敌军登陆后随即发动进攻，铁甲车队和工人纠察队战士们英勇地抗击着包围过来的敌军。7时30分左右，突然又有1艘英国兵舰从香港驶来，向我军阵地扫射，并有1架英国军用飞机在我军阵地上空盘旋，掩护敌军进攻。黄华然班抵抗数百名敌人，最后全部壮烈牺牲。铁甲车队和工人纠察队顽强作战，打退敌人多次进攻，但终因寡不敌众，于上午9时开始向东突围，后在三区农协会农民引导下绕道龙岗、横岗，于5日凌晨2时左右返回深圳。附近很多农民闻讯后十分高兴，纷纷携带慰劳品前来慰劳战士们。

沙鱼涌之战，在敌兵10倍于我的情况下，铁甲车队和纠察队战士们奋勇杀敌，弹尽援绝后与敌人展开肉搏战。此役击毙敌参谋1名、连长2名、排长5名，敌军伤亡共约200名。我方铁甲车队伤亡20多人，纠察队伤亡10多人，纠察队第十支队长蔡林蒸和铁甲车队排长李振森壮烈牺牲。

11月14日至15日，《工人之路特号》上刊登了周士第的演讲稿。他表示，沙鱼涌之战"可说是对陈炯明战争，也即是对香港战争"，并勉励参加集会的工友和农友："我们知道工人是革命先锋队，我们应该团结起来，与世界无产阶级及弱小民族一齐奋斗，革命成功很快了，大家奋斗！"12月10日，省港罢工委员会在广州隆重举行了追悼铁甲车队和纠察队阵亡烈士大会。邓中夏在会上发表演说，指出烈士们是

图2-54 1922年3月，香港海员工会职员广州合影。

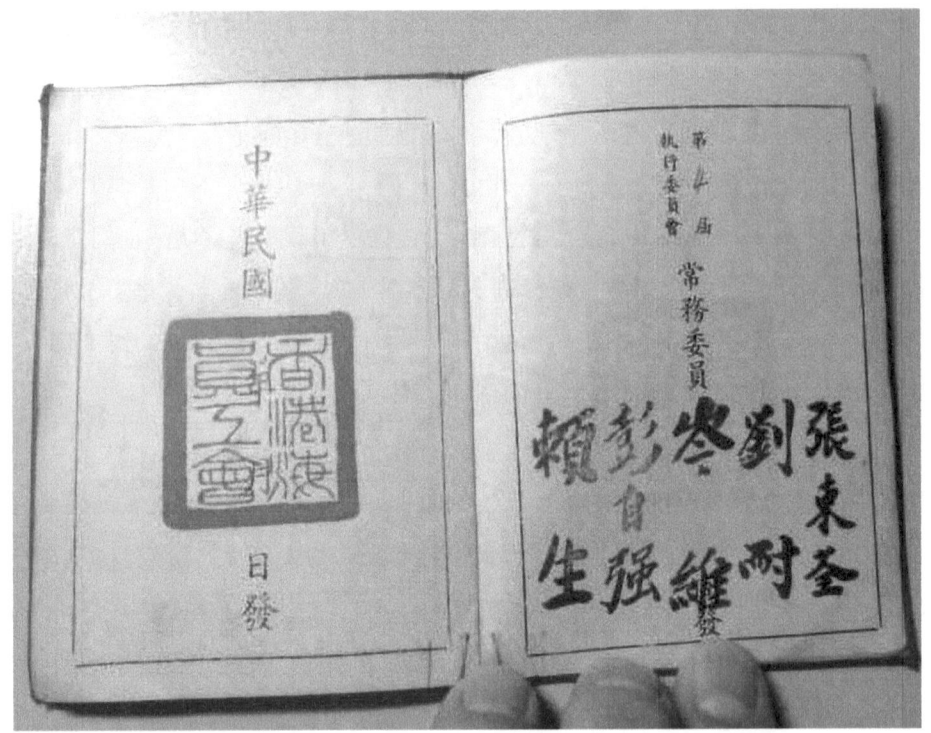

图 2-55　葵涌人赖生为第四届香港海员工会执行委员会常务委员

图 2-56　省港大罢工工人纠察队和建国陆海军大元帅府铁甲车队受命开赴深圳地区巡逻，封锁深港边界。

图 2-57　1925 年 6 月 19 日，为了反抗英国制造"五卅惨案"，支援上海工人运动，香港（上图）和广州（下图）工人举行大规模示威游行，省港大罢工爆发。

"为民族解放牺牲的，这一次罢工得胜利，都是那几位烈士流血换得来的"。他希望工人群众"以后仍要继续上前奋斗，务达罢工胜利目的，以慰各烈士在天之灵"。追悼会成为打倒列强、铲除军阀的誓师大会，激起了罢工工人反抗到底的决心。

图 2-58 铁甲车队血战沙鱼涌。在省港罢工中,陈炯明部包围了驻沙鱼涌的工人纠察队,周士第带着"铁甲车队"40多人迅速赶到现场,与敌人展开了激战,给敌人以重大杀伤。

图 2-59 1926年10月,中共广东区委发表《为省港罢工自动的停止封锁宣言》,省港大罢工胜利结束。

省港大罢工使港英政府在经济上受到沉重的打击。香港的出口货物二分之一输入华南地区，由于罢工工人实行封锁，香港的输入输出，1925年仅为1924年的一半，税收锐减。航运业也受到了极大影响，到港船数和吨数都较1924年大为减少。由于各行各业无法经营，人们纷纷离港，提款突增，造成银行挤提现象。香港被封锁后，肉食蔬菜几乎断绝，一般物价比罢工前贵5倍以上。由于清洁工人罢工，街上垃圾堆积如山，加上天气炎热，臭气冲天，香港成为"臭港"。港英政府只得出动英军清理垃圾，驾驶电车和渡海小轮。

轰轰烈烈的省港大罢工，从1925年6月至1926年10月共长达1年4个月，是中国工人运动史上规模最大、影响最深、时间最长的一次罢工运动，也是世界罢工运动史上的一个伟大创举。省港罢工期间，深港穗三地人民表现出了强烈的爱国热忱。这次大罢工沉重打击了帝国主义势力，极大地提高了无产阶级及其先锋队共产党的威望，对北伐战争的胜利进军和推动当时国内革命形势的发展作出了重大的贡献。

（三）海岸读书会

1936年12月，坝光小学校长蓝造与黄闻、陈培、陈永、黄业等在坝光小学成立"海岸读书会"，以读书为名，积极开展抗日救亡宣传活动。1936年冬天，在各地教书的知识青年，有黄闻、蓝造、黄业、陈永、陈培等回到大鹏，他们大都在学校读书时参加过中共的外围组织，接触过红色革命思想，有满腔爱国热血。1937年1月，在全国大好抗战形势的鼓舞下，他们集中在坝岗村，讨论如何开展抗日救亡运动的问题，会上决定在坝岗成立"海岸读书会"。"海岸读书会"成立后，从香港购回一批进步书籍，组织群众学习，开展了抗日救亡的宣传活动，同时要求国民党政府停止内战，一致对外。这一年，他们有组织地学习了《论新阶段》和《论政党》等著作，进一步认识了中国共产党抗日救国的主张，初步了解了共产党的性质和纲领，积极拥护中国共产党。海岸读书会——抗战初期大鹏进步知识青年的救亡活动1935年12月9日，在中国共产党的领导和推动下，北平学生爆发了震动全国的"一二·九"运动，它有力地推动了全国抗日救亡运动的开展。1936年12月的"西安事变"和平解决，促成了抗日民族统一战线的形成和发展。

(四)"海岸流动话剧团"

1937年8月,在香港惠阳青年回乡救亡的影响下,以海岸读书会成员为骨干,组建了"海岸流动话剧团"。图10-60为大鹏有志青年在共产党的领导下开展抗日爱国宣传话剧《放下你的鞭子》。1936年9月,中共南方临时工作委员会(简称"南临委")成立,薛尚实任负责人,积极恢复和建立南方各地党组织,开展抗日救亡运动。在"南临委"和各地党组织的发动、组织下,深圳地区的抗日救亡运动逐步开展起来。

1938年8月,由黄闻等进步青年发起,在葵涌坝岗村成立"海岸流动话剧团",剧团的主要成员有黄业、黄岸魁、陈培、蓝造、陈永、黄林、陈通、陈秀、陈瑞、黄捷英、黄德明、黄贯东、林丰时、黄文琛、钟少华、欧阳珊(袁庚)、钟宝斌、刘锦进(刘黑仔)、赖仲元、张平、潘清等人。

海岸流动话剧团成立后,开始编排节目,筹集行装、道具,进行了一番紧张的准备。而后,流动话剧团的成员就抬着锣鼓,挑着道具和简单的行装,在大亚湾、大鹏湾海岸沿线的偏僻乡村进行巡回演出。他们以坝岗村为起点,经大鹏、东山、东涌、两涌、下沙、沙头角、葵涌、淡水、澳头、小桂等地,行程100多公里。演出的主要剧目有《放下你的鞭子》《保卫家乡》等,向沿途的民众宣传抗日救国的道

图 2-60

理，揭露国民党反对派的不抵抗行为和日寇在我国领土上烧杀抢掠的罪恶行径。

海岸流动话剧团从成立到结束，虽然只有几个月的时间，但它的活动和宣传演出，在惠宝沿海地区产生了很大的影响，为后来的抗日斗争培养了骨干和中坚力量。9月，为了适应全国抗战爆发后新形势的需要，中共广州外县工委决定把东莞县工委改为东莞中心支部，领导东莞、宝安与增城（部分地区）三县的党组织和人民进行抗日武装斗争的准备。

（五）成立"坝光乡抗日自卫队"

1937年"七七"卢沟桥事变后，抗战的烽火燃遍了大江南北。1938年5月，黄闻作为坝岗地区的代表，参加坪山党支部负责人陈铭炎在坪山召开的抗日救亡工作座谈会后，带领大鹏地区进步知识青年，积极宣传抗日救国，并决心拿起武器奋起抗战。不久，蓝造和黄业等人在坝光发动群众，初步组建一支40余人20多支枪的群众自卫队。后又整编为"坝光乡抗日自卫队"。推选黄岸魁为队长，黄闻负责政治工作。蓝造、黄业、黄端华、黄敏、黄林、林丰时、黄和、钟少华等20多人均为自卫队员。这是大鹏第一支以进步青年为骨干的武装。

1938年10月日军登陆大亚湾时，坝光乡抗日自卫队多次袭击日军小股部队，保护乡亲。后大部分成员加入了曾生领导的抗日游击队。

黄闻又和赖仲元、袁庚、钟原、陈培等协助大鹏中华民族解放行动委员会（农工党前身），组织了宝安大鹏民众抗日自卫大队，积极参加抗日救亡、保家卫国的斗争。此外，在"青抗会"的推动下，各地普遍建立起人民自卫队，并先后动员了几十名青年参加曾生领导的抗日游击队。日寇进犯大亚湾时，地方党曾两次组织人民群众，配合惠宝人民抗日游击总队，英勇袭击敌人，并在1939年春，配合抗日游击队解放了大鹏区的葵沙乡。坝光抗日自卫队在抗日战争和解放战争一直存在，并多次参加重要战斗。

（六）侵华日军登陆大亚湾

1938年10月12日凌晨，在猛烈的炮火掩护下，日军第十八师团左翼支队在大亚湾左面登陆，该师团右翼部队和及川支队，在大亚湾正面霞涌一带登陆，第一四师团在大亚湾右面登陆。驻防霞涌附近的国民党军队一个营被日海、空军轰炸，大部牺牲。凌晨5时许，澳头驻军凌云连的一个排及万年乡抗敌后援会会员数十人，

图 2-61 1938年10月12日，侵华日军在大亚湾登陆。

在新桥附近首先与日军先遣支队交火。国民党守军和后援会会员据固反击，誓与阵地共存亡。战斗持续到上午10时，国民党守军和参战的万年乡后援会会员，除陈可永负伤逃脱外，其余全部壮烈牺牲。防守粉石坳、企岭的另两个连队也与日军展开激战，因寡不敌众、伤亡惨重而被迫退出前沿阵地。

11月22日，日军5000余人在大鹏湾登陆，攻陷大鹏城。随后，日军在坦克、飞机的掩护下，分三路猛攻深圳镇。26日，日军占领深圳镇。宝安县城南头也随即沦陷。28日，日军占领沙头角。不久，因英国的干预，日军退出深圳地区，沿广九铁路北撤，同时对惠东宝地区实行扫荡。

（七）坝光抗日自卫队打响华南抗战第一枪

1938年5月，黄闻、蓝造、黄业等人组建了一支有40多人、配备20多支枪的群众，并将其整编为"坝光抗日自卫队"。1938年10月12日，45000名日本侵略军（华南派遣军、南支派遣军）在大亚湾一带登陆。日军在大亚湾有三个登陆点，一为霞涌，一为盐灶，一为桂坝。1938年10月11日下午两点后，十余名日本兵乘坐摩托登陆艇在坝岗海滩登陆，欲抢劫西乡围牲畜等财物。队长黄闻率蓝造、钟原、袁

图 2-62　1938 年 10 月 12 日，日军正式在大亚湾登陆，图为日本军舰向大亚湾驶来。

庚、蓝介夫、刘禅茂等"坝光抗日自卫队"20 多人伏击，其中袁庚打响了华南抗战的第一枪。从此，共产党领导的抗日东江纵队孤悬敌后，开展了长达七年的艰苦抗战，无数大鹏儿女为民族利益献出了宝贵的生命，可谓功勋卓著。

二、东江纵队的发展与壮大

1938 年 12 月，中国共产党先后在惠、东、宝等地组织人民抗日武装。一支是"惠宝人民抗日游击总队"，中共香港海员工委书记曾生任总队长，周伯明任政委；一支是"东宝惠边人民抗日游击大队"，中共东莞中心县委武装部长王作尧任大队长，何与成任政训员。这两支队伍是东江纵队的前身，当时惯称"曾、王两部"，在以梁广为书记的中共东南特委和东江军委的领导下，以勇战强敌的姿态出现在东江敌后战场上，担负起抗日的重担。其中曾生的惠宝人民抗日游击总队成立后，即在淡水周围发动群众，镇压汉奸，迫使驻淡水日军于 12 月 7 日撤退。

（一）抗日武装的建立

1938 年 10 月 24 日，八路军驻香港办事处主任廖承志，根据党中央的指示，委派时任中共香港海员工委书记的曾生和周伯明等带领共产党员、进步工人、青年学生共 130 余人，从香港回到坪山，成立中共惠（阳）宝（安）工作委员会，曾生任书记，属东南特委领导。组织人民抗日武装，开展敌后游击战争。1938 年 12 月 2 日，曾生在淡水周田村育英楼，正式宣布成立惠宝人民抗日游击总队，由曾生任总队长、周伯明任政委、郑晋任副总队长兼参谋长。1939 年，经与东江国民党当局商定，曾生部"惠宝人民抗日游击总队"改番号为"国民革命军第 4 战区第 3 纵队新编大队"；王作尧部"东宝惠边人民抗日游击大队"改番号为"国民革命军第 4 战区第 4 纵队直辖第 2 大队"。曾生部队改称为新编大队后，在梅沙、葵涌、沙头角一带开展游击战争，与日军作战 30 多次，取得很大胜利。

9 月初，日军 500 余人再次在大亚湾登陆，企图切断东江与香港、南洋的国际通道，威胁惠州。国民党军罗坤部退守淡水。9 月 12 日，新编大队主动出击，迫使敌人从海上逃窜。12 月，新编大队在横岗鸡心石伏击日军一个大队，毙伤日军 30 多人。

这两支人民抗日武装积极打击敌人，先后收复了淡水镇、葵涌、沙鱼涌和宝安县城南头等失地，取得了一系列的胜利，得到广大群众、海外华侨和港澳同胞的拥护和支持。

（二）建立葵涌与沙鱼涌党支部

自从大鹏地区建立了党的组织以后，广大民众在党组织的带领下，抗日救亡工作搞得有声有色，各乡村的青年、妇女都被动员起来，积极参加各种抗日团体，有的还参加了党的组织。大鹏地区党的力量不断发展壮大。

1939 年春夏，大鹏半岛的党组织已有了较大的发展，大鹏地区中共党员发展到近 40 人，在王母圩、大鹏城、坝岗、葵涌、沙鱼涌等地，分别建立了党支部。同年 4 月，因党的工作需要，黄闻奉中共惠宝工委之命，调离大鹏，前往惠阳白花，任中共平白区委书记。根据上级的指示，5 月成立了中共大鹏区委。区委由钟原、陈培、蓝造三人组成，钟原任书记[①]，蓝造任组织委员，陈培任宣传委员。

7 月，中共惠宝工委撤销，其原为中共惠宝工委管辖的坪山、大鹏、龙岗、葵涌、盐田等地的党组织，划归中共惠阳县委领导。

---

① 东江纵队粤赣湘边纵队研究会会长李建国提供资料。

（三）青年抗敌同志会

在中国共产党的领导下，葵涌地区的抗日救亡运动广泛地开展起来。党组织以坝岗小学、葵涌竞新小学、沙鱼涌崇德小学、大鹏城区立小学、王母圩新民小学、王母围光德小学等学校为据点，采取办夜校、开座谈会、出墙报和演剧等形式，对群众进行抗日救国的宣传。1939年秋，中共大鹏区委组织了全区性的青年团体——大鹏青年抗敌同志会（简称青抗会），会长袁庚，副会长蔡觉民。"青抗会"出版了《青年群》油印刊物，每期500份，在大鹏各地发行。"青抗会"的主要功能是进行抗日救亡宣传，扩大党的政治影响，在乡村开办夜校和训练班，宣传抗日，动员青年参加部队。"青抗会"的活动是在党的领导下进行的，而"青抗会"的成员大部分是教师，因而基本上控制了大鹏地区的教育阵地。

中共组织通过"青抗会"在沙溪、王母、鹏城等地办了八九间农民夜校和三期妇女训练班，并在一些乡组织了农民协会。通过这些活动，团结了各界青年，并公开成立了"大鹏书报合作社"，党组织派人参与领导，社长先是蓝造，后是张平。在"青抗会"的推动下，各地普遍建立起人民自卫队，并先后动员了几十名青年参加曾生领导的抗日游击队。为了进一步动员广大群众投身抗日洪流，大鹏党组织作了具体分工：李惠群负责沙溪乡；陈培负责桂岗乡；张平、刁燊负责王母乡；赖仲元、张群、王舒、袁庚、王柏负责当时反对势力较为顽固的鹏一乡。他们在各乡深入学校，发动师生，组织抗日救亡宣传队，广泛宣传抗日。区委还根据党的抗日民族统一战线的方针、政策，对大鹏的农工民主党积极开展统战工作，曾派黄闻、赖仲元、袁庚等到农工民主党协助工作，共同抗日。

1939年下半年，国民党宝安县党部从南头搬到大鹏，县党部书记文鉴辉、特派员黄贺顽固执行蒋介石反共反人民和卖国投降的反动政策，于1939年底下令封闭和解散大鹏"青抗会"。为了公开揭露国民党顽固派的反共投降阴谋，中共大鹏党组织于1940年元旦在王母光德学校门前召开了一次有相当规模的青年座谈会（后称"元旦座谈会"），并请国民党宝安县党部书记参加。与会群众当面质问国民党县党部书记："青抗会是不是抗日的？抗日团体为什么要封闭？"弄得他支支吾吾，无法对答，最后只好说"是奉上峰的命令，不得已的"。会后，国民党反动军队开列黑名单，准备逮捕革命同志。为了保存力量，上级党组织把大鹏一部分公开活动的党员及时地调到外地工作，大鹏党组织也转入隐蔽的地下活动，对党组织的负责人同时作了新的安排。1940年春，中共惠阳县委调蓝造任中共多祝中心区委书记，调张平往平山工作，调王柏往高潭搞妇女工作。下半年，中共大鹏区委书记由陈培担任。青抗会的成员一部分参加部队，一部分青年参加支前工作和宣传抗日救亡活动，收烂钢铁供部队做地雷或运送枪支弹药。

1940年，在上级党组织和区委领导下，大鹏群众纷纷起来积极支援部队，组织慰劳队，到坪山慰问部队，组织群众自筹资金办书报合作社，销售、传阅进步书刊，宣传抗日救国。11月，钟原调任中共惠州区委书记，中共大鹏区委由蓝造、陈培和赖仲元组成，蓝造任区委书记。

（四）文化名人大营救

1941年12月8日，日军偷袭美国海军基地珍珠港，太平洋战争爆发。同日，日军向香港进攻。12月25日，香港沦陷。大营救历时近二百天，行程数万里，足迹遍及十余省市，共营救出爱国民主人士、文化界人士800余人。

太平洋战争爆发当日，周恩来曾先后两次电示廖承志等迅速做好应变准备，务必将因遭受国民党当局的政治迫害而聚居在香港的文化名人和爱国民主人士抢救出来。在中共中央南方局书记周恩来的组织部署下，大营救工作秘密而迅速地展开。

东江游击队抢救滞留在香港的民主人士、文化界人士，多数是混在难民中从陆路回到宝安游击区，少数政治面目已暴露或易被敌人认出的，则走水路。当时，在九龙半岛，东江游击队已经开辟了两条秘密路线：一条是从青山道经荃湾、元朗进入宝安游击区的陆上交通线；另一条是九龙至西贡，经土洋沙鱼涌进入惠阳游击区的海上交通线。土洋沙鱼涌是海上交通线最重要的交通站。走这条秘密交通线的文化名人和爱国民主人士，从土洋沙鱼涌登岸进入惠阳游击区再转入内地。

尹林平指示蔡国梁迅速组建一支港九护航队，从曾生、王作尧两个大队调十几名政治条件好、有些航海经验的指战员，组成护航小队（两个班），任命肖华奎为护航小队的小队长（后由陈志贤继任），王锦为副小队长。有黄友、赖连、吴传、何锦祥、郑水等队员。护航队准备了两条槽仔船，一条是向詹桂借的，詹桂及舵工随船来帮助驶船。他们对大鹏湾、大亚湾及港九航线情况都很熟悉。另一条槽仔船是打土匪缴获的船。

日军占领港九后，兵力不足，仅能控制市区和前沿防线。新界以东沿海，除沙头角和大埔有日军驻守外，西贡这一带没有驻日军。大鹏湾的沙鱼涌至盐田一带，

图 2-63　1941 年 12 月，日军空袭香港中环

图 2-64　港督杨慕琦于 1941 年 12 月 25 日在半岛酒店向日军投降

由东江人民抗日游击队惠阳大队所控制。日军在沙头角和大埔的海上警备队,有几条巡逻艇,每艇不足十人,每天上午九时从大埔港开出巡航,至沙头角码头停泊,下午四时返航大埔。这是敌人活动的规律。这一带也有五六股土匪和海盗,东江游击队对他们是采取,争取多数的政策,尽量排除障碍,保证护航顺利进行。

从西贡岐岭下到大鹏湾有几条航线,有60至85里,槽仔船在顺风顺水的情况下天亮前便可到达。护航队根据敌情、匪情特点,通常采取夜航完成护航任务。

1942年1月初,林平指示李健行亲自送廖承志(八路军驻香港办事处主任)、连贯(后任八路军驻香港办事处中共党支部书记兼华侨工委委员)和乔冠华(抗日战争时期从事新闻工作,撰写国际评论文章,后任中华人民共和国外交部部长)到西贡游击区,并由黄冠芳和江水短枪队护卫。他们是大营救的组织者,又是第一批被营救者。在大环头村等候的港九游击队长蔡国梁,接待了廖、连、乔,汇报了护航的准备工作。

夜幕下,蔡国梁带着廖承志、连贯和乔冠华一行四人,来到岐岭下码头。上了在此等候的护航队长肖华奎和黄友的指挥船。指挥船配有一挺英国造的"磨盘枪"做掩护。另一条由赖连和黄康护航的船则在前方做导航。大约凌晨三点,两条武装护航船,顺利到达沙鱼涌海域。直至凌晨五时,才靠岸。由前来接应的惠阳大队高健接走。

通过海上交通线最早被护送的,还有走同一条路线随他们相继抵达东江游击区

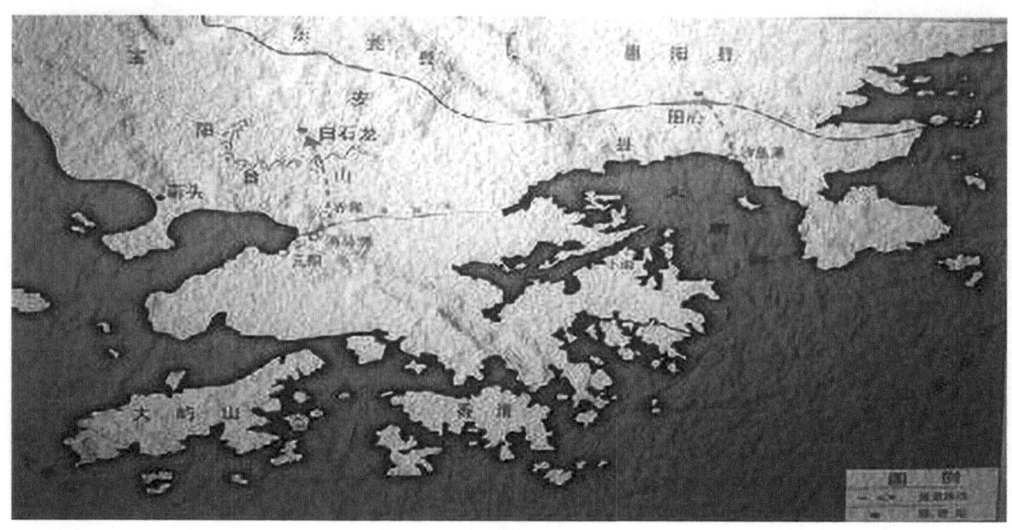

图2-65 大营救路线图。大鹏半岛是东线,从香港新界坐船到大鹏湾沿岸的沙鱼涌、叠福、油草棚、南澳登陆后,再送往坪山田。

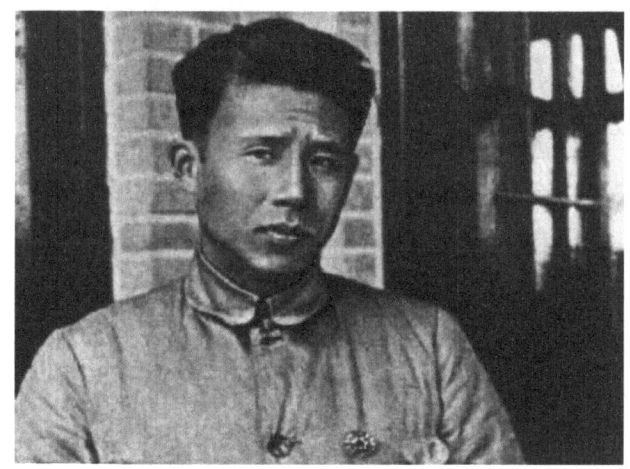
图 2-66 廖承志

图 2-67 张文彬

图 2-68 乔冠华

图 2-69 连贯

图 2-70 张友渔

图 2-71 李伯球

的中共南方工作委员会副书记张文彬和广东人民抗日游击队政委尹林平。

1月中旬，中共地方党组织把邹韬奋夫人沈粹缜和三个孩子送到黄冠芳处，由短枪队护送到西贡，交给护航队，再由护航队送到惠阳大队大队长彭沃处，然后转送到白石龙附近的阳台山区与邹韬奋团聚。

张友渔、韩幽桐夫妇（《华商报》的总主编、"救国会"负责人之一），也是由护航队护送回内地的。党组织派人把他们夫妇俩送到黄冠芳处，由江水短枪队护送到西贡交通站，再由蔡国梁送到护航队乘船的。1942年1月，张友渔、韩幽桐夫妇在西贡深涌湾上了赖连的指挥船。另一艘导航船由黄康负责。起航后，一路相安无事。午夜以后，船到坪洲岛附近时，发现一条匪船，迎头从坪洲方向，气势汹汹地向黄康船冲来。护航船偏侧让路，而匪船却有意拦截，喝令停航检查，妄图拦路打劫。"磨盘机"枪手吴传把机枪架上船头，黄康呵斥匪船闪开，匪船轻机枪开火扫过来，黄康船用"红毛十"（英国造的步枪）排火还击，匪船更加逞凶，继续用机枪扫射。这时赖连命令"磨盘机"枪手开火，猛打匪船。"磨盘机"一开火，匪船就受不了了，他们见我们的火力猛烈，又是双船，捞不到便宜，便慌忙驶船逃跑。由于护航重任在身，赖连、黄康放弃追击匪船，继续前行，并于拂晓前安全抵达沙鱼涌，将张友渔、韩幽桐夫妇送到交通站，由交通站派人护送去田心村惠阳大队高健处。

不久，又护送农工民主党负责人李伯球、爱国商界人士邓文田夫妇及其兄弟邓文钊。均由党组织的联络员李健行护送给黄冠芳、江水短枪队，由短枪队护送到岐岭下上船，再由护航队送到沙鱼涌。

抗日战争期间，为了巩固抗日民族统一战线，还帮助和营救了不少国民党官员和眷属。国民党第七战区司令长官余汉谋夫人上官德贤及其随从人员，就是经护航队营救而脱离虎口的。上官德贤住在九龙塘别墅，财物很多，香港沦陷后，得悉东江人民抗日游击队已营救了许多各界知名人士脱险，便派人与港九游击队联系，请求协助脱离虎口。蔡国梁队长和陈政委便安排人帮她雇挑夫，把她的几十担行李从九龙塘送到西贡沙角尾村，再由江水短枪队从西贡雇人，把行李从沙角尾运到岐岭下上船。

傍晚时分，上官德贤化装成平民百姓上了临时租用的大钓艇，船身35米长，8米宽，后舱有二层楼，载重30吨，有3支桅帆。由大队部新上任队长陈志贤带两艘槽仔武装船护航，一条在大钓艇的前头导航，一条在后头掩护。短枪队员黄清在上官德贤夫人的钓艇上当联络员。翌日凌晨五时安全抵达上洞海面，把上官德贤交给

图 2-72 惠宝边游击队组建短枪队（武工队），进入港九，开辟秘密大营救的"东线"，短枪队进入西贡半岛以及启德机场附近，伸展到狮子山、慈云山、牛池湾一带。图为港岛湾仔避风塘驳船码头至红磡驳船码头，是水陆撤离的首站。

了前来接应的惠阳短枪队长丘荫棠。

1.大营救相关诗歌、名人评价及营救名单

茅盾先生说大营救是"抗战以来（简直可说是有史以来），最伟大的'抢救'工作。在东江游击队的保护与招待之下，几千文化人安然脱离虎口，回到内地"。

邹韬奋说："我们这支文化游击队，是在东江人民抗日游击队的卫护下，由香港转移阵地回来的，没有人民的枪杆子，就没有人民的笔杆子。打倒法西斯，必须有人民的枪杆子，也必须有人民的笔杆子。"

张友渔说："这次抢救工作，充分体现了战争年代，我党我军同革命知识分子患难与共、血肉相连的亲密关系。"

夏衍说："大营救表明了党中央、南方局对知识分子的关怀，大营救也以生动的事实，说明了共产党人和游击区军民在万分困难的环境中舍生忘死地执行统战政策的史实，这是真正的肝胆相照、生死与共。"

东线脱险的邹家华晚年故地重游，满怀深情地说："我随同父亲邹韬奋一起被营

图 2-73　港九大队海上中队船只

图 2-74　方兰①

图 2-75　方兰之母冯芝烈士

---

① 港九大队市区中队中队长。

救脱险，从香港转移到民治村的白石龙，在这里安全生活，度过了一段至今难以忘怀的时光。因此，对这里的人民，对这里的山山水水，一直深深怀着眷念之情。"

胡绳说："以弱敌强，巧计运筹；深入虎穴，肤功立奏；悠悠岁月，四十余秋；东江纵队，名垂不朽。"

向具有光荣革命传统的东江人民致敬。——徐向前

东江纵队是华南人民抗战的一面旗帜。——杨尚昆

美名声扬海内外，英雄业迹载史册。——张爱萍

南域先锋，海外蜚声；艰苦风范，永继永存。——王震

何香凝在营救脱险期间的诗作："风云惨淡泣香江，百载繁华付渺茫，回首九龙租借地，版图暂入敌人邦。"

《香港沦陷回粤东途中感怀》
何香凝
水尽粮空渡海丰，敢将勇气抗时穷。
时穷见节吾侪责，即死还留后世风。

《文化人受困》
黄施民
故园烽火暗还明，为投危亡别旧京。
"孤岛天堂"才气聚，太平山下剑光凝。
谁知噩梦惊"南进"，顿遇残阳冒远征。
恨未书生添两翼，竟留虎口困降城。

《抢救脱险》
黄施民
周公有命廖公膺，不计牺牲誓必成。
莫论穷凶拦要道，也教文士返天京。
趁将疏散归乡里，买得扁舟波晓晴。
装扮贩商行便路，东江游击作尖兵。

《怀念廖公》
黄施民

当年受命拯精英，虎穴深藏绝险情。
筹策偏多凭妙算，奇谋未少借神兵。
何惊狂寇张罗网，尽救文豪出贼城。
生死身同天下士，念公谁不为心倾。

《抢救何香凝老太和廖公》
廖安祥

连贯有指示，任务要我帮，
西环偷渡海，先到九龙坊，
情况很紧急，健行等同往。
找到尹林平，奉命再回港，
海面被封锁，两日找艇忙，
后到红砌地，敬记有船往，
大家争过海，五元落船舱，
船刚到半海，日寇连放枪，
被迫停船等，蜂拥登船上，
人人心胆战，战刀二尺长，
换艇赶人走，人多水进舱，
爬登海石上，整日晒太阳，
无粮又无水，饥渴苦难当。
晚上再冒险，偷渡到香江，
上级通知我，备船把人藏，
我嘱刘水福，船泊避风塘，
廖乔连先走，何柳留船舱，
早上送过海，林平找地方，
越过西贡道，接应黄冠芳，
渡海沙鱼涌，部队来护航，
爬山又越岭，茜坊转惠阳，

直到水东街,住宿福昌行。
再说何老太,全家住船舱,
水福招待好,奉侍如亲娘,
我派船来接,柳亚子同往;
冲过封锁线,一超任护航,
先到长渊岛,直驶向东方,
海陆丰登岸,全家庆安康,
柳亚子赠诗,赞我有文章;
翼群接老太,送她到曲江,
家住黄田坝,坭批竹织房,
日军常来炸,好在住山冈。

《别谢一超、蓝训才、袁嘉猷、连贯》
柳亚子

复壁殷勤藏老拙,柳车辛苦送长征。
须髯如戟头颅贱,涉水登山愧友生。

《一九四一年十二月九日早从九龙渡海有作》
柳亚子

芦中亡士气犹哗,一叶扁舟逐浪花。
匝岁羁殊宋台石,连宵乡梦洞庭茶。
轰轰炮火惩倭寇,落落乾坤复汉家。
挈妇将雏宁失计,红妆季布更清华。

《长洲岛寄内》
柳亚子

卅载双栖惯,分携两地愁。
遥怜香岛月,今夜落长洲。
杜甫无家别,梁鸿去国讴。
何当黄歇浦,珍重大刀头。

战伐宁天意，流亡动旅愁。
微闻消息好，铁鸟下靖洲。
烽火连欧陆，风云郁壮讴。
昭苏终有日，痛饮月枝头。

《流亡杂诗》六首：
柳亚子

一着迟先此局输，远猷能壮近谋疏。
糜躯喋血吾何悔，终见铙歌入伪都。

骂贼誓追文信国，偷生肯恋顾横波？
无端广柳来相迓，留命桑田意若何！

卅年夫妇忍分离，无米为炊更惨凄。
饿死倘教成永诀，首山合祀女夷齐。

一姥南天顾命身，千魔万怪敢相撄？
劫余仍遣同舟济，揽辔中原共死生。

南海波涛君实易，西山薇蕨伯夷难。
重洋七日孤帆泊，倘有曾娥殉父来。

无粮无水百惊忧，中道逢迎舴艋舟。
稍惜江湖游侠子，只知何逊是名流。

《香港沦陷后赴桂林有感》
何香凝

万里飘零意志坚，怕为俘虏辱当年。
河山不复头宁断，逆水行舟勇向前。

《廖夫人携其儿媳经普椿女士挈孙女廖坚坚，
孙男廖恺孙自曲江来桂林，赋呈一首》
柳亚子

同舟亡命涉秋春，失笑温馨握手辰。
遗爱两家门第迥，弥天一老瓣香频。
鲁公正气留箕尾，勾贱雄图炼胆薪。
漫说狂生狂逾昔，头颅无恙醉江湣。

廖夫人为此赋诗云：

闲邀良女到良丰，沽酒烹鱼不怕穷。
回忆同盟周总理，大同天下永为公。

柳亚子当即依韵奉和一首：
亡命难忘海陆丰，猖狂阮籍哭途穷。
南天浪迹经年惯，醇酒清游醉乃公。

《一月十八日海丰旧友袁嘉猷过访有作》诗二首
柳亚子

一

赠我延年之大药，感君援手在穷途。
当时行役舟车瘁，此日重逢肝胆粗。
各有相思动寥廓，可无魂梦落江湖。
谢生已逝蓝生远，说到酬恩泪眼枯。

二

将迎难忘日中墟，直到兴宁分手初。
憔瘁钟郎情谊重，飘零谢嫂讯音稀。
沧桑历劫终逢汝，恩怨填胸孰起余？
安得梓乡成解放，彭生墓上见旌旗。

张友渔、夏衍诗

当年受命拯精英，虎穴深藏绝险情。
筹策偏多凭妙算，奇谋未少借神兵。

何惊狂寇张罗网，尽救文豪出贼城。

生死身同天下士，念公谁不为心倾。

2. 大营救主要人物

大营救历时近二百天，行程数万里，足迹遍及十余省市，共营救出爱国民主人士、文化界人士800余人。其中著名人士有：宋庆龄、何香凝、柳亚子、邹韬奋、廖承志（东）、连贯（东）、茅盾、夏衍、沈志远、张友渔（东）、胡绳、梁漱溟、张文彬（东）、范长江、杨朔、孟秋江、乔冠华（东）、于毅夫、邹家华（东）、刘清扬、张铁生、张萌养、羊枣（杨潮）、章泯、阳翰笙、千家驹、黎澍、戈茅（徐光霄）、戈宝权、胡仲持、高士其、韩幽桐（东）、吴全衡、章伯钧、彭泽民、陈曼云、张唯一、曹聚仁、叶籁士、恽逸群、廖沫沙、梅志、金仲华、杨刚、高汾、邵公文、童常、徐伯昕、胡耐秋、吉少甫、卢家儒、梁若尘、黄药眠、胡风、梅志、沙千里、程浩飞、丁洁如、曹吾、杨永祥、刘清扬、殷国秀、戴英浪、俞颂华、胡延钰、恽逸群、毛奚、周钢鸣、姜君辰、叶以群、袁水拍、华嘉、端木蕻良、邹纯洪、蔡楚生、司徒慧敏、葛一虹、柳无垢、杨东莼、沙蒙、金山、王莹、章泯、宋之的、于伶、许幸之、曹辛之、唐海、张云乔、江韵辉、赵树泰、李枫、蓝马、凤子、盛家伦、郁风、叶浅予、特伟、胡考、丁聪、李赓、蒋义燕、童常、张英、郭毅、赵树泰、钟英、成庄生、任白戈、叶方、冯裕芳、涂夫、程浩飞、江韵辉、张宗祜、姚建伯、黄文俞、谢加因、王苹、黄洛峰、吴在东、郑安娜、谢和赓、张云乔、舒强、奚蒙、戴浩、虞静子、金漓、金乃华、林莹、贺路、沈剑、李殊伦、黄远志、邝远芳、杨刚、沈兹九、戈茅、王青安、黄宝珣、鸥外鸥、吴全衡、陈烟桥、王显章、林仰峥、孔德沚、沈粹缜（东）、殷国秀、兰馥心、凌琯如、俞颂华、王仿子、胡蝶（东）、胡考、肖敏颂、曹国智、李伯球（东）、萨空了、孙源、邓文田（东）、邓文钊（东）、梁若尘、李健、郑书祥、郑展、陈汝棠、司徒美堂、李少石、廖梦醒、李湄、胡一声、爱波斯坦、茉莉、经普椿、陈伟泉（东）、李秀文、杨眉、梅文鼎、陈策（东）、吴铁城、刘璟和、上官贤德（东）、马俊超夫人（东）、蔡廷锴家属（东）、伊昆（东、溪涌、美飞行员）、斯克利维恩、李赖特、摩利、戴维斯、都格拉斯、夏斯特、汤姆生、何来特、比尔斯、怀特、祁德尊、谭臣、京、波生吉、汤姆生、波利斯特屈特、霍支斯、许一新（泰共领导）、格尔拉夏、芬恩维克、摩利逊、孟雅星、拉西加星、拿瓦恩特星、达立普星、山托先星、塔拉星、毛漠甸、麦尼民、巴

图 2-76 廖承志、连贯、乔冠华为撤离香港的文化名人和民主人士打前站。1942年元旦,在李健行的护送下,从香港乘小艇到达九龙。2日,装扮成香客,通过启德机场封锁线,经江水等8位短枪队队员的护送翻过九龙坳后,由蔡国梁亲自接应。

图 2-77 文艺界人士在香港浅水湾萧红墓前。前排左起:丁聪、夏衍、白杨、沈宁、叶以群、周而复、阳翰笙。后排左起:张骏祥、吴祖光、张瑞芳、曹禺。

拉斯、却觉臣、安德逊、夏时津、华德叔、空尼仑、伯罗德逊、穆罕默德·伊伯拉谦、穆罕默德·沙文、穆罕默德·喇辛士、沙喇·莘士、沙德·河利沙连、路易斯·加士亚、葛荣、克尔、沙克、勒夫哥、拉忽累尔、康利、艾利斯、伊根、克利汉等。有些文化名人是举家营救的，比如邹韬奋一家五口、胡风一家三口、宋之的一家三口，等等。

（五）扩大抗日武装队伍

1941年12月23日，茜坑、马鞍岭抗日自卫队奉命返回葵涌、沙鱼涌组织海上护航队。24日，在中共大鹏区委支持下，部队借到1艘风帆（槽仔）船作为武装船，正式成立海上护航队，刘培任队长、叶基任副队长。

1942年1月，广东第三党（即农工民主党）在大鹏组织了大鹏民众联防自卫大队，负责人李瑞柏。当时，第三党及民盟的负责人李伯球、胡一声、黄药眠曾到惠州，找当时正布置接送文化人的廖承志等人商谈，确定中共与第三党等民主党派合作的方案。1月至2月，叶基、罗哲民领导的长杆（枪）队奉命从惠阳县淡水以东的活动地区转移到葵涌、坪山、沙鱼涌，联合刘培、江水、赖祥领导的茜坑、马鞍

图 2-78　前排左起茅盾、夏衍、廖承志，后排左起潘汉年、汪馥泉、郁风、叶文津、司徒慧敏。

图 2-79　千家驹与夫人杨梨音

图 2-80　邹韬奋沈粹缜夫妇

图 2-81　1941 年，夏衍和友人在香港合影（左起：陈歌辛、瞿白音、夏衍、丁聪、何香凝、洪道、廖梦醒、欧阳予倩）。

图 2-82 抗战期间漫画界同人与外国记者合影。左起：叶浅予、斯诺、爱泼斯坦、金仲华、张光宇、丁聪、陈宪锜

图 2-83 陈策和 72 名中英官兵在东江游击队和村民帮助下秘密转移至东江地区。

岭抗日自卫中队，在大鹏半岛沿海地区活动。长杆（枪）队奉命改名为罗春祥（罗哲民化名）中队，驻防沙鱼涌海关。

  在广九铁路东、大鹏湾、大亚湾一带，为配合中共的敌后抗日游击战争，中国农工民主党负责人彭泽民利用当地上层人士在香港购买的枪械，于1938年建立了"大鹏人民自卫总队"。1941年春，日军第二次进攻东江时，在中国共产党帮助下，

图 2-84 1943 年 12 月,港九独立大队和英军服务团营救美国飞行员后的合影。

在彭泽民、李伯球的支持和领导下,张平(大鹏新区大鹏街道王母社区上下圩门村石禾塘村人)和叶锦荃重建了"大鹏人民抗日自卫大队",后改用"国民兵团大鹏联防自卫大队"的名义活动,先后由叶锦荃、张平任大队长。自此即与中共领导的东江纵队密切合作,共同打击敌人。1944 年 9 月底,与中共合作在该地区建立抗日民主政权"路东新一区民主联合政府",并将双方武装合编为东江纵队江南独立大队,由张平任大队长兼政委(后又兼任路东新一区区长)。东江纵队江南独立大队成为活跃在东江南岸的一支重要抗日军事力量。

香港沦陷之后,广东沿海大部分地区也沦为敌占区。日军为进一步实行"以战养战"的方针,一方面加强对沦陷区的掠夺,另一方面对东江人民抗日根据地发动大规模的军事进攻。广东人民抗日游击总队建立初期,虽然加强了军事活动,展开了对日、伪军的军事攻势,但以坪山为中心的惠宝边敌后抗日根据地尚未真正形成。部队活动范围受到限制,能够控制的地区只限于梧桐山以东、葵涌以西、坪山以南至沿海一带约 800 平方公里的地区,回旋余地很小。

根据惠宝地区日伪顽混杂的斗争形势,地方党组织和部队进行了认真研究,决定采取"利用矛盾,争取多数,孤立少数,各个击破"的方针,在积极打击日伪军的同时,对相互间存在尖锐利益冲突的国民党杂牌部队实行争取与打击相结合的办法,打击顽固派，争取改造中间派，扩大人民抗日武装力量，建立和巩固大鹏半岛抗日基地。1942年2月11日，广东人民抗日游击总队集中力量在葵涌围攻盘踞大鹏半岛的国民党杂牌部队梁永年大队的1个加强连，毙伤50余名，俘虏10余名，迫使梁永年部撤往澳头。3月，为了争取杂牌部队王竹青大队抗日，地方党组织在保持人民抗日武装独立性的原则下，决定将茜坑、马鞍岭抗日自卫队，长杆队和塘埔抗日自卫队，以3个中队名义编入王竹青大队，驻防葵涌一带。

4月12日，编进王竹青大队序列的刘培中队1个小队和1个班，在关湖海滩阻击企图登陆的日军，毙伤敌人10名。第二天，在沙鱼涌缴获伪军陈乃秀机帆船1艘，俘伪军8人。

（六）坝光坳伏击战

1942年11月，国民党顽军兵分两路，向大鹏半岛抗日根据地大举进攻，一路是国民党正规军一八七师的一个加强营，从淡水出发经茜坑、金龟肚，直扑葵涌、沙鱼涌；一路是国民党杂牌军袁亚狗和陆如均两个大队，从澳头出发经小桂、坝岗，直扑大鹏城、王母圩，企图围歼广东人民抗日游击总队刘培独立中队。刘培中队早已获悉情报并安全转移，袁、陆扑空后，转为"驻剿"，对葵涌、大鹏城、王母圩和南澳各村进行反复搜索"扫荡"。

12月上旬，驻葵涌顽军撤回淡水，袁亚狗从王母圩撤到澳头驻防，留下陆如均大队分驻半岛的大鹏城、王母圩和葵涌三个点继续"驻剿"。刘培中队得知这一情况，决定找机会把陆如均部队赶出半岛。23日，桂岗乡乡长、地下党员陈培获取情报送来岭澳：称"陆如均部队两个中队驻大鹏城，王母圩和葵涌也有他的部队，每天派一个中队从大鹏城出来到坝岗、小桂一带村庄搜索游击队，抢劫老百姓"。根据这一情报，26日，刘培中队召开会议，讨论决定伏击返回大鹏城的敌人。

1943年元旦拂晓前，刘培中队进入伏击位置，但这一天陆如均部队没有出来。翌日，刘培中队仍按原计划进入伏击位置，不久，发现陆如均部队的王玉如中队60多人向坝岗、小桂方向"进剿"。下午两点多钟，王玉如中队原路返回大鹏城，待其全部进入伏击圈后，刘培一声令下"打！"，指示部队进行攻击。这些国民党顽军在突然火力袭击下，死的死，伤的伤，余者四处逃命，溃不成军。刘培中队仅用十多分钟即结束战斗，全歼陆如均大队的王玉如中队，俘30多人，毙伤20多人，缴轻机枪两挺，长短枪50多支。

此战开创了广东人民抗日游击总队以一个中队歼灭顽军一个中队的先例。曾生司令员接到战报后，立即写信表扬刘培中队打得好，希望他们再接再厉，多打这样的歼灭战。坝岗坳歼灭战的胜利，对国民党顽军震动很大。第二天，驻大鹏城、王母圩和澳头等地的顽军慌忙撤回淡水。

（七）奇袭马鞭岛

马鞭岛位于大鹏半岛东面，是渔民出海捕鱼和港内航运交通的要地，地理位置险要。日军入侵广东以后，派了伪军在岛上驻守，将该岛变为切断大亚湾水路交通，监视我人民抗日游击队往来活动的一个重要的海上哨所。

当时，日军为确保其近海运输船的安全，阻止广东人民抗日游击总队刘培海上独立中队进入大亚湾，以及陆上抗日武装继续向稔平半岛及其以东地区发展，将其在龟灵岛上收编的一批土匪成立的伪海军大队，即"中华民国广东省反共救国军海军第四总队第四大队"，从红海湾调至大亚湾，试图在大亚湾港设置军事据点。1943年6月中旬，伪海军大队长陈强带领100多人和5艘"大眼鸡"船窜入大亚湾，锚泊在马鞭岛前400米的海上，派出两艘船游弋于从霞山港、金门堂、牛过水、虎头门、大勒格到鹿咀海面，控制渔民出海打鱼，封锁大鹏半岛与澳头间来往渡船的交通运输，抢掠、没收渔民的渔网、渔具，进行敲诈勒索。

海上独立中队为粉碎日伪在大亚湾港设置军事据点的企图，破坏日军的近海航运，于6月20日夜驻大鹏半岛的岭澳村。部队住下后，立即召开干部会议，研究敌情，分头动员群众，准备战斗。先后两次派人到附近海面侦察，侦知伪海军大队有3艘船停泊在马鞭岛附近海面，中间是指挥船，两侧是警戒船，呈"品"字形配置。独立中队从指战员中挑选了15人组成突击队，又从要求参战的渔民中挑选3家渔船和6名舵工，并进行明确的战斗分工。由叶振明为第一突击组组长，带领4名队员，乘张壬生的渔船，负责突击歼灭伪军指挥船的任务；林英为第二突击组组长，带领4名队员，乘郑容生的渔船，负责突击歼灭位于左侧警戒船的任务；另一组配轻机枪1挺，冲锋枪2支，英式步枪2支，乘董锦珍驾驶的董均祥家的渔船，掩护突击船突袭。

7月4日黄昏，突击队登船出击。当晚正是上舷月（农历六月初三），能见度高，独立中队船距伪军警戒船数百米，为伪军哨兵发现，鸣枪警告船不得靠近。舵工用大鹏话回答："我们是来打鱼的，不要开枪。"随后假装收网返回岭坳。第一次出击未成，独立中队总结经验教训，重新作了布置。

7月6日晚上8时，副中队长叶基带领突击队在岭澳的大网前登船再次出击。8时半左右，进至距伪军指挥船约30米时，伪军哨兵发出口令，舵工一面使劲摇橹靠近敌船，一面回答说："我们是渔民，来打鱼的。"一面迅速靠近伪军指挥船左舷，展开突然袭击。经过40多分钟的激烈战斗，歼灭伪海军第四大队3艘武装船，缴获轻机枪2挺，步枪、短枪40多支，俘伪海军40多人，击毙伪大队长陈强以下官兵50多人。独立中队政治服务员叶振明、小队长魏辉、手枪组长王健、战士刘光明等4人阵亡，副中队长叶基脚部负轻伤。

马鞍岛海战开创了东江抗日游击战争史上以3条"小艚仔"吃掉3条"大眼鸡"、16名勇士歼灭伪海军近百人的海战范例。此役粉碎了日伪军在大亚湾港设置军事据点的企图，从而减轻了东面敌人配合国民党"扫荡"大鹏的压力，为保证独立中队船队互相配合作战，建立海上游击根据地，开辟稔平半岛及其以东地区的抗日根据地创造了条件。

（八）东江纵队成立

1942年5月，中共粤北省委因为叛徒郭潜等人出卖，南方地区的共产党组织几乎被破坏殆尽，成为震惊中外的"粤北事件"。为了应对危局，中共南方局电示广东党组织，成立了广东省临时工作委员会，任命林平同志为省临委书记并兼任部队政委。中共广东省临时工作委员会、军政委员会和广东人民抗日游击总队，统一领导全省的政治、军事、民主运动和解放区建设。

为了适应形势的发展和斗争的需要，遵照党中央的指示，1943年12月2日，广东人民抗日游击队东江纵队（简称"东江纵队"）正式公开宣布成立，司令部设在葵涌土洋村，司令员曾生、政委尹林平、副司令员兼参谋长王作尧、政治部主任杨康华联名发表《东江纵队成立宣言》，庄严宣告：广东人民抗日游击队东江纵队是东江人民的子弟兵，坚决拥护中国共产党的政治主张，接受与拥护中国共产党的领导，坚持团结抗战的政策。"为打败日本帝国主义，建立独立、自由、幸福的新中国而奋斗！我们深信：我们有中国共产党的英明领导，也一定能够克服一切困难，坚持敌后的游击战争，争取最后胜利。"

《宣言》指出：东江纵队"在中国共产党领导之下，为彻底解放中华民族而奋斗到底"，"坚持抗日民族统一战线"。坚持抗战，反对投降；坚持团结，反对内战；坚

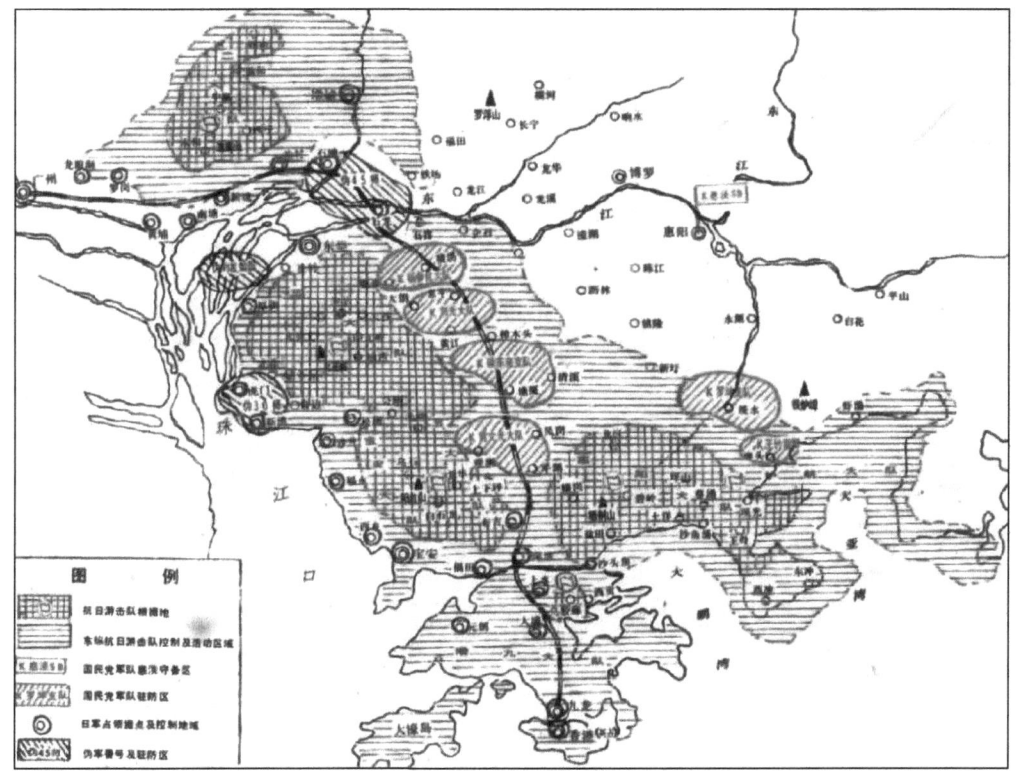

图 2-85　广东人民抗日游击队东江纵队成立时根据地、活动区域形势示意图（1943 年 12 月）

持进步，反对法西斯"一党专政"和官僚资本的垄断剥削。主张各界同胞在团结抗日的目标下，互相帮助，互相忍让，以解决一切纷争，改善人民生活，增强各阶层的合作。东江纵队"保护一切爱国同胞的人权财权"，"欢迎伪军反正"，欢迎一切不愿做亡国奴的人参加抗日。东江纵队是"中国共产党领导下的部队，也是中国人民自己的队伍"，"除了中华民族与中国人民的利益之外，并没有其他利益"。

《宣言》"向国际人士宣告"：东江纵队"坚决拥护反法西斯统一战线"，愿与"各盟邦及国际友人密切合作"，"希望能与国际友人在互相尊重、密切合作下，共同完成打倒日寇的任务"。[①]

1944 年 1 月 1 日，曾生、尹林平、王作尧、杨康华公开发布《就职通电》，并发布第一号布告，重申东江纵队的宗旨和统一战线等各项政策。随后，东江纵队分别向中共中央军委和南方局、周恩来报告了部队成立情况。那一天，在屯洋村的屯洋埔草坪搭了一个戏棚，召开千人大会，庆祝广东人民游击队东江纵队成立。

[①]《广东人民抗日游击队东江纵队成立宣言》（1943 年 12 月 2 日），见《东江纵队史料》，广东人民出版社 1984 年 12 月版，第 83—85 页。

图 2-86　东江纵队"纸弹厂"报社

东江纵队成立时，下辖 7 个大队：第三大队，大队长邬强、政委卢伟如；第五大队，大队长彭沃、政委卢伟良；惠阳大队，大队长高健、政委李东明；宝安大队，大队长曾鸿文、政委何鼎华；护航大队，大队长刘培、政委曾源；港九大队，大队长蔡国梁、政委陈达明；独立第二大队，大队长阮海天、政委李筱峰。总兵力共 3000 余人。

1944 年 1 月 25 日，土洋、龙华等地召开群众大会，庆祝东江纵队成立。东江纵队成立后，纵队的领导机关驻在坪山和大鹏半岛等地，如东江纵队司令部设在土洋的天主教堂，东江纵队的一些机关也设在土洋。中共广东省临时委员会和东江军政委员会的领导机关和东江纵队的电台、《前进报》社等，就设在大鹏半岛的半天云、油草棚、西涌等地。如在当时东江纵队机关驻地之一的南澳半天云村，现在村内还保存有广东人民抗日游击队东江纵队电台的旧址；在南澳西贡村，东江纵队编印的《前进报》在该村的谭仙古庙设有印刷厂。

东江纵队还曾在此设立电报培训基地，训练部队电报人员掌握电报机的使用方法。以坪山为中心的惠宝抗日根据地，在这一时期成为惠东宝抗日根据地的中心地区，而且也是广东和华南领导抗日的中心地区。

（九）土洋会议——广东人民抗日武装发展的转折点

1944年8月，遵照中共中央的指示和战略部署，中共广东省临委和东江军政委员会在大鹏半岛的沙溪乡土洋村召开联席会议（史称"土洋会议"）。林平、梁广、曾生、连贯、王作尧、杨康华、罗范群等参加了会议。会议深入讨论了中共中央的指示和战略部署，分析了当前广东地区的斗争形势，并一致通过《关于今后工作的决定》，部署了全省的工作。土洋会议的召开，对加强广东党组织的建设和军队建设，全面发展广东的抗日武装斗争，具有重要的意义。它是广东人民抗日武装发展的转折点，为广东人民抗日武装的全面发展指明了方向。

为了这次会议的成功举行，大鹏地区党组织进行了缜密的部署，沙溪乡派出当地民兵、自卫队参加警戒，保障物资供应，胜利完成了任务。

遵照中共中央的指示和战略部署，1944年8月，中共广东省临委和东江军政委员会在大鹏半岛的沙溪乡土洋村召开联席会议（史称"土洋会议"）。林平、梁广、曾生、连贯、王作尧、杨康华、罗范群等参加了会议。饶彰风、邓楚白、黄宇、李嘉人、饶璜湘等各地负责人也列席了会议。会议由中共广东省临委书记兼东江军政委员会主任林平主持。会议深入讨论了中共中央的指示和战略部署，分析了当前广东地区的斗争形势，并一致通过《关于今后工作的决定》，部署了全省的工作。

第一，在全省继续深入开展敌后游击战争，建立根据地与发展游击区。遵照中共中央指示深入敌后开展游击战争的方针，在全省继续放手发动群众，武装群众，广泛深入开展敌后游击战争。凡敌所到，或意图占领的地方，都派遣武工队及军事干部前往活动，建立根据地与发展游击区。同时，必须巩固现有的游击根据地，成为反攻的基地。东江纵队首先应创立罗浮山以北，翁源以南，东江、北江之间的根据地，并向东江、韩江（潮汕在内）之间伸展，然后再准备向闽粤边、粤赣湘边、粤桂湘边开展。中区则首先求得普遍发展，进而向西江、粤桂边及向南路前进。然后两方面配合，取得对广州的包围之势，将来会合于粤桂湘边。

第二，战略方针是独立自主的游击战，不放松向运动战发展。东江和珠江三角洲两区在战略战斗上积极配合，从个别的地区到全面的配合。主要打击方向是日军、伪军，同时坚持自卫反击的反磨擦斗争。对余汉谋嫡系，可作必要的、有限度的让步，对不抗日而专门反共的杂牌军（如东江之徐东来、梁桂平、陆如钧及别动队，中区的肖天祥），必须予以消灭。

第三，发展人枪，扩大部队，建立支队编制。部队发展，到 1945 年上半年，东江纵队应发展 4 倍，中区部队应发展 6 倍。普遍建立不脱产的民兵和脱产的抗日自卫队与脱产的常备队，扶助其发展、加强其领导。部队编制要适应目前需要及将来的发展，普遍编制为支队，下辖大队，相应建立主力团或主力大队。同时建立特殊的编制，如爆破队、海上队、水雷队、工程队、运输队等。

第四，在全军进行思想教育，加强部队的思想建设。牢固树立革命军人的思想，加强部队党的工作，扩大党员数量，加强对党员的教育，严格组织生活。纵队成立党委，支队设总支。开展全军整风运动学习，建立学委，加强军事教育和各项制度的建设，提高军事理论水平，提高作战能力与指挥能力。

第五，巩固抗日民主政权，使其能起根据地及后方的作用，并向新区发展。抗日民主政权，是各抗日阶层的联合，既要确保中国共产党的领导，又要吸收党外人士合作，实行"三三制"。为了抗战，为了人民，组织民兵，发展生产，进行民主、文化、卫生建设，解除人民痛苦，创造人民福利。政权干部必须廉洁奉公。

第六，统战工作，要以我为主，去团结各阶层，争取中间人士。对国民党顽固分子，应依其不同程度而有区别，不一律看待。国际统一战线工作，应多方面争取联系。

第七，财政经济工作。总方针是发展经济，保障供给。发展经济的方针是改善民生，供应部队，发展公营生产力，力求自给，减少人民的负担。发展私人经济，普遍成立生产消费合作社，以农业为主，其次为手工业，再次为渔盐业。发展金融事业，发行生产建设公债及军用券。实行公私兼顾、军民兼顾的发展方向。财政保障供给方面，征收抗日公粮，统一税收，厉行节约，反对贪污。

第八，开展城市工作。把中共中央关于城市工作的指示，具体传达到支队及靠近大城市活动的独立大队。加强大城市的宣传工作和组织工作，用合法、非法、有形、无形的各种方式，在城郊发展游击小组，造成城市周围及交通要道两侧的隐蔽的游击区。

第九，中区建立军政委员会。以五人组成，仍受东江军政委员会领导。

第十，恢复和加强地方党的组织活动。号召共产党员都要参加到以武装斗争为中心的革命斗争中来，为打开广东的新局面，积极开展对敌斗争而努力奋斗。

土洋会议的召开，对加强广东党组织的建设和军队建设，全面发展广东的抗日武装斗争，具有重要的意义。它是广东人民抗日武装发展的转折点，为广东人民抗日武装的全面发展指明了方向。

会后，中共广东省临委将会议情况向中共中央和南方局作了报告。中共中央复示：省临委的决议与中央精神相符，中央完全同意所提出的工作方针和任务，要动员全省党员为实现"八月决议"而努力，并要注意开展广西和向北发展的工作。同时毛泽东称赞了林平的领导水平，并提出准备在广东成立中共中央分局或区党委。

（十）路东新一区抗日民主政府成立

1942年至1944年，共产党领导大鹏人民配合抗日武装部队，粉碎了敌、伪、顽的"围剿"与"扫荡"，取得了南澳海关、大鹏坳和袭击马鞭岛等战斗的重大胜利，盘踞大鹏的反动武装力量遭受沉重打击，大鹏出现了可喜的革命形势，为建立抗日民主政权提供了条件。

1944年1月20日，中共广东省临委书记、东江纵队政委尹林平，就如何在东江抗日根据地建立和扩大抗日民主政权问题请示中共中央，请求中共中央给予具体的指示。1月31日，中共中央发出《关于东江游击区建立抗日民主政权问题》的指示，指出："东江游击区的抗日民主政权的基本精神应该是新民主主义的，三三制的。但在实践上既不必照国民党的形式，亦不必抄华中、边区的办法，而要因地制宜，根据你们当地具体情况采取某些便于游击发展和军队转移的政权形式。如东宝某些区乡可开代表会者则开代表会选举区乡政府，如不可能开代表会，而其地区又经常被敌伪侵占者，则不妨组织武装工作队，统一军政工作。县级代表会亦可名参议会。县以上是否成立联合政权，视情况需要定之。选出的各级政府应实行民主集中制。关于三三制，一方面应注意我党领导权的确立；另一方面应吸收党外联共的和不反共的人士多多参加，施政纲领可参照陕甘宁边区的纲领，加以切合当地实际的变动。"① 根据中共中央的指示精神，东江纵队政治部向全军发出建立抗日民主政权的指示：凡是部队所到之处，都宣布废除国民党统治时期的一切不合理的制度和苛捐杂税，发动群众组织起来，建立民主政权；在老区凡未成立民主政权的地方，立

---

① 《中央关于东江游击区建立抗日民主政权问题给林平的指示》（1944年1月31日），见《中共中央文件选集》第2册，中共中央党校出版社1986年版，第415页。

即成立，有计划地组织地方武装，积极大胆地提拔地方干部。以民主政权为机构，进行抗日根据地的建设，使东江抗日根据地成为有武装、有政权、有广大群众基础的抗日根据地。

1944年9月初，王母乡成立了大鹏区第一个民主乡政权，民主选举王舒为乡长，张群为副乡长。接着沙溪乡（乡长李惠群）、桂岗乡（乡长黄谭水）、鹏一乡（乡长钟木春）民主政权也先后建立，并在此基础上积极酝酿区政权的诞生。

9月底至10月初，中国共产党和农工民主党商谈统一大鹏武装以及建立大鹏区抗日民主政权等问题。经协商，于1944年10月10日，正式建立大鹏抗日民主政权——路东新一区抗日民主政府，同时农工民主党领导的自卫中队和共产党领导的自卫中队合并为自卫大队，作为区抗日民主政权的武装，由区府和江南指挥部双重领导。

新建立的路东新一区抗日民主政府，区长由赖仲元担任，军事股长兼自卫大队长张平，民政股长袁少春，生产股长王介，文教股长邱石林，总务股长欧维。中共路东新一区区委也同时建立，书记赖仲元，组织委员彭明，宣传委员王舒。委员有张平、欧维、邱石林、王介。区政府成立不久，又先后建立了南平乡（乡长王春松、副乡长王灶金）、水上乡（乡长郭贵）和葵华乡（乡长张燕山）民主政权。

路东新一区政府受路东新行政委员会领导，下辖王母、南平、水上、鹏一、葵华、沙溪和桂岗7个乡。大鹏区乡民主政权建立后，主要做了如下工作：（一）开展"二五"减租减息运动。运动先在王母开展，然后扩展到其他各乡。当时鹏一乡的大鹏城斗争比较激烈。（二）动员青年参军。民主政权建立后，大鹏地区有四五百个青年先后参加了中共领导的惠阳大队、护航大队和广九大队等人民抗日武装队伍。（三）带领人民群众开展对敌斗争。（四）组织人民搞互助合作，发展生产，改善生活，支援抗战。（五）坚持战时教育，实行禁烟禁赌，维护治安。（六）协助部队开办各种训练班。

由于大鹏民主政权在开展各项工作中成绩显著，1945年受到路东新行政委员会通令表扬。路东新一区的抗日民主政权日益巩固，成为东江纵队当时的主要后方。

（十一）营救美国飞行员

1944年2月11日，美国盟军第14航空队，中美联合空军飞行员指挥兼教官敦纳尔·克尔中卫率领战斗机群从桂林起飞，掩护轰炸机袭击九龙日军占领的启德机场。在空战中，克尔的座机中弹起火，他跳伞降落在九龙郊外的吊草岩附近，被我港九大队小交通员李石和民运工作组组长李兆华掩蔽在石龙仔山洞里，日军派出军队在吊草岩、观音山一带搜捕，但没搜到。日军又出动陆军1000多人到新界沙田、西贡进行严密封锁，反复搜索，日空军还出动飞机在新界南北低空盘旋侦查，海军也出动10多艘舰艇在港九海域巡逻搜索。面对如此紧急形势，东江纵队港九大队海上中队相机行动牵制敌人，派船到南澳、坪洲、叠福吸引敌人，港九大队市区中队

图 2-87　克尔绘制的逃生漫画

图 2-88　1944年3月被东江纵队营救的美军飞行员克尔中尉与曾生（中）合影。

图 2-89 受伤的克尔中尉坐在东纵游击队为他做的轿子"担架"里。

图 2-90 克尔为曾生、刘黑仔等拍摄的照片。(左起):黄作梅、刘黑仔、曾生、林展、尹林平。

图 2-91　克尔的两个儿子安迪和戴维携家人特意从美国来到深圳寻找并拜访邓斌（原名邓贤）老夫妇，并与他们以及东江纵队的后代合影留念。

图 2-92　戴维（中）在香港看望父亲的救命恩人李石（左），右为戴维的女儿。

也紧密活动,牵制敌人。直至 4 月 24 日反搜捕取得胜利。港九大队陈志贤,廖梦和翻译谭天等同志护送克尔坐船到大鹏湾南澳上岸,护送到枫木浪村大队部,2 月底陈志贤和赖连带一个班,护送克尔到坪山东纵司令部。

营救伊根中尉。1945 年 1 月 16 日凌晨,美国盟军 14 航空队一群飞机轰炸港九日军军事设施,其中一架飞机被日军高射炮击中,飞行员伊根中尉跳伞,降落在新界海面,被移民周二救起并向大鹏湾的鹅公湾方向撤离。日军出动舰艇追击。港九大队海上中队掩护周二的渔船安全撤到南澳,再送到坪山东江纵队司令部。

这被飞行员们称为"血幅"的绸布,帮助许多因迷路、事故和被日军击落而迫降、跳伞的美国飞行员得到中国军民的营救。在大亚湾海面获救的 5 位飞行员在表扬信中写道:"我们美国人也曾从历史记载中读到了并研究过那些坚强的军队,都从来不知道有像你们游击队这样英勇的军队,终有一天,全世界将传颂你们伟大的工作。"

(十二)卓越的情报工作

东江纵队的情报工作是卓越的。大鹏所城人戴机的电台是抗战时期东江纵队接受党中央领导与军事指挥的重要纽带,在关键时期产生了重要的转折;袁庚领导的情报处的情报工作甚至影响了全世界反法西斯战争的历史进程。

1944 年初,袁庚代任东江纵队护航大队大队长并负责当地税收站工作。8 月,毛泽东主席亲自批示,同意在东纵设立联络处作为特别情报部门,正式任命袁庚为联络处处长,由袁庚主管珠江三角洲和广东沿海敌占区的情报和交换情报的工作。经请示,中央同意并按照党中央的指示和盟军合作,派袁庚、黄作梅等与欧戴义共同设立情报站和电台,向盟军提供有关日军的情报。抗战后期,袁庚负责的情报体系有两个重大发现:第一,发现和绘制了日军在汕头沿海和东山岛构筑的工事。第二,在广州、东莞发现了日军最精锐的波雷部队。盟军根据情报,最终放弃登陆作战、与日军正面冲突的计划,直接在日本本土投放两枚原子弹结束了战争。事后,美军在致东纵司令员曾生的信里,特地对袁庚表达了敬意。正因如此,在 1987 年美国庆贺美国宪法诞生 200 周年庆典时,为感谢袁庚对美国和世界和平作出的贡献,里根总统特邀袁庚赴会。

1944 年 10 月,美军派出陆空作战技术研究处欧戴义少校来到东江纵队。见到司令员曾生之后,欧戴义拿出了一封陈纳德将军的感谢信,信中对游击队员营救克尔的行为表示了感谢，提出了希望和东纵进行情报合作的要求。欧戴义此行来粤，就是要求东纵协助建立电台，搜集港九地区日军的各种情报及气象资料提供给美军。经请示，中央同意并按照党中央的指示和盟军合作，派袁庚、黄作梅等与欧戴义共同设立情报站和电台，向盟军提供有关日军的情报。

"为了配合盟军的反攻和登陆，东江纵队的无名英雄们在看不见的战场上展开了极其艰巨而又卓有成效的工作，给美军第十四航空队及在华美军司令部提供了大量的、精确的情报，其细致部分甚至包括华南日军战斗序列中对以上的人头材料。"——袁庚《东江纵队与盟军的情报合作及港九大队的撤出》

12月，美军第四舰队和第十四航空队拟联合轰炸香港日军。为了达到轰炸效果而又不伤害平民，美军要求东江纵队事前提供准确的轰炸目标资料，并在事后迅速提供轰炸效果的第一手情报。袁庚与欧戴义商量并经曾生批准，欧戴义和电台由短枪队保护到沙鱼涌附近土洋村隐蔽工作。袁庚等三人由港九大队派人护送，于预定轰炸的当日凌晨潜伏在启德机场后面的钻石山上，观察到的轰炸效果，与预期目的准确无误。

"在爆炸声中，那三艘补给舰黑烟滚滚、火焰熊熊，其中一艘开始倾斜，渐渐地往下沉。机场跑道上的两架军机企图起飞，升空迎战。说时迟那时快，一架美国飞机狠狠地俯冲而下，咬住其中一架，射出一梭仇恨的炮弹，使它当即喷着烈火撞向跑道外侧的一座建筑物。于是，消防车来回呼啸。日军狼奔豕突，港九地面上空如沸如烫的画面令人目不暇接。……第一轮轰炸之后，地面除了处处浓烟之外，一片沉寂。"

抗战胜利后，港英当局要求港九大队留在新界维持社会治安。1945年9月，袁庚以东江纵队港九大队上校身份，被派往香港与英方就港九游击队撤离九龙半岛问题进行谈判。在袁庚的努力下，港英当局同意东江纵队设立驻香港办事处，并帮助治疗我军伤病员。办事处设在九龙弥敦道172号。袁庚任办事处主任，工作人员有黄作梅、谭干、李冲等。东纵北撤后黄作梅继任办事处主任。1947年，中央委派乔冠华、彭湃到香港，将办事处改为新华通讯社香港分社。2000年，更名为中央人民政府驻香港特别行政区联络办公室，简称中联办。

三、胜利北撤

抗战胜利后，国民党反动派悍然挑起反人民的内战，葵涌人民在中国共产党地方组织的领导下，又与国民党反动派展开了英勇的斗争。尤其是在1946年东江纵队北撤山东后，面对着"白色恐怖"的恶劣环境，葵涌人民不畏艰险，坚定信念，义无反顾地积极支援东江纵队留下的人民武装，开展自卫斗争。经过几年的艰苦奋战，终于打败了国民党的军队，推翻了蒋介石的反动统治，迎来了葵涌的解放。

（一）抗战胜利后国民党发动内战

抗战结束后，葵涌地区军民在党组织的领导下，坚决执行中共中央和广东区党委分散坚持的斗争方针，与国民党军队进行了英勇的斗争，给敌人以狠狠的打击。在斗争中，虽然东江纵队大量减员，但各支队都保存了骨干队伍，为中共中央与国民党政府进行"北撤"谈判斗争创造了有利条件，同时也为以后的人民解放战争恢复和发展武装斗争打下基础。

在谈判过程中，国民党当局继续调集军队进攻东江解放区。在东江南岸地区成立以国民党广东省保安副司令韦镇福为主任的绥靖区指挥所，以保安第三、第七、第八、第十一、第十二团共5个团的兵力，加强对惠东宝地区的进攻。国民党广州行营向所属部队发布命令，声称"剿匪工作必须在4月底以前完成，整军与人员的改组，将依照剿匪功绩决定"[①]。

1946年2月23日，国民党新一军进攻王母墟、大鹏城、澳头等地。24日上午，海上独立大队第二中队两艘武装船，在中队长肖华奎率领下，于小桂东面大亚湾辣甲岛海面，与国民党海军"舞风"号炮舰和2艘炮艇展开激战。战斗持续到下午4时，终因船舰性能和火力悬殊太大，武装船被击沉，中队长肖华奎和副指导员陈华等16位同志英勇牺牲。3月中旬，东江纵队第一支队由路东返回宝安阳台山根据地活动，与第六团银星大队联合作战，在章阁击退国民党军的进攻。银星大队大队长黄锡良牺牲。

3月，根据党中央和广东区党委坚持自卫斗争、保存力量的方针，东江纵队主力部队粉碎国民党反动军队7个师的兵力对惠东宝解放区的进攻。国民党军"清剿"的锋芒基本过去。这次大"清剿"历时3个多月，国民党调动大量兵力，采用"填空格"战术，村村驻兵，对游击区进行围剿，妄图消灭革命武装力量，结果遭到失败。

面对着国民党发动内战，向东江地区的人民抗日武装发动进攻，大鹏老区的

---

① 《东江纵队史》，广东人民出版社1995年版，第365页。

人民群众积极支援东江纵队部队，配合东江纵队部队作战。为解决慰劳部队的经费，沙溪乡妇抗会在黄鸡妹、溜马石村开荒地20多亩，青抗会在余庆堂门前垦出荒田2亩多，种上花生和水稻等作物，生产的果实专为慰问部队使用。土洋村的群众凡遇部队驻防，就自动打扫驻地，预先借好床板、门板，献出稻草给部队同志铺床，献出柴草给部队做饭。大家对部队非常热情，甚至不怕牺牲，保护革命同志，出现了不少革命堡垒户。

（二）东江纵队北撤

1945年4月18日，国共双方经过反复谈判，正式达成在广东的中共部队北撤等问题的初步协议，并发表联合公报。5月21日，国共谈判，正式签署"东江停战和华南中共武装北撤问题联合会议决议"。

国民党虽然被迫达成东江纵队北撤的协议，但蓄意消灭人民武装力量的图谋丝毫未变。不久，何应钦下令国民党广东当局趁东江纵队集中北撤之机消灭之。国民党广东当局肆意破坏双方达成的北撤协议，在北撤部队各集结点和行军路线上加强兵力部署，制造事端，妄图消灭东江纵队北撤部队。经过一系列激烈的斗争，6月24日，东江纵队江南、江北和粤北、东进部队冲破国民党的重重障碍，集中于大鹏半岛。

6月29日，在大鹏湾沙鱼涌海滩举行欢送北撤部队的大会。南方工委书记、军调第八执行小组中共代表方方，代表中央军委致信慰问全体北撤人员，率领部队北撤的东江纵队司令员曾生也在会上讲话，并向乡亲们和复员战士珍重告别。大鹏半岛与各地的人民群众从四面八方赶来，挥泪送别患难与共、血肉相连的人民军队，朗诵《送别我们的子弟兵》诗，表达军民之间的鱼水深情。30日，东江纵队（包括珠江纵队、韩江纵队，以及南路、粤中、桂东南等部队的部分骨干）2583人，从大鹏湾的沙鱼涌海滩登上美国的三艘舰艇，向山东烟台北撤。在这北撤的部队中，有11名葵涌籍战士。7月5日，北撤部队抵达山东烟台，受到山东解放区广大军民的热情欢迎。东江纵队终于胜利完成了战略转移的任务。

北撤不是结束，而是新的历史时期。北撤的东江纵队到华东后发展成后来的两广纵队；而东江纵队留在华南的武装在尹林平的领导下发展成后来的粤赣湘边纵队。

东江纵队北撤是从大鹏湾启程的。为了纪念这一重大的历史事件，1985年宝安县人民政府在大鹏湾沙鱼涌海滩上的东江纵队北撤登船地，立了纪念碑。在纪念碑

图 2-93 1945 年东江纵队港九大队,在香港边界附近行军情况。

图 2-94 东江纵队接到命令后从各地向沙鱼涌集结(一)

图 2-95 东江纵队接到命令后从各地向沙鱼涌集结（二）

图 2-96 沙鱼涌集结的土洋、黄屋村、江夏第和欧屋炮楼（一）

图 2-97　沙鱼涌集结的土洋、黄屋村、江夏第和欧屋炮楼（二）

图 2-98　群众在沙鱼涌与东江子弟兵挥泪告别

图 2-99　美国登陆舰。美国登陆舰 1026.585.589 和护航的驱逐舰于 1946 年 6 月 29 日下午停泊在沙鱼涌海面，准备运北撤部队。1946 年 6 月 30 日，东江纵队 2583 名官兵登上美国军舰启航，北撤山东。图为运送东江纵队北撤的美军军舰。

上刻有原东江纵队司令员曾生的题字："一九四六年六月三十日人民抗日游击队东江纵队及各江武装部队，为了坚持国内和平，从此登船北撤山东。"此后，该地也成为人们旅游观光的一个景点。

四、坚持武装斗争

（一）反对国民党的"清剿"

东江纵队主力北撤后，留下的武装力量大部分复员，党的组织实行特派员制，党组织的公开活动全面停止，相当部分已经暴露身份的党员干部进行分散和隐蔽，使革命力量骤然缩小。深圳地区地方党组织和人民武装队伍进入隐蔽时期。大鹏老区的革命群众也处于极为艰难的环境之中。

东江纵队尚未北撤时，国民党广东当局就进行了一系列的反革命部署。准备在东江纵队的活动地区进行"清乡"，以摧毁抗日民主根据地、消灭东江纵队留下坚持斗争的武装人员和复员人员。1946年6月中旬，东江纵队主力尚在集结途中，国民党最高当局就下令：一旦东江纵队北撤期满后，即将留在广东各地之中共武装一律视为"土匪"，进行大规模的"清剿"。从6月底开始，国民党广东当局军政要员先后在东江等地召开"治安会议"，成立各级"清剿"机构，部署"绥靖""清乡"计划，下令限期肃清各地中共领导的军事力量。7月17日，国民党广州行营发表所谓的复员人员"集训"公报，妄图以"集训"为名，将中共复员人员一网打尽。为达到其"限期肃清"的目的，国民党广东当局违背保证东江纵队复员人员生命安全的诺言，调集4个旅和8个保安团的全部兵力，对东江纵队活动地区进行残酷的"清剿"。大鹏境内东江纵队部队活动过的乡村，均遭到国民党军的剿扰。他们进占这些红色区域，一方面抓丁拉夫，进行壮丁训练，强迫各地成立"自卫队"，推行保甲制度，采取"联防联剿，联保连坐""强化治安"等措施，加紧"三征"（征兵、征粮、征税），实行残酷的法西斯统治；另一方面，疯狂迫害东江纵队复员人员，强迫参加过抗日救亡各项工作的群众登记"自新"，肆意搜捕和屠杀人民群众，制造白色恐怖。大鹏地区的东江纵队复员人员、地下党员、民兵干部、农会会员和进步青年惨遭迫害。许多复员人员有家不能归，有亲不能投，逃亡他乡，流浪度日，有的被捕杀害，家破人亡，人民群众陷于水深火热之中。

面对严重的斗争形势，广东区党委发言人先后于7月22日和8月23日发表谈话，强烈谴责抗议国民党广东当局破坏北撤协议、迫害东江纵队复员人员和人民群众的反动暴行；广东区党委还以东江纵队北撤人员曾生、王作尧、杨康华、林锵云等人的名义发表通电，对国民党广东当局迫害东江纵队复员人员的罪行表示极大的愤慨，号召复员战士和人民群众"采取同一步骤，严肃自卫。人不犯我，我断不犯人，人若犯我，迫我至于绝境，自不能束手待毙"，应进行坚决的自卫斗争。广东区党委发表的谈话和抗议通电，充分揭露了国民党广东当局的背信弃义行为，鼓舞了东江纵队复员战士和人民群众的斗志，为隐蔽在各地的共产党员指明了斗争方向，发出了重新拿起武器、恢复武装斗争的信号。

由于国民党当局在抗战胜利之后一直加紧部署和挑动内战，为了对付必然出现的内战全面爆发的严重局势，保障地下党员、东江纵队复员人员的生命安全和维护人民群众的利益，在东江纵队北撤的同时，广东区党委根据中共中央的指示精神，采取了"保存力量、保存骨干、长期积蓄力量、等待时机"的斗争方针，党员分散隐蔽，各地党组织转入地下活动。

6月，江南地委组织部长蓝造在坪山竹园召开会议。会议根据当时的形势和上级党委的指示决定：凡抗战时在部队、政权工作过的党员回地方后，地方党组织不能与之联系，严防暴露；地方党组织转入地下活动，进行单线联系；派出特派员负责领导地方党工作。7月，由于国民党军队的疯狂进攻，宝安县大部分地区的党组织受到破坏或失去联系。江南地方党转入地下活动，大鹏境内的党组织也坚持隐蔽的地下活动，由惠阳西区特派员叶源负责。11月，国民党驻布吉的1个加强营长途奔袭驻在土洋村的江南税务处。该村群众黄英发现后，立刻向税务处工作人员报告。税务处马上组织撤退，但由于国民党军队来得十分突然，不少工作人员来不及撤退，只好由群众掩护。有6名工作人员来到潘秀金家想继续冲出村外去，潘秀金觉得情况十分危险，便把5个男同志藏在草间的棚上，把行李埋在草木灰堆里，又用自己的衣服、围裙，把另外一个女同志化装成农村妇女，躲过了搜查，安全脱险。还有一些工作人员走到群众家里，同样得到掩护而脱险。

葵涌地区的党组织面对着"白色恐怖"的环境，不畏艰险，坚定信念，紧密依靠群众，坚持地下活动。他们贯彻广东区党委提出的长期打算、分散隐蔽、积蓄力量、以待时机的方针，采取各种各样的形式，利用各种条件，将部队复员人员和党的基本群众隐蔽起来。他们或以职业为掩护，坚持秘密斗争；或以群众面目出现，与村民共同生产，一起生活；或潜入树林、蔗林之中，甚至蹲地洞、山洞，日宿夜动。通过种种的办法，他们免受国民党反动派的迫害、摧残，为后来恢复武装斗争保存了骨干力量。

（二）人民武装斗争的恢复

1946年9月间，隐蔽在惠东宝地区的武装人员和复员战士对国民党的迫害、摧残，极为愤怒，于是逐步公开活动，纷纷拿起武器，反对国民党的迫害和"清乡"。经地方党组织同意后，复员干部刘立首先串联发动詹悟、刘盘等复员人员，组成十多人的小分队，不久发展到三四十人。这支小分队不断开展反迫害的武装活动，在大鹏坝岗除掉了勾结国民党军队杀害东江纵队复员战士的黎旺仔，镇压了坪山的土匪头子曾观新，保护了人民群众的生命财产。

在此期间，为在南方恢复开展游击战争，配合全国的解放战争，广东党组织集合留港干部学习，连续举办5期干部训练班，就广东游击战争能否搞起来及搞起来后的前途如何等问题统一思想认识。学员们随后被派回各地，参加和领导武装斗争工作，以加强各地党组织的领导，为恢复武装斗争、重建武装队伍准备了干部条件。

11月27日，广东区党委作出了正式恢复武装斗争的决定。同时，决定在东江建立惠东宝建军委员会，由蓝造、祁烽、叶维儒、曾建、张军、罗汝澄、高固组成，并筹建惠东宝人民护乡团。11月底，广东区党委在香港召开干部会议。江南地区参加会议的有蓝造、林文虎、叶维儒、张军、曾建、李少霖、李群芳等人。广东区党委书记尹林平传达了区党委的决定：江南地区要迅速重建武装，恢复武装斗争，并派叶维儒、曾建、李群芳等人先回坪山、龙岗等地做重建武装的准备工作。

12月中旬，广东区党委在听取叶维儒、曾建等人汇报重建武装准备工作后，即派出第一批人回江南地区活动。要求在东宝县委的领导下，根据"分散发展，独立经营"的方针，分头发动，联系东江纵队复员人员，逐步集结队伍，开展武装斗争。12月下旬至次年1月，深圳地区党组织和武装小分队负责人杨培、叶源、余清等先后到香港接受任务。江南地区正、副特派员蓝造、祁烽向他们分别传达广东区党委的决定和江南地区贯彻执行区党委决定的意见，要求各地党组织和各武装小分队，积极参加和配合重建武装队伍，恢复武装斗争的工作。

（三）惠东宝人民护乡团成立与自卫斗争

1947年2月，蓝造、高固、胡施、叶茵、黄友等分别从香港回到惠阳。蓝造在坪山北岭沙坑围召开干部会议，参加会议的各地方党和武装小分队负责人，听取了蓝造关于广东区党委恢复武装斗争指示的传达与汇报，对今后开展武装斗争和重建武装部队等问题进行讨论。根据广东区党委的指示，会议决定，以群众自卫组织维护治安的名义，在江南地区成立"惠东宝人民护乡团"，蓝造任团长兼政委，叶维儒任参谋主任，先后建立4个大队，其中第二、第三大队活动于宝安、东莞、惠阳等地。护乡团提出"保护人民利益，与广大人民及各阶层人士团结一致，维护治安，反抗三征，反对内战，为实现和平民主的新中国而奋斗到底"的口号。

为了适应斗争形势，加强党的领导，江南地区武装部队重建初期，由江南地区特派员领导，具体军事工作由惠东宝人民护乡团负责处理。3月，根据中共广东区委的决定，成立中共江南地方工作委员会（简称"江南工委"），蓝造任书记、祁烽任副书记，统一领导惠阳、东莞、宝安、海丰、陆丰、紫金等县的地方党组织和重建武装斗争的工作。从此，大鹏地区的党组织、武装斗争和群众工作便在中共江南工委的统一领导下开展活动。这时，隐蔽于各处的地方党员也重新返回各自的组织，参加恢复发展党组织的活动和武装斗争。

从1946年6月底东江纵队北撤，到1947年2月恢复武装斗争，时间虽然不长，但斗争极其复杂和艰苦。隐蔽在各处的共产党员和武装小分队及复员人员，在困难的情况下，英勇顽强地坚持自卫斗争，给国民党地方反动势力以有力的打击，铲除了反动势力，保护了人民群众，粉碎了国民党统治集团企图彻底扑灭人民革命力量的阴谋。

惠东宝人民护乡团成立后，紧紧抓住国民党统治区兵力空虚的大好时机，及时开展了声势浩大的反抗"三征"、破仓分粮、摧毁国民党乡村反动政权、扩大武装队伍等一系列斗争活动。根据广东区党委关于"除了建立一般精干主力之外，仍须保持有各种形式的武工队、地方性的不脱离生产的队伍活动，以致配合"的指示，护乡团主要在各区、乡开展以建立武工队为中心任务的斗争活动。

重建武装后不久，蓝介夫、廖梦建立了武工队，在大鹏地区亮起了"反三征"、反迫害的旗帜，广泛开展武装斗争活动。他们袭击国民党县、区政府的粮仓，破仓分粮，救济民众，打击国民党地方当局的"征粮"暴政计划；筹措资金、借枪借粮，以恢复和发展人民武装队伍，做好自卫斗争的准备；输送情报、直接参战，配合主力行动，打击乡村反动武装，摧毁反动政权，瓦解敌军，建立农会和民兵组织等。这些武装斗争活动，在社会上产生了较大的影响。

为了扑灭人民武装力量，1947年3月15日，国民党广州行营发布"清剿"命令，在各行政区设立"清剿"机构，拼凑地方反动武装。国民党第四行政区督察专员公署以保安第八总队、保安独立第二大队、第一五四师和虎门守备总队，配合各县的政警队及地方联防武装约 5000 人的兵力,对江南地区特别是惠东宝沿海地区实行所谓的"全面清剿"。从 3 月开始,国民党军队就频频发动进攻,图谋将江南地区刚刚恢复建立起来的人民武装消灭在摇篮之中。

1947 年 3 月间,敌以保安第八总队为主力,对包括大鹏半岛在内的路东地区的部队发动了第一次较大规模的进攻,其目的是消灭中共外围武装——大亚湾联防大队(代号为"靖沿")。7 日,惠东宝人民护乡团团长兼政委蓝造,命令"靖沿"部队迅速撤离驻地,做好战斗准备。从 23 日开始,国民党东江当局集结保安第八总队第二大队和第一大队 2 个中队及惠阳县警 2 个中队、盐警 2 个中队,由黄铮、徐东来指挥,分四路进攻驻在稔山、霞涌、澳头、大鹏的"靖沿"部队。26 日,因何联芳不听劝告,除罗汝澄、林文虎率刘立中队及时撤离外,其余 2 个中队遭围歼,20 余人阵亡,何联芳等近 50 人被俘,多数俘虏被就地枪决。

为了反击国民党的军事进攻,开辟惠东宝沿海游击基地,护乡团第二大队展开了一系列的军事行动,以打击国民党军的嚣张气焰。4 月 10 日,罗汝澄率护乡团肖伦中队的 4 个班和 1 个短枪组,采取奇袭战术,歼灭驻沙鱼涌海关黄玉如部 1 个排,缴步枪 9 支,短枪 1 支毛毡 10 余张,俘敌 5 人。11 日,护乡团肖伦中队以 1 个小队的兵力突然袭击葵涌乡公所,缴敌步枪 8 支,税谷 3000 多斤以及弹药一批,俘敌 2 人。13 日,护乡团严忠英中队在盐田伏击宝安县警队,毙敌 1 人,伤敌 2 人,缴枪 2 支。

4 月下旬,国民党东江当局又调集虎门"靖海"部队一个大队及保安第八总队向坪山、龙岗、大鹏一带发动第二次进攻,图谋破坏护乡团在沿海设立的税站。护乡团第二大队以小部队配合武工队坚持在沿海与敌人周旋,主力则避敌锋芒,转移外线出击。6 月下旬至 7 月初,护乡团第二大队余清中队在宝安沙河、大坪、石竹径、大船坑连续 4 次战斗,共毙伤敌军 10 余人,迫使敌人回防宝(安)太(平)线。9 月中旬,由罗汝澄、李群芳率领护乡团约 100 人,分两路袭击沙鱼涌墟内的国民党宝安县警队和黄玉如部,全歼县警队,毙敌 13 人,缴步枪 13 支。

至 1947 年底,"惠东宝人民护乡团"发展到 2500 人。在中共江南工委的领导下,惠东宝人民护乡团与民兵、群众相结合,采用袭击战、伏击战和围困战,袭击敌人,打击敌人,牵制敌人,经过一年的艰苦斗争,粉碎了国民党军的多次进攻。部队活动范围逐步扩大,控制了坪山、大鹏、沙湾等地区,惠宝沿海根据地初步形成。

(四)奇袭沙鱼涌

1948年7月7日,国民党反动派以保安第八团、保安第十三团3000余人,向淡水、镇隆、平山外围"扫荡",企图以从东、西、北三面压缩江南支队于惠阳坪山地区,采取分进合击的战术,聚歼江南支队主力于坪山地区。为了打乱敌之进攻部署,江南支队决定先发制人,集中优势兵力主动出击沙鱼涌之敌。

7月15日夜,部队向沙鱼涌推进,16日凌晨抵达预定攻击位置。凌晨4时,北面部队向敌之营部发起进攻,另一部同时在南面向海关东侧高地之敌排哨发起攻击,沙鱼涌西侧高地的一个排,则以集中火力掩护攻击部队。8时30分,战斗胜利结束。此战,全歼沙鱼涌守敌327人。其中毙敌官兵120人,伤敌22人,俘敌连长以下185人。缴获八二迫击炮2门、六〇炮2门、重机枪2挺、轻机枪8挺、卡宾枪2支、长短枪180多支、子弹70000发、电台1部及物资一大批。江南支队副连长戴来以下12人英勇牺牲,20人负伤。

沙鱼涌之战,给敌人以严重的打击,使敌人大为震惊,迫敌于即日退出大鹏湾北畔的溪涌、陈坑、大梅沙、小梅沙、盐田等据点,从而打乱了宋子文"重点进攻"

图 2-100

的部署，江南支队则解除了南面受敌之威胁，而集中力量对付正面之敌。经此一战，部队装备得以加强，士气大受鼓舞。这次战斗的胜利，打乱了敌人第二期"清剿"的部署，大大鼓舞了部队和人民群众的信心和斗志。

（五）大鹏区人民政府成立

沙鱼涌战斗后，国民党军队又在山子下、红花岭等地，受到惠东宝人民护乡团的打击，连遭败绩，士气低落。此时，由于江南支队主力东移，各地方人民武装积极配合作战，颇具声势，威胁着敌人的后方，至1948年9月下旬，国民党广东当局不得不收缩兵力，将其"进剿"坪山地区和路西东宝地区的兵力撤回深圳、惠州等地。至此，国民党军队对惠东宝地区的第二期"清剿"计划宣告破产。

在反"清剿"的斗争中，党领导下的大鹏地区的人民武装不断发展壮大，大鹏地区人民在配合部队粉碎敌人"清剿"的斗争中也得到了锻炼，其间以潘易为队长的大鹏武工队也建立起来。大鹏地区有了武工队的活动，这就为大鹏区人民政权的建立提供了有力保障。1948年11月，大鹏区人民政府成立，区长邹锡洪，副区长曾其中。大鹏区人民政府下辖葵沙、王母、鹏城、桂岗、南平等乡人民政府。大鹏区人民政府成立后，积极开展群众工作，组织区里的广大民众有计划地进行生产，积极配合武工队开展反"清剿"斗争，并逐渐建立起征收公粮、税款的制度，为当地人民武装提供相对比较稳定的经济来源。

（六）人民迎接解放大军和葵涌解放

1948年12月15日，中共中央香港分局决定：正式成立中共粤赣湘边区委员会，粤赣湘边区党委除管辖江南、江北、九连、北江、五岭地委外，珠江三角洲的地方党委也划归粤赣湘边区党委领导。中共粤赣湘边区党委于1948年12月下旬至1949年1月中旬在惠东县安墩镇黄沙村召开了第一次全体会议。在会议期间，中央军委发来电报，批准中国人民解放军粤赣湘边纵队成立，并任命尹林平为司令员兼政治委员、黄松坚为副司令员，梁威林任副政治委员，严尚民任参谋长，左洪涛为政治部主任。

粤赣湘边纵队成立后，旋即对东江各地的部队进行改编，将江南、江北、九连、北江、五岭及珠江三角洲等地区所属部队统一改编。经常活动于大鹏地区的江南支队，被改编为粤赣湘边纵队东江第一支队（简称"东一支"），下辖7个团，2个独立营，1个教导队，兵员达1万人。

为了迅速建立和巩固以东江、韩江为中心的战略基地，粤赣湘边纵队发动了强大的春季攻势，歼灭了国民党广东省保安第四师师部和保五团，先后解放了龙川、五华、连平、和平、新丰、紫金等县城。东江第一支队二团在惠阳将军坳活捉宝安县长陈树英。

7月后，粤赣湘边纵队各部队乘胜出击，迅速解放了江南、九连、江北和五岭的广大乡村和十余座县城，八九月间，解放军迅速解放了整个粤赣湘边地区。

8月下旬，根据中共江南地委指示，成立中共宝安县委、宝安县人民政府，县委书记黄永光兼任县长，周吉、曾劲夫为副县长。10月16日，黄永光率领县人民武装力量进入南头，歼敌百余人，宝安县解放。

10月上旬，粤赣湘边纵队第一支队二、三、八团在大鹏会师，配合南下大军作战。

11月，汕头、惠阳沿海地区相继解放，国民党残兵败退到大鹏半岛以南的三门岛上，构筑工事，企图负隅顽抗。三门岛是惠阳、汕头沿海地区通往香港的主要航道，在经济上、军事上有着很重要的地位。1950年1月6日，两广纵队第二师第四团和粤赣湘边纵队东江第一支队新编独立第三营，从大鹏半岛的东涌村出发，在炮火掩护下渡海作战，歼敌286人[①]，缴获八二炮6门、六〇炮3门、轻重机枪37挺、长短枪500支、子弹20多万发，还有物资一大批。随着三门岛战斗的结束，惠（阳）东（莞）宝（安）地区（除伶仃岛外）都获得了解放，回到了人民的手中。

五、大鹏红色革命人物

大鹏红色革命人物可以分以下几类：第一类是抗日战争以前的革命人物如蔡林蒸、周士第、廖乾五、戴卓民等。第二类是在葵涌战斗过的著名革命人物如曾生、尹林平、刘培等，这类人物地位较高，影响较大；第三类是大鹏（突出葵涌）籍革命人物如黄闻、钟原、袁庚、刘黑仔、赖仲元、蓝造、黄柏、黄业、潘硕良、潘清、赖生、蓝水、周志坤、陈维新、罗洪璋、潘硕良、陈永等；第四类是支持革命事业爱国民主人士和开明绅士如蓝翼香、彭东海、钟胜等。

[①]《两广纵队史》，广东人民出版社1988年版，第121页。

(一)抗日战争以前的革命人物

1. 蔡林蒸

蔡林蒸(1889—1925),又名蔡鹿生、蔡麓仙,省港罢工工人纠察队第三大队第十支队支队长。湖南省湘乡县永峰镇人。1923年,加入中国共产党,在中共中央机关宣传部门和秘书处工作。1924年2月被派到广州,进入黄埔陆军军官学校第二期学习。1925年6月省港大罢工爆发后,任省港罢工工人纠察队第三大队第十支队支队长,奉命率队驻守沙鱼涌、王母墟一带,负责截留私运出口的粮食、查缉走私物资等任务,对香港实行武装封锁。港英当局为了摆脱政治、经济困境,积极支持陈炯明残部在大鹏一带进行骚扰活动。10月30日,反动军队突然包围第十支队,抓走纠察队员10余人,挑起事端。蔡林蒸一面指挥应战,一面派人向铁甲车队求援。港英当局侦知驻守沙鱼涌的革命武装才100余人后,便纠集反动军队1000多人,在英国军舰和飞机的掩护下,由英国军官指挥,于11月4日凌晨进攻沙鱼涌。铁甲车队和工人纠察队顽强抵抗,终因寡不敌众决定突围。蔡林蒸率部分纠察队员掩护,身负重伤,被敌人杀害。11月,省港罢工委员会在广东大学(今中山大学)礼堂为死难烈士举行追悼大会,并将蔡林蒸烈士事迹收入《罢工纠察各地死难烈士略传》一书。

图 2-101

2. 周士第

周士第（1900—1979），海南省琼海县人，率领铁甲车队驻防蔡屋围，封锁香港，并指挥了沙鱼涌战斗。1924年12月加入中国共产党。在革命生涯中，历任国民革命军第4军独立团第1营营长、团参谋长、代理团长、团长，第25师师长，八路军第120师参谋长，晋西北军区参谋长，晋北野战军司令员兼政治委员，华北军区第1兵团副司令员兼副政治委员、第18兵团司令员兼政治委员，西南军区副司令员，人民解放军防空部队司令员等职。参加北伐战争、南昌起义、长征、百团大战，指挥晋北战役，协助徐向前指挥晋中战役、太原战役，参与指挥扶郿战役和秦岭战役，连续解放汉中、广元、剑阁、江油、绵阳等40多座县城，参与指挥抗美援朝战争防空作战。1955年被授予上将军衔。1979年6月30日于北京病逝，享年79岁。

3. 廖乾五

4. 戴卓民

戴卓民（1903—1931），曾用名戴卓文、黄季仲。广东宝安人，即现深圳大鹏鹏城村东北自然村人，海员出身，先后在"皇后"轮和"总统"轮工作。

早年参加孙中山领导的护国运动，组织武装反对袁世凯政权，并一度占领深圳。后从事工人运动，参加1922年1月至3月的香港海员大罢工，接受马克思主义，成为工人运动骨干，并担任工会负责人。

1925年参加共产党，是香港联义社负责人之一。1925年5月，全国第二次劳动大会召开，成立了中华全国总工会，他被选为执行委员。6月参加省港大罢工时，在香港被机器工会会长出卖，被港英当局抓捕入狱，受尽毒刑而不屈。1926年1月，被无罪释放。

1926年4月香港总工会成立时，与苏兆征、陈权被选为执委，同年5月被选为第二届全国总工会执委。这期间，他终日奔忙，成为职业革命家。

1927年春，全国总工会总部从广州迁至武汉，任驻广州办事处主任。1930年7月全国海员总工会从香港迁上海，他是全国海员总工会领导成员之一，并兼任全国总工会巡视员。这时，全总和全国海员总工会都已被迫转为秘密活动。

1931年初，戴卓民以全总巡视员的身份到青岛巡视工作，指导工人运动。4月13日，青岛市委秘书尹某到码头取中央带来的文件，因没有采取必要的掩护措施，出卡子门时，尹某被捕。他经不住拷打，自首叛变，供出省、市委多处机关，并领着敌人抓捕同志。4月14日下午，戴卓民在益都路133号被捕。

图 2-102 戴卓民

戴卓民在青岛工作时，化名黄季仲。被捕后，仍用黄季仲之名。不久，被捕同志被转押到济南。8月19日，戴卓民等21名共产党员被敌人枪杀于济南纬八路侯家大院刑场。

1989年秋，中国海员工会广东省委员会委托青岛方面查询戴卓民下落，并提供了他海员出身和30年代初到青岛工作，后在青岛被反动派逮捕杀害的线索。初步断定黄季仲即戴卓民。公安机关又将戴卓民的照片和黄季仲在狱中的照片经技术鉴定，证实是同一人。

5. 赖生

（二）在葵涌战斗过的著名革命人物

1. 曾生

曾生（1910—1995），原名振声，清归善坪山石灰陂（今属深圳市龙岗区）人。父亲曾庭杰是澳大利亚华侨，母亲钟玉珍是龙岗圩沙梨村人。幼年先后在坪山、龙岗和香港读小学。1923年（民国十二年）秋前往澳大利亚悉尼市，先后就读补习学校和商业学院中专部。1928年底回坪山。1929年赴广州考入中山大学附中预科，被推选为广州惠阳青年同乡会会长。1933年7月，入中山大学文学院教育系就读。在中大学习期间，接触许多进步书刊，成立读书会，编印《铁轮》杂志，刊登反帝反封建文章。1934年冬，加入中国青年同盟（简称"中青"），任中山大学平民夜校校长，并以该校为阵地策划学生运动。同时，还参加突进社、中华民族革命大同盟、力社等中共外围组织，开展抗日救亡活动。1935年北平"一二·九"运动爆发后，被推选为中山大学员生工友抗日会主席团主席、广州学生抗日联合会主席，组织和领导广州学生的抗日救亡活动。不久，遭到广州国民党当局通缉。1936年1月中旬前往香港，在香港海员社团组织余闲乐社创办刊物《余闲》。旋到"日本皇后"号远洋客轮当海员工人，在海员中宣传抗日救亡。随后，经赤色海员工会负责人丘金推荐，任余闲乐社负责人，领导香港海员工人运动。1936年4月，回中山大学复读，10月加入中国共产党。12月任中共香港海员工作委员会（简称"香港海委"，直属中共南临委领导）组织部长。1937年7月，在中山大学毕业。8月在香港创办海华学校，自任校长。该校培养了大批青年抗日骨干。同月香港海员工会成立后，任该会组织部长，组织海员工人罢工，开展抗日救亡活动。

1938年初，接任中共香港海员工委书记职务，不久被选为中共广东省委候补委员。在他的领导下，中共香港海委的工作和香港海员工人运动得到蓬勃发展。同时，他还努力做好香港惠阳青年会（简称"惠青"）的工作，发动香港海员和"惠青"成员参加香港惠阳青年会回乡救亡工作团，回惠阳淡水地区开展抗日救亡活动。10月，日军在惠阳大亚湾登陆，惠州、广州相继沦陷。10月24日，曾生与周伯明、谢鹤筹等根据中共中央指示组成临时工作组，率领在港的共产党员、进步工人及青年学生等60多人分批回到惠阳坪山。10月30日，在坪山成立中共惠（阳）宝（安）工作委员会，任书记。12月2日，在惠阳周田村成立惠宝人民抗日游击总队，曾生任总队长。游击总队有100多人，在惠、宝沿海地区开展抗日游击战争。12月10日，惠阳县第一个抗日民主政权，即惠阳县第二区行政委员会在淡水成立。12月中旬，惠宝人民抗日游击总队以坪山为基地，与王作尧等领导的东（莞）宝（安）惠（阳）边人民抗日游击大队互相配合，并肩战斗，初步打开了东江敌后抗日游击战争的局面。

1939年春，中共广东省委成立东江军事委员会，曾生任委员。同年5月，惠宝人民抗日游击总队改称第四战区第三游击纵队新编大队，取得合法地位，曾生任大队长。1941年12月，参与组织港（香港）九（九龙）人民抗日游击队。港、九沦陷后，参与组织营救在港、九的何香凝、茅盾、邹韬奋等一大批文化界人士和爱国民主人士及国际友人。历任广东人民抗日游击队第三大队大队长、广东人民抗日游击总队副总队长、总队长，领导东江人民抗击日本侵略者，建立东江抗日游击根据地，使东江人民的抗日武装不断发展壮大。

1943年12月2日，广东人民抗日游击队东江纵队（简称东江纵队）成立，曾生任司令员。率领东江纵队深入港九敌后，挺进粤北山区。1945年7月，任中共广东区委委员。至抗日战争结束，东江纵队已发展成为一支拥有1万多人的人民抗日武装，转战华南39个县、市，收复大片国土，建立6个县级抗日民主政权，根据地和游击区总面积约6万平方公里，人口450余万。对日、伪军作战1400余次，毙伤日、伪军6000余人，俘虏3500余人，消灭了日军的有生力量，牵制了日军的大量兵力，为华南敌后抗战和全国抗日战争的胜利作出了贡献。

1946年6月，率领东江纵队主力北撤山东。历任华东军政大学副校长，渤海军区党委副书记兼副司令员，中国人民解放军两广纵队司令员、党委书记，率部转战华东战场，先后参加豫东、济南、淮海等战役。1949年（民国三十八年）9月，和雷经天、尹林平一起，指挥由两广纵队、粤赣湘边纵队和粤中纵队组成的南路军，解放和平、连平、河源、龙川、惠阳、博罗、东莞、中山等县，迁回至广州南。10月，任中共中央华南分局委员、两广纵队司令员和珠江三角洲作战指挥部司令员兼前委书记，奉命率部进驻珠江三角洲。10月14日，广州解放。

广州解放后，历任广东军区副司令员兼珠江军分区司令员、政委，中共珠江地委书记，华南军区第一副参谋长。1952年参加抗美援朝，率部赴朝作战，任中国人民志愿军第十二军副军长。回国后，入南京军事学院海军系学习。1955年被授予少将军衔。1956年8月在南京军事学院毕业后，历任南海舰队第一副司令员，中共广东省委常委，中共广州市委第三书记，广东省副省长兼广州市长，广州军分区第一政委，广州警备区第一政委，国家交通部副部长、部长，国务院顾问。

"文化大革命"期间受迫害，1974年获得平反。1982年和1987年，先后当选为中共中央顾问委员会委员。是第一、二、三、四、五届全国人大代表，第四、五届全国人大常委会委员。1995年11月20日在广州逝世。

2. 王作尧

王作尧（1913—1990），原名王石榆，广东省东莞市厚街人。东江纵队副司令，经常在坝岗一带活动。王作尧于1931年考入广东军政学校，1936年入党。1938年，在家乡组织抗日武装，后任东江纵队副司令员兼参谋长。1940年3月，与曾生部会合后，按照中央指示返回惠东宝敌后开展抗日游击战争。1942年起，王作尧经常在葵涌和大鹏一带从事革命活动,并担任设在大鹏东山寺的抗日军政大学第七分校校长。其间,葵涌人黄娣妹还掩护过王作尧的夫人何瑛。

中华人民共和国成立后,任广东军区江防司令部副司令员、广东军区副参谋长、防空司令部司令员。1961年,晋升为少将军衔。1990年7月3日,在广州病逝。

3. 尹林平

尹林平(1908—1984),原名尹先嵩,曾用名尹利东、林平。江西省兴国县人。出身于农民家庭,只念过一年半书。11岁起便开始参加劳动,挑起了生活的担子。

1926年,大革命的风暴席卷赣南,1927年春,尹林平加入了农民协会。1929年1月,毛泽东、朱德在赣南建立革命根据地,尹林平曾当赤卫队队长。1930年秋,正式加入中国工农红军,参加反"围剿"斗争。1931年在火线中加入中国共产党,历任红军班长、排长、副连长、副大队长、副团长、团长,中共漳州中心县委委员兼军委书记,支队长等职。中央红军长征后,留在福建坚持斗争。不久,全国抗日救亡运动出现高潮,尹林平发起组织了中共厦门临时工作委员会,担任书记,领导厦门地区的抗日救亡运动。1936年11月,到香港向中共南方临时工作委员会汇报工作后,回到福建在闽南特委工作。1937年7月,调到中共南方临时工作委员会工作,担任临工委委员。同年10月,南临委改组为中共南方工作委员会,张文彬任书记,尹林平任武装部长兼外县工委书记。1938年4月,南工委撤销,成立中共广东省委,张文彬任书记,尹林平任省委常委兼军事委员会书记。同年6月,他同省委组织部长李大林在广州召开外围几个县党的军事工作会议,研究如何建立和掌握民众抗日武装问题,要求共产党员积极参加军事工作,努力学习军事,准备开展抗日游击战争。1938年11月,成立中共东江特别委员会,尹林平任书记,领导东江各县的党组织开展抗日游击战争。1940年7月,广东省委决定成立东江前方特别委员会,尹林平兼任书记,还兼任曾生、王作尧两部队的政治委员。1941年底,太平洋战争爆发,香港沦陷,根据中共中央和南方局的指示,配合廖承志把800多位著名的民主人士、文化界人士和国际友人,从香港秘密转移到内地安全区。这一抢救行动的成功,不仅受到党中央来电表扬,而且受到国内外各界人士的赞扬。

1942年2月,粤南省委撤销,成立广东军政委员会,统一对东江地区和珠江三角洲敌后抗日游击战争的领导,尹林平任书记。同时,广东人民抗日游击队改称为"广东人民抗日游击总队",梁鸿钧任总队长,尹林平任政治委员。1943年1月,按照党中央的指导,成立中共广东省临时工作委员会,由尹林平任书记,负责广东党组织的全面工作和部队工作。1943年底，东江纵队成立，曾生任司令员，尹林平任政治委员。1944年8月，尹林平在大鹏半岛的土洋村主持召开了广东省临委和军政委员会联席会议，决定全面开展抗日武装斗争和全面恢复各地党组织活动。1945年夏，尹林平在罗浮山主持召开了省临委干部扩大会议，在会上传达了中共"七大"精神，总结部署工作。根据中共中央的指示，决定撤销省临委和军政委员会，成立中共广东区党委，尹林平任书记。1946年1月，北平军事调处执行部第八小组到广东工作。尹林平根据周恩来的指示，举行了数次中外记者招待会，揭露国民党阻挠军调谈判，企图消灭华南抗日武装的阴谋。

1946年夏，全面内战爆发后，根据中央的指示，尹林平和方方作出在广东全省范围内恢复武装斗争的决定。1947年春，成立中共中央香港分局，方方任书记，尹林平任副书记，领导广东、广西、港澳以及闽、赣、湘、滇等省的党组织，尹林平主要负责武装斗争的工作。1948年底，成立中共粤赣湘边临时区党委，尹林平为书记，并任中国人民解放军粤赣湘边纵队的司令员兼政治委员。1949年初，香港分局改为中共中央华南分局，尹林平仍为副书记。同年9月，华南分局在赣州召开扩大会议，组成以叶剑英为首的新领导班子，尹林平为分局委员。会后，中国人民解放军发动了广东战役。

广州解放后，尹林平历任广东省支前司令部司令员，中南军政委员会委员，广东军区副政委，广州市军管会委员，华南军区、中南军区党委委员兼干部部副部长，中南军区公安部队兼广东军区第二政委等职，同时还担任中共华南分局委员、广东省人民政府委员、交通厅长等党政职务。1956年6月到"文化大革命"前，尹林平一直在中共广东省委工作，历任省委常委、候补书记、书记、书记处书记和广东省副省长等职，曾主管广东省的农业和公、检、法系统的工作。"文化大革命"期间，受到林彪、江青反革命集团的迫害，被监禁6年之久。粉碎江青反革命集团后恢复了工作，任中共广东省委书记、省政协副主席、主席等职。中华人民共和国以来，他是中共"八大"代表，第一、五届人大代表，第五届全国政协常委，第一、二、三、五届省人大代表。1982年9月，尹林平出席了中共十二大，当选为中央顾问委员会委员。1984年9月8日在北京病逝。

4. 东江纵队抗日英雄刘培

刘培（1921—2002），原名刘添，出生于香港九龙。1936年参加坝岗"海岸读书会"，1938年参加"坝岗抗日自卫队"。1942年底，奉命组建东江纵队第一支海上武

图 2-103 刘培

装——护航大队,成为驰聘大鹏湾的一支劲旅,立下不朽功绩。包括消灭大鹏湾海匪,参加营救困留在香港的文化精英。北撤后任两广纵队第二师第五团团长,中华人民共和国后历任中南海军万山独立水警区副司令员,南海舰队工程部部长,榆林基地副司令员,舰队司令部顾问,大校军衔。

(三)大鹏红色革命人物

1. 钟明

钟明(1919—2003),曾用名钟子鸣,宝安县坝岗村人。1936年11月加入中国共产党,后担任广州地区地下党委书记。1938年10月任中共香港市工委青年部部长、中共香港市委青年部部长。1938年10月至1939年11月任中共粤东南特委青年部部长、中共粤东南特委直属九龙区区委书记。1939年11月在中共广东省委扩大会议上被选为党的七大候补代表,从广东奔赴延安。1946年始,先后任中共广州地区特派员,中共香港分局城市工作委员会(亦称港粤城工委)副书记,广东省第五、六届人大常委会副主任,广东省顾问委员会副主任,广州市委书记等职。2003年在广州逝世。

2. 中共大鹏第一任支部书记——黄闻

黄闻(1916—1945)原名文华,坝岗桐梓村人。1936年后,组织"海岸话剧团",深入山村渔寨演出宣传抗日救亡剧目。1938年,组建坝岗抗日自卫队袭击敌军。同年加入中国共产党。1944年以后,历任东江纵队惠阳大队政训室主任、第七支队政治处负责人兼中共惠(阳)东(莞)县委副书记、惠东县行政督导处民运部长等职。1945年6月,在淡水县召集区委书记会议时遭日军袭击,于突围中牺牲。时年29岁。

3. 钟原

钟原(1917—1977),又名钟宝斌,男,大鹏镇王母圩人。早年在香港模范中学上过学。1938年11月,由黄国伟介绍加入中国共产党,12月任中共大鹏支部委员。1939年5月中共大鹏区委成立,钟原任书记。参加过淮海战役,曾任四野两广纵队政治部主任。中华人民共和国成立后担任过广西省委书记邓子恢办公室主任,中共中央农村办公室主任。"文化大革命"期间下放湖北沙阳农场劳动改造,"文化大革命"后调回国务院农业部农业检疫司任司长。1977年在北京去世。

图 2-104 钟原

4. 袁庚

袁庚(1917—2016),原名欧阳汝山,龙岗区大鹏镇水贝村人。

1930年,考入广州广雅中学读书。1939年3月,加入中国共产党。曾在大鹏镇鹏城村当小学校长,以此身份作掩护从事中共地下活动。同年冬,加入东江纵队。

1943年12月任东江纵队护航大队大队长。1944年任东江纵队情报处长，专门负责珠江三角洲和广东沿海敌占区的情报搜集和情报交换工作，并与美国第十四航空队陈纳德将军属下的对日作战情报机构合作。1945年任东江纵队港九大队联络处处长，以上校军衔赴香港与英国海军元帅夏悫少将负责日本军队受降事宜的谈判，并成为中共驻香港办事处第一任主任（新华社香港分社的前身）。1948年参加过淮海战役。1950年初，率所部炮兵配合解放军全歼盘踞在三门岛的国民党残余武装286人，解放了三门岛。同年随中国军事顾问团赴越南，成为胡志明主席的情报、炮兵顾问。

1953年，任中国驻印尼雅加达总领事馆总领事。1963年4月，参与破获国民党特务刺杀刘少奇的"湘江计划"案。"文化大革命"期间（1968年4月），被诬蔑为"美国特务"，"出卖香港的汉奸"，经康生批准被捕入狱，在秦城监狱被关押5年6个月。1973年9月，经周恩来总理亲自过问得以获释出狱。1973年，任交通部外事局负责人，主持全面工作。1978年10月，任香港招商局副董事长，1978年底他向中央提交了在蛇口创办工业开发区的报告，1979年7月20日，蛇口工业区正式运作，袁庚任蛇口工业区建设指挥部总指挥、第一届蛇口工业区管理委员会主任。他率先提出的"时间就是金钱，效率就是生命"的口号，得到邓小平首肯。他在全国首先实行工资制度改革、领导干部公开民主选举和信任投票制度等一系列措施。在他的领导下，蛇口工业区迅速崛起。高速度、高效益发展的"蛇口模式"也成为中国经济体制改革的样板。

1992年袁庚离休。2003年7月被香港特区政府授予"金紫荆星章"，10月被授予"中国改革之星"称号。2005年9月1日，袁庚获颁由党中央、国务院、中央军委制作的中国人民抗日战争胜利60周年纪念章。2018年12月18日，党中央、国务院授予袁庚同志改革先锋称号，颁授改革先锋奖章，并获评改革开放试验田"蛇口模式"的探索创立者。2016年1月31日，袁庚因病医治无效，在深圳蛇口逝世。

5. 赖仲元

赖仲元（1918—1988），宝安县大鹏鹏城村人，是清朝抗日名将赖恩爵之后。1938年日本侵略军在大亚湾登陆后，他积极投入抗日救亡运动。10月加入中国共产党。此后历任地下党乡党支部书记、区委书记、东江纵队独立中队政委、东江纵队特派员等职。1944年任广九路东新一区区委书记兼区长。

日本投降后，赖仲元在惠阳地区镇隆、永湖一带领导武装斗争，任东江江南第二战线政委。1946年5月至6月间跟随东江纵队司令员曾生，在惠阳地区的惠州、

图 2-105 袁庚

平山、多祝等地与敌人展开合法斗争。6月随东江纵队北撤到山东，任华东军政大学教导员、华东党校营团队队长、华东野战军司令部粟裕将军随从参谋等职。

中华人民共和国成立后，赖仲元先后任中共中央华南分局党校组教务处长、广东省委党校党史教研室主任、副校长、校党委常委、广东省农科院副院长、哲学社会科学研究所副所长、省农林水办公室副主任兼省科委副主任等职，为党的干部教育事业以及科学研究事业倾注了毕生的精力。1964年，他带队到东莞县搞农业区划试点，出色地完成了试点工作，对东莞农业生产的发展作出了贡献。后试点在全省推广并向全国介绍，被国家科委列为1965年全国重大科技成果之一。1988年9月在广州病逝。

6. 刘黑仔

刘黑仔（1919—1946），原名刘锦进，大鹏东北村人。因为他身体结实，皮肤较黑，人们便亲切地称他为"刘黑仔"。

1939年春加入中国共产党。随后参加惠宝人民抗日游击队。他作战骁勇，足智多谋，百发百中，被誉为"神枪手"，后任东江纵队港九大队短枪队副队长、队长。他经常乔装打扮，战斗在敌人的心脏，出色地完成运送武器、护送文化名人、抢救国际盟友、侦察收集军事情报等各项任务。他神出鬼没地骚扰、袭击日军，炸毁敌人仓库、机场、火车、桥梁等，搞得敌人日夜不安，成为名扬港九的传奇式的抗日

图 2-106　刘黑仔

英雄。

1941年初，刘黑仔铲除伪维持会会长袁德等多名汉奸。12月，刘黑仔任广九大队短枪队队长，主要任务是肃清当地为害人民的土匪。在半年多时间里，共肃清大小土匪10余股，计250余人。香港沦陷后，刘黑仔参加新组成的广东人民抗日游击总队港九独立大队，先后被任命为短枪队副队长、队长，率队在香港西贡、九龙一带进行抗日活动，出色地完成了运送武器、护送文化人、营救国际友人、打击日军汉奸和收集军事情报等任务，成为名扬港九的传奇式人物。其中所营救的盟美军飞行员克尔中尉，曾写信感谢东江纵队，称刘黑仔为他的"再生父母"。

1945年，调任东江纵队西北支队部参谋兼短枪队队长。1946年，刘黑仔奉命率短枪队随东江纵队粤北指挥部留在南雄、始兴一带坚持活动。同年5月，他到与江西交界的南雄县界址圩调解一宗民事纠纷时，遭国民党军伏击而中弹牺牲。其遗体就地埋葬在江西省全南县正合乡鹤子坑村，墓碑上书"东江纵队英雄刘黑仔之墓"。1987年春，迁葬于大鹏镇鹏城村革命烈士陵园。

7. 蓝造

蓝造（1917—1990），原名蓝兆麟，葵涌坝岗人。1936年初任坝岗小学校长，其间参与发起以乡村知识分子为主体的"海岸读书会"，开展抗日救亡宣传活动。1938年参与组织"坝岗抗日自卫队"。同年加入中国共产党。1939年春起，先后任中共惠阳县大鹏区支部委员、中共多祝区委书记、中共惠州区委书记、广东人民抗日游击队东江纵队第二支队政治委员。1944年11月任中共路东县委书记，领导广九铁路以东的惠东宝地区的抗日游击战争。1948年4月任中共江南地委副书记兼广东人民解放军江南支队司令员。1949年1月任中国人民解放军粤赣湘边纵队东江第一支队司令员，为华南解放战争的胜利作出了贡献。1949年10月后，历任惠州军事管制委员会主任、中共东江地委委员、华南军区东江军分区第一副司令员、武汉军区司令部军事科学研究室主任、武汉军区作战部长等职，1955年被授予上校军衔，1961年晋升大校军衔，1990年逝世。

8. 黄柏

黄柏（1922—1978），又名黄康、黄康柏，葵涌葵新人。1942年加入中国共产党，同年秋参加东江纵队，历任指导员、连长、大队长等职。1946年6月东纵北撤后，留在江北一带发展党组织，恢复武装斗争。1947年3月，任中共江北地方工委委员兼龙（门）从（化）区工委书记、中国人民解放军江北支队司令员，率部在增城、龙门、博罗、花县、从化、佛冈、番禺北部和清远东部一带开展武装斗争。1949年2月，任中国人民解放军粤赣湘边纵队东江第三支队司令员。率领该支队先后取得上坪、良口、正口、龙镇等战斗的胜利，其中公庄上坪战斗全歼敌军，取得全胜，毙敌39人，伤敌37人，俘敌185人，此战从根本上扭转了江北地区的军事局面。指挥解放博罗、龙门，并配合南下大军解放广州。中华人民共和国成立后，历任广东军区东江军分区副司令员，中共韶关市委书记兼市长，武汉冶金建设公司金属结构安装公司党委书记，武钢安全处处长，第一冶金建设公司党委委员、监委第一副书记等职。

9. 黄业

黄业（1919—1997），原名黄业成，桂坝乡小桂村人。1936年投身抗日救亡运动，参加海岸读书会、大亚湾海岸流动剧团和坝关抗日自卫队等活动。历任惠宝人民抗日游击总队第二中队政治指导员、广东人民抗日游击队第三大队第二中队指导员、第三大队政训室主任、广东人民抗日游击总队东莞大队政治委员、广东人民抗日游击队东江纵队第四支队、第五支队政治委员。曾转战东江和北江地区，先后参加星村、里水战斗，参与领导部队抗击日军的"万人大扫荡"，并取得胜利。

10. 周志坤

11. 陈维新

陈维新（1904—1979），又名陈亦雄、陈维，男，葵涌镇横头村人。年轻时加入中国共产党，东江纵队地下党员。最初在葵涌以开饭店"雅乐园"为掩护，协助东江纵队执行税务工作，同时负责游击队情报工作。1938年10月以做生意为掩护，参与惠宝游击队跟香港地下党组织的情报联络。一次由于汉奸告密，被伪保长陈意奎抓去审问，关押十几天才放出来。出来后他转移到香港，参加香港海员工人运动，成为香港海员工会骨干。一次他在船上组织工人罢工时，被敌人逮捕。1950年朝鲜战争爆发，他组织船队为解放军运输军用品。1952年他所在的秘密工作组被潜伏香港的台湾特务发现，上级指示他们立即分散离开香港，组里其他同志去广州接受新的任务，而他装扮成码头工人进入澳门群胜馆，化名为杨伟、陈平，继续开展秘密活动。他依靠馆内工人，将操纵群胜馆多年的反动头目铲除。20世纪60年代，组织上派他到澳门报社任编辑部主任。"文化大革命"期间，受到江青反革命集团的打击陷害，曾停止工作一段时间。"文化大革命"结束后，重返群胜馆工作。1979年11月在澳门去世。

12. 蓝介夫

蓝介夫（1914—1980）盐灶村人，1938年跟随族兄蓝造加入"坝岗抗日自卫队"，参加打响深圳地区抗日第一枪的坝岗伏击战。

13. 萧伦

萧伦（1914—1948），葵涌镇坝光村人。1939年参加惠宝人民抗日游击队。次年加入大鹏联防抗日自卫队，先后任小队长、副中队长。1944年任东纵第二支队江南大队第一中队长。1947年任惠东宝人民护乡团第二大队中队长、第一大队副大队长。次年任粤赣湘边纵队东江第一支队第一团副团长，奉命东上安墩地区进行军事整训大练兵。随后参与指挥沙鱼涌、山子下、红花岭等多次战斗。1948年10月在惠东三家村掩护支队领导撤退时牺牲。

14. 陈维康

陈维康（1919—1945），又名陈剑、陈燕芬，葵涌镇坝岗村人。1938年参加惠阳青年会回乡工作团，回惠宝地区宣传抗日救国。次年任中共惠阳县委组织部干事。1941年任省委交通员，负责往来韶关（省委机关驻地）和惠宝两地，传递秘密文件。次年参加广东人民抗日游击队，历任第三大队的中队文化教员、政治指导员、东江纵队独二大队教导员等职。1944年率独二大队夜袭新塘火车站，俘日军站长阿南中佐，威震广州。1945年在粤北的一次战斗中受伤，在山上隐蔽时被国民党顽军用火

图 2-107 陈维康

烧死。

(四)支持大鹏革命的民主人士、开明乡绅

1. 蓝翼香

蓝翼成兄弟,早年留学日本,为大鹏名师,思想新潮,学识渊博,受邀在王桐山书院讲学,大鹏青少年袁庚、赖仲元、刘黑仔、戴机、蓝造等慕名而来听讲,受他启蒙,他主持的王桐山书院也成了大鹏革命的摇篮。

2. 彭东海

彭东海(1897—1975),出生于葵涌镇张屋村一个贫苦家庭。因父亲早丧,只读过两年书,便与母亲一起靠挑担为生,奔波于坪山、葵涌、大鹏一带。后到香港当杂工、海员。因协助同乡、香港知名人士许让成经营商业得到一大笔款项,继而考虑到家乡交通闭塞,便决定返回家乡,致力于惠阳宝安东部地区的公路建设,创办澳淡星星行车公司,自任总经理。经过不断努力,先后修筑澳头至淡水、淡水至平湖、龙岗至深圳、淡水至陈江等公路。

抗日战争期间,彭东海接受共产党的抗日主张,协助东江纵队抗日,并提供大量资金及物品。成立米业平粜行,购来粮食平价卖给旱区百姓,解决农民粮荒。1945年当选为首届路东区参议会议长,直接参与抗日民主政权活动。

图2-108 彭东海

抗战胜利后,彭东海重新建立淡平联星行车公司,任总经理。他支持人民革命事业,为部队提供交通运输工具及经费。

中华人民共和国成立后,彭东海结束在香港的生意,返回内地,购买8部新式的长龙FORD车,装置成客货车,继续发展家乡交通事业,还投资广州民生铁厂。1950年当选为惠阳县第一届人民代表大会常务委员会副主任。后被错评为地主工商业,判刑坐牢。1956年提前释放后,先后任惠阳县侨务局副局长、县政协常委等职。1975年2月去世。

3. 钟胜

大鹏王桐山人,海员,积极参加孙中山的革命事业,曾致信母亲表示要把自己收入的三分之一捐给革命事业。1925年参加省港大罢工遭辞退,并永不录用。回乡后九个子女全部参加东江游击队,长子钟原为大鹏第一任区委书记,钟胜对子女的革命事业鼎力支持,二子与二婿为革命牺牲。中华人民共和国成立后钟胜任农会主席,1978年病逝。

六、葵涌籍革命英烈简表

姓名	曾用名	性别	出生日期	籍贯	党团员	参加革命时间、地点、原因	牺牲前单位、职务
陈维康	陈剑 陈燕芬	男	1919	葵涌坝岗村		1938年参加广东人民抗日游击总队，1945年在粤北战斗中受伤，被国民党顽军用火烧死	教导员
李兆霖	李兆林	男	1922	凤树山东心村	党员	1942年1月参加东江抗日游击队惠阳大队，1948年在淮海战役第三阶段战斗中牺牲	两广纵队连长
钟红		男	1908	坝光西乡村		1941年参加东江抗日游击队，1943年在博罗县罗浮山战斗中牺牲	东江纵队三大队中队长
钟通		男	1920	洞子村	党员	1942年参加广东人民抗日游击总队，1945年在陆丰县战斗中牺牲	东江纵队第六支队中队长
李观妹		男	1927	洞背村	党员	1938年参加惠宝人民抗日游击队，1945年在博罗县罗浮山战斗中牺牲	东江纵队指导员
李惠清		男	1917	坝光园岭李屋村	党员	1941年参加东江抗日游击队，同年7月在沙河被围捕与敌搏斗时牺牲	抗日游击队五大队税站长
谢田兴			1922	屯围村		1941年参加东江抗日游击队，1943年春在惠阳县澳头收税被围战斗中牺牲	东江纵队税站站长
李佳才	李运才		1928	土洋村		1947年9月，在袭击驻在沙鱼涌的国民党反动军队战斗中牺牲	东江纵队班长
李晚胜			1924	土洋村	党员	1941年参加东江抗日游击队，后调琼崖纵队，1944年在海南岛战斗中牺牲	琼崖纵队班长
巫观球			1923	洞背村	党员	1943年参加广东人民抗日游击总队，1945年在坪山北岭作战牺牲	东江纵队班长

续表

姓名	曾用名	性别	出生日期	籍贯	党团员	参加革命时间、地点、原因	牺牲前单位、职务
陈灵			1920	葵涌		1940年参加东江抗日游击队,1944年在东莞县战斗中牺牲	东江纵队小队长
黄玉维			1920	坝光塘唇村		1941年参加东江抗日游击队,1943年在东莞县石龙战斗中牺牲	东江纵队班长
黄贤	黄坚		1918	坝光圩一队		1939年参加惠宝人民抗日游击队,1942年在东莞县被汉奸活埋	抗日游击队三大队小队长
李庚			1920	李屋村		1942年参加广东人民抗日游击总队,1945年在陆丰县战斗中牺牲	东江纵队事务长
汤赐昌			1921	下径心村		1940年参加新编大队,1942年在连平县瑶山战斗中牺牲	东江纵队班长
廖运祥			1917	下径心村		1939年参加新编大队,1944年8月在惠东县平海镇北门战斗中牺牲	东江纵队护航大队振明中队一班长
范祥			1919	葵涌公社三溪福田村		1940年参加新编大队,1943年在惠阳县澳头下涌战斗中牺牲	抗日游击队赖祥中队事务长
林华生			1921	坝光园岭村		1941年参加东江抗日游击队,1943年在沙湾战斗中牺牲	抗日游击总队班长
黄伟华	黄华勤		1916	坝光洞子村	党员	1938年参加惠宝人民抗日游击队,1942年在坪山红花岭战斗中牺牲	抗日游击队中队长
陈西厨			1928	屯围村		1941年12月19日参加广东人民抗日游击总队,1947年秋在山东省战斗中牺牲	两广纵队班长
李立桃	李立涛		1921	石场村	党员	1939年参加新编大队,1948年在山东省惠民地区淮海战役中牺牲	两广纵队站长

续表

姓名	曾用名	性别	出生日期	籍贯	党团员	参加革命时间、地点、原因	牺牲前单位、职务
钟华荣			1921	坝光洞子村	党员	1944年参加东江纵队，1946年冬在大鹏被新一军围捕后牺牲	东江纵队情报站站长
蓝俊			1923	坝光蓝屋		1944年参加东江纵队，1946年春在海丰县战斗中牺牲	东江纵队第六支队班长
黄锡			1924	坝光洞子村		1947年参加护乡团二团，1948年在龙岗被国民党反动派杀害	护乡团二团事务长
黄维灵			1923	坝光洞子村		1947年参加护乡团二团，1948年8月在红花岭战斗中牺牲	护乡团二团事务长
欧阳旋			1918	葵涌欧屋村		1947年参加护乡团二团，1948年在坪山夫人岭被国民党反动派杀害	护乡团二团税站站长
黄生如			1921	坝光村		1940年参加东江抗日游击队，1947年秋在惠阳县横畲战斗中牺牲	护乡团三团惠阳大队副官
李道生	李路生		1924	土洋村	党员	1941年参加广东人民抗日游击队，1945年在东莞宵边战斗中牺牲	东江纵队小队长
利英			1919	土洋村	党员	1941年5月参加广东人民抗日游击队。1943年12月4日，在宝安县乌石岩战斗中牺牲	广东人民抗日游击队队员
利佑	利右		1921	土洋村	党员	1939年冬参加中国共产党。1942年，为掌握反动派的活动情况，后被游击队误杀	
李乃胜			1921	土洋村	党员	1945年，被国民党反动派枪杀	
李满胜			1921	土洋村	党员	1941年4月参加广东人民抗日游击队，1943年在海南岛的一次战斗中牺牲	海南岛琼崖纵队队员

续表

姓名	曾用名	性别	出生日期	籍贯	党团员	参加革命时间、地点、原因	牺牲前单位、职务
李容生			1925	土洋村		1941年5月参加广东人民抗日游击队。1946年初，在粤北始兴县与国民党反动军队的战斗中牺牲	部队首长的保卫员
卢金			1918	上角村	党员	1940年参加东江抗日游击队，1941年在增城与国民党反动军队作战中牺牲	抗日游击队战士
潘作良			1913	葵涌三溪村		1947年参加护乡团情报站，1948年在葵涌分水岭被捕后遭杀害	护乡团情报员
李娇			1928	屯围松树墩村		1947年10月参加护乡团二团，1948年8月在龙岗红花岭战斗中牺牲	护乡团二团罗特中队战士
吴观龙			1924	葵涌公社		1943年参加东江游击队，1945年11月在葵涌深水田村被捕后遭杀害	葵华沙溪联乡办事处武工队员
李九			1924	土洋村		1941年参加东江抗日游击队，同年底在东莞飞鹅岭的战斗中牺牲①	抗日游击总队战士
谭有			1921	谭屋村		1941年参加东江抗日游击队，1943年在惠阳县澳头下浦丝苗埔战斗中牺牲	抗日游击队赖祥中队战士
潘恩焕			1919	葵涌油榨村		1942年参加广东人民抗日游击总队，1944年在增城县战斗中牺牲	东江纵队战士
刘马传			1924	盐灶产头村		1947年参加护乡团二团，1948年秋在惠阳县澳头罗岭战斗中牺牲	护乡团二团战士

---

① 《红色记事》海天出版社2016年版，第139页。

续表

姓名	曾用名	性别	出生日期	籍贯	党团员	参加革命时间、地点、原因	牺牲前单位、职务
凌观来			1921	坝光石古墩村		1942年参加广东人民抗日游击总队，1944年在惠州被捕后杀害	东江纵队护航大队战士
廖进			1929	葵涌溪村		1947年参加护乡团二团，1948年秋在惠阳县澳头罗岭站斗中牺牲	护乡团二团战士
范佳	何锋		1925	土洋村	党员	1943年入党，1948年7月在惠阳县龙岗岗背收税时被捕后遭杀害	下陂头税站税务员
曾送			1924	葵涌大埔畲村		1942年参加广东人民抗日游击总队，1943年8月在坝光狮牛望月顶战斗中牺牲	惠阳七区桂岗乡民兵

第五节 葵涌河红色革命历史文化展示策划

一、文化分区方案

在系统调研的基础上进行提炼，结合葵涌河景观设计的一些展示节点，用河道串起葵涌河发源于径心，上游与坝关相连，而坝关是大鹏半岛红色革命的发源地；下游从沙鱼涌出海，是东江纵队扬帆起航、胜利北撤之地。根据对东江纵队红色革命文化的调查研究，结合葵涌河的实际，对葵涌河红色革命文化展示作如下策划：将大鹏与东江纵队红色革命文化按时间顺序分为三个阶段，分别在葵涌河上、中、下游进行展示，上游主题为"东江抗日第一枪"，中游为"英雄的东江纵队"，下游主题为"胜利北撤"。

（一）上游展示主题：东江抗日第一枪

介绍1931年九一八事变、1935年北平一二·九运动、1937年七七事变后，大鹏掀起轰轰烈烈的抗日救亡运动，虽然侵华日军还没有进攻华南，但大鹏人民有着600年保家卫国、抵抗侵略的传统，再加上日军对华南地区的轰炸也引起大鹏人民的愤怒，大鹏的有志青年纷纷走上街头，进行抗日救亡的宣传活动，组建抗日武装，并打响东江抗战第一枪。利用上游节点上线状的锈蚀铁质展板的五个区块，分别设置《前言》《海岸流动话剧团》《坝光乡抗日自卫队》《大鹏半岛党组织的创建》《东江抗战第一枪》五个内容进行图文展示。利用两面厕所屏风展示坝关作为大鹏半岛红色革命的起源地的自然风光和人文风光，自然风光选材为"坝岗海岸"，人文风光选材为日军登陆点之一的坝岗盐灶村。

（二）中游展示主题：英雄的东江纵队

中游河段为核心区，展示主题为"英雄的东江纵队"，介绍东江纵队从无到有，孤悬敌后，在日、伪、顽的夹击下，在战斗中不断壮大自己，逐渐成为抗日战争时期中国共产党在华南地区的主力。该区域设计有入口栈桥、出口栈桥、跨线桥、挡墙等展示设施。拟在入口栈桥以承载东江纵队重大历史事件的建筑遗址进行串联，形成建筑长廊；拟在出口栈桥以承载东江纵队重大历史事件的山山水水进行串联，形成一幅山水长卷；拟在跨线桥台阶上的休闲座椅上展示东江纵队大鹏籍重要历史人物，遴选了钟明、黄闻、钟原、蓝造、赖仲原、袁庚、刘黑仔、戴鼎；在跨线桥的侧面展示东江纵队的发展历程。

（三）下游展示主题：胜利北撤

1946年6月30日凌晨，东江纵队2583人（其中包括珠江纵队、韩江纵队、南路、桂东南路部队骨干共160人），在曾生、王作尧、林锵云、杨康华的率领下，在大鹏湾沙鱼涌登上美国军舰北撤，7月5日抵达山东烟台。

本区域展示拟通过四个环节进行组合：东江纵队接到命令后从各地向大鹏半岛集结；集结时居住地以土洋、黄屋村、江夏第和欧屋炮楼为代表；群众在沙鱼涌与东江子弟兵挥泪告别；前来接送东江纵队将士的美国登陆舰1026.585.589和护航的驱逐舰于1946年6月29号下午停泊在沙鱼涌海面，准备运北撤部队。1946年6月30日，东江纵队2583名官兵登上美国军舰启航，北撤山东。把这4个场景进行组合，变成一个故事的完整序列。

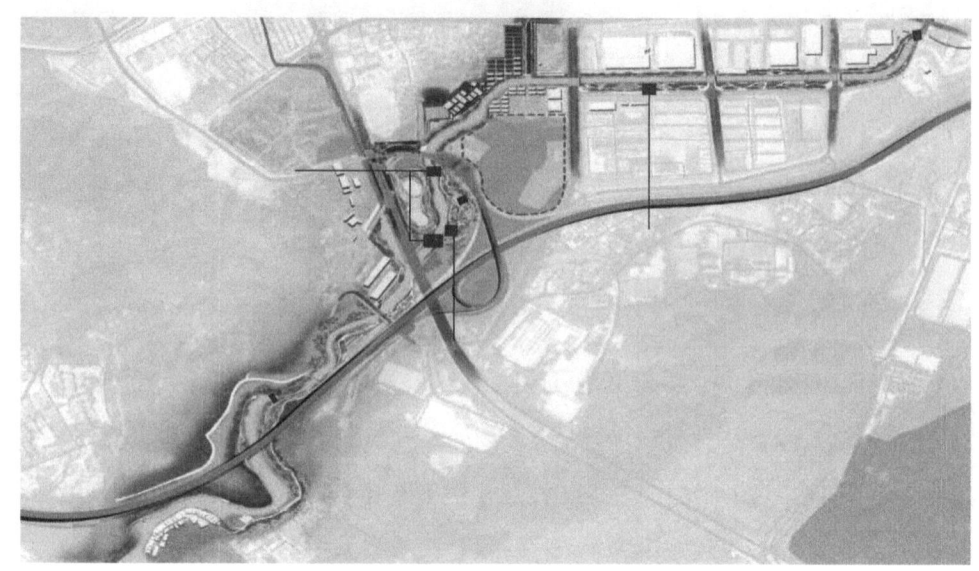

图 2-109　公共空间文化展示节点平面图

二、红色革命文化内容展示安排

（一）上游展示主题：东江抗日第一枪

1. 前言

1935 年，北平爆发"一二·九"运动，广东各地纷纷响应，南粤大地掀起抗日救亡的浪潮。大鹏的抗日救亡运动风起云涌，先后成立海岸读书会、海岸流动话剧团、大鹏青年抗敌同志会；发展中国共产党大鹏的党组织，成立中共大鹏支部和大鹏区委；组建抗日武装——坝岗抗日自卫队。1938 年 10 月 11 日，坝岗抗日自卫队袭击了日军，袁庚打响抗击侵华日军登陆大亚湾的"东江抗日第一枪"。

2. 海岸流动话剧团

1937 年 8 月，在香港惠阳青年回乡救亡的影响下，以海岸读书会成员为骨干，组建了"海岸流动话剧团"。演出的主要剧目有《放下你的鞭子》《保卫家乡》《古寺钟声》等，向沿途的民众宣传抗日救国的道理，揭露国民党反对派的不抵抗行为和日寇在我国领土上烧杀抢掠的罪恶行径。"海岸流动话剧团"主要成员：黄闻、潘清、黄岸魁、钟原、刘黑仔、赖仲元、袁庚、陈培、蓝造、黄业、陈永、黄林、陈通、陈秀、陈瑞、黄捷英、黄德明、黄贯东、林丰时、黄文琛、钟少华、张平等。

第二章 葵涌历史文化调查研究

图 2-110 公共空间文化展示节点平面图

图 2-111 图为海岸流动话剧团的大鹏青年开展抗日爱国宣传话剧《放下你的鞭子》

图 2-112

图 2-113　图为中共第一个大鹏支部、大鹏区委成立旧址——大鹏王母鹏新东路 101 号

3. 坝光乡抗日自卫队

1937 年，卢沟桥事变后，抗战的烽火燃遍了大江南北。1938 年 5 月，黄闻、黄岸魁等组建群众抗日自卫队——"坝光乡抗日自卫队"，黄岸魁为队长，黄闻负责政治工作，队员有蓝造、黄业、袁庚等 20 多人。这是大鹏第一支以进步青年为骨干的武装。

4. 大鹏半岛党组织的创建

1938年10月，黄闻、钟原、陈陪在黄国伟的主持下宣誓加入中国共产党，同时成立中共大鹏第一个支部，黄闻任书记。这犹如大鹏半岛革命的星火，迅速成为燎原之势，不到半年，大鹏半岛的共产党员迅速发展到40多人，进而成立中共大鹏区委，钟原任书记。

5. 东江抗战第一枪

1938年10月12日，45000名日本侵略军在大亚湾登陆。而在10月11日下午两点后，十余名日本兵乘坐摩托登陆艇在坝岗西乡围登陆，欲抢劫西乡围牲畜等财物。"坝光抗日自卫队"伏击了侵华日军，打响了东江抗战的第一枪。

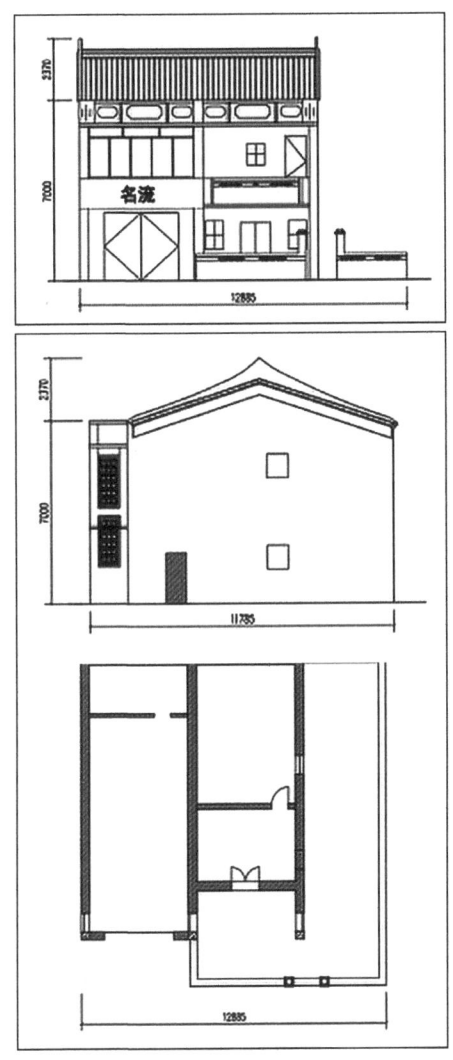

图2-114 图为中共第一个大鹏支部、大鹏区委成立旧址——大鹏王母鹏新东路101号

图 2-115　袁庚（1917—2016 年），大鹏水贝人，革命家、改革家

6. 公共洗手间屏风

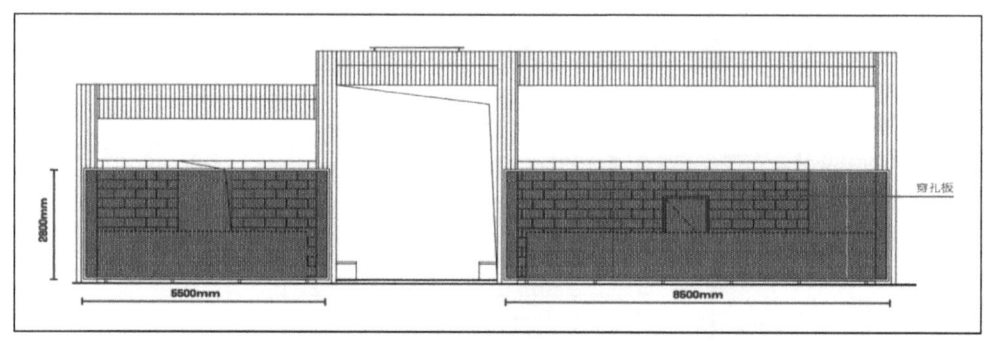

图 2-116　展示位置和展示手法

图 2-117 展示效果

7. 坝岗海岸

坝岗海湾。坝岗，位于大鹏半岛北部，大鹏半岛红色革命的发源地。1938 年 10 月 11 日，黄闻、钟原、袁庚等大鹏热血青年在这里打响东江抗日第一枪，从此，江东人民抗日的枪声再也没有停过，直至抗战胜利。

图 2-118

8. 坝岗盐灶古村

坝岗盐灶古村：东江纵队重要活动地。1938 年 10 月 12 日，日军在大亚湾登陆，分别在盐灶村的周屋背、庙仔角、坳仔头登陆，侵略者还砍去数棵古老的银叶树。

图 2-119

（二）核心区展示主题：英雄的东江纵队

1. 入口栈桥

栈桥位于核心区出口和入口位置，高 1.1 米，长约 70 米，材质为穿风板。入口策展思路，利用承载东江纵队重要历史事件的建筑组成建筑组群，每个组成画面背后都有一个东江纵队的重要历史事件，远观就形成类似城市天际线的建筑组群，近则有组成画面的名称和详细内容的二维码。

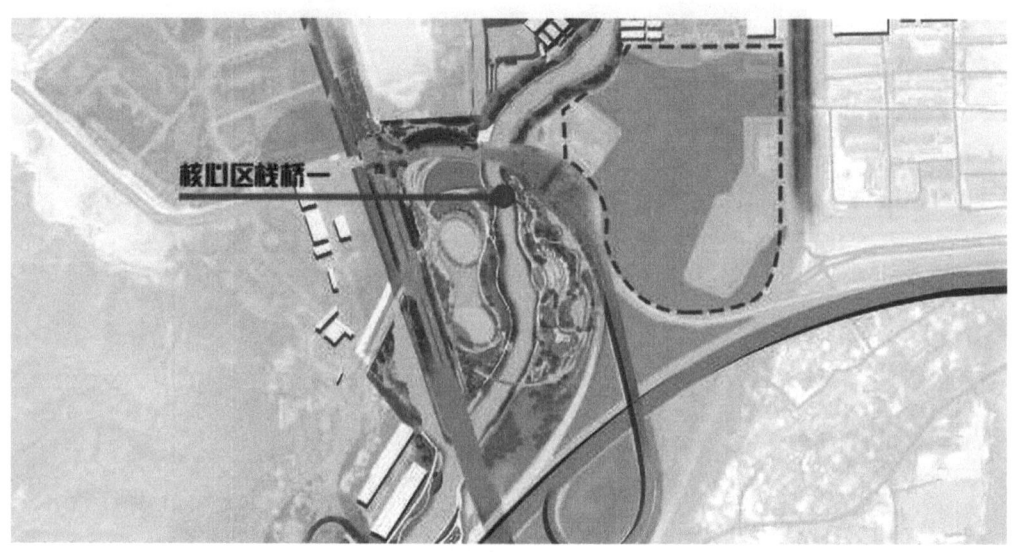

图 2-120

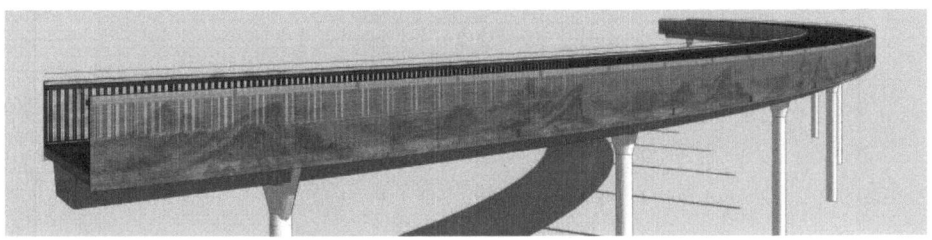
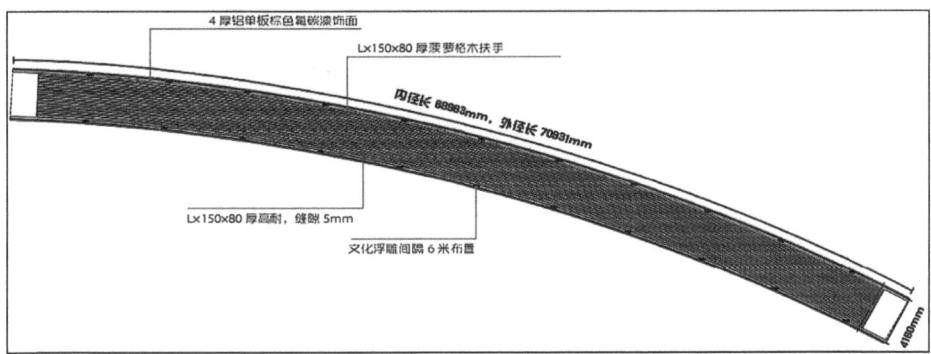
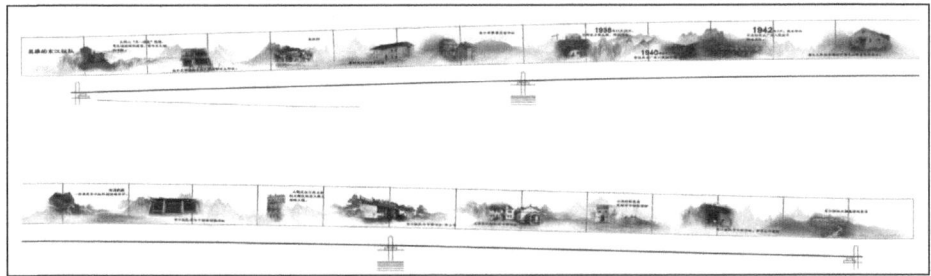

图 2-121

图 2-122 大鹏半岛红色革命的摇篮——大鹏王桐山书院

图 2-123　中共第一个大鹏支部成立旧址——大鹏鹏新东路 101 号

图 2-124　惠宝抗日游击总队成立旧址——惠阳周田村育英楼

图 2-125　中共东江军事委员会成立旧址——惠阳坪山马峦村

图 2-126　1938 年 12 月，第二大队收复宝安县城南头

图 2-127　港九大队在香港西贡黄毛应教堂宣告成立

图 2-128　东江纵队青年干部培训班旧址

图 2-129　大鹏区抗日民主政权大鹏区政府大鹏王母陈火楼

图 2-130　东江军政干部学校旧址——大鹏东山寺

图 2-131　土洋东江纵队司令部旧址

图 2-132　土洋村新屋巷东江纵队司令部参谋部

图 2-133 东江纵队司令部旧址——罗浮山冲墟观

图 2-134 东江纵队北撤集结地——葵涌

2. 出口栈桥

栈桥位于核心区出口位置,高 1.1 米,长约 70 米,材质为穿风板。策展思路,利用承载东江纵队重要历史事件的遗址组成山水长卷,每个组成画面背后都有一个东江纵队的重要历史事件,远观就形成类似一组山水画长卷,近则有组成画面的名称和详细内容的二维码。

图 2-135　1938 年 10 月 11 日中午，坝岗抗日自卫队袭击了日军，袁庚打响东江抗战第一枪

图 2-136　1938 年 11 月 13 日，东莞模范壮丁队主动出击侵华日军，图为刘屋战斗遗址

图 2-137　1940 年 10 月，王作尧、周伯明等创建以阳台山为中心的抗日根据地，图为阳台山

图 2-138　1940 年 10 月，曾生、尹林平挺进大岭山，开创大岭山抗日根据地，图为大岭山

图 2-139　1940 年 11 月，第二大队在大岭山黄潭村与日军激战，毙伤日军 30 余人，是广东人民抗日游击队重返惠东宝第一战，大大鼓舞了人民群众的抗日斗志

图 2-140　1941 年 6 月 11 日，日军长濑大队 400 余人袭击大岭山百花洞，广东人民抗日游击队第三大队英勇作战，毙伤日军 50 余人，大队长长濑被击毙

图 2-141 1942 年 1 月开始的文化名人大营救重要的中转站——龙华白石龙村

图 2-142 1942 年文化名人大营救东线的必经之路，也是港九大队海上中队驻地——香汇东安粮船湾

图 2-143 1942 年文化名人大营救东线重要登陆点——葵涌河出海口沙鱼涌

图 2-144 港九大队海上中队驻地——南澳渔港

图 2-145 奇袭马鞍岛。1943 年 7 月 6 日晚上 8 时，护航大队副中队长叶基带领突击队，装成渔民出击马鞍岛。全歼伪海军一个大队，拔掉了大亚湾海域日伪军的一个"钉子"，为广东人民抗日游击总队控制大亚湾海上通道、挺近稔平半岛开辟根据地，创造了有利条件

图 2-146 坳下村血战。1943 年 2 月 18 日，由于伪保长告密，以大鹏所城戴屋巷人戴鼎为队长的惠阳大队独立小队在坳下村被日军包围，经过激战，毙敌 20 余人，勇士们全部壮烈牺牲，血染梧桐山

图 2-147　坝岗坳伏击战

图 2-148　黄田战斗遗址

图 2-149　1942 年 5 月 14 日，驻横岗日军炮兵部队出动 70 余人到碧岭抢粮。惠阳大队在铜锣径设伏，毙伤日军 30 余人，打死战马 30 多匹，给日军以狠狠打击

图 2-150　1945 年 2 月 26 日，侵华日军第五十五航空师团之直辖第七号机失事，2 月 27 日，机上 8 人在逃跑过程中被我东江纵队全部机毙，其中包括日军少将安田利喜雄（死后追认中将），是我东江纵队击毙的最高级别日军军官

3. 中心挡墙

鸡心石伏击战。1939 年 12 月 1 日，周伯明率新编大队在横岗北面鸡心石伏击日军一个大队，毙伤日军 30 余人，击毙战马 3 匹，这是部队初创以来的第一次胜仗，提高了部队的战斗意志。

黄潭战役。1940 年 11 月，第二大队在大岭山黄潭村与日军激战，毙伤日军 30 余人，是这广东人民抗日游击队重返惠东宝第一战，大大鼓舞了东江人民的抗日斗志。

百花洞战役。1941 年 6 月 11 日，日军长濑大队 400 余人袭击大岭山百花洞，广东人民抗日游击队第三大队英勇作战，毙伤日军 50 余人，大队长长濑被击毙。

铜锣径伏击战。1942 年 5 月 14 日，驻横岗日军炮兵部队出动 70 余人到碧岭抢粮。惠阳大队在铜锣径设伏，毙伤日军 30 余人，打死战马 30 多匹，给日军以狠狠打击。

坳下村血战。1943 年 2 月 18 日，由于伪保长告密，以大鹏所城戴屋巷人戴鼎为队长的惠阳大队独立小队在坳下村被日军包围，经过激战，毙敌 20 余人，戴鼎、王慕等勇士们全部壮烈牺牲，血染梧桐山。

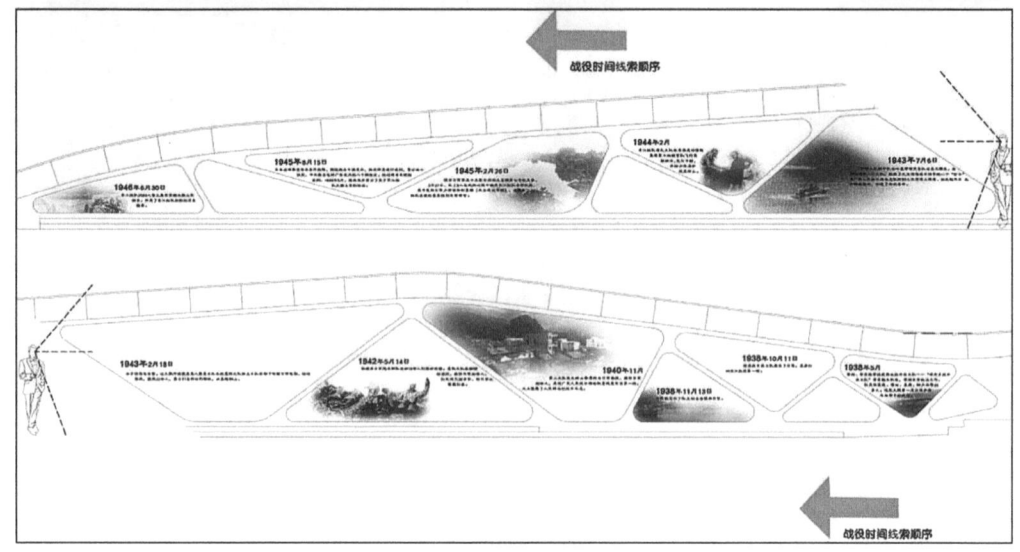

图 2-151

福永爆破攻坚战。1943年5月2日，主力队珠江队对宝（安）太（平）线上伪军的福永炮楼据点展开攻击，取得全歼守敌的胜利，全歼伪军一个连，毙敌30余人，俘敌40余人，缴获轻机枪6挺，长短枪40余支和大批物资。

奇袭马鞭岛。1943年7月6日晚上8时，护航大队副中队长叶基带领突击队出击马鞭岛。全歼伪军3艘武装船，俘虏伪军40多人，击毙伪海军大队长以下50多人，缴获轻机枪2挺、步枪40多支。拔掉了大亚湾海域日伪军的一个"钉子"，为广东人民抗日游击总队控制大亚湾海上通道、挺近稔平半岛开辟根据地，创造了有利条件。

黄猄坑战斗。1944年3月31日，驻大朗的伪军1000余人向驻守梅塘乡黄猄坑的邬强第三大队，在黄猄坑被邬强第三大队和彭沃的第五大队包围，黄猄坑战斗，东江纵队歼灭伪军两个连，缴获轻机枪三挺，步枪100多支。

梅塘战斗。1944年5月8日，盘踞樟木头的日军加藤大队3个中队、1个炮兵分队、1个短枪队约500余人进攻我东江纵队领导机关和第三大队，第三大队会同民兵700多人对敌人形成包围态势，消灭日军100余人，日寇逃回樟木头后，士气低落，大队长加藤和10名士兵剖腹自杀。

夜袭新塘火车站。1944年11月2日，东江纵队北上抗日先遣队会同东江纵队独立第二大队，攻打新塘火车站，歼灭伪军一个连，活捉坐镇新塘火车站指挥的阿南中佐，这是东江纵队第一次俘虏日军中高级军官。

黑岩角战斗。1944年11月30日，东江纵队港九大队海上中队在中队长罗欧锋的指挥下，对大鹏湾黑岩角一艘迷航的日军运输船发起攻击，打死日军多名，俘虏7名，缴获大电扒一艘、物资一批。

击毙日军少将。1945年2月26日，侵华日军第五十五航空师团之直辖第七号机失事，2月27日，机上8人在逃跑过程中被我东江纵队全部击毙，其中包括日军少将安田利喜雄（死后追认中将），是我东江纵队击毙的最高级别日军军官。

挺进北江西岸之战。1945年3月中旬至7月北江之东江纵队西北支队。猛虎中队，西虎中队和刘黑仔的短枪中队经过4个多月的系列战斗，击沉、击伤日军船只70余艘，毙敌100余人，使日军北江的水上运输陷于瘫痪。

4. 跨线桥

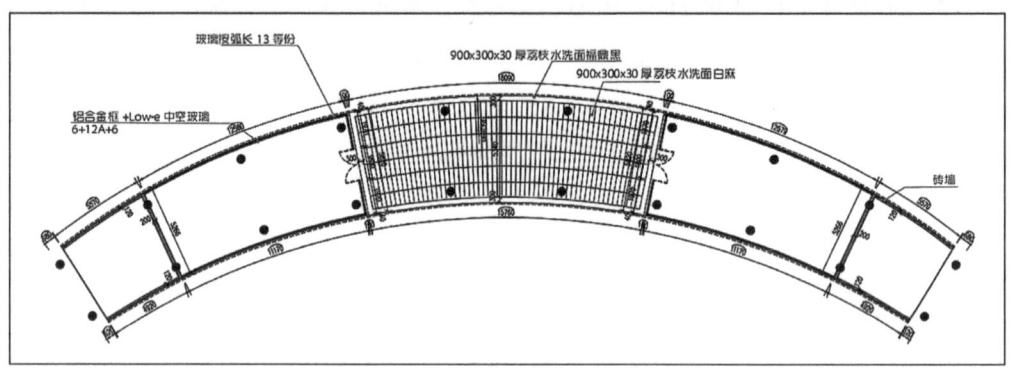

图 2-152

5. 大鹏东江纵队重要人物

钟明（1919—2003年），坝岗洞梓人。1936年11月加入共产党，1946年任中共香港分局城市委员会副书记。中华人民共和国成立后任广州市委书记。

黄闻（1916—1945年），坝关洞梓人。1938年11月加入中国共产党，并任中共大鹏第一个支部书记。1945年6月在淡水新屋仔与日军战斗牺牲。

钟原（1917—1977年），大鹏王桐山人，1938年11月加入中国共产党，1939年成立中共大鹏第一个区委，钟原任书记。中华人民共和国成立后任中央农村办公室主任。

蓝造（1917—1990年），坝光村人。被誉为"游击之星"。1938年加入中国共产党。先后任中共大鹏区委书记、江南支队司令。中华人民共和国成立后任武汉军区作战部长。

赖仲元（1918—1988年），大鹏所城人，1938年11月加入中国共产党，1944年10月10日，任大鹏区抗日民主政权区长。中华人民共和国成立后任中共广东省委党校副院长。

袁庚（1917—2016年），大鹏水贝人。1939年加入中国共产党。1938年10月11日在坝岗西乡围打响深圳抗战第一枪。1978年，袁庚炸响中国改革开放第一炮，2018年，袁庚被党中央、国务院授予"改革先锋"称号。

刘黑仔（1917—1946年），大鹏所城人。著名抗日英雄。1939年加入中国共产党。1946年5月1日，刘黑仔在与国民党军战斗中受伤牺牲，年仅29岁。

戴鼎（1909—1943年），大鹏所城人，惠阳大队小队长。1943年2月18日在梧桐山下的莲塘坳下村率队与日军血战，击毙日军20余人，戴鼎等全部壮烈牺牲。

6. 东江纵队发展历程

大鹏半岛是东江纵队的策源地和根据地。至1942年开始，中共广东省临委、广东军政委员会、东江纵队司令部都设在大鹏半岛，大鹏半岛成了中共华南地区党、政、军指挥中枢，具有极其重要的历史地位。

成立惠宝抗日游击总队。1938年10月24日，曾生在坪山成立中共惠宝工作委员会；12月2日，由中共惠宝工委在淡水周田村育英楼成立惠宝人民抗日游击总队，曾生为总队长，称"曾生部队"。

成立东宝惠边人民抗日游击大队。1938年12月下旬，中共东莞中心县委员会及宝安、增城党组织领导的东莞模范壮丁队等几支武装在东莞苦草洞进行整编，成立了东宝惠边人民抗日游击大队，王作尧任大队长。

成立东江军委。1939年5月，中共广东省委在坪山成立东江军事委员会，由梁广、梁鸿钧、林平、曾生、王作尧、何与成组成，梁鸿钧为书记。

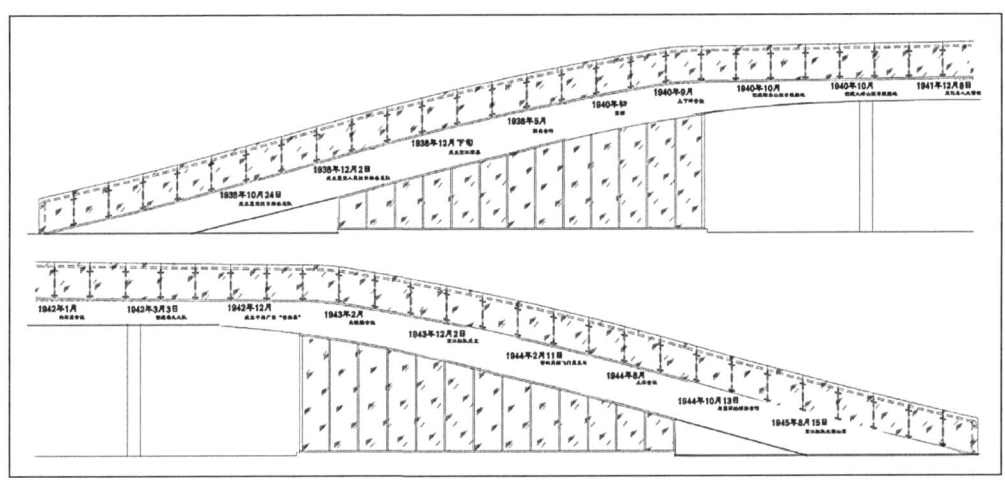

图 2-153 展示效果

东江国共合作经过与东江地区国民党当局的谈判，"惠宝人民抗日游击总队"改番号为"国民革命军第4战区第3纵队新编大队"，简称新编大队；王作尧部"东宝惠边人民抗日游击大队"改番号为"国民革命军第4战区第4纵队直辖第2大队"，简称第二大队。

东移。1940年初，国民党广东当局3000余人，发动对在坪山、乌石岩地区曾、王部队进攻，曾、王两部突围后，向海丰、陆丰和惠东转移。

上下坪会议。1940年9月，中共东江特委在宝安县上下坪村召开部队的干部会议，决定放弃国民党的番号，曾、王两部改为广东人民抗日游击队第三大队、第五大队。

创建阳台山抗日根据地。1940年10月，王作尧、周伯明等创建以阳台山为中心的抗日根据地。

创建大岭山抗日根据地。1940年10月，曾生、尹林平挺进大岭山，开创大岭山抗日根据地。

文化名人大营救。1941年12月8日，日军进攻香港。中共中央迅速作出指示，要求广东抗日游击队全力营救滞留香港的文化名人和民主人士。大营救历时近二百天，行程数万里，足迹遍及十余省市，共营救出爱国民主人士、文化界人士800余人，被称为是"有史以来最伟大的抢救行动。"

创建港九大队。1942年3月3活动在港九地区的黄冠芳、江水、刘黑仔、周伯明、曾鸿文、黄高阳等抗日武工队统编为港九独立大队，港九大队开展城市抗日游击战，威震港九。

白石龙会议。1942年1月，中共中央南方工作委员会副书记张文彬在阳台山根据地的白石龙村，主持召开会议，决定成立东江军政委员会和广东人民抗日游击总队。

成立中共广东"省临委"。1942年12月，根据中共中央南方局指示，在大鹏半岛土洋村成立中共广东省临时委员会（简称"省临委"），林平任书记。

乌蛟腾会议。1943年2月，中共广东临委和东江军政委员会在九龙沙头角乌蛟腾村召开干部会议，全面提升部队的组织、思想和作风。

东江纵队成立。1943年12月2日，中共广东省临委和东江军政委员会决定成立东江纵队，下辖7个大队，曾生任司令员，林平任政委，王作尧任副司令员，杨康华任政治部主任。并公开宣布东江纵队是中国共产党领导的部队。

与盟军的情报合作。1944年10月13日,东江纵队袁庚、黄作梅等与美军欧戴义少校共同设立情报站和电台,成立第八情报小组。

营救美国飞行员克尔。1944年2月11日,中美联合空军飞行员指挥兼教官克尔中尉袭击日军的香港启德机场,克尔中尉座机被日军击中,克尔跳伞遇险。经过港九大队20多天的营救,安全护送克尔到大鹏半岛东江纵队司令部。

土洋会议。1944年8月,中共广东省临委、广东省军政委员会在土洋东江纵队司令部召开联席会议,决定在广东全省范围内放手发动群众,武装群众,开展敌后抗日游击战争,创建新的抗日根据地,发展游击区,把华南敌后抗日游击战争推向一个全面发展的时期。"土洋会议"是广东人民抗日武装发展的转折点,为广东人民抗日武装的全面发展指明了方向。

7. 下游展示主题:胜利北撤

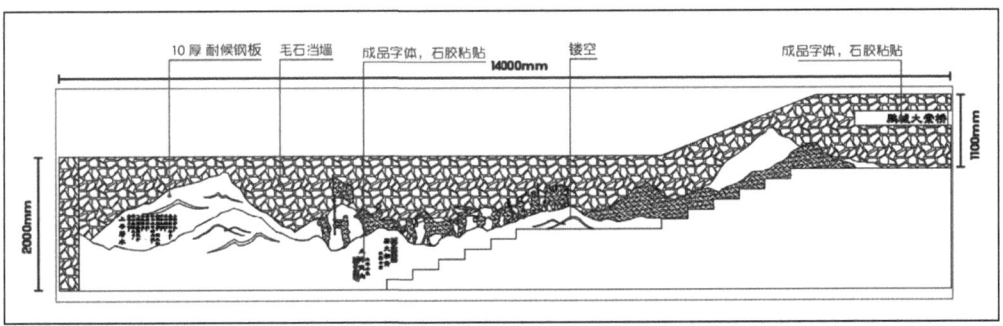

图 2-154

（1）东江纵队接到命令后从各地向沙鱼涌集结

图 2-155

（2）沙鱼涌集结的土洋、黄屋村、江夏第和

图 2-156

（3）群众在沙鱼涌与东江子弟兵挥泪告别

图 2-157

（4）美国登陆舰

美国登陆舰 1026.585.589 和护航的驱逐舰于 1946 年 6 月 29 号下午停泊在沙鱼涌海面，准备运北撤部队。1946 年 6 月 30 日，东江纵队 2583 名官兵登上美国军舰启航，北撤山东。下图为运送东江纵队北撤的美军军舰。

图 2-158

第六节 结语

大鹏半岛有着优美的山海风光,有深圳的桃花源、处女地之称,同时也是深圳文化之根、历史之源。大鹏半岛有 7000 年的史前文化,有 600 年的海防文化,有 120 年的红色革命文化。120 年前孙中山领导的大鹏湾畔的三洲田起义中,葵涌河出海口的沙鱼涌是起义军秘密运送军火的登陆点,对起义的成功举行起到决定性作用。如果这些弥足珍贵的历史文化资源可以让更多人知道,一是可以传承先辈们的丰功伟绩和革命精神;二是可以增强大鹏新区的历史文化底蕴,建设有品质的美丽大鹏。

大鹏新区贯彻水治理计划,大力划展新区辖区内的河道整治工作,助力美丽大鹏建设与打造。建筑工务署是落实这一战略部署和新区领导关于葵涌河红色革命文化展示的指示,委托深圳市古迹保护协会开展专题课题调研,调研方向包括大鹏红色革命的起源、发展过程中的人物、事件与整个东江纵队之间的关系。提炼出代表大鹏半岛与东江纵队的重大历史事件、历史人物、经典战役进行呈现。利用葵涌河进行红色革命文化植入,是大鹏新区发展高品质美丽大鹏的重要举措,自然资源与人文资源整合对葵涌河进行公共空间文化展示将提升新区的文化品位,有着深远的意义。

第三章 大鹏潘氏家族建筑与人文研究

在深圳东部晚清民国望族调查过程中，经常会听到这样的谚语："龙岗罗，淡水古，唔受葵涌一姓潘。""龙岗一窝（客音斗）雕（刁），坪地一管萧，落到葵涌改信潘。"等[①]。而提及葵涌潘是如何超过龙岗其他大姓的，龙岗鹤湖显族罗氏后人解释说："龙岗最大权，淡水最多钱，葵涌在朝廷做官。"2007年，全国第三次文物普查，我们在葵涌收录了上禾塘潘氏围、福田世居、油榨潘氏围、潘氏三栋屋等潘族祖业，特别是潘氏福田世居，外则规模宏伟，壁垒森严；内则高门大院，雕梁画栋，这不禁让笔者对曾经在大鹏半岛辉煌了整整一个半世纪的葵涌潘氏家族产生极大兴趣。在对葵涌潘进行建筑及其人文背景研究时，得知葵涌潘于乾隆年间从嘉应州迁来，我们通过各种线索，终于找到葵涌潘姓的祖地——梅州市梅县南口镇侨乡村，在对南口潘氏进行调研过程中，发现南口潘氏与葵涌潘姓有着一脉相承的人文与建筑文化，是研究深圳客家源流的典型标本，具有重要研究价值。

第一节 导言

一、缘起

2011年11月，深圳市政府宣布成立大鹏新区管委会，明确大鹏新区以生态保护为首要任务，保护大鹏半岛珍贵的自然生态与人文生态。大鹏半岛人文资源十分丰厚，有明清海防军事要塞大鹏所城、行政机构新安县左堂、有桥、井、亭、寺、庙、坊、古道、古村落等。保护人文生态，只有摸清家底，才能明确要保什么，怎

---

① 这些谚语均为龙岗罗瑞合后人罗培善老人口述。

图 3-1 "龙岗罗"之"鹤湖新居"

图 3-2 "坪地一管萧"之"萧氏泮浪世居"

么保。

大鹏半岛是广府、客家、潮汕、海洋四大文化类型的支点。大鹏半岛上客家文化的代表无疑是葵涌潘氏。葵涌潘氏现存古建筑有上禾塘潘氏围、福田世居、油榨潘氏围等，我们称之为"葵涌三村"，或"葵涌潘氏三村"。这些建筑因年代久远，加上风雨侵蚀及人为破坏，很多已残破不堪，但史尘无法掩盖葵涌潘氏曾经的辉煌。这些建筑的规模、建筑内精美的装饰，依然向我们诉说着潘氏曾经的历史。葵涌潘与水贝欧阳氏、大鹏所城赖氏三代五将等一起成为大鹏半岛显族；与坪山曾、坑梓黄、淡水古、龙岗罗、坪地箫氏等家族并列为古代深圳惠州地区显族。开展对葵涌潘氏家族史与建筑史的研究，宏扬大鹏新区客家文化，对新区发展文化旅游具有重要意义。

二、研究的现状

目前对客家及客家民居的研究正方兴未艾，客家学的研究成果已初具规模，成为显学。客家研究的开创者是兴宁客家大姓罗姓后裔、著名学者罗香林先生，罗先生1926年就读北京国立清华大学史学系，兼修社会人类学，学识渊博，著作颇丰，其《客家研究导论》《客家源流考》《客家史料汇编》等开创了中国客家研究的先河，并为之奠定了坚实的基础。

客家学的研究，首先要解决一个前提——什么是客家人？这个问题至少有一百个答案。罗香林先生是这样总结的：由于历史原因形成的汉民族的独特稳定的客家民系，他们具有共同的利益，具有独特稳定的客家语言、文化、民俗和感情心态（客家精神）。凡符合上述稳定性人，就叫客家人，否则就不能称之为客家人。

20世纪80年代，侯国隆《关于广东客家人分布情况的调查》引起学术界对广东客家研究的重视。林嘉书、林浩合著的《客家土楼与客家文化》，茂木计一郎编著的《中国民居研究——关于客家的方形、环形土楼》，路秉杰、谢炎东主编的《福建龙岩适中土楼实测图集》，黄浩的《江西土围子》，清华大学陈志华、李秋香著《梅县三村》，对南口潘氏人文与建筑进行详尽的实地调查、记录；中国建筑文化研究所王其均教授著《中国传统建筑组群》将南口潘氏南华又庐作为围拢屋的代表加以分析。深圳也是客家学的研究中心之一。深圳市博物馆两任馆长黄崇岳、杨耀林，深圳市文物考古鉴定所张一兵，深圳大学张卫东，刘丽川[1]等长期从事客家文化与客家建筑研

---

[1] 张卫东、王洪友主编《客家研究》第一集，同济大学出版社，1989。

究的学者，在大量调研的基础上著书立说，在客家学的研究上享有盛誉，主要成就有《南粤客家围》《客家研究》《客家与龙岗》①等。

存在问题：以上研究还是有些问题需要我们进一步去解决。清华大学陈志华、李秋香著《梅县三村》②，对梅县南口潘氏人文与建筑进行详尽的实地调查、记录，但对于建筑的年代问题用仅仅对谱系与传说调查的结果进行推断，而缺乏对建筑本体进行层位研究，依据不足，以至于把一些晚清民国的建筑断代为明中期或明晚期；书中一些观点如"经济较发达的潮州的堂横式住宅可能成为梅江和汀江流域大型聚居式住宅的母体，受地形和社会因素影响，梅县逐渐在堂横式住宅后建造起围屋，形成围拢屋的基本形制"等值得商榷。我们认为从年代与数量来看，围拢屋（也称围龙屋、围屋）是客家建筑的典型代表，与潮州建筑是完全不同的两个系统，由于地缘与历史的原因，两大系统的结合部会有一些相互的影响，但这种影响往往只产生在表面特征，如"经济较发达的潮州的堂横式住宅"影响客家围拢屋只是表现在局部的脊饰如五行山墙，而且这种影响一般都发生在晚期的华侨屋，更谈不上所谓"母体"云云。

中国建筑文化研究所王其均教授著《中国传统建筑组群》将南口潘氏"南华又庐"作为围拢屋的代表加以分析，这是不合适的。"南华又庐"整体外观是围墙式而不是围屋式，而且年代较晚，其围拢屋的典型性远远不如百米之内、始建与现存一致为明代中期的"老祖屋"；此外，书中提到的圆形土楼包括准圆形的围拢屋是来源于方形围楼的论点值得商榷，缺乏圆楼、准圆楼与方楼的年代排列分析。王其均先生的另一部著作《图解中国民居》一书将南口潘氏华侨楼——五杠屋作为围拢屋的代表，实际上五杠屋已经没有了围拢屋围拢、中心祠堂等基本特征。我们站在巨人的肩膀上，开展对客家的风水文化研究、民俗文化研究、建筑类型学研究等，分析前人成果的不足，开展了对龙岗罗氏客家的建筑与人文的调查研究，试图通过人文调查研究，包括谱系、传说、史志记载与现存建筑年代与形制分析相结合，探求各类建筑的来源。我们已经开展了对龙岗罗氏家族的建筑与人文调查，并形成《营造的艺术——鹤湖新居建筑背景调查研究》《鹤鸣九皋——鹤湖新居文化背景调查》两个成果，取得重要突破。但是，鹤湖罗氏只是孤例，我们还需要更多像鹤湖罗氏这样的研究题材，以深度发掘深圳客家文化的精髓，葵涌潘氏无疑是不可多得的古代龙

---

① 管林根主编《客家与龙岗》，清华大学出版社，2007。
② 陈志华、李秋香：《梅县三村》，清华大学出版社，2007。

岗地区名门望族的代表。在这基础上，我们继续开展对大鹏半岛潘氏家族建筑与人文研究，试图在建筑的年代问题、建筑与人文关系问题、客家迁徙规律性问题上有所突破，提出一些不同的见解。

三、研究的方法

客家民居具有其形式的多样性和分布的广泛性，如闽西南土楼、赣南土围子方土楼、圆土楼、五凤楼、兴梅围龙屋、惠州四角楼等，还有深圳形成自身特色的"深圳客家围堡"等。兴梅围龙屋是客家建筑的代表。它数量多，年代早，集中体现了客家人敬祖睦宗、崇尚风水的核心理念。将葵涌潘氏古建群与梅州祖地南口数量众多的围龙屋进行比较研究，可发现葵涌潘氏在建筑上的传承与发展；同时对广府系统、客家系统、潮汕系统、宝安类型与惠州客家、兴梅客家等文化进行调研，并做比较研究，方能对葵涌潘氏古建群进行类型定性、价值定位、源流分析，并对潘氏祖业的空间组织、秩序、构筑程序及建筑观念、民居形态与环境的结合进行深入分析。我们通过研究已有的文献资料和潘氏家族史资料，从聚落环境和建筑形制及空间形态出发，运用求异比较的方法、文化人类学的研究方法及理论将各个客民集中地区整体置于客家迁徙历史、宗族组织结构之中；通过考察同一族人在不同地点的居住情况，追溯其族谱了解其文化传承、转型的程度及原因；同时也尝试揭示产生此独特建筑形态的乡土文化特色，探讨当地人世代继承的生活方式、民俗及宗法礼制对建筑形态的影响。通过研究可以归纳出各地不同时期同一族系客民的发展路线，总结出其文化发展脉络，通过同样的方法可将不同时期同一姓氏、同时期同一地点、同时期不同地点的客家文化进行交叉的研究。这种不同时间、不同空间交叉研究的方式能将同一地区不同分支的客家文化进行串联，进而将不同时期、不同地区的客家文化并联，形成统一的客家文化发展网络，其交集最密集之处即每个地区客家文化的中心。我们认为，葵涌潘氏在文化类型分野上既属于客家文化系统的亚类型——惠州客家，又是兴梅客家南迁与本地早期广府系统宝安类型相融合的产物，具有重要研究价值。

本文第一次对客家围屋的一些基本的核心的历史文化特征包括其个性和共性进行分析，以葵涌潘氏为例，将深圳地区的客家围屋源流进行系统的研究与展示。

四、调研过程

在潘氏族人潘必富、潘传贤的牵头下,在潘氏长者耆老的协助下,在广东潘氏总会的大力支持下,调研究工作有条不紊地展开。

1. 对葵涌、南口潘氏族老进行采访,采访了葵涌潘恩博、潘会文、潘必富、潘传贤,南口潘秀峰、潘应耿、潘元启,还有兴宁永和岭下潘氏后人,永湖潘氏后人等。通过发放倡议书、资料征集表,完善家族谱系,寻找社会历史背景与各种线索。

2. 根据相关线索,到各地图书馆、档案馆查找文献史料,查找各个版本的《新安县志》《广州府志》《归善县志》《莆田县志》,各地潘氏族谱如信宜《潘氏族谱》、湖南浏阳《潘氏族谱》等,提高研究成果的可信度。

3. 与潘氏广东总会及各相关支系取得联系,寻求各地潘氏宗亲会特别是梅州潘氏联谊会的大力支持。传说潘氏先祖来自广东省程乡县,即今天的梅县,通过各种线索,我们得知葵涌潘姓迁出地为梅州市梅县南口镇侨乡村的寺前排、高田、塘肚三村。因此我们开展对南口潘氏三村的调研,对南口与葵涌进行人文背景与建筑文化比较研究。

4. 对潘氏祖业进行测绘、照相、摄像,尽可能抢救性地保留历史信息,并提供历史建筑研究的资料。课题组选择了南口老祖屋、上新屋、南华又庐、葵涌上禾塘、油榨、福田世居、三栋屋等进行建筑年代系列和型制系列的研究。课题组还对葵涌

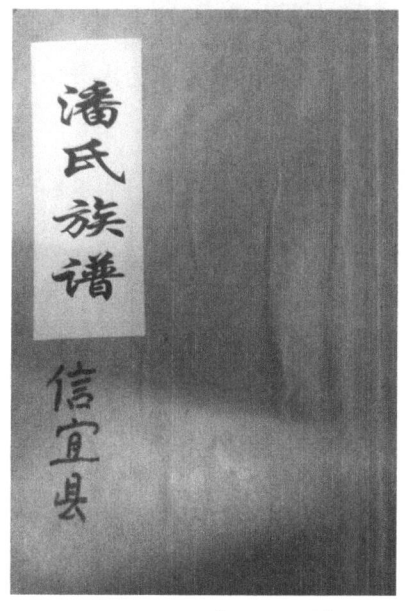

图 3-3 信宜《潘氏族谱》

图 3-4 课题成员与葵涌潘氏族人座谈

周边相关类型历史建筑进行调研，将潘氏祖业与周边广府、潮汕等不同民系和客家建筑的不同类型进行比较研究，总结出潘氏先辈在营造中的土、石、砖、木、瓦五作工艺的共性与个性，从而论证葵涌潘氏的文化归属。

5. 组织各地潘氏家族的互访。如参加 2012 年元旦在龙岗举办的广东潘氏宗亲联谊会换届及会所入伙庆典，与福建潘氏、福永潘氏等认识并交流。组织葵涌潘氏族人拜访深圳福田石厦潘氏。

2012 年 5 月 26 日，族人潘传贤、潘必富，南安宗亲潘和春、潘争志，南口宗亲潘元启主，大鹏办事处陈旺达、张家瑾、黄文德等组成考察团赴梅县、龙岩、泉州、东山岛等地考察。

第二节 社会背景调查

一、客家迁徙

客家人，我国汉族八大民系中的一支，是岭南三大民系：广府、客家、学老（潮汕）之一。三大民系的潘氏实为同宗，其先祖同为东晋望族潘瑾、潘安、潘尼等。后人南迁江西、福建后,经南雄珠玑巷迁居岭南一支的成为广府潘氏,主要代表有深圳怀德、万丰、石厦潘氏;经福建宁化石壁迁居粤东五华、兴宁、梅县、紫金、深圳等地的为客家潘氏,主要代表有南口、葵涌潘氏;经福建莆田、泉州南安、漳州龙海迁居潮州、海南形成潮汕潘氏,主要代表有漳州潘启、南安潘氏等。即经西路、中路、东路的三条迁徙路线形成广府、客家、潮汕不同民系,潘姓如此,他姓亦然。

客家民系的最重要标志是客家话。客家话是客家人相互认同的主要依据,所以有研究者称客家为"方言群体"。客家话作为一种方言语系形成于元末明初。客家民系个性鲜明、分布面广,人口众多,有一种说法,只要太阳照到的地方,就会有客家人。客家人对中国的历史甚至世界华人史都产生深远的影响。作为一个民系,客家人根在中原,由于战乱、饥荒等原因,从西晋至明清的千余年间,经历五次大规

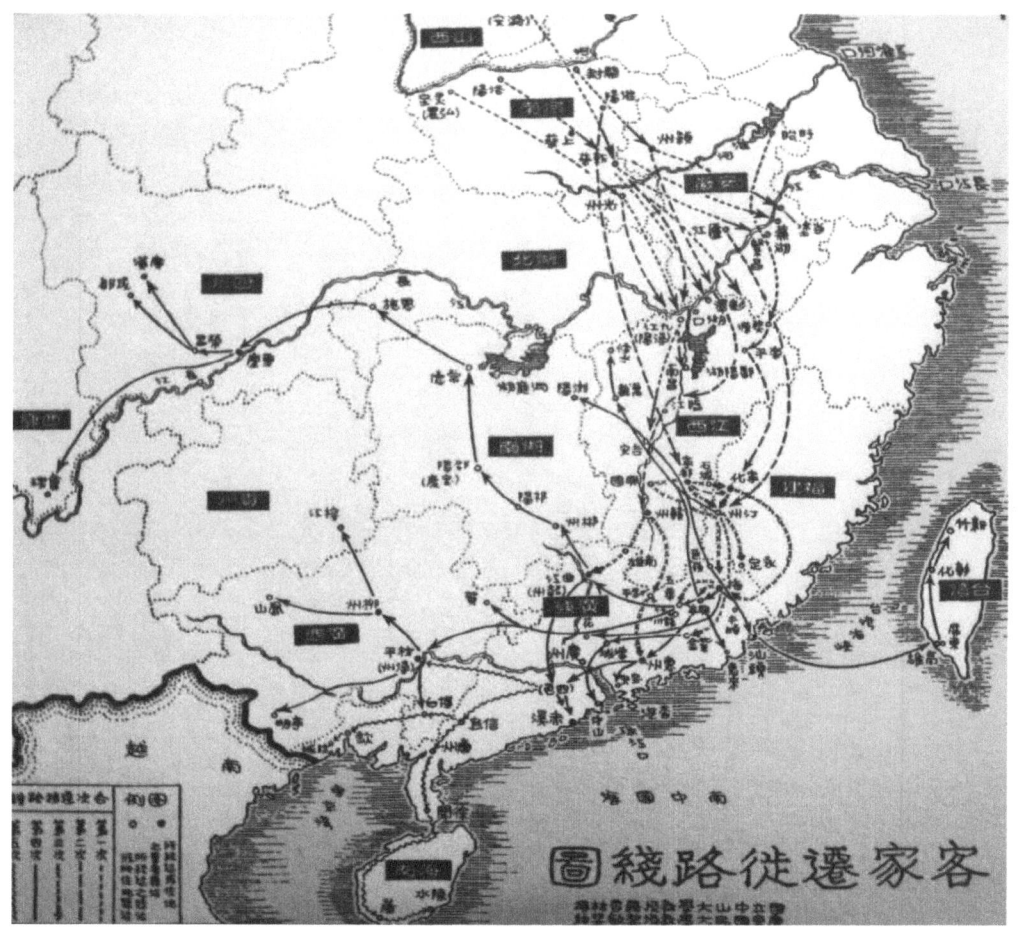

图3-5 客家五次大迁徙(见罗香林《客家源流考》)

图 3-6 客家分布图（见罗香林《客家源流考》）

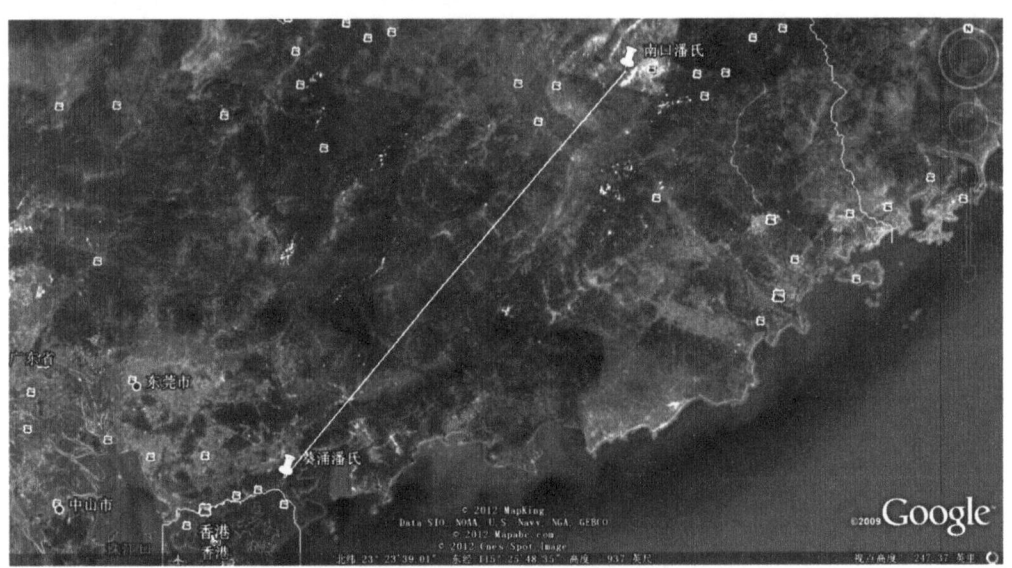

图 3-7 南口潘氏与葵涌潘氏直线距离 243 千米

模迁徙和各个血缘聚居家族各自原因的迁移，逐步立足于赣南、闽西、粤东。梅江、汀江、赣江三条流域形成稳固的根据地，客家人在这里生息、繁衍和聚居，并逐渐向湖南东部（以汝城县最为密集）、四川、广西、台湾等省区迁移。深圳客家来得较晚，始于清初，形成于清代中期，与清初清廷实行的迁界禁海有着直接关系。晚清民国，客家人通过深圳出海口迁移到印度尼西亚、马来西亚、泰国、新加坡、越南、菲律宾，甚至远涉重洋，到居住环境恶劣的中美南美的圭亚那、大溪地等国家和地区。在中华民族发展史上，客家先民及其后裔对长江流域和闽、粤、赣三角地带的开发，对华南地区经济和文化的繁荣，对汉民族大家庭的发展、壮大和汉文化及中原文明的传播、发扬，都产生过重要影响。这种迁徙的传统至今仍在沿续。改革开放以来，客家人纷纷投入到特区建设，为深圳的繁荣富强奉献自己的力量，同时，也得到丰厚的回报，很多新客家人在深圳安居乐业，享受改革开放的成果。近代以来，客家先民对促进中外经济、文化的交流，也发挥了重大作用。在中国近代史上，客家优秀儿女英才辈出，为国家的独立、民族的解放，进行了英勇卓绝的斗争，写下了可歌可泣的光辉历史篇章。在当今世界发展浪潮中，客家人风采依然，卓有建树，功勋可嘉。涌现出一大批客家显民，永载史册。

二、迁界禁海

随着客家人完全占据兴梅地区并将之作为大本营以及客家人口的繁衍，客家人

图3-8 现位于福建漳浦赵家堡内的"旨拆定边界"石碑，是迁界禁海的实物

急于对外扩张，以满足生存空间的需要。清初迁界禁海在客观上为客家人在深圳沿海清出一条宽达50千米的空白地带。这片地带重新成为蛮荒的地方，注定成为吃苦耐劳的客家人的新家园。葵涌潘就是这样的历史背景下来到大鹏半岛，开创潘氏家族的新辉煌。

清政府统一全国后，全国各地还有一些抗清武装力量，以郑成功势力最为强大，因为郑成功陆战不利，于顺治十八年（1661年），撤退到台湾。清军不善水战，对郑成功也无可奈何。顺治十三年（1656年）开始到顺治十八年，不断有人献迁海策，包括投降的原郑成功部将黄梧、水师提督施琅。兵科给事中王益民、兵部尚书苏纳海等提议将沿海居民迁至内地，渔船全部收缴入官，"寸板不许下水"，重新设立边界，派重兵把守，沿海既无船又无居民，郑成功就失去了支援，定当不战自败。

顺治十八年，清政府颁布《迁海令》，实行迁界禁海，珠江左海路除大鹏所城外，均荒无人烟，新安县也被并入东莞县。康熙八年（1669年）复界，恢复新安县，朝廷多次颁令招垦，但应招者廖廖无几。至乾隆年间，兴宁、梅州、五华、紫金等地的客家人开始南迁至今天的葵涌周边的龙岗、淡水地区，如龙岗的罗氏、坪山的曾氏、黄氏、刘氏等客家人。葵涌潘氏就是在这样的历史大背景下迁居葵涌的。

深圳东部客家文化主要形成于清乾隆时期，这个时期客家民居分布地域很广，集中在赣南、闽西、粤东北；四川、湖南也有局部地区的客家建筑，其主要形式有土楼、围龙屋、五凤楼、围子等。福田世居是客家系统建筑一典型实例。

清初迁界禁海后复界招垦，大量的兴梅地区客家人南迁珠江口东岸的新安、归善沿海（古代深、港、惠地区），这种客家人南迁潮一直从康熙八年持续到道光年间，龙岗地区客家大姓如龙岗罗瑞凤、横岗何俊茂、坪山黄廷轩、葵涌潘琼儒等正是这次移民潮的典型代表。而潘琼儒迁居葵涌正是这股移民潮的高峰时期。

康熙元年（1662年）二月，副都统科尔坤、兵部侍郎介山会同平南王尚可喜到东莞、新安、归善实地勘察，确定广东沿海包括新安归善在内的24个县沿海及岛屿居民全部内迁，在离海岸线50里的地方选择易守难攻的要地作为点，用绳子将点连成线形成界线，界线外居民自告示公布之日起三天内必须迁离，违者就地正法。

迁海并没有达到预期的效果，反而郑成功势力越来越强大，沿海海盗越来越猖獗。清政府并没有检讨迁海的弊端，反而认为是迁界范围不够，于康熙三年（1664年）三月再内迁30里。这30里是第一次迁界后一部分迁民赖以生存的空间，一经再迁，迁民万劫不复。他们大部分都丧失了重返家园的希望，为了生存，他们卖儿鬻女，妻离子散，沿路乞讨，风餐露宿，不堪忍受者，或全家服毒、或全家投河自尽，身体强壮者尚可入伍求得生存，老弱病残者，只有等死。迁界8年，沿海房屋焚毁坍塌，土地荒芜，反倒成了盗贼隐蔽窝藏之所，对台湾郑氏政治集团却没有丝毫的影响。朝廷上下复界之吁求与日俱增，以广东巡抚王来任的《展界复乡疏》为代表，痛陈迁海之弊，让康熙皇帝开始反省迁海政策，康熙七年（1668年）十月，广东总督周有德上疏请求复界，"朝廷许之"。

由于迁界禁海政策实行效果一般，却是沿海居民的一场毁灭性的浩劫。清朝以后的各种史书、地方志对迁界一事都讳莫如深，乾隆年间的《归善县志》中找不到任何有关迁界禁海的的记载。迁界的相关规定太简单，而闽粤沿海地形又十分复杂，迁界政策的实施者仁暴有异，宽严有别，大抵江浙稍宽，福建较严，广东最严，而执行迁界的惠州协副将曹志又生性严酷，执行彻底，所以推断古代龙岗地区也因迁海成了空白地带。根据谷歌地图工具，距离海岸线50里可以到达东莞的清溪南面山上，再加上第二次迁界的30里，迁界范围涵盖了整个龙岗、淡水地区。但迁界禁海大鹏半岛的大鹏所城则得到幸免。史料记载，迁界期间，淡水留有一口子，供大鹏所城官兵运粮行走，还设有严格的盘查制度。而滨海的葵涌、沙鱼涌除了属政府产权的屯围村有可能与大鹏所城一起保留外，其余地区则成为迁界的前沿之地。

康熙八年复界后，新安、归善出现的最严重的问题是能够返回家园从事农、渔、盐业生产的原住民少之又少，每年只能招集几十上百人。"新安自复界以来，土广人稀，奉文招垦军田，客民或由江西、福建，或由本省惠、潮、嘉等处，陆续来新，承垦军田，并置民业。"① 根据《新安县志》对田赋丁口的统计，客人迁居深圳在复界之初数量较少。

第三节 家族史调查

一、潘氏源流

"潘"字的原意是洗米的水。字里有水、有米、有田，这是古人追求的三样美好的东西，所以潘姓可谓是寄予最多希望的姓。潘姓来源有三：

一是出于姬姓。周文王姬昌之十五子高，封地在毕（今陕西西安、咸阳北），人

---

① 张一兵：《嘉庆新安县志校注》，中国大百科全书出版社，2006。

称毕公高。西周初年，毕高公又对自已的封地进一步分封，其四子季孙便被分封于潘地（古潘水流域，即今河南荥阳一带）。《潮州潘氏族谱》载："姬荀，号季孙。"季孙的后嗣以封邑为姓，姓潘，尊季孙为一世祖。《海南潘氏族谱》《潮州潘氏族谱》《莆阳潘氏族谱》均载："姬荀，号季孙。"荥阳成为潘姓郡望，故潘氏祠堂都高挂"荥阳堂"。季孙墓位于河南荥阳市潘窑村南之金鼎山（荥阳市西南25千米）。

一出芈姓。春秋楚国公族芈姓，字潘，至崇以字为姓，潘崇为始祖，成为潘氏的一支。潘崇，春秋楚穆王商臣的老师，辅助商臣围攻成王，迫使成王自杀。商臣取成王代之，是为楚穆王，封潘崇为太师，掌管朝政。潘崇之后成为潘姓一支。（见郑樵《通志·氏族略》"芈姓，楚之公族，以字为姓，潘崇之先"；晋《潘岳家谱》也有此说。）

一为少数民族改姓。北魏鲜卑族之破多罗进入中原后改姓潘；台湾当地土著康熙年间归顺朝廷，因为少数民族为番夷，朝廷在平定或收抚后赐予汉姓，就在番字加水旁，姓潘。后光绪年间台湾排湾族归顺清廷，也赐姓潘。

葵涌潘姓出自姬姓。梅县民国十一年（1922年）潘立斋纂修《潘氏族谱》引潘氏《荥阳宗谱原序》记载："盖我周毕公之子季孙，食采于潘，因以为氏，是毕为潘之源、潘之始，由来久矣……"，该谱还详细记载了从开基祖季孙至葵涌开基祖琼儒的世系，潘琼儒为周文王的一百零三世孙，季孙的一百零一世孙。

一般潘氏宗祠大门前会有"荥阳世泽，花县家声"的对联。荥阳是潘氏郡望，指潘氏源自河南荥阳；花县指河阳县，因西晋文学家潘岳，官河阳令，勤于政事，在县中满栽桃李，一时成为美谈，故河阳县也称"花县"。

（一）潘氏世系与迁徙路线

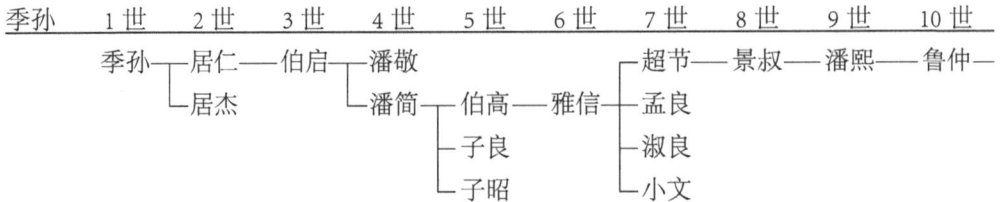

河南荥阳潘氏：周文王孙季孙采食于潘，以封邑为姓，为天下潘氏始祖。潘邑为今河南省荥阳市潘窑村，今存有季孙重修墓。

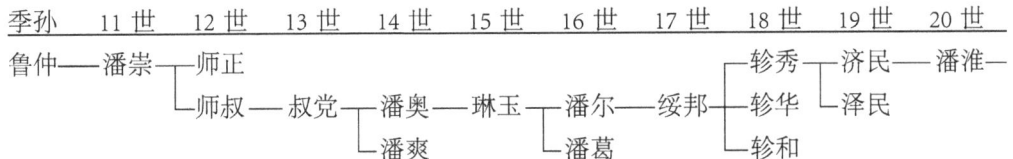

湖北荆州潘氏：春秋楚庄王年间（前613—前591年），季孙的后裔潘师叔事楚，历官大夫、太子太师，以楚为家。楚都为郢，即今湖北省荆州市纪南镇。

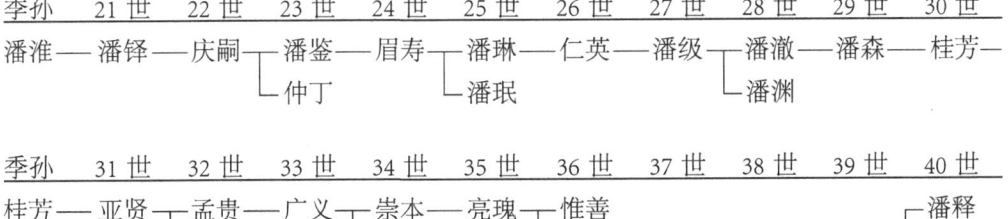

浙江绍兴潘氏：西汉平帝元始年间（1—5年），潘师叔的后裔三十二世潘孟贵愤王莽篡位，起兵反莽，兵败远徙浙江会稽（今绍兴）。

河南中牟潘氏：东汉和帝永元年间（89—104年），潘氏三十六世潘肇迁至中牟（今河南省郑州市中牟县）。

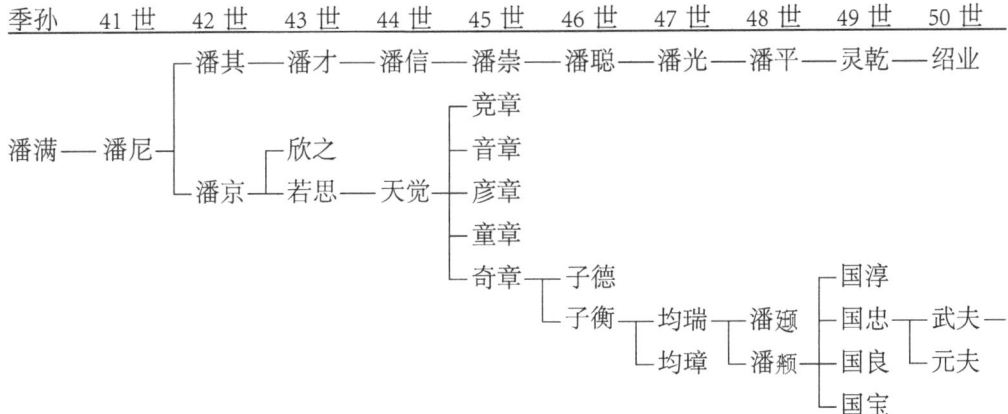

江西临川潘氏：东晋初，潘若思自中牟迁至扬州临川郡（今江西临川县）。

江西宜黄潘氏：南朝齐初，潘揭，字均瑞，自临川迁江西抚州宜黄县黄仙八都大富岗。

潘尼之子辩析：《兴宁谱》《梅江谱》《永发公房谱》援引《寻邬谱》认为潘尼生子潘考、潘攻，攻生子潘京，字世长；福建泉州《笋江炉内谱》称尼生子潘其、潘京（字世长，晋巴丘、邵陵、泉陵三邑令，迁桂林太守）；梅县南口《民国谱》世系为潘满——潘尼——潘京——若思；有文献载：尼长子其，避居广宗，次子京，仕桂林太守，子若思公后避迁江西抚州、临川。综上所述，潘尼之子应为潘京。

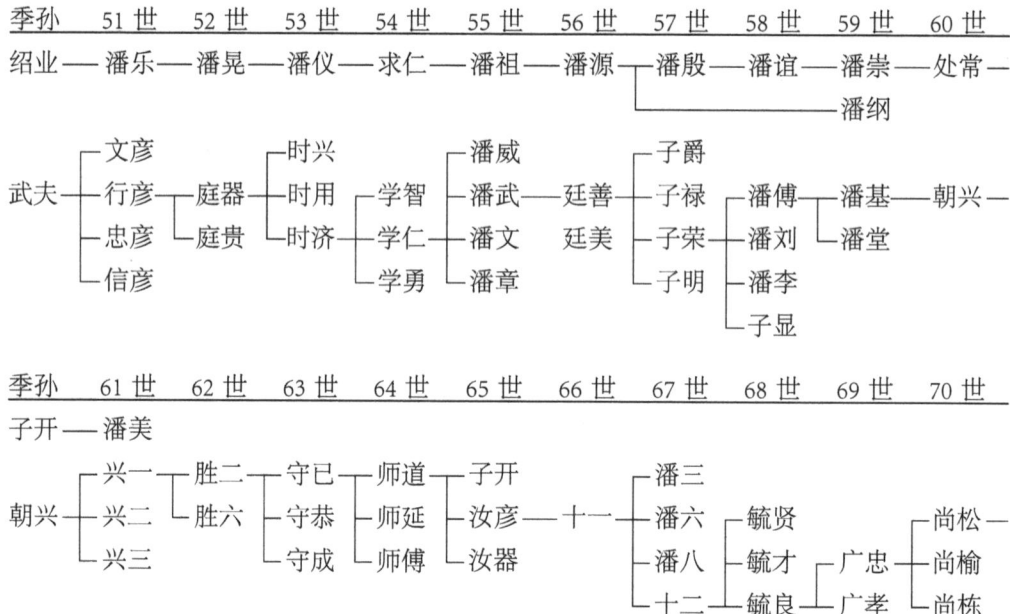

福建汀州三洲潘氏：宋仁宗（1022—1064 年）时，潘尚松（号挺庵）任广东潮阳县尹，致仕归家留寓福建汀州府长汀县三洲乡（今长汀县河田镇三洲乡十里），见山川秀丽，遂卜居焉。

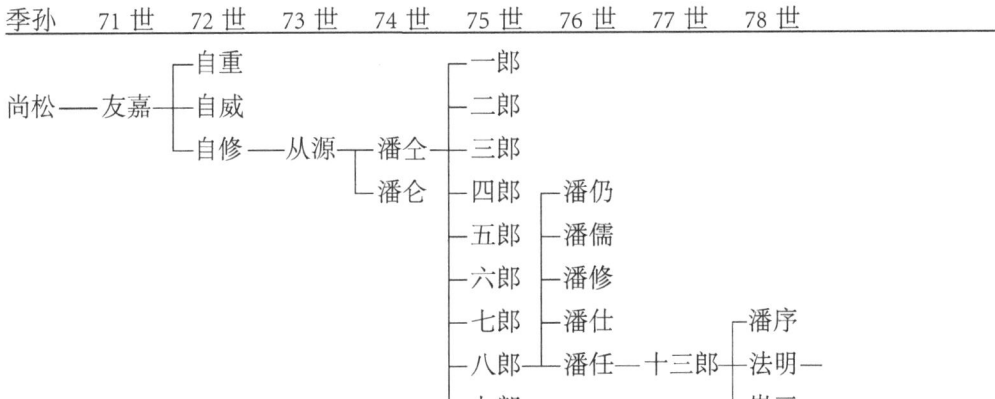

江西寻乌潘氏：宋末兵部尚书潘任，与文天祥组织义军勤王，兵败隐居江西寻乌项山。

福建宁化石壁潘氏：元初，潘法明迁居汀州宁化县石壁。宁化石壁是历代战争的避风塘，这里土地肥沃，且拥有汀江便利的水上交通，成为南迁的客家人首选的落脚地，石壁乡在人口最高峰时达到11万之多，且姓氏达到100多种。大量的广东客家人之前都在石壁住过，故该地有客家祖地之称，也成为海内外客家人认祖归宗的圣地。1995年，海内外客家人在石壁建"客家公祠"。石壁与南雄珠玑巷、福建蒲田分列广东三大民系客家、广府、潮汕（福佬）的祖地。

（二）潘氏显祖

民国十年（1921年）梅县潘立斋纂修《潘氏族谱》引潘氏《荥阳宗谱原序》："惟而毕公推而下之若潘岳、潘筠与夫潘美、潘仝及尚书潘任，其间忠者、孝者、博学者、著书者……"潘氏至今三千两百年英才辈出，有才貌双全的潘岳、有世界首富潘启、清代状元潘世恩、共和国功臣潘汉年、艺术大师潘天寿等。以下列举潘氏葵涌直系显祖。

潘岳（247—300年）：晋代文学家，潘氏三十九世，字安仁，世称潘安。荥阳中牟人（今河南省中牟县大潘庄人），生于魏邵陵历公正始八年（247年），祖潘瑾，安平太守；父潘芘，琅琊内史；兄释，侍御史；弟豹，燕令，可谓举族为官。潘岳出身于官宦人家，少以辩惠才颖，号为奇童，长成以后更是才貌双全。传潘岳常与夏侯湛出游洛阳之郊，"岳每出，女见之，连手萦绕，投以花果，史曰：掷果盈车"。故潘岳成为中国美男子的代名词，后人形容一个人长相好，便说其"貌似潘安"，潘岳与宋玉、唐寅并称中国古代三大美男子。潘岳还是太康文学的代表人物，其代表作有《藉田赋》《马研督诔》《关中诗》《悼亡诗》等，与其叔潘勖、侄子潘尼并称"三潘"，与当时文坛领袖陆机齐名，史称"潘、陆、钟、嵘诗品"，又将潘文列为上品，有"潘才如江"的美誉。晋武帝咸宁五年（279年），潘岳出任河阳县令，在县境倡种桃李，河阳因之有"花县"之美誉。故很多潘氏宗祠包括葵涌潘氏有"花县家声"之说即源于此。

潘岳虽才貌双全，政治命运却坎坷多变，以至于潘氏一脉几乎因他的政治命运而惨遭灭绝。泰始四年（268年），晋武帝率群臣藉于千亩之甸，潘岳作《藉田赋》，歌颂晋武帝司马炎躬耕之事，因词藻华丽，名噪一时，却遭人嫉妒而"十年不迁"；晋惠帝永熙元年（290年），潘岳为太傅杨骏主簿，杨骏反被诛，潘岳赖公孙宏救助，仅以身免除名；晋惠帝元康二年（292年），为长安令，迁博士，却因母疾未拜职再次赋闲；其名作《马研督诔》①《关中诗》暗讽赵王伦暴政及互相倾轧之恶行。晋惠帝永康元年（300年）赵王伦掌管朝政，与中书令孙秀诬潘岳谋反，潘岳被夷三族②，唯从子③尼（正叔），兄释之子伯武得免。对于潘岳的功过评价史家们褒贬不一，但他的行为无疑给潘氏家族带来灭顶之灾，连潘岳十分孝敬的母亲也因他而惨死东市。不幸中的万幸是潘岳侄子潘尼免于一死，才有今天河南、江西、广东潘氏一支后裔。虽然潘岳闯下大祸，但潘氏后人依然将其列为潘氏显祖，所以我们看到很多潘氏宗祠堂联均有"花县家声"，与"荥阳世泽"并列，广东梅县南口有安仁学校，以纪念先祖潘岳。

潘尼：字正叔，少有清才，与叔父潘岳俱以文章见知，性静退，勤著述，著《安身论》以明所守。初应州辟，因父老归养。父终复仕，位至大常卿。其叔潘岳被孙秀等诬陷谋反，夷三族，潘尼得免。

潘从源：潘氏七十五世，福建省汀州三洲潘坊人，官至江西吉州教谕。他熟读诗书，尤精堪舆之术。留下"有缘得地，以死求发"的传说。据说，担任江西吉州教谕的潘从源卸任还乡时，途经五里隘，看中了这一风水宝地。潘从源于是让家人驱牛食禾，和当地农民发生争执，后舍身自缢。其子潘全遵照父亲嘱咐，与当地农民

---

① 马研督，指研城督马敦，为守卫研城立下汗马功劳，却遭人诬陷而死于图圄，潘岳作"诔"表示深切同情。诔，文体。
② "三族"指父辈、兄弟辈、子侄辈。
③ 侄子。

图 3-9 江西兴国和万安交界五里隘的"状元家山"

交涉，潘从源得葬这块风水宝地。潘仝还乡后，即赴京赶考，高中进士，钦点为广东观察御使、升至内阁大学士。潘从源一脉丁财颇盛，遍及江南各省，均尊潘从源墓为祖地，故名"状元家山"。

潘仝：潘氏七十六世，字会道，生于宋嘉定六年（1213年岁癸酉）三月初八午时，陨于宋德佑二年（1276年岁丙子）八月初二丑时。宋淳佑四年（1244甲辰）进士。官任广东观察御使（三品）升秘书阁学士（一品）。文天祥赞曰："锦心绣口，其李太乎！袍染柳汁，其李固言乎！弹劾无私！其汉张纲乎！满而不溢，其赵中令乎！公具四美，宜其西山称道弗置也云。"

潘毅：潘氏七十七世。宋进士潘仝生九子，潘毅排行第八，故又称八郎，是南宋皇室护卫都统，宋帝赵昺祥兴二年（1279年）宋元崖门海战，潘毅随张世杰、陆秀夫与元将张弘范决战崖山，兵败，陆秀夫负宋帝赵昺赴海身亡，潘毅亦携妻丘氏赴水殉国。后明刘基评价："蜀将亡而鸟溺汉水，宋将覆而星陨广南。嗟呼！天命已去，人事亦无如何。潘毅等如田横之客随同赴难，其愚不可及矣。"[①]

---

① 江西寻乌《潘氏族谱》六修，1995卷一，第192页。

潘任：字肩宏，潘氏七十八世，潘毅五子，故又称五郎，原籍福建汀州三洲潘坊，江西寻乌潘氏始祖。

南宋德祐年间，元军攻陷都城临安。潘任积极响应文天祥勤王号召，"佐文天祥经略江西，次汀州。端宗立，以潘任为行都招讨使。移屯漳州，复梅州，旋出江西会昌，屯大营冈。文天祥分兵次兴国，为元将李恒袭溃，走循州，潘任得报望空号泣，率偏师入广，欲与天祥合。景炎三年（1278年），宋端宗去世，其弟赵昺在广东雷州半岛东登位为帝，改元祥兴，加潘任兵部尚书。祥兴元年（1278年）十一月，文天祥被执五坡岭。祥兴二年（1279年），宋元崖门海战，宋帝、潘任父母及几十万将士全部遇难，潘任悲痛欲绝，宋亡。"潘任图复宋祚，往安南寻赵氏裔不获，间关回赣，遇寇聚项山，歼灭之。闻元定鼎，绝食而死。明太祖追谥：忠节。"

潘任死后，葬于吉潭镇上车村乌石岗。他的子孙在项山繁衍生息，后来潘氏子孙辗转他乡，迁徙至粤、闽、川、滇等13个省区及东南亚、欧美各国。潘氏后裔为了纪念潘任这位"忠节"先祖，于清顺治四年（1647年）在寻乌县吉潭镇上车村黄金潭建造了"潘氏宗祠"。

（三）广东潘氏

元至正年间，因战乱，福建宁化石壁潘琴偕弟潘瑟迁居惠州府长乐县南段（即今五华县华城镇）创基，后子孙迁居兴宁、惠州、紫金、梅县、河源、新丰、连平、花都等地，也有迁至江西、广西等地。

潘琴：季孙八十一世，度名万十郎，生于宋度宗丙寅（1266年）五月初二，原居闽汀宁化县石壁村。因世乱，于元至正年间（1341—1368年）偕胞弟潘瑟移居广东惠州府长乐县南段（即今五华县华城镇）创基，殁于元顺帝丁亥岁（1347年），寿八十二，葬于长乐高竹园（五华县华城镇万子村上河自然村）金龟驮印形，眼穴，辰山戌向。清道光庚寅岁（1830年）被黎逢春占葬，新插一穴。经控县主明廉，诣勘平复，同治丙寅岁（1866年）请速令给告示立石，周围共竖二十个石界。公坟限逢寅、申、巳、亥岁八月十六日辰刻，兴宁、长乐、嘉应、永安四邑合祭。琴公墓1958年被毁，地为当地李氏人占有。琴公配孔氏，生于宋度宗庚午岁（1270年），六月十一日，葬于长乐双头槌子塘，坟失。生三子：鹏汉（文伯）、鹏宵（文彬）、鹏冲（文质）。潘琴为粤东、粤北大部份地区潘氏尤其是潘姓客家人的开基始祖。

潘鹏冲：季孙八十二世，字文质，"于明洪武年间，兴宁县令夏则中招携民户，拨册城内居住。夏则中，武昌人，明洪武二十二年，以监生知兴宁县。初，则中招携流亡，并请以官田减同民产定赋，从之，始得安业，民感切骨，久而不忘。"（见清乾隆《嘉应州志》）鹏冲应之从五华迁居兴宁，为兴宁潘氏始祖。后裔分居于石马上庄、坪洋布尾、徐坑里、黄槐禾村、叶塘麻岭、宁塘和山及枫岭、永和湖尾、坭陂笃陂等地。全县潘氏达五万人，居住于永和、宁塘、宁中、龙田、坜陂、坭陂、新陂、宁新、叶南等20个区镇，其中永和约占一半。

潘奎：季孙八十三世，名实，鹏冲长子，生于元惠宗（顺帝）六年（1346年）。明洪武十八年（1385年）贡元，官任云南省大姚县知县，清乾隆《嘉应州志》载："在任卒，葬于彼处。"妻罗氏，生于辛巳岁（1341年），葬于担水塘狮形；配彭氏，生于戊子岁（1348年），葬于长乐梓皋大垢田面上。生三子：信、侃、俭。

潘俭：季孙八十四世，潘奎三子，生于明洪武元年（1368年）戊申岁。配罗氏，继配李氏，夫妇坟俱失，生三子：松谱、云谱、拾谱。支派在兴宁东厢韩塘、湖尾、和山、黄陂围、及北厢油草塘等地。

潘松普：季孙八十五世，潘俭长子，生于明洪武十九年（1386年）丙寅岁。

潘三秀：季孙八十六世，潘松普次子，又名百一郎，生于明永乐癸未岁（1403年），原葬于和山岩下枫树塘尾山上，雄鸡打翼形，后被和山房于康熙戊戌年（1718年）迁葬于深坑塘坳背，原穴葬其房私坟。迨清同治壬戌年（1862年）又迁葬于湖尾岗，昂天海螺形，已山亥向。配杨氏，度名妙贤，原葬湖尾竹下窝园墩岭下，于康熙戊戌年迁葬与夫同穴。生三子：俊兴、茂兴、添兴。

潘俊兴：季孙八十七世，三秀长子，生于明永乐十九年（1421年）。明天顺四年（1460年）兴报籍，天顺五年辛巳编充，解农桑绢匹，尽忠王家，在京身故，棺柩运回，葬于永和黄陂堡石鼓寺下，蛇形丑山兼辰。

潘观受：季孙八十八世，俊兴长子，明国士。配罗氏，继配饶氏。生四子：潘

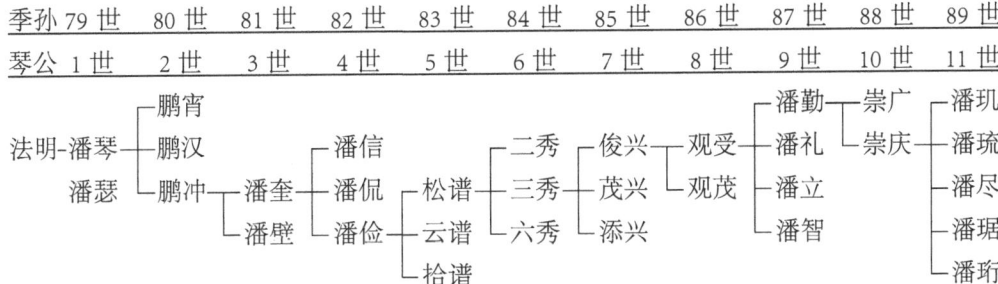

勤、潘礼、潘立、潘智。迁永和湖尾堡。观受、观茂二房后裔于清嘉庆年间在兴宁水关口建观受、观茂二公祠。

潘勤：季孙八十九世，观受长子，字思诚，生于明景泰五年（1454年）甲戌岁，葬于永和黄陂围五显宫右侧。配江氏，葬于温升坑。生二子：崇广、崇庆。支派分居兴宁永和上贝岭、板塘、大池窝、洋岗砂、墩上、塘唇、岭下及程乡县（梅县南口）等地。

潘崇庆：季孙九十世，潘勤次子，葬于永和湖尾温升坑，与其母江氏共坟。配刘氏，葬于温升坑，与夫同处碑记。生五子：潘玑、潘琉、潘尽、潘琚、潘珩。

潘珩：季孙九十一世，崇庆五子，讳法成，谥青俊，二十五寿，葬于永和麻地岗陈屋侧，游鱼上水形，坤山兼申，又刻其灵牌附葬于梅县南口林径村七世俊兴之配曾氏坟。配曾氏，继配邱氏，生一子：法行（处士）。因潘珩早逝，邱氏无奈改嫁程乡韩莆都池仕宗，并与池仕宗合葬扶贵鸡麻园，1987年迁葬扶大镇三葵村龙管坑，上天蜡烛形。

二、南口潘氏

（一）南口简介

南口镇位于梅县西南部17千米处，下辖46个行政村，南口潘氏为行政村之一

图 3-10　南口地形图

的侨乡村，由寺前、高田、塘肚三个自然村组成。侨乡村位于鹿湖山下，地处一个长约 7 千米，宽约 2 千米，占地积约 14 平方千米的矩形盆地。南口盆地自古就是交通要道，是梅县通往兴宁的必经之路，始建于元天历年间的官道——东牛驿道横穿南口盆地，现已发展成宽阔的 205 国道。

南口镇现属梅州市梅县管辖，梅县于民国元年（1912 年）设，其前身为程乡县。梅县古属九洲之一的扬州，春秋战国时期属南越国；秦设南海郡，南口属南海郡揭阳县；东晋咸和六年（331 年），析南海郡设东官郡，郡治设宝安县南头（今深圳），梅县属东官郡；东晋安帝义熙九年（413 年），析东官郡设义安郡，梅县属义安郡义招县；南齐析义招县设程乡县，取名程乡，是为了纪念南齐著名学者程旻而得名；945 年，设敬州，领程乡县；宋太祖改敬州为梅州；明洪武二年（1369 年），程乡县归潮州府管辖；清雍正十一年（1733 年），改程乡县为直隶嘉应州；民国元年（1912 年），设梅县至今。

（二）葵涌潘氏南口先祖世系表

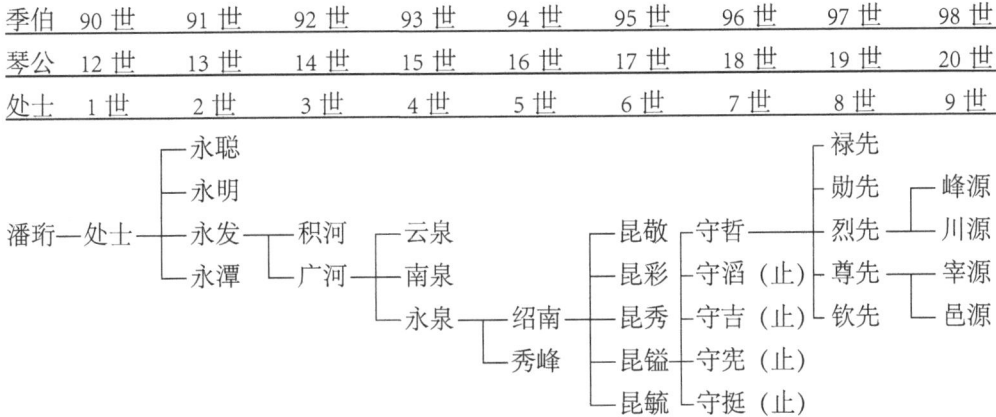

（三）简谱①

一世　处士：号素斋，生于明永乐十六年（1418 年）五月十六日卯时，卒于天顺二年（1458 年）十月十五日子时。葬于南口车陂，水口獭形，巽山兼辰实辰巽缝线。配姚氏，生于永乐二十二年（1424 年）三月二十三日戌时，卒于弘治十二年（1499 年）十一月初八日午时，八十寿，葬于南口麻绳岗。生四子：永聪、永明、

---

① 引民国南口《潘氏族谱》。

永发和永潭。

二世 永发：号法旺，谥英才。生于景泰元年（1450年）十月十四日戌时，卒于成化二十三年（1487年）六月初六日午时，葬于长滩堡翠子等滩形。配陈氏，生于天顺三年（1459年）六月十八日亥时，卒于嘉靖三十年（1551年）八月十八日子时，九十三寿，葬于南口堡。生二子：积河、广河。

三世 广河：葬于南口堡萝竹园，坐南向北，蓬叶盖鱼形，公妣同穴。生三子：云泉、南泉、永泉。

四世 永泉：谥朴义耆寿，配丘氏。生二子：绍南、秀峰。

五世 绍南：谥燕诒端义，配陈氏、吴氏。生五子：昆敬、昆彩、昆秀、昆镒、昆毓。

六世 昆镒：谥勤朴，七十一寿，配钟氏。生五子：守哲、守滔、守吉、守宪、守挺。

七世 守哲：七十一寿，葬于三家村屋侧，配钟氏。生五子：禄先、勋先、烈先、尊先、钦先。

八世 尊先：谥勤朴，配饶氏。生二子：宰源、邑源。

九世 邑源：葬于嘉应州南口堡，径口猫形，对面左边有平面大石屏一座，坟前兴宁往嘉应州大路。生三子：进儒、宗儒、琼儒。

（四）南口潘氏家族史

1426年，年仅8岁的梅县潘氏开基祖潘处士从兴宁迁居梅县（时称程乡县）开基，初居城北，后迁至大竹乡葵湖。生四子：永聪、永明、永发、永潭。三子潘永发死后，妻陈氏领二子积河、广河在南口开基。南口潘氏至今已有五百余年。由原来蕉园下一间简易的木棚发展成现在占地面积约为1.5平方千米、大小围屋近百座的大型围笼屋建筑群。现三村有潘氏400多户，人口2000多人，子孙遍布南方各省及香港海外。虽然兴梅地区围拢屋多数以万处计，但象侨乡村这么密集的几乎单姓血缘聚居的大型古村落却是十分罕见的，被广东省旅游发展研究中心专家组认为是"中国最典型的围屋古村落"，目前正申报世界文化遗产。

潘县潘氏二世潘永发早逝，时二子潘积河10岁，潘广河尚在襁褓。遗孀陈氏带着积河，一头挑着广河，一头挑着简单的家当回兴宁县圩下村娘家，循官路来到南口堡[①]，天色将晚，前面是三星山口，森林密布，虎狼出没。这时的情形表明这时的潘氏永发一支已经到了生死存亡的关头，陷入家族发展的最低谷。潘永发祖父潘珩年仅25去世，妻子改嫁池家，父亲潘处士自小便失去父母，因生活所迫改姓池姓，虽潘处士很有才能，艰难创业，创立自已在梅县的潘氏家业，却天妒英才，年仅41岁便去世；潘永发自身也仅享38寿，留下妻子陈氏带着两个幼儿，孤苦无依，因生活所迫投奔兴宁娘家，步行十里，饥肠辘辘，形容疲惫，前面又是虎狼出没的三星寨。从潘家迁徙的足迹看，客家迁徙史实际上是一部血泪史，充满艰辛困苦。这种悲惨的例子不胜枚举，如坪山刘氏开基父子在田间作业时，父亲为老虎叼走，儿子为老虎所伤。

这时，江西赣州三僚著名风水师廖丙也来到了南口，并成为潘氏家族发展的关键人物。在廖丙的指引下，陈氏决定留在南口开基。至今，潘氏祖堂上神橱一角还供奉廖丙神位，潘氏族人在造房子开工前要祭拜廖丙。

廖丙，江西赣州三僚人，其风水学说师承江西派风水祖师杨筠松，以擅长"六壬算"出名。在笃信风水的古代兴梅地区，廖丙声望极高。

陈氏在路边小店简单吃了点东西，正要起身赶路。小店陈姓老板娘得知陈氏是本家姊妹，便劝说道："天色将晚，此时进山，天亮前出不了山，山上都是野兽山贼，你一女子尚有两个幼儿，恐怕有三长两短。我店中有床，你住下，不收你钱。"陈氏感激老板娘的好意，便不顾劳累，帮老板娘把门口的菜地淋了一遍水，还把店里的两个大水缸挑满水。

这时，廖丙也来投店。陈氏帮老板娘为廖丙做好饭菜，廖丙吃完连连夸道："这菜做得不淡不咸，正合我口味，妹子好手艺。"廖丙也叫烂脚丙，因他脚上长疮，长年治不好。陈氏又为廖丙端来热水，供廖丙洗脚。廖丙不由得为陈氏的勤劳和善良所感动，在得知陈氏不幸身世后，廖丙决定帮助陈氏改变命运。等陈氏带着孩子去休息后，廖丙与老板娘说："你这妹子为人不错，可把她留下，你也有个帮手，相互照应，三星山下山猪窝风水好，可让妹子先住下，一个月后我再来给她选地做屋。"第二天，老板娘依廖丙意思挽留陈氏。陈氏也寻思，回兴宁也是寄人篱下，何况这是廖丙大师的指点，岂有不听之理。便在山猪窝（今蕉园下）住下。当时此地有云泉寺，故称寺前村，在陈氏到来之前，已有陈、林、管诸姓少数几户人家。

[①] 梅县潘氏三村被称为"一根扁担挑来的村子"。

一个月后，廖丙再次来到南口，为陈氏选址建屋，即后来的"老祖屋"。老祖屋位于三星山下。三星山从北面看去是个三角形，从山尖有八道山梁分散而下，像一面撒开的鱼网，所以风水上叫"网形"。老祖屋正处于网底正中，其风水形局又是"猫形"，猫在网底正可以大吃鱼虾，寓意潘姓有用不尽的钱财又人丁兴旺。

潘氏永发房在南口落基后，三村他姓日渐衰落：原来的大姓刘氏把土地陆续卖给了潘姓，至光绪末年只剩了几家人。刘氏最大的一幢围龙屋叫兰馨堂，屋主只有一女，招潘氏八世某人入赘。至今，兰馨堂的祖堂上依然挂着刘、潘两姓灯笼，但兰馨堂已易姓潘，连刘姓的私塾"细学堂"也卖给了潘家。塘肚一边，温姓自己祖屋住了不好，便将朝北的一半送给潘姓，祖堂则共奉温、潘二姓；李姓甚至将祖屋全部送给潘氏，自家迁住他处，迁走前交代潘姓要留下李姓祖堂，并帮忙奉香；"出水莲"位于官路边，原为邓姓产业，但作为接待来往官员官厅，邓姓人无力接待，最后卖给潘家人；罗姓也只剩下一幢住宅。诸姓只有高田"宝树流芳"、"宝树第"的谢姓，还有七八十人，而且子弟或读书有成，或经商致富，还相当发达。三村里潘姓占了绝对优势，当地几乎成了潘姓的单姓血缘村落。

老祖屋建到一定规模时，陈氏接来潘处士的遗孀、家婆姚氏，奉养至明弘治十六年（1503 年）姚氏卒，享年 80 寿。接着，陈氏又将潘处士遗骨从葵湖接到南口安葬，墓地由当时著名风水师廖丙选定。廖丙受陈氏之托选地，所做风水自当旺三房。潘处士墓地名"獭形"，也称"獭赶鲤鱼形"，"右边煞，左边堵，坟地上看不到水"，据说这样的地形"发三亏大"，只有三房潘永发的子孙大大繁衍。潘处士墓是兴梅地区有名的风水地。

葵涌潘氏先祖永发二房潘广河后裔长期围住在"老祖屋"。直至清乾隆年间，潘处士十世孙潘琼儒迁居葵涌，发展成为大鹏半岛望族；十二世孙潘钦学"以贸易起家，积成巨富"，他的第三子国城"复继绳之，家声丕振"，在老祖屋西面建"上新屋"；潘钦学之弟钦罗公后人在老祖屋东面建"下新屋"。

鸦片战争爆发后，中国国门被打开。1860 年，《北京条约》签订，清政府被迫开放海外移民，至清光绪年间，海外移民达到最高峰。在浩浩荡荡的移民潮中，客家人成为主力。19 世纪末 20 世纪初，梅县出洋达 3000 多人，"丁满十六就出洋"成为成规。男孩少时读书，长成便由"水客"带到南洋，在亲戚及同乡的帮助下由"伙计"干起，到了适婚年龄便回老家娶妻，一两个月又收拾行囊再到南洋。他们一旦事业有成，便回乡营造规模宏大的华侨屋。华侨屋在南口潘氏三村中占有很大的比例，以清光绪三十年（1904年）潘祥初筑造的南华又庐和20世纪初潘展初建造的承德楼为代表。

（五）南口潘氏人物

潘立斋（1854—1926年）

讳捷颖，字炳勋，潘处士十四世孙。21岁南渡荷属爪哇城（今印尼雅加达），与同乡萧郁斋合资开设"增兴公司"；与堂侄潘祥初合资开设兼营出口、汇兑、旅店的"万通安记"，10年后叔侄合组"纶昌号"。随着生意与声望的不断提高，潘立斋被推选为吧城中华总商会会长。

潘立斋一生热心社会与家族的公益事业。1900年与丘燮亭、梁映堂等在吧城创立中华会馆，潘立斋先后任董事、会长；1901年，潘立斋与中华会馆同人创立中华学堂，并出任学堂董事，并率学堂学子归国，两江总督端方赠"忠孝传家"匾。潘立斋还捐纳海防经费，被奖叙知县，进京引见，保升同知，赏戴花翎。潘立斋还与侄子潘祥初在家乡南口兴建毅成公家塾，编修民国梅县潘氏族谱。

潘祥初（1851—1911年）

讳兴发，字承先，潘处士十五世孙，17岁随乡人赴荷属爪哇城（今印尼雅加

图3-11 潘立斋建造之毅成公家所

达）谋生，初为杂工，不久提升"伙计"，学习经商。他平日省吃俭用，又买彩票中过奖，积成一定的本钱后决定独自经营。因为他的谦虚好学，恪守信用，诚实可靠，其经营商业日渐发展，经营范围也增加至百货、爆竹等，在雅加达、香港、澳门都有商店。他与堂叔潘立斋共同开设的"万通安记"财力日渐雄厚，成为港澳著名商号。

潘祥初在家乡梅县南口兴建南华庐和南华又庐。南华又庐规模宏伟，有十厅九井之称，并对客家围龙屋进行了改良，改善了居住空间，是广东省文物保护单位。

潘君勉（1882—1968年）

潘处士十五世孙，讳权瑞，16岁前往广州谋生，1908年前往香港，就职于堂叔与堂兄潘祥初开设的"万通安记"商号，任司理。1913年，与堂侄潘植我在日本神户开设"得人和"商号，任副经理。之后，潘君勉又在神户开设"东明公司"，在香港、上海、梅县南口开设"南通公司"，在九龙开设南洋织业公司。

潘植我（1885—1953年）

潘处士十六世孙，字辈名潘桂兆，南口东华庐、东华又庐开筑者。潘植我少年考取公费留学日本，学习纺织工艺，在日本神户开设"得人和公司"，后来成为神户华人第一大商号。潘植我名声大震，创办神户中华总商会，任会长。

潘植我衷心拥护孙中山领导的辛亥革命，是国民党神户支部的成员，将自己三年的积蓄捐献给辛亥革命作为经费。广州起义失败后，潘植我捐巨资收拾烈士遗骨，建成黄花岗七十二烈士陵园。1921年，潘植我任丰顺县长，廉洁奉公，甚至出资补贴地方财政，人称"潘百万"。1931年，潘植我为梅江大桥工程捐资15000元。

三、葵涌潘氏

（一）葵涌地理与人文历史

葵涌地处大鹏半岛中部，历史上属东莞县、新安县，建圩首见清康熙《新安县志》。古时这里河涌交织，盛产水葵。相传最初有女麦氏携二子，徙居过此，一子中暑，采莼（即水葵）服食，暑解，大喜，遂落居，"葵涌"因之得名。

葵涌地区早在7000年前就有人类居住，在葵涌海边考古发现多处新石器时代中期人类生活的遗址，属大鹏咸头岭文化类型。其主要特征是几何印纹陶、红衣彩陶、夹沙陶等。此时的葵涌先民已开始筑造房屋、以狩猎与捕捞为生，即为古越先民。汉初，赵佗的南越王国是古越族文化的顶峰，赵佗十分重视古越文化与中原文化的融合。秦汉以后，中原文化以各种方式传入岭南。魏晋南北朝时期，中原动乱，岭南成为乱世的避风港，考古出土的晋代墓砖上刻："永嘉世，九州荒，如广州，平且康。"大量中原汉人南迁岭南。东晋咸和六年（331年），朝廷设东官郡，郡治设南头，葵涌属东官郡宝安县管辖；后撤东官郡，设东莞县。

明洪武二十七年（1394年），明朝廷在大鹏半岛设大鹏守御千户所，并因之建城，是大鹏半岛开发的重大里程碑。葵涌之前一直是山穷水恶，人烟稀少，为蛮荒之地。大鹏所城在葵涌设葵涌屯，并分兵屯田戍边，且耕且守，今葵涌仍有屯围村，即源于此。这是葵涌见于史书的最早记载。明万历元年（1573年），析东莞设新安县，葵涌属广州府新安县七都。

清初，大鹏所城设守御所千总，专理屯科，葵涌屯属大鹏守御所千总管辖；清顺治十八年（1661年），清政府实行迁界禁海，葵涌顿时荒无人烟。康熙八年（1669年）复界，新安县多次发布招垦布告，一些客家人开始才陆续迁来，但人数一直很少。雍正元年（1723年），清廷设新安县丞①于大鹏所城，管辖新安县东部沿海。县丞所辖村落数量随着客家人的迁入而逐渐增加，至嘉庆年间县丞已管辖大鹏半岛沿海近百村庄。葵涌地区属新安县丞管辖，当时已有广府村庄上洞、下洞、沙鱼涌、

图3-12 葵涌地形图

---

① 县丞相当于今天的副县长。新安县令（新安县正堂）驻县城南头；为正七品文官；新安县丞（也称新安县左堂）驻大鹏所城，为八品文官。

关湖村、葵涌村、溪涌村、东门村等；有客籍村庄：葵涌墟、土洋、白水塘、第三溪、径心、屯围子、黄榄坑、白石岗、张屋村、高圳头、盐寮下、新屋仔、凹头、横头村、新围、深水田等[①]。以上村名给我们提供了两个信息：一、清嘉庆以前，葵涌地区虽有广府村、客家村、广客杂居村，但葵涌已成为以客家为主要民系的地区，清初还属大鹏守御所千总管辖的屯围村，这时已成为客家村落。二、当时的潘氏家族已经兴建了白水塘（上禾塘）大围，潘氏已发展成望族，并开始有能力为葵涌地区修桥铺路。清嘉庆《新安县志·建置略》载"济安桥，在葵涌，监生潘光大[②]建。"

民国年间，葵涌属宝安县第三区，谓葵华乡；中华人民共和国成立后，1949年10月至1951年10月，辖属惠阳县第四区；1951年11月改为第七区；1957年12月至1958年10月，惠阳县撤区并乡时，称葵沙乡；1958年11月划属宝安县，属大鹏公社管辖；1961年7月成立葵涌区，辖大鹏、葵涌、坪山三个公社；1963年1月至1978年，撤区并社，单设葵涌公社；1979年撤宝安县设深圳市，葵涌改为区；1981年10月，宝安县恢复建制，复设葵涌公社；1983年7月，葵涌公社改为区公所；1986年10月宝安县改区、乡建置为镇、村，成立镇人民政府、村民委员会，设葵涌镇，属宝安县管辖，下辖葵涌圩镇居委会、6个行政村、52个自然村；1993年1月宝安撤县建宝安、龙岗两区，葵涌镇属龙岗区管辖。

（二）葵涌潘氏家族史

葵涌开基祖潘琼儒，潘氏一百零一世，邑源三子，生于清康熙年间，于清乾隆年间"托笔外游，设帐于惠州淡水"。潘琼儒在梅县南口已是一名读书人，到惠州府归善县碧甲司淡水，以教书为生，其后代七世孙潘冠良、十世孙潘传贤也是教书出身。梅县南口潘氏十分重视教育，在梅县调研时，接待我们的潘元启为原安仁学校的校长。

潘琼儒后辗转迁至新安县葵涌落基。初当担脚工类的杂工，后做点小生意，扯麻糖卖，艰辛创业。长子潘奉乾在葵涌和沙鱼涌开创"二合"渔店，故潘奉乾也称潘二合。潘奉乾贩鱼及各种鱼制品远达广州，家族开始形成并兴旺，其第一桶金来自一次运气。葵涌位于大鹏湾畔，同为大鹏湾畔的还有大鹏、葵涌、南澳、溪涌等滨海渔村，打鱼贩鱼者甚众。有一天临近过年，天寒地冻，很多鱼贩都不肯出门，然

---

① 新嘉庆《新安县志》卷之二·舆图。
② 葵涌潘光大即葵涌二世潘凤乾，民国梅县潘氏族谱记载潘凤乾：号奕亭，谥光大积厚。

图 3-13　葵涌潘修筑的古道

而有勤劳传统的客家潘奉乾却一大早就来到了沙鱼涌，发现整个河涌都是冻死的鱼。因为天气寒冷，死鱼十分新鲜，又值过年，市场需求大，潘奉乾的鱼卖了好价钱。这是潘家把二合商号做大的资本。很快，潘家便有能力建造规模宏伟的白水塘潘氏围堡，是当时整个葵涌地区规模最大的建筑物。潘家还扩大经营范围，开设榨油工厂，建造囤积货物的货场——油榨围。

潘家后人潘会文如此描述潘家曾经的辉煌："当时村里嫁女儿到大鹏，因为交通不便，潘氏便用花岗石铺设道路，修到了大鹏。潘氏嫁女的排场，也因此惊动了土匪，招贼打劫了三年。"① 这是一个家族传说，虽带有故事性，但潘家修筑葵涌至大鹏的石板路的信息却是可信的。

潘家还修筑了葵涌至坪山的"古商道"。坪山在乾隆以后已经是龙岗、淡水之间一个比较重要的圩镇，葵涌潘因为生意关系要经常来往于葵涌与坪山，但要途经荒山野岭，潘家便出资修建了一条葵涌至坪山的卵石道路。

潘家虽然在生意上成就很大，但仍不忘客家人崇文重教及潘家先祖以"春秋"致

---

① 葵涌潘氏后人潘会文口述，见《深圳侨报》。

仕的传统。二世潘奉乾用做生意赚来的钱捐了个监生的头衔，并积极参与社会公益事业。清嘉庆《新安县志记》记载："济安桥，在葵涌，监生潘光大建。"潘光大即潘奉乾。民国程乡《潘氏族谱》记载："奉乾（二合）：号奕亭，谥光大积厚。"

两条史料一结合，给了我们几个重要的信息：一、葵涌济安桥为潘家二世先祖所筑；二、葵涌潘氏二代潘奉乾是个监生。

监生即国子监大学生的简称，国子监是清朝廷最高学府，监生是清代文官的主要来源。监生分以下几类：举监，即由举人做监生；贡监，即由秀才当监生；荫监，官宦子弟当监生的；例监，即由捐纳得到监生名分的。

葵涌潘氏第三代长房潘钦远官至福建莆田知县。清莆田知县岁俸银45两，此为正俸，另有养廉银2000两。第三代已是嘉道之际，清《新安县志》最后一个版本是嘉庆年间的，所以很难查到相关史料。

葵涌潘氏成为大鹏半岛望族后，潘家娶妻嫁女也非常讲究门当户对。清同光年间，潘家与大鹏所城三代五将的赖家联姻，潘家小姐潘瑞英嫁给大鹏所城抗英名将赖恩爵曾孙赖孟昶，生二子：六弥、六孟①。有人娶到葵涌潘家小姐，便不怕山贼海盗；嫁女能嫁到潘家，便十分荣幸，嫁不到，嫁给潘家的门囝仔都好。

（三）简谱：

一世（开基祖）

琼儒：葵涌潘氏开基祖，邑源三子，生于清康熙年间，于清乾隆年间"托笔外游，设帐于惠州淡水"，后迁至新安县葵涌落基。初当杂工，后做点小生意，艰辛创业。妻曹氏，卢氏，生三子：奉乾、亚四、亚六。葬新孙岭倒木地。

二世

奉乾：又称"二合"公。号奕亭，谥②"光大积厚"③，配文氏、刘氏、黄氏，生二子，钦远、钦达。"二合"为其商号。嫡配刘氏，无嗣；继室文氏，生长子钦远，副室黄氏，生次子钦达。与黄氏合葬坝岗"洋稠"。

亚四：琼儒次子。

亚六：琼儒三子。

---

① 现赖氏家族族长、英国蒲茨茅斯华人协会会长赖荣茂即六弥之子，潘瑞英之孙。
② 谥分公谥和私谥。即朝庭或家族长老为人死后的盖棺论定的名称，以表彰先人的美德，一般书善不书恶。潘奉乾在世时为乡里造桥修路，故死后谥光大积厚，私谥的可能性比较大。
③ "光大积厚"出自于《周易·坤》：坤厚载物；德合无疆；含弘光大；品物咸亨。

三世

钦远：号济霖，谥刚裕惠勤，官福建莆田知县。71寿，配廖氏、卢氏、陈氏。生七子：国鸿、国清、国润、国灏、国深、国治、国渭。

钦达：号叠泉、济川，谥斐章。配钟氏，生四子：国澍、国瀚、国濂、国滨。

四世

国鸿：钦远长子，配徐氏、冯氏，生三子：初魁、梅魁、伦魁。

国清：钦远次子，配王氏、许氏，生三子：彪魁、廷魁、占魁。

国润：钦远三子，配曾氏，生一子：高魁。

国灏：钦远四子，配黄氏，生六子：经魁、连魁、冠魁、玉魁、鉴魁、殿魁。

国深：钦远五子，配李氏，生三子：赞魁、文魁、百魁。

国治：钦远六子，配古氏，生四子：金魁、翰魁、彬魁、英魁。

国渭：钦远七子，配黄氏、余氏，生四子：梓魁、汝魁、榜魁、秋魁。

国澍：钦达长子，号芷香，配叶氏，生五子：恩魁、献魁、选魁、燕魁、焕魁。

国瀚：钦达次子，号周奭，立嗣子全魁（国濂长子）。

国濂：钦达三子，配黄氏、温氏，生七子：全魁（过继与国瀚为嗣）、炳魁、锦魁、首魁、昌魁、盛魁、发魁。

国滨：钦达四子，号少泉，配曾氏、梁氏，生六子：元魁、鼎魁、振魁、茂魁、科魁、锡魁

五世

初魁：国鸿长子，号胪卿，配叶氏，生三子：贤龄、赐龄、炬龄。

梅魁：国鸿次子，配曾氏，生四子：天龄、遐龄、永龄、延龄

伦魁：国鸿三子，配黄氏，生一子：肇龄。

彪魁：国清长子，配黄氏，生二子：芳龄、长龄

廷魁：国清次子，配罗氏，生二子：松龄、富龄（过继与占魁）

占魁：国清三子，立一子，富龄（廷魁子）

高魁：国润长子，号典堂，配黄氏，生子四：珠龄、希龄、万龄、有龄。

经魁：国灏长子，配邹氏，生二子：福龄、寿龄

连魁：国灏次子，配罗氏，生一子：鹤龄

冠魁：国灏三子，号云裳，配叶氏、卢氏，生四子：华龄、秀龄、宝龄、官龄。

玉魁：国灏四子，号静山，清庠生，配黄氏，生一子：晋龄

鉴魁：国灏五子，号明斋，配李氏，生二子：长龄、泰龄

殿魁：国灏六子，号小波，配刁氏，生一子：滋龄。

赞魁：国深长子，号廷襄，配叶氏，生三子：舜龄、谦龄、安龄

文魁：国深次子，号蔚臣，配黄氏，生二子：桃龄、培龄

百魁：国深三子，号崇生，配赖氏、谢氏，生子二：浩龄、钟添。

金魁：国治长子，号小平，配李氏，生子三：基龄、继龄（过继与英魁）、应龄

瀚魁：国治次子，号琼昭，配何氏，生子二：阶龄（字汉球）、稚龄

彬魁：国治三子，号质初，配叶氏，生子一：雄龄。

英魁：国治四子，配刘氏，立一子，继龄（金魁次子）。

梓魁：国渭长子，配何氏，生子一：瑶龄

汝魁：国渭次子，配黄氏，生子二：超龄、勋龄

榜魁：国渭三子，号振昭，配彭氏，生子三：建龄、百龄、英龄（过继于恩魁、献魁）

秋魁：国渭四子，生子四：先龄、弼龄、谨龄、遐龄

恩魁：国澍长子，配黄氏，立半嗣子：英龄（榜魁三子）。

献魁：国澍次子，号明修，庠生，配何氏，立半嗣子：英龄（榜魁三子）。

选魁：国澍三子，号拔侯，配张氏，生子一：传龄。

燕魁：国澍四子，号喜春，配叶氏，生子一：湘龄。

焕魁：国澍五子，配何氏，生子二：森龄、通龄。

全魁：国瀚嗣子（国濂长子），生子四：钟龄、育龄、梦龄、照龄

全魁：国濂长子，过继国瀚。

炳魁：国濂次子，号明文，庠生，配黄氏，生子三：均龄、城龄、增龄

锦魁：国濂三子，号吉斋，庠生，配黄氏、俞氏，生子一：添龄

首魁：国濂四子，号史卿，配曾氏，生子二：林龄、友龄。

昌魁：国濂五子，止。

盛魁：国濂六子，号侣梅，配黄氏，生子一：嘉龄

发魁：国濂七子，号梅初，配李氏，生子二：伟龄、槐龄

元魁：国滨长子，配黄氏，生子二：祝龄、聪龄

鼎魁：国滨次子，号灼如，庠生，配李氏，生子二：坚龄、庆龄

振魁：国滨三子，配欧氏，生子一：宗龄

茂魁：国滨四子，配林氏，生子一：清龄
科魁：国滨五子，号盈璋，配李氏，生子一：邦龄
锡魁：国滨六子，配曾氏，生子一：德龄

六世

贤龄：初魁长子，配黄氏，生一子立佛。
赐龄：初魁次子，配许氏，生二子：立爵、立来
炬龄：初魁三子。
天龄：梅魁长子，配黄氏，生子三：立璋、立珍、立球
遐龄：梅魁次子，配黄氏，生子立波
永龄：梅魁三子，配欧阳氏，生子三：立容、立悦、立堂。
延龄：梅魁四子，号云阶，配廖氏，生子立宝。
肇龄：伦魁长子，配李氏。
芳龄：彪魁长子，号诵裳，配黄氏、袁氏，生子三：立泮、立敬、立逊。
长龄：彪魁次子，配邓氏，生子三：立准、立纪、立伦。
松龄：廷魁长子，配杨氏、徐氏，生一子：立平。
富龄：廷魁次子，过继与占魁。
富龄：占魁嗣子，配钟氏，生子二：立业、立纯。
珠龄：高魁长子，配黄氏，生子二：立安、立彬
希龄：高魁次子，配钟氏，生子一：立猷。
万龄：高魁三子，配钟氏，生子一：立愚。
有龄：高魁四子，配李氏，生子二：立勋、立恩。
福龄：经魁长子，配罗氏，生子二：立潭、立怀。
寿龄：经魁次子。
鹤龄：连魁长子，配林氏，生子一：立坤
华龄：冠魁长子，号祝三，毕业于广东法正学校，配何氏、廖氏，生子一：立基。
秀龄：冠魁次子，配余氏，生子一：立生。
宝龄：冠魁三子，配陈氏，生子一：立庆。
官龄：冠魁四子，配李氏，生子一：立坚。
晋龄：玉魁长子，生子四：立源、立思、立明、立远。

长龄：鉴魁长子。

泰龄：鉴魁次子，生子一：立矩。

滋龄：殿魁长子，生子一：立健。

舜龄：赞龄长子，配黄氏，生子二：立云、立才

谦龄：赞龄次子，号子良，配黄氏，生子二：立宪、立忠

安龄：赞龄三子，配黄氏，生子二：立宏、立源

桃龄：文魁长子，号寿铭，邑庠生，配黄氏、林氏，生子二：立都、立意

培龄：文魁次子。

浩龄：百魁长子，配黄氏。

钟添：生子二：立光、立廷。（钟添民国潘立斋修《潘氏族谱》为香龄、伸龄。

香龄：百魁次子，配黄氏，生子一：立光。

伸龄：百魁三子，配钟氏，生子一：立廷。）

基龄：金魁长子，配黄氏，生子一：立炽。

继龄：金魁次子，过继与英魁、献魁

应龄：金魁三子，配李氏。生子二：立景、立康。

汉球：瀚魁长子，配陈氏，生子二：立定、立溪

稚龄：瀚魁次子。

雄龄：彬魁长子，配林氏，生子一：立盛

继龄：英魁嗣子，金魁次子，配黄氏，生子五：立常、立柱、立竞、立权、立强。

瑶龄：梓魁长子。

超龄：汝魁长子。

勋龄：汝魁次子。

建龄：榜魁长子。

百龄：榜魁次子。

英龄：榜魁三子，过继恩魁、献魁。

先龄：秋魁长子。

弼龄：秋魁次子。

谨龄：秋魁三子。

遐龄：秋魁四子。

子良：生父不详，配黄月英，生子一：谭贵。

伯群：生父不详，立常之叔，配丘鸿，又称高婆，生子二：立矩、秀川。

勋三：父不详，配杨三，生子一：恩寿。

潘雄：父不详，生子二：立长、立京。

英龄：恩魁半嗣子，榜魁三子，改名英龄，配黄氏，生子一：渭良。

英龄：献魁半嗣子，榜魁三子，改名英龄，配黄氏，生子一：元良。

传龄：选魁长子，配何氏，生子二：明良、恩良。

湘龄：燕魁长子，配陈氏，生子三：康良、木良、醇良。

森龄：焕魁长子，配李氏，生子一：水良。

通龄：焕魁次子，配陈氏，生子一：容良。

育龄：全魁次子，配徐氏，生子二：义良、见良。

钟龄：全魁长子，配黄氏，生子一：茂良。

梦龄：全魁三子，配曾氏，生子一：保良。

照龄：全魁四子，配何氏，生子二：承良、澄良

均龄：炳魁长子，配袁氏，生子三：德良、锡良、纯良

城龄：炳魁次子，配黄氏。

增龄：炳魁三子，配黄氏。

添龄：锦魁长子，生子一：孟良

林龄：首魁长子。

友龄：首魁次子。

嘉龄：盛魁长子。

伟龄：发魁长子，

槐龄：发魁次子。

祝龄：元魁长子，生子二：国良、卓良

聪龄：元魁次子。

坚龄：鼎魁长子，配欧阳氏、陈氏，生子一：硕良

庆龄：鼎魁次子，配黄氏，生子一：滔良。

宗龄：振魁长子，配许氏，生子一：珠良。

清龄：茂魁长子，配黄氏。

雪梅：科魁长子，配陈氏。（注：雪梅民国谱为邦龄）

德龄：锡魁长子，配李氏，生子一：镇良。

七世

立佛：贤龄长子，配林氏。

立爵：赐龄长子。

立来：赐龄次子。

立璋：天龄长子，配朱氏，生一子：恩荣。

立珍：天龄次子。

立求：天龄三子，配欧阳氏。

立波：遐龄长子。

立容：永龄长子，配陈氏，生一子：恩习。

立悦：永龄次子。

立堂：永龄三子。

立宝：延龄长子，配李氏，生一子：恩德。

立泮：芳龄长子，配张氏，生一子：恩志。

立敬：芳龄次子，配陈氏。

立逊：芳龄三子。生一子：恩定。

立准：长龄长子，配郭氏，生一子：恩启。

立纪：长龄次子。

立伦：长龄三子，配欧阳氏，生一子：恩航。

立平：松龄长子，配陈氏，生三子：恩晋、恩维、恩凯。

立业：富龄长子，配陈氏、黄氏，生一子：恩明。

立纯：富龄次子，配黄氏，生一子：恩柏。

立安：珠龄长子，配刘氏，生一子：恩荧。

立彬：珠龄次子，配黄氏，生一子：端濂。

立猷：希龄长子，配李氏，生三子：恩汉、恩尧、恩桓。

立愚：万龄长子，配袁氏。

立勋：有龄长子，配李氏，生一子，恩生。

立恩：有龄次子。

立潭：福龄长子，配钟氏，生二子，恩进、恩亮。

立怀：福龄次子。

立坤：鹤龄长子，配张氏，生三子：恩信、恩俊、恩鸿。

立基：华龄长子，配李氏，生一子：恩宜。

立生：秀龄长子，配刘氏。

立庆：宝龄长子，配李氏。

立坚：官龄长子。生二子：恩铭、恩永。

立源：晋龄长子。生二子：恩海、恩钗。

立思：晋龄次子。又名绍文，生二子：恩涛、伟涛。

立明：晋龄三子。又名立鹏。

立远：晋龄四子。又名立燕。

立矩：泰龄长子。

立健：滋龄长子。生二子：恩清、恩池。

立盘：滋龄次子。生三子：恩导、恩选、恩存。

立云：舜龄长子，配陈氏，生一子：恩喜。

立才：舜龄次子，配欧阳氏。

立宪：谦龄长子，配陈氏。

立忠：谦龄次子，配李氏。

立宏：安龄长子。

立源：安龄次子。

立都：桃龄长子。

立意：桃龄次子。

立光：钟添长子。娶妻二：江金，吴英。生子二：恩成、恩初。

立廷：钟添次子。娶妻黄锦容。生子六：恩皇、恩初、恩义、恩巧、恩博、恩利；生女三：潘文、潘聪、群弟。

立炽：基龄长子。

立景：应龄长子。

立康：应龄次子。

立溪：汉球长子。生一子：庆进。

立彪：汉球次子。生一子：志坚。

立谷：汉球三子。生一子：机辉、健华、健军。

立盛：雄龄长子。

立常：继龄长子。生三子：恩南、恩乐、恩可。

立柱：继龄次子。生二子：恩培、锦梁。

立竞：继龄三子。生三子：恩聪、恩清、恩意。

立权：继龄四子。生三子：恩祺、恩祯、恩华。

立强：继龄五子。生二子：恩汉、恩明。

谭贵：子良长子，配陈英，生一子：新福。

立矩：伯群长子，居西德。

秀川：伯群次子。

立寿：勋三长子。

立长：潘雄长子。生二子：运泉、运庆。

立京：潘雄次子。生三子：运强、运康、运忠，生一女：瑞琼。

渭良：英龄长子。

元良：英龄次子。娶陈氏、黄氏，生一子，仕雄。（依据墓碑）

明良：传龄长子。

恩良：传龄次子。

康良：湘龄长子。生一子：仕平。

木良：湘龄次子，配叶瑞娥，生一子：仕开。

醇良：湘龄三子。生一子：仕文。

水良：森龄长子。

容良：通龄长子。

义良：育龄长子。

茂良：钟龄长子，生二子：仕贤、仕群。

见良：钟龄次子。

保良：梦龄长子。

承良：照龄长子。

澄良：照龄次子。

德良：均龄长子

锡良：均龄次子。

纯良：均龄三子。

孟良：添龄长子。生一子：仕新。

国良：祝龄长子。

卓良：祝龄次子。大鹏黄歧塘烈士纪念碑上有潘作良，经证实，作良即卓良。

硕良：坚龄长子。滔良：庆龄长子。

珠良：宗龄长子。

冠良：雪梅长子。生三子：仕晓、仕刚、仕巧。

均良：雪梅次子。生一子：志行。

镇良：德龄长子。

八世

恩豪：立来长子。生三子：钰明、健辉、健灵。

恩荣：立璋长子。生二子：端伟、端廉。

恩习：立容长子。

恩德：立宝长子。生三子：国强、必富、必贵。

恩焕：立宝次子。参加东江纵队，后牺牲，大鹏黄歧塘烈士纪念碑上有潘恩焕。

恩志：立泮长子。

恩定：立逊长子，生三子：团结、力量、伟忠。

恩启：立准长子。生二子：铨厚、腾厚。

恩航：立伦长子。生一子：厚远。

恩晋：立伦长子。

恩维：立伦次子。

恩凯：立伦三子。

恩明：立业长子。生一子：厚开。

恩柏：立纯长子。生三子：伟朝、厚甘、厚基。

恩果：立纯次子。生一子：振光。

恩青：立纯三子。生一子：锦伦。

恩荧：立安长子。

恩德：立彬长子。生二子：瑞生，瑞珊。

恩广：立彬次子。生三子：锦文、锦明、锦荣。

恩汉：立猷长子。

恩尧：立猷次子。

恩桓：立猷三子。

恩生：立勋长子。字观养生三子：厚祥、厚品、厚疆。

恩进：立潭长子。生一子：厚宽。

恩亮：立潭次子。

恩信：立坤长子。

恩俊：立坤次子。生一子：厚宪。

恩鸿：立坤三子。生二子：厚谦、厚基。

恩宜：立基长子。

哲生：立生长子，生二子：潘牛、珠仔；生二女：潘湘、潘环。

恩贡：立庆长子。

恩照：立庆次子。

恩铭：立坚长子。生一子：伟杰。

恩永：立坚次子。生一子：伟新。

恩海：立源长子。

利钗：立源长女。

恩涛：立思长子。生三子：小晴、小丰、小虹。

伟涛：立思次子。生二子：小雨、小云。

秀银：立矩长女。

恩清：立健长子。生三子：学文、学军、学辉。

恩池：立健次子。生三子：国栋、国裕、国顺。

恩存：立盘长子。生二子：潘文、潘康。

恩选：立盘次子。生二子：志明、志强。

恩导：立盘三子。生二子：小仪、小山。

恩喜：立云长子。

潘崇：立都长子。生二子：江南、忠成。

日华：立都次子。

伟星：立意长子。生一子：醒名。

丽珠：立意长女。

明珠：立意次女。

小燕：立意三女。

小芬：立意四女。

秀文：立意五女。

恩明：立光长子。配福田黄桂。

恩皇：立廷长子。配娥妹，生一子：志雄。

恩初：立廷次子，生二子：略儒、亨利。

恩义：立廷三子，生二子：振超、振邦。

恩考：立廷四子。配妻名远钦。

恩博：立廷五子。现居美国。配妻名爱群。生三子：志蛟、志争、志高。

恩利：立廷六子。

潘文（女）：立廷长女。嫁坪山金龟。

潘聪（女）：立廷次女。嫁大鹏下沙。

群弟（女）：立廷三女。嫁葵涌屯围。

庆进：立溪长子。

志坚：立彪长子。生一子：忠成。

机辉：立谷长子，生一女：莉雅。

健华：立谷次子，生一女：玉琪。

健军：立谷三子。

恩南：立常长子。生二子：大雁、港英。

恩乐：立常次子。生二子：史韬、镜铎。

恩可：立常三子。生一子：远文。

恩培：立柱长子。生一子：胜海。

锦梁：立柱次子。生二子：钜利、健芸。

恩聪：立竞长子。生二子：伟康、伟杰。

恩清：立竞次子。生一子：伟达。

恩意：立竞三子。生一子：麒杰。

恩祺：立权长子。

恩祯：立权次子。生一子：哲杨。

恩华：立权三子。

恩汉：立强长子。

恩明：立强次子。

新福：谭贵长子。配廖元香，生二子：国昌、国通。

运泉：立长长子，生一子：鸿辉。

运庆：立长次子，生一子：鸿曦。

运强：立京长子。

运康：立京次子。生二子：启轩、启铭。

运忠：立京三子。

瑞琼：立京长女。

仕雄：元良长子，配黄传。生二子：志浩、志疆。

仕和：恩良长子，娶欧阳珍，生五子二女：汉明、茂林、振辉、彩凤、伟光、伟兵、彩红。

仕平：康良长子。生一子：耀广。

仕开：木良长子，配谢燕青，生一子：耀伟；二女：玉茹、玉莹。

仕文：醇良长子。生一子：耀杰。

仕贤：义良长子。

仕深：义良次子。生一子：日财。

仕群：茂良长子。

仕鲁：义良次子。生二女：月满、玉翠。

仕威：见良长子，现居美国。生一子：耀国。

仕猛：见良次子。

仕新：孟良长子。

仕忠：硕良长子。生二子：耀俊、耀国。

仕勇：硕良次子。生一子：耀明。

健强：硕良三子。生一子：耀政。

仕巧：冠良长子。生一女：深琛。

仕刚：冠良次子。生一女：燕怡。

仕晓：冠良三子。生一子：雅伦。

志行：均良长子。

九世

钰明：恩豪长子。生二子：文峰、文杰。

健辉：恩豪次子。生一子：文俊。

健灵：恩豪三子。

端廉：恩荣长子。

端伟：恩荣次子。生四子：育强、育刚、育明、育军。

国强：恩德长子。生一子：文业；生一女：文映。

必富：恩德次子。生二子：志文、依琴。

必贵：恩德三子。生三子：柏仁、柏雄；生一女：凯怡。

团结：恩定长子。生二子：家豪、闳隽。

力亮：恩定次子。

伟忠：恩定三子。生二子：峻淇、淦庭。

铨厚：恩启长子。生四子：传英、传国、传贤、传敏。

腾厚：恩启次子。生二子：传雄、激流。

厚远：恩航长子。生一子：伟钧。

厚开：恩明长子。生二子：万章、广文。

伟朝：恩柏长子。生一子：港念。

厚甘：恩柏次子。生一子：港正。

厚基：恩柏三子。生一子：港圳。

振光：恩果长子。

锦伦：恩青长子。

瑞生：恩青次子。

瑞珊：恩青三子，生二子：伟文、家俊。

锦文：恩广长子。

锦明：恩广次子。

锦荣：恩广三子。生二子：俊丰、俊锉。

厚祥：恩生长子。生三子：伟荣、伟华、伟康。

厚品：恩生次子。生二子：伟成、伟南。

厚疆：恩生三子。生二女。

厚宽：恩进长子。生二子：志兵、志忠。

厚宪：恩俊长子。

厚谦：恩鸿长子。生二子：远航、永平。

厚机：恩鸿次子。

潘牛：哲生长子。

珠仔：哲生次子。

潘湘：哲生长女。

潘环：哲生次女。

伟杰：恩铭长子。

伟新：恩永长子。

心诚：恩海长子。

心意：恩海次子。

小丰：恩涛长子。

小晴：恩涛长女。

小虹：恩涛次女。

小雨：伟涛长子。

小云：伟涛长女。

学文：恩清长子。生一子：嘉然。

学军：恩清次子。生一子：浩然。

学飞：恩清三子。生一女：晓然。

国栋：恩池长子。生一子：当杰。

国裕：恩池次子。生一子：龙辉。

国顺：恩池三子。

潘文：恩存长子。

潘康：恩存次子。

志明：恩选长子。

志强：恩选次子。

小仪：恩导长子。

小山：恩导次子。

江南：潘崇长子。

忠成：潘崇次子。

醒明：伟星长子。

志雄：恩皇长子。

略儒：恩初长子。

亨利：恩初次子。

振超：恩义长子。

振邦：恩义次子，生一子，文晓。

志蛟：恩博长子，生一子：竞行。

志争：恩博次子。

志高：恩博三子，生二子：竞锋、竞升。

忠成：志坚长子。

莉雅：机辉长女。

玉琪：建华长女。

大雁：恩南长子。

港英：恩南次子。

史韬：恩乐长子。生一子：潘越。

剑锋：恩乐次子。生一子：潘创。

远文：恩可长子。

胜海：恩培长子。

钜利：锦梁长子。

健芸：锦梁次子。

伟康：恩聪长子。

伟杰：恩聪次子。

伟达：恩清长子。

麒杰：恩意长子。

哲杨：恩祯长子。

国昌：新福长子。配张燕英。

国通：新福次子。配高昌玉，生一子：昊恒。

鸿辉：运泉长子。生一子：奕文。

鸿曦：运庆长子。

启轩：运康长子。

启铭：运康次子。

志浩：仕雄长子。生二子：文涛、文星。

志疆：仕雄次子。生一子：孝明。

汉明：仕和长子。生四女：艳媚、琼英、燕妮、银梅。

茂林：仕和次子。
振辉：仕和三子。生一子：志文；一女：艳丽。
彩凤：仕和长女。
伟光：仕和四子。生二子：志杰、志般。
伟兵：仕和五子。生一子：志峰；一女：雅珊。
彩红：仕和次女。
耀广：仕平长子。
耀伟：仕开长子。
玉茹：仕开长女。
玉莹：仕开次女。
耀杰：仕文长子。
日财：仕深长子。
月满：仕鲁长女。
玉翠：仕深次女。
耀国：仕威长子，现居美国。
耀俊：仕忠长子。
耀国：仕忠次子。
耀明：仕勇长子。
耀政：健强长子。
深琛：仕巧长女。
燕怡：仕刚长女。
雅伦：仕晓长子。十世
文峰：钰明长子。
文杰：钰明次子。
文俊：健辉长子。
远达：端廉长子，生二子：国洲、凯文。
厚达：端廉次子。
潭生：端廉长子，生三子：勇权、景峰、景原。
育强：端伟长子。生一子：文峰。
育刚：端伟次子。生一子：文戈。

育明：端伟三子。生一子：海生。

育军：端伟四子。生一子：助其。

文业：国强长子。生一女：晓盈。

文映：国强长女。

志文：必富长子。生一子：

潘毅；生一女：芷珊。

依琴：必富长女。

柏仁：必贵长子。

柏雄：必贵次子。

凯怡：必贵长女。

家豪：团结长子。生一子：闳隽。

峻淇：伟忠长子。

淦庭：伟忠次子。

传英：铨厚长子。生一子：子彬。

传国：铨厚次子。

传贤：铨厚三子。生一女：毓艺（女）

传敏：铨厚四子。生一子：炜聪。

传雄：腾厚长子，生三女：绮娴、绮微、绮珊。

激流：腾厚次子。生二子：泳康、泳豪；生二子：泳珊、泳茵。

伟钧：厚远长子，生一子，潘琪。

万章：厚开长子。

广文：厚开次子，生一子：乐元。

港念：伟朝长子。

港正：厚甘长子。

港圳：厚基长子。

伟文：瑞生长子。

家俊：瑞生次子。

俊丰：锦明长子。

俊铿：锦明次子。

伟荣：厚祥长子。生一子：智德。

伟华：厚祥次子。生一子：智熙。

伟康：厚祥三子。生一子：智博。

伟成：厚品长子。

伟南：厚品次子。

志兵：厚宽长子。生一女：韵心（女）。

志忠：厚品次子。生一子：文乐。

远航：厚谦长子。生二子：振濠、振兴。

永平：厚谦次子。生一子：家乐。

嘉然：学文长子。

浩然：学军长子。

晓然：学辉长女。

当杰：国栋长子。

龙辉：学裕长子。

文晓：振邦长子。

竞行：志蛟长子。

竞锋：志高长子。

竞升：志高次子。

潘越：史韬长子。

潘创：剑锋长子。

昊恒：国通长子。

奕文：鸿辉长子。

文涛：志浩长子。

文星：志浩次子。

孝明：志疆长子。

艳媚：汉明长女。

琼英：汉明次女。

燕妮：汉明三女。

银梅：汉明四女。

志文：振辉长子。

艳丽：振辉长女。

志杰：伟光长子。

志般：伟光次子。

志峰：伟兵长子。

雅珊：伟兵长女。

十一世

国洲：远达长子。

凯文：远达次子。

勇权：潭生长子。

景峰：潭生次子。

景原：潭生三子。

文峰：育强长子。

文戈：育刚长子。

润生：育明长子。

助其：育明次子。

晓盈：文业长女。

潘毅：志文长子。

芷珊：志文长女。

闵隽：家豪长子。

子彬：传英长子。

毓艺：传贤长女。

炜聪：传敏长子。

绮娴：传雄长女。

绮微：传雄次女。

绮珊：传雄三女。

泳康：激流长子。

泳豪：激流次子。

泳珊：激流长女。

泳茵：激流次女。

潘琪：伟钧长子。

乐元：广文长子。

智德：伟荣长子。

智熙：伟华长子。

智博：伟康长子。

韵心：志兵长女。

文乐：志忠长子。

振濠：远航长子。

振兴：远航次子。

家乐：永平长子。

表 3-1　葵涌潘氏世系表

季伯	99 世	100 世	101 世
琴公	21 世	22 世	23 世
处士	10 世	11 世	12 世
琼儒	1 世	2 世	3 世

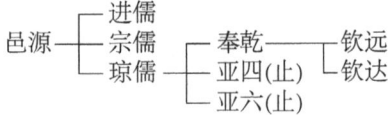

第三章 大鹏潘氏家族建筑与人文研究

季孙	102世	103世	104世	105世	106世	107世	108世	109世
琴公	24世	25世	26世	27世	28世	29世	30世	31世
处士	13世	14世	15世	16世	17世	18世	19世	20世
琼儒	4世	5世	6世	7世	8世	9世	10世	11世

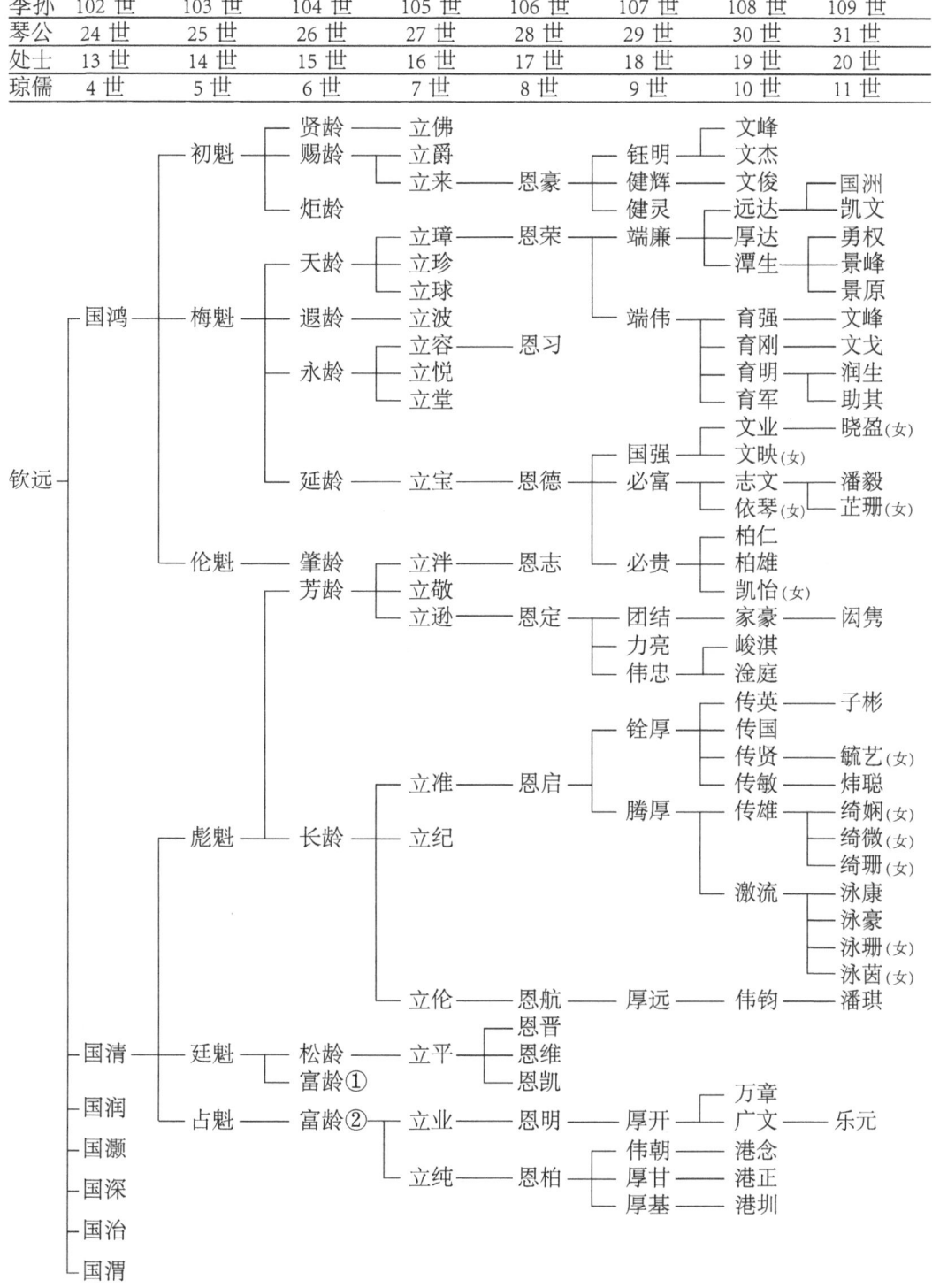

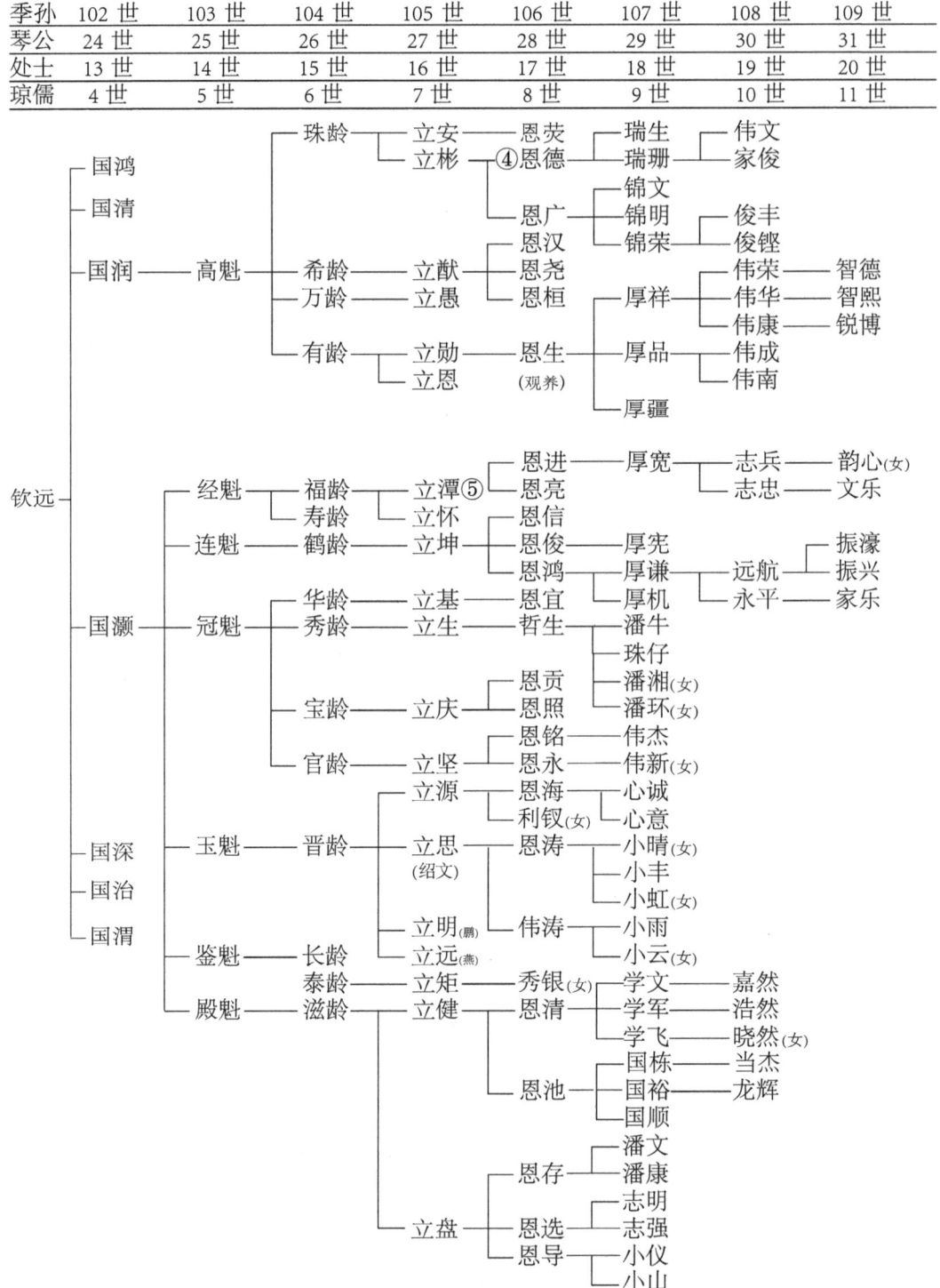

季孙	102世	103世	104世	105世	106世	107世	108世	109世
琴公	24世	25世	26世	27世	28世	29世	30世	31世
处士	13世	14世	15世	16世	17世	18世	19世	20世
琼儒	4世	5世	6世	7世	8世	9世	10世	11世

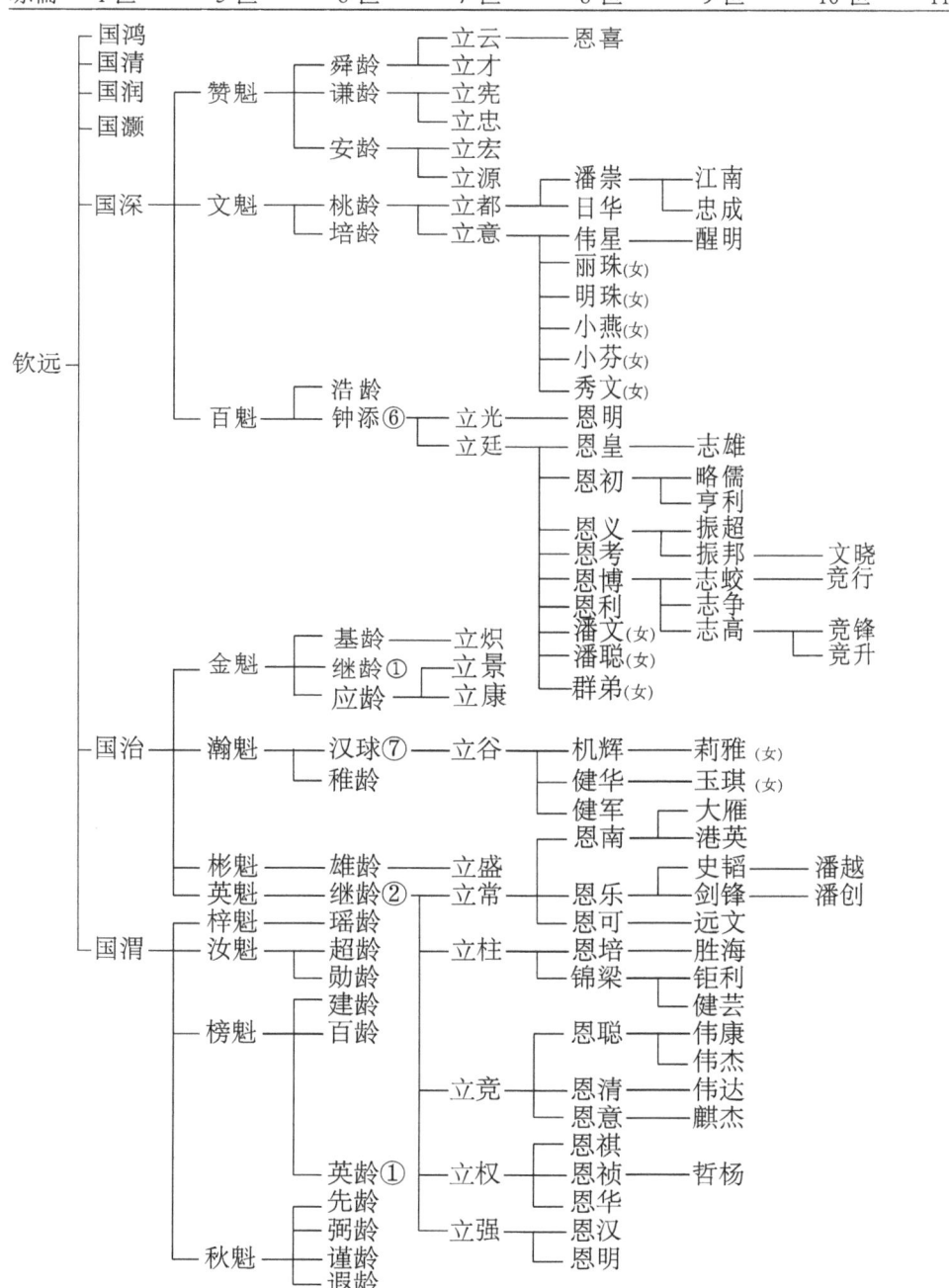

季孙	102世	103世	104世	105世	106世	107世	108世	109世
琴公	24世	25世	26世	27世	28世	29世	30世	31世
处士	13世	14世	15世	16世	17世	18世	19世	20世
琼儒	4世	5世	6世	7世	8世	9世	10世	11世

钦远
├─ 子良⑩ ─ 潭贵 ─ 新福 ─ 国昌
│   └─ 国通 ─ 昊恒
├─ 伯群⑩ ─ 立矩
│   └─ 秀川
├─ 勋三⑩ ─ 立寿 ─ 运泉 ─ 鸿辉 ─ 奕文
│   ├─ 运庆 ─ 鸿曦
└─ 潘雄⑩ ─ 立长
           └─ 立京 ─ 运强 ─ 启轩
                    ├─ 运康 ─ 启铭
                    ├─ 运忠
                    └─ 瑞琼(女)

钦达
├─ 国澍 ─ 恩魁 ─ 英龄③ ─ 渭良
│   ├─ 献魁 ─ 英龄③ ─ 元良 ─ 仕雄 ─ 志浩 ─ 文涛
│   │   └─ 文星
│   ├─ 选魁 ─ 传龄 ─ 明良   └─ 志疆 ─ 孝明
│   │   ┌─ 艳媚(女)
│   │   ├─ 琼英(女)
│   │   ┌─ 汉明 ─┼─ 燕妮(女)
│   │   │   └─ 银梅(女)
│   │   ├─ 茂林   ┌─ 艳丽(女)
│   │   └─ 恩良 ─ 仕和 ─ 振辉 ─┤
│   │   │   └─ 志文
│   │   ├─ 彩凤(女) ─ 志杰
│   │   ├─ 伟光 ─ 志般
│   │   ├─ 伟兵 ─ 志峰
│   │   └─ 彩红(女) ─ 雅珊(女)
│   ├─ 燕魁 ─ 湘龄⑧ ─ 康良 ─ 仕平 ─ 耀广
│   │   ├─ 木良 ─ 仕开 ─ 耀伟
│   │   └─ 醇良 ─ 仕文 ─ 玉茹(女)
│   │   └─ 玉莹(女)
│   └─ 焕魁 ─ 森龄 ─ 水良   ─ 耀杰
│   └─ 通龄 ─ 容良 ─ 仕贤
├─ 国瀚 ─ 全魁② ─ 育龄 ─ 义良 ─ 仕深 ─ 日财
│   └─ 见良 ─ 仕群
│   ├─ 仕鲁 ─ 月满(女)
│   │   └─ 玉翠(女)
│   ├─ 钟龄 ─ 茂良 ─ 仕威 ─ 耀国
│   ├─ 梦龄 ─ 保良 ─ 仕猛
│   └─ 照龄 ─ 承良
│   └─ 澄良
├─ 国濂
└─ 国滨

季孙	102世	103世	104世	105世	106世	107世	108世	109世
琴公	24世	25世	26世	27世	28世	29世	30世	31世
处士	13世	14世	15世	16世	17世	18世	19世	20世
琼儒	4世	5世	6世	7世	8世	9世	10世	11世

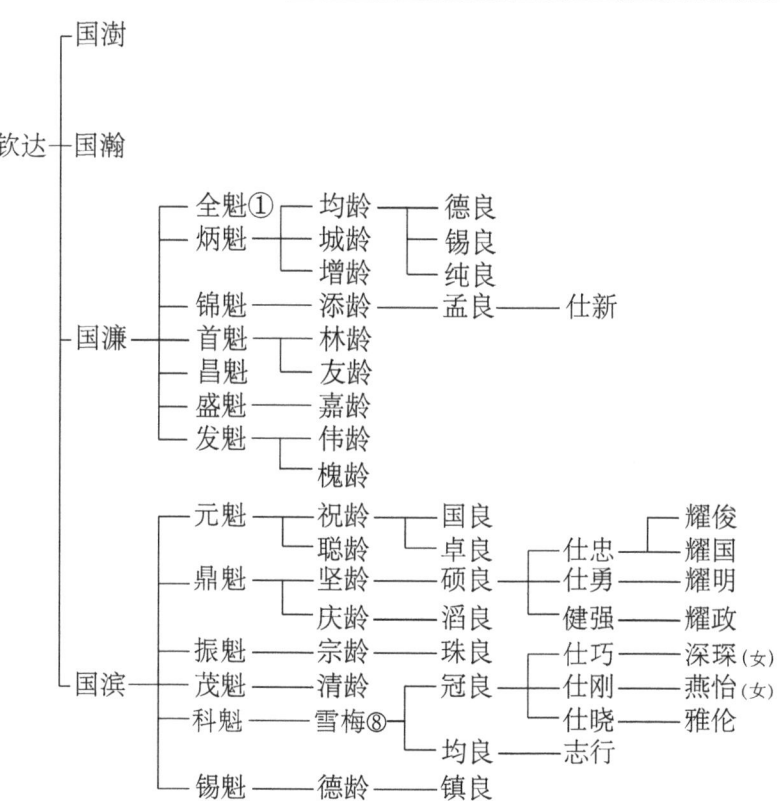

注①：过继。

注②：嗣子。

注③：半嗣子

注④：端濂，潘立斋民国《潘氏族谱》记载为恩德。

注⑤：民国谱立潭有一子：恩皇。

注⑥：钟添，潘立斋民国《潘氏族谱》记载为香龄与伸龄。

注⑦：民国谱名为邦龄。

注⑧："雪梅"潘立斋民国《潘氏族谱》记载为"邦龄"。

注⑨：潘立斋民国《潘氏族谱》记载"湘龄"有五子：闰良、康良、准良、期良、长良。

注⑩：与潘立斋民国《潘氏族谱》衔接不上。

第四节 建筑调查

一个地方的建筑形式必然忠实地反映其文化，葵涌潘氏与南口潘氏古村分别是兴梅地区客家民居与深圳地区客家民居的典型代表，其建筑形式均折射出客家文化的精髓。他们之间既有客家民居的共性，也有不同区域传统建筑的个性；既是一脉相承，又有发展。我们对两个地区传统民居不同时期、同一时期建筑的平面、立面、材料、工艺等，结合其人文背景进行阐述和比较分析，寻找这些建筑的渊源。

图 3-14 南口潘氏围房分布图

一、南口潘氏祖屋调查

南口镇侨乡村客家民居群集各种类型围屋 98 座，其中寺前排村 30 座、高田村 28 座、塘肚村 40 座。其中 20 世纪 40 年代前建造的近代围屋就达 80 多座。这些围屋根据建筑年代可分为三类：

第一类：明代中期以老祖屋为代表的早期围笼屋，如老祖屋、兰馨堂、品一公祠等。这些围屋特别突出中心宗祠建筑的地位，如老祖屋的中心宗祠建筑是满堂础的大开间，而护卫两边的横屋则相对比较简陋，长天井、通道等公共设施十分简易，子孙们还是有很强的家族观念，增扩建房屋围绕着祖堂层层护卫。

第二类：清代中期以后，以十二世潘钦学之子潘国城筑造之上新屋和潘钦罗后人筑造之下新屋为代表，这个时期的建筑较明代中期的老祖屋大大改善了内部居住

图 3-15 始建于明代中期南口潘氏老祖房

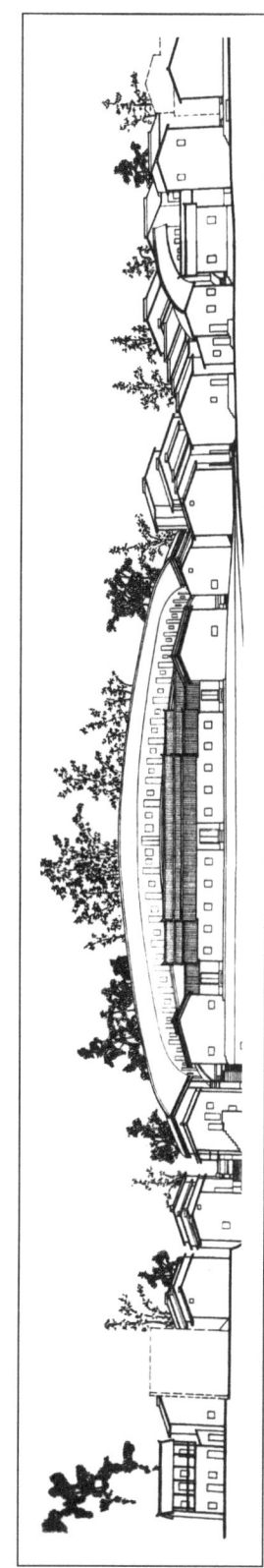

图 3-16 老祖屋正立面

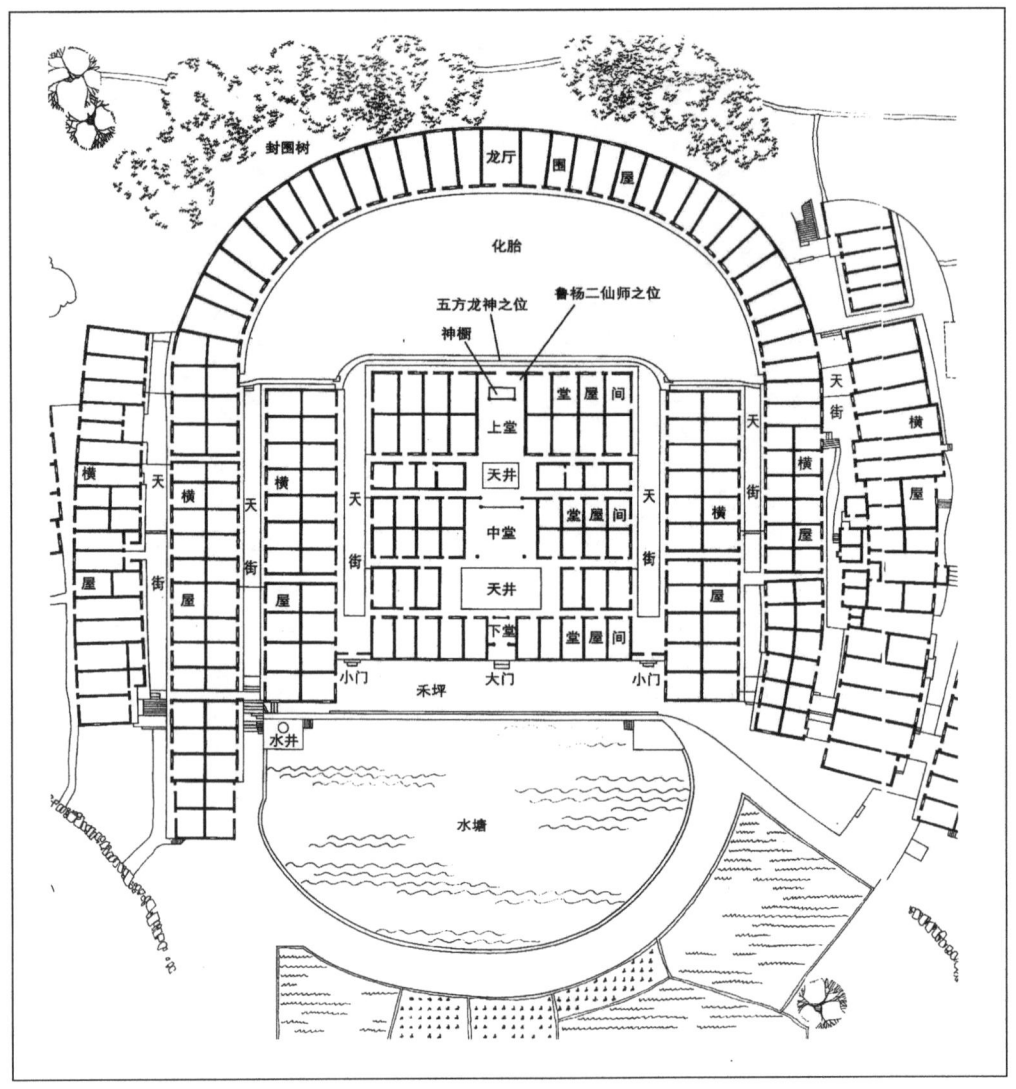

图 3-17 老祖屋平面图

空间。

第三类：以清代末年的"南华又庐""承德楼""焕云楼"等为代表的华侨屋。这些房屋有些依然保留围笼屋的一些特性如化胎、月池、堂屋居中等，但做了一些改善，如南华又庐把围笼屋变成后围墙，化胎也由铺地变成后花园。而承德楼、焕云楼等则完全不再是围笼屋。

（一）老祖屋

老祖屋又称"秋官第"，始建于明成化二十三年（1487年），梅县潘氏二世祖妣陈氏创建,著名风水师廖丙选址规划。老祖屋落居南口三星山下。建好堂屋后,随着子孙繁衍而围绕祖堂进行扩建,形成目前的规模。

整个老祖屋中心建筑为三堂四横一围笼,围屋前有禾坪,禾坪前有月池。整个围屋有大小房屋约 200 间。整体建筑座西南朝东北,面宽约 70 米,进深约 60 米,建筑面积 4200 平方米,占地面积约 6000 平方米。土砖墙面、悬山、堆瓦,瓦头作扇瓦头。自东北向西南依次为月池、禾坪、下堂、中堂、上堂、化胎、龙厅。下堂有木质屏风;中堂有木构梁架,石柱础;上堂有供奉祖先、鲁班、杨筠松、廖丙等神牌的神橱。整体格局及柱础为明代中期修建,梁架为清末民初重修。

(二)上新屋

十二世潘钦学建造,为三堂两横一围笼布局。

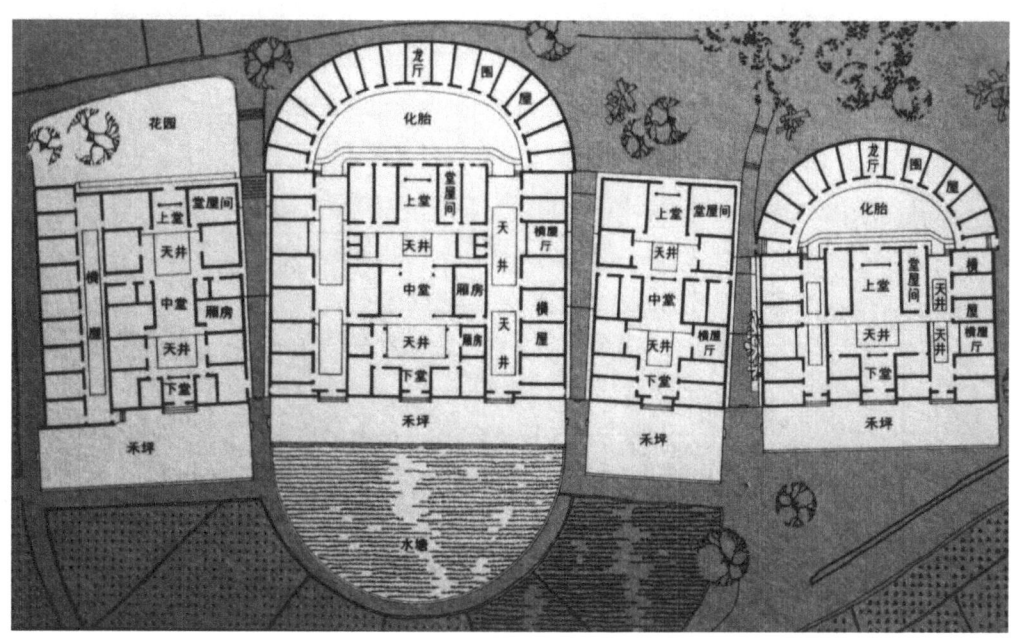

图 3-18 上新屋平面图

(三)南华又庐

十五世潘兴发(祥初)建。占地一万多平方米,屋内分上、中、下堂,左右两侧各四堂,化胎部分为花园,全屋共有 118 间房,大小厅堂几十个,所以称"十厅九井(天井)"。该屋于清光绪三十年(1904 年)建成,历时 18 年。屋内各堂既可独立又可连体,更有"屋中屋"之称。南华又庐为围墙式围屋,区别于传统围笼屋的围

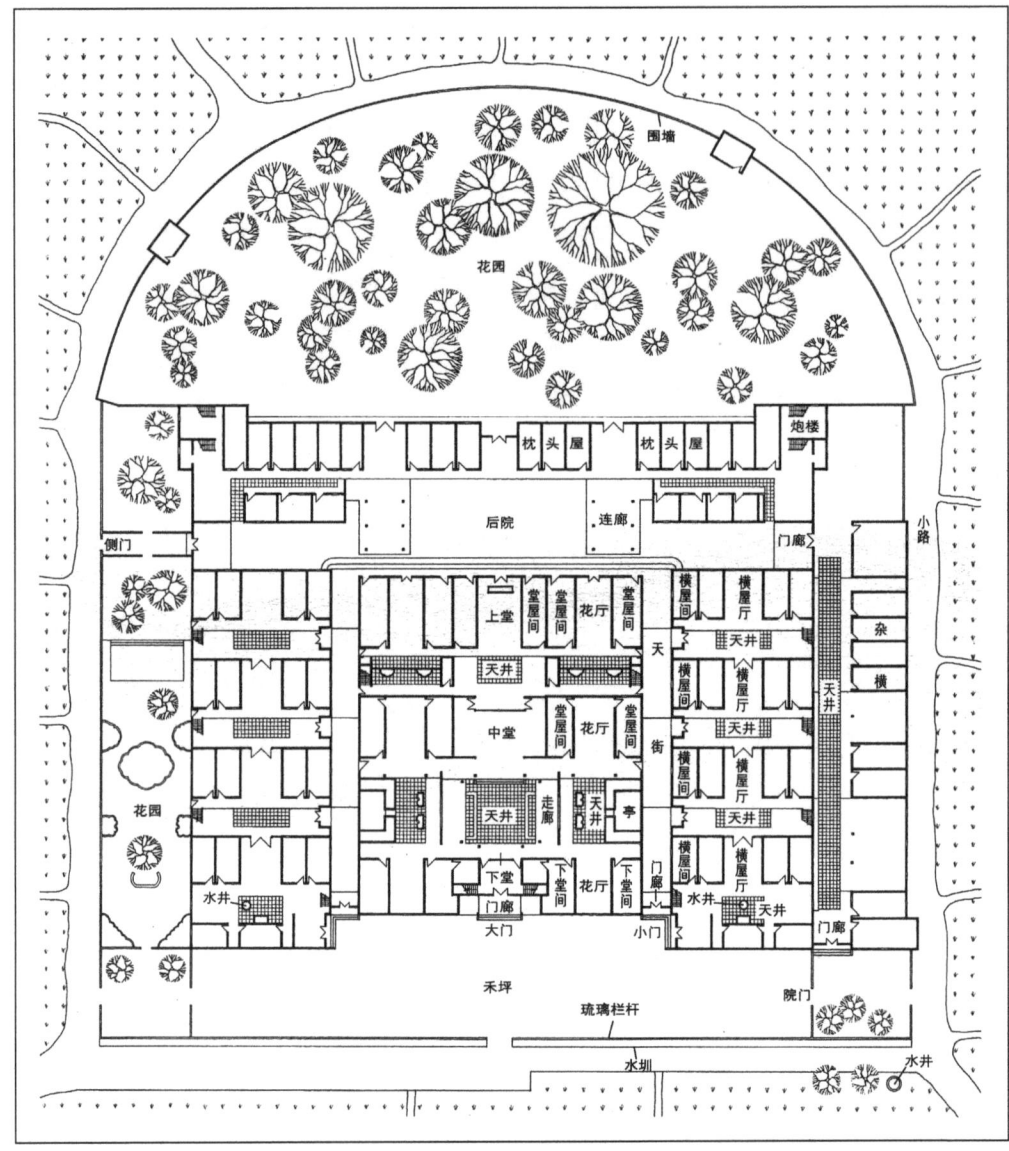

图 3-19 南华又庐平面图

屋式围屋。"南华"源自潘氏显祖北宋名将潘美。

（四）毅成公家塾

毅成公家塾由潘立斋于光绪二十八年（1902年）捐资兴建，是南口安仁学样及现南口中学的前身。设教室八间，住房两间。毅成公家塾在南口潘氏发展起了重要作用。许多军政要人、专家教授和富商巨贾都出自百年老校"毅成公家塾"。

二、潘氏祖屋调查

葵涌潘氏祖业有：上禾塘潘氏祖祠、油榨潘氏围、福田世居、潘氏三栋屋等。这四处祖屋自北向南一字排列，建筑年代为清代中期至清代晚期，晚清民国均有不同程度的维修，现存建筑结构与装饰大都保留晚清民国的工艺与风格。

（一）上禾塘潘氏祖祠

上禾塘潘氏祖祠位于四处祖屋的最北边，始建于清道光年间，在潘氏祖业里建造年代最早。现存建筑大部分为清末同光年间。平面为三堂两横四角楼带倒坐的围堡式民居。有大小房屋104间，现大部分被改建或坍塌，四角楼仅存一角楼，前倒座无存，原址被陈姓新建楼房，对原有建筑的格局与风貌造成很大的破坏。原有围前禾塘已改成马路，围前半月池仍存。

图3-20 葵涌潘氏祖业分布图

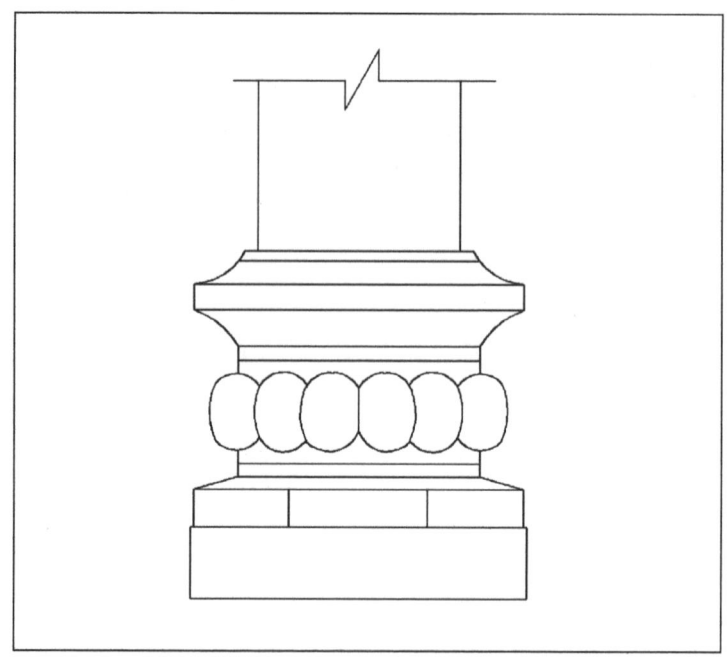

图 3-21　葵涌上禾塘潘氏宗祠前厅屏风柱础大样图

（二）油榨潘氏围

油榨潘氏围位于葵涌镇福新南路。据传该围乃葵涌潘氏二世潘奉乾生意扩大及家族人口增加后，为增加居住面积和屯积货物而建。围内有宽阔的地坪，用于晾晒货物和作为手工加工作坊，现是租住人员平时休闲聊天的场所。整个围子因毁坏及改扩建比较严重，复原起来比较困难。现存建筑为角楼一、门楼一、围内大小房屋82间。

（三）福田世居

福田世居位于葵涌街道三溪社区上禾塘民成小组（福塘北路三号），整体建筑坐西朝东，现存建筑为晚清民国建筑，面宽37米，进深24米，占地面积988平方米。中心建筑为三堂，外则以四个角楼为端点，以围屋形成闭合结构。面开三门，正门上嵌有石额一方，上阳刻"福田世居"四个楷书大字。围前依靠禾坪联系着半圆形月池。

（四）潘氏三栋屋

潘氏"三栋屋"，位于葵涌街道三溪社区（三溪西路9号），整体建筑坐北朝南，

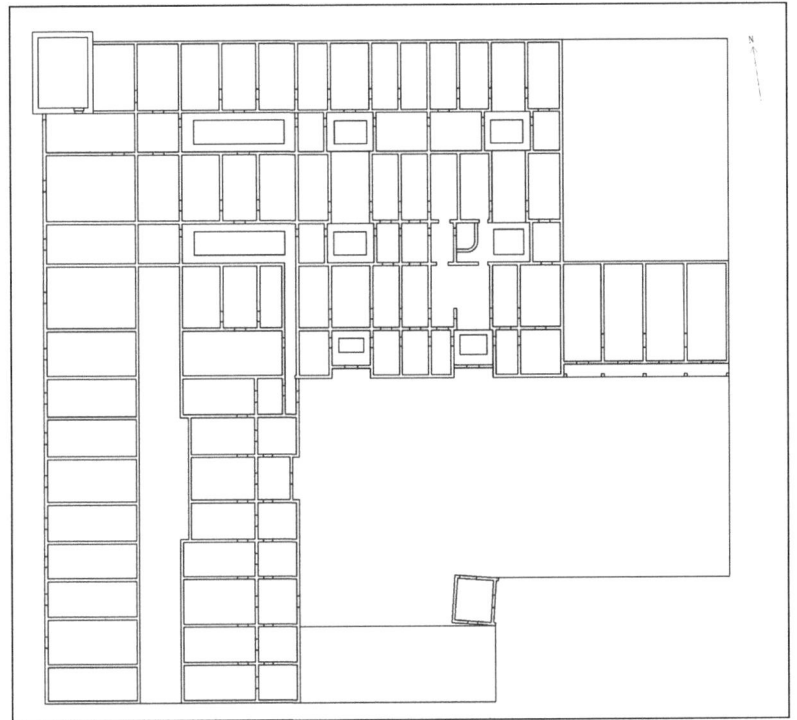

图 3-22 油榨潘氏围平面现状图

图 3-23 油榨潘氏围西北角楼后立面图

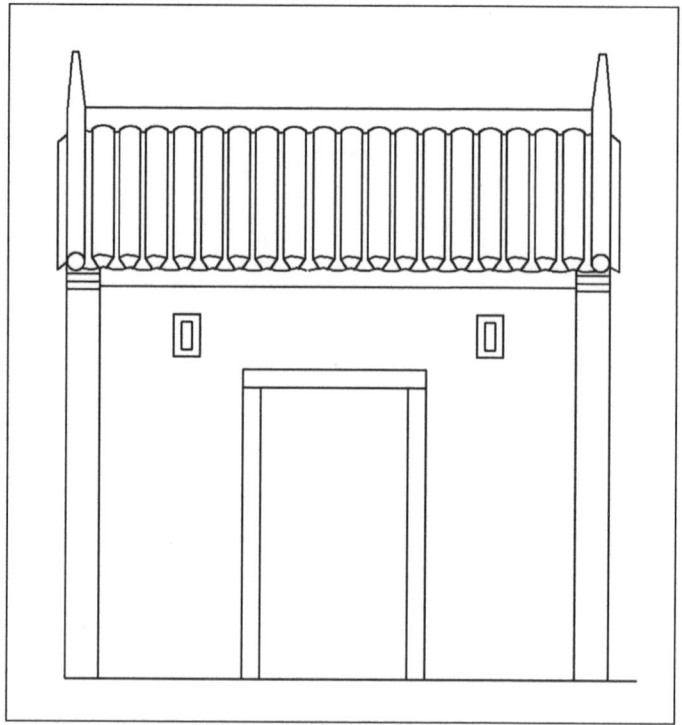

图 3-24 油榨潘氏围围门正立面图

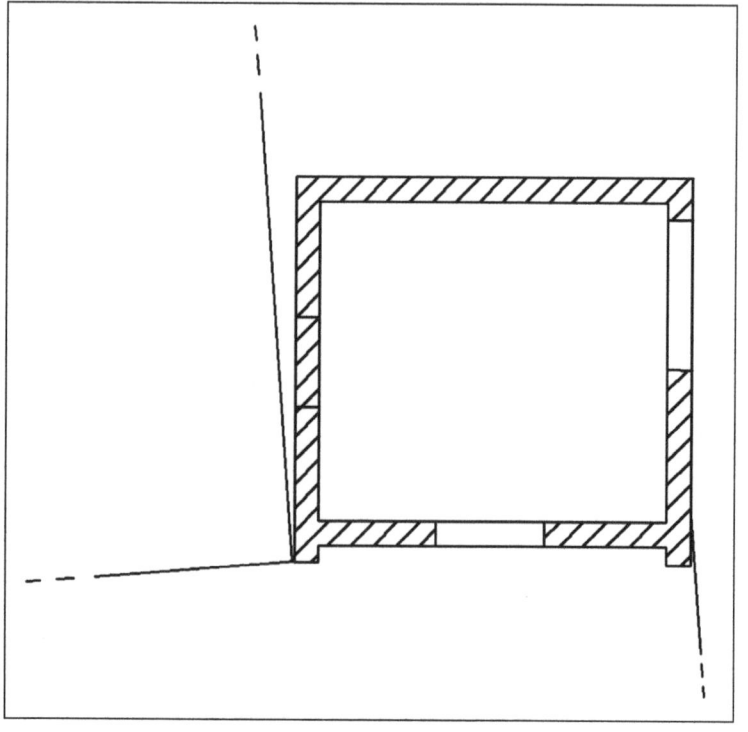

图 3-25 油榨潘氏围围门平面图

第三章 大鹏潘氏家族建筑与人文研究

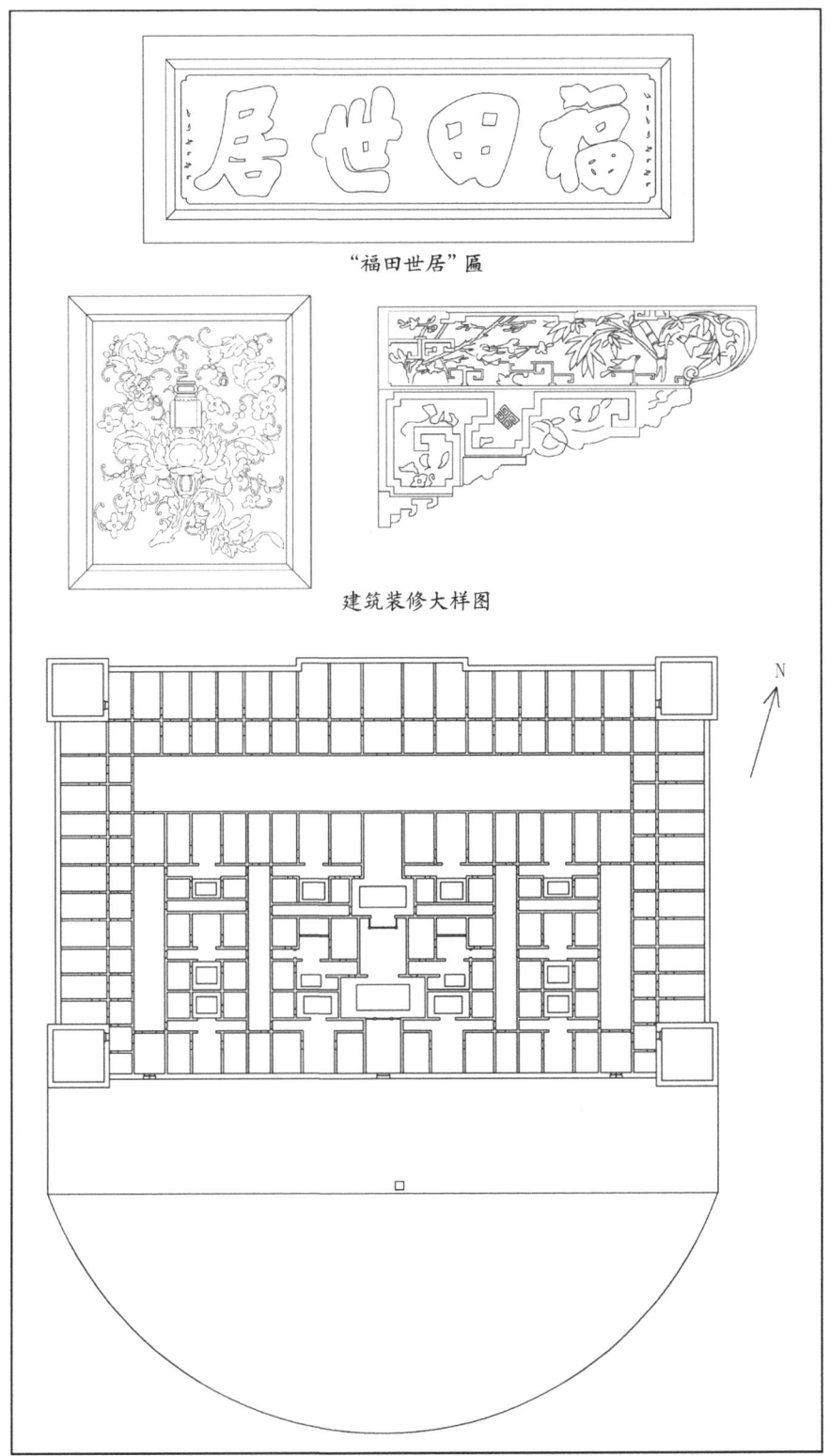

图 3-26 福田世居平面复原图

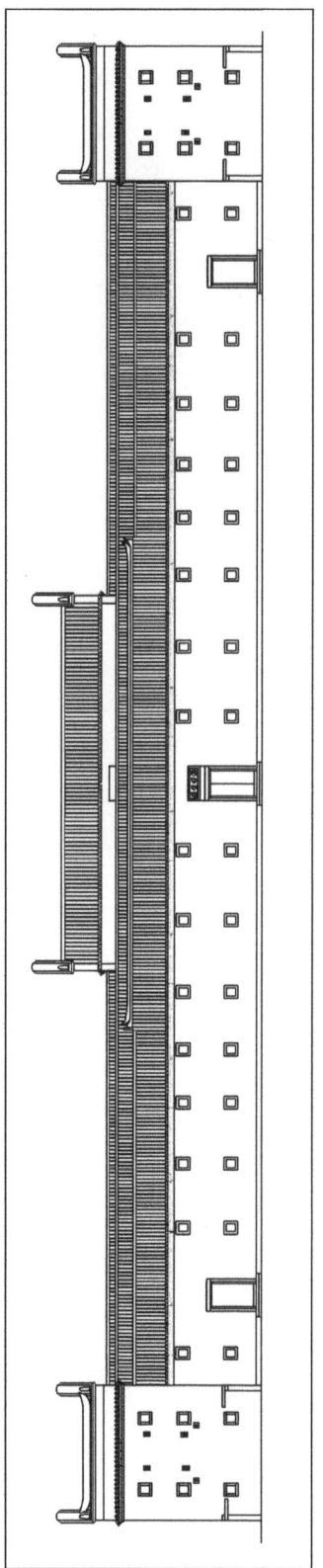

图 3-27 福田世居正立面复原图

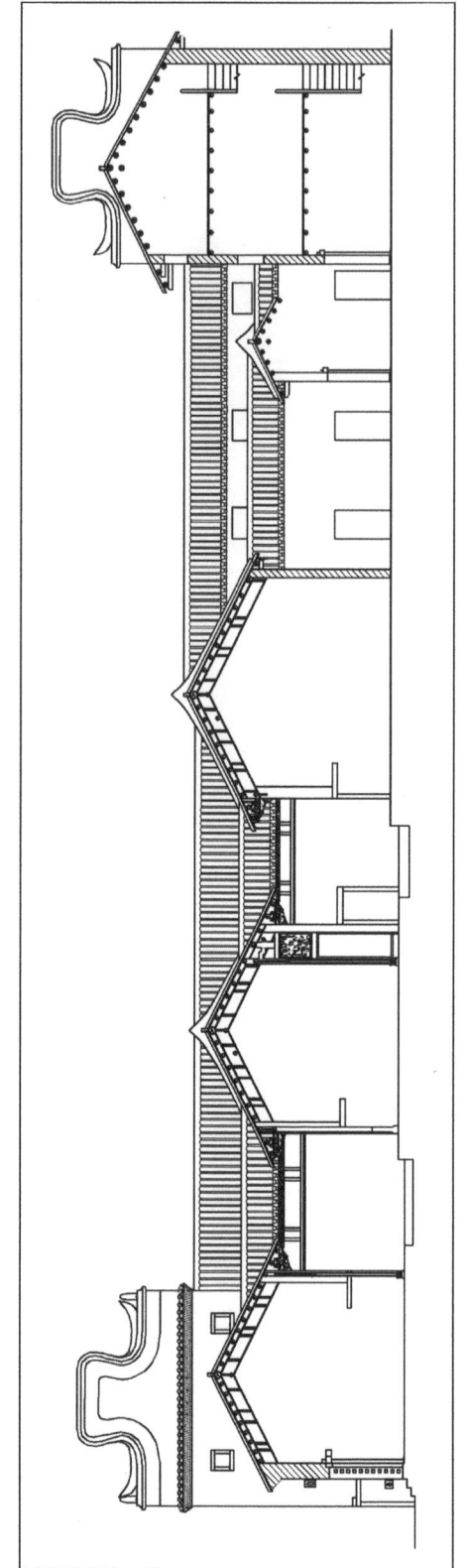

图 3-28 福田世居三堂、龙厅纵剖面复原图

面宽12米，进深28米，占地面积336平方米，三开三进二天井，为祠堂式建筑。上堂有三开屏门，屏门有花岗岩柱础，两次间有地栿，屏门正中原有匾额，内容已无法辩析；中厅有四金柱，花岗岩柱础、柱身，全梁架，木质，中厅南墙有瓷质花窗，年代为民国；后堂安置"大显威灵"神位，祭拜诸神。该建筑原为葵涌潘氏支系私立祠堂，后因风水不好而放弃，成为私塾。抗战时期，该书室曾作为东江抗日游击队的医疗养站，解放后被作为粮仓，至今产权仍属葵涌粮所。因其建筑等级在葵涌属较高等级建筑，其侧面有三个山面，很是壮观，故被村人称为"三栋屋"。

三、建筑分析

材料与工艺分析

瓦作：屋面底瓦、盖瓦；山墙、围墙瓦披等。具体做法：底瓦压七露三，盖瓦为堆瓦。瓦规格：高15厘米、宽17厘米、厚0.6厘米，瓦口做猪嘴筒，部分改扇瓦头。年代为清晚或民国时期。

木作：圆筒形檩、桷板、灯竿，木隔扇，檐板雕花。年代为清末或民国时期。

砖作：夯土墙转角、堂屋前后叠涩出檐、局部铺地，多用青砖作，青砖规格为28.5厘米×12.5厘米×5厘米，年代为清代晚期或民国时期，火候偏高，色彩较深。三堂、花厅、房铺地多用大阶砖，为红褐色，规格：36厘米×36厘米×3.3厘米，年代民国时期。

石作：墙裙、夯土墙转角、勒脚、天井镶边铺地、地栿、枪眼（射击孔）、柱础、台基，皆用花岗岩石作，年代为清道光时期。

土作：墙体、垂脊，部分堂屋、房间地面，部分天井地面、散水用三合土夯筑，年代为清道光时期。垂脊形式为小式飞带，正脊为清水脊。

四、一脉相承的建筑文化

目前，深圳地区仍保留一定数量的围笼屋，如坪山的丰田世居、坑梓的龙湾世居等。横岗正埔岭的后围笼只修了一半，坑梓龙湾世居虽然保留了后围笼，但正立面已成为深圳客家围堡式，成为围笼屋向深圳客家围堡过渡的一个标本。同处坑梓的龙湾世居与龙田世居，一个建成围笼屋，一个建成四角楼，说明围笼屋与围堡式建筑属于同一个族群。这就说明兴梅围笼屋是原型搬到深圳后，结合当地的地形与社会历史背景形成了深圳客家围堡，有着清晰的演变脉络。

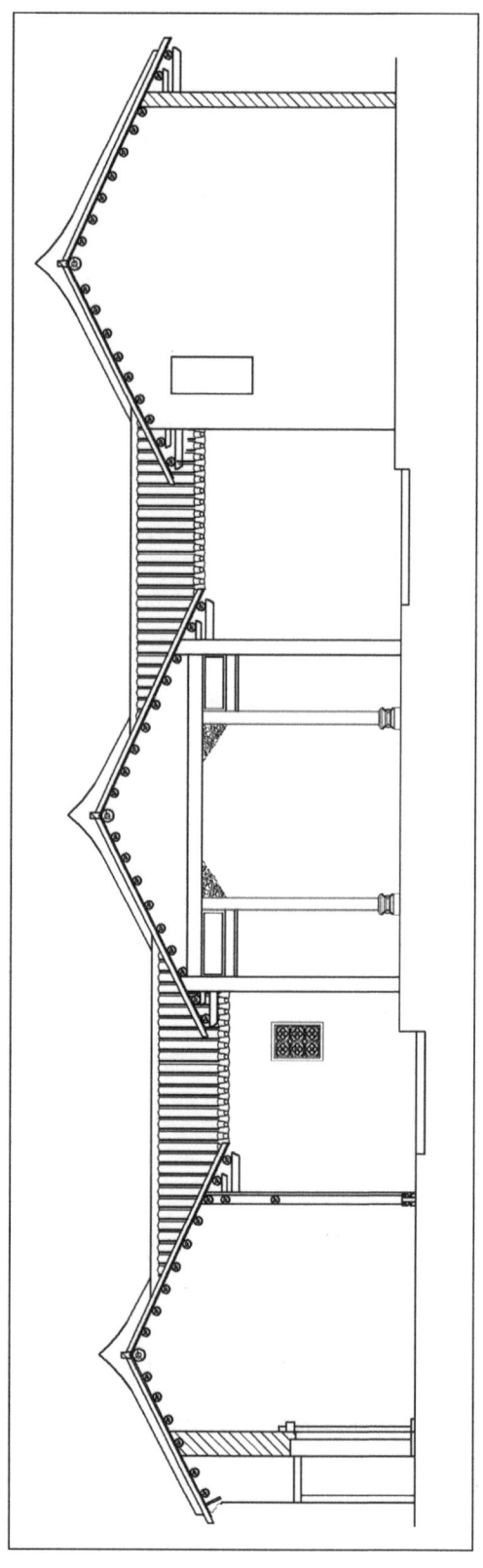

图 3-29 潘氏三栋屋纵剖面复原图

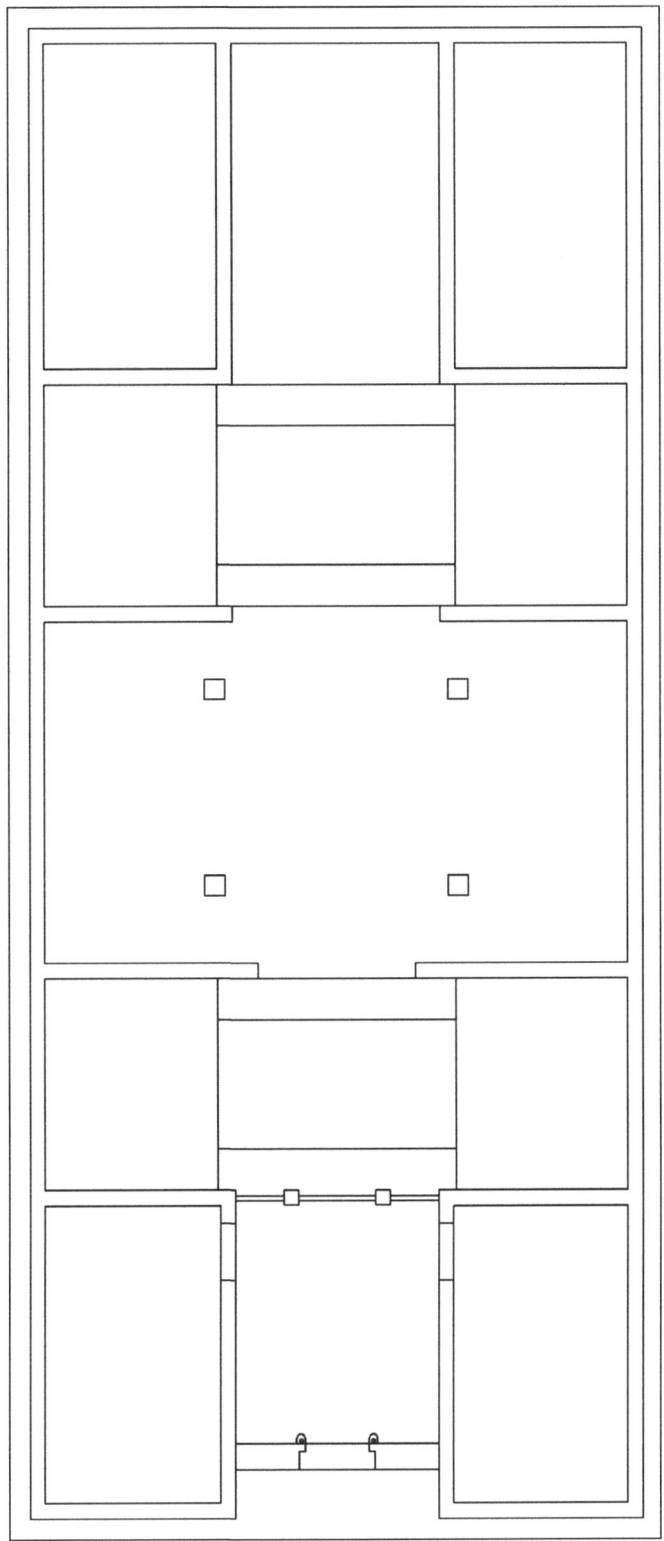

图 3-30 潘氏三栋屋平面复原图

图 3-31 福田世居檩条、灯竿与桷板

图 3-32 福田世居花岗石铺地的天井

（一）共性

1.血缘聚居

葵涌潘氏与南口潘氏最典型的共有特点是一个族群采取聚族而居的血缘聚居模式。这是在特定历史条件下形成的家族成员之间为了共同应对共同的敌对势力，或是为扩张自己势力而形成的互助组织。恩格斯说过："同氏族人必须相互援助、保护，特别是在受到外族人伤害时，要帮助报仇。个人依靠氏族来保护自己的安全，而且也能做到这一点；凡伤害个人的，便是伤害了整个氏族。"于是，在社会调控无法将自己的逻辑秩序实施于社会时，唯一能成为秩序依据的是血缘关系。血缘关系外化为一种社会秩序，在中国古代便形成宗法制，进而演变为家族秩序。家族在客家民系中占有非常重要的地位，它往往凌驾于家庭之上。这种文化现象产生的主要根源在于汉民族的传统意识和居住地恶劣的生存环境。这种生存环境的压迫和外来的战乱等因素是导致客家先民迁移的主要因素。

客家民系迁移是他们的生活的一部分，是他们的生活史。他们在广袤的中华大地上长途跋涉，携家带子，举族而迁。他们不但携带着家居杂物，而且更珍视颠沛生活中本民族的宗法观念、宗族传统。唯有如此，他们才能依靠血缘共同体的力量

图 3-33 老祖屋大开间的中堂

生存下来。迁移，强化了客家人的家族意识，凸显出家族的保护功能；同时也给客家家族社会烙上了独特的历史印记。血族相亲、同宗相亲成为客家人的传统理念。

虽然随着社会的发展和环境的改变，客家发源地中原的习俗与文化发生了较大改变，但因信息沟通不便和不自觉的自我封闭意识，客家家族社会中浓郁的家族色彩并未因此减少，反而在与野兽惊扰、贼匪抢掠、乡民械斗等外部恶劣条件的斗争中得以加强。另外，严酷的自然环境使独立家庭无法生存，正所谓"无平原阡陌，其田多在山谷间，高者恒苦旱，下者恒苦劳"。迁徙的历史、严酷的生存环境、与当地土著的争斗等都促使客家人利用血缘的亲和力及宗族团体的凝聚力，向自然宣战，为改变自身的生存条件而抗争。加之中原传统的宗法观念和农业生产特性，使客家人逐步形成了血族性聚居的生活方式。因此，聚族观念和集体意识对客家民系的生存和伸张而言具有极重要的意义。

综上所述，客家人在到达粤东地区定居后，面对的是十分严峻的自然和社会环境。为了争得生存空间，获得生产资料——土地，以及防御土著居民的袭击，必须举族占用土地，举族居住在一个自然村，加强军事化，形成以血缘为纽带、以地缘为依托、有高度凝聚力的客家人社会。围屋礼制部分在形制上显然受到了粤东北围龙屋的深刻影响，并与其他地区客家民居形成明显区别。

2. 敬祖睦宗

不管是南口的客家围笼屋还是葵涌的客家围堡，他们都有一个共性，即祠堂位于整个建筑组群的核心，位于整体建筑的中轴线上。祠堂也叫祖堂，是血缘聚居建筑群落的灵魂和载体。祠堂内供设祖先的神主牌位，是血缘崇拜的圣堂，是家族、宗族凝聚力的象征，是举行祭祖活动的场所，又是从事家族宣传、执行族规家法、议事宴饮的地方。祖堂还是家族兴衰的标志，兴旺的家族或宗族，四时祭享，香火不断；衰败的家族，则宗庙残颓，香火断绝。

潘氏祖堂一般分上堂、中堂和下堂。上堂供奉祖先，也是人神进行交流的场所，一般都是家族子孙在此举行祭拜仪式，所以上堂较中堂开间小，建筑材料与装饰相对朴素，祖堂上一般会有对联，告诉族人后裔先祖源流和历代显祖。中堂则是家族举行各种庆祝活动、宴请宾客的场所，是三堂中最华丽的部位，规模大的在中堂会有木构梁架，有满堂础、四金柱，以增加中堂的开间，使中堂开阔高大，装饰性也得到增强，如南口的老祖屋、上新屋，葵涌的潘氏三栋屋均是如此。这也是家族势力的标志。下堂作为门厅，开间较小，装饰主要表现在大门，一般会有前檐廊半截梁架、门枕石或抱鼓石，门额上会有"潘氏宗祠""荥阳堂"匾，两边是"荥阳世泽""花县家身"八个大字。告诉人们此屋的主人姓氏及郡望。

家族长老们以故去的祖先名义制定家规，在血缘聚居的村落，家规又是乡规民约。长老们用家规约束家族的子孙，让人们凝聚在祖堂的周围。所以家族成员在固定的时令节日、婚丧嫁娶、祖先祭辰、春秋二祭等时候都会聚集在祠堂，奉祀先祖，祈求庇护。

一般客家围屋的营造也是先建中心祠堂，又上堂，次中堂，再次下堂。祖堂供奉历代先祖神牌，有些祖堂一个牌就概括了所有的祖先，如"潘门历代始高曾祖神位"，有些就比较详细，按辈分自中间往两边，先左后右地排列历代先祖的神牌。

以祖堂为核心展开的住宅，更具有团结聚族之功能，上堂的祖牌比活着的家长更具有威慑力。围屋的上堂就是一种最古老的生人与祖灵共居一屋的风俗表现。这种生者与祖灵共居一屋的风俗，是从古中原传来的。在古中原，就已存在着生者与祖灵共屋顶的风俗。实际上，标准的三堂或两堂式围屋，在某种意义上是古代明堂的再现。明堂是"通神灵、感天地、正四时、出教化、守有德、重有教、显有能、褒有行者也"。这是客家文化源于中原的一种证明。

另外，位于建筑中轴线上的祖堂与其他地区的民居相比，它处在更为核心的位置上，真正成为天、地、人"三才合一"的象征。祖堂位于中轴线的尽端，显居突出地位，成为整栋建筑的中枢。

3. 肥水不流外人田

潘家对水的认识是"山主子孙水主财""水流西北多富贵"。水与龙脉有着很多共性，风水既要考虑山的来龙，也要看水流的去向，即山形水势。潘家人认为水即是财，十分重视对水的利用，并规避"水"不利的方面，对地表水的收集与排放都十分讲究。

水既是潘家人不可或缺的要素，却也有其不利的一面：后山的水如因植被破坏一泻而下或排水不畅都会形成洪水，冲击建筑，造成危险。屋内的水也是，如果排得太快会造成钱财的流失；排得不畅会造成堵塞、积水、潮湿等，影响日常起居。

水分为外水和内水，外水指山上的、周边的地表水。像老祖屋这样依山而建的围屋，后山的水到了后围笼形成八分，再沿着外墙山墙明沟顺势向前，经由禾坪的暗沟汇入围屋前的月池；内水是屋面水，屋面水都做到四水归堂，所有的屋面水都会被收集到各个天井里边，聚水寓意聚财，再经由围屋内的排水系统最后汇入门前的月池；而四周围屋后坡顶的水不能归入天井，便作为外水与周边的地表水一起也汇入围屋前的月池。

月池是客家建筑的重要组成部分：月池为围屋修建提供黏性较强的塘泥，夯打成泥砖，房屋建完，月池自然也形成；月池大面积的水面可以达到调节小气候的作用，使得围屋冬暖夏凉；月池还是围屋的消防水池、灌溉的蓄水池；也可以是平时客家妇女洗衣洗菜、养鱼养鸭的鱼塘。

（二）个性与变化

1. 山墙

因为兴梅潘氏早期建筑使用塘泥作为墙体，所以其防水性能较差，如大面积暴露于雨水中，墙体会发软，最终墙倒屋塌，所以一般会做成悬山。南口晚期建筑与葵涌潘氏所造大屋墙体用青砖砌筑或三合土夯筑而成，底部有条石墙裙，防水性能大大提高，故屋山面成硬山。做成硬山后，山面装饰得到加强：南口晚期建筑山墙做成五行山墙，葵涌则做成飞带，博风也增加了壁画。

2. 防御性的加强

南口早期围笼屋的正立面是开放的，核心建筑面开三门，门上无额外的防御设施，第二组横屋干脆不设门，成为一条巷道。守护的中心是祖堂，用横屋与后围笼屋的围护进行精神上和形式上的保护，象征紧密团结在祖宗的周围，一致对外。他们还利用自己崇信的精神武器——"风水"来保护自己家族并发展自己的家族势力。南口晚期建筑与葵涌古建筑防御性大大加强：南华又庐在后围墙上增加了两个炮楼；葵涌上禾塘与福田世居四周有高大的围墙；面开三门都用巨大的花岗岩凿成，石门框内有坚固的趟栊；四角有高大的角楼，角楼上布满枪眼，随时发现与痛击来犯之敌。

（三）结论

葵涌潘氏古建群落所属的大鹏半岛其地域文化类型属广府、客家和潮汕三大文化类型的交界。大鹏所城北面的官坑桥，清康熙《新安县志》称其为"广惠要冲"，即古代广州府与惠州府的交界，也就是广客交界，而且大鹏半岛通过海路与东面的闽南、潮州保持密切联系。通过建筑调查，我们得知大鹏半岛传统建筑既有广府的大小式飞带，又有客家的堆瓦作与梭子梁架，也有闽南、潮州的闽海系的鹰嘴瓜墩。

深圳客家围堡的典型代表——葵涌福田世居其围堡式就来源于闽海系的潮州寨子。这种对外戒备森严的建筑样式是兴梅客家围笼屋向深圳客家围堡过渡的主要影响因素。即南北向的客家文化传承到了深圳受东西向闽海系冲击的结果，也是民系文化与地缘文化的融合：客家先民在兴梅地区站稳脚跟后，其建筑形式以开放为主。到了沿海地区，土客之争与海盗、山贼的侵扰使得这种开放式的客家建筑增加了倒座、女墙、角楼、枪眼等防御设施。典型的广府围有深圳的笋岗围、香港吉庆围等，客家围有龙岗鹤湖新居、坪山大万世居、葵涌上禾塘潘氏围、福田世居等；潮州围则称寨子，如陆丰的葭湖寨、潮州的象埔寨等。但每个民系在做围子的时候有些区别，如潮州寨子做成直角围，客家围子做成嵌角围，广府围子则做成凸角围。

大鹏半岛南面是浩瀚大海，带来了开放的海洋文化。海洋文化在大鹏半岛传统历史建筑上也有体现，一些建筑装饰上加西洋的彩画、穹顶、罗马柱、花玻等。可以说大鹏半岛是广府、客家、潮汕、海洋四大文化类型的支点。大鹏半岛上客家文化的代表无疑是葵涌潘氏。葵涌潘氏现存古建筑有上禾塘潘氏围、福田世居、油榨潘氏围、三栋屋等。

第五节　潘氏民俗文化

一、潘氏风水观

潘氏族人笃信风水，至今潘家人仍对一些风水口决背如流，如"逆水门楼顺水地（坟），水流西北多富贵"。潘家很多祖屋以风水命名，如老祖屋叫"网形""猫形"，还有"牛形""出水莲"等。

风水说作为华夏民族一种潜在的文化背景对传统聚落选址与布局产生了普遍的影响。《中国科学技术史》作者李约瑟先生在广泛考查研究中国传统建筑与聚落后发现："……城乡中无论集中的或者散布田庄中的住宅都出现一种宇宙图案的感觉以及作为方向、节令和星宿的象征意义"。借助风水说观念，人们通过赋予聚落和地景一定的人文意义，使聚落与自然环境结为有机整体，而致天人合一。按风水说理论，作为聚落基地的吉地一般都具备"依山为依托，背山面水"的特征，能"藏风聚气"。背山既可生气、纳气、藏气，又可接纳阳光，阻挡寒流；面水可使气"界水而至"，为聚落环境孕育生机。而从现代生态学角度来看，吉地的确具备利于聚落生存的优越自然条件，如良好的通风日照、便利的水资源以及对局部小气候的调节等。因此，

图3-34 位于江西兴国的潘从源夫妇墓（状元家山）

"依山造屋，傍水结村"成为聚落选址的基本原则。

历史上，潘氏家族对风水极为重视，其风水观来源于唐代杨筠松创立的形家风水学派。杨筠松的风水学理论在客家地区得到普遍的推崇。

杨筠松，"唐窦州人，字叔茂，精堪舆术，僖宗朝官至金紫光禄大夫，掌灵台地理事，黄巢犯阙，断发入昆仑山，后以地理术行世，时称救贫先生，著有《疑龙经》《撼龙经》《立锥赋》《墨囊经》等书，为堪舆界所宗"。唐僖宗末年有"黄巢之乱"，时在长安京都为国师的杨筠松随着客家移民潮到了江西省兴国县三僚村教授堪舆术，知名的传人有曾文遄、赖文俊、廖瑀、谢子逸等。对潘氏家族有重要影响的廖瑀即为著名三僚风水师。

杨筠松所创立的"形家"亦称"峦头""形法"及"山水"，或称为"江西派"。其主要方法是：龙→山脉、砂→山丘照穴、穴→核气的聚集点、向→宅向方位等，并将这些要素运用到阴宅与阳宅的选址与建筑中去。

葵涌潘氏先祖潘从源对杨筠松的风水堪舆研究有很深的造诣，并践行风水，留下"有缘得地，以死求发"的传说。他选中的风水地位于江西兴国五里隘，地前有瀑布飞流直下，冲击石崖发出击鼓的声音，"锣鼓喧天"；穴前山形瘦削排列，"旌旗招展"，寓意后代子孙出将入相，便舍身自缢以求此风水地。他死后，他的观点得以应

图 3-35　潘仝墓

验：其子潘仝回福建汀州后即高中进士；潘仝生九子，可谓人丁兴旺，且九子皆有成就，八子潘毅，官至南宋护卫都统，潘毅之子潘任，南宋兵部尚书。潘从源的风水观是典型的山形风水观。

　　自然界任何事物都有它特殊的气息，山川草木、植物动物等均不例外。一切物质的气，都是维持事物的生存和发展的能量。事物都有生有灭，而它们的生灭都是根据它们各自气的旺衰，或者叫做"气的数"来决定的。事物都是在运动和发展的，在发展的过程中必然就有能量的聚集和耗散。能量聚则生、能量散则亡，这是众所周知的道理。我们在自然界中体会最明显的变化，就是一年四季的变化。冬天之气是寒的，夏天之气是热的，春天之气是温的，秋天之气是凉的。这是一种周期性的变化。而自然界的万物在这种变化中，都在起着相应的变化。为了反映自然界的这一规律，古人创造了一套完整的学说。他们用木、火、金、水、土分别代表春夏秋冬和东南西北所反映出来的性质，以木表示春天万木繁茂，火表示夏天的热气熏蒸，金表示秋天的萧杀万物，水表示冬天的寒凌冰雪。而把从木到火、从火到金，从金到水的过渡阶段，即中间阶段用土来表示，因为土显中性，即代表"中和"的状态，所以土黄为中。这样一年四季的气候变化和万物的生长收藏活动，就完全反映出来了。由于地球和太阳的相对运动，地球上的金、木、水、火、土也在不断地流行，因此叫它五行。五行的相互取代、相互制约、相互碰撞，形成了五行的生克制化的运动规律。所谓旺、相、休、囚就是五行在一年四季中的强弱关系。比如，春天万木繁茂，正是木旺之时，木生火，火将旺，所以火气仅次于木而称为相。木被水生，水生完木后，自己受损便气亏而老，"退居二线"了，所以叫休。金克木，但春天木旺而金弱，金不但克不了木，反而被木所困，所以叫囚，其他依此类推。五行的旺相休囚关系很好记，就是："得时我旺，我生者相，生我者囚，我克者死。"陈公献《大六壬指南》说："判断首先看发传，旺气发用利求官，相气发用利求财，囚气发用病呻吟，死气发用病必死，休气发用病缠绵。"徐养浩《六壬金铰剪》说："旺相发用事多应，一传休囚事渺茫。"这都说明了旺相休囚是一切判断的基础和前提。

阴阳五行学说应用在建筑上，在客家围笼屋中主要表现在化胎的正面中心，有明五行、暗五行、双层五行，以土形石居中。

案例一：潘处士墓风水

关于潘处士墓地选址及下葬，在三村一直流传着这样一个故事：廖丙与陈氏雇一竹排，顺江选址，最后选定一两水汇合处即现址。选好址后，廖丙交代陈氏，处士公金塔下葬时辰必须满足三个条件：一是满河白，二是满河红，三是戴铁帽。终

图 3-36 潘处士墓

有一天，恰逢干旱，河里死了好多鱼，满河都是鱼肚白，在阳光照射下，更是白茫茫一片。到了晚上，鱼都没捡完，乡民便提着自制的灯笼通宵达旦捡鱼（这种简易的防风灯至今仍在使用，热心的潘元启校长还手绘了这种灯的结构图）。村民提灯捡鱼形成满河红的景象。鱼太多啦，煮鱼煮破了好多大铁锅，补锅师傅前来收锅，手拿着不方便，全翻起来盖在头上，形成戴铁帽的奇观。这些终于满足了潘处士下葬的时辰条件。下葬时，廖丙要潘家人准备一百双草鞋垫在金塔的下方，寓意慢慢发（腐烂、发酵），久久发。而且随着草鞋的慢慢腐烂，金塔慢慢下沉，就不在原葬时的位置，保护了墓葬不被盗掘。通过这样一处理，南口潘氏从此财运大发，成为显族。

二、时令节日

春节：舞麒麟、打功夫。麒麟，是中国传统文化的象征，是中国人心目中的瑞兽，是一种人们虚构的神物。其状如鹿，独角，全身披鳞甲，尾象牛。《礼记·礼运》载："山出器车，河出马图，凤凰麒麟，皆在郊椒"；舞麒麟的风俗流行于古代龙岗地区各个客家村镇。鹤湖新居则有自已的麒麟队，并把舞麒麟与练武习武、看家护院结合起来，常年聘请当地著名武师坪山汤坑人林蛇发作为武教头，逢舞麒麟节负责舞头及武术表演，平时也兼顾保护罗氏族人，看家护院。

四月初八浴佛日：男妇采史君子、黄皮、果叶之类和粉食，谓能却疾。

端午：农历五月初五，俗称"五月节"，是葵涌客家较为盛大的节日，端午节要杀鸡杀鸭奉祀祖先，"以艾草悬门，菖蒲泛酒，角黍互馈"。门上插艾草以避邪，屋中烧硫黄以驱蛇虫鼠蝎，防疫弭灾。应节食物主要是粽子，分咸粽、灰水粽。咸粽多为芒叶包裹，糯米中加入花生碎、黄豆粉、虾米等，如今也有加海胆的。灰水粽要事先收集草木灰，以沸水淋沥得灰水，将糯米放在灰水里浸泡一天，完了用箬叶包裹，在锅里熬大半天即可。食用时一般用线切成块，蘸糖料吃，故又称甜粽。端午时节，天气转热，人们到河里、海里游泳，俗称"洗龙舟水"。客家人认为洗龙舟水对一些皮肤疾病有帮助。因为环境的原因，当地河水几乎都不能游水，人们便到沙鱼涌、官湖等海滨游泳。端午节最盛大的活动莫过于赛龙舟，客家人称"划龙船"。葵涌缺乏赛龙舟的条件，人们便到南澳的月亮湾参与赛龙舟。

端午节的第二天还是妇女"转嫁妹"回娘家的日子。这一天（五月初六）妇女们带着孩子、礼物，回娘家探望父母，共叙天伦。

夏至：食犬肉，饮荔枝酒助阳气。

六月六日：曝衣。

七夕：七月初七，男妇晨起担水贮之，谓之"七夕水"，饮之可以治疾。先一夕用水盛花露置庭中，晓起洗眼，谓之洗花水，能明目。

盂兰盆节：农历七月十五，俗称鬼节，时值夏收夏种结束，故也称"完田工"。

中秋：农历八月十五，士民具酒馔，会亲朋，荐新芋，妇女则拜月卜祥兆。农村妇女晚上会进行"伏仙姑"活动。

重阳：农历九月初九，拜扫坟墓亦如清明之仪，童子放纸鸢。

冬至：具粉凡肴核荐祖，不交贺。

除夕：是日亲交以仪、物相馈，以竹枝扫除屋尘，更桃符、春贴。至夜，具香烛、酒肴奉祖先、室神。聚宴通夕，谓之守岁。先六日言百神有事于上帝，画幡幢马，仪从于楮，焚而送之，至正月四日乃迎而复之如送之礼，于灶尤谨。

三、潘氏"半边天"

潘氏女人具有客家女人的特性：吃苦耐劳、贤惠持家。光绪《嘉应州志》卷八载："州俗土瘠民贫，山多田少，男子谋生各抱四方之志，而家事多任之妇人。客家妇女，耕田、采樵、缉麻、缝纫、中馈之事，无不为之。"潘氏梅县二世潘永发妻陈氏，丈夫早逝，她带着两个年幼的儿子在南口艰辛创业，不但要抚养幼子，还只身盖起规模宏伟的老祖屋，并将婆婆接来奉养。不要说女人，就是客家男人都很难做到。

鸦片战争以后，海禁大开，客家男人纷纷赴南洋谋生，"其近者或三四年、五六年始一归家，其远者或十余年、二十余年始一归家。甚有童年而往，皓首而归者。当其出门之始，或上有衰亲，下有弱子，田园庐墓概责妇人为之经理"。南口与葵涌潘氏男子也是趋之若鹜。如果潘家人在南洋有所成就，能寄番银回来，潘家妇女用番钱立产业，营新居，谋婚嫁，延师课子。遇到男人事业无成或杳无音信、客死他乡的，潘家妇女也是食贫攻苦，以俟其归，不萌他志。潘家女人的这种难能可贵的特性使潘家人在南洋创业没有后顾之忧，同时也提高了妇女的地位。妇女不但不缠足，且"男女饮酒混坐，醉则歌唱"，或者"饮酒则男妇同席，醉或歌，互相答和"。在客家地区，女性甚至可参加宗族的一切祭祀活动。

图 3-37　葵涌潘氏族人积极参与国内潘姓的各种活动

四、公益事业

南口侨领潘立斋之子在潘立斋去世后，写下《哀启》悼念亡父："至先严对于桑梓，凡造桥梁、修道路、办平粜、兴蚕桑，一切地方公益事，莫不疏财仗义，解囊襄助。对于宗族，则于光绪季年偕祥初兄旋里，合议建设家族学堂，求新学而聘教员，不惜多金以载培后进。又选于优者，或赴羊城，或渡日本，以学习工艺技术。此外增尝产，修族谱、兴山利、维持宗族，诸善举悉力为己任。"

葵涌潘氏以潘凤乾为首，也为大鹏半岛的开发做出积极的贡献。潘凤乾为村人修建济光桥，解决族人出行要蹚水过葵涌河的不便；潘家人还修建从葵涌到大鹏、葵涌到坪山的道路，试图改变大鹏半岛山高水恶、交通不便的不利状况。

第六节　结论

一、文化传承的危机

调查表明，深圳客家，形成于清初至清中期，源于粤东北客家，有着非常清晰的迁徙路线。"他们具有共同的利益，具有独特稳定的客家语言、文化、民俗和感情心态（客家精神）"，其建筑的源流主要来源于兴梅围笼屋。

潘姓客家人乾隆年间从梅州地区迁居葵涌，成为大鹏半岛名门望族，至今繁衍二百余年、十余代人，英才辈出。如今，葵涌潘氏家族面临着严峻的家族文化传承危机。由于历史原因，特别是抗日战争期间、"大跃进"、"文化大革命"期间，众多家族文物如祖屋、族谱、太公像等重要家族资料和文物被炸、被盗、被毁、遗失；很多家族墓地因为2003年深圳"无坟化"都迁移到公墓，潘氏十分重视的风水运用于阴宅的说法也无从考究。家族后人很多在解放前后到香港、海外谋生，不再聚族而居，甚至现在都很少联络，很多家族历史资料也因之被带走而无从查询。龙岗罗家后人回忆曾有民谣："龙岗最大权，淡水最多钱，葵涌在朝廷做官。"葵涌是谁在朝廷做官却查无史据。据潘家后人提供线索，潘氏三世潘钦远在福建蒲田当知县，但我们查找了清《莆田县志》，也查不到相关史料。家族曾经辉煌的历史被史尘所掩蔽。

文化遗产周边环境是文化遗产价值评估的重要因素，而葵涌潘氏建筑群落原来的周边环境、地形地貌均已受到彻底的破坏。所有潘氏祖屋均被七八层的现代农民房包围，福田世居前半月池也被填平，盖上七八层的现代农民房。目前，潘氏祖屋破旧不堪，周边环境差，没有专人管理，还存在不合理使用的问题。很多房屋出租给民工居住或作为小型加工厂使用，使用者不具备对古建筑的亲缘感，掠夺性使用古建筑，肆意改造、加建、扩建，也存在极大的消防安全隐患。古建筑保护存在重大危机。

二、价值评估

1. 葵涌潘氏三村的福田世居与上禾塘潘氏围是深圳客家围堡的代表。它们源于兴梅围笼屋，又吸收了惠州四角楼的一些要素，形成具有深圳自身特色的建筑类型，被称为"深圳客家围堡"。

2. 葵涌潘氏具有完整的家族史资料，是研究客家民系文化与民俗特性及深圳客家民系形成的重要载体。

3. 三村四处古建筑保存相对完好，格局清晰，是保护与宏扬大鹏半岛客家文化的重要载体。

三、保护与利用策略

葵涌潘氏历史文化的保护与传承不仅仅是文物的保护，而且是文化遗产的保护。后者的范围更为宽泛。葵涌潘氏三村不仅是葵涌潘氏辉煌历史的见证，更是深圳大鹏新区客家文化的代表，是新区人文生态保护的主要对象和内容。同时，潘氏三村还具有重要的科学艺术价值。应尽快对三村进行文物价值评估，先抢救性保护三村濒危部位，再考虑对其进行建筑复原与周围环境与风貌的复原。并结合古建筑的实际，合理加以利用，沿续古建筑的使用功能，在利用中保护。

建议对潘氏三村进行全面的复原，对客家宗族、迁徙与艰辛创业、民俗文化进行系统展示，开发相关的居住、饮食等旅游产品。

葵涌潘氏三村，是大鹏半岛客家先民艰辛开拓的见证。其村落选址、村落规划与布局对我们现在进行城市规划有着重要的指导意义。保护这些不可多得的古村落，是我们这一代人的职责，我们只有尊重这些先人创造的历史，尽可能地保留历史信息，我们的后人才会珍惜我们现在正在创造的历史。只有这样，我们的文明才能代代相传，生生不息。

四、葵涌上河塘潘氏宗祠重修及庆成仪典

上河塘潘氏宗祠葵涌潘氏的总祠，因年久失修，多处出现漏水，局部坍塌，存在严重安全隐患。2012年10月，葵涌潘氏后人发起乐捐重修。

重修工程对宗祠二进一天井进行保护维修。包括对瓦面进行全部翻修；檩条、椽板的检修更换；祖堂地面重铺、墙面粉刷、天井前庭条石地面重铺；木构屏风、祖堂神龛的修缮；新增"潘氏宗祠""玉树滋兰""望重新安""荥阳堂"牌匾等。

整个重修工程坚持尊重传统、保持地方建筑风格的多样性、传统工艺手法的地域性和营造手法的独特性。在施工过程中，尽量使用原有构件。如无老构件可用或改做时，则按原规格制作安装。

第四章　大鹏王桐山钟氏家族建筑与人文研究

第一节　王桐山村简介

王桐山村位于大鹏街道王母社区，清嘉庆《新安县志》名为王母墟吉龙里。始建于清初，是钟氏单姓自然村落。王桐山钟氏开基祖钟鸣瑞从南澳西涌西贡迁居王母墟三衬石下，地名"魁星踢斗"建村，至第三代钟廷耀荣登国子监太学生，时广东布政史杨渭题"壁水腾辉"匾，钟廷耀之孙钟瑞秀、钟献秀建钟氏宅第及"天一涵虚"炮楼。钟氏还分脉王母墟红屋瓦、大鹏城松山下。钟氏以耕读传家为祖训："不读则礼仪疏虚，不耕则仓廪空虚，勤读则显亲扬名，躬耕则丰衣足食，当以耕读为首务焉可也。"历史上钟家士绅、乡贤、名医、良吏辈出，钟氏家族是大鹏半岛显族。

历史上村中有王桐山书院，与钟家大院几乎同时建造，当时在清代属于王母墟最大的教育机构，分为上书房、下书房、讲书堂，气派可见一斑。书院由本族数百亩公田的租赋供养，钟氏三村的子弟都可以在这里接受几乎免费的学堂教育。村庄的长老在外地高薪聘请名师，村人对师长极尽恭敬。曾有村规规定，教师先生所过之处，村民都需侧身让路，备受尊崇。

目前，王桐山钟氏宅第及炮楼保存完好，是大鹏新区文物保护单位。在乾隆十九年（1754年），该村出了恩拔国子监太学生名钟廷耀，是王桐山钟氏开基立业的先祖钟鸣瑞之孙。国子监在清代是中国教育体系中的最高学府。钟廷耀自小在王桐山刻苦读书，立志皓首穷经，他经过县至州府的层层选拔，最终就读于北京皇城的国子监。他为整个家族带来辉煌，使钟氏成为大鹏望族。后来钟廷耀在韶关做官，其子孙皆发奋读书。其孙钟献秀、钟瑞秀后来都极有成就，并回乡重建王桐山钟氏大宅，规模更为宏伟。钟庭耀曾激励成百上千的大鹏后生读书成才、走出去见世面，也让钟氏长老们愿意投入更多的资源来办好属于本族的这座书院。王桐山的书院自此越办越兴隆，当地许多有钱人的子弟都愿意支付昂贵的学费来此就读。王桐山书院在大鹏最早推行现代教育。20世纪20年代，留洋归国的蓝翼香先生主持王桐山书院，推广新国文，废除私塾旧传统，提倡爱国独立的民族精神，鼓励讨论交流，领地方教育改革之先，吸引大批邻村优秀学子前来求学。钟原、蓝造、袁庚、钟宝钻、赖仲元、黄闻、刘锦进（刘黑仔）、张平、刁昌顺、戴机等少年都在这里接受过教育和启蒙，并结下深厚友谊。他们长大后一起参加中共领导的东江纵队武装，为民族独立和自由解放英勇奋斗，不怕牺牲，可歌可泣。王桐山村有闻名的"红色一家人"。钟胜生于1880年，早年在远洋轮船上当海员，积极支持辛亥革命，参加省港大罢工。他与妻子萧东娇女士育有四子二女。在抗日战争和解放战争期间，家中共九人全部参加中共领导的革命武装，长子钟原是中共大鹏区委第一任书记，而二子钟宝文、女婿黄生如壮烈牺牲。钟胜家是广东省著名的革命模范之家。有三百多年历史的钟氏祠堂、钟氏大宅、"虚涵一天"的炮楼，经当地文物保护修缮，大部分至今保存完好，极具文物价值。

  王桐山钟姓祖上从大亚湾对岸的惠东稔平半岛迁至大鹏半岛的西涌开基，传至五世鸣瑞再迁王桐山，再分至王母上圩门和鹏城松山等地。王桐山钟氏是晚清民国大鹏望族，与王屋巷王姓和石禾塘李姓并称大鹏王母墟三大姓。晚清民国乡村自治，对平常一些地方事务的处理由这三姓的乡绅组成乡绅委员会进行裁定处理，而钟、王、李三姓是这个乡绅委员会的委员，据说钟家人不来，乡绅委员会就无法开会。王桐山钟家之所以有这样的"江湖地位"，一是源于王桐山历史上出过国子监太学生钟廷耀，二是王桐山钟氏家财雄厚，有大量的征偿，好年份可达600担谷，有能力参与地方公共事务。

  目前，王桐山钟氏的家族文献有为民国三十一年（1942年）四月十六日续录、钟宝贵抄王桐山钟氏族部[①]，还有抄于1964年甲辰年春季的惠东"发利号"钟氏族谱。对这两份宝贵的文献进行梳理，结合对钟声、钟钦全、钟惠波等钟家人进行采访，得出以下初步结论，整理出来以利于下一步去伪存真。

---

① 此族部系传自福建文俊公家，又传自江西象塘宪尧公家，又一传自兴宁众叔侄家，皆合符无异。

第二节 钟氏得姓由来

钟姓来源有两支。一是来自子姓,是商纣王长兄微子启后裔之一。周成王三年（前1041年）微子启创立宋国,至公元前286年宋康王偃灭国。宋灭国后,康王偃三子烈逃往河南许昌,因其曾被封钟邑大夫,因而改子姓为钟姓,后裔为烈公后裔;二是来自钟离姓,是项羽大将钟离昧之子钟离接因楚汉之争而改姓钟,后裔为接公后代。烈公与接公均为宋国后裔,且得姓后均居颍川故地,故钟氏总堂号及郡望为"颍川"。南方地区的钟氏主要为烈公后裔。另外也有一些少数民族改姓钟的情况。

至九世祖人朝公[①],汉和帝时为黄门侍郎,又升礼部、兵部尚书、左侍郎,光武时招取武勇,讨莽族,揭榜为镇蛮大将军,为钟氏显祖。

烈公四十四世尚公派下孙、曾孙,钟氏家族高中进士达17人。

第三节 钟氏原为广府人

钟氏九十九世理公,原居湖广,官至广州刺史,受章淳、蔡京等人迫害,弃官

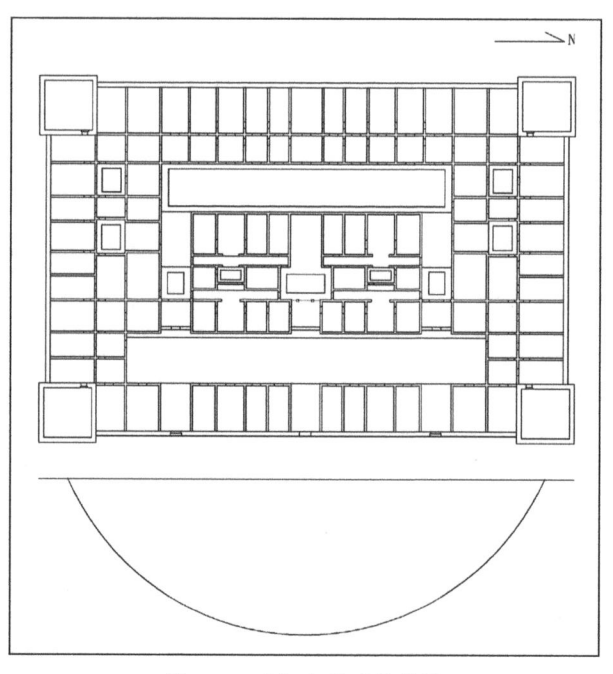

图 4-1　王桐山平百复原图

---

① 九世从叶公起算。祯公谱没有此公,但祯公谱也有问题,如五龄公是五十二世,至七十二世即解放,年代不对。

第四章 大鹏王桐山钟氏家族建筑与人文研究

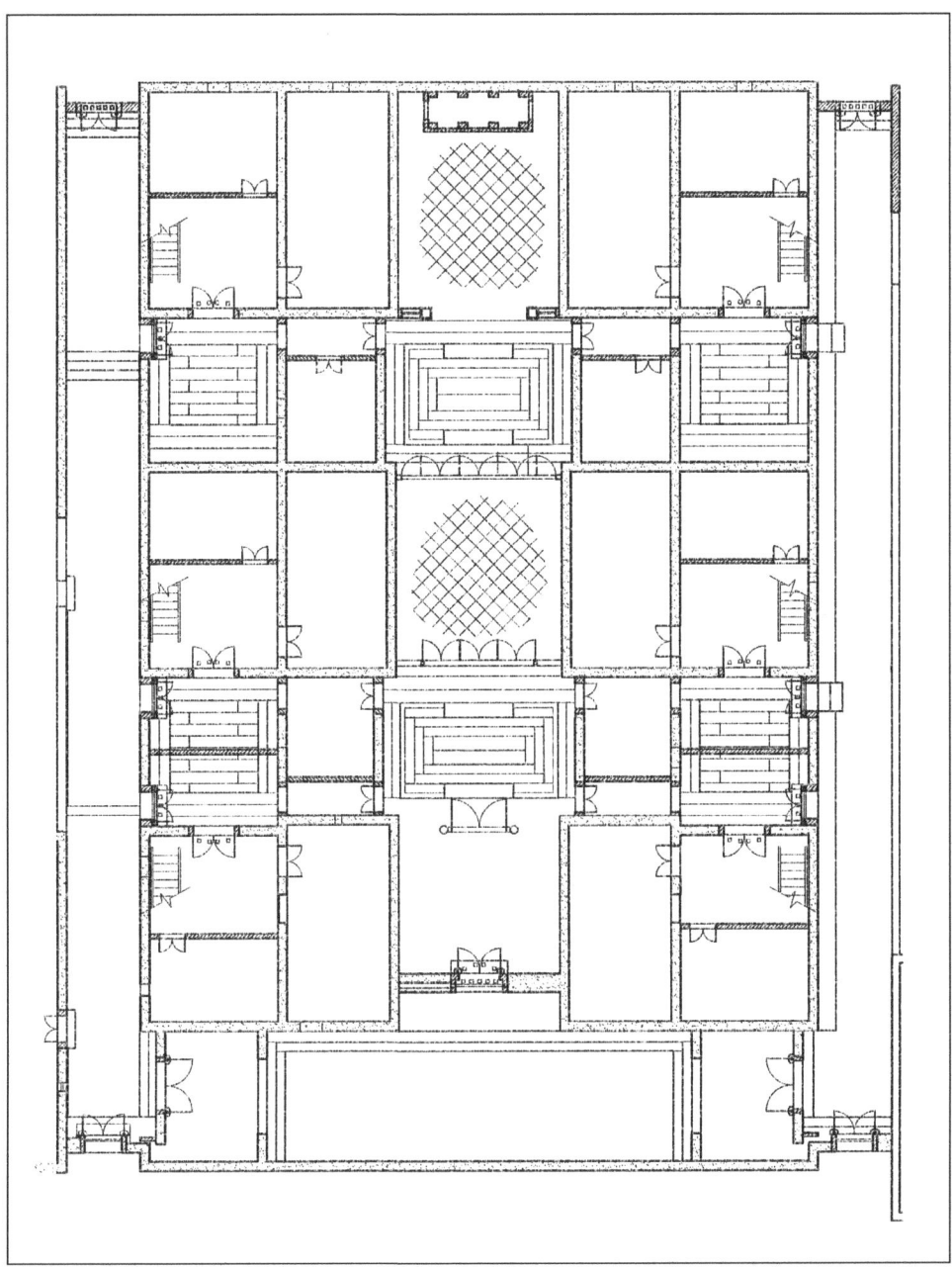

图 4-2 王桐山钟氏宅第平面测绘图

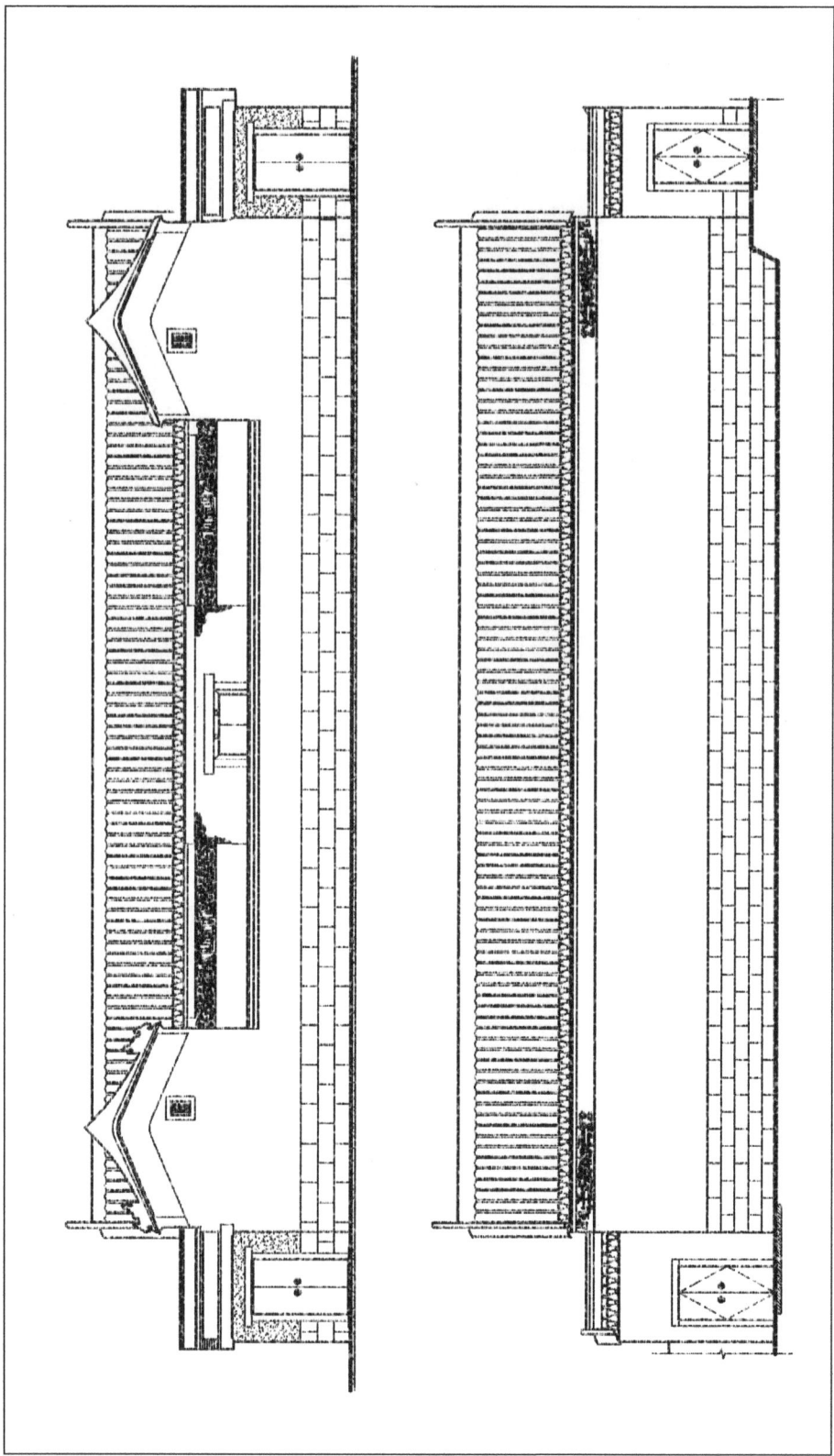

图 4-3 王桐山钟氏宅第立面测绘图

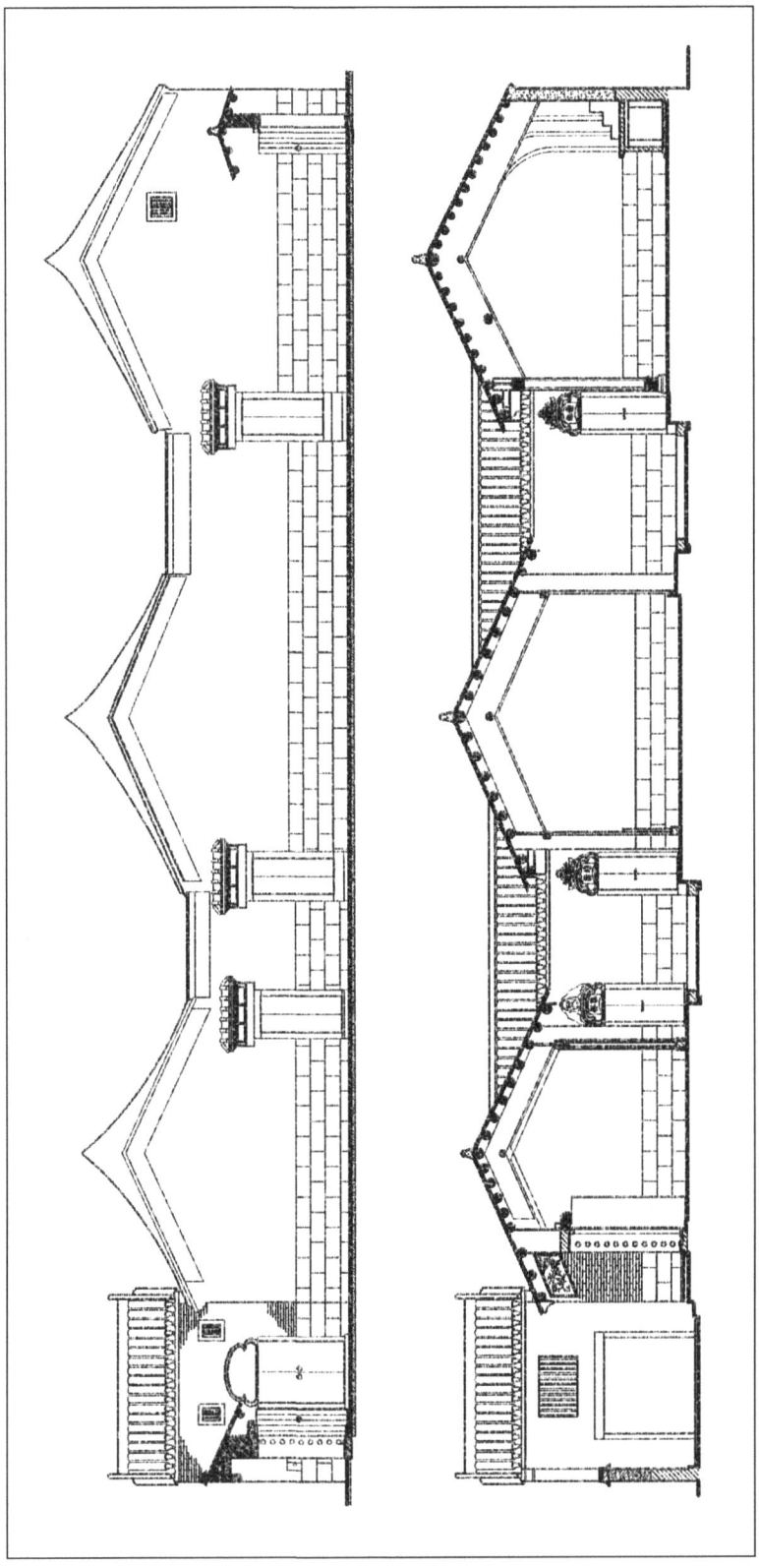

图 4-4 王桐山钟氏宅第剖面测绘图

逃奔梅县居住，为钟氏入粤开基祖。因为客家人于元明之际才进入广东，钟氏北宋就在广东开基，为广府民系，即后来的讲蛇话、围头话的广府东江人，而非目前学界、政府、媒体、周边地区甚至钟家自己的理解，钟家来源于梅县就是客家人。从建筑特点看，王桐山村也非客家村落。王桐山钟氏有独立的祠堂，而非深圳地区客家的家祠合一；"天一涵虚"炮楼也非客家围堡的嵌角楼，而更趋于凸角楼；前两哨楼也不同于大鹏客家的代表——葵涌潘氏福田世居的四角楼；其外围防卫设计为前院墙的围墙式，不同于深圳的客家围堡有高大的围墙，而且采用层层防卫的设计。

理公之孙一百零一世天柱公，生五子，因为属龄字辈，故称五龄公，分别是提龄（名壁，徙长乐）、遐龄（名增，徙东莞）、祯龄（名垣，至正元年徙居归善）、祥龄（名基，居河源）、瑞龄（名堂，徙乐邑居长乐市李家塘）。广东钟姓多为五龄公后裔。惠东竹园始祖立基公为祯公八世[①]。

第四节 大鹏钟姓源于惠东竹园

立基公至荣启、荣乐二公，迁居宝安，"僻处海隅西贡，迄今业经六世"，为宝安开基祖[②]。一世、二世、三世均葬惠东堡围，直至三世祖婆徐氏才葬大鹏大鹿湾。说明初到西涌西贡的钟氏前三代与惠东还保持密切关系。四世丽进、丽杰[③]、丽奇才开始在大鹏定居。丽进，妻文氏、梁氏，生鸣瑞，丽进公葬千石下，文氏葬洞仔，梁氏、钟氏合葬半天云。现西贡钟氏应为丽杰、丽奇后裔。

第五节 王桐山钟氏

西涌钟氏五世钟鸣瑞迁居吉龙里，为王桐山开基祖。清康熙《新安县志》也有吉龙里的村落名称，吉龙里应为现在的中山里，王桐山村应属于吉龙里。鸣瑞娶妻邓氏、黎氏，生二子：声远、声连。六世声远[④]，妻樊氏、刘氏，生一子，闻显，讳

---

① 据"发利号"族谱。
② 宝安开基祖说法存疑。荣启、荣乐二公至西涌为明代晚期，距今300多年，但沙井、黄田等地钟姓至今有五百多年历史，均比荣启、荣乐公早。
③ 鹏城松山下钟伟生伯父钟宝光认为丽进为王桐山开基祖。
④ 声远公生于康熙三十九年（1700年）庚辰五月十七已酉日辛未时，终于乾隆四十六年（1781年）辛丑岁三月初五日亥时，享寿八十二岁，道光十七年（1837年）迁葬下沙坽头同樊氏合葬。

廷耀；声连，妻郭氏、陈氏，生六子：闻达、闻极、闻宇①、闻韵、闻通、闻化。钟氏家族成为大鹏显族。钟鸣瑞看中王桐山的风水，在尚不具备建祠堂实力时先建简易的茅草祠堂，以占住王桐山的龙脉，等家族壮大后再修建现在的王桐山钟氏祠堂。

王桐山是大鹏半岛一百多个古村落中单体民居规模最大、装饰最精美、保存最完好的宅第，为龙岗区文物保护单位。大宅的主人钟家也是大鹏半岛名门望族，财力雄厚，其宅第、田产遍布大鹏半岛的东西涌、鹏城、王母，鼎盛时期甚至要到平海半岛收租。钟、王、李并称大鹏王母三大姓。钟家自己总结家族发展的重要原因是重视教育且代有人物。至今，钟氏祠堂二进大堂上还有清乾隆年间"辟水腾辉"匾。原钟家老宅有"进士第"匾，惜无存。

现存的王桐山钟氏祠堂始建于清乾隆十九年（1754年），面宽10米，进深29米，建筑占地面积为290平方米，平面布局为四进三天井结构，条石基，砖木结构，中厅上保存有完好的乾隆十九年（1754年）款"壁水腾辉"牌匾。于1933年首次重修祖祠，1989年由海外和本村钟氏后人集资再次重修祖祠。现祖祠再次出现多处险情，亟待维修。

钟家在第七世出了一个名人钟闻显②。钟闻显，讳廷耀，钟廷耀为清国子监太学生，时署理广东等处布政使司布政使分巡广南韶连道杨谓为钟廷耀题"壁水③腾辉"四字，由钟廷耀制作成匾高挂于钟氏祠堂中厅。钟廷耀是王桐山钟氏出的最重要的人物之一，钟廷耀高中国子监太学生后官居何职没有记载，可能没等任职，钟廷耀就英年早逝了。英年早逝的钟廷耀留下了五个儿子：尧协、佐尧、赞尧、希尧、赓尧；希尧二子献秀、四子瑞秀神牌同立于王桐山钟氏大宅祠堂。

钟氏大宅是王桐山钟氏家族辉煌的象征。大宅占地面积500平方米，堂横屋布局，哨楼位于主座前方，两个哨楼之间是前庭和照壁。南横屋的尾部建有高五层的"天一涵虚"大炮楼。横屋与堂屋之间形成两条冷巷。

---

① 松山开基祖。
② 闻显钟公（钟廷耀）生于雍正二年（1724年）甲辰十一月初二壬寅日乙丑时，终于乾隆十九年（1754年）七月二十三日已时。
③ 壁水即太学，寓意钟廷耀为国子监太学生。

第六节　鹏城松山钟氏开基祖钟闻宇

钟闻宇，鹏城松山开基祖，国子监太学生钟廷耀之弟，因在王桐山口碑不好，很难发展。传说有一次在蜈蚣岭西山庙放牛睡着了，有神明托梦让他离开王桐山到大鹏城，钟闻宇便按梦中指引到鹏城松山开基，娶妻罗氏、张氏，生四子。子善尧得功名，诰封武信骑尉。

第七节　红屋瓦钟氏

红屋瓦钟氏祠堂位于王母上新屋西区71号，正门朝南偏西10度，建于清代咸丰年间，由大鹏钟氏第十世钟福先所建。面宽28米，进深30米，建筑占地面积为840平方米，平面布局为七间三进两天井院落式结构，石、砖木结构，灰瓦顶，是一处清代传统家祠合一的民居建筑，其平面布局与建筑风格均模仿王桐山钟氏大宅。祠堂曾于2000年由钟氏后人对濒危部分重修，现整体保存完好。

第八节　大鹏钟氏家族简谱

一、深圳之前的钟氏简谱

肇姓祖烈公。

三世祖叶公[①]，至秦寇周之后，逐隐居不仕，妣姜氏，生一子气。

四世祖气公，妣吕氏，生二子：运亨、运丰。

二十五世朝公，任闽中都督，居福建长汀，为钟氏闽系开基祖。

四十七世理公妣李氏，生大相。理公为广州刺史，受章淳、蔡京等人迫害，弃官逃奔梅县居住，为钟氏入粤开基祖。[②]

四十八世大相公（四十郎）妣李氏，生柱、槛、栋。[③]

[①] 有说法叶公以颖川"钟灵毓秀"逐易姓为钟氏，为钟姓肇姓祖，其说法出处不明。
[②] "九世祖人朝公，妣王氏，生一子孔。和帝时为黄门侍郎，又升礼、兵部尚书、左侍郎，光武时招取武勇，讨莽族，揭榜为镇蛮大将军；九十六世长兴公妣吉氏，生俊秀、俊奇。九十七世俊秀公，号生公，妣李氏，生友文、友武、友勇；九十七世俊奇公，妣刘氏，生一子友盛；九十八世友盛公，妣杨氏、陆氏，生子：理、发、裕、柔、温。居湖广。"以上出处不明。
[③] 发利号钟氏宗谱（抄于公元1964年甲辰年春季）载：九十三世祖大相公妣李氏，公生天柱、天槛、天栋。天槛娶刘氏，生九子，仍住汀州。九十四世祖天柱公……

四十九世天柱公，妣何氏。

五十二世提龄（名壁，徙长乐）、遐龄（名增，徙东莞）、祯龄（名垣，至正元年徙居归善）、祥龄（名基，居河源），瑞龄（名堂，徙乐邑居长乐县李家塘）。

一百一十世立基公。祯公八世，惠东竹园钟氏始祖。①

二、深圳钟氏简谱

祯公之后，谱系不明，发利号称竹园始祖立基公为惠东竹园钟氏始祖。宝安钟氏开基祖荣乐公六世钟声远编王桐山钟氏《族部》称："荣启、荣乐二公，迁居宝安，僻处海隅西贡，迄今业经六世……六世孙声远谨识"当时荣启、荣乐二公与立基公关系不明。虽然荣乐公为宝安开基祖，但其子子礼、孙广长、广胜均葬惠东，直至广长妻徐氏及之后才始葬大鹏大鹿湾。

一世（荣）

荣启：无嗣；

荣乐：生子子礼。

二世（子）

子礼，妻何氏，生二子，广长、广胜。葬墨围酉山。

三世（广）

广长，妻徐氏，生三子，丽进、丽杰、丽奇。公葬墨围，庚山；徐氏葬打鹿湾卯山。

广胜，妻徐氏，生一子丽和，公葬墨围庚山。

四世（丽）

丽进，妻文氏、梁氏，生鸣瑞，迁居吉龙里②。公葬千石下，文氏葬洞仔，梁氏、钟氏合葬半天云。

丽杰，妻李氏，生二子鸣珍、鸣华。

丽奇，妇姚氏，生二子鸣振、鸣科。

---

① 祯公之后，谱系不明，发利号称竹园始祖立基公为惠东竹园钟氏始祖。
② [清·嘉庆]《新安县志》和1866年意大利传教士绘《新安县全图》有吉龙里地名。

五世

鸣瑞，妻邓氏、黎氏，生二子，长声远，次声连。丽进公鸣瑞公邓氏合葬尖石坤山艮兼未丑分金，邓氏葬半天云丁山癸向。

鸣珍，妻文氏、李氏，生三子，声韬、声英、声贵。文氏葬打南蛇山乙辛向。

鸣华，妻梁氏，生二子，声响、声亮。

鸣振，妻罗氏，声一子声扬。

鸣科，妻谌氏，生一子声方。

六世（声）

声远，妻樊氏、刘氏，生一子，闻显，讳廷耀。公生于康熙三十九年庚辰五月十七已酉日辛未时，终于乾隆四十六年辛丑岁三月初五日亥时，享寿八十二岁，道光十七年迁葬下沙坽头同樊氏合葬。

声连，妻郭氏、陈氏，生六子：闻达、闻极、闻宇、闻韻、闻通、闻化。

七世（闻）

闻显，讳廷耀，妻皱氏、王氏，生五子：尧协、佐尧、赞尧、希尧、赓尧。公生于雍正二年甲辰十一月初二壬寅日乙丑时，终于乾隆十九年七月二十三日巳时。

闻达，讳濬，妻袁氏、林氏，生二子，长恭尧，次敬尧。

闻宇，妻罗氏、张氏，生四子。

八世（尧）

协尧，妻叶氏，同葬打石岭。公生于乾隆十五年庚午七月十二日壬子申时，终于嘉庆十六年十一月。

赞尧，妻罗氏，生一子岱秀。

佐尧：妻刘氏、谭氏，生三子：荣秀、龙秀、凤秀。

希尧，讳兆龙，号云遴，妻邬氏，生五子：泰秀、献秀、麟秀、瑞秀、英秀。生于乾隆二十四年（1759年）乙丑九月二十已亥日，终于（道光年八月十三日申时？）道光二十四年十一月初五葬于蛇听蛤亥山巳坐宿室，度向翌宿八度内坐宿室十三度向翌宿十四度乙亥巳巳分金之原。邬氏葬对面岭蜜龙地。

九世（秀）

泰秀，名嘉仁，妻陈氏、叶氏，生二子：长福先、次福兴。公生于乾隆五十四年，终于道光年又五月初五日寅时，道光二十八年十月葬叠福咸头岭土名仰掌瓶与麟瑞公合葬。

献秀，妻刘氏，生一子周娇。公讳嘉义，生于嘉庆二年丁巳二月十六日巳时，终于道光年六月初六日未时，道光十二年迁葬响水岭。

麟秀，名嘉礼，生于嘉庆四年，终于二十四年，无嗣，福兴承继。

瑞秀，号嘉智，生于嘉庆十一年丙寅九月二十六日子时，终于道光四年正月二十九日，无嗣，福恩承继。

英秀，名嘉信，讳凤英，号丹山，妻刘氏、王氏、刁氏，生四子：恩、照、昌、荣。公生于嘉庆十七年。

十世（福）

福先[①]，名世勋，讳鼎书，号麟阁，妻李氏、曾氏，生六子：惠康、惠熙、惠畴、惠拨、惠成、惠藩。公生于嘉庆二十一年丙子十一月二十六日辰时，终于光绪九年癸未十一月初六日午时，葬于欧司园土名火界路丙山壬向兼午子分金。

福兴，名植勋，妻李氏，生四子：长惠连、次惠文、三子惠彬、四子惠朝，公生于嘉庆二十四年。

周娇，名鸿勋，妻张氏，生五子：惠乾、惠求、惠应、惠才、惠衍。公生于道光二年壬午十二月二十日丑时。

福星，生于道光十六年，十四岁卒。

福贵，生于道光十七年，终于戊戌年六月初。

福恩，讳鼎彝，号绪乡，妻潘氏、卢氏，生四子：惠楠、惠谓、惠晃、惠晋。公生于道光二十九年庚子九月二十九日亥时。

福照，名晁勋，号鼎调，妻江氏、李氏，生一子惠湘，公生于道光二十六年。

庆昌，妻李氏，生二子：惠通、惠进。

庆荣，妻袁氏，生一子惠钦，公生于咸丰年。

---

① 建红屋瓦钟氏大宅。

十一世（惠）

惠康，名汝霖，讳鹏翀，号健羽，妻黄氏，生二子长子，孟谦，次子继谦。公生于道光十六年，终于咸丰十一年，葬于松园。

惠连，妻刘氏，公生于道光二十一年，无嗣，华谦承继。

惠乾，妻欧阳氏，生三子：长子槐谦，次子煜谦，三子炳谦。公生于道光二十三年。

惠文，妻李氏，生三子：仲谦、华谦、容谦。

惠求，妻李氏、陈氏，生四子：葵谦、琼谦、瑶谦、庭谦。公生于道光二十五年。

惠应，妻张氏，无嗣，瑶谦承继。公生于道光二十七年。

十二世（谦）

孟谦，妻李氏。公生于咸丰九年，李氏生于咸丰七年，考与妣合葬牛唇岭背坐东向西地点师惠州永安蕉园钟少薰。

继谦，卓谦号霭如，妻王氏，生一子宝连。公生于咸丰十一年，王氏生于同治二年，终于民国三十年。

懋谦，名德谦号寿彭，妻张氏、林氏，生三子：宝铎、宝铨（早卒）、宝安（早卒），公生于同治八年，张氏生于同治十一年。

象谦，号焕堂，妻戴氏。

裕谦，妻林氏，生二子长宝仁、次宝红（早卒）。①

顺谦，妻欧阳氏，生五子：宝坤、宝焱、宝钻、宝贵、宝桥、宝琴（买子）；两女：锦清、锦有。卒于民国三十五年一月十二日，葬于坦霖埔尖石上即大众墓。

十三世（宝）

宝连，名玉冲，号耀桐，妻林氏、谢氏，生三子：庆芳、梅芳、琼芳。公生于光绪八年，林氏生于光绪十年，二十四岁卒；谢氏生于光绪七年，公终于民国十二年。

宝铎，妻李氏、李氏，生二子：葵芳、耀芳。

宝仁，妻赖氏、杨氏。

---

① 下画线为本族部补充上去的内容。

宝坤,生二子:进芳、来芳。

宝琴

宝焱,妻陈氏,生二子:煜芳、振芳。

宝钻,妻李氏(离婚)、张氏。

宝贵,妻詹氏,生一子敏芳。

宝桥,妻江氏,生女玉波、玉贤、玉新。骆氏生四子:穗丰、穗鹏、穗明、穗华;一女:小涛。

十四世(芳)

庆芳,妻李氏,无嗣。

梅芳,妻陈氏,生一女曼英。

琼芳,妻蓝氏,买女曼真,生女曼彩。

第九节 大鹏钟氏家族与大鹏红色革命

王桐山堪称大鹏半岛红色文化的代表。王桐山的钟声是大鹏半岛共产党的发起人之一。钟家"天一涵虚"炮楼原为王桐山书院,后来,因为在书院内酝酿成立共产党大鹏支部,钟原、袁庚、蓝造等大鹏早期共产党人聚集书院,王桐山书院成为大鹏半岛共产党和共产党干部的摇篮。

钟家是名副其实的革命之家,包括钟声(原名钟宝武)、钟声的大哥钟原、大嫂赖枫;二哥钟宝文、二嫂;二姐、二姐夫;六弟等,先后有九个人走上革命道路,加入中国共产党,参加了东江纵队。其中二哥、二姐夫两人相继为革命事业英勇献身。

一、家族的起伏兴衰和来自家庭的革命影响

钟声出生于1927年,父亲钟胜,虽然出身曾经家财万贯的钟家,但因为父辈赌钱、吸食鸦片,变卖房屋田产,以致家道中落,钟声十岁时没有衣穿,甚至要租房子住。钟声少时就到香港的皇后轮船公司当海员,随轮船往返各国,意识到自已祖国的贫穷、落后,发自内心地想改变现状,参加了同盟会。他致信母亲,提出要把自己当海员的工资分成三份,一份寄回家用,一份自己备用,一份用于支持孙中山

的同盟会,得到母亲的支持。辛亥革命胜利后,军阀混战,民不聊生,钟声很是失望,参加了海员工会,并成为工会的一个头目。后因为参加省港大罢工,钟声被轮船公司开除,并"永不录用"。失业的钟声不得不回家,用多年的积蓄购置了四十亩田产;兴建中山里一处前后花园的房屋,这处房屋成了大鹏半岛共产党第一个党支部和第一个大鹏区委成立地点;购置了一处位于黄岐塘的果园,这处果园与松山下钟顺①的牛神岭果园、欧阳的水贝果园并称为大鹏三大果园之一。

钟声的回乡,为钟家带来了他的革命思想,是钟家举家参加革命的思想启蒙,钟声也无私地支持子女们参加革命。中共大鹏支委经常在大鹏王母中山里的钟胜家开会,开会时,钟声会坐在门口,实际上是为组织放哨,以防宝安县的警察头子王挺芳②。

二、钟家出了中共大鹏第一个区委书记

抗日战争全面爆发后,以钟原为首的大鹏半岛共产党组织和进步青年组织青年抗日会(以下简称"青抗会"),广交朋友,还组织大鹏知识分子开办夜校(识字班),宣传抗日,不做亡国奴。那时的青抗会经常上街表演,主要剧目有《放下你的鞭子》《古寺钟声》等。钟声参与《古寺钟声》的排练,可惜没有演成,自己却就此由钟宝武改名钟声。

1938年11月12日凌晨,日军登陆大亚湾。11日中午,钟原、黄闻等坝岗抗日自卫队袭击了日军。

1938年11月间,中共惠宝工委派黄国伟到大鹏半岛建立和发展党组织,发展的第一批党员有三名:钟原、黄闻、陈培;并成立中共大鹏支部,是大鹏半岛最早的党组织,黄闻任书记。这犹如革命的星火,迅速成为燎原之势,仅半年时间,大鹏的共产党员就发展到40多人,他们中有黄闻、钟原、蓝造、黄业、袁庚、赖仲元、郑汉、张平、王舒、刁新③、陈柏林④、王作来、王春来、萧新妍⑤、赖枫、王文华、郑

---

① 一说钟顺是王桐山迁至上圩门的,是国民党,待核实。
② 王挺芳,大鹏王屋巷人。他得知大鹏王母上新屋林造材是共产党(大鹏第二批党员),带两个兵直接进入林造材家,枪杀林造材。
③ 刁昌盛。
④ 迭福人。
⑤ 水头人。

北星、戴基、钟锦笑、林造材、李丙闲、李天送、李六、谭文汉、陈化①等。1939年5月,中共大鹏区委成立,钟原任书记,蓝造任组织委员,陈培任宣传委员。

三、钟声的情报工作

大鹏情报站属于东江纵队司令部情报站,原来负责人是钟声的二姐②。她奉组织命令调走后,由钟声负责大鹏情报工作。刚开始,钟声收到或发现情报时,自己送坪山小店找吴老板将情报送出。后来组织派了彭福、李仔两个交通员作为钟声助手,负责带来上级指示和带走情报,一般三天需见面一次。钟声还发展下线情报员,有迭福的王顺和鹏城的欧阳红。从事情报工作一没有工资,二没有经费,情报得自己想办法找。一直到1944年,上级李寄梅提出搞情报要有生活来源,给钟声四十块钱,去坪山吴老板处进些糖到王母售卖,一是利润用于生活,二是利用做生意掩护情报工作。钟声的情报主要来源是大鹏的一家理发店,店主为上圩门人钟梅③。

文化名人大营救 1941年12月25日,日军攻占香港,大批文化界知名人士和爱国民主人士滞留香港,随时有危险。党中央要求组织力量从九龙交通站秘密护送各界进步人士到游击区再转往大后方。当时开辟了经九龙交通站的东、西两条交通线。廖承志、连贯和乔冠华等为一批;何香凝女士和柳亚子先生,以及廖承志夫人经普春等为另一批,走东线。

接到接送文化界知名人士的任务,钟原负责领导武工队执行任务。钟声二哥钟宝文为队长的武工队接来了一群人,约有20人,穿着西装、高跟鞋。因为走的是田埂,高跟鞋根本走不动。钟声嘀咕,这么紧张还穿成这样。后来才知道,这些人是借参加香港酒席为名撤回来的,所以才穿成这样。他们在果园住了一晚后,由游南队送到上径心④。

油草棚发现日军军需船 1942年夏天,大鹏半岛和全国一样都在闹饥荒。王顺在油草棚放牛时发现油草棚海边⑤有三艘鬼子船,十几个鬼子在海边游泳、晒太阳。王顺急忙将此情报送到中山里给钟声。钟声迅速到钟家果园想把情报送出坪山,却

---

① 迭福人。
② 钟声二姐在兄弟姐妹中排行老四,解放后任平海区委书记。
③ 钟栋齐的父亲。
④ 径心坳位于大鹏鸭母脚后山,分为上径心和下径心。下径心比较平缓,但较为危险,上径心异常险陡,较为安全。
⑤ 今地税山海湾培训中心。

遇到张平和郑汉①，便直接把情况告知张平。张平带着部队赶到油草棚，不费一枪一弹就俘虏了这一批鬼子，并缴获了三艘船只上的大量物品包括布匹、药品、饼干、香烟、军鞋。组织大鹏积极分子叶水亮、刘珍、梁锦英、范彩娣将这些物品搬运至果园，房子都堆满了，给钟家留下两罐饼干②，和两条香烟③。

发现日军神秘部队 王顺发现鬼子往迭福增兵。迭福本就有鬼子驻军，但所增部队没有通知驻军，也没有跟原驻军会合，却在迭福海边挖洞住，还自己搞饭吃，这很蹊跷。钟声迅速把情报送出去，之后一连接到三个命令，要求搞清楚这支奇怪的部队的人数、武器配备、番号情况。他跟王顺商量后决定冒险。王顺住下围，离鬼子近，便扮成放牛的，将牛赶下坡，趁追牛时经过鬼子住的山洞，发现鬼子在吃饭，总共有13个洞，每个山洞住3人~4人，都是短枪，没有重武器。钟声把这个情报送出去。这批神秘的鬼子第二天就走了④。

情报员柯彩凤 柯彩凤⑤（1928—1948年），鹏城人，与母亲相依为命，钟声的情报员，被日军发现后拒不说明情报来源而牺牲。组织想再找一个情报员，柯母说，不用找了，她帮女儿完成未完成的工作。解放后，柯母穷苦无人照顾，钟声找到乡长袁基，指责袁基并要求他照顾柯母。

关押国民党县长 位于大鹏王母黄歧塘村的钟家果园是游击队秘密关押俘虏的地方。曾有多批被俘的日本鬼子、汉奸、反动官员被临时关押在此。1949年3月30日，国民党宝安县长、原广东省长陈济棠的儿子陈树英在东莞樟木头被游击队俘获，就秘密关在果园里。当时县府文告称："陈县长树英为清剿流窜散匪，于有日亲赴深圳、惠州，分别访晤梁团长杞、徐团长东来，商讨围剿计划及商借军械补充实力，寝日由惠返县途次，离樟木头口里之六恒，遭匪伏击，下落不明。"敌人想不到"民国大员"陈树英就关押在黄岐塘果园的山洞里，由宝武、宝强兄弟看管。

1948年，东江纵队公开活动，决定撤销情报站，总站站长戴正就钟声去留征求钟声本人的意见。因为大哥钟原交代钟声留在家里照顾家人⑥，所以钟声只能回家，

---

① 郑汉，鹏城人，乌涌侍卫府后人，解放后与钟声同为大鹏法庭审判员。
② 饼干分两种，一种是军官吃的，一种是士兵吃的，罐很大很高，钟家及邻居靠两罐饼干度过了大饥荒。
③ 钟声第一次抽香烟，至今仍有抽烟的习惯。
④ 在袁庚的回忆录中也提到了这个事件。这些部队是日本的731细菌部队。当时出于保密的需要，钟声一直不知道袁庚是东江纵队的情报头头。
⑤ 纪志龙编《历史文化名镇大鹏镇》一书中提及，柯彩凤为卫生员而不是情报员。
⑥ 1946年北撤前，钟原召开家庭会议，决定留下钟声搞地下工作，同时可以照顾家人。

从事地方工作。

四、与钟家有关的红色革命遗址

（一）王桐山书院

王桐山书院又称"天一涵虚"炮楼，始建于清代晚期，炮楼高达五层，四壁设有数十处望窗和"炮眼"。楼屋面四面滴水，套瓦重檐，飞阁流丹。朝东的檐下有"天一涵虚"四个斗大苍劲雄健的欧体楷书。"天一涵虚"是水气氤氲防火的意思。主楼内原有 3 层木板棚，均由粗大的杉木桁架设，可惜早被拆去。整座古楼墙基为花岗岩条石砌筑；墙垣据说用浓灰沙拌糯米饭舂成，非常坚固。除了用于防卫，这栋炮楼还曾是一座私塾，是整个大鹏最古老的教育机构。清朝末年，不少大户人家的小姐甚至会坐着轿子从附近赶来上学，场面十分热闹。民国初年，王桐山钟氏族人将炮楼改名为松山学校，延请从海外归来的大鹏名人、王母圩天德堂商人蓝翼成在此任教，吸引了袁庚、赖仲元、刘黑仔、戴基、蓝造、钟原等人前来听讲，接受革命思想的启蒙。后来，他们都走上了革命的道路。王桐山书院因此成为大鹏革命的摇篮。

（二）钟原故居

1926 年，钟原父亲钟胜从香港回乡建鹏新东路 106 号，钟胜一家迁居新居。钟原（1917—1977 年），原名钟宝斌。出生于大鹏王桐山的一个海员家庭，少年钟原受父亲及老师蓝翼香的影响，立志革命。小学毕业后钟原去香港模范中学读书，毕业后回到大鹏王母圩。1938 年 11 月，钟原加入中国共产党。12 月，中国共产党在大鹏建立了第一个支部，钟原是支部委员。1939 年 5 月成立中共大鹏区委，钟原任书记。1946 年 6 月 30 日，钟原随东江纵队北撤山东烟台，任两广纵队政治委员，南下与粤赣湘边纵队会合解放广东。广东解放后，钟原与邓子恢配合到广西剿灭国民党余部。广西解放后，邓子恢在广西任广西省委书记，钟原任办公室主任，后调任中共中央农村办公室主任。反"右"期间，钟原被打成右派，在"文革"期间，钟原被下放到湖北沙阳农场劳动改造。"文革"结束后，钟原在农业部检疫司当司长。1977 年，钟原在北京逝世，享年 60 岁。

钟原故居位于王桐山钟氏大宅的敦伦房，是钟原和钟声出生、长大的地方。

(三)中共大鹏区委成立旧址

1938年11月,钟原、黄闻、陈培在黄国伟的主持下加入中国共产党,并在钟原家(大鹏王母鹏新东路106号)成立中共大鹏支部,中共在大鹏迅速发展。截至1939年上半年,大鹏半岛的共产党员达40多人,进而成立大鹏区委,成立地点还是选在钟家。1948年,钟声、钟宝强被捕,钟胜变卖该处房产,筹钱救人,该处建筑从此成为李家产业。

(四)钟家果园

钟家果园位于大鹏王母黄歧塘村,是钟胜1926年从香港回乡后置办的,占地面积约50亩,种有108棵荔枝,还有龙眼、沙梨、杨桃、番石榴等果树,一片旱地,一个鱼塘,建有两间瓦房和一座储物仓库。果园背靠打马沥的山谷,去往王母墟、大鹏古城都很方便,也可从后山撤往坝岗坳、径心坳。这里是游击大队的"根据地"。游击队在这里交换情报、安置伤员、集结开会、贮存物资等。张平大队、萧伦[①]大队经常在这个果园集结。钟家果园在文化名人大营救时是文化名人的中转站。1949年3月,果园还关押过国民党县长陈树生。

(五)陈伙楼

陈伙楼是1931年当地大地主陈伙所建,是一座长宽约10余米砖石土木结构的三层楼房,占地约300平方米。抗战期间,陈伙及家人移居香港,楼房空置,国民党部队曾在此驻扎,以前大鹏地区历届地方政府也多在此办公。1944年10月10日,第一个抗日民族政权——路东新一区人民政府在大鹏王母圩陈伙楼成立。区长赖仲元,管辖大鹏地区6个乡。解放后,陈伙楼为公社武装部所在地,钟声在此工作。

(六)民国大鹏邮局旧址

民国大鹏邮局旧址位于王母圩石禾塘东27号,为三层砖石结构,正立面为骑楼。钟原的岳父赖孟伟曾在此担任邮政局局长。赖孟伟是大鹏城抗英名将赖恩爵的第四代孙,早年侨居印度尼亚西,1920年以后返回大鹏,担任大鹏邮政局局长。其

[①] 萧伦,葵涌坝光人,1939年参加惠宝人民抗日游击队,次年加入大鹏联防抗日自卫队,先后任小队长、副中队长。1944年任东纵第二支队江南大队第一中队长,1947年任惠东宝人护乡团第二大队中队长,第一大队副队长。次年任粤赣湘边纵队东江第一支队第一副团长,奉命东上安墩地区进行军事整训大练兵。随后参与指挥沙鱼涌、山子下、红花岭等多次战斗。1948年10月在惠东三家村掩护支队领导撤退时牺牲。

女赖枫①跟随丈夫钟原投身革命。后钟原之子钟惠坡为公社广播站站长,广播站就设在这里。

五、钟家的革命烈士

钟宝文 1920年生,东江纵队护航大队战士。1942年参加广东人民抗日游击队总队,1946年在东涌战斗中牺牲。

黄生如 1921年生,葵涌坝光村人,护乡团三团惠阳大队副官。1940年参加东江抗日游击队,1947年秋在惠阳县横畲战斗中牺牲。

钟笑 (1924—1945年),女,乳名锦笑,大鹏红屋瓦钟屋人。1944年入党,从事抗日宣传,在民运队中担任小组组长,带领小组成员在铁涌乡从事抗日宣传工作。1945年12月,国民党陆如均、赖耀庭两部队进攻惠阳县平海镇月,扫荡周围乡村,捕杀我党成员,钟笑受伤被捕。地主武装头子欧阳驷下令用一根三寸多长的铁钉,对准钟笑的太阳穴狠狠地钉进去。钟笑英勇牺牲②。

钟福金 1921生,大鹏公社鹏一西北村人,护乡团副官。1938年参加惠宝人民惠宝人民抗日游击队,1947年在惠东县平海镇战斗中牺牲。

钟容妹 女,1921生,大鹏鹏城村人,东江纵队炊事员。1944年参加东江纵队,1945年在惠阳县澳头战斗中牺牲。

钟华荣 1921生,葵涌坝岗洞梓人,东江纵队情报站站长。1944年参加东江纵队,1946年在大鹏被新一军围捕牺牲。

钟通 1920年生,葵涌公社洞子村人,东江纵队第六支队中队长。1942年参加广东人民抗日游击总队,1945年在陆丰县战斗中牺牲。

钟宝赞 曾参加延安抗大学习,武汉军区步兵学校校长,作战部长,将军衔,浙江省科委副主任。

---

① 赖枫(1919年10月—2004年3月),辈字玉清。1939年加入中国共产党。1944年2月被派到东莞教书,以掩护特委交通。1945年2月在东江纵队第二支部政治部民运队工作,1946年7月东江纵队北撤后任两广纵队妇女队支委,1949年1月在两广纵队后方家属队担任大队长。1950年10月在中南劳动部任机要秘书,1953年3月在中央劳动部工作,1959年3月后先后在劳动学院、北京经济学院党委组织部任部长,监察委员会副书记等职务,1982年12月离休。
② 深圳市史志办公室编《深圳英烈1900—1950年》有钟锦少烈士的记载与钟笑履历相仿,疑为同一人。附录如下:钟锦少,曾用名钟锦笑,女,籍贯大鹏公社王母上新屋村,党员,1942年参加广东人民抗日游击总队,1944年在陆丰县甲子战斗牺牲。牺牲前在东江纵队护航大队民运队。另近期有惠东县有农林水工作人员吕先生,则称他们一直在维护着钟笑的墓地。

第五章　大鹏半岛革命遗迹调查研究

第一节　导言

大鹏半岛是深圳革命的起源地和根据地之一，其地理位置和历史传统是主要原因，可从以下几个方面进行分析。

一、大鹏半岛是南疆要塞、粤东南海防门户

大鹏半岛地处南海海岸线的中部，是我国华南沿海边防的一个重要门户。中国的海防如果把海岸线比作城墙，大鹏半岛则是城墙外凸出的"警铺"，战略位置极其

图 5-1　大鹏半岛海景

重要。半岛的西海岸是大鹏湾，与九龙、香港隔湾相望。大鹏湾是中国18000千米漫长海岸线上仅有的三个天然深水海湾之一，可停泊15万吨级舰船；南边是三门岛，控制着由南海到台湾、日本的交通线；东北是大亚湾，隔海与稔平半岛相对。大鹏半岛的大鹏所城历史上是我国东南沿海海防军事要塞，其管辖的古代深圳地区四百里海岸线，扼守珠江口左海路，是省会门户。清康熙《新安县志》记载"沿海所城，大鹏为最……缘为此地，最为险僻"。鸦片战争爆发后，这里成了中国海防最前哨，清政府布置重兵，派驻二品大员驻剳，直属广东水师提督管辖，大鹏所城成为大鹏半岛的军事中心。大鹏所城在明清两代抵御西方殖民侵略，保卫海疆的斗争中发挥重要作用，是南疆要塞。明正德十六年（1521年），大鹏所城参与了抗击葡萄牙侵略的屯门海战，明隆庆四年（1570年），大鹏所城在康公子（康寿柏）的领导下完全抵抗倭寇的猛烈进攻，守城四十余天，终于击退了倭寇；清道光十九年（1839年），大鹏所城的赖恩爵将军率领大鹏营水师英勇抗击英国殖民入侵，取得九龙海战的胜利，揭开了中国近代史的序幕。正是有这些光荣的保家卫国的英雄史，成为大鹏人的光荣传统，写进大鹏人的基因，在日寇铁蹄践踏大鹏半岛、践踏华南地区的时候，大鹏人挺身而出，正是指挥九龙海战的赖恩爵将军的五代孙赖仲元，与为抗击倭寇对三门岛实施"叠石塞之"的水贝欧阳氏后人袁庚等40多个大鹏人打响了深圳抗战的第一枪。

二、大鹏半岛重峦叠嶂，地形复杂

大鹏半岛地势险要，它的内陆横卧着三座大山，北边是红花岭、田头山，中部是横头岭、排牙山，南边是水头山、七娘山。山岭之间夹着两块盆地，山上丛林茂密。盆地河流纵横，土地肥沃。河流汇入的海域，物产丰富。半岛中部有深圳第五大山峰排牙山（海拔707米），沿着山脊线可从岭澳经坝光坳、径心坳到横头岭、叠福山，贯穿半岛中部。排牙山北侧是坝岗（今称坝光）地区，在1958年之前与毗邻的小桂合为桂岗乡，属于惠州府归善县碧甲司（今惠阳淡水旧城）管辖。大鹏半岛南部是深圳第二大山峰七娘山（海拔869米），旧称大鹏山，因形似大鹏而得名，有七个山峰，故又称七娘山。山上有半天云、高岭、鸡公崠、马料村、油草棚等村落，均有小径相通连接。七娘山地势险要，易守难攻，明末清初打着反清复明旗号的李万荣在此据险固守十余年，清政府无可奈何，最后采取招安才收服李万荣。革命战争年代，大鹏的革命者对大鹏半岛的地形了然于胸，利用地形的优势打击敌人。

图 5-2　稔平半岛、大鹏半岛与香港的地理位置

三、大鹏半岛是古代深港地区东部的行政中心

清雍正元年（1723年），清政府将明代遗留下来的管理大鹏所城屯田的大鹏守御所千总提升为新安县丞，管辖原属新安县第七都的大鹏湾、大亚湾沿岸包含现在部分香港传统村落在内的近百村庄，大鹏所城成为深港地区东部政治中心。也就是大鹏半岛这种行政管辖的统一性，再加上大鹏半岛独特的、相对封闭的山海地貌，让大鹏半岛在近代革命时期可以形成一个完整的斗争区域、革命根据地，以至最后成为华南地区的革命指挥中枢，发挥了重大作用。

四、大鹏半岛物阜民丰，是区域经济中心

大鹏半岛三山夹两盆的地形形成很多河谷地区，有鹏城河、王母河、西边洋河、三溪河、葵涌河、新大河等，这些河谷地区土地肥沃，人口众多，物产丰富，可以渔猎，可尽珠盐之利，大鹏龙歧湾出产的珍珠是著名的"南珠"。大鹏半岛是著名的产盐区，大鹏叠福盐栅曾经是广东三大盐栅之一，其产盐在宋朝达到顶峰，年产量达15万石。大鹏半岛至今仍有一些村名与盐有关，如盐灶、盐村，大鹏的龙歧盐场直至1989年才关闭，是深圳地区最后关闭的盐场。因为物产丰富，至清代中期已形成大鹏所城西门墟市、王母墟、葵涌墟、新大墟等繁盛之地。大鹏半岛还有四通八达的古驿道连通周边的坪山墟、淡水墟，惠东平海。大鹏半岛是古代深圳东部的经济中心。

五、大鹏半岛人杰地灵，望重新安

大鹏半岛历史上所出的名人有：大鹏所城的李家在明代所出广东广西等处监察御史李维榆、大鹏所城赖氏三代五将、刘氏父子将军、武略将军刘钟；大鹏大坑的武略将军徐勋；大鹏水贝名士欧阳鋑、欧阳礼；王桐山有乾隆39年国子监太学生钟廷耀；葵涌有监生潘奉乾。古代大鹏半岛也形成一些大家族如水贝欧阳氏、葵涌潘氏、王桐山钟氏、王母王氏以及大鹏所城的赖姓、刘姓、李姓、戴姓等。这些家族势力庞大，实际上承担了大鹏半岛的一些公共事务。如水贝欧阳氏为了防倭，出钱出力填塞三门岛海盗聚集的港口；葵涌潘氏修砌葵涌到大鹏的驿道和桥梁。大鹏半岛的乡绅子弟没有因为家世的优越而与革命为敌，反而是他们组织和发动了大鹏半岛的革命力量，其中包括大鹏所城赖姓的赖仲元，戴姓的戴卓民、戴基、戴正中、戴正平、戴跃坤（戴鼎）等，水贝村的袁庚，王桐山钟姓的钟原、钟声，坝光的蓝造、黄业，等等。这些家族大力发展家族教育，家族子弟甚至可以赴广州、惠州求学，较能开风气之先，有胸怀天下的志气，如水贝欧阳氏的袁庚，就读于广州广雅中学，后考入黄埔军校，葵涌潘氏的潘清、坝光的黄闻就读惠州的崇雅中学，等等。这些人后来都成为大鹏半岛革命的中坚力量。其中最有代表性的是王桐山的钟氏。

六、大鹏半岛地处广客潮中心，文化多元

大鹏半岛位于明清时期广州府新安县的最东端，属粤语方言区。排牙山即为广州府与客家地区的惠州府的分水岭，是府界也是县界；与大鹏半岛隔海相望的稔平半岛连接闽海民系的海陆丰人；大鹏半岛上还有一部分"以船为家"的疍家人，大鹏所城内讲"军话"的官兵及后裔，大鹏半岛因此成为广、客、潮民系等多种族群的聚集区。历史上的大鹏文化包容性很强，很多村落广客混居和平共处。如东江纵队由两部分组成：客家话方言区人民和白话的方言区人民。两个方言区大致以广九铁路为界。因为方言的差异性，两支部队难以并肩作战，这时，广客混居的大鹏半岛就成了这两支革命力量建立指挥中枢的良好选择。

七、大鹏是著名的侨乡，涌现了大批爱国华侨

历史上大鹏与香港关系密切，近代大鹏人去香港相对便利，很多人赴港谋生，从事海员这个职业。大鹏人的人脉广泛，甚至有同乡在香港开"船馆"，专门从事海员职介。很多大鹏人随船走遍全世界，一部分人在异国他乡落地生根，成为当地的

华人华侨。1930年在美国的大鹏华侨达到1000人,大鹏成为全国著名的侨乡。当年,这些大鹏人看到世界各国已进入工业时代,社会高度发达,自己的家乡却依然贫穷落后,他们迫切希望改变自己的祖国和家乡的面貌。1938年11月22日,日军攻占大鹏所城。远隔重洋的"侨美大鹏同乡"在短短一个月的时间内,就筹款建成纪念抗日阵亡烈士的方尖碑。

图 5-3　省港大罢工

图 5-4　曹安

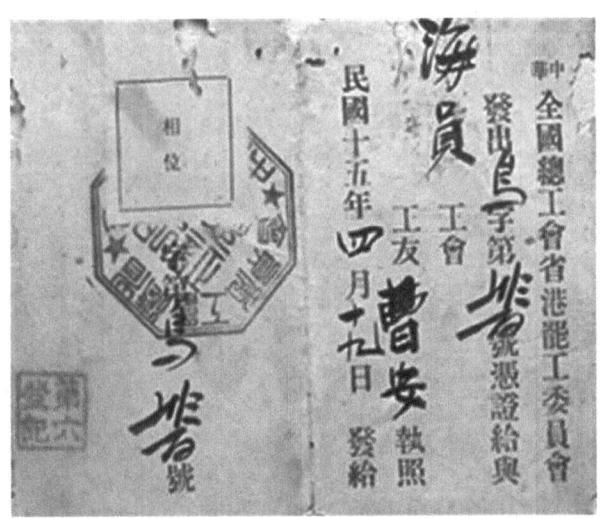

图 5-5　曹安罢工证

综合上述各种因素,大鹏半岛先民民智开化早、拼搏精神强、见识外来文化多、接受新思想容易。进而,在许多方面领全国风气之先,尤其在红色文化、革命精神方面。从省港大罢工时的工人纠察队到周士第铁甲车队血战沙鱼涌,从中国共产党早期的工人领袖戴卓民到扬名全国的抗日英雄刘黑仔,无不与这片土地凝结着千丝万缕的关系。

在当前高速发展的社会环境下,如何保护和利用大鹏新区的红色文化资源,已经成为刻不容缓的重要课题。也正是如此,开展了"大鹏新区红色革命资源调查",以期为日后的保护和利用奠定坚实的基础。

第二节 大鹏半岛红色革命史

大鹏半岛是中国共产党领导的、具有传奇色彩的革命队伍——东江纵队的根据地。

从1938年初,中国共产党领导的"惠青工作团"在大鹏半岛宣传抗战开始,大鹏人民就动员起来,成立各种抗日组织,并且在1938年10月11日下午,日军大规模登陆之前,就对前来勘察探路的日军小分队打响了第一枪。此后,中国共产党立即在大鹏半岛建立了由大鹏精英组成的基层组织,并且迅速发展壮大。不仅隐秘或半公开地掌握了整个大鹏半岛的控制权,还在党组织的安排下,向部队或其他地区输送优秀干部;不仅动员人民群众参加共产党领导的抗日游击队,还帮助盟友农工民主党建立抗日武装,并且协同作战,取得胜利。1938年10月日军入侵华南之后,全国对外的国际邮政通路全部被切断,只有大鹏半岛的沙鱼涌邮局,在抗日武装的掩护下,在不到一年半(1939年10月18日至1941年2月7日)的时间里,利用定期往返于香港—南澳—叠福—沙鱼涌的香港轮船,封发出口国际邮件达450多万件,接收进口国际邮件达30多万件。

自1942年5月因叛徒出卖,导致党组织损失惨重的"粤北事件"之后,新组成的中共广东省临时工作委员会就开始进驻大鹏半岛土洋村,并且扎根在这里,指挥东江地区乃至整个华南人民抗日队伍进行武装斗争、党组织建设和民主政权的建立。直至1945年3月之后,才转移到罗浮山。从华南抗战开始,与人民抗日武装相关的许多重大事件都发生在大鹏半岛,东江纵队在大鹏半岛多次击溃消灭日伪军,解放沙鱼涌、王母、南澳等要地;东江纵队扬名国际的香港大营救东线登陆点在以沙鱼

图 5-6　1938 年 10 月 12 日，日军第一次在大亚湾登陆

涌为代表的大鹏半岛沿岸；东江纵队正式成立和司令部长期驻扎的地点在大鹏半岛；抗日军政大学第七分校（东江纵队军政干部学校）设在大鹏所城东侧的东山寺；东江纵队城市游击战主力港九大队的指挥部曾经设在大鹏半岛；将大鹏湾、大亚湾变成抗日武装内海的海上游击区起源于大鹏半岛；华南抗战标志性转折点"土洋会议"在大鹏半岛召开；东江纵队和大鹏人民在大鹏海域营救美军飞行员，在大鹏半岛为国际反法西斯同盟建立情报网以及相应的协调指挥机构；为了国内和平，东江纵队北撤山东，在大鹏半岛登上美军舰船；为了粉碎宋子文的"二期清剿"，中共领导的江南支队在大鹏半岛取得了"沙鱼涌奔袭战"大捷，拉开了解放战争中广东人民武装进入反攻的序幕；1949 年 10 月 1 日清晨，中国人民解放军粤桂边区纵队教导团和大鹏地方政府 1000 多人在大鹏半岛升起了五星红旗；1950 年 1 月 6 日，人民解放军在大鹏半岛发起解放三门岛战斗，当天就取得了彻底胜利……

在战争年代，大鹏半岛几乎所有的村庄都是游击队的根据地。如岭澳村，1939 年五六月间在此建立中共党支部，是东江纵队情报站、医院和护航大队指挥部所在地，东江纵队司令员曾生同志也曾经长期在此活动。在抗日战争、解放战争、抗美

图 5-7　东江纵队收缴日伪军武器

援朝时期,岭澳村有 29 位村民加入中国共产党,有 49 人参加了东江纵队、粤赣湘边纵队和抗美援朝。1952 年,岭澳村被民政部确认为"红色抗日游击区"。大鹏半岛还涌现出许多或全国著名或默默无闻的英雄人物,在这里难以一一列举。据不完全统计,在抗日战争和解放战争中,有 113 位大鹏儿女为国捐躯。

这片土地是中国共产党经过千百次斗争、艰苦创造的东江抗日游击区里的优秀根据地之一。在抗日战争和解放战争时期,东江纵队在大鹏半岛地区的党组织,领导人民进行了英勇的斗争,为民主革命的胜利做出了积极的贡献。革命先烈在大鹏人民革命斗争史上写下了永不磨灭的历史篇章,传颂着无数动人的故事。革命先烈的足迹踏遍了这里每一座村庄、每一处山水原野。因此,大鹏半岛拥有十分丰富的红色文化资源。

一、大鹏半岛革命的起源

大鹏与香港隔海相望,地缘接近。从许多年前开始,大鹏湾就天天都有蒸汽轮船在大鹏南澳、叠福、沙鱼涌和香港大埔之间往返。当时买一张叠福到大埔的船票只要 1 元港币。

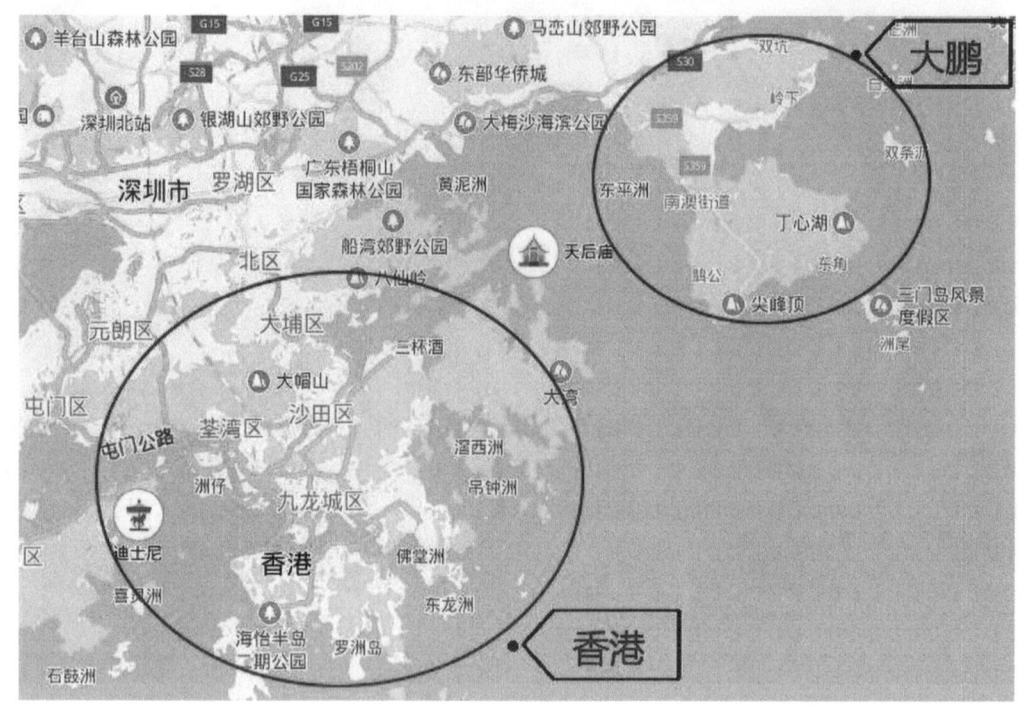

图 5-8 香港与大鹏

因为大鹏半岛山地起伏，耕田少，难以养命糊口，所以大批大鹏人选择到香港谋生，做海员是最好的出路。海员虽然工作辛苦，但是待遇相当可观。现在大鹏半岛很多看起来气派的老房子基本都是出过海员的家庭建造的。海员收入不菲，可见一斑。

海员跟船走世界，到访过著名的港口，目睹了西方文明的繁荣昌盛，让他们倍感祖国的落后。强烈的参照和落差也让革命的愿望像一粒种子埋在了他们心田。

大鹏半岛的革命骨干，大多有海员背景，如袁庚的父亲欧阳亨、大鹏第一任区委书记钟原的父亲钟胜等。20 世纪 20 年代初期，不少大鹏青年都是通过葵涌坝光盐灶村的周澄宇在香港开设的具有同乡会馆性质的"船馆"进入了各大轮船公司。之后，这些大鹏籍海员顺理成章地加入了香港海员工会。

1922 年，香港海员大罢工爆发。赖生、戴卓民、蓝水、周志坤、陈维新、罗洪璋、潘硕良等大鹏人踊跃参加，有的还成为罢工运动领导。

1925 年，赖生、戴卓民、钟胜、曹安等大鹏人以香港海员工会会员的身份参加、组织省港大罢工。其中，赖生为第四届香港海员工会执行委员会常务委员；戴卓民任中华全国总工会执委、驻广州办公室负责人，后被港英政府逮捕并处监禁六个月；

钟胜在香港皇家轮船公司组织罢工,后被辞退并"永不录用"。

两年以后轰轰烈烈的大革命失败了,广东省的党组织被破坏殆尽,大鹏党员的活动也蛰伏了下来。直到1936年,中共成立广州市委和南方临时工作委员会,党组织才开始恢复。

1938年4月,中共召开广东省党代表会议,撤销南方临时工作委员会,改组广州市委,成立中共广东省委;张文彬任省委常委、军事委员会和外县工作委员会书记,统一加强领导全省党的工作;曾生任省委候补委员。中共广东省委后来成立军事委员会,建立和发展党直接领导的抗日武装力量,即后来的东江纵队前身以及惠(阳)、东(莞)、宝(安)、增(城)地区的群众武装组织。

二、华南抗战爆发和中共抗日武装的建立

1938年9月中下旬,日军为了策应正在进行的武汉会战和切断中国的海上对外联系,实现攻取武汉、瓦解抵抗力量、迫使国民政府投降的战略企图,决定发动广州战役。在此之前,日军已侵占了华南沿海附近的蒲台、担杆、围洲、三灶、南澳等海岛,修筑了码头、机场,派出军舰、飞机封锁广东沿海和领空。

9月初,日本南支那派遣军在澎湖马公岛秘密集结飞机100多架、舰艇和木船约500艘,总兵力约7万人,准备登陆华南作战。由于情报失误,当时的国民党军队大多集结在珠江口两岸,大鹏湾和大亚湾兵力相对薄弱。

9月11日(农历八月十七日)晚,日军云集惠阳下涌圩至盐灶背的亚婆角一带。次日凌晨2点,日军动用橡皮艇装载步兵登陆,同时施放烟幕遮掩。当时盐灶背黄姓大族正在宰猪,准备秋祭祖坟,看到日军进村时还以为是中国军队,待看清是日军后,吓得立刻仓皇逃走。日军登陆后,分左翼、右翼和中路三路发动进攻。日军分别在平海、下涌和澳头登陆,中路是日军主攻部队,主登陆地点是从澳头圩以东5千米的马涌至下涌以西桂米涌七八千米长的沙滩上。

在日军的进攻下,大批国民党部队不战而逃。中路日军在下涌登陆后,曾经遭到国民党部队一个连的英勇抵抗,但这一连终究寡不敌众,伤亡惨重又得不到增援,被迫撤退。日军15日占领惠州、增城后,21日占领广州。

日军所到之处烧杀掳掠,罪恶滔天。国难当头,中共领导华南人民奋起抵抗,王作尧、曾生、阮海天等人先后率领部队,拉开了东江抗日的帷幕。由于国际援华战略物资的陆路交通被截断,大鹏湾畔的沙鱼涌海运通道顿成热点。围绕着这个过

去并不起眼的蕞尔之地,大鹏半岛上多方角逐,风云诡谲,上演了一幕幕惊心动魄的史诗大剧。

(一) 人民武装的建立

1938年10月15日,王作尧领导的"东莞抗日模范壮丁队"成立,这是日军入侵广东后,中共在华南建立的第一支人民抗日武装。12月下旬,东莞抗日模范壮丁队及宝安、增城党组织领导的人民自卫队等几支武装,在东莞清溪的苦草洞进行整编,成立了东宝惠边人民抗日游击大队,王作尧任大队长。外界称之为"王作尧部队"。

10月17日,共产党员阮海天带领增城人民抗日自卫队在增城仙村河涌地带击沉日军一艘汽艇,消灭日军10余人。

10月24日,八路军驻香港办事处主任廖承志,根据党中央的指示,委派时任中共香港海员工委书记的曾生和周伯明等带领共产党员、进步工人、青年学生共130余人,从香港经沙鱼涌回到坪山成立中共惠(阳)宝(安)工作委员会。曾生任书记,属东南特委领导,组织人民抗日武装,开展敌后游击战争。

11月下旬,正在"惠宝人民抗日游击总队"筹建期间,占领广州的日军为了巩固占领区和保障海上运输线,对广九铁路沿线两侧的抗日力量发起"扫荡"。11月22日,日军占领大鹏所城,杀害了进行抵抗和通知群众撤退的自卫队员、所城警察数人。

23日,日军向坪山、龙岗一带发动进攻。由于缺乏战斗经验、装备匮乏,曾生领导的这支包括黄业等大鹏子弟在内的队伍又刚刚成立,面对日军的进攻,只得跟随国民党温淑海的部队向坪山碧岭方向撤退。但他们没有料到,温部听到日军来了,跑得飞快,把曾生的队伍远远甩在后面。温部不仅不抵抗,甚至在日军停止追击的情况下,越过三洲田,逃进英管沙头角区域。曾生的队伍不得不断后,抵抗日军追击,随后迅速退出战斗,撤到盐田。

当晚,曾生与周伯明、刘宣等在盐田的一间学校里做出决定:武装人员留下来在三洲田隐蔽待命,由周伯明指挥;其他非武装人员由曾生带领,暂回香港,请示上级后再做打算。曾生返港后,立即向廖承志汇报情况。廖承志向他口头转达了党中央关于在东江、海陆丰等地建立抗日根据地,利用国民党政府的命令组织自卫队,发动人民建立抗日武装的指示。

日军在大亚湾登陆后,广东的国民政府党政军机构纷纷向北、向西迁移,军队大部分撤到粤北。来不及撤退的1万余人，滞留在广九铁路沿线的东莞、宝安。

回到广东的叶挺看到这种情况，认为收编整顿这些流散的国民党士兵及地方团队，可以组成一支重要的抗日力量。于是，叶挺在深圳期间亲自主持了收编工作。他带领四个随从到龙华会见地方团体头目，又带一个警卫班到乌石岩巡视溃散的国民党官兵，要求他们接受收编、参加抗战。

遵照叶挺的意见，曾生去收容滞留在沙头角的国民党溃兵。他想起在坪山时认识的温部三营营长麻玉标。此人富有爱国心，抗日热情很高。于是，曾生陪叶挺去找麻玉标，向他介绍华南抗日形势，勉励他积极抗战，希望他和"惠青"工作团一起回去，收编滞留在沙头角的国民党士兵，带回东江敌后去打游击。麻玉标当即表示愿意服从指挥，协助收编流散的国民党士兵。

曾生便按照上级的意见与叶挺将军的指示，带领"惠青"工作团近50人重返沙头角，和周伯明带领的武装人员会合，积极协助麻玉标收容了1000多溃散士兵。

11月29日，"惠青"工作团100多人和麻玉标收容的1000多名士兵，从沙头角出发，经过沙鱼涌时，在沙鱼涌人民的热情迎送下，到达了叶挺的家乡惠阳淡水周田村。淡水区的党组织早早做好了迎接部队的准备，组织群众欢迎，安顿住处，还处决了几个汉奸和维持会长。

图 5-9　育英楼

但是没过多久，麻玉标又把1000多名国民党士兵带了回去。1938年12月2日，曾生按照廖承志的部署，以"惠青"工作团为核心，组成100多人的队伍，在淡水周田村育英楼宣布成立惠宝人民抗日游击总队，由曾生任总队长、周伯明任政委、郑晋任副总队长兼参谋长。1939年初，这支包括大鹏子弟在内的队伍发展到200多人，外界惯称"曾生部队"。

1938年11月，叶挺在宝安设立游击指挥部，担任东江游击副总指挥，负责统管东江一带抗日武装，还和张文彬、廖承志等广东省委负责人一起，研究讨论广东人民抗日武装斗争的问题，并参与决策。

12月24日，张文彬、廖承志和叶挺3人共同署名致电中共中央，详细报告了当时广东各地抗日武装部队组成及活动情况。

叶挺在宝安的活动被蒋介石发现，1938年12月底叶挺被迫离开宝安，前往重庆。临行前，他将自己的白金钱唛手枪和两匹白马，托警卫营蔡国梁转送曾生，指示警卫营加入曾生部队。

叶挺离开宝安后，中共东南特委组织部长吴有恒前去指挥部进行善后工作。吴有恒率蔡国梁等30多人转往坪山，成为曾生部队的主力中队。在指挥部政治部工作的王鲁明、何鼎华、祁烽等人则转移到东莞清溪的苦草洞集训，编入王作尧部队。

之后，根据党中央和省委指示精神，经过一系列的斗争和统战工作，最终与国民党当局商定，曾生"惠宝人民抗日游击总队"改番号为"国民革命军第四战区第三纵队新编大队"（以下简称"新编大队"或"曾部"），王作尧"东宝惠边人民抗日游击大队"改番号为"国民革命军第四战区第四纵队直辖第二大队"（以下简称"第二大队"或"王部"）。

在党的领导和东江人民群众的支持下，这两支部队积极打击日军，在淡水镇建立了东江地区第一个抗日民主政权，并从日军手里收复了广东第一座县城——宝安南头。特别是夺回葵涌、沙鱼涌，恢复了内地与香港、南洋的重要交通线，保护了商旅安全，得到社会各界的拥护和支持。侨胞不仅从精神、财力、物力上支持抗日，甚至送儿女回来参加游击队。

曾生部队和王作尧部队的经费，基本依靠港澳同胞和海外侨胞的支持。

从1939年秋天开始，黄业等大鹏人参加的新编大队在葵涌、盐田、沙头角、横岗一带大打游击战，与日军大小作战30余次。

1939年9月，日军再度派出500多人登陆大亚湾。国民党罗坤部队望风而逃。日军顺利占领葵涌、沙鱼涌，封锁大亚湾、大鹏湾海面，切断内地与港澳、南洋的国际通道。在日军登陆过程中，袁庚等人带领抗日武装发动袭扰，打退了小股登陆日军。

第4战区游击指挥所主任香翰屏命令新编大队收复葵涌、沙鱼涌，并指定国民党的张英大队和罗坤支队各派一个连由新编大队指挥，但张英、罗坤未派一兵一卒。9月12日，新编大队副大队长周伯明率队夜袭日军，收复葵涌、沙鱼涌，缴获弹药、器材、药品、军用地图等一批。

15日，驻沙头角日军100多人再次占领葵涌，并向坪山地区进攻。新编大队在抗日自卫队配合下，在马峦头、溪涌一带进行伏击，日军退回沙头角。接着，新编大队又深入敌巢，夜袭沙头角附近的沙井头日军据点，击毙、击伤日军数人。12月，日军在东莞两渡河打垮了国民党一个团后返回深圳，被新编大队在横岗以北石岗圩附近的鸡心石伏击，毙伤30余人及一些战马。

经过反复争夺，从1939年春到1940年3月间，葵涌、沙鱼涌一带基本处于新编大队控制之下。

抗战期间，通过沙鱼涌从香港运回大批的药品和军需物资，包括海外华人华侨的捐赠。各方情报人员在沙鱼涌往来香港，陈维新、彭东海等都做出了特殊贡献。

第4战区和游击指挥所传令嘉奖，赞誉"新编大队最能执行命令，最能打击敌人，最能得到准确情报，最能在军风军纪上起到模范作用……"

（二）国民党掀起反共高潮

1938年10月，日军占领广州、武汉后，暂停对国民党的战略进攻，将军事打击为主、政治诱降为辅的策略，改为政治诱降为主、军事打击为辅的策略。在日军诱降、英美劝降之下，国民党走上消极抗日、积极反共反人民的道路。

1939年1月，国民党召开五届五中全会，制定了"溶共、防共、限共、反共"的反动方针，在各地制造了一系列反共事件，并发展为大规模的武装进攻，掀起了抗战期间第一次反共高潮。

在东江地区，新编大队和第二大队虽然先后在1939年四五月取得合法番号，对外一直未公开是中共领导的部队，而是以爱国青年和华侨、港澳同胞自发组织的群众抗日武装的面目出现，但是，部队的本质很容易显现出来。

因为这支部队在真正同敌人作战,真正爱护群众,坚决反对囤积走私,真正实现官兵平等,没有一个军官贪污腐化……这和国民党军队以及那些挂名抗日、实际占地为王的杂牌部队和土匪截然不同。明眼人一看就知道这是共产党领导的人民抗日武装。

广东的地方实力派余汉谋也不容许在其势力范围内有共产党领导的武装力量存在和发展。因此,国民党对这两支部队始终包藏祸心,处处限制,伺机消灭。

1940年,国民党顽固派掀起的第一次反共高潮波及东江地区。广东国民党当局迫害东江华侨回乡服务团等进步救亡团体的同时,频频制造摩擦,进攻中共抗日武装。2月初,香翰屏发出"命令",要求新编大队和第二大队到惠州"集训",企图包围缴械聚歼。

曾生、王作尧识破了香翰屏的诡计,按兵不动,反复申明不能前往集训的理由。香翰屏气急败坏,又以"军令如山,不可违抗"相威胁。形势十分严峻,一场内战迫在眉睫。为了进一步摸清香翰屏的意图,并试探有无一线希望避免内战,新编大队于3月5日派副大队长周伯明去惠州与第4战区游击指挥所参谋长杨幼敏见了面。经过一场唇枪舌剑的交锋,"谈判"毫无结果。最后,周伯明提出察看"集训"地点,结果发现"集训"地点位于惠州西湖一座小岛。四面湖水茫茫,只有一条小道连接岸边。一旦火力封锁,部队插翅难飞。周伯明立即脱身回来报告情况。香翰屏一看诡计彻底破产,便纠集优势兵力,准备实行军事围攻。

至1940年2月底,东江地区的反共逆流日益加剧。香翰屏从粤北调来了国民党186师,还纠集了保安第6团、东江地区的保8团、梁桂平支队、罗坤支队和潮汕的李坤支队等,准备从北面和东面向曾、王两部的驻地坪山和乌石岩等地发动进攻。第4战区游击指挥所担任作战科中校科长兼游击基干大队和政治工作大队大队长的共产党员李一之,和与他一起工作的共产党员张敬人,分别给东江军委送来国民党顽固派加紧进攻坪山、乌石岩的确切情报。

3月1日,东江军委和新编大队、第二大队的领导人梁广、梁鸿钧、曾生、王作尧、何与成等,在惠阳坪山竹园村召开紧急会议,再次研究如何应对国民党顽固派的军事围攻问题。决定新编大队和第二大队东移海陆丰地区。李振亚、邬强分别担任东江军委正副参谋长。

坪山竹园会议后,新编大队改编为3个战斗中队,以及侦察队、干部队、政工队、医务所、修械所等。全大队500多人,留下70多名伤病员和非战斗人员交由地方党组织隐蔽。第二大队则下辖第1、第3两个中队，全大队共180余人。两支队伍均有少数干部留在地方工作。一部分公开身份的党员调到外地工作：中共惠阳县委调任蓝造为多祝中心区委书记，调张平往坪山区工作，调王柏往高潭负责妇女工作。

大鹏党组织也转入隐蔽的地下活动，中共大鹏区委书记由陈培担任。

（三）惨烈的东移

1940年3月初，屯兵新编大队与第二大队驻地坪山和乌石岩北面与东面的国民党186师凌育旺团、保安第8团两个营，及汕头、东江两地的顽固派武装共3000余人，发动军事进攻。惠阳、博罗等地反动武装也加以配合，向坪山进逼。3月7日，顽军已从龙岗、坑梓、淡水三个方向，逐步形成对曾生部队的包围。

3月8日晚，正当新编大队与民众在坪山圩举行"三八"妇女节纪念大会的时候，顽军已朝新编大队驻地扑来，其便衣队已接近坪山。与此同时，第二大队驻地乌石岩的周围，顽军也部署了大批兵力，将保安第8团的两个营进驻梅塘，袁华照支队进驻观澜，形成对第二大队的包围。

面对顽军来势汹汹的进攻，曾、王两部决定按照原来部署开始东移行动。3月9日晚，新编大队由梁广、梁鸿钧、曾生等率领，乘着夜色掩护，顺利地跳出顽军包围圈，经石井、田头山向东转移。

3月11日晚，第二大队在王作尧、何与成的率领下，从乌石岩出发，连续两晚夜行军，在观澜圩一侧穿过顽军的封锁线，向淡水方向转移。国民党顽军发现新编大队与第二大队向东突围后，立即调动兵力，前堵后追。曾、王两部被迫接战，进行自卫抵抗。由于敌众我寡，实力悬殊，部队被动挨打，连连受挫。

3月13日，当新编大队东进至惠阳吉隆圩以北平政乡桥岭时，又遭到了顽军的截击。经过一番激战，天黑后才摆脱顽军，部队遭受了重大损失。由于一连几天爬山越岭、艰苦行军作战，部队相当疲劳，严重减员。18日，新编大队到达惠阳、海丰两县交界的高潭，拟作短暂休整，但国民党186师很快跟踪而至。22日，新编大队撤离高潭，被迫与敌接战，结果再次遭受很大损失。

此后，新编大队一直难以摆脱被动挨打的局面，该大队所属的第三中队，在敌人围攻中因警戒疏忽，被顽军偷袭，30多人被俘。

接着，大队部又遭顽军进攻，经过第一中队、干部队、政工队等奋起顽强抗击后才甩开顽军，得以脱险转移。26日，抵陆丰境内的碣石溪附近山中隐蔽。

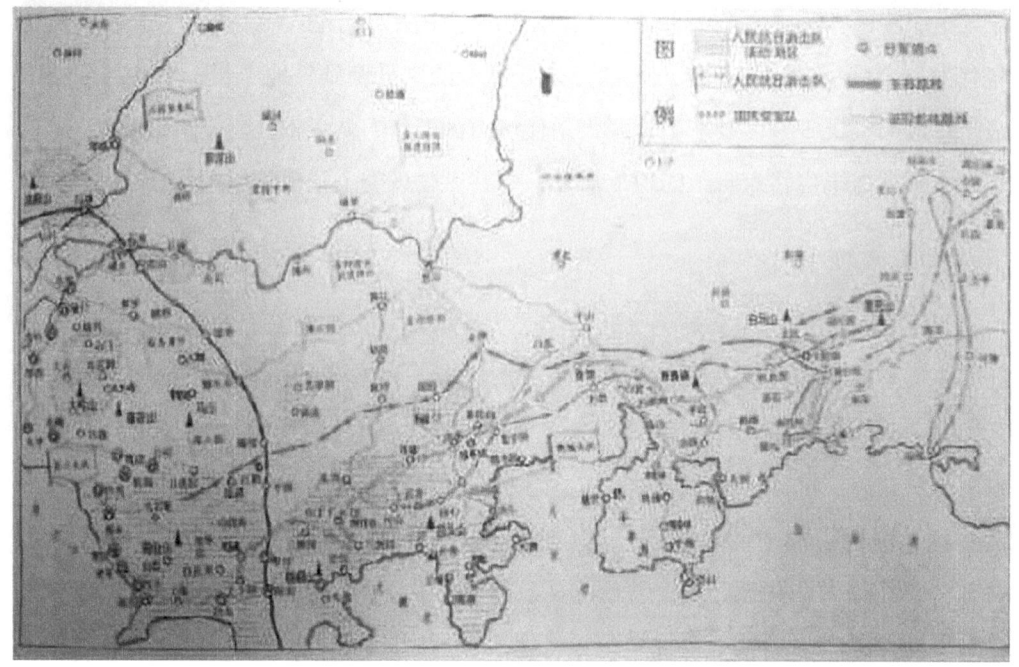

图 5-10　新编大队与第二大队东移路线图

新编大队第一中队在转移五子嶂的途中，遭遇顽军凌育旺团，中队长叶清华牺牲，政治指导员、大鹏人黄业负伤，部队被冲散，伤亡很大，人员锐减，处境困难。

部队不得不将女战士和非战斗人员暂时疏散，并将部队整编为 1 个长枪队、1 个短枪队和政工队，分散活动。新编大队仅剩下 100 多人。

第二大队从乌石岩突围后，沿途也遭到顽军的围追堵截，损失十分严重。他们在到达白花附近的李洞村时，遭到顽军的包围袭击，经过激烈战斗，才得以摆脱。为了能与新编大队会合，第二大队翻山越岭，一路东进，至 3 月底抵达布仔洞附近。后在向莲花山移动途中又与顽军凌育旺团一部遭遇，部队打退顽军，并与东江军委和新编大队取得了联系。

4 月上旬，第二大队在莲花山再次受到顽军凌育旺团的包围，部队遭受损失，但指战员仍然顽强地坚持战斗。

顽军见硬攻难以奏效，又采用了政治欺骗的伎俩，派代表约第二大队负责人谈判。第二大队派何与成、卢仲夫等与顽军谈判，希望能达成共识，停止内战、一致抗日。然而，顽军背信弃义，竟在黄沙坑扣押了何与成、卢仲夫等第一中队干部战士 40 余人，并将何与成等 6 名干部押解至惠州杀害，史称"黄沙坑事件"。

经此受挫后，第二大队元气大伤。为保存力量，部队将余下人员进行整编，非战斗人员移至骆坑、鹅埠、鲘门的海边渔村分散隐蔽,武装人员 30 多人则分为 4 个班,开到骆坑东面的山洞隐蔽,伺机开展活动。

国民党顽军为了彻底消灭曾、王部队,于四五月间还调动了 1000 多兵力继续在海丰、陆丰、惠阳东部山区和沿海地区侦查搜索。但曾、王两部在中共海陆丰工委领导的地方党组织和广大群众的掩护下,分散活动,使顽军一无所获。

至 5 月中旬,国民党第四战区游击指挥所为炫耀其"会剿"成绩,宣布"曾、王两部均被歼灭",然后陆续撤兵。历时两个多月的围攻曾、王部队的军事行动暂告一段落。

曾、王两部东移行动,是由于缺乏斗争经验所致。当时,部队对在日占区的后方建立根据地、开展独立自主的游击战争这一战略思想缺乏深刻理解,在国民党顽固派企图围歼人民抗日游击队的情况下,认为国共已经分裂,部队东移海陆丰便可以保存革命力量,因而将部队拉到国民党的后方去。这样,既离开了抗日战场,又钻进了顽固派的势力范围,却没有想方设法留在东、宝、惠敌后地区,坚持在日军以及国民党顽固派之间,利用他们的矛盾进行周旋,在斗争中发展自己、壮大自己。

正是由于对形势估计和决策的错误,部队在东移过程中,沿途遭顽军围追堵截,军事上完全陷于被动挨打;且由于连续行军作战,指战员疲惫不堪,加上弹药缺乏、给养不济,处境极为困难。东移行动的严重损失,是东江人民抗日游击队发展史上的一次沉痛教训!

在此期间,大鹏地区党组织因为组织严密,应对得当,及时安排撤退和转入地下,基本没有遭受损失。

(四)重回惠、东、宝抗战

就在曾、王两部处于生死攸关的时刻,1940 年 6 月初,廖承志从香港转来中共中央书记处 5 月 8 日的电报。电报指出:在目前国民党"当局尚在保持抗日面目,同时进行反共准备投降中,但地方突变随时可能"的局势下,我人民抗日武装"必须大胆坚持在敌后抗日游击战,同时不怕摩擦,才能生存发展"。要求"曾、王两部仍应回到东、宝、惠地区,在日本与国民党之间,在政治上与优良条件下,大胆坚持抗战与不怕打摩擦仗。曾、王两部决不可在我后方停留。不向敌进攻,而向我后方行动的政策,在政治上是绝对错误的,军事上也必失败,国民党会把我们当土匪剿灭,很少有发展可能"。

电报还指出部队去潮、梅的不利因素，以及回防东、宝、惠地区应注意之事项，要求部队做好政治动员，整顿内部，加强团结，在有准备、有胜利把握的条件下，对阻击的顽固势力敢于坚决消灭，并注意与地方党组织取得密切联系，取得他们的帮助，积极开展统战工作等。

遵照党中央指示，曾、王两部领导人立即召开会议，研究部队返回东、宝、惠抗日前线的部署。

7月下旬，部队从大安洞出发，避开顽军和地方反动武装，经热水洞、狗眼地，穿过稔平公路，再经黄塘到达淡水东面的万年坑。8月中旬经山子下村，回到坪山东南面的小三洲。并派人前往大鹏、葵涌等地，与地方党组织恢复联系。9月上旬，部队越过广九铁路，回到宝安布吉乡的雪竹径、杨尾、上下坪一带隐蔽休整。

至此，曾、王两部终于渡过了险关。部队只保存了108人，但这批人经历了严峻的考验和锻炼，成为东江人民抗日武装的坚强骨干。

8月成立的中共前线东江特别委员会（简称"前东特委"），将原东南特委属下的惠阳、东莞、宝安、海丰、陆丰、增城、龙门、博罗等县的党组织，划归前东特委领导，由尹林平担任前东特委书记兼曾、王两部政治委员。9月中旬，前东特委在上下坪村召开了干部会议（史称"上下坪会议"）。

会议总结了部队东移海陆丰的经验教训，对东江地区的抗日武装斗争发展形势进行了分析。会议认为日军占领广州、武汉后，其战略意图是巩固占领区和打击中共领导的抗日军队为主，但其重点在华北，这对发展华南抗日游击战争是有利的。我军必须抓住有利时机，开展敌后游击战争。会议确定：

第一，坚持在惠、东、宝敌后继续开展独立自主的游击战争，放手发动群众，组织群众，迅速扩大人民武装，建立抗日根据地，成立抗日民主政权的基本方针。

第二，坚持抗日民族统一战线，对国民党顽固派实行又联合又斗争、以斗争求团结的政策；坚持"发展进步势力，争取中间势力，孤立顽固势力"的策略总方针；对顽固派的军事进攻，坚持"人不犯我，我不犯人；人若犯我，我必犯人"的自卫原则，不怕打摩擦仗，敢于击破国民党顽固派的军事进攻。

第三，根据独立自主的原则和形势发生的变化，决定把曾、王两部原来的"第四战区第三纵队新编大队"和"第四战区第四纵队直辖第二大队"番号，改为广东人民抗日游击队。在组织上完全摆脱与国民党当局的关系，不受国民党的任何限制和约束，独立自主地解决经济供给，扩大部队，开展敌后游击战争，建立抗日根据地，使广东抗日游击队更加旗帜鲜明地以人民军队的面目出现在人民群众面前。

第四,部队整编为两个大队,即广东人民抗日游击队第三大队和第五大队,前东特委书记尹林平兼任两个大队的政治委员,梁鸿钧负责军事指挥。

第三大队大队长曾生,副大队长邬强,政训员卢伟良,下辖两个中队、一个短枪队。第五大队大队长王作尧,副大队长周伯明,政训员蔡国梁。

第三大队挺进东莞大岭山地区,第五大队则在宝安阳台山地区和广九铁路两侧活动。领导中心设在东莞。

从上下坪会议开始,广东人民抗日游击队不仅公开亮出"中国共产党领导的人民武装"的旗帜,并建起电台,直接受延安党中央、中共南方局、广东省委的指示;在部队内部,不仅"支部建在连上",每个中队甚至小队都建立起党支部。与此同时,还形成了"连有政治指导员、排有政治服务员、班有政治班长或政治战士"的组织体制。部队不仅完全实现了"党指挥枪"的原则,而且保障了部队在孤悬敌后、物资匮乏的情况下,政治绝对坚定(几乎没有出现叛徒),战斗意志顽强,队伍不断壮大,从胜利走向胜利。

东江纵队大的战果都是在此之后取得的。这样的东江纵队,向全世界正式宣告

图 5-11　惠宝边地区略图

自己是中国共产党领导的人民武装,这不仅标志着中国共产党在华南地区强大的军事存在,也使华南地区真正成为中共领导的华北、华中、华南三大敌后抗日战场之一,成为国际反法西斯阵线的重要组成部分。东江纵队在华南敌后战场的四面出击,犹如一把又一把钢刀,直插日、伪、顽军的要害。

上下坪会议之后,大鹏的革命力量也和东江地区其他抗日游击根据地一样,迅速恢复起来。在党组织的领导下,和整个东江地区一样,大鹏不仅重新燃起抗战的烈火,还彻底抛弃了对国民党顽固派的幻想,坚定了毛主席指示的"人不犯我,我不犯人;人若犯我,我必犯人"方针,放弃国民政府的空头番号,以部队自身的利益至上,敢于与国民党进行坚决的斗争。

(五)大鹏党组织在行动

1940年底,赖仲元返回大鹏,接任大鹏区委书记。陈培任区委委员。这时,广东人民抗日游击队已经重返惠、东、宝抗日前线,开始建立抗日根据地。大鹏地区的党组织有了新的发展,拥有党员近50人。其中,土洋支部党员9人,书记李惠群;王母圩支部党员7人,书记王舒;鹏城支部党员8人,书记郭平;岭澳岭下支部党员8人,书记李汉兴;坝岗支部党员15人,书记陈培(兼)。大部分支部都有自己的武装。土洋支部有枪10多支,鹏城支部也有几支,经常袭击当地日伪军,配合部队锄奸、作战。

1939年之后,日军多次在大亚湾、大鹏湾登陆。每次登陆之后,日军都不时地对大鹏进行大屠杀、大烧毁。

为了打击日伪政权的嚣张气焰,中共大鹏区委决定采取锄奸行动,震慑敌人。随后逮捕了三个大汉奸——王国栋、李国珍、李公业。经中共大鹏区委审问后,将他们立即枪决。

1941年春,上级党组织调赖仲元往惠阳白芒花区工作,派何清接任区委书记。当时,区委主要任务为组织党员配合武装部队开展活动,为部队提供情报,动员青年参军,等等。区委宣传委员王舒、组织委员郭平、妇女委员萧燊妍、区委委员陈培等经常流动,先后驻过下沙、较场尾和坝光等地。

（六）文化名人大营救

1. 文化名人在港的抗日救亡活动

1941年1月，国民党顽固派制造了"皖南事变"，第二次反共高潮波及全国，对茅盾、邹韬奋等文化界知名人士和爱国民主人士的迫害进一步加剧。在中共中央、周恩来的关怀和安排下，1941年1月至5月，他们从桂林、重庆、昆明、上海等地安全撤到香港。中共中央、周恩来指示八路军驻香港办事处负责人廖承志，做好团结这些文化界知名人士和爱国民主人士的工作，帮助他们解决各方面的困难，大力支持他们开展抗日救国活动。中共中央南方局、周恩来还派张友渔、范长江、夏衍、胡绳等一批党内文化骨干来到香港，协助廖承志工作。

1941年5月，廖承志遵照中共中央南方局、周恩来的指示，成立了中共香港文化工作委员会，由廖承志、夏衍、潘汉年、胡绳、张友渔5人组成，下设文艺、学术、新闻3个小组。

何香凝、柳亚子、茅盾、邹韬奋、夏衍等知名人士抵港不久，分别署名发表通电，谴责国民党顽固派投降妥协、积极反共以及派军队围攻解放区的罪行。他们努力促成民主党派联合组成"中国民主同盟"，并发表宣言，拥护中国共产党"坚持抗

图5-12　邹韬奋从其主编的《大众生活》

战,反对投降;坚持团结,反对分裂;坚持进步,反对倒退"的政治主张。

他们创办了各种抗日报刊,成立了国际新闻局、通讯社。如宋庆龄主办的《保卫中国大同盟》、邹韬奋主编的《大众生活》、胡仲持任总编辑的《华商报》、中国民主同盟的机关报《光明报》、救国会同人创办的《救国月刊》、茅盾主编的《笔谈》等。他们在这些报刊发表小说和文章,揭露和抨击国民党消极抗战、专制独裁的黑暗,呼吁团结、抗战、民主,讴歌中华民族的抗战精神。夏衍、于伶、金山等还组织戏剧人士成立"旅港剧人协会",先后演出揭露国民党腐败丑恶的《雾重庆》、宣传国际反法西斯斗争的《希特拉的杰作》等话剧,使香港的抗战文化盛极一时。

2. 组织大营救

爱国民主人士和文化界知名人士的抗日主张、进步言论引起了日军的极端仇视,也为国民党顽固派所忌恨。中共中央和南方局在获悉日军即将进攻香港的情报之后,非常关心被困在香港的爱国民主人士和文化界知名人士的安全。

1941年12月7日,中共中央南方局、周恩来急电廖承志要随时做好应变准备;8日,中共中央急电周恩来、廖承志,要想方设法保护这批爱国民主人士和文化界人士撤离港九到东江游击区;9日,明确指示,除去广州湾、东江,马来西亚亦可去一些,如去琼崖与东江游击区则更好。到游击区人员即转入内地,可先到桂林。接着,周恩来又急电询问:在香港文化界朋友如何处置?住九龙的朋友已否撤出?与曾生部及海南岛能否联系?

廖承志在接到南方局、周恩来7日的急电后,立即布置应变工作。1941年12月8日,正当日军进攻九龙的上午,廖承志召集了文化界和新闻界人士的紧急会议,分析了形势,认为英军不可能长期坚守,必须立即把住在九龙的爱国民主人士和文化界知名人士转移到香港隐蔽起来,等待下一步布置撤退。在日军进攻香港前夕,中共南方工作委员会正在香港开会。南方工委副书记张文彬、粤南省委书记梁广、广东人民抗日游击队政治委员尹林平等出席会议。南方局派到香港工作的李少石、潘汉年、刘少文也在香港。廖承志、张文彬接到中共中央、周恩来的指示后,立即进行传达,研究部署营救工作。与会干部一致认为中共中央、南方局把营救爱国民主人士和文化界知名人士的任务交给广东党组织和广东人民抗日游击队。由于日军已获悉香港有一批文化界知名人士和爱国民主人士,必将大规模搜捕。因此,时间非常紧迫。必须乘日军刚侵占香港,对情况不了解,以及粮食燃料供应困难,要疏散大批居民返回内地的最好时机,以最快速度,抢在日军下手之前,进行营救。为此，会议做了周密的部署：首先，设法与滞留在香港的文化界知名人士和爱国民主人士取得联系，帮助他们迅速转移住地，秘密护送他们到东江抗日根据地，然后护送到大后方。香港地区的联系转移工作，由刘少文负责，尹林平负责布置从九龙撤退到东江抗日根据地，再到惠州，并从惠州到老隆的安全护送工作。廖承志、连贯迅速经东江抗日根据地到老隆和韶关，布置国民党统治地区的掩护和交通线。从老隆至韶关由中共后东特委负责。到达韶关后，则由南方工委和粤北省委安排。

12月8日下午，廖承志在香港告罗士打大酒店分批会见民主党派负责人和文化界知名人士，征求了大家对撤退方案的意见，决定了撤退时各小组的负责人、联系地点，并分发了隐蔽和撤退时的必需经费。

12月8日，日军开始进攻九龙。9日，第五大队即派曾鸿文带得力助手钟清紧跟日军之后插入新界元朗地区，很快组织起一支40多人的队伍。接着，周伯明率领短枪队进入大埔以北、广九铁路西侧，配合曾鸿文开展活动，随后组成一支武工队。11日，第三大队派出三支武工队到达吉澳岛。由刘培、江水率领的茜坑、马鞍山自卫队进入西贡的赤径、企岭下、深涌一带。随后，自卫队由江水带领10多人的小分队留在西贡半岛，其余人员随刘培回葵涌组成海上护航队。

同时，曾生从第三大队第一中队抽调20人组成一支小分队，并从惠阳短枪队等单位抽调刘黑仔等10多人，也进入西贡半岛。

这三支队伍共50多人合并成一支武工队，由黄冠芳任队长，在西贡地区及启德机场附近活动，一直伸展到九龙市区边缘的狮子山、慈云山、牛池湾一带。至此，广东人民抗日游击队进入九龙新界地区的队伍已近100人。

初期，这支队伍以"港九人民抗日游击队"的名义开展活动，发动群众，武装群众，在元朗、沙田等地组织了两支抗日自卫队和一支农民常备队，在西贡地区的乌蛟腾村、三亚村，大埔区的罗洞、船湾、九龙坑一带建立了农民自卫队和新兵训练队。

这些队伍在武工队的带领下，积极参加对日军作战，收集情报，打击匪特、汉奸，成为日后成立港九大队的基本力量。

1942年1月10日，张文彬致电中共中央报告说，"新界游击区已有所发展，外围武装正扩大中"，并提出在新界地区开展游击战的意见。

2月，活动在港九地区的几支抗日武工队统一编为港九大队，由蔡国梁任大队长，陈达明任政治委员，鲁锋任副大队长，黄高阳任政训室主任。

图 5-13 粤港地区营救文化名人交通路线图

与此同时，影响深远的大营救全面展开。

日军占领香港后，封锁香港至九龙的交通，实行宵禁，分区分段、挨家挨户检查，并发布命令，勒令旅港文化界知名人士前往"大日本报导部"或"地方行政部"报到，否则"格杀勿论"。日本文化特务禾文田幸助还在香港的一些电影院打出幻灯字幕，点名要蔡楚生、司徒慧敏到半岛酒店"会面"。

在日军严密封锁香港至九龙的情况下，首要问题是打通香港至九龙的交通线，帮助廖承志、张文彬、连贯等撤离港九，否则整个营救计划无法实施。在李健行和廖安祥的努力下，终于打通了香港至九龙的交通线。

营救工作艰巨复杂。香港陷落后，为了避开日军的搜捕，许多爱国民主人士和文化界知名人士一再改变住处，要找到营救对象就不容易。

刘少文和梁广留在香港负责这项工作。他们派出熟悉香港情况的潘静安，根据廖承志提供的名单，通过各种关系将营救对象一一找到，并帮助他们转移到较安全的驻地，摆脱日本特务的跟踪，然后安排他们分批撤退。

九龙方面，在尹林平领导下，由何鼎华、李健行、何启明等建立了秘密接待站，解决食宿问题。然后按照不同的对象，安排他们前往东江抗日根据地或其他地区。前往东江抗日根据地的，由广东人民抗日游击队挺进港九地区的武工队负责护送；东线由蔡国梁指挥，黄冠芳、江水的武工队担任护送；西线由曾鸿文指挥，林冲的武工队担任护送。

尹林平在九龙布置好接待和护送工作后，于12月下旬回到宝安阳台山白石龙，召集梁鸿钧、曾生、王作尧和杨康华等开会，传达中共中央、南方局、周恩来的电报指示，研究并做出了如下决定：梁鸿钧负责部队的军事指挥，调集3个中队和1个独立小队在白石龙周围的龙华一带待命并担任外围警戒；曾生在白石龙主持接待工作；王作尧负责从九龙市区至东江抗日根据地的警戒和护送指挥；尹林平到广九铁路以东（简称路东）坪山地区，布置惠阳县、惠阳前线工委建立秘密接待站和护送等。

根据尹林平的部署，整个惠阳县委和惠阳前线工委及各个部队都动员起来了。在惠阳前线工委和短枪队队部所在地的田心村，建立了一个秘密的中心接待站，由短枪队队长高健负责。这个接待站接待由东线直接护送来的和由西线护送到宝安再转送来的人士，然后由惠阳短枪队护送到淡水以西的茶园村。第三大队第一中队和惠阳长枪队担任田心的外围警戒。在茶园，惠阳县委建立了一个秘密接待站，负责把惠阳短枪队送来的人士转送惠州。在惠州，惠阳县委组织部长兼武装部长卢伟如，以"香港业昌公司"大老板的身份，承包了"东湖酒家"的二楼建立了秘密接待站。

3. 展开大营救

1942年元旦，大营救的序幕拉开。首先是廖承志、连贯、乔冠华一行，在沿途检查和布置接待、转送工作。拂晓之前，他们在香港乘上小木艇，在李健行护送下，避开日军的巡逻艇到达九龙。在九龙广东人民抗日游击队后方办事处，廖承志和尹林平、何鼎华等仔细研究了从九龙到东江抗日根据地的路线、警戒和沿途食宿及可能发生的情况。廖承志等决定走东线。1月2日早晨，乔冠华到九龙接待站与李健行接头，护送扮成香客的廖承志等撤出九龙市区，通过启德飞机场附近几个检查岗哨，出了封锁线，到达牛池湾。江水带领8个短枪队员护送。他们翻过九龙坳后，

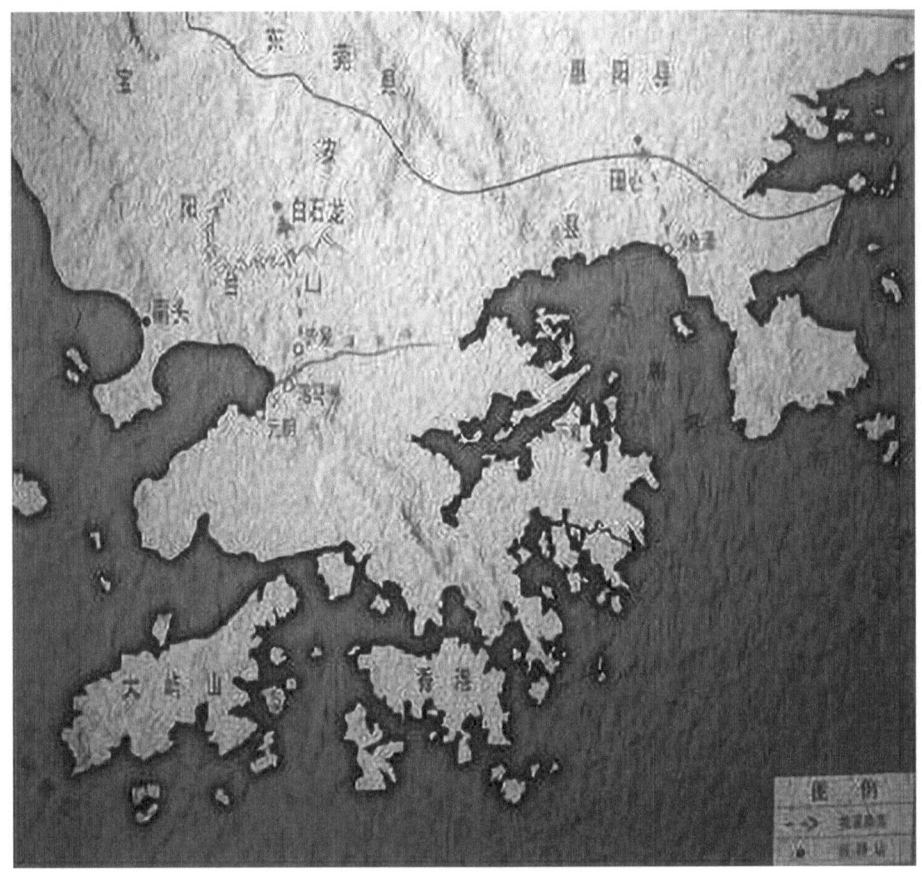

图 5-14 大营救路线图
大鹏半岛是东线，从香港新界坐船到大鹏湾沿岸的沙鱼涌、叠福、油草棚、南澳登陆后，再送往坪山田心接待站

走海边小路经北围、打蚝墩、沙角尾、山寮直到大环村。蔡国梁在这里接待了廖承志等人。天黑以后，廖承志等一行在蔡国梁等护送下，来到企岭下海湾，登上了由刘培领导的海上护航队的武装船。小船悄悄地升帆出海，避开了日军的海上巡逻队，偷渡大鹏湾。3日凌晨3时到达沙鱼涌。然后，由刘培等护送，经过葵涌，到坪山田心交给惠阳短枪队。

为了安全起见，曾生在石桥坑接待了廖承志一行。廖承志一行和随后到达的张文彬，一起研究了在白石龙和田心的接待工作，以及下一站的接待和护送工作。决定派连贯到老隆设立秘密接待站并负责从老隆至韶关的护送任务；派乔冠华到韶关，会同粤北省委在韶关设立秘密接待站并从韶关转送桂林的任务。

1月9日，紧张的营救工作正式开始。午夜，3艘小木艇载着邹韬奋、茅盾等第一批文化界知名人士撤离香港偷渡到九龙，来到秘密接待站，踏上了脱险的旅途。

图 5-15　邹韬奋为曾生题字

1月11日晨，化装成难民的邹韬奋、茅盾一行20多人，由交通员带领来到青山道口，会入源源不断的难民队伍，向北经九华径到荃湾。到荃湾后，他们为避开日军的检查岗哨，离开了难民队伍，向北走小路进入大帽山区。林冲带领的武工队在这里警戒掩护。他们爬过大帽山，穿过峡谷，走进了平坦的元朗十八乡。

曾鸿文的武工队在这里负责警戒、掩护和接待，住宿一夜。12日，接待站给每人发了一张由"白皮红心"的元朗乡长签署的难民回乡证，然后分批上路。经元朗再会入难民队伍，经落马洲顺利通过日军岗哨，渡过深圳河在赤尾上岸。在赤尾住了一夜，次日往北穿越南圳公路，翻过梅林坳，到达宝安阳台山抗日根据地白石龙。

从1942年1月底至2月底是营救工作最紧张的日子，每隔一两天就有一批人从香港偷渡到九龙，每批少的10来人，多的20至30人。多数人走西线到龙华，少数爱国民主人士、容易暴露身份的，或因年老体弱不适宜翻山涉水的，则安排走东线到沙鱼涌、南澳、油草棚、上洞等地，再由武工队护送到大后方。何香凝、柳亚子则乘船经过大鹏湾海域，被直接护送到汕尾。

此外，还有少数文化界知名人士，如夏衍、蔡楚生、司徒慧敏、金山、李少石、廖梦醒、金仲华等，由地下党交通员护送偷渡到长洲岛，再经澳门到大后方。

从1月下旬开始，一批批文化界知名人士和爱国民主人士在广东人民抗日游击队和地方党组织的护送下,越过广九铁路,经过田心、茶园秘密接待站,一站一站地被转送到国民党统治的惠州市。中共惠阳县委为了安全护送爱国民主人士和文化界知名人士,通过打入国民党税局的中共党员,用高价为他们购买到证件和走私船票,从而护送他们安全到达老隆。再通过中共后东特委的统战关系,利用国民党的走私汽车,护送到韶关,转往大后方。

在各方面的共同努力下,经过前后6个多月的紧张工作,克服重重困难,中共广东组织和广东人民抗日游击队胜利地从港九地区营救了文化界知名人士和爱国民主人士300余名及其他人士共800余名脱险,并护送到达大后方。他们中有:何香凝、柳亚子、茅盾、邹韬奋、胡绳、夏衍、戈宝权、张友渔、黎澍、沈志远、刘清扬、胡仲持、胡风、千家驹、萨空了、廖沫沙、任白戈、宋之的、于毅夫、金仲华、范长江、叶籁士、恽逸群、吴全衡、袁水泊、蔡楚生、司徒慧敏、叶以群、张铁生、韩幽桐、杨刚、吴在东、余伯昕、胡耐秋、特伟、高士其、端木蕻良、杨东莼、王莹、许幸之、胡考、盛家伦、俞颂华、成庆生、叶方、于伶、凤子、舒强、葛一虹、沙蒙、羊枣、丁聪、周钢鸣、叶浅予、章泯、戴英浪、金山、张明养、华嘉、梁若尘、赵树泰、李凤、郁凤、梁漱溟、孔德祉、沈粹缜、殷国秀、胡蝶等。

被广东人民抗日游击队抢救脱险的还有邓文田、邓文钊、陈汝棠、李伯球等爱国民主人士,以及国民党驻香港代表海军少将陈策、国民党第七战区司令长官余汉谋夫人上官德贤女士、南京市长马俊超夫人等数十人。

广东人民抗日游击队指战员在抢救文化界知名人士和爱国民主人士的斗争中,不怕牺牲,排除万难,发扬了高度的负责精神。护送何香凝、柳亚子乘木帆船渡海时,船在航行途中,因无风而漂泊在海面多日,船上的水和粮食都已用完。在此困难之际,海上护航队及时送来了淡水和红薯。后来,何香凝感慨之余写诗一首:"水尽粮空渡海丰,敢将勇气抗时穷;时穷见节吾侪责,即死还留后世风。"

蓝造领导的地方党组织,为做好被营救民主和文化人士的接待工作,亲自到淡水附近的茶园迎接和护送茅盾夫妇、张友渔等前往惠州。

在这次"有史以来最伟大的'抢救'工作"中,大鹏半岛及沙鱼涌的东线是最重要的支撑点之一,大鹏人民做出了重大贡献,立下永不磨灭的功勋。

(七)争夺大鹏湾大亚湾制海权

抗战期间,沙鱼涌、土洋以及整个大鹏半岛的人民,积极配合东江纵队的惠阳大队、护航大队和港九大队海上中队，开展了极具大鹏特色的海上游击战。

日军攻占香港前，曾生部队已在沿海建立了交通运输系统，从香港运送物资和人员，支持游击队作战。香港沦陷后，游击队挺进港九，建立抗日根据地至香港的海上交通，抢救文化界人士和国际友人。曾生派刘培把茜坑、马鞍岭抗日自卫队改编为护航队，负责在大鹏湾海区护送从香港营救出来的人员。护航队成立后，出色地完成了护送任务，廖承志、连贯和乔冠华即由刘培护送在沙鱼涌登岸。同时，从1942年1月中旬至3月下旬，在多次打击海上日伪军同时，刘培部队连续作战把五股海盗赶出大鹏湾。到了年底，刘培部队基本肃清大鹏湾、大亚湾海域的海盗，牢牢控制住大鹏一带的海域。日军占领香港后，把香港作为太平洋战争的重要交通枢纽，开辟了广州至香港经汕头到台湾的海上运输线，从日本运送武器装备到华南和东南亚，又从华南运送掠夺来的战略物资回日本，后来遭到盟军飞机的轰炸。日军在这条运输线上，主要使用排水量数百吨的小型运输船、机帆船和风帆大船，贴近海岸航行。因此，大亚湾—大鹏湾—九龙半岛东部海域—大屿山、内伶仃洋海域成为日军海运必经的航道。

曾生部队为控制大亚湾、大鹏湾一带海域，破坏日军运输线，同时保障海上运输和来往客商，决定将海上独立中队扩建为护航大队，在大鹏半岛以东的大亚湾海域及稔平半岛一带活动；将港九大队海上小队扩建为海上中队，并在大鹏湾内及九龙西贡沿海至担杆岛一带活动。两支海上部队相互配合，相互策应，开展海上游击战。

1943年2月，驻大埔等地的日军炮艇加强了海上巡逻，妄图伺机消灭我海上部队，控制这一带海域。港九大队海上中队4艘武装船（在风帆船上配备大口径平射机枪或重机枪和1个步兵班）出海执行巡逻任务，在坪洲海面与日军两艘炮艇遭遇。由于火力和机动性能悬殊，武装船当即返航靠上坪洲沙滩，部队登陆占领制高点，与日军炮艇展开激战，重伤炮艇1艘，毙伤日军数人。

7月间，护航大队侦悉1艘日海军运输船停泊在大鹏湾里岩角修理机器，遂出动5艘武装船，利用夜幕隐蔽接近敌船。突击队迅速从敌船两舷爬登，向舱室投了两颗"渔炮"（用甘油炸药制成的炸药包），并以短枪猛烈射击，仅几分钟即全歼船上的日军，除毙伤者外，俘虏7人，缴获了全部武器和物资。

日军为了确保其海上运输线的安全，收编了盘踞在红海湾龟灵岛的海盗100多人，成立伪海军1个大队，拥有3艘较大型的武装木帆船"大眼鸡"，停泊在大亚湾马鞭岛附近海域。护航大队奉命于7月6日晚突袭马鞭岛，一举全歼伪海军大队，接着击退两艘"大眼鸡"。从此，护航大队在巽寮等地建立了基地，牢牢掌控大亚湾。

1943年10月上旬，护航大队4艘武装船夜间出击停泊东涌鹿咀的1艘日军运输船。船队排成扇形战斗队形，靠上敌船左右两舷后，突然发动攻击，用"渔炮"炸死日军水兵4人，缴获船上武器和物资，烧毁敌船后胜利返航。

港九大队海上中队与护航大队并肩展开海上战斗。11月下旬，海上中队两艘武装船在西贡以东果洲的外海巡逻，发现日海军机帆船1艘拖带1艘"大眼鸡"驶向香港方向。

海上中队武装船立即向敌船展开攻击，敌船一面还击，一面急忙砍断拖带"大眼鸡"的缆绳，开足马力向香港逃去。"大眼鸡"被缴获，装载的陶瓷器、高丽参和数十吨白报纸成为战利品。

驻沙头角日军为了夺回大鹏湾海域的控制权，组成一支由日军军曹当队长、配有3艘武装木船的伪"海上挺进队"，停泊在大鹏湾的黄竹角作为"活动据点"，企图借此切断港九大队由大埔渡海经盐田、大小梅沙通往惠宝抗日根据地的海上交通线。1944年8月16日，港九大队海上中队派两艘武装船，夜袭敌"活动据点"。午夜2时，2号船迅速驶向左侧敌船，1号船直插右侧敌船，两船轻重机枪同时开火，织成一张火网。拂晓前海战胜利结束，全歼敌伪"海上挺进队"，击沉敌船3艘，毙伤敌38人，缴获轻机枪2挺、冲锋枪4支、长短枪25支。

11月间，海上中队发现大鹏湾的黑岩角停着1艘日军运输船，立即出动3艘武装船，成三角队形全速冲向敌船。突击船靠上敌船后，突击组长曾佛新第一个跃登敌船，不幸中弹牺牲。突击组员毫不畏惧，在火力掩护下勇敢地爬上敌船，全歼船上之敌，俘虏7人，然后押着敌船胜利返回南澳基地。

1945年5月2日，日海军电船1艘和"大眼鸡"2艘，锚泊于大鹏湾的水头沙湾。海上中队派出杨元、罗兴、钟国阶3名勇士化装成渔民，暗藏渔炮，先划1条小船作为突击队袭击敌电船。中队主力两艘武装船沿水头沙岸边隐蔽地接敌。突击小船船头摆着活蹦乱跳的鲜鱼作诱饵，电船上的日军见了招手让小船靠拢。杨元、罗兴每人手提1串鲜鱼递了过去，就在日军伸手接鱼的瞬间，钟国阶将1颗渔炮抛上电船，致使电船爆炸。两艘武装船随即一面射击，一面向敌船冲去。"大眼鸡"上几个日军端出1挺轻机枪架在船头抵抗。杨元等跳上"大眼鸡"投出1颗渔炮，日军

图 5-16 "大眼鸡"

丢下机枪躲回船舱。武装船快速驶近敌电船,战士们跳了上去,迫使日军全部投降。此战,全歼日军水兵 8 人,俘虏 6 人,解救被掳来开船的中国船员 28 人,缴获轻机枪 1 挺、步枪 6 支和大批物资。

8 月初旬,海上中队 3 艘武装船出海巡逻,在大浪口海面发现 1 艘日军运兵船,当即快速上前迎敌。相距 300 米时,敌船抢先开火。海上中队的轻重机枪立即还击,双方展开激烈的海战。中队长王锦命令 1、2 号船一齐向敌船压制射击,掩护 3 号船冲锋。3 号船战士邹来连续投出 3 颗渔炮后不幸中弹倒下。战士石观福立刻又举起渔炮,还没扔出去就中弹倒下。此刻,1 号船的英式磨盘机枪发挥威力,一阵猛射,掩护 2 号船加速接近敌船。战士丘球一连投出 2 颗渔炮,顿时浓烟盖住了敌船,其尾部开始下沉。但敌兵奔向船头,拼命射击。1 号船的战士们又投出几颗渔炮,一阵巨响过后,敌船整个被大海吞没。这次海战,敌船上的日军除 2 人被俘,其余 40 多人连同武器装备全部沉入海底。战后打捞出日式山炮 1 门、步枪 6 支、无线电发报机 1 台。

活跃在珠江口海域的港九大队大屿山中队海上小队,在元朗中队海上小队配合下,从 1944 年春至 1945 年夏,先后缴获日军满载物资的运输船、机帆船 22 艘。

东江纵队护航大队和港九大队海上中队在大亚湾和大鹏湾开展海上游击战3年多，共俘获敌船43艘，击沉敌船7艘，俘日军36人，击毙日军52人，淹死日军40多人，俘伪军50多人，击毙伪军近100人，缴获轻机枪5挺、步枪50支、山炮1门、物资一大批。

东江纵队司令员曾生、政治委员尹林平高度评价这支"中国的土海军"，指出：护航大队和港九大队海上部队驰骋在南海之滨，勇敢地以小船攻打敌人大船，多次取得击沉或俘获敌船、全歼敌人的重要战果，使大亚湾和大鹏湾成为我军的内海，应予高度赞扬。

三、驰骋大鹏半岛的东江纵队

1942年5月，中共粤北省委因叛徒郭潜的出卖，遭受严重破坏。廖承志、张文彬等被捕入狱，基层伤亡无数，史称"粤北事件"。为了应对危局，成立了广东省临时工作委员会（简称"广东临委"或"省临委"）。

广东临委成立后，吸取"粤北事件"的教训，从此紧跟自己的部队。省临委书记尹林平兼任部队政委。当时，广东人民抗日游击总队（东江纵队的前身）司令部和临时省委都常驻在距离沙鱼涌1华里的土洋（又名屯洋）村。

图5-17　东江纵队的女战士

1943年12月2日,广东人民抗日游击总队扩编为广东人民抗日游击队东江纵队,曾生任司令员,尹林平任政治委员,王作尧任副司令员兼参谋长,杨康华任政治部主任,总兵力3000余人。司令部仍设在土洋村。1944年元旦,土洋村军民在土洋埔召开大会,庆祝"东江纵队"成立。曾生、尹林平、王作尧、杨康华公开发表《就职通电》。

东江纵队从成立到1944年6月,共作战148次,歼灭日伪军1000余人,队伍发展到近5000人,成为华南抗日游击队中最强大的一支武装力量。

1944年上半年,世界反法西斯战争节节胜利,苏军把战线推进到了德国境内。6月,欧洲第二战场开辟,德军陷入苏联和盟军的东西夹攻之中,摇摇欲坠。亚洲战场上,美军采取逐岛和越岛进攻,日军接连失利。

日军为了挽救太平洋战场的败局,发动了打通平汉、湘桂、粤桂的大陆交通线作战。日军调集五六万兵力,于1944年3月向河南发动进攻,国民党40万军队稍战即溃。5月下旬,10万日军对湘北发动进攻,国民党守军比日军多三倍,也是即战即溃。中原沦陷,长沙、衡阳相继失守。

1944年7月5日,中共中央和中央军委在给东江纵队和琼崖纵队全体指战员的

图5-18 曾生、王作尧颁布的布告

电报指示中,明确指出:"自广州沦陷后,迄今六年,你们全体指战员在华南沦陷区组织和发展了敌后抗战的人民军队和民主政权,至今已成为广东人民解放的旗帜,使我党在华南政治影响和作用日益提高,并成为敌后三大战场之一。"

《指示》还着重指出,"为着迎接新的伟大的任务,首先必须在思想上有充分准备。为此,必须更亲密团结自己的队伍,加紧整风,打通干部思想,坚持统战政策,加强与根据地人民的血肉联系,坚持原阵地,并力求继续发展,扩大武装部队,建立广大的强固的根据地。"

7月25日,中共中央对如何进一步开展广东敌后游击战争问题,给中共广东省临委和东江军政委员会又做了具体指示:敌打通粤汉路仍势在必行,你处工作应一本开展敌后游击战争之方针,加紧进行工作:

(一)凡敌向北侵占之地区,只要有久占意图,即应派得力干部或武装小队至该地区与当地党取得联系,尽力发展抗敌武装斗争;珠江三角洲及其以西地区亦应扩大现有武装。希望广东我党武装能扩大一倍,并提高战斗力。

(二)对国民党军队所在地区,仍应坚持隐蔽待机之方针勿变,但可斟酌实情抽调一部分干部转至游击队受训,参加游击工作。

(三)应不断设法派专人与琼崖游击队打通电台联系,如有可能还应派人至广州湾附近发展抗日武装斗争。

对港九市区进行武装斗争问题,也作了具体指示。中共中央在指示中还提出了潮梅和闽西南发展游击武装的问题。

(一)"土洋会议"——广东人民抗日武装发展的转折点

遵照中共中央的指示和战略部署,1944年8月,中共广东省临委和东江军政委员会在大鹏半岛的沙溪乡土洋村召开联席会议,史称"土洋会议"。

尹林平、梁广、曾生、连贯、王作亮、杨康华、罗范群等参加了会议。饶彰风、邓楚白、黄宇、李嘉人、饶璜湘等各地负责人也列席了会议。

会议由尹林平主持。会议深入讨论了中共中央的指示和战略部署,分析了当前广东地区的斗争形势,并一致通过《关于今后工作的决定》,部署了全省的工作:

第一,在全省继续深入开展敌后游击战争,建立根据地与发展游击区。遵照中共中央指示深入敌后开展游击战争的方针,在全省继续放手发动群众,武装群众,广泛深入开展敌后游击战争。凡敌人所到,或意图占领的地方,都派遣武工队及军

图 5-19 梁广

事干部前往活动,建立根据地与发展游击区。同时,必须巩固现有的游击根据地,成为反攻的基地。东江纵队首先应创立罗浮山以北,翁源以南,东江、北江之间的根据地,并向东江、韩江(潮汕在内)之间伸展,然后再准备向闽粤边、粤赣湘边、粤桂湘边开展。中区则首先求得普遍发展,进而向西江、粤桂边及向南路前进。然后两方面配合,取得对广州的包围之势,将来会合于粤桂湘边。

第二,战略方针是独立自主的游击战,不放松向运动战发展。东江和珠江三角洲两区在战略战斗上积极配合,从个别的地区到全面的配合。主要打击方向是日军、伪军,同时坚持自卫反击的反摩擦斗争。对余汉谋嫡系,可作必要的、有限度的让步,对不抗日而专门反共的杂牌军(如东江之徐东来、梁桂平、陆如钧及别动队,中区的肖天祥),必须予以消灭。

第三,发展人枪,扩大部队,建立支队编制。部队发展,到1945年上半年,东江纵队应发展4倍,中区部队应发展6倍。普遍建立不脱产的民兵和脱产的抗日自卫队与脱产的常备队,扶助其发展、加强其领导。部队编制要适应目前需要及将来的发展,普遍编制为支队,下辖大队,相应建立主力团或主力大队。同时建立特殊的编制,如爆破队、海上队、水雷队、工程队、运输队等。

第四,在全军进行思想教育,加强部队的思想建设。牢固树立革命军人的思想,加强部队党的工作,扩大党员数量,加强对党员的教育,严格组织生活。纵队成立党委,支队设总支。开展全军整风运动学习,建立政委,加强军事教育和各项制度的建设,提高军事理论水平,提高作战能力与指挥能力。

第五,巩固抗日民主政权,使其能起根据地及后方的作用,并向新区发展。抗日民主政权,是各抗日阶层的联合,既要确保中国共产党的领导,又要吸收党外人士合作,实行"三三制"。为了抗战,为了人民,组织民兵,发展生产,进行民主、文化、卫生建设,解除人民痛苦,创造人民福利。政权干部必须廉洁奉公。

第六,统战工作,要以我为主,去团结各阶层,争取中间人士。对国民党顽固分子,应依其不同程度而有区别,不一律看待。国际统一战线工作,应多方面争取联系。

第七,财政经济工作。总方针是发展经济,保障供给。发展经济的方针是改善民生,供应部队,发展公营生产力,力求自给,减少人民的负担。发展私人经济,普遍成立生产消费合作社,以农业为主,其次为手工业,再次为渔盐业。发展金融事业,发行生产建设公债及军用券。实行公私兼顾、军民兼顾的发展方向。财政保障供给方面,征收抗日公粮,统一税收,厉行节约,反对贪污。

第八,开展城市工作。把中共中央关于城市工作的指示,具体传达到支队及靠

图 5-20　东江纵队司令部警卫连所在地——土洋崇德小学旧址

近大城市活动的独立大队。加强大城市的宣传工作和组织工作，用合法、非法，有形、无形的各种方式，在城郊发展游击小组，造成城市周围及交通要道两侧的隐蔽的游击区。

第九，中区建立军政委员会。以五人组成，仍受东江军政委员会领导。

第十，恢复和加强地党的组织活动。号召共产党员都要参加到以武装斗争为中心的革命斗争中来，为打开广东的新局面，积极开展对敌斗争而努力奋斗。

土洋会议的召开，对加强广东党组织的建设和军队建设，全面发展广东的抗日武装斗争，具有重要的意义。它是广东人民抗日武装发展的转折点，为广东人民抗日武装的全面发展指明了方向。

会后，中共广东省临委将会议情况向中共中央和南方局作了报告。中共中央复示：省临委的决议与中央精神相符，中央完全同意所提出的工作方针和任务，要动员全省党员为实现"八月决议"而努力，并要注意开展广西和向北发展的工作。同时毛泽东称赞了尹林平的领导水平，并提出准备在广东成立中共中央分局或区党委。

为了这次会议的成功举行，大鹏地区党组织进行了缜密的部署。刚刚成立三个月的沙溪乡人民政府建立和健全了各种抗日群众团体，进一步发动和团结广大人民群众进行抗日。先后成立了乡农民抗敌同志会（简称"农抗会"），会长李锦昌；乡妇女抗敌同志会（简称"妇抗会"），会长潘秀金；青年抗敌同志会（简称"青抗会"）；健全了沙鱼涌商会，会长李伯棠。充分调动社会各阶层的力量，抓好抗日救亡的宣传、生产支前、拥军优抗、群众武装等工作，并派出民兵、自卫队参加警戒，保障物资供应，胜利完成了任务。

（二）大鹏半岛成为革命根据地

为了提高部队战斗力和干部文化水平，1944年7月，中国人民抗日军政大学第七分校在大鹏东山寺举办抗日军政干部培训班、开办"东江抗日军政干部学校"（简称"东江干校"），由东江纵队副司令员王作尧兼任校长，李东明任政委，林锷任教育长，饶卫华任秘书长。设军事队和政治队，军事教员由徐荣光、赖详、韦伟等担任，由洪韵、关秀负责政治课。

同年8月，东江纵队在大鹏所城里办起了青年干部训练班（以下简称"青干班"）。一年内共办了7期，每期100到200人。先后由黄文俞、张江明负责。学员来源：一是原中共粤北省委辖下待审查恢复党组织的学员；二是原派去国民党第十二集团军工作的部分地下党员;三是各地方选送的党员及进步分子。其中从粤北地区来的进步青年先后有600多人,冲破国民党当局的层层封锁,克服重重困难,到达青干班学习并参加东江纵队。据战士黄安思记述道:"青干班的学习时间是出乎意料得短,只有3个星期到1个月,有时因为工作的需要,许多学员还没结业便要派出去工作。"

训练班依照延安"抗大"办校方针,过着团结、紧张、严肃、活泼的军事化生活。训练班为部队输送了大量的军政干部。训练班犹如一个大熔炉,锻炼一批批优秀的骨干。随着队员英勇抗敌的感人事迹被广泛地报道和传播,东江纵队保家卫国的形象在民众中日益加深,群众对部队性质的了解更加深入,对部队的拥护与日倍增。直至日本投降后,在此举办的东江军政干校和青年干部训练班才完全结束。

1944年9月初,王母乡成立了大鹏区第一个民主乡政权,民主选举王舒为乡长,张群为副乡长。随后,沙溪乡(乡长李惠群)、桂岗乡(乡长黄谭水)、鹏一乡(乡长钟木春)等民主政权也先后建立,并在此基础上积极酝酿大鹏区政权。

1944年9月底至10月初,共产党和农工党开始商谈统一大鹏武装,以及建立大鹏区抗日民主政权等问题。

经协商,1944年10月10日,正式建立大鹏抗日民主政权——路东新一区政府。

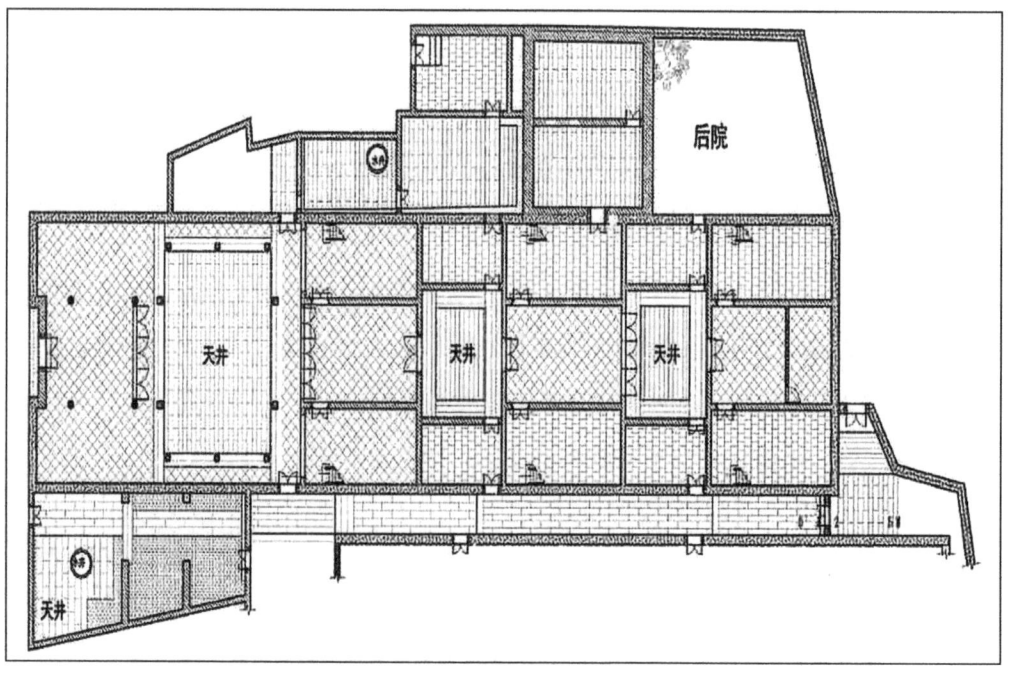

图 5-21 位于大鹏所城将军第西座的东江纵队青年干部训练班旧址结构图

同时，农工党领导的自卫中队和共产党领导的自卫中队合并为自卫大队，作为区政权的武装，受区府和江南指挥部双重领导。新成立的路东新一区政府，区长由赖仲元担任，军事股长兼自卫大队长张平，民政股长袁少春，生产股长王介，文教股长邱石林，总务股长欧维。

中共路东新一区区委也同时成立，书记赖仲元，组织委员李光，宣传委员王舒，委员有张平、欧维、邱石林、王介。

区政府成立不久，又先后建立了南平乡（乡长王春松、副乡长王灶金）、水上乡（乡长郭贵）和葵华乡（乡长张燕山）民主政权。

路东新一区政府受路东新行政委员会领导，下辖王母、南平、水上、鹏一、葵华、沙溪和桂岗7个乡。

1945年春夏，日军害怕盟军在大亚湾登陆，组成了一支装备精良的100多人的特工队，进占桂岗乡，在田寮下和坳子下建立了据点。大鹏区民主政府领导人民群众，配合抗日部队先后10次袭击据点敌人，在据点周围大摆地雷阵，迫使日军固守据点，不敢外出一步。

在斗争中，地方党员和民兵机智、勇敢，利用各种机会向日军散发"反战大同

图5-22 路东新一区人民政府在大鹏王母墟成立

盟"的日语传单，分化、瓦解敌人。日本即将战败的前夕，驻扎在坝岗田罗下的日军，开挖山洞，藏匿攻击性的鱼雷等大杀伤性武器。台湾籍的日军翻译范万生，心里明白日军已穷途末路，不如早日投降赎罪，以求得到一条生路。他暗下决心，秘密打听游击队的线索，并为此与田罗下村薛容生结交为兄弟。他向薛容生透露投降的心里话，要求薛容生与部队联系。薛容生找到张平大队肖伦中队，得到同意。随后按照约定时间地点，范万生只身携带日式机枪两挺，三八枪两支，手榴弹五个，向游击队投降。

1945年夏秋，日军企图把在南洋、海南、香港一带劫掠的物资运走。大鹏人民积极配合东江纵队护航大队的陈志贤部队，在大鹏沿海一带严密监视和打击敌人，前后共俘获敌船3艘，打死和俘虏日军十余人，并缴获一批枪支弹药和大批药材、棉布、烟叶等物资。

在民主政权的领导下，大鹏人民于1944年5月26日，营救了被日寇击伤而降落在大鹏岭下村的一架美国军用飞机，救出飞行员1名。不久，又在大鹏湾海面的独牛海，抢救了美国飞行员2名。1945年10月初，在下沙海面抢救了英国飞机1架，保障了机上人员的安全。

此外，大鹏水上乡的渔民协同港九大队，帮助被日军关押在香港集中营的一些盟军友人脱离虎口，先后抢救英国和印度友人十多名。大鹏人民努力抢救盟国的战士和友人，在国际上产生了良好的影响，对反法西斯斗争做出了积极的贡献。

由于大鹏民主政权在开展各项工作中成绩显著，1945年受到路东新区行政委员会通令表扬。

（三）抗战胜利无和平

1945年8月15日，朱德总司令指定曾生代表华南抗日武装接受在广东的日军投降。在国民党的授意下，日伪军拒绝缴械。东江纵队立即向日伪军发动进攻。与此同时，珠江纵队、中区纵队、南路纵队等，也分别攻击日伪军。至9月底，收复城镇60余处，歼灭日伪军1000余名。

7年里，东江纵队在远离中共中央，难以取得华北、华中抗日根据地战场直接支援的艰苦条件下，与琼崖纵队、珠江纵队、韩江纵队和粤中部队、南路部队等人民武装共同坚持在华南抗日，建立了大片抗日根据地，成为华南抗日战场的一支主要力量。

据统计，抗战期间，包括东江纵队在内的华南抗日游击队，共作战3900余次，歼灭日伪军1.9万余人，部队发展到2.7万人，创建了拥有600万人口、面积达8万余平方千米的抗日根据地和游击区，有力地支援了全国其他战场及盟军在南太平洋的对日作战。

抗战胜利后，大鹏地方党组织继续领导人民投入新的战斗。1945年9月初，赖仲元调离大鹏，路东新一区区委书记、区长和武装大队长由张平接任，组织工作由黄光负责，王舒任民政股长，张群任区文联主席，李满清任妇女会长。

11月10日，路东新一区政府在美国纽约《华侨日报》发表《告海内外同乡书》，向海内外同胞揭露了日寇在大鹏半岛所犯下的滔天罪行；报告大鹏人民英勇抗战，获得胜利的经过；呼吁海内外同胞同心协力，积极援助，建设家园。

《告海内外同乡书》激发了大鹏旅外华侨、港澳同胞的爱国爱乡热情。大鹏人民和全国人民一样都盼望抗战胜利之后，有一个和平安定的环境。

然而，国民党反动派的大小"接收"官员们，紧随国民党军队之后，到处敲诈勒索，搜刮民脂民膏，大发横财。土匪、流氓、恶棍也趁火打劫，治安混乱，人心惶惶。物价不断上涨，货币贬值，民不聊生。饱经战争灾难的千百万人民群众，依旧水深火热。

国民党反动派对和平、民主从无诚意。抗战胜利前夕，国民党反动派就密谋发动内战，加速调集军队向解放区进攻。1945年五六月间，两次下令，限期3个月内消灭华南抗日游击队，占据广东沿海敌后抗日根据地。

日军宣布投降后，国民党反动派急调拥有全部美式装备的新1军、54军、63军、65军、46军接收广州等大、中城市，占据战略要地，准备发动内战。

8月下旬，国民党军队进兵东江粤北，妄图一举歼灭东江纵队等抗日人民武装。10月20日，国民党广州行营主任张发奎，秉承蒋介石的意旨在广州召开粤桂两省"绥靖会议"，策划对广东解放区的全面进攻，扬言在两个月内"肃清"人民武装力量。随即，张发奎以8个军22个师的兵力，采取"网形合围""填空格"等战术，对东江、粤北、粤中、西江、南路和琼崖解放区进行猖狂进攻。

为了粉碎国民党的军事进攻，中共广东省委根据中共中央指示，在敌强我弱的情况下，决定采取坚持斗争、保存武装、保存干部、武装自卫的方针。东江纵队除留下小部队分散在东江两岸和惠东宝一带坚持斗争，大部队向粤北、九连山和海陆惠紫五一带山区转移，利用高山大岭，开展斗争，求得生存和发展。转移到国民党后方的部队，以连、排为单位，组成许多小分队和武工队，在中共地方党组织和人民群众的支持下，建立"梅花"式的作战基点，在斗争中互相配合，互相策应，灵活机动地打击敌人，消灭敌人，挫败张发奎"肃清"东江纵队的阴谋。

为了争取全国和平与民主，揭露国民党反动派的内战阴谋，1945年8月28日，以毛泽东、周恩来、王若飞为首的中共代表团，在重庆同蒋介石的国民党进行了43天的谈判，最终双方签署《政府与中共代表会谈纪要》（即"双十协定"）。中共同意让出广东、浙江、苏南、皖南、皖中、湖南、湖北、河南（不含豫北）等8个解放区，将上述地区的部队撤退到陇海路以北及苏北、皖北解放区。

1946年1月10日，中共代表同国民党政府代表正式达成关于停止国内军事冲突的协定，双方同时颁布于1月13日午夜生效的停战令。

为监督停战协定的贯彻和执行，由中共代表周恩来、国民党政府代表张治中、美国政府代表马歇尔组成"三人小组"，同时在北平组成军事调处执行部，简称军调部。叶剑英为中共军调部委员。军调部下设若干小组，分赴冲突地点进行调处工作。1月25日，由中共代表方方少将、美方代表米勒上校、国民党代表黄维勤少校（后由罗晋淳接替）组成的军调部第八执行小组到达广州。

在停战令发布的前三天，蒋介石下达密令，指示国民党军队占领有利地点，宣称"停战令在长江以南不生效"。并命张发奎"限于一月底肃清东江游击队"。1月15日，张发奎调集部队，分三路向惠东宝地区进攻，妄图在军调部第八执行小组到达广州之前，将东江纵队消灭。

1945年12月24日至25日，国民党154师的一个营袭击葵沙乡，攻入沙鱼涌和土洋两个村，捉拿群众20多人，枪杀李乃胜等2人，并抢劫了价值10多万元的财物。

1946年1月8日至11日，国民党154师46团的第二、三两个营又向大鹏地区发动进攻。总计群众46人被俘，杀死了1名刚从英国回来的华侨，抢劫了价值100多万元的财物。

在停战令下达后，国民党军队不但没有执行命令，反而更紧锣密鼓地进攻。1月16日至19日，国民党154师的第三营属下两个连又连续袭击葵沙乡，被民兵坚决给予阻击，当地并未受到大的损失。1月21日至2月2日，国民党153师457团的一个营又袭击葵沙乡，东江纵队严密戒备，敌人不敢妄进。2月3日至5日，敌153师的457团，再度兴师向大鹏地区进犯，在东江纵队的坚决回击下，只能后撤。

(四)抗击白色恐怖

国民党当局在不承认广东有中共武装部队、竭力阻拦军调部第八执行小组的同时,下达了限期"肃清"的紧急命令,调集海、陆、空三军,向东江解放区进攻。2月17日,中共中央发言人斥责国民党当局否认中共部队存在的谬论,指出中共领导的华南抗日游击队,自抗战爆发后即已组成,并在敌后建立了卓著的战功。要求重庆"三人小组"和北平军调部纠正国民党的种种错误言行,立即停止对华南抗日纵队的进攻。中共广东区委发言人也发表重要谈话,详细列举东江纵队的抗日战绩,敦促国民党广东当局停止进攻解放区,实现全面和平。

为了制止广东内战,实现广东中共武装部队北撤,根据中共中央指示,3月9日东江纵队政治委员尹林平乘飞机抵达重庆;3月31日,尹林平在重庆举行了中外记者招待会,揭露国民党广东当局发动内战、阻拦军调部第八执行小组开展工作的卑劣行为。

3月18日,周恩来和尹林平在重庆再次举行中外记者招待会,呼吁全国人民、盟邦朋友、各党派人士一致维护并监督政协全部协议的实现;尹林平再次列举大量事实,揭露国民党广东当局进攻东江纵队、破坏停战协定、挑动内战的罪恶行径。

在此期间,一系列血的事实教育了群众,日本投降后一度存在的和平幻想破碎了,他们对国民党反动派挑起内战、破坏和平的举动感到无比愤怒。党组织此时也认为忍让到了最后的限度,便对国民党的挑衅采取了坚决回击。

在群众的全力支持和民兵的紧密配合下,东江纵队留在大鹏地区的部队与国民党153师在田心、土洋山、庙角岭、径心坳、坝光坳、叠福坳、水头门、鹅公山、半天云一带展开了八九次大大小小的战斗,粉碎了敌人的进攻。

战斗从1946年2月13日开始,一直持续到6月初。敌人此次出动了国民党新一军和54军的一部分主力,以及一部分地方团队,分海陆两路进攻。

在这场战斗中,敌人一方面采取"填空格"的战术,每进占一个村庄就驻扎军队,并且天天扫荡,抢劫掠夺,无所不为。另一方面强制执行反动的保甲制度,限令三天之内造好居民名册,实行五户连保,任意逮捕群众,滥施毒刑。敌人前后逮捕党员和群众共计500多人。然而,严刑迫害没有使他们屈服,相反他们都表现出高贵的革命品质,涌现了区委委员丘石林、南平乡长黄春松、桂岗乡干部钟华仁、革命群众赖仙舫、钟金安、谭斌等一批视死如归、慷慨就义的革命烈士。又如岭澳村被捕的20多个青年,明知游击队的驻地,但都冒着生命危险,甘受无数次的严刑毒打，却没有一人泄露一丝线索。

这是一场空前激烈、残酷和艰苦的战斗。游击队在党坚强而正确的领导下，紧密依靠群众，从各个方面与敌人展开了坚决的斗争。

整个大鹏半岛区、乡政权的同志立即组成了武工队，负责锄奸除恶、收集情报、筹粮支前等项工作。

在敌占区内，党组织展开了两面斗争，对反动的保甲长坚决打击和镇压；对于可以争取利用的，则采取团结争取的政策。

在武装斗争方面，党组织在战略上坚持"化整为零、化零为整"的原则，在战术上则集中消灭敌人的散兵和小队伍，不断消耗敌人的力量。

游击队曾在坝岗坳、径心岭、水头沙、六克岛、横斜、唐布等地进行阻击战和袭击战，给敌人以沉重打击。

战斗中，每个指挥员都发挥了顽强勇敢、以一当百的战斗作风。如六克岛海面的战役，港九队海上工作队队长肖华奎率领 2 条木船、10 多个同志，与敌人 3 艘战艇、2 艘快艇展开了激烈的战斗。由早上打到下午三四点钟，直到木船被打到稀烂、战士伤亡殆尽，肖华奎仍坚持战斗，掩护另一条木船安全靠岸，而他自己却壮烈牺牲了。

又如在横斜和唐布岭的遭遇战中，小队长赖子光、战士黎明月、叶华、黄福等都在敌人优势兵力下，浴血奋战，壮烈牺牲。

战斗继续了 3 个多月，游击队仍牢固地站在大鹏半岛的土地上。1946 年 5 月中旬，国民党 54 军要北调山东扩大内战，只调来了一个伪保安大队接防。这个大队在游击队的不断打击下，被困在几个据点内，不敢轻举妄动。至此，反动派的大规模扫荡基本宣告破灭。到了 6 月上旬，伪保安大队被迫从几个据点撤退。

四、东江纵队北撤开启新篇章

经过几十天的谈判，国民党承认广东中共武装力量的存在，并由重庆"三人小组"签订了广东问题的停战协议。接着，重庆三人小组派出由美国代表柯夷、国民党代表皮宗阙、中共代表廖承志组成的三人会议代表团，于 3 月 30 日抵达广州，会同军调部第八执行小组与国民党广东当局谈判解决华南抗日纵队北撤问题。

4 月 2 日，双方最终达成了北撤协定。确定：

一、承认华南有中共领导的抗日武装力量。

二、双方同意东江纵队北撤 2400 人。不撤退的复员，发给复员证，政府保证复员人员的生命安全、财产不受侵犯、就业居住自由。

三、东江纵队撤退到陇海路以北，撤退船只由美国提供。

4 日，东江纵队司令员曾生、政治委员尹林平以中共华南武装人民代表的身份，到达广州参加谈判。在谈判过程中，国民党广东当局还耍弄各种阴谋手段，企图拖延时间，伺机消灭中共武装部队。

军调部派赴广东的三人会议代表团，中共代表廖承志及方方、曾生、林平等与国民党广东当局进行了坚决的斗争，又经过五十多天的谈判，才于 5 月 21 日达成广东中共武装人员北撤山东的具体协议。5 月 23 日，军调部第八执行小组在广州召开记者招待会，发表北撤协议公报。

广东军调第八小组虽然做出了协议，但反动派仍然不断地破坏和阻挠协议付诸实施。他们一方面在大鹏外围派驻重兵，实行封锁，以阻挠分散在各个地区的武装部队向大鹏集中；另一方面，又利用报纸作宣传，诬蔑华南抗日武装的一些公开活动的领导同志破坏协议，不肯北撤。甚至使用卑劣的伎俩，将一部分反动军队化装成土匪沿途袭击各地区向大鹏集中的队伍。

为了做好北撤的准备，党组织进行了一系列十分繁重而又复杂的工作。预料到敌人必然会破坏协议的实施，我党一方面加强大鹏外围地区的戒备工作，严防敌人的突袭；另一方面，巩固内部秩序，严密控制、监视坏分子和奸细的蠢动。

党组织已经预料到，反动派在东江纵队北撤以后，势必会对军属和复员战士采取报复行动，所以做出周密的部署，以确保他们的生命安全。

与此同时，党组织还需要有计划地安排一部分力量，继续坚持本地区的工作，准备力量，迎接胜利的明天。

图 5-23 广东中共武装人员北上证

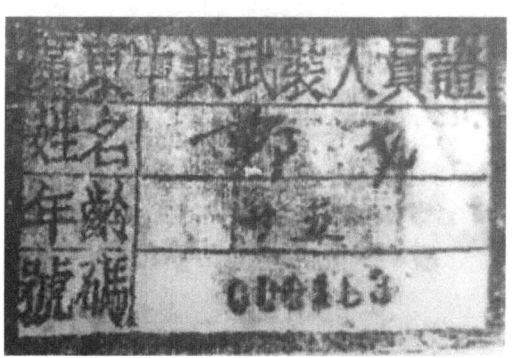

图 5-24 东江纵队指导员北撤时佩戴的

大鹏群众对东江纵队的北撤感到万分悲痛，他们多么希望东江纵队能留下来。协议规定只允许东江纵队撤走2400人，而大部分同志又要求随队北撤。党组织反复细致地进行了说明和教育工作，最终才达成一致意见。

到了6月中旬，东江纵队在粤北、粤东各地的部队击退了国民党军队沿途的伏击，冲破了重重包围和封锁，抵达大鹏；在其他地区活动的一部分同志经香港辗转到达。

1946年6月30日凌晨，东江纵队2583人（其中包括珠江纵队、韩江纵队、南路、桂东南路部队骨干共160人），在曾生、王作尧、林锵云、杨康华的率领下，在大鹏湾沙鱼涌登上美国军舰北撤，7月5日抵达山东烟台。

东江纵队的北撤，是为了执行和平民主基本方针而做出的努力和让步，表现了中国共产党人认真执行《双十协定》和实现和平民主的决心和诚意，因而获得了国内各阶层人民的称赞和拥护。

北撤并非结束，而是新的历史时期的开始。北撤的东江纵队到华东以后发展为两广纵队；留在华南的武装在尹林平的领导下发展成后来的粤赣湘边纵队。东江纵队胜利北撤烟台，标志着中共中央"向北发展，向南防御"的战略调整画上了一个圆满的句号。

五、解放战争中的大鹏半岛

东江纵队北撤以后，广东局势随着内战的全面爆发而发生了急剧的变化。国民党广东当局公然违背保证东江纵队复员人员安全的诺言，加紧策划大规模的"绥靖""清乡"等军事活动，妄图彻底扑灭东江纵队留下的武装力量和复员人员。

从6月底开始，国民党广东当局先后在东江、北江、粤赣边、韩江、粤中、琼崖等地召开"治安会议"，成立各级"绥靖""清乡"计划，下令限期肃清各地的革命力量。

为达到其"限期肃清"的目的，国民党出动64师（军）的三个旅，驻赣南的152旅一部和8个保安总队的全部兵力，对东江、北江等地区进行残酷的"围剿"。

国民党进占各地后，一方面抓丁拉夫，进行壮丁训练，强迫成立"自卫队"，加强地方反动势力；推行保甲制度，实行"联防联剿，联保连坐""强化治安"等反动措施；加紧征兵、征粮、征税，实行残酷的反动统治。另一方面，疯狂迫害东江纵队的复员人员和军人家属；强迫"自新"，肆意搜捕和残酷杀害。

国民党反动派对东江以南地区的复员人员和人民群众的迫害尤为惨烈。在惠阳，有东江纵队7名伤员，伤愈后复员回乡，途经淡水时被逮捕杀害；镇隆、龙岗农会干部多人被反动当局杀害。在东莞，大岭山村中共党组织负责人李牛和李统，被反动地主勾结当局逮捕，施以酷刑后杀害；杨坳村一名复员人员及其家属3人被枪杀，并暴尸3日。大环村人口290多人，有70余人被捕入狱，被烧毁房屋32间，村民流离失所，无家可归，四处逃难。在宝安，仅7月间龙华、布吉等乡被捕杀害的复员人员就有100多人。海丰、紫金不少复员人员、地下党员和进步学生亦遭受迫害。

粤北各地的东江纵队复员人员和人民群众也同样遭到残酷的镇压和迫害。9月初，国民党152旅"进剿"油山地区，逮捕无辜百姓100余人，杀害了50余人。仅有七八十户人家的河源黄村，被毁房屋69间，3个无辜村民惨遭杀害。清远滃江有28名复员人员被长期关押，其中2人惨遭杀害；曾经支持过游击队的群众有500多人被绑架勒索，13人遭杀害。

与此同时，国民党广东当局还迫害爱国民主人士和进步青年学生，镇压民主运动，施行"三征"苛政，强化反动统治，陷人民于水深火热之中。

在大鹏，抓捕和杀害东江纵队复员指战员的情况也十分严重。东江纵队北撤之后，大鹏半岛的山林中还隐蔽着一些有家不能回的东江纵队复员人员。国民党特务王挺芳，专门从南头骑马带兵赶回大鹏，闯进复员回家的大鹏籍东江纵队战士林造

图5-25　蓝造

财的家中，当着林造财妻儿女的面，在堂屋里将其枪杀。

大鹏地区党组织按上级的通知精神，决定将非武装人员疏散到香港，并将地方政权组织变为精干的武工队。在1946年5月—6月间，东江纵队部队准备北撤前，地方党组织忙于协助部队做好准备工作。张平就大鹏地方党员中哪些人参加北撤、哪些人复员、哪些人去香港等问题向中共江南地委组织部长蓝造作了汇报，并把大鹏党组织的名单带给了他。

不久，张平返回部队，大鹏地方党的工作由王舒与蓝造接头，由蓝造布置。当时，蓝造交给王舒两个任务：

一、由王舒接收一批党员到香港，这些党员的组织关系由王舒负责管理。

二、和东江纵队未参加北撤的同志取得联系。

鉴于国民党在抗战胜利之后一直加紧部署和挑动内战，在北撤前夕，中共中央决定原拟北撤的尹林平留下继续领导工作，广东各地党组织由委员制改为特派员制，同时留下部分武装骨干坚持自卫斗争，保护复员人员和人民群众利益。

中共广东区委根据中共中央的指示，确定了"保存力量，保存骨干，长期积蓄力量，等待时机"的斗争方针。要求地方党组织转入地下活动，留下的武装小分队坚持隐蔽斗争，并做出了具体部署：

（一）已复员而有安全保证地区，绝对隐蔽，勤业、勤交友，与群众同进退，斗争采取群众路线的公开合法方式，不随便拿出武器来；

（二）已消化在地方团队或乡族自卫性武装，维持治安，保卫群众利益，强调地方化、职业化，反对集中，逐渐肃清过去民团生活方式；

（三）未声明撤退地区武装，在安全条件下自动复员，如部分复员不安全又有生存条件的，则保留短小精干的小部队作自卫，筹措生产资金，与支点群众合作，生产学习，不要随便行动，万不得已时，配合群众斗争也应以群众面目出现；

（四）仍受进攻的地方，利用社会上层，缓和局面，在群众掩护下，用不刺激方法肃清敌特，求得支点隐蔽的巩固，要白皮红心去应付局面，掩护武装人员隐蔽于山上；

（五）群众斗争应以和平合法为主，有广东群众性的斗争，也多采取合法方式（如抗征兵）的恳求说理，拖延顽抗，减少冲突，互为配合，不轻易使用武器，万不得已时，也不能害及群众；

（六）队员流入灰色武装不愿回家生产的需要领导，但应建立另一系统，另作联系，可能时找到生产基金后设法生产，以免乱碰受到损失，甚至害及群众受到国民党清剿。

1946年8月，尹林平发表了《东江纵队北撤与广东新形势》的文章，分析了东江纵队北撤后的广东形势，指出："广东的黑暗局面是不能长久的，一定会被打破的。"尹林平在文章中，全面揭露了国民党广东当局实行"绥靖""清乡"，迫害东江纵队复员人员和人民群众的血腥暴行，正告反动派"如果仍然实行政治高压、经济榨取的反动政策，人民的头脑是清醒的，人民的眼睛是雪亮的，人民的拳头是无情的，他们不会因为东江纵队撤退了，就软弱无力，任由宰割而不敢反抗！谁敢背叛人民，反对人民，必然走上死路"。尹林平号召在广东坚持斗争的共产党员和武装人员，"以坚强的必胜信心，毫不松懈地坚决斗争下去"。

1946年八九月间，隐蔽在江南地区（东江南岸，包括惠、东、宝地区）的武装人员也逐步转入公开活动，复员的干部和战士纷纷拿起武器，反击国民党反动派的"绥靖""清乡"运动。

图 5-26　战争年代的蓝造与他率领的战士

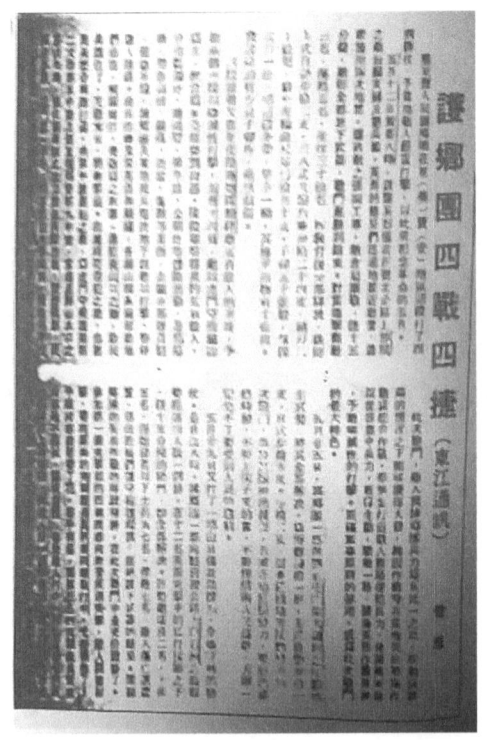

图 5-27 惠东宝人民护乡团四战四捷的报道

惠阳县东江纵队复员人员刘立首先组织了一支十多人的小分队,镇压了坪山土匪头目曾观新,处决了勾结国民党军队杀害东江纵队复员人员的黎旺仔。

10月初,这支小分队进入淡水、新圩一带活动,派出短枪组除奸反霸、破仓分粮,伏击了横行乡曲的兵痞、土匪头子石日华,队伍在斗争中由10多人发展到40多人。

9月间,在东莞转入地下活动的共产党员何棠,组织了一支10余人的队伍,以"东江纵队复员同志自卫会"的名义出现,活动于屏山、水口、温塘、水乡一带,袭击了道滘警察巡官江文伟,镇压了马坑恶霸地主黄宝雄,并张贴布告,揭露其迫害东江纵队复员人员的罪行,警告反动分子不得为非作歹。

(一) 恢复武装,自卫反击

1946年底,上级党组织决定在惠、东、宝地区重建武装,过去撤到香港的同志原则上要回来参加重建工作。1947年1月,王舒从香港返回惠阳参加重建武装工作,其余仍在香港的大鹏籍党员的组织关系由王夫负责。

1947年初,江南地区根据中共华南分局关于恢复武装斗争的决定,动员原东江纵队干部从香港回乡重建武装。其中叶维儒、曾建回到惠阳，负责坪山、葵涌地区的重建武装工作；李群芳负责龙岗、新圩的重建武装工作；罗汝澄、林文虎负责大鹏的重建武装工作；丘耀、丘平负责淡水的重建武装工作；张军、李和等负责布吉、龙华的重建武装工作。

3月初，蓝造从香港回到坪山，并根据中共广东区委的指示，以群众自卫、治安的名义，在江南地区成立惠东宝人民护乡团等武装组织，蓝造任惠东宝人民护乡团团长兼政委。

之后，各地广泛发动群众，纷纷组织武工队，全面开展破仓分粮、打击国民党地方反动武装的斗争。惠阳的武工队打开了坪山、新圩等地谷仓，把粮食发给广大群众；东莞的武工队袭击了梅塘乡公所联防队，俘敌20多人，缴获长短枪20多支；惠紫人民自卫大队在惠东松坑伏击国民党征粮队后，又于增光伏击敌护航队；海陆丰人民自卫队在大安洞、赤石、热水洞一带，领导群众开展借粮度荒的斗争，使2千多名群众分到了粮食，缓解了春荒。

1947年3月15日，国民党广州行营发布了"清剿"命令，在各行政区设立"清剿"机构，拼凑地方反动武装，调集兵力，实行"全面清剿，重点进攻"的方针，采

图5-28 东江纵队战士的临时复员证

取"分兵据点,伺机出击,集中机动,远道奔袭"的战术。从此,国民党军队对江南地区的进攻,几乎接连不断。从3月到12月,发动进攻有13次之多,较大规模的有4次。

3月开始,敌人发动第一次较大规模的进攻,其目标主要为消灭大亚湾联防大队(又叫"靖沿"部队)。这支部队原为大鹏地区的地方自卫性武装。为改造这支部队,中共广东区委曾派员加强对其领导,并将由东江纵队复员人员组成的一个中队编入其中。敌人以保安第八总队第2大队、第1大队两个中队及惠阳县政警队,分四路向惠阳稔山、霞涌、澳头和大鹏进攻。护乡团接到情报后及时通知"靖沿"部队,要求他们撤离驻地,做好战斗准备。由东江纵队复员人员组成的中队迅速撤离驻地,而另两个中队则因轻敌无备,结果被缴械。

为了反击敌人,护乡团立即发动了一系列的进攻。4月10日,袭击沙鱼涌之敌,俘敌5人,缴获长短枪10支;11日,袭击葵涌乡公所和新圩之敌,全歼守敌,缴获步枪19支;13日,又在西乡盐田伏击宝安县政府警队,毙伤敌2人,缴获长短枪2支。

1947年4月下旬开始,敌人再调集虎门"靖海"部队一个大队及保安第8总队,向惠阳坪山、龙岗、大鹏一带发动第二次进攻,图谋破坏江南地区部队在沿海设立的税站。

江南地区的护乡团以小部队坚持在沿海与敌周旋,主力避敌锋芒,转移外线出击。5月中旬,护乡团第1大队一个中队夜袭镇隆联防队,俘敌5人,缴获步枪7支;6月20日,突袭横岗,全歼守敌10余人,缴获步枪16支;接着,部队开进路西,先后袭沙河、击大坪、攻石竹坑、打大船坑,迫敌回防宝(安)太(平)线。

1947年春夏之间,大鹏地区建立了武工队,负责人是廖梦和蓝介夫,有王生余、钟宝贵、钟坚、黄德辉等十多个队员。他们深入农村渔寨,宣传党的路线、方针和政策,动员群众参军参战;协助部队打击地方反动势力,禁烟禁赌,搜集敌人军事情报,配合部队运输、作战。

7月中旬开始,敌人又以保安第八总队三个中队、盐警中队及惠阳县政警第二中队的兵力,分水陆两路第三次进攻坪山。

江南部队再次跃出外线,挺进惠州外围,破桥炸车,散发传单,骚扰惠州;并以一部袭击白花圩,俘敌8人,缴获步枪5支,迫使敌人返防惠州。

当敌人一部撤离坪山时,江南部队设伏将其击溃,毙敌9人,缴获长短枪十余支。其后，江南部队乘胜再袭沙鱼涌，全歼守敌 18 人，缴获步枪 13 支。

10 月 29 日，夜袭深圳文锦渡，毙敌 1 人，俘敌 2 人，缴获轻机枪 1 挺，长短枪 11 支。

与此同时，护乡团第三大队袭击东莞连平联防队，全歼守敌，缴轻机枪 1 挺，步枪 29 支。

11 月开始，敌以广州行营特务团一个营、"靖海"部队一个大队及保安第八总队，向坪山发动第四次进攻。

江南部队机动灵活，转入新区，于敌人空虚之处另辟战场。以一部进击新圩、约场、镇隆一带，缴获步枪十多支，另一部东进惠（阳）、紫（金）边，摧毁乡、村反动政权，威胁惠州、淡水之敌。

12 月 24 日，护乡团一部分两路伏击企图袭击税站之敌，毙敌 7 人，伤敌十余人，缴获长短枪 6 支，余敌溃逃。敌人第四次进攻被挫败。

此后，敌人仍然频繁进攻江南地区，均未得逞。

（二）"清剿"与反"清剿"

1947 年 9 月，宋子文到广东接替张发奎，就任国民政府军事委员会广州行辕主任兼广东省政府主席和广东省保安司令。他的主要任务有三：一是消灭华南人民武装力量；二是出卖华南资源换取美援；三是变本加厉地压榨剥削人民，搜刮民脂民膏，以支持国民党在北方的内战战场。

从 1947 年 12 月开始，宋子文以 8900 余人的兵力，发动了"分区扫荡，重点进攻"的第一期"清剿"，妄图达到"安定华南，支持华北、华中，确保华南最后堡垒"的目的。当时"重点清剿"是粤北和九连，但对江南地区也做策应性的进攻。1948 年 3 月下旬，敌 154 旅、虎门守备总队、保安第八团及地方反动武装先后向江南各地发动进攻。

同年 4 月，活动于江南地区的惠东宝人民护乡团改编为广东人民解放军江南支队，蓝造任司令员。由于部队经过整训，士气旺盛，遂采取积极军事行动，不断打击和消灭来犯之敌人。

江南支队第三团主动向敌人发起进攻，袭击广深路布吉火车站，全歼守敌、俘 30 余人，缴获长短枪 30 余支；4 月 27 日，袭击固成联防队，全歼守敌 20 人，缴获长短枪 20 多支；5 月 12 日，进攻深圳沙头海关及宪兵队，15 分钟全歼守敌，毙敌

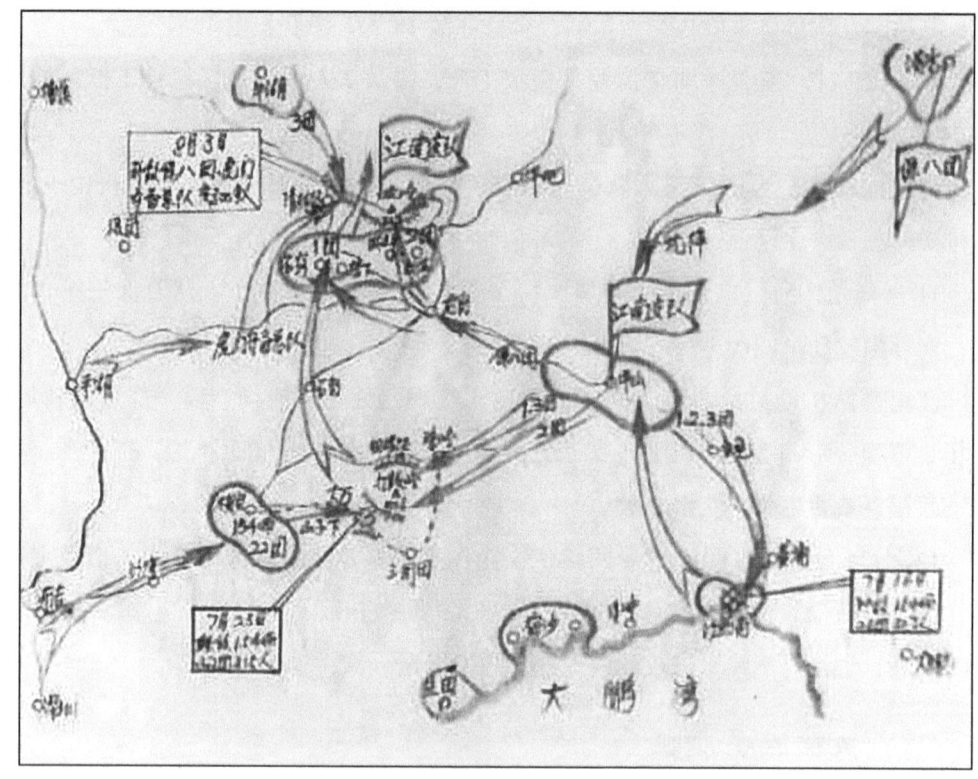

图 5-29 江南支队反"清剿"示意图

8人，俘敌30余人，缴获长短枪30多支、卡宾枪1支、电台1部。16日，又打退了敌人向东莞梅长塘的进攻，歼敌一个连，毙伤敌35人，俘敌24人，缴重机枪1挺、轻机枪1挺、长短枪32支。

此后，第三团又打常平、攻横岗、战白石洲、袭厚街，取得了一系列的胜利。江南支队的其他部队，也先后袭击地主武装，打退保安团的进攻。

1948年6月下旬，敌154师开至广九铁路沿线东莞、宝安和大鹏半岛一带；税警总队进驻东莞；虎门守备总队集结于虎门、深圳两地；保安第八团、保安第十三团、保安独立第七营集结于惠州、淡水、坪山一线，兵力达1.2万余人。除一部分负责广九铁路和重要据点守备，尚有六七千兵力用于机动作战。此时，江南支队已经发展到7千多人，主力团也已建立起来，可以集结机动使用的兵力达1200多人。

中共江南地委和江南支队在中共中央香港分局副书记、粤赣湘边区党委书记尹林平的直接领导下，根据敌我情况，做出了如下的作战方针：

（一）在敌进攻前，先发制人，打乱敌之部署，创造粉碎敌人"清剿"的有利条件；

（二）当敌人发动进攻时，集中优势兵力，在根据地内歼敌一路，以粉碎敌之进攻；

（三）如歼敌一路后，尚不能粉碎敌之进攻，或在坪山地区失去战机时，支队主力部队则转移外线作战，相机歼敌；

（四）地方部队以积极的军事行动配合主力部队作战，打击敌人，牵制敌人，协同主力部队粉碎敌人进攻。

7月初，江南地委根据反清剿的形势，决定采取"先发制人，主动出击""集中优势兵力，各个歼灭敌人"的作战原则，决定主动出击沙鱼涌之敌。7月16日经过四个半小时的战斗，江南支队取得大捷。沙鱼涌歼灭战在广东解放战争中具有重大的战略意义，1948年8月7日，星星（方方少将）在《正报》全面总结沙鱼涌战斗的意义。

（三）边纵的成立与大鹏区委重建

粤赣湘边区人民武装，在反对国民党"清剿"的残酷斗争中，发展成为一支拥有1.5万余人的强大队伍。此时，及时组建全区性的主力部队，更加鲜明地公开斗争旗帜，统一指挥机构，使部队作战能力提高一步，更加机动灵活地打击敌人、消灭敌人，完成建立进退有据的大块根据地的战略任务，迎接野战军南下作战，显得尤其必要，而且条件也已成熟。

就在粤赣湘边区党委召开第一次全体会议期间，中共中央香港分局发来了中共中央军委1948年12月27日关于批准成立中国人民解放军粤赣湘边纵队（以下简称"边纵"）的电报。任命尹林平为司令员兼政治委员，黄松坚为副司令员，左洪涛为政治部主任；1949年2月20日，增补梁威林为副政治委员，严尚民（严奎荣）为参谋长。

1949年1月17日，粤赣湘边纵队下令将江南、江北、九连、潆江、五岭及珠江三角洲等地区所属部队统一改编。江南支队编为粤赣湘边纵队东江第一支队，以蓝造为司令员，王鲁明为政治委员，祁烽为副政治委员，曾建为参谋长，刘宣为政治部主任，支队下辖第二、三、四、五、六、七、八团和独立第一、二营；

粤赣边支队改编为粤赣湘边纵队东江第二支队，以郑群为司令员，钟俊贤为政治委员，曾志云为参谋长，黄中强为政治部主任，支队下辖第二、三、四、六、七团和独立第一、二、三、五大队；

江北支队改编为粤赣湘边纵队东江第三支队，以黄柏为司令员，黄庄平为政治委员，王达宏为副司令员，陈孝中为政治部主任，刘汝琛为政治部副主任，支队下辖第一、二、三、四、五团和独立第一、二营；

北江支队改编为粤赣湘边纵队北江第一支队，以何俊才为司令员，邓楚白为政治委员（邓楚白五月调离后，由何俊才兼任），黄桐华为副司令员，叶镜为参谋长，林名勋为政治部主任，刘少中为政治部副主任，支队下辖第一、二、三、四、五团；

粤赣湘边区人民解放总队改编为粤赣湘边纵队北江第二支队，以黄业为司令员（黄业后调离，由张华兼任），张华为政治委员，叶昌为副司令员，袁鉴文为副政治委员，陈中夫为政治部主任（陈中夫调离后，由张尚琼继任），下辖第一、二团。

同时，从五岭地区抽调兵力，组建粤赣湘边纵队赣南支队和湘南支队。赣南支队以刘建华为司令员兼政治委员，戴耀为副司令员，金阳为副政治委员，云昌遇为政治部主任；

湘南支队以刘亚球为司令员兼政治委员，李林为副司令员，李同文为副政治委员，金阳为政治部主任（后为唐麟）；珠江三角洲部队则待条件成熟后编为独立团。

1948年11月，中共大鹏区委再次建立。区委书记李光，组织委员邹洪，宣传委员邓庭（后兼葵沙、桂岗两乡指导员）。

区委建立后，各乡的党组织也相应建立。

1948年冬，派出支部（书记郑北星）、下沙支部（书记高观保，即高峰）和葵沙乡地方支部（书记欧敏）先后建立。

1949年春，为了更好地开展党的工作，葵沙乡武工队党组织和葵沙乡地方党支部合并成立葵沙乡总支部。书记李煌，副书记欧敏，组织委员黄灵，宣传委员欧阳火，有党员20多人（至1949年底发展到30多人）。

8月，桂岗乡支部建立，书记陈木荣，组织委员黄容光，宣传委员林顺通，有党员4人，不久又吸收了黄勋、蓝忠、何奇等人入党。

东江纵队北撤后一直坚持活动的岭澳支部（书记董合，副书记董均祥，支委吴华生），这时也开始发展党组织，不断壮大党的力量。

大鹏地区各级党组织的建立与发展，推动了区乡政权的建立。

大鹏区委建立后，接着成立了区政府，区长先是邹洪，后为谭文权，副区长曾其中。

1949年春夏之间，先后建立了葵沙（乡长何钦明）、王母（乡长李添进）、鹏城

（乡长郭平）、桂岗（乡长先是曾基，后为黄容光）、南平（乡长王灶金）等乡人民政府。

（四）迎接解放

1949年4月，解放军攻占南京，南下大军以摧枯拉朽之势，扫荡蒋家王朝的残余势力。

在新的革命形势下，大鹏各级党组织积极响应华南分局关于"一切为了支援前线，一切为了迎接并配合南下大军，加速解放全广东、全华南"的伟大号召，迅速行动起来，开展形势宣传、减租减息、反霸、扩军、禁烟禁赌和缉私等工作。

在大鹏党组织的领导下，大鹏地区掀起了迎军支前热潮，有2000多名青年群众参加战勤队和民工队，协助部队运输、担架、抢修公路、筹办粮草。葵沙乡以党员为骨干，组成一支30多人的战勤队，由乡委李超带领前往惠州等地支前，由于队员纪律严明，工作积极，被评为模范战勤队。

从1947年起，国民党东江指挥部就派出黄玉如率领无番号的匪军一个大队来到大鹏地区，驻南澳一个中队、王母一个中队、鹏城一个中队共300余人，大队部设在鹏城。这些匪徒在大鹏，平日里无恶不作，群众恨之入骨。这时也开始惶惶不可终日。黄玉如也自知末日将临，该部的吴斌想脱离，另立山头当流寇，被黄玉如处决。

当时大鹏当地武装力量想攻城消灭黄玉如，但上级未予批准，要求地下党组织策反该部投诚。同一时间，国民党军统广东省情报局为了不让黄玉如向我军投诚，派出一位名叫温苏文的情报员，以税务所长的身份，对黄玉如实行控制监督。

黄玉如在和地下党谈判时，心里摇摆不定，提出以下条件：一、保证全家安全；二、财产不充公；三、允许其随员一起逃去香港。我方一一答应。但温苏文控制很严，黄玉如又怕泄密会被其上级处决。温苏文想向其上司请示，逮捕黄玉如及其副手，但被地下党内线察觉。武工队在水头、叠福两地设伏，后在水头生擒温苏文。

黄玉如举棋不定之时，不料其部下、南澳中队队长谢波率200余人，向珠三角地区逃遁，俘走农工党人周伍之。后来，周伍之由农工党出面向国民党保释。中华人民共和国成立后，周伍之曾任江门市副市长。

黄玉如见大势已去，只好匆忙率少数随从，狼狈逃往香港，长期盘踞在大鹏半岛的反动武装纷纷溃散、逃窜，反动政权土崩瓦解，大鹏全境解放。

历尽沧桑的大鹏地区人民,在中共的领导下,经过曲折的道路、艰苦的斗争,终于在1949年10月迎来了解放。

1949年10月1日下午,毛泽东在天安门城楼上按动电钮,升起了庄严的五星红旗。在此之前的八九个小时,清晨6点多钟,就有一面五星红旗在大鹏王母圩冉冉升起了。

(五) 解放三门岛

三门岛位于大鹏半岛以南,与东涌、西涌遥遥相对,海面距离约4千米(在炮火射程内)。

岛上有妈湾、北寇两个自然村。妈湾有四五十户,200多人。北寇有十多户,五六十人,均以捕鱼为业。

三门岛为惠阳、汕头沿海地区通往香港的主要航道,在经济上、军事上均有着重要地位。岛上有国民党的海关,海上有水警巡防。

1938年10月12日,日军发动侵略华南战争,即经由三门岛到大亚湾登陆。抗日战争时期,这里是东江纵队海上大队的基地。1949年11月,汕头、惠阳沿海地区相继解放,国民党残兵败将凌炳权、胡三连等部2000多人溃退到三门岛上构筑工事,企图固守顽抗。解放军势如破竹,穷追逃敌,随即组织解放三门岛的战斗。奉命解放三门岛战斗的部队有:珠江军分区十四团、两广纵队由袁庚率领的炮团、东江军分区七团。

以十四团何通副团长为主,由炮团参谋长傅志刚和李和带领的七团参加,组成解放三门岛临时指挥部,统一领导指挥。

解放三门岛是渡海作战,解放军部队渡海作战工具、器材均较落后(全部是木帆船),加上三门海峡海宽水深风浪大,岛上敌人又筑有滩头前沿阵地,取胜的困难相当大。但解放军部队士气旺盛,且有炮兵掩护渡海作战,只要组织妥善,指挥正确,解放三门岛的战斗便一定能取胜。

1950年1月6日早晨7点整,指挥部下达命令,三发信号弹随即升起。这时主攻部队乘坐的船只马上编成三角战斗队形,向着各自的目标,扬帆飞向三门岛。

参加渡海作战的全体指战员和船工,在强大的火力掩护下,冒着敌人炮火抢渡登陆。不到30分钟,渡海部队全部登陆成功,迅速抢占了敌人滩头阵地,摧毁了敌人的前沿阵地。

国民党凌炳权和胡三连的残兵被打得惊慌失措，溃乱不堪，纷纷向南仓皇逃窜。解放军乘胜追击，敌人最终投降缴械。战斗在黄昏胜利结束。

此次解放三门岛的战斗，仅仅用了几个小时，共歼敌2000多人，缴获八二炮6门、六〇炮3门、轻重机枪37挺、长短枪500支、子弹20多万发、物资一大批。

在部队准备解放三门岛战斗打响前，大鹏地区党组织充分动员群众支援解放军运送战斗物资，鹏一、王母两乡群众积极响应。12月31日，大鹏人民集中一起配合部队运送弹药，群众与马匹一同前进。途中有一匹马由于过度疲劳累死了，支前队马上帮忙负担马上的物品，把物资运到东涌。

当晚5点多，天将黄昏时，支前队把战斗物资全部运上山顶，大炮的炮口对准三门岛。同时，鹏一乡的妇女还积极筹办慰劳品，仅一个晚上就筹集了3万斤白米，并做好糕点，杀猪、杀鸡，由海上送到三门岛慰劳部队。

随着三门岛战斗的结束，惠东宝大地回到了人民的手中，大鹏半岛从此掀开了新的历史篇章。

第三节　大鹏半岛红色革命资源

大鹏半岛是中国共产党领导的东江纵队的策源地和根据地。东江纵队的电台、兵工厂、医院、军政干部学校、青年干部训练班等等都设在这里。大鹏半岛的100多个古村落，都留下了东江纵队将士的足迹。东江纵队护航大队成立并驻扎在大鹏半岛，港九大队也曾经在大鹏半岛设立长期后勤基地和临时指挥部……

1938年，大鹏半岛成立海岸读书会，掀起轰轰烈烈的抗日救亡运动。此后一直到东江纵队北撤，大鹏半岛虽然是我、敌、伪、顽反复争夺的地区，但党组织的力量强，群众基础好，掌握了许多基层政权和地方自卫队。且南澳鹅公、西涌一带以及七娘山区等边远地区一直在游击队的控制下。作战部队、干部学校、领导机关及后方医院等机构都在大鹏半岛有过驻扎，发生了多次大的战斗和重要的历史事件，大鹏半岛最终成为稳固的革命根据地。大鹏地区的党组织从1938年10月（采用钟原回忆史料）成立直到今天，一直薪火相传，从未停止过活动。

大鹏古城博物馆专门成立课题组，开展大鹏半岛红色革命资源现状调查工作，对现存史料、图片和历史文物进行梳理。发生在大鹏半岛的重大事件和惊心动魄的革命斗争故事，展现了中国共产党人为了民族解放事业和人民而奋斗的英勇不屈的革命精神。课题组对大鹏地区丰富的革命历史遗迹进行了初步的勘察测绘,基本摸排了大鹏新区红色革命资源的"家底"。根据本次调查掌握的基本情况,课题组对这些红色革命资源进行了如下分类:革命旧址 45 处;革命遗址 20 处;革命人物故居、旧居 138 处。

一、葵涌

(一) 遗址、旧址

1. 沙鱼涌战斗遗址

沙鱼涌位于葵涌街道,为葵涌河的出海口,与香港隔大鹏湾相望,地势险要,且战略位置极其重要,历来是兵家必争之地。

1925 年的省港大罢工期间和抗战时期,香港沦陷,通往香港的陆路交通被截断,沙鱼涌便成为海上连接粤港的重要口岸,各方也将其作为争相控制的要冲。沙鱼涌对广东和香港抗战,乃至中国革命产生了重大影响。其间,沙鱼涌主要发生了两次重要的战斗:血战沙鱼涌和沙鱼涌奔袭战。

1925 年,省港大罢工爆发后,为了封锁香港,罢工委员会封锁了香港及其周边的出海口,派工人纠察队进驻沙鱼涌、南澳、东山等港口,禁止这些港口的船只往来香港。蔡林蒸率领省港罢工工人纠察队第十支队驻扎沙鱼涌。港英政府与宝安县民团、土匪以及陈炯明、郑润琦的反动军队互相勾结,围攻驻守沙鱼涌的工人纠察队。11 月 4 日清晨,敌人集合上千人,英帝国主义兵舰也在海面上集结,开始向工人纠察队发起进攻,周士第、廖乾五率领驻守深圳的孙中山大元帅府铁甲车队 4 个班 50 余人驰援沙鱼涌,纠察队和铁甲车队加起来只有 100 多人。双方在沙鱼涌展开激战。由于双方力量悬殊,上午 9 时,纠察队和铁甲车队主力向东面突围。这是铁甲车队和罢工工人纠察队在封锁香港的斗争中武装反击帝国主义的一场最激烈的战斗。此次战斗中仅有铁甲车队的 50 余人和工人 60 余人,对抗敌方有英国军舰的炮火支援的 1000 余人,取得毙伤敌参谋长 1 人、连长 2 人、排长 5 人、士兵 200 多人的战果,给港英当局和反动势力以沉重打击。纠察队和铁甲车队伤亡 30 余人,纠察队长蔡林蒸、排长李振森牺牲。史称"血战沙鱼涌"。

另一次重要战斗是发生于 13 年后的"沙鱼涌奔袭战"。1948 年 7 月,为了粉碎宋子文的第二期"清剿",粤赣湘边纵队江南支队做出战斗部署,决定以第一团三个连、第二团独立中队、第三团钢铁连，负责正面主攻沙鱼涌圩，其任务首先是解决敌军营部，然后突击山上的炮班阵地，并向海关攻击；以一个排的兵力控制沙鱼涌隔河对岸小山，用火力封锁渡口以防敌渡河逃遁；以一个排的兵力，占领官湖村阵地，阻止敌军向东逃窜；以两个连的兵力在土洋村两侧展开，担负阻击可能由溪涌方向来援之敌。

战前，大鹏地方党组织积极配合部队做好各种战斗准备工作。廖梦率大鹏武工队以假装打猎、担鱼脚、网鱼等方法巧妙地靠近前沿阵地，侦察敌情，为部队提供了准确的军事情报。部队指挥所设在沙鱼涌东侧300米的高地上。7月15日夜，部队向沙鱼涌推进，16日凌晨抵达预定攻击位置。凌晨4时，北面部队向敌军营部发起进攻，另一部同时在南面向海关东侧高地之敌排哨发起攻击。沙鱼涌西侧高地的一个排，则以集中火力掩护攻击部队。

从南面攻击的部队，发现敌排哨附近还有一个班哨时，即当机立断，兵分两路对敌方排哨和班哨同时发动猛烈进攻，使他们不能互援。敌军顽强抵抗，突击部队受阻，副连长戴来牺牲。在强大火力的掩护下，突击部队不怕牺牲，经30分钟战斗，攻占敌方排哨和班哨阵地。然后，以一个连的兵力向沙鱼涌东侧山地推进，协同北面部队，攻击敌营部，其余部队则围攻海关之敌。北面攻击部队向敌营部发起

图 5-30　沙鱼涌

了攻击，以一部分兵力直插街口。夺取敌街口碉堡后，以小部分消灭街口敌军，以大部围攻敌军营部。并利用敌方军官家属向守敌喊话，展开政治攻势。但营部之守敌依然负隅顽抗，突击部队受阻。其后，突击部队从敌军营部屋后大树登上屋顶，掀开瓦面，用手榴弹向屋内攻击。敌军顿时乱作一团，正面部队乃乘虚而入，歼灭营部之敌。敌军营部被解决后，南面部队协同北面部队，分两路夹击，很快将海关之敌消灭。8时30分，战斗胜利结束。此次战斗击毙敌兵120人，伤敌22人，俘敌连长以下185人。缴获八二迫击炮2门、六〇炮2门、重机枪2挺、轻机枪8挺、卡宾枪2支、长短枪180多支、子弹7万发、电台1部及物资一大批。江南支队副连长戴来以下12人英勇牺牲，20人负伤。

沙鱼涌奔袭战，给敌人以沉重的打击，使敌人大为震惊，迫使敌军于即日退出大鹏湾北畔的溪涌、陈坑、大梅沙、小梅沙、盐田等据点，从而打乱了宋子文"重点进攻"的部署。江南支队则解除了南面受敌之威胁，而集中力量对付正面之敌。这次战斗的胜利，打乱了敌人第二期"清剿"的部署，大大鼓舞了部队和人民群众的信心和斗志。

2014年，沙鱼涌村经过改造，成为深圳东部融合客家古村文化、红色革命传统教育和滨海生态旅游的一处"世外桃源"。

图5-31 江南支队沙鱼涌战斗英雄合照

2.海岸读书会、海岸流动话剧团活动遗址

海岸读书会、海岸流动话剧团活动遗址位于现坝光社区坝光村。

1935年,黄闻和陈培、蓝造、黄岸魁等进步青年在大鹏半岛的坝光发起"海岸读书会"。1936年12月,"西安事变"和平解决,促进了抗日民族统一战线的形成和发展。1937年1月,黄闻召集蓝造、黄业、陈培、陈永、黄岸魁、黄德明、钟原等人,在坝光学校讨论如何开展抗日救亡活动,决定将"海岸读书会"更名"救国会"。

图 5-32 坝光海岸

图 5-33 坝光村蓝氏宗祠

并从香港购回一批进步书籍，组织学习，进行抗日救亡宣传。

1937年"七七事变"后，抗战烽火燃遍全国。1937年8月，黄闻倡议组建"海岸流动话剧团"，并担任团长。蓝造、陈培、陈永、黄业、钟原、潘清、赖仲元、袁庚（欧阳汝山）、张平、黄捷英、陈通、陈秀、王柏、陈瑞、刘锦进（刘黑仔）、黄德明（黄华茂）等人都是话剧团的重要成员。坝光学校成为话剧团的活动中心。话剧团成员带着自己置办的锣鼓服装等简易道具，走上街道墟市，以通俗易懂、新颖活泼的戏剧表演形式，宣传抗日形势和救国主张。尽管话剧团的活动时间不长，但在大鹏湾和大亚湾的许多地方都留下了足迹。2016年，海岸读书会和海岸流动话剧团活动的坝光学校被拆除。

3. 侵华日军登陆大亚湾遗址——盐灶村

侵华日军登陆大亚湾遗址位于现坝光社区盐灶银叶树公园内。

1938年10月11日（农历八月十七日）晚，日本军舰云集大亚湾最深水的港湾、惠阳霞涌至盐灶背的亚婆角。第二天凌晨2点，日舰启用橡皮艇运载步兵登陆，同时施放烟幕遮掩行动。当时盐灶背黄姓大族正在宰猪，准备秋祭祖坟，日军进村时村民还以为是中国军队，待看清是日军后，吓得立刻仓皇逃走。

图 5-34　盐灶海滩

日军登陆后，在大亚湾集结兵力，分左翼、右翼和中路三路发动进攻。左翼、右翼分别在平海、霞涌和澳头登陆。中路是日寇主攻部队，主登陆点是从澳头圩以东5千米的马涌至霞涌以西桂米涌七八千米长的沙滩。

据坝光蓝瑞景先生现场指认，日军在盐灶村也有三个登陆点：庙仔头，周屋背，坳背（现均位于银叶树公园内）。因为村民的反抗，坝岗、盐灶等村有100多人被日军杀害，500多间民房被烧毁。日军还砍了十棵很大的银叶树运到澳子吓去做防空洞。日军此次登陆的主要目的是尽快占领广州，但仍在大亚湾和大鹏湾驻军长达一年多。

4. 侵华日军残杀无辜乡民旧址——坝光关帝庙

1938年10月12日，侵华日军登陆大亚湾后，将来不及逃进山林而躲进坝光村关帝庙神台下的老人和小孩等8位无辜乡民残忍杀害，其中一位是蓝造的奶奶。有一个女童，竟然被疯狂的日军用刺刀挑起。坝光的白沙湾、洞梓和大鹏的岭澳等村均遭日军血洗屠杀。

图5-35　坝光关帝庙今貌

5. 深圳地区打响抗战第一枪旧址——坝光西乡围

深圳地区打响抗战第一枪旧址位于现坝光社区西乡围村。

1938年，日本侵略军已逼近华南地区。5月，蓝造、黄业等人在坝光组建一支40余人的群众自卫队。同年暑假，黄闻代表大鹏半岛进步青年参加了中共坪山支部负责人陈铭炎在坪山召开的抗日救亡工作座谈会。会后，黄闻回到坝光学校与陈培、陈永商议，决定响应中国共产党拿起武器进行抗战的号召，将坝光群众自卫队整编为"坝光乡抗日自卫队"。黄岸魁被推选为队长，黄闻负责政治工作。蓝造、黄业、黄端华、黄敏、黄林、林丰时、黄和、钟少华、黄德明、钟原、袁庚等20多人均为自卫队员。

八九月间，中国军队在淡水到澳头的大亚湾海滩上，修建多座钢筋水泥地堡，构筑防御工事。坝光乡抗日自卫队也在坝光到小桂的一段海滩上，做好了抗击日寇的准备。在日军登陆大亚湾的前一天，10月11日中午，两艘日军快艇突然向海滩驶来，一小股日军上岸刺探情报，深入到距坝光村不远的西乡围。坝光乡抗日自卫队设下埋伏，对日军发动袭击。袁庚打响了深圳地区抗战第一枪。后因武器装备优劣悬殊，自卫队主动撤离。

西乡围为萧氏聚居地，是坝光24个村落中唯一讲大鹏本地方言——大鹏话的自然村落。2016年，西乡围村被拆迁，划入大鹏新区坝光国际生物谷的征地范围。

目前，西乡围村尚存村口的树头伯公、萧氏宗祠及一些建筑的残垣断壁。萧氏宗祠格局为两进一天井，面宽5米，进深10米，占地面积50平方米。

6. 土洋村东江纵队司令部旧址——土洋天主教堂

土洋村东江纵队司令部旧址位于现土洋社区。

1941年太平洋战争爆发，在土洋办教堂传播天主教的意大利籍神父撤离后，广东人民抗日游击队将总队部设于此。1943年12月2日，根据中共中央指示，经过5年英勇奋战的广东人民抗日游击总队改称"广东人民抗日游击队东江纵队"。司令员曾生、政治委员林平（即尹林平）、副司令员兼参谋长王作尧、政治部主任杨康华联合签署了《东江纵队成立宣言》，通电全国，公开宣布接受中国共产党领导。东江纵队成立后，司令部设于土洋天主教堂。楼上是会议室和曾生、林平、王作尧等领导同志的住所，电台设在西侧小平房内，还有一处油印间和马厩。马厩门外有一棵树，当年曾生司令员经常把马拴在这棵树上。楼房后面的小平地是小型练兵场。练兵场后有山脊小径可通设有哨所的山顶。

1944年上半年，世界反法西斯战争节节胜利。日本帝国主义为了加强它在太平洋战场的防御力量，企图以中国大陆作为垂死挣扎的基地，实施了打通从东北到广东、南宁至越南的大陆交通线，使在中国大陆的日军与孤悬于东南亚的日军联系起来的战略计划。在这种形势下，1944年7月5日，中共中央军委致电东江纵队和琼崖纵队时指出："为着迎接新的伟大胜利，首先必须在思想上有充分准备。为此，必须更亲密团结自己的队伍。加紧整风，打通干部思想，坚持统战政策，加强与根据

图 5-36 萧氏宗祠

地人民的血肉联系,坚持原阵地,并力求继续发展,扩大武装部队,建立广大的与牢固的根据地。"7月25日,中共中央又两次来电指出:"广东人民抗日武装和游击根据地,已成为广东人民解放的旗帜,使我党在华南的政治影响和作用日益提高。一旦日军打通湘桂铁路和粤汉铁路南段,华南将沦于敌手,广东党组织及其领导下的人民抗日武装的作用和责任将日益增大。如果美英盟军在太平洋上继续作战取得胜利,接近中国南方海岸,实行对日反攻,广东人民抗日武装将成为一支与盟军直接配合作战的重要力量。因此,你们应坚持开展敌后游击战争之方针,加强进行工作。"8月,中共广东省临时委员会和东江军政委员会在这里召开联席会议,史称土洋会议。会议由省临委书记尹林平主持,梁广、曾生、连贯、王作尧、杨康华、罗范群等出席会议。土洋会议召开后,东江纵队由小股分散的游击活动转变为较大规模的集团作战,抗日武装斗争由战略防御转向战略进攻。1945年3月,东江纵队司令部由此迁往惠州博罗罗浮山。

中华人民共和国成立后,土洋村一度利用东江纵队司令部旧址开办小学。1984年8月,深圳市人民政府将东江纵队司令部旧址列入深圳市重点文物保护单位。1995年4月,东江纵队司令部旧址被深圳市委列为爱国主义教育基地。1997年3月,市、区、镇共投入200多万元资金,对东江纵队司令部旧址进行修复,并设立

图 5-37 东江纵队司令部旧址

东江纵队史迹展览馆。展览馆分三个展室，陈列着一批重要文物，介绍了东江纵队组建发展壮大的历史过程，再现了东江纵队的主要史迹。1998 年 5 月 4 日，修复后的东江纵队司令部旧址和展览馆正式对外开放。2002 年 7 月，东江纵队司令部旧址被广东省人民政府公布为广东省文物保护单位。2012 年 12 月，东江纵队司令部旧址被深圳市委公布为深圳市第一批党史教育基地。2019 年 10 月，国务院公布东江纵队司令部旧址为全国重点文物保护单位。

土洋村东江纵队司令部旧址原系意大利天主教堂，建于 1912 年。土木结构，由

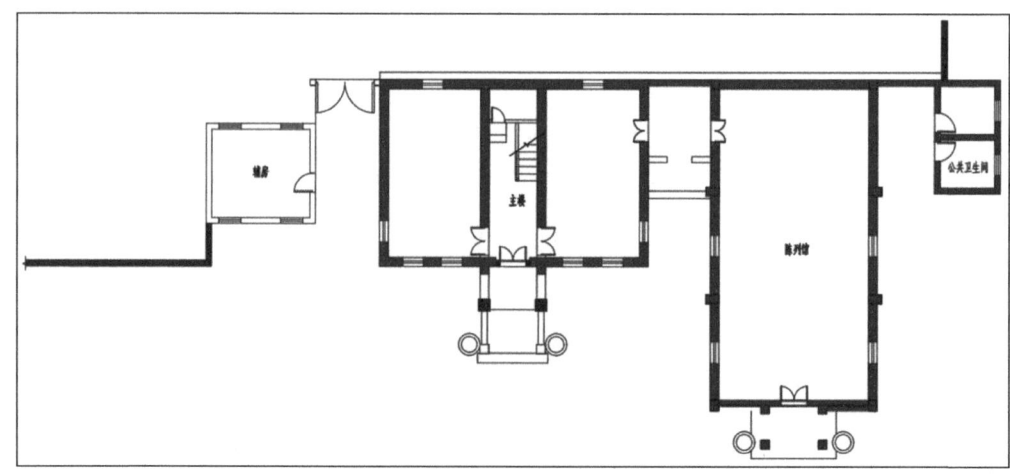

图 5-38 东江纵队司令部旧址一层平面图

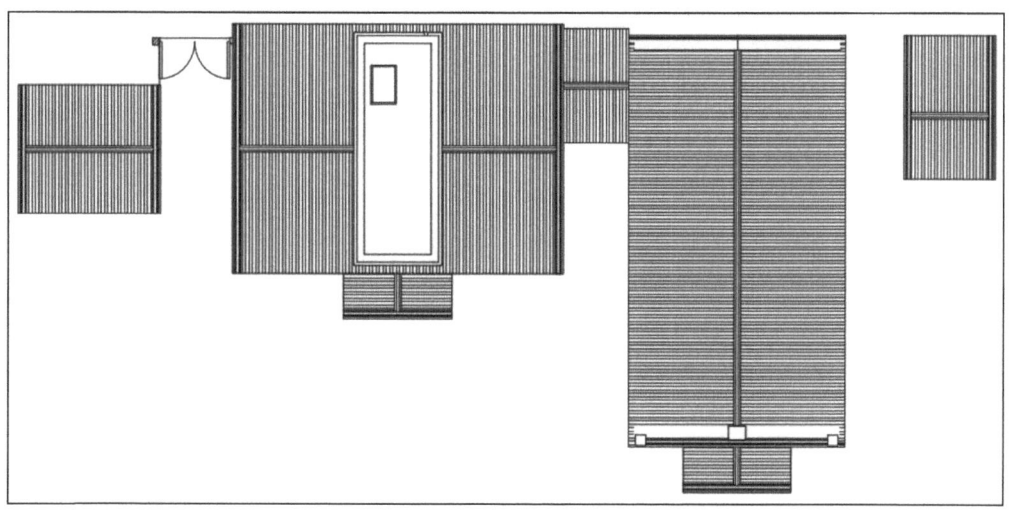

图 5-39　东江纵队司令部旧址屋面图

图 5-40　东江纵队司令部旧址正立面图

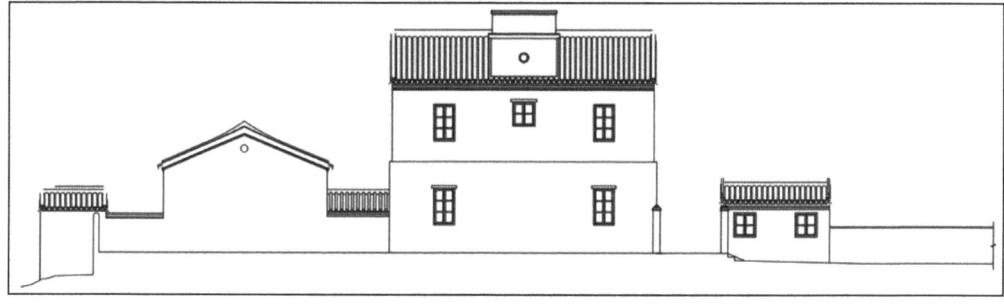

图 5-41　东江纵队司令部旧址背立面图

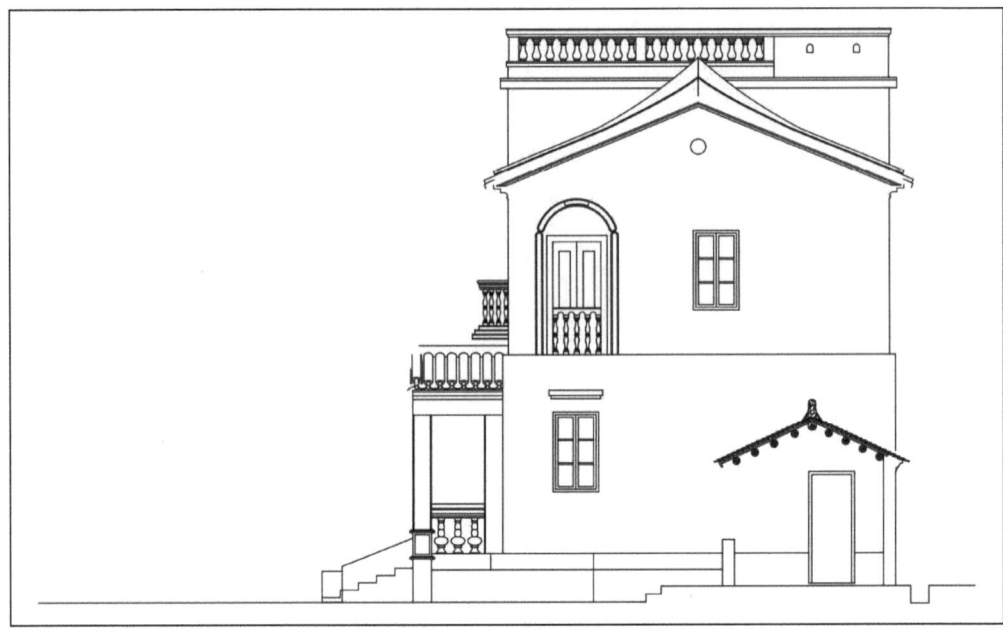

图 5-42　东江纵队司令部旧址侧立面图 1

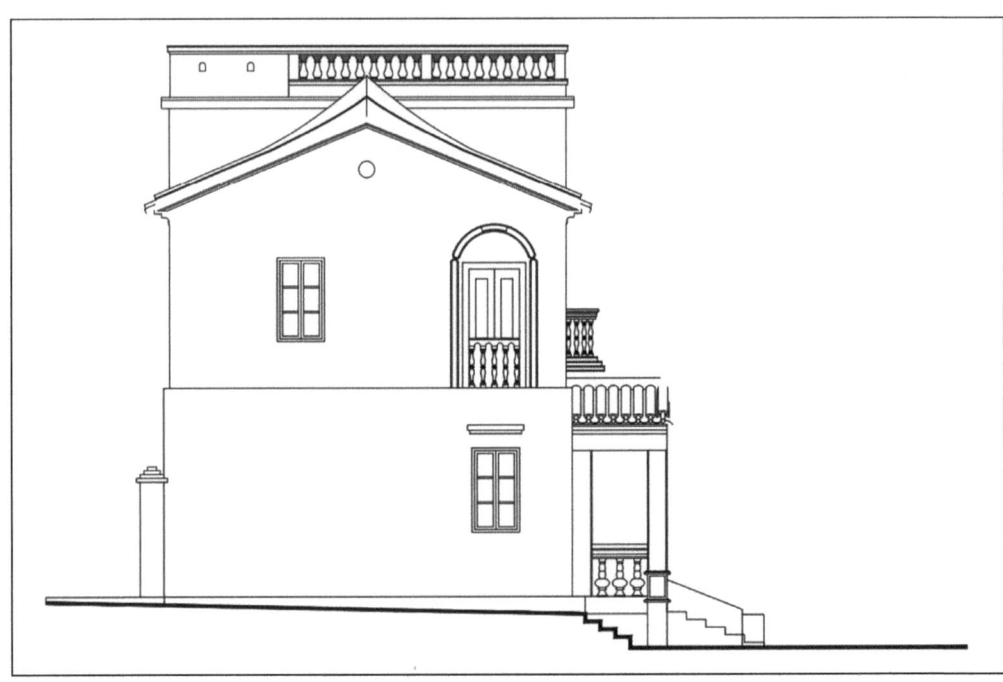

图 5-43　东江纵队司令部旧址侧立面图 2

主楼、礼拜堂和附属用房等三部分组成，中间有走廊相通。主楼二层，有一厅一间厢房，楼上有阳台，东侧有一座平房，为礼拜堂，西侧还有一间小平房。主楼高 9.8 米，宽 11.4 米，进深 7.75 米，原为神父寝室，外观及装饰颇具西洋建筑风格。建筑总面积 400 平方米，经修复已恢复原貌。屋前龙眼、乌桕、笔管榕等古树历经硝烟，仍郁郁苍苍、枝叶繁茂。

7. 文化名人大营救东线登陆点——东芃湾海滩

文化名人大营救东线登陆点位于土洋社区沙鱼涌出海口东岸 1 公里的东芃湾海滩。

1941 年 12 月 8 日，太平洋战争爆发。日军在偷袭美国海军基地珍珠港的同时，进攻香港。12 月 25 日，香港沦陷。广东人民抗日游击总队遵照周恩来的指示，抢在日本人找到滞留港岛的文化名人和爱国民主人士之前，将他们营救出来，护送到大后方。

在这场持续了近 200 天的行动中，广东人民抗日游击总队在九龙半岛开辟了数条秘密营救路线，最主要的有两条：一条是从青山道经荃湾、元朗进入宝安游击区的陆上交通线，通常称为西线；另一条是九龙至西贡，经葵涌沙鱼涌进入惠阳游击区的海上交通线，通常称为东线。沙鱼涌是东线中最重要的交通点，其余的还有大

图 5-44　今日东芃湾海滩

鹏湾沿岸的盐田、上洞、油草棚、下沙、南澳等。走东线的文化名人和爱国民主人士，大多为身份已经暴露的、年高体弱的或者容易被日军识认的。

1942年元月初，这次大营救的组织者也是第一批被营救者廖承志（时任八路军驻港办事处主任）、连贯（后任八路军驻港办事处书记兼华侨工委委员）和乔冠华（后任外交部部长）等四人在港九游击队、短枪队、护航队等广东人民抗日游击总队各行动队的掩护下，一路走东线顺利到达沙鱼涌东芬湾海滩。他们一上岸，即被惠阳大队接至惠阳游击区。稍晚些时候，中共南方工作委员会副书记张文彬和广东人民抗日游击队政委尹林平也通过相同路线抵达沙鱼涌。

元月中旬，邹韬奋夫人沈粹缜和三个孩子走东线抵达惠阳后，再到白石龙附近的阳台山与邹韬奋团聚。其计有100多位文化名人、爱国民主人士和盟国友人经大鹏湾沿岸脱险。其中有张友渔韩幽桐（《华商报》的总主编、"救国会"负责人之一）夫妇、农工民主党负责人李伯球、爱国商界人士邓文田夫妇及其兄弟邓文钊等。

抗日战争期间，为了巩固抗日民族统一战线，港九护航队还帮助和营救了不少国民党官员和眷属。国民党第七战区司令长官余汉谋夫人上官德贤及其随从人员，就是经护航队营救在上洞登岸而脱离虎口。此外，护航队还护送了国民党南京市市长马超俊夫人姐妹和著名电影明星胡蝶等人。营救文化名人和爱国民主人士是抗战史上的一个重大事件。沙鱼涌及大鹏湾沿岸在整个大营救的行动中发挥了极其重要的作用。

现在的东芬湾海滩，水清沙幼天蓝，是一处免费开放的旅游度假好去处。

8. 坝光坳伏击战遗址

坝光坳伏击战遗址位于现坝光社区与鹏城社区桐梓居民小组接壤处，排牙山和横头岭间的山坳。

1942年冬，国民党反动派聚集重兵，向抗日根据地大鹏半岛发动"围剿"。国民党杂牌军陆如钧大队进驻大鹏所城、王母墟等地进行"驻剿"，企图切断广东人民抗日游击总队进入大鹏半岛的陆上通道。广东人民抗日游击总队总队长曾生要求刘培独立中队想办法拔掉这个"钉子"。

当时，驻大鹏所城顽军经常派出一个中队，到坝光、小桂村一带以"进剿"游击队为名，大肆抢掠财物、奸淫妇女，危害百姓。刘培独立中队决定消灭这股顽军，经过缜密策划选定在坝光坳进行伏击。

坝光坳路险林密，地势险要，是打伏击战的理想地方。1943年元旦拂晓，刘培带领部队来到坝光坳一片树林里埋伏，可是顽军没有出动。第二天，独立中队在刘培、叶基率领下，仍按原定作战计划进入阵地隐蔽，沉着、耐心地等待。这天，顽军出动了。国民党顽军王玉如中队过坝光坳向小桂方向开进。刘培独立中队决定趁顽军返回时再打。下午2时左右，王玉如带着人马，扛着、背着抢来的东西，队伍稀稀拉拉，毫无戒备地向刘培独立中队的伏击圈内走来。待敌人全部进入伏击圈后，刘培独立中队立即发起攻击。机关枪、冲锋枪、步枪一齐射击，顽军乱成一团。副中队长叶基发出冲锋号令，小队长魏辉、王键等率领部队，冲入敌人之中强令敌人缴枪投降。仅10多分钟即胜利结束战斗。20分钟左右，陆如钧带100余人前来增援。待他们爬至半山腰，刘培独立中队组织火力，交叉射击，打得援敌仓皇逃回。

坝光坳伏击战胜利结束，共歼顽军50余人，缴获机枪2挺，步枪50多支，对顽军震动很大。第二天，驻大鹏所城、王母墟、澳头等地的顽军即慌忙撤回淡水，其"驻剿"阴谋被粉碎。

坝光坳伏击战遗址所在的坝光坳古道自2016年开始，被逐渐改造成登山徒步径，保留了部分山石铺成的路面。

9. 中共广东临时省委沙鱼涌交通站旧址

中共广东临时省委沙鱼涌交通站旧址位于现土洋社区。

中共广东省临时工作委员会成立之后，为了与地方党组织取得密切联系，沟通香港与各方面的关系，方便党的活动，在沙鱼涌设立了中共广东临时省委沙鱼交

图 5-45　昔日沙鱼涌

通站。沙鱼涌交通站的负责人是原中共东江特委委员张持平和李惠群。

当时，交通站为了掩护和便利工作，方便接头联系，以做生意的形式，在沙鱼涌接管了原地方党组织办的一间名为"万隆号"的小店铺作为站址，经营一些糖、烟、酒、米、油等杂货，主要交由李运、李佛带负责管理。

"万隆号"没有本钱，只好将组织上发给交通站的几个月生活费，共一百几十块钱作本钱。后来部队打胜仗，缴获的物资交一部分给"万隆号"售卖，以充实本钱。店内还设置了几张床铺，既可供来往交通站的同志住宿，又可以供旅客住宿，还可以避免外人对"万隆号"产生怀疑。

为了把工作做得更秘密更保险些，交通站将更秘密的接头地点设在屯洋村李惠群家里。来往接头的同志有更机要的事宜，需要较长时间商量交代或交接较重要机密文件等，就在李惠群家里进行。张持平及爱人杨桂琼也住在李惠群家里。一般情况下，张持平白天到沙鱼涌"万隆号"工作，晚上返回李惠群家里。

沙鱼涌交通站与部队和地方交通站都有联系，如淡水、坑梓、樟树埔交通站。他们之间经常接头联系，传递情报文件电信等。

沙鱼涌交通站的任务，主要有三个方面：

第一，接待转送过往的同志。负责他们的食宿、路费及安全。地方党组织的一般同志，有事要见临时省委或要向临委汇报请示工作，就是通过交通站转到省委的。交通站也接待转送了一些由地方党组织输送到临时省委和东江纵队司令部分配工作的干部。

第二，以交通站为桥梁，接待转送民主党派人士，使临时省委与民主党派取得联系。

第三，传递情报文件电信等。交通站建立几年，做了许多政治、军事、经济等情报和文件电信等的传递工作。东江纵队司令部设有电台，经常与延安党中央联系。党中央和毛主席有什么指示和通知，则由这个交通站转到地方其他有关情报站。淡水交通站黄牛仔（即黄道胜），经常以小行商（水客）的身份带一些草烟、生油之类的商品前来联系，传递情报文件等。坑梓交通站李有（女）经常以探亲做客的形式挑一担小稻箩来联系传递情报文件等。

1943年底，东江纵队正式成立后，张持平调到部队工作，组织上派王鲁明来接替张持平的工作。那时"万隆号"小店结账，去除接待过往同志费用和交通站几个同志生活费用，还节余了好几千元交给组织。这些钱不完全是由经营小店得来的利润，

图 5-46　沙鱼涌牌坊

有一部分是部队，特别是刘培的中队和大队打胜仗，从敌人那里缴来的物资，交给交通站运往惠州商行出售得来的。

1945 年 3 月开始，由于形势迅速发展，东江纵队司令部和临时省委迁往罗浮山，沙鱼涌交通站光荣地完成了历史使命。

10. 东江纵队北撤集结地旧址——欧屋炮楼

欧屋炮楼位于现葵新社区欧屋村二巷 27 号。

欧屋村现有保存完好的传统民居约 30 座，整体构成一座四角楼围屋，习称欧屋围，为欧氏族人在清代所建。欧屋围面宽 38 米，进深 22 米，建筑面积 836 平方米。现围屋外墙已被拆毁，有三个大门供村民进出，中门直通欧阳宗祠。1939 年，此地曾遭受日军轰炸，房屋损毁严重，4 座角楼中仅有东南角的角楼幸存。这座角楼通常被称为欧屋炮楼。

欧屋炮楼建于 20 世纪初，是靠欧阳家族当年当海员积累下来的财富所建。欧屋炮楼高达五层，占地面积约 120 平方米，由三合土砌成，顶层则用钢筋混凝土搭建，属"土混帽檐式"结构。正、背两面，每层开竖向麻石框窗两个，两窗之间镶嵌麻石打制长方形射击孔，射击孔方向每层倒置错落镶嵌。炮楼两侧面每层三窗、四射击

图 5-47 欧屋炮楼

孔,排列方向与正面相同。拖屋两开间,硬山顶。

1946年东江纵队北撤前夕,大批前往沙鱼涌登船的队伍曾进驻欧屋围及炮楼待命。至今炮楼内部仍留有当年战士留下的字迹。欧屋炮楼是目前在大鹏新区内发现的层数最高的炮楼,也是当年葵涌地区层数最高的建筑。现炮楼内每层楼板尚存,但已有破损坍塌。

2018年3月22日,大鹏古城博物馆组织省、市文物保护专家前往葵涌街道欧屋村,对欧屋炮楼进行调查评估,建议将其列为大鹏新区不可移动文物。

(二)故居、旧居

1. 盐灶村刘培养伤处

盐灶村刘培养伤处位于现坝光社区盐灶村蓝金故居。

刘培(1922—2002年),曾用名刘添、刘汉成,广东惠阳籍。1922年6月10日(农历壬戌年五月十五)出生于香港九龙。

1936年,刘培从香港返回惠阳。1939年7月加入中国共产党,同年任惠阳县麻溪乡党支部宣传、组织委员。1940年任麻溪乡党支部书记,组建麻溪护乡打猎队,任队长。1941年1月调惠阳县委手枪队,历任政治战士、司务长、指导员。1941年10月调茜坑、马鞍岭抗日自卫队,任指导员。1941年12月,太平洋战争爆发,刘培率队尾随日军挺进香港西贡半岛活动。后受命组建广东人民抗日游击队海上护航队,任队长。1942年3月,受党指派加入三合会,使用国民党惠(阳)澳(头)经济游击总队二中队番号,任中队长。同年7月,广东人民抗日游击总队独立中队成立,刘培任独立中队长。1942年任护航大队大队长。1944年1月,刘培在战斗中负伤(后定为二等甲级残废军人),养伤期间兼任"东江纵队军政学校"战术教员。1944年底,刘培任东江纵队第五支队支队长。1945年8月,为迎接"两王支队"南下,五支队随粤北指挥部抵五岭地区,改番号为粤北支队,刘培任支队长。1946年6月,随东江纵队北撤至山东,到华东军大学习。1947年,任两广纵队第三团团长。1948年3月,到华北军政大学学习,10月任"华北兵团"某团副团长,参加太原战役。1949年4月,任两广纵队二师五团团长。1950年,五团改番号为广东军区守备十七团,刘培任团长。1951年3月,任中南军区海军万山独立水警区副司令员。1953年2月,任中南海军工程部副部长。1956年2月,我军组建海军榆林基地,刘

图5-48 蓝荣基讲述刘培养伤的往事

图5-49 刘培养伤的蓝宅现貌

图 5-50 彭东海故居正面

图 5-51 彭东海故居侧面

培任第一副司令员兼参谋长。1958 年 12 月，刘培到海军军事学院学习。1960 年 8 月，任海军南海舰队工程部部长。"文革"中，刘培受到冲击，到中央军委学习班学习。1970 年，下放到解放军"1033 工区"任主任。1972 年，任国防科工委"064 基地"副总指挥。1976 年，任海军榆林基地副司令员。1983 年，任南海舰队司令部顾问。1984 年，离职休养。1955 年，授海军上校军衔，同时获二级独立自由勋章、二级解放勋章。1964 年，授大校军衔。1990 年，获独立自由荣誉章。

1943 年底，国民党派兵占领了霞涌，护航大队退出稔平半岛。为巩固大亚湾沿海根据地，夺下稔平半岛，曾生指示护航大队打下霞涌。经过一夜激战，护航大队终于将霞涌收复，但大队长刘培前胸和手臂负伤。蓝荣基听父亲蓝金生前多次讲述，刘培在他家先后养伤 3 个月。

刘培养伤处位于现坝光社区盐灶村蓝金故区，其所在的盐灶村现已辟为银叶树公园，民居修缮一新。

2. 彭东海故居

彭东海故居位于现葵涌社区张屋村。

彭东海（1897—1975 年），出生于葵涌镇张屋村一个贫苦家庭。因父亲早丧，他只读过两年书，便与母亲一起靠挑担为生，奔波于坪山、葵涌、大鹏一带。后到香港当杂工、海员。他返乡后香港知名人士许让成经营商业得到一大笔款项，继而考虑到家乡交通闭塞，便决定返回家乡，致力于惠阳宝安东部地区的公路建设，创办澳淡星星行车公司，自任总经理。经过不断努力，先后修筑澳头至淡水、淡水至平湖、龙岗至深圳、淡水至陈江等公路。

抗日战争期间，彭东海接受共产党的抗日主张，协助东江纵队抗日，并提供大量资金及物品。他成立米业平粜行，购来粮食平价卖给旱区百姓，解决农民粮荒。1945 年，彭东海当选为首届路东区参议会议长，直接参与抗日民主政权活动。

抗战胜利后，彭东海重新建立淡平联星行车公司，任总经理。他支持人民革命事业，为部队提供交通运输工具及经费。

中华人民共和国成立后，彭东海结束在香港的生意，返回内地，购买 8 部新式的长龙 FORD（福特）车，改装成客货车，继续在家乡发展交通事业，还投资广州民生铁厂。1950 年，他当选为惠阳县第一届人民代表大会常务委员会副主任。后被错评为工商业地主，判刑坐牢。1956 年提前释放后，彭东海先后任惠阳县侨务局副局长、县政协常委等职。1975 年 2 月去世。

图 5-52 彭东海故居内部现状

3. 坝光黄闻故居

黄闻故居位于坝光社区洞梓村。

黄闻（1916—1945年），原名黄文华、黄闻华，出身于农民家庭，小学时就读于桂岗乡培智小学。1931年"九一八"事变后，黄闻考上淡水崇雅中学，主动接触从事抗日救亡的宣传组织。1934年初，黄闻初中毕业后，受聘于大鹏下沙小学。1935年冬，黄闻与陈培、陈永、蓝造、黄业、黄岸魁等人在坝光组织"海岸读书会"，广泛地宣传抗日救亡。

1937年暑期，黄闻组建"海岸流动话剧团"，任团长。他率领剧团冲破国民党的种种阻挠，带着简单的行李和道具，到大亚湾和大鹏湾的许多山村渔寨，为广大群众进行抗日救亡的宣传演出。

1938年夏，黄闻回乡组建坝光抗日自卫队，负责政治工作。他们数度出击日伪军，大大地鼓舞了坝光群众保家卫国的信心和斗志。

1938年10月，黄闻加入中国共产党，任中共坝光党支部书记。随着斗争的深入和发展，黄闻培养和介绍蓝造、黄业加入中国共产党，动员了一批青年参加曾生领导的惠宝人民抗日游击队。

1939年,黄闻任中共惠阳县平(山)白(花)区委书记。1941年,调任中共陆丰县委书记。在陆丰县工作时,他以失业青年的身份,广泛接触和联系群众,为中共陆丰县组织的发展做出了贡献。

1942年夏,广东各地中共党组织相继遭到破坏。黄闻先后在稔山、淡水,以教书作掩护,开展地下工作。他在崇雅附小任教导主任时,曾以"被压迫的一族"名义散发《告同胞书》,揭露国民党迫害进步青年、破坏教育、阻碍抗战的罪行。

1943年任东江人民抗日游击总队惠阳大队政训室主任。1944年,任东江纵队第二支队第一大队政治委员。1945年任东江纵队第七支队政治处负责人兼中共惠东县委副书记,同年兼任惠东县行政督导处民运部长。

1945年6月,黄闻在淡水新屋仔村主持召开区委书记会议时,遭日军袭击不幸牺牲。

4. 坝光蓝造故居

坝光蓝造故居位于现坝光社区坝光村。

蓝造(1917—1990年),原名蓝兆麟,大鹏新区葵涌坝光人,蓝翼成的侄子,蓝瑞景的叔叔。

蓝造青少年时期积极参加抗日救亡运动,在家乡组织人民抗日自卫队。1938年10月加入中国共产党。1939年先后任惠阳县大鹏区支部委员,中共多祝区委书记。1942年任惠州区委书记,参与进步文化人和爱国民主人士的香港秘密大营救行动。

1946年,蓝造任粤赣湘边纵队江南支队司令员,指挥部队在沙鱼涌、山子下、红花岭等地作战,歼敌1500余人,扭转江南地区对敌斗争的局势,粉碎了宋子文的第二期"清剿"计划,受到了中共中央香港分局的通报表扬。1949年,任东江第一支队司令员,率领部队攻克淡水,解放粤东重镇惠州市。蓝造在党内历任支部书记、区委书记、县委组织部长、县委书记、地委组织部长、地委副书记等职务。在军内,他历任支队政委、团长兼政委、支队司令员、军分区第一副司令员、武汉军区军政干校和信阳步兵学校校长、武汉军区司令部军事科学研究室主任、作战部部长等职。

1955年,蓝造被授予上校军衔,1960年晋升为大校,获得二级解放勋章及中国人民解放军独立功勋荣誉章各一枚。1990年11月,蓝造在广州病逝。

因坝光村拆迁,蓝造故居已灭失,目前仅存蓝氏宗祠。

图 5-53 坝光村蓝氏宗祠

5. 坝光陈培故居

坝光陈培故居位于现坝光社区。

陈培，又名陈锦文，男，生卒年不详。1934年，陈培和任下沙小学校长的黄闻一起，把校名更改为"潮歌学校"，并且为黄闻作词的校歌谱曲："潮歌潮歌，奔腾澎湃的潮歌/把我们的精神抖起/我们的信条是做/拿起笔杆和锄头齐干/锄去人间的不平/发奋新时代，同学们/拿起燃烧的火炬/前进，前进，不要叫停。"当时，下沙村有很多神像，陈培在黄闻的带领下，将这些神像全部拆下来，埋进沙滩里。1936年，陈培加入黄闻召集的进步组织"海岸读书会"。1938年5月参加"坝光乡抗日自卫队"，8月，成为"海岸流动话剧团"的重要团员，随团在大鹏地区开展抗日宣传活动。10月，中共惠宝工委派黄国伟到大鹏地区发展党组织，黄闻、陈培和钟原同时入党，并成立了大鹏第一个党支部。1939年，陈培调离大鹏。6月，他返回大鹏任大鹏区委宣传委员。1940年7月，陈培担任中共大鹏区委书记。同年底，赖仲元接任大鹏区委书记，陈培任区委委员，兼任坝光支部书记。1941年春，陈培主要在坝光开展锄奸活动，组织党员配合武装部队，为部队提供情报，动员青年参军等。1942年，陈培担任桂岗乡乡长，将国民党顽军的活动情况及时报告了刘培中队。

图 5-54 蓝翼成的孙子蓝瑞景

1943年元月2日，刘培中队据此情报，取得坝光坳伏击战的胜利。

6.坝光蓝翼成故居

坝光蓝翼成故居位于现坝光社区坝光村。

蓝翼成，男，生卒年不详。他早年从印尼归来，后赴日本学医，学成归国，在王母圩开了一家名为"天德堂"的药店。他思想新潮，学识渊博，精通八卦掌，口才非凡，王桐山书院聘请他担任教员。大鹏早年的革命精英都曾受过他的启蒙。

2016年，因大鹏新区启动坝光国际生物科技谷项目，蓝翼成故居已清拆。

二、大鹏

（一）遗址、旧址

1.大鹏共产党的摇篮——王桐山书院

王桐山书院位于现王母社区王桐山。

据钟氏族谱记载，钟氏先祖原是明代朝廷命官，万历年间因得罪阉党举家数百口从河南登封南逃，沿福建、广东一路流散。其中一支在大鹏半岛最南端的西涌西

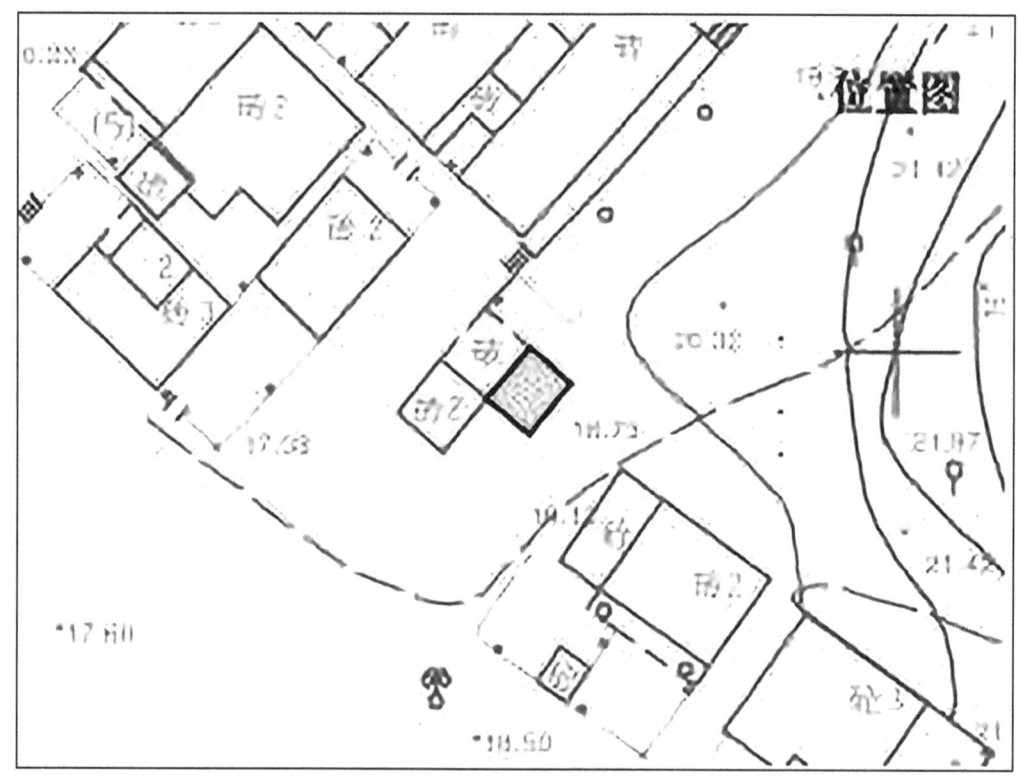

图 5-55 王桐山书院位置图

贡村定居。直至清朝初年，钟氏大部分族人才迁至农商较为发达的大鹏圩镇王母一带，分别建了王桐山、松山下、红屋瓦 3 个村落。

王桐山书院约建于清康熙年间（1662—1722 年），至今已有 300 年历史。明末清初，倭寇频频侵扰我国东南沿海一带，大鹏半岛为海防要冲，这座楼宇就是作为御敌工事而构筑的。古楼原有炮楼和两厢镬耳屋（俗称"茶壶耳"，又谓"鸡翼"）。两厢不高，相当于普通两层楼房的高度。炮楼高达五层，形若古堡城池，直耸云霄。四壁皆设望窗和"炮眼"，计有数十处之多。楼顶为拱形，四面滴水，套瓦重檐，飞桷流丹。朝东的檐下有"天一涵虚"四个斗大苍劲雄健的欧体楷书。"天一涵虚"，是水汽氤氲防火的意思。主楼内原有 3 层木板棚，均由粗大的杉木桁架设，可惜早被拆去。整座古楼墙基为花岗岩条石砌筑；墙垣据说用浓灰沙拌糯米饭舂成，非常坚韧。除了用于防卫，这栋炮楼在平时还曾是一座私塾，是大鹏地区最古老的教育机构。民国初年，王桐山钟氏族人将炮楼改名为松山学校，延请从海外归来的王母圩天德堂商人蓝翼成在此任教，吸引了袁庚、赖仲元、刘黑仔、戴基、蓝造、钟原等人前来听讲，接受革命思想的启蒙。后来，他们都走上了革命的道路。因此，王桐山书院可称为大鹏革命的摇篮。

2014年，大鹏古城博物馆对炮楼的主楼和副楼进行了维修，现炮楼保存完好。原来坍塌的炮楼右托屋已经重建；左托屋部分用地被道路面占用。碉楼主、副楼外墙面残留左右托屋桁条、天沟、屋面痕迹，基础保留较为完整。炮楼正立面入口门楼坍塌无存，天井被埋，灰土地面无存，后改为菜地。

2. 中共大鹏第一个党支部成立旧址

中共大鹏第一个党支部成立旧址位于今大鹏街道鹏新东路101号。系民国时王桐山的香港海员钟胜所建，是其长子、大鹏首任区委书记钟原出生成长之地。当时是一处茶寮，现为路边一幢两间两层小楼，外观基本完好，其中一间被改造成发廊。

3. 中共岭澳党支部成立遗址

中共岭澳党支部成立遗址位于现岭澳社区。

1938年冬，根据中共惠宝工委"关于在惠宝地区发展党组织、组建惠宝人民抗日游击总队"的决定，中共党员岭澳村青年李汉兴由惠阳淡水回村开展工作。李汉兴最早发展了吴华生（原名董华生）、李四发、董德辉等3人入党。1939年5月30日，中共岭澳村党支部正式志立，李汉兴任书记。10月12日，由李汉兴主持，在岭澳村李容胜家中，举行了入党宣誓仪式。

中共岭澳党支部建立后，明确提出了三大战斗任务：宣传我党抗日、抗蒋、救国为民方针政策，团结村民开展抗日救亡活动；发动青壮年参军、支前，投身保家卫国战斗；不断发展新党员，壮大党的领导力量。从1938年至1949年，岭澳党支部有党员：李汉兴、吴华生、李四发、董德辉、黄文琛、董合（工作代号浪声）、董运、李华生、董官带、黎成、董均祥、董运鸿、董松茂、董碧胜、张洪生、李水根、李水带、李华喜、李灶福、李进福、欧坚、欧强、江银、江树华、江冠、江水茂、江玉生、江容生、江官先等29人。

上级党组织十分重视和关怀岭澳党支部工作，根据斗争形势发展，及时派员指导工作。1939年至1943年6月，指派汤惠潮、郑北星、郭雨平、张群、叶锡荣；1943年7月至1950年春，指派王柏、李光、蓝介、陈木荣、邓庭等到岭澳党支部指导工作，一直坚持到广东解放。

中共岭澳党支部在上级党组织的正确领导下，从未间断过开展抗日救亡活动，即使在东江纵队北撤后也一直坚持活动，不断壮大力量。据统计，从1938年冬到1948年春，岭澳党支部先后动员本村青年49人参加东江纵队、粤赣湘边纵队，其中董谭通、李华生、蒋玖仔、江均悦、董官带、董兰斯、董华仔、李容生等8人为国捐躯。那个时期，岭澳有80户人家不到500人，平均每百人中近10人参军，是惠阳地区（当时岭澳属惠阳管辖）青年参加东江纵队、边纵最多的村庄之一。

20世纪80年代末，为支持国家核电建设，岭澳村民舍弃故土，整村搬迁到王母村。

4. 中共大鹏区委成立旧址——王桐山钟氏宅第

从1938年11月开始，大鹏半岛迎来了党组织的大发展。当时葵涌发展了潘清、张敏、李秀含（李光）、李惠群、李秀灵等人；坝光发展了钟少华（钟义）、黄敏、黄和光、陈木荣等人；鹏城和王母发展了赖圻（赖仲元）、戴基、赖凤、郭平、欧阳汝山（袁庚）、王柏、刁昌顺（刁新）、张平、张敏、钟少华、刁燊等人；1938年冬，中共党员岭澳村青年李汉兴回乡，发展了吴华生、李四发、董德辉等人。截至1939年春夏，大鹏半岛中共党员已达26人。同年5月在钟原的祖居钟氏宅第成立了中共大鹏区委，钟原任书记，蓝造任组织委员，陈培任宣传委员。

图5-56　钟氏祠堂匾额

图 5-57　钟氏宅第

　　钟氏宅第是一组规模宏大、气势雄伟，且保存相当完整的建筑群，兴建于清代中晚期，是一座祠宅合一的广府民居，为前带庭院的代入式建筑，五开间三进两天井带前院落的布局。整座大宅通面阔21米，进深32.5米，砖木结构。主入口朝北向，进门有北院墙，起着照壁的作用，宅第大门则开设在院落东西两侧的院墙上。西侧还有侧门，原为两层式望楼。现二层的木板已经倒塌，方形门洞依然保存完好，留有灰塑。全宅建筑结构为山墙呈檩，从门厅到中厅再到祠堂，沿途可观赏工艺细致的木雕、砖雕、彩画及灰塑。这些图案上还刻有贴着金粉的"百子千孙""长命富贵"字样和八卦图，颜色以绿色为主，紫蓝色、土黄色为辅。

　　位于钟氏宅第内的钟氏祠堂历史更悠久，距今已有400多年。祠堂中有一面几乎覆盖半面墙的神龛，镂空木雕图案，供奉木质的钟氏祖先牌位。其规模和精美程度在大鹏甚至深圳地区都十分罕见。

　　2001年6月1日，钟氏宅第被公布为龙岗区级文物保护单位。

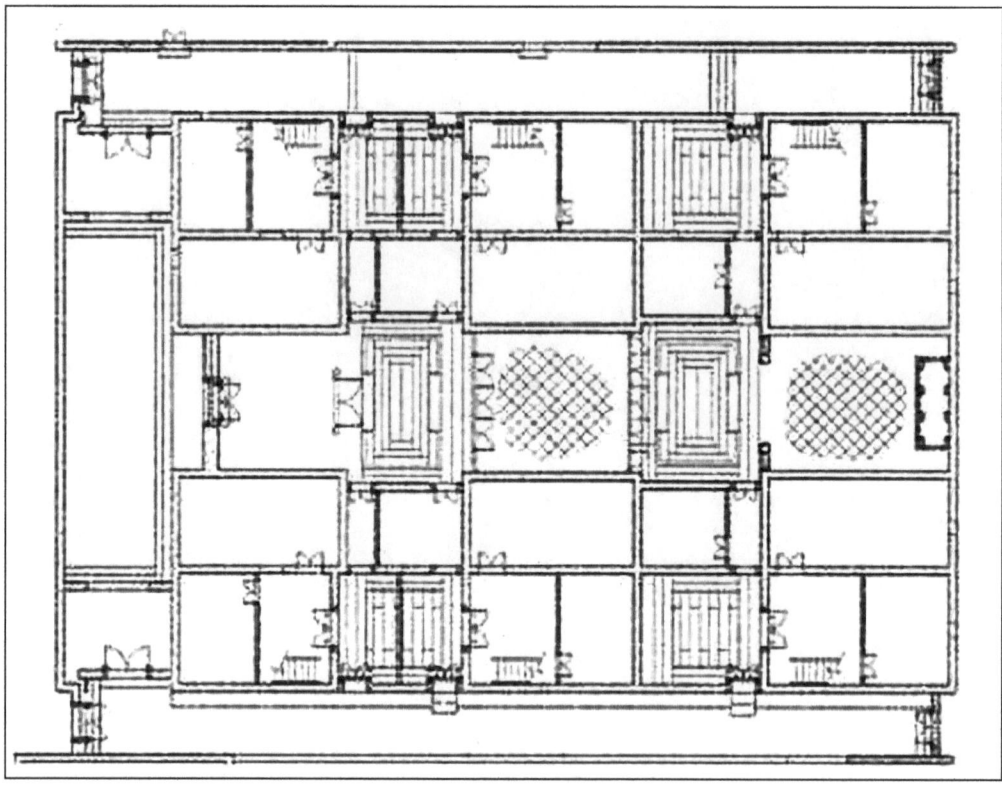

图 5-58 钟氏宅第一层平面图

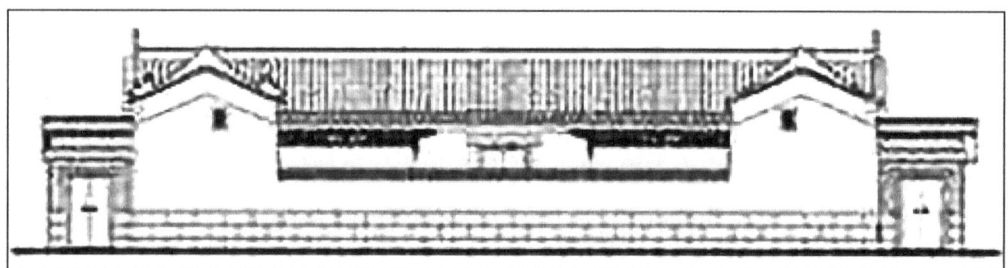

图 5-59 钟氏宅第正立面图

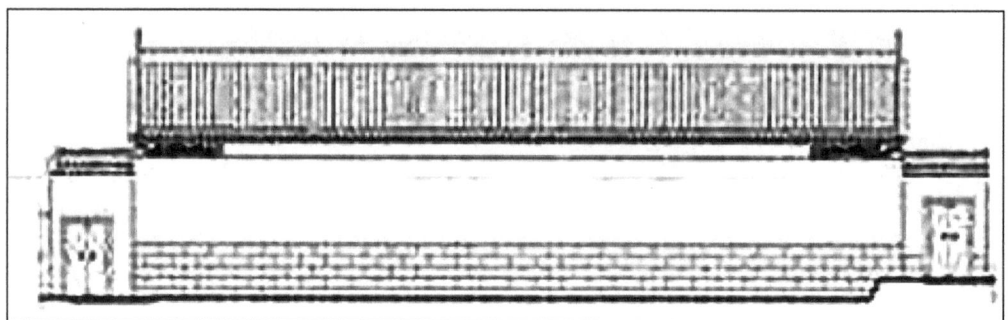

图 5-60 钟氏宅第背立面图

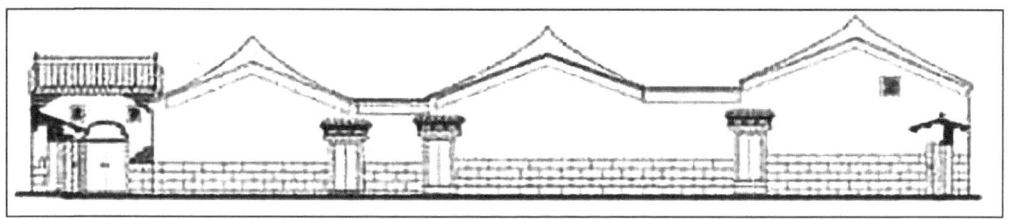

图 5-61　钟氏宅第侧立面图

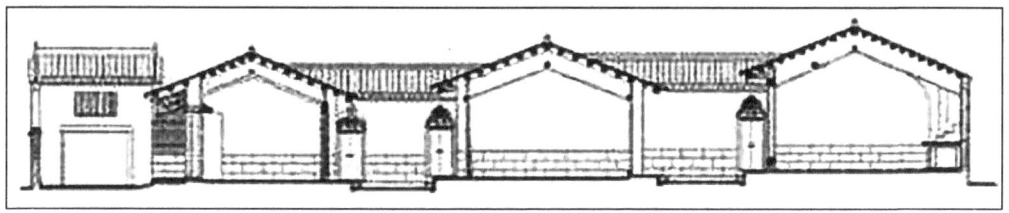

图 5-62　钟氏宅第中轴剖面图

5. 大鹏十一·二二抗战阵亡烈士纪念碑

大鹏十一·二二抗战阵亡烈士纪念碑位于现鹏新东路与公园路交叉口，大鹏妇幼保健院对面锣鼓山的坦林埔山坡。

图 5-63　大鹏十一·二二抗日烈士纪念碑全景

图 5-64　大鹏十一·二二抗日烈士纪念碑近景

纪念碑方尖碑身，由两块花岗岩石拼成，中直书"大鹏十一·二二抗日阵亡烈士纪念碑"，右直书"中华民国二十七年"，左直书"侨美同乡敬立"。纪念碑通高 2.5 米，碑座由三条花岗岩石砌成，正面横书"浩气长存"。

史料记载，1938 年 11 月 22 日，日军 4500 人从岭澳登陆，占领大鹏所城。曾有老人回忆，当时有人在城墙上敲锣警告乡民日本人来了，此人被日军打死。据城内 1933 年出生的陆姓阿婆回忆，当时守大鹏所城的部队身穿黄色军服，属哪一番号部队待考。11 月 26 日，日军攻占南头和深圳镇，宝安县沦陷。

这座纪念碑仅有文字，未写明立碑时间。2019 年，大鹏新区重新修整此处，修通登山石板道 500 米，以及占地面积 60 平方米的纪念碑小广场。同年 3 月 1 日，该纪念碑被深圳市大鹏新区文化广电旅游体育局列为"大鹏新区红色革命遗址"。

6. 民国大鹏邮政局旧址

民国大鹏邮政局旧址位于现王母圩石禾塘东 27 号。

民国大鹏邮局旧址是一幢三层砖石结构、带骑楼的房屋。中共大鹏区委第一任书记钟原的岳父赖孟伟曾在此担任邮政局局长。

图 5-65　民国时期的大鹏邮局

赖孟伟是大鹏望族——有着"三代五将"之称的赖家后人，是抗英名将、清朝正一品振威将军赖恩爵的第四代孙。赖孟伟早年侨居印度尼亚西，1920年以后返回大鹏，担任大鹏邮政局局长。其独生女赖枫（1919年10月—2004年3月），辈字玉清，跟随丈夫钟原投身革命。赖枫于1939年加入中国共产党。1944年2月被派到东莞教书，以掩护特委交通。1945年2月在东江纵队第二支部政治部民运队工作，1946年7月东江纵队北撤后任两广纵队妇女队支委。1949年1月在两广纵队后方家属队担任大队长。1950年10月在中南劳动部任机要秘书，1953年3月在中央劳动部工作。1959年3月后，先后在劳动学院、北京经济学院党委组织部任部长，监察委员会副书记等职务，1982年12月离休。

截至2019年12月，民国大鹏邮政局旧址没有被任何部门公布为文物保护单位。

7. 岭澳村抗击日军暴行旧址

1941年，日军在大亚湾澳头、大鹏一带建立据点，经常到沿海各村骚扰。1941年4月29日（农历四月初四）下午，12个日本兵由鹏城较场尾海湾，乘坐一艘机动小型"书信船"前往澳头，途经岭澳时登陆。数名日本兵在田间追逐一个妇女欲施

图 5-66　岭澳的部分老村已被修建成岭澳水库，服务核电事业

强暴。岭澳村民目睹日军暴行，怒火冲天。地下党员李四发立即组织青年民兵扛枪拿刀追杀日寇。青年民兵李华韬一马当先，举起镰刀砍死一名日寇，其余日寇吓得四散而逃。岭澳民兵追杀到海边，俘虏一名看守船只的日本兵，缴获一批书信，并当场放火烧毁日军登陆小艇，当晚在王公山处死被俘日本兵。半夜时分，日军出动大批人马包围岭澳村，连续三天施行"三光"政策，杀害无辜村民董桂祥、陈详、董大容、李满才、李进妹、李茂松等15人，烧毁房屋数十间，抢去耕牛11头，掠去财物一批。

8. 东江纵队青年干部培训班旧址——赖恩爵振威将军第西座

从1943年开始，东江纵队政治部在大鹏所城赖恩爵将军第内的西座，开办了首期青年干部训练班，由黄文俞、张江明负责。这一时期，中国人民抗日军政大学各个分校在全国各地开始办学，而位于大鹏所城里的青年干部训练班也同样朝气蓬勃。其中从粤北地区来的进步青年先后有600多人。他们冲破国民党当局的层层封锁，克服重重困难，到达东江，来到大鹏参加青年干部训练班学习并加入东江纵队。东江纵队司令部从大鹏城迁移到罗浮山，青年干部训练班亦随之迁移。青年干部训练

图 5-67 东江纵队青年干部训练班旧址现貌

班前后一共办了 7 期,每期 100 多人。青年干部训练班依照延安"抗大"办校方针,学员们过着团结、紧张、严肃、活泼的军事化生活。傅泽铭在其所著的《星光熠耀》一书中这样描述道:"这时的大鹏城,每当曙光初现,威武的出操口令声和喊杀声响彻大地;暮色四合,嘹亮的歌声此起彼落,呈现出生气勃勃的景象。"日本投降后,在此举办的青年干部训练班才宣告结束。

9. 东江抗日军政干部学校旧址——东山寺

东山寺位于大鹏所城东门外龙头山腰。

1943 年 12 月 2 日,广东人民抗日游击队东江纵队在土洋村正式成立。嗣后,东江纵队在大鹏黄岐塘三角山洞、观音山庙及东山寺设立临时医院。1944 年 2 月 2 日,国民革命军第七战区惠淡守备区第二游击挺进纵队第三支队上校支队长徐东来指挥周义心大队、陆如钧大队及盐警三部约六百余人陆续攻击小桂、坝光及大鹏,东江纵队及东山寺临时医院伤员紧急撤往西涌。1944 年 7 月,随着抗日斗争的深入,东江纵队力量不断扩大,由原来的几十人发展到近万人。为了提高部队的战斗力和干部的文化水平,根据党中央批示,东江纵队在东山寺开办了"东江纵队军政干部学校",由东江纵队副司令员王作尧兼任校长,李东明任政委,林鄂任教育长,饶卫华任秘书长,教员由各大队选派的优秀干部担任。军政干部学校在东山寺先后培训了两期学员。第一期对连、排干部进行政治、军事、文化教育训练,学员200多人,设军事队和政治队两个培训队。第二期是培训排、班干部,并招收一部分中学生、高小生,设立了党员队和学生队,约400人,学制为半年。第二期开办时曾吸收部分海外华侨参加学习。

东江纵队军政干部学校开设多种课程。政治课主要学习《论持久战》《中国革命和中国共产党》等毛泽东同志的著作和中共中央有关方针政策。军事课主要学习队列、四大技术(射击、投弹、刺杀、爆破)、三大战术(袭击战、夹击战、麻雀战)、班排进攻与防御学、地形学、军事技术和简单通信等。东江纵队司令员曾生、副司令员王作尧及尹林平等领导人曾亲临学校讲课。

当时的学习条件相当艰苦。由于人多寺内住不下,许多人只能在山坡上搭建草棚住宿。学员们没有桌椅板凳,只能席地而坐。参加第一期政治队培训的东江纵队老战士郭际,在所著《征途拾零》中回忆了当时学习的场景。干校在大鹏城后山坡,借东山寺为校址。一到此地,校里就宣布约法三章:一是尊重寺规,不得干预和妨碍寺内人员作业;二是不准乱动寺内之物,保持寺内肃静、清洁;三是要让出足够地方让朝拜人员上香活动。

图 5-68 东山寺一角

开学前，学员们自力更生建校。征得寺院住持的同意，付钱砍一些竹子，每人编织一块篁子作为睡床，底下垫上几块砖头。还用稻草编扎一个坐地用的小草垫。在寺左侧一片浓荫的树下清除了杂草，整理出一块约二百平方米的地方作为课堂。寺右侧改造成为训练场、射击场。

三个月的生活学习安排很紧凑。早起床后只有30分钟整理内务，洗漱。学员们前一晚盛好一口盅水，起床后迅速整理好内务，然后边走边刷牙，跑到约百米远的小溪洗脸后，立即跑步回来出早操。

上课时带着垫子坐在地上，用膝盖当桌子记笔记。下雨时在寺内以班为单位细声轻语地讨论。晚饭后唱歌，开游戏晚会，或与大鹏城内的青干班联欢。

军政干部学校第一期的学员有排、连级干部200多人，成立了军事队和政治队。训练课很多，首先从战术思想出发，确定部队的编制，并使学员搞清楚战斗、战术、战役、战略等概念。技术训练包括射击、刺杀、投弹、爆破"四大技术"的训练，一方面要求提高技术，另一方面要求增强体质。战术课包括包围、迂回、伏击、袭击、攻坚、打援等，着重点是攻坚和伏击。方法主要是根据战例在沙盘上演示，由学员

图 5-69　曾生题写的纪念石匾

讲评，再由教员指导。东江纵队政治委员尹林平曾来干校讲授游击战术，他除了讲解游击战术的积极性和灵活性，还强调提高部队的作战素质，向学员们提出，要达到以1个中队的兵力歼灭伪军1个连或打垮伪军1个营的能力。

第一期学员毕业后，军政干部学校留下一部分作为第二期训练班的骨干，其余都到战斗部队去，许多人很快提升为中队的主要军政干部，个别的还提升为大队干部。刘黑仔就是该校第一期学员。

1944年11月15日，尹林平致电周恩来并转中共中央，请示将原有东江纵队军政干部培训班正式改为军政学校东江第七分校，并建议由曾生、王作尧任何一人暂代校长职务。

1945年2月底，王作尧和杨康华率领第三支队第三大队和东江抗日军政干部学校在独立第三大队接应之下，进抵罗浮山以南长宁圩和横河圩一带，校址设于博罗横河圩。7月6日，"罗浮山会议"召开，决定东江纵队迅速北进至粤北五岭山区，东江抗日军政干部学校正式改为中国人民抗日军事政治大学第七分校。

东山寺始建于明洪武二十七年（1394年），一代风水大师赖布衣云游大鹏湾，路经东山龙头石山，发现该地有紫霞光，此乃吉祥之光，便告诉当地村民，在此圣地建一座庙宇，可保一方平安，于是建成了东山寺。首任住持释鹏海法师。释鹏海法师圆寂后，乡民在寺西建造舍利塔，碑刻"东山寺老和尚墓"，后人称之为"镇妖塔"。

明代秀才王德昌重游东山寺时，即兴题下《大鹏东山寺》七律一首："不到东山而是秋，西风藜杖又重游。烟霞有约山如画，岁月无私人白头。檐下花飞深院静，菩提树荫古潭幽。丹梯欲上应长啸，遥望汪洋天际浮。"

1647年（清顺治四年），南明参将李万荣奉桂王永历年号起兵反清，掠据大鹏所及东山寺长达九年之久。

1650年（清顺治七年）10月，清平南王尚可喜、靖南王耿继茂南征岭南，令左翼总兵官许尔显造战船二百二十九艘，合红旗海寇梁标相等船同赴东山寺下，南明两广总督杜永和率水兵迎战，破走之。

1688年（清康熙二十七年）冬，据清康熙《新安县志》中记载："东山寺，在大鹏所东门外山上，中为观音堂，左为上帝殿，右文昌阁，前三宝殿。"

1752年（清乾隆十七年）仲冬东山寺住持释德润和尚圆寂，礼葬于东山寺侧，碑石铭刻"洞宗住持东山德润和尚塔　门徒默悟孙契乘曾孙相善等立"。该塔于1995

年仲夏重建于寺右，西侧重修"东山寺灵光禅师"塔。

1819年（清嘉庆二十四年）新安县知事舒懋官修《新安县志》，记载东山寺："龙井，在鹏城东山麓，横开一穴，泉流不竭，其水夏寒冬温，甘美与他泉异。"

东山寺于清咸丰四年（1854年）重修过一次，修建后的东山寺依山势从低到高分成四进，前后进之间有天井隔开。广东全省水师军务提督、振威将军赖恩爵为山门题匾"东山古刹"。山门建有石牌坊，大鹏协副将张玉堂为其题写行书"鹫峰胜境"及"鹏岛灵山"。

20世纪50年代初，东山寺数度遭劫，遂成废墟。寺内大钟、塑像和文物被毁，琉璃瓦、匾额、墙基和阶石被拆，仅存清代石牌坊、佛塔、钟柱二根、石柱四根及石墩数个。

20世纪70年代，东山寺原址被开辟为果林场，"春有香梅桃李，夏有龙眼荔枝，秋有红柿鲜柚，冬有橘果甘甜。"

1984年，深圳市博物馆考古人员在鹏城小学内发现东山寺寺门石匾，原为阴刻楷书"东山古刹"四字，已断为两截。现余残碑"东山"二字，右侧楷书"壬子年（1852年）重修"，残长135厘米，宽65厘米，拓本现存深圳市博物馆。同年9月，深圳市人民政府公布东山寺石牌坊为深圳市文物保护单位。

1989年，大鹏东山寺开始重建筹备工作。

1992年，鹏城被确认为旅游胜地。"重建大鹏东山寺古迹文物——东江抗日军政干部学校旧址筹备委员会"成立，当地群众、港澳台同胞和其他海内外人士，根据回忆和保存下来的资料，在原旧址上重建东山寺。

1995年9月16日东山寺举行重建竣工剪彩仪式。该寺在原址重建，历时3年5个月，占地约1400平方米，建筑面积约500多平方米。依山势分成四进，前后以天井隔开。

2012年1月23日，东山寺大雄宝殿建成。9月，东山寺祖师殿、伽蓝殿、钟楼和鼓楼动工兴建。

2013年6月29日，东山寺大山门开始动工修建，12月竣工。

2014年4月，东山寺大牌坊广场建成。11月东山寺筹建六祖讲堂，占地面积3200平方米，总建筑面积4000平方米。

新建成的东山寺为混凝土结构建筑，清水石外墙，黄色琉璃瓦屋檐，依山势从低到高分成四进，前后进之间有天井隔开。第一进前门，门前有十一级石阶，东侧禅房和客厅，西侧厨房。第二进"关帝殿"，供奉关帝神像，右为玄坛，后为韦陀塑像、雄钟和大鼓等。第三进"大雄宝殿"，设三宝佛和十八罗汉，右为"医灵殿"。第四进"观音堂"等。寺内增建"黄大仙殿"。寺院墙壁镶嵌福建彩画一百八十幅，寺外新建凉亭、水榭假山、石龟和花苑，周围新种桃李、枇杷、沙田柚、龙眼和荔枝等果树。

2009年，东山寺进行第三次重建。建成后分四进，即以大山门、天王殿、大雄宝殿、藏经楼为中轴心。两旁为伽蓝殿、祖师殿、功德堂和福寿堂，并配以钟楼、鼓楼、僧舍、客房、客堂、斋堂、禅堂和六祖讲堂。

2012年9月至2014年元旦，对大雄宝殿进行扩建，包括左方的伽蓝殿和钟楼，右方为祖师殿和鼓楼。全部采用纯菠萝格红木结构，地基砌以传统花岗岩，未使用任何钢筋混凝土。其中钟楼的万斤铜钟在中国台湾铸造，刻有《般若波罗蜜多心经》及《大悲咒》。

10. 东江纵队医院旧址——龙岩古寺

龙岩古寺位于现王母社区观音山公园内。

龙岩古寺建于清同治年间（1862—1874年），光绪三十四年（1908年）重修。"龙岩"之名源于山下一大奇石。石厚3米，直径20多米，从山谷中蓦然伸出，翘首向上，有如出地龙，故称"龙岩"。后人依岩筑寺，名为"龙岩古寺"。该寺为三进三间两天井结构，后殿祭台置于石岩之下，其南侧置一花圃，均依坡势而建；前殿下有一眼泉水，百年不歇，甘甜清凉，人称"仙水"。寺庙前大门上有一花岗岩石匾，上楷书阴刻"龙岩古寺"四字。古寺前还有一塘径约20米的水池，与古寺交相辉映。龙岩古寺置于花影树荫之山腰，环境幽雅、清静，加之依山傍石构筑，独特而自然。因有观音菩萨现身之说，故百年来青灯不熄、香火不断。

龙岩寺前有一由花岗岩条石建成的巨大牌坊，高约4米，阔约6米。牌坊门楣正中刻"龙岩探胜"四个漆金大字，门两边石柱石刻对联云："龙峰鲲鹏奋展翅，岩水劲松气势雄。"沿宽约6米的山间石阶大路上行百余米，便至龙岩古寺。龙岩古寺主体建筑分为三进：第一进的门楣上，刻着"龙岩古寺"四个楷体大字，相传出自清朝广东诗人宋湘之手。其上为"八仙过海图"，两侧分别为"龙凤图"。寺门两侧书有短联和长联各一副。短联为："西天悬慧日，南海驾慈航"。长联为："龙寺面青山看三千世界云路崎岖平地有风波端藉慈航登觉岸，岩台澄皓月听八百梵音霜钟清澈诸天留因果应从苦海识菩提。"大门两侧墙上还有十余帧描绘古山水、古人物的壁画，色泽鲜明,图像逼真。入寺门至廊厅,两侧为禅房。厅左右两边墙上分别草书"鹤寿龟龄"和"古松鹤舞"。厅前是一个长方形的天井,井中有花坛,上栽奇花异卉,芬芳袭人。

第一进两侧有 13 级台阶通往第二进——中堂。中堂上方挂一褐黑色木匾,上书"同登觉岸"。中堂设有两个香案,香案上中置大铜香炉,两边置陶器香炉。中堂左右两面墙上各有一幅工笔壁画,左为"锦上添花",右为"美上加美",均分别配以条幅状"梅花图"。所画花草似有香气溢飘,所绘人物仿佛呼之欲出。中堂前面有一天井,天井上方又悬一褐色木匾,匾云"德彼齐昌"。回身第二进入门处,左右两门均有对联。左联"金绳永开觉路,宝筏长渡迷津。"右联"碧水翠澄南海,祖园秀拥普陀。"

与第二进隔一长方形天井的便是第三进——观音殿。此殿建在巨大的凹形花岗岩下,岩壁下端筑一神坛,上置观音坐莲塑像,左有金童,右有玉女。殿上横匾书"观音娘娘"四个大字,两侧有联曰"杨柳枝头甘露洒,莲花座上慧风生。"

龙岩古寺的地基、墙壁、台阶等皆为花岗岩条石所砌筑,异常坚固,寺内外

图 5-70 龙岩古寺山门

图 5-71 龙岩古寺寺内一景

有近十根用花岗岩石精雕细琢而成的方柱,古朴而雅观。纵观古寺建筑,朱拱丹梁,碧檐黄瓦,庄重而雄奇,瑰丽而堂皇;而那冉冉上翘的屋脊两端,又俨然虬龙欲飞……

抗日战争期间,东江纵队医院曾设于此,救治受伤将士和周边乡邻。原寺毁于"文革"期间。1985年秋,大鹏人民和旅居美国、西德、荷兰、英国的侨胞及港澳同胞,以爱护祖国文物和名胜古迹为宗旨,捐款按原貌修复龙岩古寺,主体工程于次年仲夏竣工。后来又改建养生池,扩建登山石阶,在山间修建多处凉亭。1993年底,人们又在养生池处建起了一尊高近10米的观音塑像,在寺门前修建了一座高4米多的宝塔。

2012年1月13日,龙岩古寺被深圳市龙岗区人民政府公布为一般不可移动文物。

11. 大鹏革命堡垒户——钟家果园

钟家果园位于现大鹏办事处黄岐塘。

大鹏知名乡贤钟胜因参加省港大罢工遭到开除后,在黄岐塘村后山购置一片50亩山地,用数年时间造出一座果园,是当时大鹏三大果园之一。

果园种有108棵荔枝,还有龙眼、沙梨、杨桃、番石榴等果树,一片旱地,一个鱼塘,建有两间不大的瓦房和一座储物仓库。

果园地处偏僻,常见虎踪豹迹。果园东门临近村子,与王母墟、大鹏古城直线距离都不远。而果园的西门直通一条叫打马沥的山谷(今打马沥水库),半途有一条仅几户人家的小村,再往前走就可直上山高林密的坝岗坳,可掩蔽在莽莽的排牙山之中。

东江纵队初期的一晚,曾生、王作尧等领导在果园察看,发现这里进可攻,退可守,能埋伏千兵,可遁无踪,适合打游击。但曾生司令担心万一暴露了,会给钟家带来杀身之祸。钟胜夫妇听说后,主动将这里设为东江纵队最靠近前线的大鹏"堡垒户"。

果园经常有东江纵队队伍在宿营,开作战会议。为了减少动静,钟胜将心爱的

图5-72　2019年4月29日,老战士钟胜重回他战斗过的地方——钟家果园

狗送人，但这些狗竟然从很远的村子挣脱跑回来。他只好忍痛将狗杀掉。所以，上百人的在此做饭、扎营、开会，周围连一点动静都没有。张平大队、萧伦大队经常在这个果园集结，这里是游击大队的"根据地"。

1942年1月—2月，是文化名人大营救最紧张的时刻，每隔1~2天就有一批人从香港偷渡过大陆。有多批走东线的爱国人士，在下沙的油草棚村海岸上船，由钟家二哥钟宝文的武工队护送到果园隐蔽，第二天再从打马沥的小道往淡水的方向安全转移。钟家老老少少有做饭的、有护送的、有站岗的、有带路的，全部出动。

这里是东江纵队伤员的家，许多受伤患病的战士都留在果园里养伤养病。女主人萧东娇是大鹏十分著名的民间医生，她在上海长大，在教会学校读书时熟读医书，并经一名道医传授过许多偏方。她就在果园里采药、捣药、煎药，救治了许多东江纵队伤病员。

这里是东江纵队储存战利品的中转站。一次，张平大队在油草棚的海上成功伏击日本鬼子的两艘运输船，缴获了大量的战利品，由一批抗日青年骨干连夜转到果园。饼干、小麦、药品、医疗器械、布匹、军鞋堆积如山。当晚许多稀缺物资迅速

图5-73 钟胜一家1950年在黄岐塘果园的合影。前排右起：钟胜、钟扬波、钟惠卿、萧东娇；后排右起：钟俏容、赖枫、钟紫林、钟原、钟声

转移到东江纵队大本营。东江纵队领导考虑到当时大鹏处于大饥荒的艰难时刻,果断地留下一大批饼干在果园,在这里分发给饥饿的群众。许多大鹏人家就靠果园这批"救命饼"在濒临饿死的边缘中活了过来。

这里是游击队秘密关押俘房的地方。曾有多批被俘的日本鬼子、汉奸、反动官员临时关押在此。

这里是许多东江纵队战士一生铭记的地方。在瓦房里,在荔枝树下,曾经有许多久经考验的战士面对党旗庄严宣誓,成为一名光荣的中国共产党党员。这里还是东江纵队的军需供应点。游击队员在此提炼硝酸制造地雷,修复武器,缝制军衣,征集军粮。

黄岐塘果园处于大马沥水库的水源保护区内,目前产权归属国有。园内瓦房已坍塌,建筑构件散落在人迹罕至的荒草丛中。

12. 中共广东省临委机关驻地遗址——油草棚

中共广东省临委机关驻地遗址位于下沙社区油草棚旧村。

1943年底,东江纵队成立后,其领导机关及中共广东省临时委员会和东江军政

图 5-74 油草棚叶氏宗祠

图 5-75　叶氏宗祠内景

委员会等领导机关、电台、《前进报》报社，根据斗争形势的需要，经常随着部队转战在大鹏半岛一带。油草棚就是当时的驻地之一，东江纵队的电台曾设于此。1944年8月到12月，东江纵队曾在此开办电台报务员培训班一期，学员有戴昌华、李文、卢毅、杨碧群、黄楚珊、文健、卢侃、黄作材、伍惠珍、陈伦、刘婉、梁冰玲、邹顺平等13人，江群和王强两人担任报务教员。电台安装在村里的叶氏宗祠阁楼上，陈志华任台长，操作员代号为0046。1944年12月，国民党顽军徐东来、罗茂勋两部对大鹏半岛进行"扫荡"，油草棚被包围。曾生司令指挥部队和自卫队一边对敌作战，打退敌人的进攻，一边护送电台撤往南澳西涌村。后来电台经大鹏湾海运到盐田再到三洲田。1945年随东江纵队司令部转移到博罗罗浮山。

油草棚村与香港坪洲岛隔海相望。200多年前，叶氏先祖从河南南阳迁至广东后，再从阳江来到大鹏定居，最初用油草搭建大棚作为房屋，村子便以此命名。鼎盛时期全村有五六百人，叶姓是村里大姓，叶氏宗祠位于村子最里端。叶氏宗祠建于清代，坐北朝南，面宽10.5米，进深10.5米，建筑占地面积为110平方米，平面布局为三开间两进一天井结构，条石基青砖墙，砖木结构。大门对联上写着"南阳

图 5-76 油草棚村的土地庙

世泽，西楚家声"，门额"叶氏宗祠"石匾，祖堂上有"南阳堂"神龛。油草棚叶氏为大鹏地区叶氏始祖，分支大鹏王母、鹏城等。走进祠堂，墙上还写有讲述叶氏历史的对联："乔木发千枝岂非一本，长江分万派总是同源""宰相传家为俭德，南阳望族在文华"。祠堂曾为学堂。1986年叶氏后人进行过修缮。2017年7月，村子被征收，村民集体搬迁到大鹏新建的叠福村。古村落已成一片废墟，所幸叶氏宗祠和土地庙依然肃立在荒野中。现存的叶氏宗祠小巧玲珑，后座两侧阁楼高二层。虽然藤草丛生，攀爬墙体，但建筑结构稳定，墙上字画仍存。叶氏宗祠是油草棚古村落现存唯一的历史记忆，又是革命旧址，具有较高的历史、艺术、科学、文化和社会价值。村里的土地庙具有独特性和唯一性。2012年1月13日，该建筑被深圳市龙岗区人民政府公布为一般不可移动文物。2019年3月1日，被深圳市大鹏新区文化广电旅游体育局公布为大鹏新区红色革命遗址。

13. 大鹏区抗日民主政权旧址——陈伙楼

陈伙楼位于现王母社区王母街23号后。

东江纵队、广东省临委一直很重视抗日民主政权的建设。1944年10月10日，

图 5-77 陈伙楼

在大鹏王母圩陈伙楼成立深圳第一个抗日民族政权——路东新一区人民政府。区长赖仲元，管辖大鹏地区6个乡。新一区各乡人民选举产生自己的乡级政权，选举产生了人民的区长。1944年9月初，王母乡成立了大鹏区第一个民主乡政权，民主选举王舒为乡长，张群为副乡长。沙溪乡（乡长李惠群）、桂岗乡（乡长黄谭水）、鹏一乡（乡长钟木春）等民主政权也先后建立。1944年12月2日东江纵队成立一周年，又成立了坪、龙地区的新二区人民政府。1945年初，从东江南岸到大鹏半岛及港九地区，都是东江纵队二支队活动的范围，便连成了一片。广东省临委指示，路东解放区参照陕甘宁边区的经验，结合实际情况，筹备成立"三三制"的抗日民主政权，以建立巩固抗日根据地。尹林平在座谈会上作了关于战争形势的精彩报告。会议又讨论通过了东江纵队政治部提出的对于建设东江抗日根据地的施政纲领，同时，决定成立召开路东首届参议会。1945年4月，路东首届参议会在麻溪举行，有各党派及无党派民主人士及农工商学各界代表参加。会上正式选举产生了由49名参议员组成的路东参议会和由9名行政委员组成的路东行政委员会。路东新一区抗日民主政府是共产党领导下的路东地区第一个民主政权，为后来成立路东县政府奠定了基础。

陈伙楼是1931年由当地大地主陈伙所建,是一座长宽约10余米砖石土木结构的三层楼房,占地约300平方米。抗战期间,陈伙及家人移居香港,楼房空置。国民党部队曾在此驻扎,以前大鹏地区历届地方政府也多在此办公。

20世纪90年代,落实党的侨务政策,陈伙楼物归原主,现有外来务工人员在此租住。

2018年4月24日,大鹏古城博物馆组织省市部分文物保护专家到大鹏新区王母墟对陈伙楼进行调查和价值评估,建议公布为区级文物保护单位。

2019年3月1日,陈伙楼被深圳市大鹏新区文化广电旅游体育局公布为大鹏新区红色革命遗址。

14. 国民党反动派屠杀东江纵队复员战士遗址

国民党反动派曾在大鹏所城北门附近屠杀东江纵队复员战士。

1946年7月,东江纵队北撤后,广东局势随着内战的全面爆发而发生了急剧的变化。国民党广东当局公然违背保证东江纵队复员人员安全的承诺,加紧策划大规模的"绥靖""清乡"活动,对东江、北江等地区进行残酷的"扫荡",制造白色恐怖。

在大鹏,国民党反动派抓捕和杀害东江纵队复员指战员的情况十分严重。东江纵队北撤后,大鹏半岛的山林中还隐蔽着一些有家不能回的东江纵队复员人员。据老革命王福回忆,大约在1946年的七八月间,在大鹏所城北门附近举行大型祭祀,场面十分热闹。王福见人群中有7位游击队装束的男人,其中一个少年与十多岁的王福年纪差不多,一脸严肃,腰间还插着两个手榴弹。他们坦然地挤在人群中,令大家都感到十分惊讶。此时,大鹏已经成为国民党的天下,难道他们不怕危险吗?有乡亲好心地询问。为首的男人笑着说:"政府已答应让我们解甲归田,过和平的日子。现在就是他们邀请我们来看戏。"不久,政府来了2个人,拿来一些吃的东西,和他们一边吃喝、一边看戏,并且把这些游击队员的武器都收走了,好像真的和平共处,要开始新生活了……

就在大戏演出结束、准备散场时,人群中突然冲出许多便衣。一阵混乱之后,7名游击队员全部被抓,随即被就地枪决。

该地现在是大鹏所城内华侨城文创园区和表演场地。

15. 岭澳村民救治东江纵队伤员旧址

岭澳村民救治东江纵队伤员旧址位于现岭澳社区长湾村。

东江纵队北撤后，国民党背信弃义，违背保证东江纵队复员人员生命财产安全的承诺。派出军队在东江（含大鹏）、北江等地区实行"清剿"，大举搜捕和杀害东江纵队复员人员及地下中共党员。根据中共中央指示，东江纵队复员人员重新拿起武器，组建"广东人民解放军江南支队"等多支革命武装，针对国民党军队的"清剿"，开展以保卫根据地和游击区为中心的人民解放战争。在大鹏涌现出许多人民群众保护革命战士，人民群众协同革命武装巧与敌人周旋的动人事迹。1945年冬，34名受伤的东江纵队战士转入岭澳长湾村赖兰姣家养伤，赖兰姣家被称为"部队医院"。赖兰姣一家人和村里的党员细心护理，两个月后大部分同志康复归队，还有10多位伤势较重的伤员留在赖兰姣家。1946年元月，国民党军队突然窜入长湾村搜查，赖兰娇立即回到家里，迅速将一些带有民间避邪捉鬼的杂物挂在家门口，伪装成产妇家门的模样，然后安详地坐下守在门口。敌人进院后，赖兰娇镇定地站起身，以儿媳生小孩、屋内有污血，对武器不灵、对军威不利的巧言妙语，骗走了敌人。

20世纪80年代末，为支持国家核电建设，长湾村所在的岭澳整体搬迁到王母村安居，长湾被建设成为中共中国广核集团党校。

16. 王母升起华南第一面五星红旗旧址

华南第一面五星红旗升起旧址位于现王母围榕树街19号门前。

1949年10月1日下午，毛泽东主席在首都天安门城楼上庄严按动电钮升起五星红旗。在人们的印象中，这是我国领土上升起的第一面五星红旗。然而，早在天安门广场那面五星红旗升起前的八九个小时，在祖国东南端沿海的大鹏半岛，这个叫王母墟（今大鹏新区大鹏街道王母墟）的小镇，在10月1日清晨6点多钟，就有一面五星红旗冉冉升起了。

1949年9月30日下午，香港《华商报》刊发的新华社新闻稿中，公布了中华人民共和国的国号、国旗、国歌、首都，以及将于10月1日举行"开国大典"的消息。当时，已有近千名由边纵各部队抽调、港澳及内地投身革命的知识青年组成的中共干部教导团，会集在王母墟，受命进行培训，准备参加接管广州。教导团在得知将于10月1日举行"开国大典"的消息之后，立即开会决定：在10月1日早晨举行庆祝活动，并且布置大家去分头进行准备。

10月1日清晨，大家来到王母墟光德学校操场大榕树下，齐声高唱《义勇军进

图 5-78 2019 年 4 月 29 日，老战士钟声现场确认王母墟升起共和国第一面五星红旗旧址

图 5-79 王母围的古榕树

行曲》。一面鲜艳的五星红旗,迎着晨风,迎着朝阳,在激昂的《义勇军进行曲》的歌声中,庄严地升起来了。10月15日,这支从大鹏半岛出发的干部教导团,随部队进驻广州后,看到了标准的国旗,一对照,大小和样式完全一致。

原来,由于消息不通,王母墟升起的那面国旗,比在天安门广场的国旗早半天升起。这是华南地区正式、庄严升起的第一面标准的五星红旗!

当时,国歌大家都会唱,国旗的样式在新华社电讯稿中已有详细的说明。粤桂边区纵队参谋长杨应彬同志做过绘图作业,便自告奋勇地承担了绘图工作;另请几位女同志用红、黄、白布加以剪裁和缝制,一面五星红旗很快便制好了。大鹏王母墟北,原有三棵榕树,现仅余一棵,此棵榕树即为王母墟升起华南第一面五星红旗旧址。

(二)故居、旧居

1. 抗日将领蔡廷锴旧居——严氏大宅

严氏大宅位于现鹏城社区大鹏所城东城巷。

蔡廷锴(1892—1968年),字贤初,汉族,广东罗定广府人。行伍出身,由士兵升为19路军上将总司令,其最出名的战功就是率领十九路军在"一二八事变"后

图 5-80 蔡廷锴旧居

奋起抗击日军，致使日军侵占上海的阴谋终不能得逞。后参与领导"福建事变"，与中华苏维埃共和国临时中央政府和红军签订了《反蒋抗日的初步协定》，1934年1月因内部瓦解而失败。抗日中一度复出，因无兵而没有大的作为。中华人民共和国成立后，任中国人民政治协商会议第四届全国委员会副主席。

1916年，24岁的蔡廷锴参加了孙中山领导的反对袁世凯的护国运动。3月，袁世凯的爪牙龙济光盘踞广东，蔡廷锴联络反正起义失败，返回罗定。6月，袁世凯称帝失败死去。8月，蔡廷锴往宝安县任游击队任班长。1917年，调大鹏城警察分所任警长。1918年，随离任的所长一起返乡。

严氏大屋位于大鹏所城内十字街，原为大鹏所城守备署遗址，民国年间由严氏华侨向乡政府申请建造，面阔三间，高两层，占地面积170平米。民国期间曾作为鹏城警察大队部，现为大鹏所城73处不可移动文物之一。2013年，大鹏古城博物馆对其进行修缮，现保存完好。

2. 戴卓民故居

戴卓民故居位于鹏城社区大鹏所城东北村戴屋巷2号。

戴卓民（1903—1931年），又名戴东京，曾用名黄季仲，广东宝安大鹏（今深圳大鹏鹏城村东北自然村）人，香港海员。

在"五四运动"期间，17岁的戴卓民深受革命思想的影响，成为一名满怀革命理想的新青年。1920年，戴卓民到香港谋生，利用业余时间学习并掌握了出海远航的语言和海员知识。20岁时他当上了一名海员，先后在"皇后"轮和"总统"轮工作，去过上海、青岛等地以及苏联、美国、欧洲各国的各个著名城市。戴卓民的思想受世界工人运动的启发，无法忍受资本家对工人残酷剥削的社会现实。

在1922年12月至1923年的香港海员大罢工运动中，戴卓民表现非常积极勇敢，成为中华海员工业联合总会的一名骨干分子。1925年，戴卓民加入中国共产党，并成为联义社负责人之一，当选海员代表。"五卅"惨案后，在中国共产党和国民党左派的领导下，各阶层的爱国人士纷纷起来同帝国主义做斗争，实行罢工。尤其是戴卓民和苏兆征、林伟民等人经常在各工会领导层之间活动，联系和组织行动。香港海员工会和各个行业工会积极响应。广州海员、各行各业工人、各个阶层平民也一致行动起来，于1925年6月19日实行"省港大罢工"。

北伐战争开始后，戴卓民积极组织武装，成立工人纠察队，以策应和支援北伐战争。北伐失败后，戴卓民回到香港，被机器工会会长韩文惠出卖被捕入狱，受尽各种毒刑仍不肯屈服。在中共的营救下戴卓民获释。1931年，蒋介石叛变革命，大肆捕杀共产党员和革命群众。戴卓民当时在青岛指导工运，举办山东工联和青岛工联职工运动训练班。4月14日，因叛徒指认，戴卓民再度锒铛入狱。8月19日，戴卓民等21名共产党员于济南侯家大院刑场英勇就义。

戴卓民的三个儿子都参加了革命，长子戴正中取名正中，意与蒋介石的字中正相反，要与蒋介石的反动政府对着来。戴正中参加八路军后，在中条山战役中牺牲；次子戴正平参加东江纵队，腿部中枪退伍；三子戴鼎又名戴顶，本姓叶，是戴卓民收养的烈士遗孤。参加抗日后任游击队惠阳大队小队长。1943年2月，因敌人告密，被数百名分别从深圳、沙头角、大望出发的日军包围在梧桐山下的莲塘坳下村（今深圳仙湖植物园大门附近）。20多名有武装的东江纵队战士在队长戴鼎的带领下，为了掩护民运、税站的同志撤退，经过激战，全部壮烈牺牲。戴卓民的侄子戴基是东江纵队电台总台长。

《工人之路》一九二六年一月九日曾有刊文，题目为"戴卓民君昨晚抵省"。内容为"省港举行大罢工时，香港政府以其帝国主义手段，滥捕我华人入狱，工人同志之入狱者不下数十人。除洋务工友吴荣、冯北梅、叶春、徐垣、田西沙已放出来省外，中华全国总工会执行委员戴卓民君，被捕后判监禁六月，昨已满期释放，并有即来省消息。此间各工团早已预备欢迎，后得消息，戴君于八日乘坐广九火车来省。罢工各工会、中华全国总工会闻讯纷派代表到广九车站欢迎。七时广九车到省，戴君果到，登即下车，受群众热烈之欢迎。随到罢工会休息片刻，与各工友相见。七时许又到中华全国总工会，沿途军乐爆竹齐响，极为热闹云。"

国民党反动派知道戴卓民的共产党员身份后，放火烧毁戴卓民故居。1950年，戴卓民后人对其进行修复，建成现状，为两层两间带一拖屋坡屋顶骑楼建筑。现为附近餐饮店员工宿舍。

3. 赖仲元故居

赖仲元故居位于现鹏城社区大鹏所城赖恩爵振威将军第东座。

赖仲元（1918—1988年），又名赖镇圻，曾用名陈乃文、关秀，宝安县大鹏鹏城村人，是清代抗英名将赖恩爵之后。1938年日本侵略军在大亚湾登陆后，他积极投入抗日救亡运动。同年10月加入中国共产党。1939年，赖仲元介绍刘黑仔入党。此后他历任地下党乡党支部书记、区委书记、东江纵队独立中队政委、东江纵队特派员等职。1944年任广九路东新一区区委书记兼区长。

图 5-81　赖仲元故居

日本投降后，赖仲元在惠阳地区镇隆、永湖一带领导武装斗争，任东江江南第二战线政委。1946 年 5 月—6 月间，跟随东江纵队司令员曾生，在惠阳地区的惠州、平山、多祝等地与敌人展开斗争。6 月，随东江纵队北撤到山东，任华东军政大学教导员、华东党校营团队队长、华东野战军司令部粟裕将军随从参谋等职。

中华人民共和国成立后，赖仲元先后任中共中央华南分局党校组教务处长，广东省委党校党史教研室主任、副校长、校党委常委，广东省农科院副院长，哲学社会科学研究所副所长，广东省农林水办公室副主任兼省科委副主任等职，为党的干部教育事业以及科学研究事业倾注了毕生的精力。1964 年，他带队到东莞县搞农业区划试点，出色地完成了试点工作，对东莞农业生产的发展做出了贡献。后试点在全省推广并向全国介绍，被国家科委列为 1965 年全国重大科技成果之一。1988 年 9 月，赖仲元在广州病逝。

4. 戴基故居

戴基故居位于现鹏城社区大鹏所城戴屋巷 6 号。

戴基（1921—1997 年），男，又名戴子机、戴机，大鹏所城东北村戴屋巷人。

戴基从事秘密战线工作，身份极为特殊隐蔽，平时沉默寡言。1938年加入中国共产党。1939年秋，曾生因惠宝人民抗日游击总队孤悬敌后，远离党中央，为了及时得到延安的指示，命令王彦芝、戴基等人筹建电台。1942年2月，戴基任广东人民抗日游击总队电台台长。同年3月—5月，他奉命将电台从香港新界沙螺洞迁往距乌蛟腾2千米的石水涧村。当时只有一部电台，六七个工作人员。同年底，电台扩大至6部，人员增加到20人。1943年下半年，戴基返回广东人民抗日游击总队司令部，历任东江纵队司令部电台总台长，新华社东江分社电台总台长。1946年4月，任军调处第八执行小组通信官。

戴基的妻子黄娣妹，坝光洞梓人，现年101岁，大鹏革命烈士黄闻的堂妹。黄娣妹经常帮助游击队，多次为游击队传送情报。黄娣妹曾为游击队隐藏粮食达3000多斤，她还抚养游击队干部李汉的女儿小琼达11年之久。1944年，她冒着生命危险收留了怀孕的东江纵队副司令王作尧的妻子何小冰（何瑛），直至其顺利生产后护送其离开。多年以后，王作尧带着孙子前来看望黄娣妹。

戴基故居是全国重点文物保护单位——大鹏所城国保文物本体建筑。它建于清末，坐北朝南，平面布局为三开两进，有前院。建筑整体为砖木结构，占地面积约300平方米，为大鹏所城典型的民居。但其大门规格较一般民居高大雄伟。建筑特征有条石墙基，木构架，堆瓦屋面，地面铺大阶砖。2008年，大鹏所城整体保护项目一期工程对其进行修缮。

5. 刘黑仔故居

刘黑仔故居位于现鹏城社区大鹏所城东门巷6号。

刘黑仔（1917—1946年），本名刘锦进，大鹏所城东北村人。兄妹五人，刘黑仔行三。父亲刘基是海员，50岁时返乡务农；母亲王秀是位农村妇女。日军入侵宝安后，刘黑仔父母均被拉去做挑夫，并染上霍乱，1941年6月相继在一周内去世。

少年时期的刘黑仔，恰逢国民党发动内战、日本帝国主义侵略中国的时代。他1928年进鹏城小学读书，1934年毕业。就读期间，受进步思想的影响，参加《投笔从戎》等进步话剧的演出。"一二·九"事件后，大鹏地区青年在地下党的领导下，组织了"惠宝沿海青年抗敌同志会"。刘黑仔积极参加抗日宣传，经常与赖仲元接触，受到赖仲元的教育和启发，思想觉悟不断提升。经赖仲元介绍，刘黑仔于1939年上半年加入中国共产党。入党后，从事地下工作，并在大鹏所城附近的关沙下村小学教书，创办夜校，教育和团结民众。后来，刘黑仔参加曾生领导的惠宝抗日游击总

图 5-82 刘黑仔故居正面

图 5-83 刘黑仔故居侧面

队。因部队转移受挫，失散回乡。他回乡后找到赖仲元，被安排在径心学校当代课教师，继续从事地下工作。

1941年，日军第二次在大鹏附近登陆，刘黑仔与赖仲元等人在坪山、大鹏半岛一带收集敌军情报。刘黑仔在王母乡打死两个日本汉奸，在石桥头枪毙了维持会会长袁德。刘黑仔调回部队后，担任广东人民抗日游击队惠阳大队手枪队小队长，在龙岗、坪山、葵涌一带活动，主要负责收税、打击土豪乡绅、解决部队经济收入问题，偶尔侦察敌情、配合部队打突击。12月8日，日军攻打香港。三天后，刘黑仔带领邱石等短枪队员，在新界吉澳岛与先期到达的黄冠芳会合，尾随日军进入西贡、九龙一带活动。不久后，刘黑仔被任命为短枪队副队长（黄冠芳任特派员，黄调离后刘黑仔升为队长）。刘黑仔平时努力练习枪法，使用一支"鲍鱼唛"二十响快挚驳壳手枪，战斗时奋勇杀敌，被誉为百发百中的神枪手。他带领的短枪队，在港九地区行踪不定，出色完成收集情报，惩治汉奸，打击土匪，炸毁敌人仓库和机场，运送武器，护送民主人士、文化人士和国际友人等任务，成为港九地区的抗日传奇英雄人物。

1944年春夏之间，日军为了追捕被我方抢救的美军第十四航空队飞行员克尔中尉，出动一千多兵力，对沙田、西贡进行"铁壁合围""穿梭扫荡"。为了粉碎敌人的"扫荡"，港九大队互相配合，四处出击。刘黑仔短枪队将克尔中尉安置在安全的地方后，在港九地区搞得敌人不得安宁，而后又击毙汉奸陆通，炸毁启德机场，迫使日军将包围沙田、西贡一带的部队撤回，克尔中尉得以脱险。后来，克尔中尉曾写信感谢东江纵队，称刘黑仔为他的"再生父母"。

1944年，抗日战争从相持阶段发展到反攻阶段。同年7月，刘黑仔负伤被送到大鹏后方医院，伤愈后参加东江抗日军政干部学校学习了两个多月。

1945年8月15日，日本投降。9月，东江纵队经英德，与珠纵、北江支队的一部会合，向始兴北上并成立粤北指挥部，刘黑仔短枪队直属指挥部，随军北上。

1946年，东江纵队准备北撤山东，刘黑仔短枪队随粤北指挥部留在南雄、始兴一带活动。5月1日，刘黑仔带领10余人到南雄和江西交界的界址圩调解一宗民事纠纷，遭到敌人一个加强连的兵力伏击。苏光等同志牺牲后，为不连累老百姓，刘黑仔和剩余五六人冲进一间店铺内固守。下午2点后，在向西门突围的过程中，刘黑仔大腿重伤，昏迷在一河圳边，被过路老农发现。部队把刘黑仔送到小村抢救，他清醒后想到的仍是杀敌，要为牺牲的同志报仇。由于当时医疗条件十分有限，刘黑仔的伤口染上破伤风，在送往指挥部的途中牺牲，遗体就地埋葬在江西省全南县正合乡鹤子坑村。刘黑仔牺牲时年仅29岁，一位战友在他的墓碑上写道："东江纵队英雄刘黑仔之墓"。

1987年3月2日，大鹏人民驱车千里，到英雄牺牲的地方，迎回刘黑仔遗骨，举行了庄严隆重的安葬仪式，安放于大鹏烈士陵园。

刘黑仔故居建于清末，是一座砖石土木混合结构，为坐北朝南的三层骑楼，占地约50平方米。刘黑仔的弟弟刘锦才于20世纪80年代，返乡进行修缮。

6. 袁庚故居

袁庚故居位于现布新社区水贝村内。

袁庚（1917—2016年），原名欧阳汝山，小学毕业证书上改用"欧阳山"的名字，大鹏布新水贝村人，父亲欧阳亨，海员，母亲为邻村石桥头的袁燕。抗战时，跟母姓袁。入党后更名袁更。解放初期出国护照上误写为袁庚，后一直沿用。1938年10月，袁庚参加坝岗抗日自卫队。10月11日中午，自卫队在坝岗西乡围伏击了登陆的侵华日军小分队，袁庚打响了第一枪。1939年初，袁庚经钟原和赖仲元介绍入党，先后任东江纵队港九大队队员、训练队教官、护航大队队长、情报官、情报处长、联络处处长等职。在东江纵队情报工作立下不朽功勋。1946年，随部队编入第三野战军，任炮兵团团长。1953年，任中国驻印尼总领事馆领事。1945年，被临时授予上校军衔，担任东江纵队驻港办事处主任。1950年赴越南援越，次年奉调回国。1953年，被外派到印度尼西亚雅加达任中华人民共和国驻雅加达总领事馆领事。1963年，袁庚被派往柬埔寨，破获国民党暗杀刘少奇的"湘江案"。1968年，袁庚被康生批准拘捕，囚禁于秦城监袁庚狱。1973年，袁庚被释放回家。

1978年，袁庚出任香港招商局常务董事、副董事长。同年向中央建议设立蛇口特区。他提出"时间就是金钱，效率就是生命"的口号。在蛇口炸响改革开放第一炮。1993年3月离休，享受副部级待遇，晚年定居蛇口。2003年7月，袁庚被香港特别行政区政府授予"金紫荆勋章"；10月，被上海市人民政府授予"中国改革之星"的称号。2005年9月1日，袁庚获得中国人民抗日战争胜利60周年纪念章。2016年1月31日凌晨，袁庚因病医治无效，在蛇口逝世，享年99岁。2月19日，袁庚的骨灰伴着鲜花撒入深圳湾，魂归大海。2018年11月，袁庚入选100名改革开放杰出贡献对象。12月18日，党中央、国务院授予袁庚获改革先锋称号。

袁庚故居位于大鹏水贝村东北，为袁庚父亲从事海员工作时用收入积蓄所建，至今保存完好。

7. 袁庚祖居

袁庚祖居位于布新社区水贝居民小组内。

袁庚本姓欧阳。宋末元初时，祖上从江西吉安府迁徙至此兴建水贝村。村史比600年的大鹏所城还长，清代建有水贝石寨，解放初被拆毁。水贝村整体朝向西偏南20度，占地面积约9880平方米，东侧为山林，西侧有一大池塘。村里巷道分明，部分路面铺设条石。村内有古榕树1棵、古秋枫1棵，均为国家三级保护树木。传统民居为客家式民居，现存约30座，有多座为独立式并带院落的民居。

袁庚祖居是水贝村代表性民居，建于清代晚期，坐东朝西，占地面积约539.65平方米。通面阔为22.39米，通进深为24.13米，五开间三进两天井结构形式，正门内凹，青砖墙，原为村中最大的建筑。建筑整体按东西中轴线方向对称布置，沿中轴线方向从前到后依次为门厅、前天井、中厅、后天井、后厅，厢房位于中轴线天井两侧对称布置，各居住单元的分隔亦完全对称。偏房为两间二进硬山顶小青瓦屋面建筑。

2012年1月13日，袁庚祖居被深圳市龙岗区人民政府公布为不可移动文物。2019年3月1日，袁庚祖居被深圳市大鹏新区文化广电旅游体育局立为大鹏新区红

图 5-84 水贝古寨内的民居

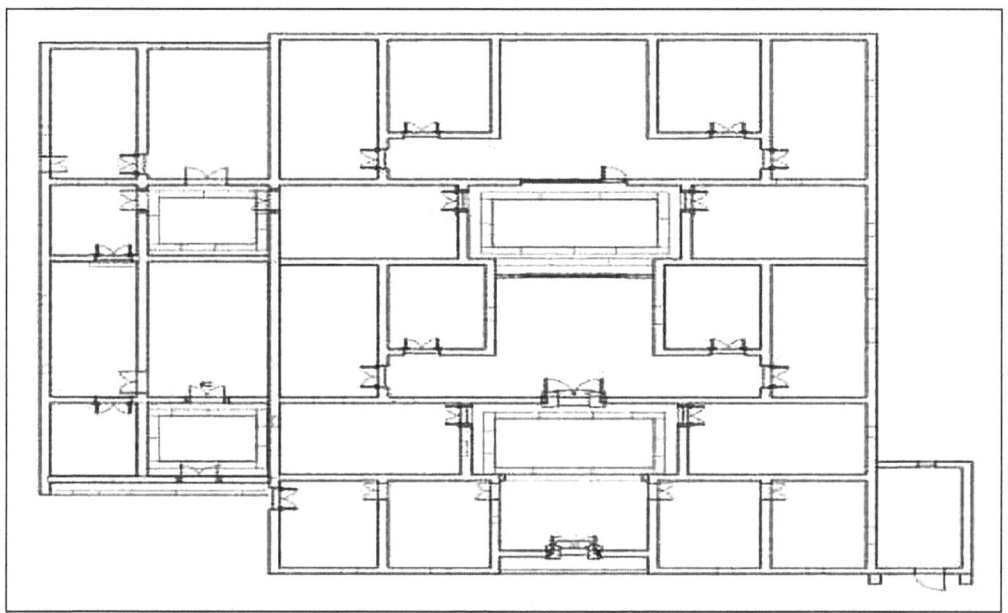

图 5-85　袁庚祖居一层平面图

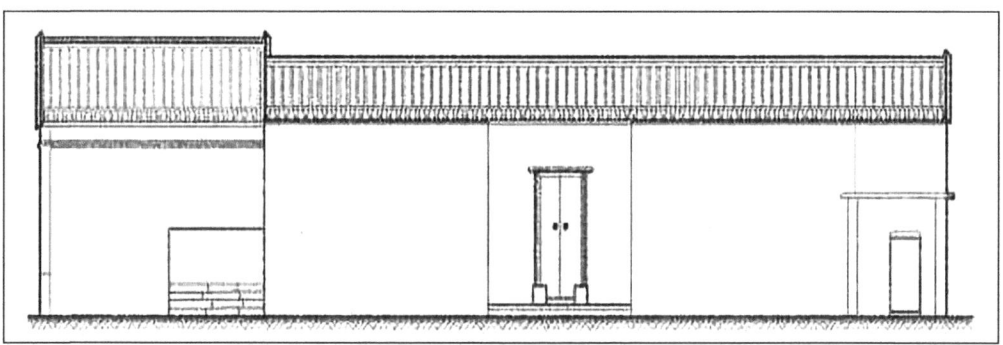

图 5-86　袁庚祖居正立面图

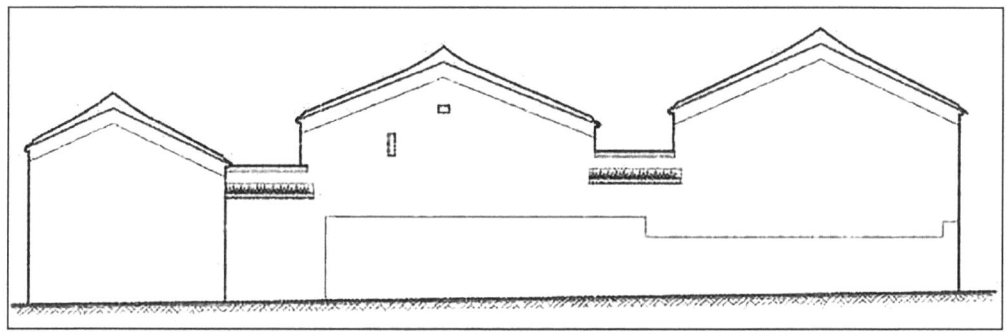

图 5-87　袁庚祖居侧立面图

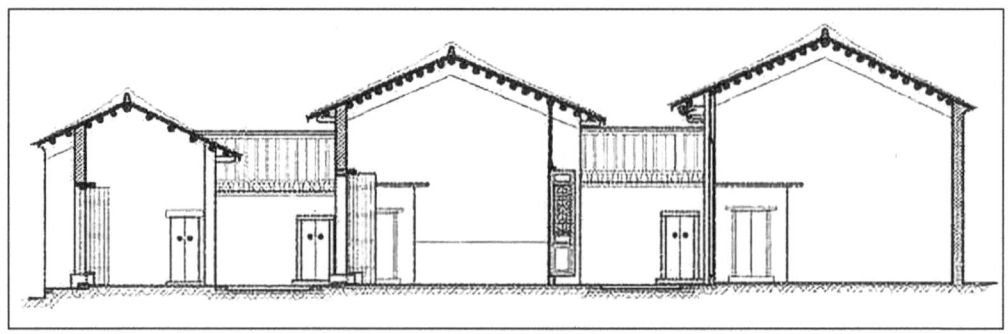

图 5-88 袁庚祖居中轴剖面图

色革命遗址。

8. 袁庚少年读书处

袁庚少年读书处位于布新社区水贝村内水贝书室。

水贝是一个历史久远的客家古村落,人文气息浓厚。据《新安县志》记载,明代该村举人欧阳宏"少时读书用功,常常研读至深夜,从旁借光而读,后官至福建永定知县"。欧阳宏晚年回到水贝,住在一间简陋的小屋。名儒杨起元在拜访时,见其居"土块支床,蔽席供卧",十分惊讶,问如何才能做到如此,宏答曰"清心而已"。

水贝书室,坐东朝西,面宽约 10 米,进深约 19 米,建筑占地面积为约 190 平

图 5-89 未修缮前的水贝书室

图 5-90 水贝书室现状

方米,平面布局为三开间两进一天井,前有塾台和方石柱,条石基青砖墙,砖木结构,尖山式灰瓦顶,为水贝村欧阳氏氏族的学堂书室。1923 年,6 岁的袁庚在这里读书。

2012 年 1 月 13 日,水贝书室被深圳市龙岗区人民政府公布为不可移动文物。2019 年 3 月 1 日,被深圳市大鹏新区文化广电旅游体育局立为深圳市大鹏新区一般不可移动文物。

9. 袁庚祖祠

袁庚祖祠位于现布新社区水贝村北 1 号。

欧阳氏宗祠(以贤宗祠),始建于清朝,重修于 20 世纪 90 年代,占地面积约 180 平方米。坐东朝西,面宽约 8 米,进深约 23 米,平面布局为三开间三进两天井,前有两方塾台,条石基青砖墙,砖木结构,尖山式灰瓦顶。宗祠现仍在使用,每当重大节日,族人们都前去宗祠祭拜。宗祠也是一族人进行红白喜事之地。凡老人过世或婚姻喜事,全族人都要在此举行相关仪式。此外每当族人生下男丁都会前往宗祠进行添灯仪式,向祖宗报喜,为孩子祈福。

图 5-91　以贤宗祠正门

2012 年 1 月 13 日，以贤宗祠被深圳市龙岗区人民政府公布为不可移动文物。2019 年 3 月 1 日，被深圳市大鹏新区文化广电旅游体育局立为深圳市大鹏新区一般不可移动文物。

10. 罗贵故居

罗贵故居位于现鹏城社区大鹏所城长巷 13 号。

罗贵（1929—1997 年），大鹏人。他 13 岁时参加东江纵队，17 岁加入中国共产党，解放战争时期参加了华东战场和解放广东的战斗，此后还参加了抗美援朝、对越自卫反击战等。1951 年任顺德剿匪大队长。1952 年被部队党委送去读中学，之后历任广州装甲兵司令部任科长，桂林军区后勤二十分部军成处处长，参谋长。1958 年进入哈尔滨炮兵工程学院学习深造，1963 年毕业后任 439 仓库主任。1964 年在广州军区后勤 20 分部任军械处处长、副参谋长、参谋长。1997 年 4 月 10 日零时，在广州因病逝世，终年 68 岁。

图 5-92 罗贵故居

11. 柯彩凤故居

柯彩凤故居位于现鹏城社区大鹏所城将军第巷 12 号。

柯彩凤（1928—1948 年），女，大鹏新区鹏城社区人。柯彩凤家庭出身贫寒，1944 年初参加东江纵队。不久随部队挺进粤北，任卫生员。在工作中，她不怕苦、累、脏，十分认真负责，经常通宵达旦看护伤病员。抗战胜利后，东江纵队主力北撤山东烟台，柯彩凤留在五岭地区。1947 年 4 月，她加入了中国共产党。在国民党军队进攻粤赣湘边游击区时，柯彩凤在医务人员少、药品少、伤员多的情况下，学会了土方药治病，挽救了不少伤员的生命。1948 年春，柯彩凤与粤赣湘边区纵队北二支队中队长何珠同志结婚。同年夏天，部队在大余县和崇义之间活动，她奉命带三名伤员到深山隐蔽治疗。由于叛徒出卖，敌保安队包围了伤员们隐蔽的地点。当时部队派来的两名送粮食和药品的队员还未离开，他们便和敌人一边战斗，一边撤退。柯彩凤当时尽管有孕在身，还是搀扶着一个个伤员撤入密林。由于她的掩护，三名伤员安全撤离，而她自己却不幸中弹受伤被俘。被俘后，柯彩凤坚贞不屈，惨遭杀害，年仅 20 岁。

图 5-93 柯彩凤故居正门现状

图 5-94 柯彩凤故居侧面图

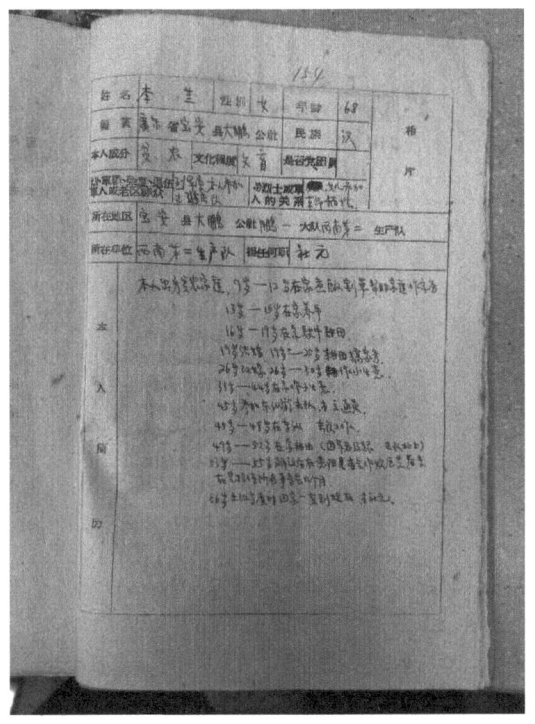

图 5-95 柯彩凤之母李兰作为烈属参加宝安县会议时填写的资料

另：柯彩凤在大鹏革命烈士纪念碑上所刻名为柯采凤。

柯彩凤生平在深圳市史志办公室编《深圳英烈 1900—1950》中记载为：柯彩凤，女，1920 年出生，大鹏公社鹏一西南村人，1943 年参加东江纵队，1945 年在坪山红花岭战斗中牺牲，职务为东江纵队航护大队炊事员。

12. 钟宝集故居

钟宝集故居位于现王母社区上新屋西区红屋瓦。

钟宝集（1922—1944 年），男，大鹏新区王母社区人。20 岁时参加广东人民抗日游击总队，担任东江纵队六支队小队长。1944 年在海丰镇战斗中牺牲，终年 22 岁。

13. 林本戎故居

林本戎故居位于现王母社区上新屋西区 32 号。

林本戎（1925—1999 年），大鹏王母墟上新屋人，父亲林贵是位开明地主，曾任民国宝安县副县长。林本戎有 2 个弟弟 1 个妹妹，全部参加了革命。

1943 年 10 月，林本戎加入广东人民抗日游击惠阳大队，不久参加了广东高潭之战、稔平之战和后门之战等战役。他骁勇善战，不畏牺牲，英勇杀敌，于 1945 年

图 5-96 钟宝集故居——红屋瓦

图 5-97 林本戎故居正面

图 5-98 林本戎旧居侧面

4月加入中国共产党。1946年6月29日,林本戎随东江纵队部队北撤山东烟台,于7月5日到达。

北撤山东后,党中央和华东局安排所有东江纵队的干部和党员分别进入华东军政大学和党校学习。1947年3月3日,林本戎被编入"华东野战军坦克队",隶属华东野战军特种纵队特科学校,随之投入到解放战争中。

1949年3月7日,华东野战军坦克队在徐州扩编成立华东野战军特别纵队战车团。林本戎在济南战役、淮海战役中荣立两次三等功;在渡江战役和解放上海的战役中荣立二等功。历任华东野战军特纵特种军事坦克队副分队长、华东野战军特纵战车大队排长、华东特纵战车一团三营九连副政治指导员等职务,曾荣获全国解放纪念章、解放勋章、解放功勋荣誉章。

1953年,林本戎参加抗美援朝战争,并荣立三等功一次,获"独立自由勋章"一枚。

抗美援朝结束后,林本戎先后任济南军区装甲兵司令部作训处三级战役战训参谋、二级战役战训参谋,济南军区装甲兵司令部军事科学研究室副主任、军事科研处副处长,济南军区装甲兵司令部办公室副主任、训练处长、作战处副处长、处长,同时被选为军政大学军事系学员。后被分配到济南军区坦克八师任副师长、济南军区装甲兵司令部参谋长等职。

1955年，林本戎被授予少校军衔；1963年晋升为中校军衔。20世纪70年代，被选拔为赴柬埔寨军事代表团成员，负责装甲兵工作。1978年，林本戎当选第五届全国人大代表。

1983年8月，林本戎以副军职干部待遇离休。1999年5月15日，因病于广州军区广州总医院逝世，享年74岁。

14. 钟笑故居

钟笑故居位于现王母社区上新屋西区红屋瓦。

钟笑（1924—1945年），女，乳名锦笑，广东宝安大鹏（今广东深圳大鹏）人。钟笑家住广东宝安大鹏王母圩新屋村，自小家境殷实。父亲早逝，兄长在国外发展，钟笑和母亲、嫂子、2个姐姐、1个妹妹留在家中。钟笑热情而又爱笑，战士们都喜欢叫她笑姐。

"七·七事变"之后，国内各种抗日救亡运动此起彼伏。钟笑与她的同学受到由香港惠属青年会回乡救亡工作团的成员组织的一系列活动影响，积极参加宣传抗日救亡活动。小学毕业后，她毅然参加抗日救亡工作团组织的扫盲队和自卫队，成为

图 5-99 钟笑故居——红屋瓦

一名光荣的抗日民运队员。1944年夏天加入中国共产党,在民运队中担任小组组长,带领小组成员在铁涌乡从事抗日宣传工作。他们白天帮助村里群众干农活,晚上开展各种活动,发动青壮年参军抗战,组织农民开展减租减息斗争。

1945年1月,铁涌乡成立抗日民主政府,钟笑任乡长。同年春天,东江纵队的游击队员在巽寮油甘埔与一小股日伪军遭遇后激战,双方各有伤亡,于是撤出战斗。钟笑知道后,主动到山上照顾受伤的队员黄文生,直至他回归部队。

抗日战争胜利后,国民党发动内战,疯狂围剿追捕游击队员。1945年12月初,国民党又一次掀起反共高潮,由陆如均、赖耀庭两部队进攻惠阳县平海镇,扫荡周围乡村,捕杀我党成员。

1945年冬至前夕,钟笑接到敌人进攻的情报,立即和练文等民运队员,连夜转移到鹧鸪岭,随武装部队驻营。次日清晨,发现外出侦察的士兵仍旧未归,敌情不明。大队长随即命令钟笑为组长,带领练文、张强二人前去大坑村侦察。

到达大坑村后,钟笑让练文、张强二人隐蔽,同时再三叮嘱他们无论发生什么事,都要保护好自己,将敌情带回去才是关键。后来她发现这是敌人的圈套,为了掩护队友、不连累老百姓,她原地跟敌人展开战斗,后腿部中枪晕倒而被捕。无论敌人威逼利诱,还是严刑拷打,钟笑始终坚定信念,不背叛党。

第二天,在惠阳平海镇鹧鸪洞村,地主武装头子欧阳驷下令用一根三寸多长的铁钉,对准钟笑的太阳穴狠狠地钉进去。之后,他还下令不准埋葬钟笑的尸体,将其暴晒于山野间,违者必杀。鹧鸪洞村几位村民于心不忍,半夜里秘密地将钟笑的尸体转移后,埋葬于一个隐蔽的地方,且不向任何人提起。钟笑尸体的去向便成了谜团。

直至1988年,钟笑的遗骸才被找到,后迁回大鹏安葬。而在原来安葬其尸骨的地方,惠阳政府则立了衣冠墓。

另:深圳市史志办公室编《深圳英烈1900—1950》有钟锦少烈士的记载,其履历与钟笑相仿,疑为同一人。附录如下:"钟锦少,曾用名钟锦笑,女,籍贯大鹏公社王母上新屋村,党员,1942年参加广东人民抗日游击总队,1944年在陆丰县甲子战斗牺牲。牺牲前在东江纵队护航大队民运队。"

惠东县有农林水工作人员吕先生,则称他们一直在维护着钟笑的墓地。

三、南澳

(一) 遗址、旧址

1. 东涌抗日烽火台及战壕旧址——南澳东涌大围村

东涌抗日烽火台及战壕旧址位于现东涌社区大围村海边山坡上。

东涌战壕最初建造于1939年，是国民党军队为了防止日军从三门岛入侵海上而建造的。战壕总长约3千米、约1.5米到1.6米深，站在战壕里可以清楚地看到海面的动静。战壕中还有很隐蔽的防空洞，战壕的尽头有一个哨所。沿着战壕向对面山头看去，还可以远远看到对面的烽火台。

1939年5月，8名日军从东涌海滩登陆并开火。战壕里的中国守军当即举枪还击，击毙7名日军，剩下1名日军开船逃窜。1小时后，日军调来4艘炮艇轰击战壕，不少中国士兵牺牲。但是在中国守军的英勇抵抗下，日军未能登陆成功。直到1941年5月2日（农历四月初七），日军从陆路进攻东涌大围村。村民何峰刚好在山上放牛，看到日军气势汹汹朝村子扑来，便火速下山报告消息。村民们赶紧跑到

图 5-100　东涌抗战旧址

远处的禾堂岭躲了起来。

日军进村后,看到一座静悄悄的空村,以为中了游击队的埋伏,十分害怕。他们大肆抢掠财物,烧毁房屋120多间。全村被烧成一片废墟,仅剩黄氏祠堂一栋房子幸免于难。

2. 东江纵队兵工厂旧址——高岭古村

东江纵队兵工厂旧址位于现东农社区高岭古村鸡公岽。

1943年底东江纵队成立后,其领导机关及中共广东省临时委员会和东江军政委员会及电台、《前进报》报社等,根据不同的斗争形势,经常随部队在大鹏半岛一带转战。这些机关驻南澳时,曾在高岭古村开办兵工厂。

高岭村位于七娘山北麓山区,村旁有东风岭,海拔381米。高岭村自然资源丰富,登记在案的古树有古榕树(115年、125年)各1棵,均为国家三级保护树木。五月茶(165年)1棵,为国家三级保护树木。

高岭村坐落于七娘山北麓的半山之上(海拔约211米),占地面积约2000平方米,坐西南朝东北,面朝大亚湾。从山下进村要先经过建于民国15年的三盛桥。在山路中间有先人留下的青石桌椅供来往村民休息。这里四周古树环绕,当地村民称为"半路伯公"。再往山上走可见一座炮楼,随后可到达村民的晒谷地,此处有棵大榕树。此处视野开阔,可俯瞰大亚湾。村里有高岭学校和周氏宗祠等。原有榨糖作坊,现已荒废。该村原有民居50多座,大多数为民国时期修复和兴建,由于修缮不利,现存传统民居约20座。周氏宗祠前原有一处风水池,但由于缺乏保护,现已长满野草。在村两侧有担水坑和水库潭两条溪流,系村民生活用水的主要来源。村后的古树林被当地居民称为"风水林"。风水林后有当地华侨捐资修建的水库。旧时,高岭村一带倭寇横行,村落为防止山贼"打明火",在村外围铁丝网,网上开3个门以供进出。改革开放后,高岭村民均下山兴建新房居住,高岭古村从此被废弃,现整体保存较差。

旧村和新村分别有一座周氏宗祠。旧村周氏宗祠重修于20世纪70年代,占地面积约50平方米。新村周氏宗祠始建于21世纪初,占地面积约50平方米。两座宗祠现仍在使用。

三盛桥位于高岭古村山脚下,东西走向,占地约24平方米,桥面长约8米。桥面由长条石构成,桥下砌石修成拱形。桥前有一座通建桥芳名碑(碑文:奕世流芳碑民国十五年岁次丙寅仲冬月吉旦建造三盛桥各芳名捐助桥金),后有一座桥头伯公

图 5-101　高岭村古建

图 5-102　三盛桥

神位。三盛桥为高岭古村居民出入必经之路，现整体保存完好。

高岭炮楼位于进村山路边，始建于20世纪40年代，占地面积约20平方米，一层高，顶层有女儿墙。

2012年1月13日，三盛桥、高岭炮楼和周氏宗祠被深圳市龙岗区人民政府公布为不可移动文物。

3. 东江纵队最早的南海"军港"——月亮湾

1943年7月东江纵队护航大队成立，原独立中队的海上小队扩编为两个海上中队，共一百多人。在刘培部队和地方武装控制大鹏半岛后，大鹏湾沿岸的许多港湾，如沙鱼涌、南澳月亮湾、洋稠湾、鹅公、大鹿湾、西涌等都是东江纵队武装船只的停靠点，有的是活动基地，有的是待机出击点或紧急登陆点。其中主要基地是月亮湾和洋稠湾。月亮湾的关厂是部队驻地，这里也转移过被游击队营救的美国飞行员。

1944年2月11日，美国盟军第14航空队、中美联合空军飞行员指挥兼教官敦纳尔·克尔中卫率领战斗机群从桂林起飞，掩护轰炸机袭击九龙日军占领的启德机场。在空战中，克尔的座机中弹起火。他跳伞降落在九龙郊外的吊草岩附近，被港

图5-103　从水头沙远眺月亮湾

九大队小交通员李石和民运工作组组长李兆华所救，掩蔽在石龙仔山洞里。日军派出军队在吊草岩、观音山一带搜捕，但一无所获。日军又出动陆军1000多人到新界沙田、西贡进行严密封锁，反复搜索；还出动飞机在新界南北低空盘旋侦查；海军也出动10多艘舰在港九海域巡逻搜索。面对如此紧急的形势，东江纵队港九大队海上中队为了牵制敌人，派船到南澳、坪洲、叠福吸引敌人。港九大队市区中队也紧密活动，同时牵制敌人。港九大队陈志贤、廖梦和翻译谭天等人护送克尔坐船从南澳上岸到枫木浪村大队部。2月底，陈志贤和赖连带一个班，护送克尔到坪山东江纵队司令部。

1945年1月16日凌晨，美国盟军14航空队一群飞机轰炸港九日军军事设施，其中一架飞机被日军高射炮击中。飞行员伊根中尉跳伞，降落在新界海面，被渔民周二救起撤向鹅公湾。日军出动舰艇追击。港九大队海上中队掩护周二的渔船安全撤到南澳，再送到坪山东江纵队司令部。

20世纪80年代，南澳墟镇建镇开发，海滨的月亮湾（南澳湾）建有渔港码头，沿岸为观景海堤和海滨广场。

4. 东江纵队的战略后方旧址——西涌鹤薮村

西涌地区是东江纵队的战略后方，医院、报社等后方机构多有活动。1944年，王作尧曾在鹤薮养病。

鹤薮位于西涌社区，南临西涌海滩，北靠七娘山。

鹤薮村因旧时村前有许多白鹤繁衍筑窝而取名鹤薮村，又名学斗村、鹤寮村。村路将该村分为新旧两个部分。新村集中在村内西南侧，内有大量的新式居民楼及民宿。旧村在村内东北侧，建筑布局规整，由13条横向街道和3条纵向街道贯穿整个旧村。周边有一环村水系（西边水渠现已干涸），形成了"山林—村落—环村水系—田地"的格局。鹤薮村传统民居为客家式民居，现存约70座，大部分建筑建于20世纪初。建筑墙体大多以土、石为材料，部分混砖，少数以花岗石为墙基，青砖承重墙，硬山搁檩。跺头，塑有雕花，并着色，有些在正面写有建造年代。少数富裕人家檐下有彩画或木雕装饰，主要为牡丹、兰花、喜鹊等表示富贵吉祥之物。部分建筑外墙有山花。代表性民居有刘氏斗廊排，建于清光绪丙申年（1896年），占地面积约180平方米。刘氏斗廊排正门朝西南偏南25度，面宽约20米，进深约9米，面开两大门，五开间两进结构，条石基青砖墙，灰瓦顶，砖、木结构，檐下有牡丹、兰花、喜鹊等彩画和木雕装饰，是一座清代斗廊院民居建筑。现整体保存较

图 5-104 鹤薮的新村

图 5-105 鹤薮民居

好。2012年1月13日，刘氏斗廊排被深圳市龙岗区人民政府公布为不可移动文物。

鹤薮村协天宫，占地约200平方米，始建于明万历年间，重建于1991年，供奉神灵为关帝。有古井两口、古榕树20多棵，其中一棵有三百年历史。每年关帝诞辰，村民在协天宫进行祭祀。

西涌观音庙位于村旁约500米海边，占地约20平方米，始建年代不详，据传至少有200年历史，曾在民国时期进行重修。内供奉观音，当地人称为"庙仔"。据记载，该庙原来占地面积不足10尺，高不过1丈，最近一次重建在1992年由鹤薮村民捐资。

5. 中共广东临委驻地旧址——鹅公村

抗战时期广东省临委和东江纵队领导机关以及报社、电台、医院转战大鹏半岛期间，曾在鹅公村驻扎。

鹅公村位于南澳西南部抛狗岭与鹅公湾之间的谷地。该村形成于清嘉庆年间，至今已有200多年历史。因从山上往下看村形如天鹅而取名鹅公村。鹅公村四面环山，村前有一大水池，水池边有一小路进村，路旁种植有风水林，在村旁山上有山坑水流过。村子依山而建，环境优美，约1万平方米。村口有一巨石如鹅蛋，上有

图 5-106 树抱石

古榕树扎根石缝,抱石而生,是大鹏半岛的一处奇景。

鹅公村传统民居为客家式民居,整体朝向西南,现存约20座,联排而建,建筑材料以土石为主,少数房屋两层高。20世纪末,原村民逐渐搬离,仅少数外地租客居住。旧村风貌完整保留,是大鹏新区有价值传统村落之一。

村内有殷氏宗祠,占地面积约30平方米,为两进一天井格局,砖木结构;车氏宗祠占地面积约30平方米,为两进一天井格局,砖木结构。在距离该村1千米的鹅公湾岸边,有鹅公天后宫,占地面积约100平方米,在旁有凉亭一座。正门前设有祭坛,为祭祀妈祖之用,宫内有妈祖神像及观音神像各一座。

鹅公湾海滩被称为"深圳最美海岸线",长约500米,拥有南澳西部最好的沙滩,岸边有大量巨石,石群为海岩石,形状奇特各异。夕阳时分,两边海角及沙滩被抹为一条红色的弧形彩带,映衬对面的香港群山和海上田园风光,有着"日落鹅公湾"的美称。近海海域有水下珊瑚群落和人工鱼礁,是观赏海底世界的景点。

6. 东江纵队领导机关和电台、报社等机构驻地旧址——半天云

1943年底,广东人民抗日游击队东江纵队成立后,其领导机关及中共广东省临

图 5-107　东江纵队电台旧址

时委员会和东江军政委员会等领导机关、电台、《前进报》报社，曾在半天云驻扎村内尚存东江纵队电台旧址。

半天云村方位在南澳街道东南，距离南澳街道约 2.6 千米，乡道半天云路可达该村，相邻的自然村有大龙村。该村西侧有长毛湖坑，东北侧有枫木浪水库，主要山岭是海拔 428 米的抛狗岭。

该村形成于清康熙年间。因位于半山腰，云雾升腾时，似云中仙境一般，得名半天云。半天云村依抛狗岭山势而建，建筑整体朝西，村前有条小溪环绕，村旁有风水林，整体形成"山林—聚落—水系—田地"的格局。传统民居以联排式为主，为客家式民居，现存约 30 座，有两条竖向通道作为该村主要通道，呈明显的梳状式结构。传统民居建筑材料以土石为主，房顶几乎全为硬山式。如今居住在这里的几乎都为外来租客，此地村民则住在南澳街道一带。

半天云村自然资源丰富，有十余株树龄 200 年以上的古树，其中有一株为树龄 500 余年的古秋枫树。

村内有王少清故居，始建于清代晚期，建筑坐东北朝西南，面宽约 7 米，进深约 10 米平，布局为两开间两进一天井，尖山斗廊天井院，砖木结构，青砖墙。2012 年 1 月 13 日，王少清故居被深圳市龙岗区人民政府公布为不可移动文物。王少清生于 1903 年，原籍深圳大鹏王母王屋巷，嫁给该村张氏后在此定居。她曾任香港保良局总理、香港大鹏同乡会荣誉会长，是大鹏地区著名的爱国华人，慈善家。她多次捐资香港各慈善团体活动，1955 年倡导筹建大鹏华侨中学，并捐资 15 万。该校为当时宝安县第一所完全由华侨捐资建成的学校。后又捐资成立香港大鹏同乡会、大鹏华侨工业技术学校（大鹏成人文化技术学校前身）。

2006 年 6 月，半天云村被广东省旅游局评为广东最美的自然生态村。2018 年 6 月 25 日，半天云古建筑群被大鹏新区文体旅游局公布为一般不可移动文物。

7. 东江纵队机关报《前进报》报社旧址

东江纵队机关报《前进报》报社旧址位于原西涌华侨学校。

西涌虽然地处偏僻，但当地村民重视教育，有着优良的办学传统，在民国初年便集资建设沙岗小学。1943 年底东江纵队成立以后，西涌村是其领导机关及中共广东省临时委员会和东江军政委员会等领导机关、电台、《前进报》报社当时的驻地之一。东江纵队机关报《前进报》社就设在沙岗小学。20 世纪 60 年代，沙岗小学与附近的鹤薮小学合并成立西涌小学。1989 年，西涌华侨捐款扩大规模，增建校舍，该

图 5-108　西涌华侨学校旧址

校更名为西涌华侨学校。进入 21 世纪，学校废弃，改为西涌社区社康中心。后社康中心也搬迁，整个西涌学校原址处于闲置。

8. 东江纵队《前进报》印刷厂旧址

东江纵队《前进报》印刷厂旧址位于现西涌社区西贡村。

1943 年底东江纵队成立以后，《前进报》的印刷厂一度设在西贡村谭仙古庙。

西贡村就在西涌海岸边，背靠红花岭，海拔 373.6 米。村里自然资源有：古樟树（565 年）1 棵，为国家一级保护树木。水翁树（115 年）2 棵，均为国家三级保护树木。斜叶榕（150 年）1 棵，为国家三级保护树木。古榕树 1 棵，为国家三级保护树木；

西贡古村背靠红花岭，面朝大海。村口两侧古树交错并设有土地伯公庙。村内房屋依山而建，坐西朝东，有钟氏宗祠等。村内传统民居为客家式民居，现存约 60 座。古建筑为砖木结构，灰瓦顶，有六横两纵的巷道清晰可辨。村南、村北两条溪流，溪水全部是从紧靠村后的山上顺势流下，溪流刚好将整个村落"合围"了起来，使得古村很有江南水乡的味道。

图 5-109　西贡村钟氏祠堂（一）

钟氏宗祠，占地面积约 70 平方米，重修于 1998 年。钟氏祠堂内记载："钟氏源起春秋，始祖气公，'颍川钟离山，人杰地灵为名，传今已数百代'。"明朝时期，祖婆携荣启、荣乐南下落难到西涌。兄荣启公留在西贡开枝散叶，弟荣乐公迁至王桐山。

西涌口遗址位于该村旁。遗址东边是山丘，西边是鱼塘，北边是天后宫，南边是西涌的入海口。西涌Ⅱ遗址海拔约 3.2 米，分布面积约 2000 平方米，2000 年 9 月深圳市第二次文物普查时被发现。根据当时钻探和试掘及采集的遗物，推测原遗址的中心部分可能在现在的鱼塘附近。从鱼塘的断壁上可以看到保留有厚约 30 厘米的文化堆积层。西涌口遗址是深圳市大鹏半岛发现的一处重要的新石器时代晚期至战国时期的早期遗址。受鱼塘建设影响，遗址面积已大大缩小。普查队员只在遗址上采集到一片新石器时代晚期的夹砂黑陶片，其余标本大多是年代较晚的陶瓷片，包括明清青花瓷。

西贡谭仙古庙，始建于清光绪十一年（1885 年），重建于 2000 年，供奉神灵为谭大仙。古庙正门朝东南偏南 5 度，面宽约 10 米，进深约 14 米，为砖、石结构，

图 5-110　西贡村谭仙古庙（一）

建筑占地面积约 140 平方米。平面布局为三开间两进一天井结构，前左右各有一凉亭，正门上有"谭仙古庙"石匾，内堂侍奉神灵为谭大仙。庙内有重建芳名碑。古庙整体保存较好。2012 年 1 月 13 日，西贡谭仙古庙被深圳市龙岗区人民政府公布为不可移动文物。

9. 水头沙海战旧址——水头沙村

1945 年 5 月，日军运输船从日本、台湾等地运送军用物资供给驻港日军。一日，载有大批军用物资的一艘日军铁轮和两艘木船，由于迷航而进入水头村附近海域。当时港九大队海上大队配合张平率领的东江纵队江南大队水陆夹攻，战斗半个小时，缴获三艘敌船，俘虏押运日军 8 人，缴获机枪一挺，步枪六支，物资二百余吨。

水头沙村位于大鹏湾海边，北侧有英管岭，海拔 230 米，东侧有水头沙河。村里有古榕树 5 棵。水头沙村整体朝向西南，北侧为该村新建的统建楼，西侧靠山，南侧望海，东侧为厂房区。村内现存多栋新式的居民楼及民宿。传统民居集中在村的中心位置，为客家式民居，现存约 30 座。因当年战火不断，该村房屋损毁严重，现村内民居多为 20 世纪 50 年代后所建。

图 5-111　水头沙村全景

图 5-112　水头沙妈祖庙

图 5-113 水头烟墩

水头沙妈祖庙，位于水头沙村内南侧海边，占地面积约 25 平方米，为单间建筑，庙前有香炉。农历三月二十三日，是妈祖诞辰日。妈祖是汉族渔民心中的海神，相传其经常在海上拯救难民，因此其诞生之日也成为南澳渔民的重要节日。妈祖诞期间，该村居民齐聚天后宫举行庆祝活动，活动内容包括祭拜仪式、迎神出游、聚餐等。

水头烟墩位于英管岭山顶，又称"水头烽堠"，明洪武年间置。据清康熙《新安县志·兵刑志》载：明代"野牛墩、大湾墩、旧大鹏墩、水头墩、叠福墩，以上五墩每墩驻守旗军五人，大鹏所拨"。水头烟墩东西长约 20 米，南北宽约 9 米，占地面积约 180 平方米。烟墩一共四个，一大三小。三小墩呈"一"字线形排列，墩台呈圆斗形。大烟墩底部直径约 6 米，小烟墩底部直径约 1 米，均用山石垒砌而成，附近发现有碎瓦片。烟墩砌筑于高约 350 米的山头上，可观察整个大鹏湾海面。2012 年，水头烟墩被深圳市龙岗区人民政府公布为不可移动文物。

10. 解放三门岛的炮兵阵地和渡海作战出发地旧址

解放三门岛的炮兵阵地旧址位于东涌社区鹿咀村，渡海作战出发地旧址位于东涌海滩。

三门岛位于大亚湾和大鹏湾的交界处，主岛面积 4 平方多千米，附近还有小三门等小岛。解放战争时期，国民党的一个保安团及汕头、惠阳沿海溃退的残兵龟缩在岛上，封锁了汕头、海陆丰等地到香港的航线，经常抢劫过往渔船和商旅。周围群众对其恨之入骨，纷纷要求南下大军迅速解放该岛。1949年11月初，中国人民解放军第四野战军两广纵队第二师第四团，接到纵队司令员曾生的命令：解放三门岛。

第四团接受战斗任务后，决定由副团长何通负责整个战斗的组织与指挥，何通任总指挥，并由何通、炮团参谋长傅志刚、第四团参谋长李一鸣、东江军分区第七团副团长李和组成指挥组。纵队给第四团配了一个炮兵连，由罗启忠负责，并由粤赣湘边纵队调来一个营配合四团解放三门岛。12月初，部队进驻距三门岛仅4千米的鹿咀村。何通和作战股长林枫、二营长黄楷、教导员李潭桂等作了前沿侦察。经过一段时间的侦察，估计敌人会把主要兵力放在海关附近的突出面上，因这突出面是码头和海滩，居高临下，不易强攻。从鹿咀村可以看到该岛的侧面，这里悬崖峭壁，山下礁石林立，大船无法靠近，估计敌人会疏于防守，于是就选定侧面为突破口。1950年1月6日黎明部队出发，7时正船队开到离敌前沿500米处时，船上的

图 5-114　东涌海滩上远眺三门岛

机枪、迫击炮、六〇炮向敌人猛打。敌人用机枪还击，但主要兵力不在此处，火力并不强。炮兵向岛上之敌开炮，一阵对射之后，何通命令4连发起冲锋。尖刀船一马当先，破浪而上，船一靠岸，5位勇士飞身爬上悬崖，向敌火力点猛掷手榴弹。敌人虚放几枪就往后逃命。部队很快攻占了敌侧面阵地，并迅速向前推进。敌人没想到解放军行动如此迅速，纷纷投降。仅用20来分钟，第四团即全面控制大三门岛。接着，第四团部队向小三门岛上发射了几发迫击炮、六〇炮，敌人就举白旗投降。时近中午12点，整个战斗胜利结束。此役共歼俘敌团长梁广兴以下官兵286人，缴获轻重机枪37挺、长短枪500多支、子弹20多万发和军用物资一大批。

（二）故居、旧居

曾生旧居——西涌格田村

抗战期间，曾生领导的抗日游击队在西涌格田村一带秘密开展革命活动。村民对抗日救亡活动很支持，想尽办法为游击队提供所需物资，并积极参与革命活动。曾生本人也曾居住在格田村，当地现还存他当时居住的房屋。房屋高两层，约在20世纪90年代进行过重修。

曾生（1910—1995年），原名振声，清归善坪山石灰陂（今属深圳市龙岗区）客家人。著名的东江纵队司令员。父亲曾庭杰是澳大利亚华侨，母亲钟玉珍是龙岗圩沙梨村人。曾生幼年先后在坪山、龙岗和香港读小学。1923年（民国12年）秋，前往澳大利亚悉尼市，先后就读补习学校和商业学院中专部。1928年底回坪山。1929年赴广州考入中山大学附中预科，被推选为广州惠阳青年同乡会会长。1933年7月，入中山大学文学院·教育系就读，编印《铁轮》杂志，刊登反帝反封建文章。1934年冬，加入中国青年同盟（简称"中青"），任中山大学平民夜校校长，并以该校为阵地策划学生运动。同时，还参加突进社、中华民族革命大同盟、力社等中共外围组织。1935年北平"一二·九"运动爆发后，被推选为中山大学员生工友抗日会主席团主席、广州学生抗日联合会主席。不久，遭到国民党通缉。1936年1月中旬前往香港，创办刊物《余闲》。后到"日本皇后"号远洋客轮当海员，经赤色海员工会负责人丘金推荐，任余闲乐社负责人，领导香港海员工人运动。1936年4月，回中山大学复读，10月加入中国共产党。12月任中共香港海员工作委员会（简称"香港海委"）组织部长。1937年7月，在中山大学毕业。8月在香港创办海华学校，任校长。同月香港海员工会成立后，任该会组织部长。

图 5-115　位于格田村的曾生旧居

1938年初，接替中共香港海员工委书记职务，不久被选为中共广东省委候补委员。同时，他发动香港海员和"惠青"成员参加香港惠阳青年会回乡救亡工作团。10月24日，曾生与周伯明、谢鹤筹等组成临时工作组，率领在港的共产党员、进步工人及青年学生等60多人分批回到惠阳坪山。10月30日，在坪山成立中共惠（阳）宝（安）工作委员会，任书记。12月2日，在惠阳周田村成立惠宝人民抗日游击总队，曾生任总队长。游击总队有100多人，在惠、宝沿海地区开展抗日游击战争。12月10日，惠阳县第一个抗日民主政权，即惠阳县第二区行政委员会在淡水成立。12月中旬，惠宝人民抗日游击总队以坪山为基地，与王作尧等领导的东（莞）宝（安）惠（阳）边人民抗日游击大队互相配合，并肩战斗。

1939年春，中共广东省委成立东江军事委员会，曾生任委员。同年5月，惠宝人民抗日游击总队改称第四战区第三游击纵队新编大队，曾生任大队长。1941年12月，参与组织港（香港）九（九龙）人民抗日游击队。港、九沦陷后，参与组织营救在港、九的何香凝、茅盾、邹韬奋等一大批文化界人士和爱国民主人士及国际友人。历任广东人民抗日游击队第三大队大队长、广东人民抗日游击总队副总队长、总队长，领导东江人民抗击日本侵略者，建立东江抗日游击根据地。

1943年12月2日，广东人民抗日游击队东江纵队（简称东江纵队）成立，曾生任司令员。率领东江纵队深入港九敌后，挺进粤北山区。1945年7月，任中共广东区委委员。至抗日战争结束，东江纵队已发展成为一支拥有1万多人的人民抗日武装，转战华南39个县、市，收复大片国土，建立6个县级抗日民主政权，根据地和游击区总面积约6万平方千米，人口450余万。对日、伪军作战1400余次，毙伤日、伪军6000余人，俘虏3500余人，消灭了日军的有生力量，牵制了日军的大量兵力，为华南敌后抗战和全国抗日战争的胜利做出了贡献。

1946年6月，曾生率领东江纵队主力北撤山东。历任华东军政大学副校长，渤海军区党委副书记兼副司令员，中国人民解放军两广纵队司令员、党委书记，率部转战华东战场，先后参加豫东、济南、淮海等战役。1949年（民国38年）9月，和雷经天、尹林平一起，指挥由两广纵队、粤赣湘边纵队和粤中纵队组成的南路军，解放和平、连平、河源、龙川、惠阳、博罗、东莞、中山等县，迂回至广州南。10月，任中共中央华南分局委员、两广纵队司令员和珠江三角洲作战指挥部司令员兼前委书记，奉命率部进驻珠江三角洲。10月14日，广州解放。

1949年起，曾生历任广东军区副司令员兼珠江军分区司令员、政委，中共珠江地委书记，华南军区第一副参谋长。1952年参加抗美援朝，率部赴朝作战，任中国人民志愿军第十二军副军长。回国后，入南京军事学院海军系学习。1955年被授予少将军衔。1956年8月在南京军事学院毕业后，历任南海舰队第一副司令员，中共广东省委常委，中共广州市委第三书记，广东省副省长兼广州市长，广州军分区第一政委，广州警备区第一政委，交通部副部长、部长，国务院顾问。

"文化大革命"期间受迫害，1974年获得平反。1982年和1987年，先后当选为中共中央顾问委员会委员。是第一、二、三、四、五届全国人大代表，第四、五届全国人大常委会委员。1995年11月20日在广州逝世。著有《曾生回忆录》。

格田村位于抛狗岭下的山间谷地，方位在南澳街道东南，距离南澳街道约6.6千米，县道南西公路可达该村，相邻自然村有西洋尾村。该村背靠抛狗岭，西南侧有西涌河。

该村由人口迁入形成于清代，因该村农田以棋盘形整齐排列，格局工整而取名格田村。格田村依山而建，整体朝向东北，周围均为林地，在东南侧有大片农田。村旁有风水林，一条山坑水绕村前流过，水上有一座3条麻石搭成的古桥，据说已有200历史。村前原有一片竹林，如今因环境恶化面积减少。村中有一口古井，现废弃不用，井口已封盖。旧时村落有围墙包围，以防山贼，在两侧开有闸门。村内

图 5-116　格田村内的石桥

图 5-117　格田村内的石道

建筑格局为四排的排屋，传统民居为客家式民居，现存约20座，有栋3层高的民居位于该村中心位置十分显眼。

第四节　大鹏半岛红色革命纪念设施、纪念场所

一、葵涌烈士纪念碑

葵涌烈士纪念碑位于现高源社区金业路98号葵涌公园内。

葵涌是东江纵队的根据地、司令部所在地和北撤山东的起点。2003年，葵涌办事处修建葵涌公园，并在公园内树立革命烈士纪念碑一座。葵涌烈士纪念碑碑高约9米，方柱体，碑顶塑高举钢枪的战士，碑身正面书"革命烈士永垂不朽"，碑座正面刻有"碑记"，背面铭刻革命烈士英名（58人）和解放战争时期沙鱼涌战斗烈士英名（12人）。

图 5-118　葵涌公园外景

图 5-119 葵涌烈士纪念碑（一）

图 5-120 葵涌烈士纪念碑（二）

图 5-121　葵涌烈士纪念碑（三）

二、庙角岭革命烈士公墓纪念碑

庙角岭革命烈士公墓纪念碑位于深圳市大鹏新区葵涌办事处老葵坝公路北侧，距重华古寺不远。

1948 年 7 月 16 日，广东人民解放军江南支队对盘踞沙鱼涌的国民党军队发动"沙鱼涌奔袭战"，取得重大胜利。在这场战斗中英勇牺牲的 12 名江南支队战士，葬于庙角岭南麓。同年 10 月 11 日，中国人民解放军粤赣湘边纵队东江第一支队（江南支队整编后的番号）立碑纪念。

纪念碑为钢筋水泥方柱形建筑。碑顶饰以红色五角星，碑体分上、中、下三级。上级正面书"革命烈士公墓"，背面书"中国人民解放军粤赣湘边纵队东江第一支队一九四八年十月十一日"，东面书有"流芳万世"，西面书有"名存千古"。下级为碑座。中间一级碑体的四面，均有拱形龛式造型。正面（即南面）龛内书有：刘炳、宋华、黄才、彭英四位烈士英名。东面龛内书有：文闰、陈生雄、罗添、林观华四位烈士英名。西面龛内书有：戴来、张石连、徐仔、黄谭胜四位烈士英名，北面龛内无字。

图 5-122　庙角岭革命烈士公墓纪念碑正面

图 5-123　庙角岭革命烈士公墓纪念碑背面

2003年，庙角岭西侧修建葵涌公园，另立一座革命烈士纪念碑。原"庙角岭革命烈士公墓"纪念碑仍保存完好。截至2019年12月，保存完好的庙角岭革命烈士公墓纪念碑没有被任何部门公布为文物保护单位。

三、大鹏革命烈士纪念碑

大鹏革命烈士纪念碑位于现大鹏岭革命烈士陵园中。

大鹏革命烈士纪念碑于1956年春修建于坦林埔。1995年，由中共大鹏街道委、镇人民政府迁建于现址。现整个陵园占地2.7万平方米，园内树木葱郁，风景秀丽。纪念碑用花岗岩石砌成，高15.5米，方柱形，碑体正面刻有"革命烈士纪念碑"，背面为"革命烈士永垂不朽"。碑座每边长14米，上面刻有碑文和烈士英名。

大鹏人民具有光荣的革命传统，1938年10月，中共惠宝工委成立后，曾生派黄国伟到大鹏发展中共党员，建立大鹏党小组。1938年底，建立中共大鹏党支部，领导大鹏人民开展抗日救亡工作。1941年，受党组织安排，刘培打入土匪王竹清部，通过做思想工作，团结争取了一部分人。这支队伍被称为刘培部队，成为广东人民抗日游击总队惠阳大队的一个"独立中队"，后来发展成为东江纵队的"护航大队"。1943年底，中共大鹏临时区委成立，领导群众配合游击队，粉碎敌伪顽的"围剿"

图 5-124　大鹏革命烈士纪念碑正面

图 5-125　大鹏革命烈士陵园

和"扫荡",取得一连串的战斗胜利。1944年10月,路东新一区抗日民主政府成立,还建立了自卫大队,领导群众实行"二五"减租,攻击日军据点,迫使日寇撤走。东江纵队北撤以后,大鹏建立了武工队,继续坚持不懈地与国民党反动派做斗争。在长期的革命斗争中,大鹏儿女不畏艰险,不怕牺牲,赤胆忠心,英勇斗争,出生入死,冲锋陷阵。许多像刘锦进(刘黑仔)这样的大鹏人民的优秀儿女,为革命献出了自己宝贵的生命。为缅怀先烈,激励后人,特立纪念碑,以作纪念。

碑记:

大鹏的土地,是孕育英雄的土地;大鹏的人民,是勤劳勇敢的人民。1938年,中国共产党在大鹏半岛建立了党支部。抗日战争时期,这里是东江纵队的根据地。在那战火纷飞的年代,大鹏人民的优秀儿女投身革命事业,他们不畏艰险,不怕牺牲;怀赤胆忠心,英勇斗争;冒枪林弹雨,冲锋陷阵;许多人献出了自己宝贵的生命。

消逝了烽烟滚滚,但千家万户依然传颂着烈士们那可歌可泣的事迹;陨落了颗颗星辰,但父老乡亲依然记得英雄们那可亲可敬的面容。云浮雨落,因英雄们牺牲垂泪;日来月去,为烈士们长去送行。新中国的基石,是他们的生命铸就;大鹏湾的朝霞,是他们的鲜血染红。以大地为纸,写不完英雄们的辉煌业绩;让海浪高歌,

图 5-126 大鹏革命烈士纪念碑背面

唱不尽英雄们的伟大精神。谁说烈士们生命短暂，为人民的利益而死，将与日月同辉，将与天地同长存；谁说英雄们已被忘却，大鹏的山山水水，将拥抱英雄们的身躯，将永记英雄们的姓名。为缅怀烈士业绩，弘扬革命精神，使烈士名垂千古、流芳百世，大鹏人民于一九五六年春在坦林埔修建了革命烈士纪念碑，公元一九九五年秋迁建于此。此碑耸立在大鹏的土地上，更耸立在大鹏人民的心中。革命烈士永垂不朽！

大鹏革命烈士英名

刁新　王林　王祝　王天锦　叶龙　叶木培　卢全　冯安　冯金成
刘锦进　刘马传　刘惠　汤赐昌　李伙　李宝灵　李晚胜　李福贤　李拉胜
李兆林　李容生　李庚　李道生　李佳才　李福　李华生　李观妹　李来
李惠清　李九　张养　张志思　陈水容　陈来　陈灵　陈奎　陈柏如
陈玉麟　陈西厨　陈维　陈贵　陈金兴　陈镜如　吴魁　吴水福　吴观龙
吴添利　石利英　巫观球　肖伦　林天福　林木养　林华生　周来娣　罗灶全
欧阳康　欧阳旋　欧阳南养　欧阳火兴　欧阳金生　范祥　范佳　钟景新
钟容妹　钟宝文　钟通　钟宝集　钟华荣　钟锦笑　钟洪　钟福全　凌观来
柯采凤　袁仲芬　袁明　徐维珍　黄金顺　黄春松　黄玉维　黄坚　黄文华
黄锡　黄维灵　黄佳　黄平　黄伟华　黄值坚　黄长　黄生如　梁兆鉴
梁茂秋　董观带　董潭通　董远华　曾送　曾养　谢华送　赖灶　蓝俊
廖进　廖运祥　潘作良　潘恩焕　潘连进　戴顶　戴辉　戴卓文　戴鉴全
戴正中　温才　谭友　饶善奎

四、东江纵队司令部旧址纪念馆

东江纵队司令部旧址纪念馆位于现葵涌办事处土洋社区东江纵队司令部旧址内。

中华人民共和国成立后，东江纵队司令部旧址一度成为土洋村小学校址。楼房后面的小平地，是小型练兵场，后来人民政府在此修建了一座东江纵队纪念亭。

1984年9月，东江纵队司令部旧址被深圳市人民政府列为深圳市文物保护单位。1995年4月，被中共深圳市委列为爱国主义教育基地。1997年3月，市、区、镇拨专款修复东江纵队司令部旧址，并在该处设立东江纵队史迹展览馆。1998年5月4日正式对外开放。基本陈列分为"东江纵队史迹展"和复原陈列两部分。史迹部分通过119件东江纵队战士战斗、生活、日用品等实物以及大量的照片、文献资料，展

图 5-127 东江纵队历史展

图 5-128 东江纵队司令部旧址纪念馆展厅

图 5-129　东江纵队司令部旧址纪念馆

示了东江纵队"南粤先锋""海外蜚声""艰苦风范"的革命精神和战斗历程。复原陈列通过曾生司令员当时工作和生活用过的部分实物,再现曾生在艰苦的条件下,率东江纵队英勇抗日而成为"为民先锋"的史实。

2002 年 7 月,东江纵队司令部旧址被广东省人民政府列为"广东省文物保护单位"。2012 年 12 月,被深圳市委列为"深圳市第一批党史教育基地";2014 年被列为"大鹏新区廉政教育基地"。

五、大鹏袁庚祖屋《大鹏骄子——袁庚生平展》

《大鹏骄子——袁庚生平展》设展于大鹏办事处水贝村内袁庚祖居。

袁庚诞生于新民主主义革命前夜,是在大革命和土地革命的历史背景中成长起来的。青少年时代,袁庚曾受到革命思想的熏陶,不断追求进步。在近一个世纪的人生历程中,他积极参加大鹏半岛抗日活动,打响了抗战第一枪;他在投身解放战争的硝烟炮火中,从出色的情报官到印尼雅加达领事馆领事;从秦城监狱到南海港岛;从香港招商局"掌门"人,到返回深圳缔造"蛇口试管"。在蛇口这个特殊的"试

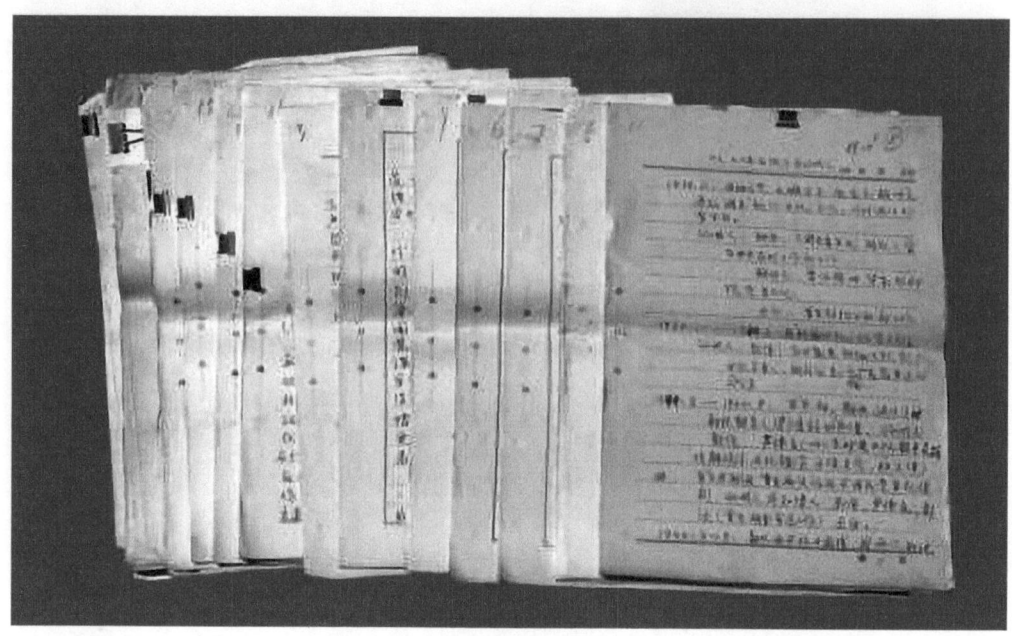

图 5-130　袁庚在监狱里写的材料

图 5-131　大鹏骄子——袁庚生平展

图 5-132 《大鹏骄子——袁庚生平展》开幕场景

管"中,他培育出了赤湾港、中集集团、招商银行、平安保险等。无论他走到哪里,均以超人的智慧、卓越的胆识,为党和国家的事业忠诚奉献。他敢闯敢干,勇往直前,书写了传奇的人生。

2018年8月28日,由大鹏新区大鹏古城博物馆主办的《大鹏骄子——袁庚生平展》在水贝袁庚祖居设展。展览集中展示了袁庚在各个历史时期的照片、证件、使用过的实物,并着重介绍了袁庚在大鹏生活、战斗的经历。其内容翔实,真实可信,参观者可以在短短的两个小时内了解袁庚光辉传奇的一生。

六、大鹏所城刘黑仔故居纪念馆

刘黑仔故居纪念馆位于大鹏办事处大鹏所城内刘黑仔故居。

刘黑仔是闻名全国的东江抗日英雄。他短暂的一生,象彗星扫过苍穹,光彩夺目却又让人倍加思念。

刘黑仔故居纪念馆另辟一条展览蹊径,充分利用刘黑仔故居遗存的老旧家具(如衣柜、皮箱、桌椅、床等),结合3D漫画打造立体场景,还原刘黑仔的生活起居空间。屋顶悬挂驳壳枪、帽子、雨伞等道具,代表黑仔执行不同任务的装扮,并于地面标注任务名称,使之成为趣味拍照打卡点。

共分为四大单元，进行动态展示：

第一单元：黑仔的任务

以漫画或本土皮影戏视频形式，展示刘黑仔足智多谋，多次深入敌穴并一举拔掉敌人岗哨站的故事。设置岗哨站形状的多媒体装置，内嵌多媒体显示屏，循环播放故事内容。墙面设计日军把守岗哨站的多层次立体纸版画，作为多媒体视频的环境背景。

第二单元：黑仔的蜗居

复原刘黑仔的房间、装备，用道具和多媒体互动，激发参观者的兴趣。

第三单元：黑仔的情报站

在三层以自助休憩为主要功能的空间内，植入以刘黑仔为代表的东江纵队营救文化人士与爱国民主人士撤离地图及东江纵队活动区域等，使游客在刘黑仔故居中休憩、缅怀先烈的同时，收获更多知识。

第四单元：上楼吧，黑仔在天台等你

在天台或阳台设置刘黑仔艺术雕塑/装置，利用天台开阔的空间和视野，打造留影打卡点。

七、沙鱼涌《红色记忆》展馆

沙鱼涌《红色记忆》展馆位于葵涌办事处土洋社区沙鱼涌。

沙鱼涌"红色记忆"展馆于2016年6月纪念东江纵队北撤70周年日开馆。展馆有三层展厅。一楼展厅三个展示区："东江纵队历史视频展示区""中华文化名人大营救展示区""东江纵队北撤展示区"。二楼展厅三个展示区："英雄事迹展示区""土洋人民群众抗日事迹展示区""土洋抗战大事件铜雕展示区""大型抗战油画区"。三楼展厅三个展示区："东江纵队军事用品展示区""东江纵队生活用品展示区""东江纵队文件文书展示区"。

沙鱼涌"红色记忆"展馆与东江纵队司令部旧址纪念馆均为爱国主义教育基地和党风廉政教育基地，承担着传播和弘扬东江纵队精神和红色文化的使命。

八、葵涌东江纵队北撤纪念公园

东江纵队北撤纪念公园位于沙鱼涌东芬海滩西侧。

1946年6月29日，在大鹏湾沙鱼涌海滩举行欢送北撤部队的大会。南方工委书记、军调第八执行小组中共代表方方,代表中央军委致信慰问全体北撤人员。率领部队北撤的东江纵队司令员曾生也在会上讲话,并向乡亲们和复员战士郑重告别。据东江纵队老战士回忆说,北撤这一天,整个沙鱼涌都沉浸在悲壮的气氛之中。海岸边,人们用满含泪水悲痛的眼睛送别自己的亲人和可爱的战友。同样,即将踏上新征途的人们也怀着沉重的心情,挥手向自己的亲人和战友告别。军调小组派了一个国民党军官来到沙鱼涌检查北撤人数。北撤人员遵照协议,一人一枪地过,然后涉着齐胸的海水,爬上了美国的三艘登陆舰。当额定的 2400 人快要全部完成登舰的时候,站在岸边要求跟随队伍北撤的一些同志,无法控制自己的感情,突然像一股巨大的浪潮冲向海边,冲上了登陆艇。这个突然发生的问题,令领导们茫然,一时无法控制。出发日期不许再改,于是领导们同意了登舰人员随队北撤。因此北撤部队增加了 100 多人,实为 2582 人(其中包括珠江纵队 89 人,韩江纵队 47 人,粤中部队 105 人,南路部队 23 人,桂东南 1 人)。6 月 30 日军舰起航。7 月 5 日,北撤部队抵达山东烟台,受到山东解放区广大军民的热情欢迎,成为南方 8 个解放区人民军队撤离距离最远、保存最完整、唯一通过海运撤离的部队。

1985 年,宝安县人民政府在大鹏湾沙鱼涌海滩上的东江纵队北撤登船地,建

图 5-133 叶选平题词的"东江纵队北撤纪念公园"

图 5-134　曾生题写的北撤出发地石碑

图 5-135　北撤纪念公园一景

立了纪念碑和纪念亭。纪念亭是钢筋水泥结构，四角十二柱尖顶仿古建筑，亭面覆盖金黄色琉璃瓦。亭下面为花岗石块砌成的护坡，亭内树大理石碑一块，高2米，碑的正、背两面均刻有碑文。纪念亭外侧海滩临海礁石上另有一亭，钢筋水泥六角六柱重檐仿古建筑，有曲桥与岸相连，亭侧一磐石上，立"大碑牌"一块，上镌"一九四六年六月三十日，人民抗日游击队东江纵队及各江武装部队，为了坚持国内和平，从此登船北撤山东。曾生题。宝安县人民政府立于一九八五年九月"字样。

东江纵队北撤纪念公园于1984年被深圳市人民政府列为重点文物保护单位，1995年4月被中共深圳市委员会、深圳市人民政府定为深圳爱国主义教育基地，是"深圳市首批红色旅游景区"。

九、土洋烈士纪念公园

土洋烈士纪念公园位于葵涌办事处土洋社区。

土洋在抗日战争和解放战争时期，共有9名参加部队的青年壮烈牺牲。他们是李九、利佑、李满胜、李路生、李乃胜、利英、李容生、李佳才、范佳。1985年12月30日，当时的葵涌乡人民政府在东江纵队司令部旧址原练兵场后的山顶上建造一

图 5-136 土洋村革命烈士纪念碑

座琉璃正檐八角"东江纵队纪念亭",在纪念亭后约 50 米处建一座钢筋混凝土结构的烈士纪念碑。纪念碑正面刻有"土洋村革命烈士纪念碑 一九八五年十二月三十日造"字样及烈士姓名,其他三面分别刻有"万古流芳"、"永垂不朽""千古名存"等字样。2017 年,大鹏新区管委会又拨专款进行土洋烈士纪念公园环境改造,立碑两块:一块是"土洋村革命斗争纪略",一块是"土洋村革命烈士事略"。

十、坦林埔革命烈士陵园

坦林埔革命烈士陵园位于大鹏办事处乌涌村坦林埔公路边,原名为鹏城革命烈士陵园。

坦林埔革命烈士陵园始建于 1956 年春。当时园内建有一座纪念碑,混凝土构建,分五级,高 5 米,底座 1.2 米,顶饰一颗红五星,下为"永垂不朽"四字。底座上面书有梁兆鉴、梁兆、苏满、戴富、戴辉、吴松添、张养、罗灶全、戴跃坤、戴正中、刘锦进、戴卓民、欧金生、余华荣、周新海、柯彩凤、罗树、欧阳康、王顺松、谢华送、陈镜鹏、王春霖、梁茂秋、欧南养等 24 位烈士英名。1987 年抗日英雄刘黑仔的遗骸从江西迁回时,安葬在纪念碑一侧。1990 年 8 月鹏城村党支部将坦

图 5-137 坦林埔革命烈士陵园残存的纪念碑

林埔革命烈士陵园迁建至鹏飞路南面,命名为鹏城烈士陵园。1997年5月筹资重修,更名大鹏为革命陵园,占地1800平方米。门口有一座高大的钢筋混凝土牌楼。陵园内纪念碑西侧有刘黑仔墓,纪念碑东侧分别有赖仲元墓、罗贵墓和郑北星墓,并附有墓主传略。

坦林埔革命烈士陵园因扩建公路已损毁严重,几近灭失。革命陵园则保存完好。截至2019年12月,坦林埔革命烈士陵园和异地复建的革命陵园没有被任何部门公布为文物保护单位。

十一、岭澳村红色革命斗争史展览馆

岭澳村红色革命斗争史展览馆位于大鹏办事处岭澳新村办公楼一楼。

岭澳有老村与新村。老村地处大鹏半岛最东端,东临大亚湾,西接排牙山,自然风光旖旎。山高林密,山珍众多;海阔湾长,鱼虾肥美。下辖长湾、大围、新屋、北龙、大网前5个自然村。20世纪80年代末,为支持国家核电建设,岭澳村民舍弃祖祖辈辈生活的故土,整村搬迁到王母村安居乐业。新村现有长湾、大围、新屋、北龙4个居民小组,居民过着安康的幸福生活。

图5-138 岭澳村红色革命斗争史展览馆

图 5-139　岭澳村红色革命斗争史展览馆展厅

岭澳村是革命老区，曾经是东江纵队情报站、光荣医院和护航大队所在地。1942年4、5月间，东江纵队曾生司令员在此活动近一个月。1938年冬李汉兴同志回到岭澳首先发展了三位青年加入中国共产党。1939年农历4月建立中共岭澳村支部委员会后，当地人民积极参加抗日救亡运动，发动青壮年参军、支前，投身保家卫国的战斗，涌现出许许多多可歌可泣的英雄故事和英雄人物。在抗日战争、解放战争、抗美援朝时期，岭澳村民有29人加入了中国共产党，有49人先后参加了广东人民抗日游击队东江纵队、粤赣湘边纵队、抗美援朝，有8人为国捐躯，是当年惠阳地区青年参加红色革命人数最多的村庄之一。1952年国家民政部确认岭澳村为"红色抗日游击区"。

为铭记历史，缅怀先烈，珍惜和平，开创未来，大鹏办事处关工委、大鹏办事处党群服务中心和岭澳社区联合创办"岭澳村红色革命斗争史展览馆"。该馆作为大鹏办事处关工委、岭澳社区关工委以及大鹏新区关工委关心教育下一代，开展爱国主义、社会主义核心价值观教育基地，供广大人民群众和青少年参观学习。

十二、大鹏古城博物馆

大鹏古城博物馆位于大鹏办事处大鹏所城内。

大鹏古城博物馆成立于 1996 年,是全国重点文物保护单位——大鹏所城的文物保护专门管理机构,主要负责大鹏所城的文物保护、文物征集、历史研究、陈列展览等工作。

1999 年,大鹏古城博物馆(所)在深圳市文物管理部门的帮助下,修复了大鹏古城的南城门楼和东城门楼,再现了明代初年军事所城的风貌。2000 年,又修复了赖府书房。

该馆以大鹏古城的结构布局、城门城楼、府邸民居、街道巷坊、木雕石刻、名人墓葬为主要展示内容,并利用修复的赖府书房、赖恩爵将军府第等举办陈列展览。如"大鹏民俗展",全面系统地介绍了大鹏古城 600 年和大鹏镇 6000 年历史的"鹏城春秋展"(分"源远流长""海防重镇""抵御外侮""鹏城人物"4 个部分),还有介绍刘起龙将军生平的"刘起龙将军史迹展"。

目前馆藏文物藏品 912 件(套),包括陶器、瓷器、古家具、兵器、书画、石刻

图 5-140　正在承办双年展的大鹏古城博物馆

等各类文物。其中省港罢工证、清官帽箱、青花瓷碗等被定为二、三级文物。现有二级文物4件（套），三级文物15件（套），其他尚未定级如明佛朗机、清喇叭口铁铳、清铁炮等具有重要文物价值。

大鹏古城博物馆依托全国重点文物保护单位——大鹏所城，并以其文物本体建筑为陈列展览的博物馆，展示明清岭南民居建筑群。博物馆设有4个常设展览，分别是"大鹏所城复原模型沙盘展""鹏城春秋历史展""赖恩爵振威将军府第历史展"和"大鹏粮仓专题展"。

为使观众更好地了解大鹏古城的历史，大鹏古城博物馆的研究人员还编印出版了图文并茂的《大鹏所城》一书。

1995年5月，大鹏古城博物馆被深圳市委、市政府列为市级爱国主义教育基地，并将其列为"深圳一日游"的景点之一。2005年12月，大鹏古城博物馆被列为广东省爱国主义教育基地。2009年，大鹏古城博物馆被国家文物局评为"国家三级博物馆"。2018年荣获"深圳市文明单位"。

第五节 大鹏半岛红色革命资源的保护与展示利用策略分析

通过此次历时数月的走访，我们充分认识到大鹏半岛的红色革命资源相当丰富，几乎每条村落都有当年革命人士和革命队伍活动的事迹。可以毫不夸张地说，在那个风起云涌的年代里，整个大鹏半岛都是反封建、反殖民、反侵略、反压迫的前沿阵地。不仅中国共产党领导的人民武装在这里战斗，还有中国军队在这里奋起抗日；不仅有军民团结营救文化名人的光辉业绩，还有对反法西斯同盟的支援史实；不仅当地民众在这里建立当家作主的政权，还有海外华侨捐款捐物回国参战的奉献……大鹏半岛的红色史迹呈现多种多样的形态，深厚立体，层次分明，脉络清晰，对国内国外均有着深远不凡的影响。

一、红色革命资源保护与利用现状

大鹏半岛红色革命资源丰富，包括物质的遗存，还是非物质的历史文献、口头传说。红色革命精神已成为这块土地的属性，写进大鹏人民的基因。红色革命资源是大鹏人民的宝贵财富，亟待得到保护与展示利用。其保护现状存在以下问题。

（一）人们对红色革命文物的认知度不高

因为红色革命文物大都年代较近，存世不足一百年，有些革命文物建筑也并非传统工艺、传统风格的古建筑，而是近代建筑，所以大量的革命人物故居、革命遗址识别度不高，如未经调查走访与甄别确认，则很难被人们所认知。在大鹏新区大力发展城市建设的过程中，这些红色革命文物很可能直接被列入拆除计划。

因为年深日久，红色革命事件的参与者与知情者大都已故去，未去世者也大都老迈，记忆力、表达能力退化，这些都加大了人们认知红色革命文物的难度。很多红色革命文物在还没被认识、评估、保护之前，就被拆除改造，如位于坝光的蓝翼成故居、坝光侵华日军登陆点、海岸读书会旧址，等等。

（二）已公布红色革命文物数量少，等级不高

目前，在大鹏新区，各级已被公布的不可移动文物有 127 处，其中红色革命文物的占比非常低，仅有东江纵队司令部旧址、袁庚祖屋、王少清故居、大鹏所城等四处。且其保护级别不高，与其价值与意义不相符。如袁庚不仅在东江纵队地位及贡献相当高，参与了东江纵队的众多重大历史事件，还是中国改革开放的开创人物，具有极其重要的历史地位，但他的祖屋和他小时候读书的水贝学校却只是大鹏新区一般不可移动文物，附近的袁庚故居则至今还不具备文物身份。水贝村目前已列为城市更新单元，因为没有文物的身份，袁庚故居随时会被拆除重建。我们认为，袁庚故居、袁庚祖屋、水贝学校已具备联合申报广东省级文物保护单位的条件。

至今，还有大量红色革命文物因尚还不具备文物的身份而面临灭失的危险。如位于坝光的侵华日军登陆点、日军残酷杀害坝光乡民旧址、打响深圳地区抗战第一枪旧址、蓝翼成故居、蓝造故居、刘培养伤处等，均因坝光生物谷的建设而被损毁。海岸读书会旧址、黄闻故居等，则已被拆除。

（三）红色革命文物展示不够

大鹏新区是红色革命老区，但当地却鲜有对大鹏半岛红色革命历史进行展示的展馆。如土洋东江纵队纪念馆的展陈由龙岗区文化局于 1997 年制作，距今已二十几年。且展览在东江纵队司令部旧址内进行，旧址为民国建筑，受条件限制，无法对展陈场所进行温、湿度控制和现代展陈设计制作，导致人们参观的舒适性和体验性严重不足，且不利于参展文物的保护。沙鱼涌有个民办红色印迹展览馆，介绍沙鱼

涌曾经发生的两件大事：文化名人大营救和东江纵队北撤，但展馆仅有图片展，没有实物，且内容多有错漏。大鹏古城博物馆在重新修缮的袁庚故居内布置了"大鹏骄子——袁庚生平展"，展示袁庚鲜为人知的革命经历，却因属地办事处、社区缺乏经费而闭门谢客。

（四）红色革命文物利用不足，缺乏统筹规划

大鹏半岛红色资源十分丰富，但至今仍未形成红色品牌，与周边的罗浮山、大岭山无法比肩，更无法与国内的古田、宁都、井冈山、沂蒙山等地相提并论。大鹏半岛的红色史迹呈点状分布，多而分散，不成系统，无法形成红色品牌。

（五）红色革命文物保护与利用投入不足

目前，大鹏新区尚未成立管理红色革命文物的专门机构，且存在职责不清、投入不足等问题。有些红色革命遗址由属地的办事处、社区管理，有些则由属区文管办管理，而其余大多数则处于无责任部门管理状态，也没有专门的经费预算。因此很多红色革命建筑年久失修，均有不同程度的损毁。

二、保护利用建议

革命文物是我国文物资源的重要组成部分，是激发民众爱国热情、振奋民族精神、弘扬革命传统、传承中华文化的重要载体。加强革命文物调查研究工作，对培育社会主义核心价值观、实现中华民族伟大复兴的中国梦具有重要意义。在这次调查中，我们发现很多遗址、故居位置偏僻，被众多建筑物遮蔽，不但无法入内，甚至连拍照片都很难找到角度。囿于本次调查的经费装配制约，我们只对个别重点建筑进行了测绘和内部描述。这显然不能反映大鹏半岛红色史迹的真实面貌和历史价值。

目前大鹏新区正处在城市更新的重要阶段，对于众多革命遗址的保存，既是一场挑战也是一次机遇，"危""机"并存，因此我们对保护利用作如下建议。

1. 成立专项工作团队或明确主管部门，由大鹏新区领导领衔，由文物保护专家具体负责，构建执行小组，发文到社区基层要求协调配合。如此一来，既可以解决诸如进不了门、找不到路的实际问题，也可以获得第一手的资料线索。

2. 开展对红色革命文物的普查，摸清家底。当前，亟须开展全面普查，动用音

频、视频、航拍等手段，通过人物走访，结合口述史与红色革命文献进行田野调查，科学甄别，认真论证，确定红色革命遗址遗迹，建立大鹏文物数据库，并充分利用二维码等便捷手段进行检索、公示、宣传。

面向大鹏新区全区全市开展红色档案征集工作，鼓励老革命战士及其子女踊跃捐赠相关文献、地图、证件、书信、革命时期的日常用品，以及中华人民共和国成立后受表彰的徽章、奖章等等。这项工作需落实到社区自然村的层面，才会有效果。

依托历次文物普查成果，梳理形成革命文物资源目录和专题数据库。做好馆藏革命文物的清理、定级、建账和建档工作。制定馆藏革命文物征集计划，加强革命文物调查征集工作。建立公众号，及时公布大鹏新区红色革命文物的保存情况，掌握人为、自然的动态损坏情况，并在公众号上开展互动。

3. 提高红色革命文物的保护等级，多渠道保护红色革命文物。

2019年，土洋东江纵队司令部旧址成功申报为全国重点文物保护单位。这是对大鹏新区文物保护工作的一个肯定，同时也是一个激励。根据目前的调查情况，袁庚故居、袁庚祖屋、水贝学校完全具备共同申报为广东省级文物保护单位的条件。

目前，许多红色革命文物没有被官方确认文物身份，未受到法律保障，随时有被拆除、灭失的风险。还有一些红色革命文物目前仅被当作古建筑的不可移动文物进行保护，红色革命标识不清楚。政府宣传部门和文物部门应联合公布更多的大鹏红色革命旧址。

确定红色革命遗址遗迹以后，应依法申报文物保护等级。还应在史迹的明显位置挂牌保护，明确受保护范围，并用文字和图片的方式警示：不可移动，不可拆除。违者应受到惩处。同时要公布负责保护人及负责保护单位的联系方式。

4. 在城市更新过程中保护与利用红色革命文物。

目前，大鹏新区/半岛绝大部分的红色革命文物为私有产权，在城市更新过程中保护红色革命文物，势必会影响到业主的权益。在巨大利益面前，业主与开发商甚至当地政府往往会选择牺牲文物建筑。为此，深圳市出台《深圳市城市更新单元规划容积率审查技术指引（试行）》第10.2.4.7条规定："要求且无偿移交政府的历史建筑，按保留建筑的建筑面积及保留构筑物的投影面积之和奖励1.5倍建筑面积；有其他重大保护价值的，可适当增加奖励。同时，实施主体应承担上述保留建、构筑物的活化和综合整治责任及费用。"城市更新部门应积极落实这一要求，做好利益平衡，达到城市更新与革命文物保护、业主三赢的结果，打造城市更新与革命文物保护相得益彰的大鹏典范。据调查，目前土洋东江纵队司令部旧址、王母墟陈伙楼路东新一区抗日民主政府旧址、彭东海故居、葵涌欧屋炮楼、东江纵队北撤集结地旧址等位于城市更新单元范围内。

5. 利用红色革命文物开展优秀革命传统主题教育，发展大鹏半岛红色革命主题旅游。

大鹏半岛坐拥优美的山海风光，是深圳人的旅游胜地。大鹏半岛还拥有丰富的红色革命资源，包括丰富的史实和众多的旧址、遗址、故居、旧居等。如何将这些物质、非物质的红色革命素材对公众进行展示和开发利用，借此开展党史教育、爱国主义教育，进而带动大鹏半岛红色主题旅游产业的发展。

表 5-1　大鹏革命英烈简表

序号	姓名	曾用名	性别	出生日期	籍贯	党/团员	参加革命时间、牺牲时间、地点、原因	牺牲前单位与职务
1	蔡林蒸		男	1889	湖南湘乡县（今双峰县）永丰镇	党员	1923年在上海加入中国共产党。1925年牺牲于省港大罢工的战斗	纠察队第三大队第十支队队长
2	戴卓民	黄季仲 戴东京 戴卓文	男	1892	大鹏公社鹏一大队东北村	党员	1925年加入共产党，参加深圳地区辛亥革命、香港海员大罢工、省港大罢工，中共早期工人运动领导人之一。1931年在山东青岛被捕，在济南被杀害	中华全国海总工会领导成员之一，并兼任全国总工会巡视员
3	戴正中		男	1920	大鹏公社鹏一大队东北村	党员	1937年参加地下党工作，1940年在陕北中条山战斗中牺牲	八路军指导员
4	卢金		男	1918	葵涌公社上角村	党员	1940年参加东江抗日游击队，1941年在增城与国民党反动军队作战牺牲	抗日游击队战士
5	李惠清		男	1917	葵涌公社坝光园岭李屋村	党员	1941年参加东江抗日游击队，同年7月在沙河被围捕，与敌人搏斗牺牲	抗日游击队五大队税站站长

续表

序号	姓名	曾用名	性别	出生日期	籍贯	党/团员	参加革命时间、牺牲时间、地点、原因	牺牲前单位与职务
6	利佑	利右	男	1921	葵涌公社屯洋村	党员	1939年冬参加中国共产党，1941年参加东江抗日游击队，1942年5月被游击队误杀	地下工作者
7	戴跃坤	戴顶戴鼎	男	1909	大鹏公社鹏东北村	党员	1939年参加惠宝人民抗日游击大队，1942年冬在梧桐山坳下与日军作战中牺牲	抗日游击队惠阳大队小队长
8	冯金成		男	1922	南澳西涌沙岗		1941年参加东江抗日游击队，1942年往西涌战斗中牺牲	抗日游击总队战士
9	黄贤	黄坚	男	1918	葵涌公社坝光圩一队		1939年参加惠宝人民抗日游击队，1942年在东莞被汉奸活埋	抗日游击队三大队小队长
10	汤赐昌		男	1921	葵涌高源下径心		1940年参加新编大队，1942年在连平县瑶山战斗中牺牲	抗日游击队赖祥中队战士
11	李九		男	1919	大鹏公社南平		1941年参加东江抗日游击队，1942年在白芒战斗中牺牲	抗日游击队战士
12	黄伟华	黄华勤	男	1916	葵涌公社坝界洞子村		1938年参加惠宝人民抗日游击队，1942年牺牲于坪山红花岭	抗日游击队中队长
13	李九		男	1924	葵涌公社屯洋村		1941年参加东江抗日游击队，1942年在望天湖牺牲	抗日游击队战士
14	曾送		男	1924	葵涌公社大埔畲村		1942年参加广东人民抗日游击总队，1943年8月在坝光狮牛望月顶战斗中牺牲	惠阳七区桂岗乡民兵
15	谢田兴		男	1922	葵涌公社屯围村		1941年参加东江抗日游击队，1943年春在惠阳县澳头收税被围牺牲	东江纵队税站站长

续表

序号	姓名	曾用名	性别	出生日期	籍贯	党/团员	参加革命时间、牺牲时间、地点、原因	牺牲前单位与职务
16	饶善奎		男	1922	大鹏王母张家村		1942年参加广东人民抗日游击总队，1943年牺牲于坝光	东江纵队护航大队爆破班长
17	钟红		男	1908	葵涌公社坝光西乡村		1941年参加东江抗日游击队，1943年牺牲于博罗县罗浮山	东江纵队三大队中队长
18	黄玉维		男	1920	葵涌公社坝光塘唇村		1941年参加东江抗日游击队，1943年牺牲于东莞石龙	东江纵队班长
19	李满胜		男		葵涌土洋	党员	1941年4月参加广东人民抗日游击队，1943年牺牲于海南岛	海南岛琼崖纵队队员
20	谭有		男	1921	葵涌高源谭屋村		1941年参加东江抗日游击队，1943年在惠阳县澳头下浦丝苗埔战斗中牺牲	抗日游击队赖祥中队战士
21	范祥		男	1919	葵涌三溪福田		1940年参加新编大队，1943年在惠阳县澳头下涌战斗中牺牲	抗日游击队赖祥中队事务长
22	董观带		男	1917	大鹏岭澳大围		1942年参加广东人民抗日游击总队，1943年在惠阳县沙坑牛龙径被捕，牺牲于惠州	东江纵队护航大队战士
23	陈柏如		男	1923	大鹏王母下圩门		1942年参加广东人民抗日游击总队，1943年在陆丰县甲子收税时被捕杀害	东江纵队护航大队税收员
24	吴水福		男	1921	大鹏王母石禾塘		1942年参加广东人民抗日游击总队，1943年牺牲于陆丰甲子	东江纵队护航大队民运队员
25	戴鉴全		男	1923	大鹏王母上圩门		1942年参加广东人民抗日游击总队，1943年牺牲于陆丰	东江纵队护航大队战士

续表

序号	姓名	曾用名	性别	出生日期	籍贯	党/团员	参加革命时间、牺牲时间、地点、原因	牺牲前单位与职务
26	李福贤		男	1924	大鹏王母石禾塘		1942年参加广东人民抗日游击总队,1943年牺牲于陆丰	东江纵队六支队战士
27	林华生		男	1921	葵涌坝光元岭村		1941年参加东江抗日游击队,1943年在沙湾战斗中牺牲	抗日游击总队班长
28	李华生		男	1919	大鹏岭澳大围	党员	1940年参加东江抗日游击队,1943年在深圳税站被日寇杀害	深圳税站站长
29	罗灶金		男	1915	大鹏公社鹏一大队东北村		1939年参加惠宝人民抗日游击队,1943年牺牲于增城	东江纵队护航大队班长
30	李路生	李道生	男	1924	葵涌土洋	党员	1941年5月参加广东人民抗日游击队,1943年入党。曾任过战士,政治战士,服务员等职。1944年6月5日牺牲于东莞	服务员
31	廖运祥		男	1917	葵涌高源下径心		1939年参加新编大队,1944年8月牺牲于惠东县平海镇北门	东江纵队护航大队振明中队一班长
32	周来秋		男	1926	南澳		1942年参加广东人民抗日游击总队,1944年牺牲于坝光	东江纵队护航大队大队长
33	张志思		男	1927	南澳		1943年参加东江纵队,1944年在坝光战斗中牺牲	东江纵队护航大队队员
34	李宝灵		男	1917	大鹏王母下圩门		1942年参加广东人民抗日游击总队,1944年牺牲于博罗公庄	东江纵队第三支队战士
35	黄佳		男	1923	南澳		1943年参加广东人民抗日游击总队,1944年牺牲于博罗公庄	东江纵队第三支队战士

续表

序号	姓名	曾用名	性别	出生日期	籍贯	党/团员	参加革命时间、牺牲时间、地点、原因	牺牲前单位与职务
36	叶木培		男	1915	大鹏下沙		1942年参加广东人民抗日游击总队,1944年牺牲于大鹏油草棚	东江纵队护航大队小队长
37	董潭通		男	1925	大鹏公社岭澳大围村		1941年参加东江抗日游击队,1944年牺牲于东莞企石	东江纵队三九队小队副队长
38	陈灵		男	1920	葵涌		1940年参加东江抗日游击队,1944年在东莞县战斗中牺牲	东江纵小队队长
39	钟宝集		男	1922	大鹏王桐山		1942年参加广东人民抗日游击队,1944年在海丰镇战斗中牺牲	东江纵队六支队小队长
40	李晚胜		男	1924	葵涌公社屯洋村	党员	1941年参加东江抗日游击队,后调琼崖纵队,1944年在海南岛战斗中牺牲	琼崖纵队班长
41	刘惠		男	1923	大鹏公社王母黄岐塘村		1942年参加广东人民抗日游击总队,1944年牺牲于惠东高潭	东江纵队六支队小队长
42	吴漆	吴松漆	男	1915	大鹏城(也有说坝岗洞梓)		1943年7月参加广东人民抗日游击总队,次年在惠东县平海战斗中牺牲(也有说1944年在惠东县高潭战斗中牺牲)	东江纵队护航大队战士
43	李来		男	1923	大鹏王母下新屋		1942年参加广东人民抗日游击总队,1944年牺牲于惠东高潭	东江纵队六支队战士
44	凌观来		男	1921	葵涌公社坝光石古墩村		1942年参加广东人民抗日游击总队,1944年在惠州被国民党反动派捕后杀害	东江纵队护航大队战士

续表

序号	姓名	曾用名	性别	出生日期	籍贯	党/团员	参加革命时间、牺牲时间、地点、原因	牺牲前单位与职务
45	钟锦少	钟锦笑	女	1924	大鹏王母上新屋	党员	1942年参加广东人民抗日游击总队，1944年牺牲于陆丰甲子	东江纵队护航大队民运队
46	冯安		男	1924	南澳西涌沙岗村		1943年参加广东人民抗日游击总队，1944年在西涌沙岗与日军作战中牺牲	东江纵队护航大队战士
47	陈金兴		男	1923	南澳西涌学斗村		1943年参加广东人民抗日游击总队，1944年在西涌沙岗与日军作战中牺牲	东江纵队护航大队战士
48	潘恩焕		男	1919	葵涌公社油榨村		1942年参加广东人民抗日游击总队，1944年在增城县战斗中牺牲	东江纵队战士
49	李拉胜	李乃胜	男	1924	葵涌公社屯洋村		1941年参加东江抗日游击队，1945年11月被捕于屯洋村，在龙岗羌池坳被杀害	地下工作者
50	吴观龙		男	1924	葵冲公社		1943年参加东江游击队，1945年11月在葵涌深水田村被捕杀害	葵华沙溪联乡办事处武工队员
51	黄闻	黄文华	男	1915	葵涌公社坝光洞梓村	党员	1938年入党，1941年任中共陆丰县委书记。1944年后历任东江纵队惠阳大队政训室主任，第七支队政治处负责人兼中共惠（阳）东（莞）县委副书记，惠东县行政督导处民运部长等职。1945年6月在惠阳县淡水召集区委书记会议时遭日军袭击，于突围中牺牲	东江纵队七支队政治处主任

续表

序号	姓名	曾用名	性别	出生日期	籍贯	党/团员	参加革命时间、牺牲时间、地点、原因	牺牲前单位与职务
52	张养		男	1915	大鹏公社鹏一大队西南村		1939年参加新编大队,1945年春在坝光散头与日军战斗中牺牲	东江纵队护航大队班长
53	钟笑	钟锦笑	女	1924	大鹏王母上新屋		1944年加入中国共产党同年8月参加民运工作队并担任组长。1945年国民党反围剿中牺牲	铁涌乡抗日民主政府乡长
54	李观妹		男	1927	葵涌公社葵涌洞背村	党员	1938年参加惠宝人民抗日游击队,1945年在博罗县罗浮山战斗中牺牲	东江纵队指导员
55	利英		男	1922	葵涌公社屯洋村	党员	1939年参加新编大队,1945年在博罗县战斗中牺牲	东江纵队中队长
56	梁兆鉴		男	1913	大鹏公社鹏一大队西南村沙岗		1939年参加惠宝人民抗日游击队,1945年在大鹏被捕遭杀害	东江纵队护航大队战士
57	李道生		男	1923	葵涌屯洋村	党员	1939年参加新编大队,1945年在东莞县篁村战斗中牺牲	东江纵队小队长
58	欧南养		男	1919	大鹏公社鹏一大队东北村		1942年参加广东人民抗日游击总队,1945年在海丰县回龙战斗中牺牲	东江纵队护航大队班长
59	王天锦		男	1916	南澳西涌西贡		1941年参加东江抗日游击队,1945年在惠东县平海战斗中牺牲	东江纵队护航大队中队长
60	陈贵		男	1915	大鹏龙岐下埔村		1941年参加广东人民抗日游击总队,1945年在惠东县平海镇战斗中牺牲	东江纵队卫生员
61	欧阳伙	欧阳伙兴	男	1926	大鹏下沙		1942年参加广东人民抗日游击总队,1945年在惠东县平海镇战斗中牺牲	东江纵队护航大队小队长

续表

序号	姓名	曾用名	性别	出生日期	籍贯	党/团员	参加革命时间、牺牲时间、地点、原因	牺牲前单位与职务
62	钟容妹		女	1921	大鹏公社鹏一村		1944年参加东江纵队，1945年在惠阳县澳头战斗中牺牲	东江纵队炊事员
63	谢华送		男	1923	大鹏公社		1942年参加广东人民抗日游击总队，1945年在惠阳县白花与日军战斗中牺牲	东江纵队护航大队战士
64	李伙		男	1915	大鹏王母围		1938年参加惠宝人民抗日游击队，1945年在陆丰县甲子战斗中牺牲	东江纵队护航大队炊事班
65	黄植坚		男	1922	大鹏公社南二大队西北村		1943年参加广东人民抗日游击总队，1945年在陆丰县甲子战斗中牺牲	东江纵队战士
66	陈奎		男	1919	大鹏较场尾		1944年参加东江纵队，1945年在陆丰县甲子战斗中牺牲	东江纵队战士
67	钟通		男	1920	葵涌公社洞子村	党员	1942年参加广东人民抗日游击总队，1945年在陆丰县战斗牺牲	东江纵队第六支队中队长
68	李庚		男	1920	葵涌坝岗李屋村		1942年参加广东人民抗日游击总队，1945年在陆丰县战斗中牺牲	东江纵队事务长
69	巫观球		男	1923	葵涌公社洞背村	党员	1943年参加广东人民抗日游击总队，1945年在坪山北岭与国民党反动军队作战牺牲	东江纵队班长
70	柯彩凤		女	1920	大鹏所城西南		1943年参加东江纵队，1945年在坪山红花岭战斗中牺牲	东江纵队护航大队炊事员
71	李容生		男	1930	葵涌屯洋村	党员	1942年参加广东人民抗日游日总队，1945年在曲江县战斗中牺牲	东江纵战士

续表

序号	姓名	曾用名	性别	出生日期	籍贯	党/团员	参加革命时间、牺牲时间、地点、原因	牺牲前单位与职务
72	陈维康	陈剑 陈燕芬	男	1919	葵涌坝岗	党员	1938年初在香港加入中国共产党。1945年在粤北的一次战斗中受伤,在山上掩蔽时被国民党顽军用火烧死	历任中队文化教员,政治指导员,东江纵队独立二大队教导员等职
73	蓝骏		男	1923	葵涌坝光蓝屋		1944年参加东江纵队,1946年春在海丰县战斗中牺牲	东江纵队第六队班长
74	钟华荣		男	1921	葵涌坝岗洞梓	党员	1944年参加东江纵队,1946年东在大鹏被新一军围捕中牺牲	东江纵队情报站站长
75	吴魁		男	1923	南澳南平		1944年参加东江纵队,1946年在坝光战斗中牺牲	东江纵队战士
76	戴辉		男	1917	大鹏公社鹏城东北村		1938年参加革命,1946年在北京郊区门头沟战斗中牺牲	解放军战士
77	潘连进		男	1923	大鹏下沙油草棚村		1943年参加东江纵队,1946年在博罗县公庄战斗中牺牲	东江纵队战士
78	林木养		男	1922	南澳南平东涌上村		1942年参加广东人民抗日游击总队,1946年在东涌战斗中牺牲	东江纵队护航大队战士
79	钟宝文		男	1920	大鹏公社王母上新屋村		1942年参加广东人民抗日游击队总队,1946年在东涌战斗中牺牲	东江纵队护航大队战士
80	叶龙	叶容	男	1918	大鹏公社王母鸭母脚		1942年参加广东人民抗日游击总队,1946年在海丰县战斗中牺牲	东江纵队六支队炊事员
81	欧阳康		男	1919	大鹏公社葵鹏一大队西南村		1938年参加惠宝人民抗日游击队,1946年在陆丰县甲子战斗中牺牲	东江纵队班长

续表

序号	姓名	曾用名	性别	出生日期	籍贯	党/团员	参加革命时间、牺牲时间、地点、原因	牺牲前单位与职务
82	黄新松	黄春松	男	1920	南澳东涌大围		1943年参加东江纵队，1946年在龙岗被捕就义	龙岗乡乡长
83	王林	王春林	男	1917	大鹏公社鹏一大队西南村	党员	1940年参加东江纵队抗日游击队，1946年在坪山战斗中牺牲	东江纵队"中队长
84	黄金顺		男	1925	南澳东涌上围		1944年参加东江纵队，1946年在深圳牺牲	东江纵队战士
85	陈来		男	1925	南澳平新大新屋村		1944年参加东江纵队，1946年在紫金县战斗中牺牲	东江纵队六支队战士
86	董运华	董华仔	男	1921	大鹏公社岭澳新屋村		1943年参加东江纵队，1946年在紫金县战斗中牺牲	东江纵队第六支队指挥员
87	李佳才	李运才	男	1928	葵涌土洋		1947年9月，在袭击驻沙鱼涌国民党反动军队的战斗中牺牲	二团副班长兼机枪手
88	黄生如		男	1921	葵涌公社坝光村		1940年参加东江抗日游击队，1947年秋在惠阳县横畲战斗中牺牲	护乡团三团惠阳大队副官
89	陈西厨		男	1928	葵涌土洋围村		1941年12月19日参加广东抗日游击总队，1947年秋在山东省战斗中牺牲	两广纵队站长
90	黄长		男	1924	南澳大新屋村		1943年参加东江纵队，1947年在坝光战斗中牺牲	护乡团战士
91	钟福金		男	1921	大鹏公社鹏一大队西北村		1938年参加惠宝人民惠宝人民抗日游击队，1947年在惠东县平海镇战斗中牺牲	护乡团副官
92	徐维诊		女	1926	葵涌澳头	党员	1940年参加萍江抗日游击队，1947年在惠阳县被国民党反动派杀害	护乡团救护队长

续表

序号	姓名	曾用名	性别	出生日期	籍贯	党/团员	参加革命时间、牺牲时间、地点、原因	牺牲前单位与职务
93	李福		男	1927	大鹏公社王母石禾塘		1942年参加广东人民抗日游击队总队，1947年在陆丰县甲子战斗中牺牲	护乡团战士
94	萧伦		男	1914	葵涌坝光		1939年参加惠宝人民抗日游击队，次年加入大鹏联防抗日自卫队，先后任小队长，副中队长。1944年任东江纵队第二支队江南大队第一中队长，1947年任惠东宝人护乡团第二大队中队长，第一大队副队长。次年任粤赣湘边纵队东江第一支队第一副团长，奉命东上安墩地区进行军事整训大练兵。随后参与指挥沙鱼涌、山子下、红花岭等多次战斗。1948年10月在惠东三家村掩护支队领导撤退时牺牲	
95	袁明		男	1927	大鹏公社布新布锦村		1946年参加东江纵队，1948年6月27日在河南省祀县战斗中牺牲	两广纵队班长
96	范佳	何锋	男	1925	葵涌土洋	党员	1948年7月在惠阳县龙岗岗背收税时与国民党反动军队肖天来部遭遇而光荣牺牲	下披头税站税务员
97	李娇		男	1928	葵涌公社屯围松树墩村		1947年10月参加护乡团二团，1948年8月龙岗红花岭战斗中牺牲	护乡团二团罗特中队战士
98	黄维灵		男	1923	葵涌公社坝光洞子村		1947年参加护乡团二团，1948年8月在红花岭战斗中牺牲	护乡团二团事务长

续表

序号	姓名	曾用名	性别	出生日期	籍贯	党/团员	参加革命时间、牺牲时间、地点、原因	牺牲前单位与职务
99	钟景新		男	1915	葵涌澳头		1941年参加东江抗日游击队，1948年9月在龙岗圩被捕杀害	护乡团事务长
100	廖进		男	1929	葵涌公社溪村		1947年参加护乡团二团，1948年秋在惠阳县澳头罗岭战斗中牺牲	护乡团二团战士
101	刘马传		男	1924	葵涌公社盐灶产头村		1947年参加护乡团二团，1948年秋在惠阳县澳头罗岭战斗中牺牲	护乡团二团战士
102	李兆林		男	1918	葵涌丰树山东心村	党员	1941参加东江抗日游击队，1948年在淮海战役第三阶段战斗中牺牲	两广纵队副连长
103	温才		男	1925	大鹏公社迭福上村		1944年参加东江纵队，1948年在惠东县多祝圩战斗中牺牲	护乡团中队长
104	陈玉磷		男	1923	大鹏公社水头		1947年参加护乡团，1948年在惠阳县吉隆征税被捕杀害	护乡团中队长
105	潘作良		男	1913	葵涌三溪村		1947年参加护乡团情报站，1948年在葵涌分水岭被捕杀害	护乡团情报员
106	黄锡		男	1924	葵涌坝光洞梓		1947年参加护乡团二团，1948年在龙岗被国民党反动派杀害	护乡团二团事务长
107	陈镜鹏		男	1918	大鹏公社鹏一西南村		1946年参加东江纵队，1948年在罗浮山战斗中牺牲	东江纵队班长
108	欧阳旋		男	1918	葵涌欧屋村		1947年参加护乡团二团，1948年在坪山夫人岭被国民党反动派杀害	护乡团二团税站站长

续表

序号	姓名	曾用名	性别	出生日期	籍贯	党/团员	参加革命时间、牺牲时间、地点、原因	牺牲前单位与职务
109	陈维		男	1923	大鹏公社布新布尾村		1944年参加东江纵队，1948年在坪山公路战斗中牺牲	护乡团小队长
110	王祝		男	1942	南澳南平西涌		1946年参加东江纵队，1948年在山东济南战役中牺牲	两广纵队班长
111	李立桃	李立涛	男	1921	葵涌石场村	党员	1939年参加新编大队，1948年在山东省惠民地区淮海战役中牺牲	两广纵队站长
112	赖灶		男	1922	南澳南平		1947年参加护乡团，1948年在新大被捕就义	武工队队员
113	刁新	刁昌顺	男	1919	大鹏公社王母上圩门		1938年参加惠宝抗日游击总队，1949年2月14日在龙岗渡头围战斗中牺牲	边纵二团营教导员
114	袁仲勋		男	1927	大鹏公社布新布锦村		1946年参加东江纵队，1949年3月在海丰县城突围战斗中牺牲	粤赣湘边纵队警示员
115	欧金生		男	1921	大鹏公社鹏一大队较场尾		1947年参加东江纵队，1949年在海丰县突围战斗中牺牲	粤赣湘边纵队战士
116	梁茂秋		男	1920	大鹏公社鹏一大队西南村		1945年参加东江纵队。1949年在惠东县平海大洲战斗中牺牲	粤赣湘边纵队战士
117	陈水容		男	1924	南澳南平西涌学斗村		1944年参加东江纵队，1949年在惠州城战斗中牺牲	东一支二团排长
118	林添福		男	1924	南澳南平西涌学斗村		1947年参加乡护团二团，1949年在惠州城战斗中牺牲	东一支二团战士

续表

序号	姓名	曾用名	性别	出生日期	籍贯	党/团员	参加革命时间、牺牲时间、地点、原因	牺牲前单位与职务
119	陈华喜		男	1924	大鹏公社王母围		1944年参加东江纵队，1949年在山东省济南战斗中牺牲	两广纵队战士
120	刘牛		男	1927	葵涌		1949年冬参加惠阳县大队，1951年夏在朝鲜战场中牺牲	志愿军战士

表 5-2 大鹏革命人物简表

序号	姓名	曾用名	性别	出生日期	籍贯	党/团员	简介	职务
1	戴机	戴子机	男	1921	大鹏	党员	1938年入党。负责无线电台报务工作。1942年2月，先后任广东人民抗日游击总队电台台长、东江纵队司令部电台总台长。1946年4月，任军调处第八执行小组通信官	东江纵队司令部无线电台总台长
2	钟原		男	1917	大鹏王桐山	党员	1938年加入中国共产党，1939年任中共大鹏地区区委书记，东江纵队北撤后加入两广纵队，转战华东、中原。中华人民共和国成立后，被中央任命为中央农业部政策研究室主任司长	
3	廖梦		男	1926	葵涌径心村	党员	1943年入党，历任东江纵队连长、粤赣湘边纵队护乡团大鹏武工队队长、赣湘边纵队一团三营副营长、粤西军区茂名人民武装部股长。台山县人民武装部科长，新会县人民武装部部长，肇庆军分区怀集县人民武装部部长，年任肇庆军分区副参谋长	

续表

序号	姓名	曾用名	性别	出生日期	籍贯	党/团员	简介	职务
4	何俊		男	1924	大鹏鹏城东北村		1943年北上烟台后，在人民解放军中任连长，营长，团参谋长。后任中南汽车厂厂长，湖北省农业厅处长。曾被派到刚果（布）国当专家组长，后任湖北省厅级干部，离休	
5	李全		男	1924	大鹏鹏城东北村		1943年参加东江纵队，1946年6月北上山东烟台，并入民解放军粟裕部兵团，参加过淮海战役等多次战斗，在战斗中颈部受伤，后在佛山疗养。在军队中担任副团长职务，2003年逝世	
6	李和		男	1924	葵涌土洋村	党员	1941年5月加入中国共产党。1945年，任路东抗日自卫总队第一大队副大队长。1947年始，历任惠东宝人民护乡团副大队长，江年支队第三团宝安大队大队长，江南支队第三团宝安大队大队长，二团副团长，代理团长兼独立营营长，华南军区独立第七团副团长等职	粤赣湘边纵队东江第一支队第二团副团长
7	李春	李仕春	男	1925	大鹏王母村	党员	1945年入党。先后任粤赣湘边纵队交通员，独立大队副队长。中华人民共和国成立后，先后任连南兵役局军事股长，韶关始兴县人民武装部民兵科科长，清远县人民武装部政工科长，副政委，政委	粤赣湘边纵队独立大队小队长，副中队

续表

序号	姓名	曾用名	性别	出生日期	籍贯	党/团员	简介	职务
8	罗贵		男	1929	大鹏镇鹏城村	党员	解放战争时期任顺德剿匪大队长。中华人民共和国成立后，先后任广州装甲兵司令部科长，桂林军区后勤二十分部军成处处长，参谋长，参加抗美援朝，对越自卫反击战等	顺德剿匪大队长
9	李维清		女	1932	大鹏岭澳村		1943年3月，参加东江纵队，1947年，在江西境内战斗中，救出7位战友	
10	王小峰		女		大鹏镇王母圩		中共地下党。中华人民共和国成立后任惠东县民政局长，惠东县人大常委委员	
11	王作		女	1919	大鹏镇王母圩	党员	1939年入党后参加地下党的工作，东江纵队北撤后，任大连市委组织部长，中华人民共和国成立后，先后任珠江影片公司主任，广州美术学院党委会办公室主任	
12	王柏		女	1918	大鹏镇王母圩	党员	1939年入党，参加地下党的工作。东江纵队北撤后，任天津总工会科长。中华人民共和国成立后，任青海省总工会办公室主任	
13	叶佐萍		男		大鹏镇油草棚		在东江纵队时曾受上级委托带一批武装人员护送电台到海南岛琼崖纵队，曾任广东省工商管理局局长	
14	刘茂		男		大鹏鹏城村	党员	1940年入党，在大鹏地区参加锄奸队后任解放军团参谋长，湛江地区局长	
15	林本容	林本戎	男	1925	大鹏王母圩		东江纵队队员，曾任济南军区坦克兵团参谋长	济南军区坦克兵团参谋长

续表

序号	姓名	曾用名	性别	出生日期	籍贯	党/团员	简介	职务
16	欧阳红		女	1921			1940年入党，负责地方情报工作，办夜校，参与抗日宣传活动。中华人民共和国成立后，当过乡政府乡长	
17	钟宝赞		男				曾参加延安抗大学习。后任武汉军区步兵学校校长，作战部长，将军衔，浙江省科委副主任	
18	曹安		男		大鹏镇鹏城村		海员，1922年参与省港大罢工	
19	赖峰		女			党员	曾协助赖仲元同志搞党的工作，后任北京大学处长	
20	陈维新	陈亦雄 陈维	男	1904	葵涌镇横头村	党员	早年加入中国共产党。1938年参与惠宝游击队跟香港地下党组织的情报联络工作。1950年，抗美援朝期间，组织船队为解放军运输军需品。20世纪60年代，任澳门报社编辑部主任	
21	李昌	李奕昌	男	1927	大鹏镇澳岭村		1941年7月，参加东江纵队。1942年1月加入中国共产党。历任班长，排长，连指导员，连长副营长，营长等职。曾参加过东江纵队北撤，淮海战役，渡江战役，抗美援朝等。1947年和1949年荣立三等战功。后转业到广东省冶金工业公司工作	
22	罗贵		男	1929	大鹏镇鹏城村	党员	1942年参加东江纵队。1946年加入中国共产党。解放战争时期任顺德剿匪大队长。1964年始先后任桂林军区后勤二十分部军需处处长，参谋长等职。参加过抗美援朝，对越自卫反击战等	顺德剿匪大队长

续表

序号	姓名	曾用名	性别	出生日期	籍贯	党/团员	简介	职务
23	李兆霖		男	1922	葵涌镇枫树村		1942年1月参加东江抗日游击队惠阳大队。同年8月调到主力大队（珠江队）当轻机枪手。1944年2月加入中国共产党。东江纵队成立后，任第三支队队长。1947年任两广纵队第一团第一营三连二排排长，先后参加了南麻，诸城，鲁西南，济南等战役	
24	何根		男	1926	南澳		早年加入抗日游击队，任南澳基地交通站的交通员	
25	石十五		男	1928	南澳		早年加入抗日游击队，任南澳基地交通站的交通员	

表5-3 大鹏新区红色村庄名录

所在街道	所在社区	村庄名称	人口（人）	耕地（公顷）	山地（公顷）	类型	备注
南澳	水头沙	水头沙	116	2	100	抗日战争	
	西涌	西贡	246	16.2	366.67	抗日战争	
		鹤薮	348	20.67	166.67	抗日战争	
		沙岗	272	17.13	206.67	抗日战争	
		格田	83	6.13	120	抗日战争	原格洋村
		南社	118	10.07	166.67	抗日战争	
		芽山	221	12.27	166.67	抗日战争	原兰新村
		西洋尾	57	0.67	166.67	解放战争	
		新屋	130	4.87	133.33	解放战争	
	东涌	沙岗	44	3.33	120	抗日战争	
		大围	760	2.73	146.67	抗日战争	
		木棉树	41	4.47	80	抗日战争	
		上围	52	5.33	133.33	抗日战争	

续表

所在街道	所在社区	村庄名称	人口（人）	耕地（公顷）	山地（公顷）	类型	备注
		冲街	33	2.73	66.67	抗日战争	原冲干村
		大理石	36	3.93	120	抗日战争	
		马料河				抗日战争	已迁散
		大碓	75	2.77	125	抗日战争	原大对村
		高岭	109	7.33	333.33	抗日战争	
		杨梅坑	155	6.67	1066.67	抗日战争	
		鹿嘴				抗日战争	已迁散
	东农（东山）	沙埔	62	1.73	53.3	解放战争	
		东山	122	2	24	解放战争	
		荔枝山	57		100	解放战争	
		沙林棚	75	2.77	123	解放战争	
		梁屋吓	18	0.8	18.67	解放战争	
	东渔	东渔	153			解放战争	
	南渔	南渔	539			解放战争	
	南农（南隆）	上企沙	100	1.07	46.67	抗日战争	
		下企沙	71	0.67	40	抗日战争	
		半天云	123	2	120	抗日战争	
		鹅公	131	6.33	133.33	抗日战争	
		枫南	24	1.33	26.67	抗日战争	从风木浪村分出
		大山				抗日战争	已迁散
		大龙	31	2.2	40	解放战争	
		沙坑	14	2.1	33.30	解放战争	
		南三	96		53.3	解放战争	
		畲吓	23	0.33	40	解放战争	
	新大	新圩	150	16.27	26.67	抗日战争	原新大村
		上横岗	207	8.87	66.67	抗日战争	

续表

所在街道	所在社区	村庄名称	人口（人）	耕地（公顷）	山地（公顷）	类型	备注
		下横岗	99	5.6	20	抗日战争	
		碧洲	136	13.07	100	抗日战争	
		枫新	102	8.47	66.67	抗日战争	从风木浪村分出
		大岭吓	105	10	66.67	解放战争	
		坪山仔	113	3	133.33	解放战争	
		欧书园	78	8	20	解放战争	
		新屋仔	50	4	30	解放战争	
大鹏	鹏城	东北	195	5.07	45.33	抗日战争	
		东南	271	5.67	46.67	抗日战争	
		西北	299	12.2	70	抗日战争	
		西南	217	2.33	49.67	抗日战争	
		乌涌	189	3.53	63.73	抗日战争	
		四和	139	3	58.93	抗日战争	
		较场尾	335	12.93	25.33	抗日战争	
	王母	中山里	300	5.93	1.6	抗日战争	原中山村
		黄岐塘	125	12.33	2.67	抗日战争	
		王桐山	29	3.47	3.2	抗日战争	
		王母围	104		4	抗日战争	
		大鹏山庄	127	13.33	13.33	抗日战争	原鸭嫲脚村
		王母	608			抗日战争	
		下围	119			抗日战争	
		咸头岭	47	3.47	1.47	抗日战争	
		岭吓	75			抗日战争	
		迭福上围	108	9.8	2	解放战争	
		迭福下围	74	11.6	2.33	解放战争	

续表

所在街道	所在社区	村庄名称	人口（人）	耕地（公顷）	山地（公顷）	类型	备注
	岭澳	大围	174			抗日战争	原岭澳村
		长湾	78			抗日战争	
		大网前				抗日战争	已迁散
		新屋	72			解放战争	
		北龙	39			解放战争	
	下沙	欧屋围	162	2.33	0.4	抗日战争	
		下沙上围	197	2.93	0.33	抗日战争	
		高屋围	102	0.2	0.21	抗日战争	
		油草棚	69	2.33	0.2	抗日战争	
	布新	布锦	75	2.73	0.4	抗日战争	
		南坑埔	53	2.87	0.33	抗日战争	
		布尾	32	1.66	0.33	抗日战争	
		石桥头	179	4.27	0.73	抗日战争	
		新桥	19	3	1.34	抗日战争	
		新屋围	24	0.93	0.47	解放战争	
		水贝	53	2.8	0.67	解放战争	
	水头	水头	287	8.67	2	抗日战争	
		龙岐	396	5.33	3.33	抗日战争	
	大坑	大坑上	165			抗日战争	
		大坑下	81			抗日战争	
葵涌	坝光	坝光	271	18.7	277	抗日战争	
		洞梓	184	12.7	150	抗日战争	
		西乡	153	14.3	150	抗日战争	
		盐灶	350	19	145	抗日战争	原洋稠村并入
		产头	160	8	130	抗日战争	
		澳子吓	65	5	131	抗日战争	

续表

所在街道	所在社区	村庄名称	人口（人）	耕地（公顷）	山地（公顷）	类型	备注
		田寮吓	116	6.3	150	抗日战争	
		高大	76	6.3	138	抗日战争	原大埔峯村
		坪埔				抗日战争	
		坝一	156	9	137	抗日战争	原坝光村
		坝二	115	9.7	140	抗日战争	
		白沙湾	107	10.4	140	解放战争	
		老屋	49	5.7	123	解放战争	
		李屋	45	5	120	解放战争	
		楼角	77	12.3	147	解放战争	
		石鼓墩	92	9.5	137	解放战争	
		山下	30	5.7	123	解放战争	
		双坑	64	4.3	132	解放战争	
		坪埔	85	5.7	130	解放战争	
		横山	88	7.3	123	解放战争	
	高源	深水田	100	32	233	抗日战争	
		高源	338	109.5	533	抗日战争	
		老围				抗日战争	已迁散
		大新				抗日战争	
	三溪	中新	134	2.1	100	抗日战争	原契爷石村
		石陂	75	4.1	48	解放战争	
		曾屋	123	9.4	67	解放战争	
		围之布	89	4.1	54	解放战争	
		油榨	32	1.6	47	解放战争	
		新屋仔	70	1	53	解放战争	
		黄屋	81	2	53	解放战争	

续表

所在街道	所在社区	村庄名称	人口（人）	耕地（公顷）	山地（公顷）	类型	备注
		福田	65	1.1	47	解放战争	
		下禾塘	95	2	53	解放战争	
		上禾塘	115	6.1	54	解放战争	
	葵涌（葵丰、葵新）	新围	463	1	210	抗日战争	
		石场	72	2	67	抗日战争	
		上塘	79	4	100	抗日战争	
		东心	117	5.2	134	抗日战争	
		屯围	123		100	抗日战争	原同围村
		白石岗	185		200	抗日战争	
		澳头	120		133	抗日战争	
		新村岭	33	0.7	67	抗日战争	原岭村
		对门岭				抗日战争	已迁散
		新村				抗日战争	
		新二	117		67	抗日战争	原新围村
		新三	80		40	抗日战争	
		东门	92		27	抗日战争	
		张屋	82		33	抗日战争	
		新罗	92		43	抗日战争	
		东一	65	2.3	67	抗日战争	原东心村
		东二	52	2.9	67	抗日战争	
		白一	48		67	抗日战争	原白石岗村
		白二	137		133	抗日战争	
		松树	77		67	解放战争	
		横头	43		17	解放战争	
		上角	69		10	解放战争	
		双伍	90		33	解放战争	

续表

所在街道	所在社区	村庄名称	人口（人）	耕地（公顷）	山地（公顷）	类型	备注
		欧屋	78		13	解放战争	
		虎地排	49		53	解放战争	
	土洋	土洋	486	4.4	355	抗日战争	原屯洋村
		官湖	306	9.1	265	解放战争	
		沙鱼涌	98		0.1	解放战争	
	溪涌	洞背	117	5.3	533	抗日战争	
		溪涌	154	1	467	抗日战争	
		盐村	102	0.3	200	解放战争	
		上洞	195	0.67	333	解放战争	
	居委会	上径心	83	18.3	3333	抗日战争	
		下径心	250	30	6667	抗日战争	

表5-4　大鹏新区红色史迹遗址名录

所属办事处	序号	红色史迹遗址名称	地址	级别（省保、市保、区保、未定级）	类型			
					爱国主义教育基地类	党史教育基地类	文物保护单位类	纪念设施
葵涌办事处	1	沙鱼涌战斗遗址	土洋社区沙鱼涌	尚未公布为文物				
	2	海岸读书会、海岸流动话剧团活动遗址	坝光社区原坝岗小学	尚未公布为文物				
	3	侵华日军登陆大亚湾遗址	坝光社区盐灶银叶树公园内	尚未公布为文物				
	4	侵华日军残杀无辜乡民旧址	坝光社区坝岗关帝庙					
	5	华南抗战第一枪打响地旧址	坝光社区西乡围	尚未公布为文物				

续表

所属办事处	序号	红色史迹遗址名称	地址	级别（省保、市保、区保、未定级）	类型			
					爱国主义教育基地类	党史教育基地类	文物保护单位类	纪念设施
	6	土洋村东江纵队司令部旧址	土洋社区中心巷16号	国保	√	√	√	√
	7	胜利大营救东线登陆点遗址	土洋社区沙鱼涌东芬湾沙滩	尚未公布为文物				
	8	坝岗坳伏击战遗址	坝光社区与鹏城社区交界处	尚未公布为文物				
	9	中共广东临时省委交通站旧址	土洋社区李惠群旧居	尚未公布为文物				
	10	葵涌东江纵队北撤纪念公园	土洋社区沙鱼涌东芬湾沙滩西侧	尚未公布为文物	√	√		√
	11	盐灶村刘培养伤处	坝光社区盐灶蓝宅	尚未公布为文物				
	12	彭东海故居						
	13	坝岗黄闻故居						
	14	坝岗蓝造故居						
	15	坝岗陈培故居						
	16	坝岗蓝翼成故居						
	17	葵涌烈士纪念碑	高源社区金业路98号		√			
	18	庙角岭革命烈士公墓纪念碑	庙角岭南侧		√			
	19	沙鱼涌"红色记忆"展馆	沙鱼涌					
	20	东江纵队司令部旧址纪念馆	土洋	国保	√	√	√	√

续表

所属办事处	序号	红色史迹遗址名称	地址	级别（省保、市保、区保、未定级）	类型			
					爱国主义教育基地类	党史教育基地类	文物保护单位类	纪念设施
大鹏办事处	1	大鹏古城博物馆	鹏城社区赖府巷10号	国家三级博物馆	√		√	
	2	大鹏共产党的摇篮	王母社区王桐山书院	区保			√	
	3	中共大鹏第一个党支部成立旧址	王母社区鹏新东路101号	尚未公布为文物				
	4	中共岭澳党支部成立遗址	岭澳社区	尚未公布为文物				
	5	中共大鹏区委成立旧址	王母社区王桐山钟氏宅第	区保			√	
	6	1938.11.22抗击日军侵占大鹏所城旧址	鹏城社区大鹏所城	国保	√	√	√	√
	7	大鹏十一、二二抗战阵亡烈士纪念碑	王母社区鹏新东路与公园路交叉口	尚未公布为文物				
	8	民国大鹏邮局旧址	王母社区王母墟石禾塘东27号	尚未公布为文物				
	9	岭澳村抗击日军旧址	岭澳社区	尚未公布为文物				
	10	东江纵队青年干部培训班旧址	鹏城社区大鹏所城赖恩爵振威将军第西座	国保	√	√	√	√

续表

所属办事处	序号	红色史迹遗址名称	地址	级别（省保、市保、区保、未定级）	类型			
					爱国主义教育基地类	党史教育基地类	文物保护单位类	纪念设施
	11	东江纵队军政干部学校旧址	鹏城社区大鹏所城东门外东山寺	市保	√		√	
	12	东江纵队医院旧址	王母社区观音山公园内龙岩古寺	市保				
	13	大鹏共产党根据地钟家果园	黄岐塘	尚未公布为文物				
	14	中共广东省临委机关驻地遗址	原下沙社区油草棚村叶氏宗祠	未定级			√	
	15	大鹏区抗日民主政权旧址	王母社区王母街23号陈伙楼	尚未公布为文物				
	16	国民党反动派屠杀东江纵队复员战士遗址	鹏城社区大鹏所城北门附近					
	17	岭澳村民救治东江纵队伤员旧址	岭澳社区长湾村	尚未公布为文物				
	18	王母升起共和国第一面五星红旗遗址	王母社区王母围榕树街19号门前	尚未公布为文物				
	19	抗日将领蔡廷锴旧居	鹏城社区大鹏所城东城巷严氏大宅					
	20	戴卓民故居	鹏城社区大鹏所城戴屋巷2号	尚未公布为文物				

续表

所属办事处	序号	红色史迹遗址名称	地址	级别（省保、市保、区保、未定级）	类型			
					爱国主义教育基地类	党史教育基地类	文物保护单位类	纪念设施
大鹏办事处	21	赖仲元故居	鹏城社区大鹏所城赖恩爵振威将军第东座	国保	√	√	√	√
	22	戴基故居	鹏城社区大鹏所城戴屋巷6号	国保	√	√	√	√
	23	刘黑仔故居	鹏城社区大鹏所城东门巷6号					√
	24	袁庚故居	布新社区水贝居民小组	尚未公布为文物				
	25	袁庚祖居	布新社区水贝居民小组	未定级		√		
	26	袁庚少年读书处	布新社区水贝居民小组水贝书室	未定级		√		
	27	袁庚祖祠	布新社区水贝村北1号	未定级				
	28	罗贵故居	鹏城社区大鹏所城长巷13号	尚未公布为文物				
	29	柯彩凤故居	鹏城社区大鹏所城将军第巷12号	尚未公布为文物				
	30	钟宝集故居	王母社区上新屋西区红屋瓦	尚未公布为文物				

续表

所属办事处	序号	红色史迹遗址名称	地址	级别（省保、市保、区保、未定级）	类型			
					爱国主义教育基地类	党史教育基地类	文物保护单位类	纪念设施
	31	林本戎故居	王母社区上新屋西区32号	尚未公布为文物				
	32	钟笑故居	王母社区新屋村	尚未公布为文物				
	33	大鹏革命英雄纪念碑公园	果园岭革命烈士陵园中		√	√		
	34	大鹏袁庚祖屋——大鹏骄子袁庚生平展	布新社区水贝					
	35	大鹏所城——刘黑仔故居纪念馆	大鹏所城					
南澳办事处	1	东涌抗日烽火台及战壕旧址	东涌社区大围村	尚未公布为文物				
	2	东江纵队兵工厂旧址	东农社区高岭古村	未定级			√	
	3	东江纵队最早的南海"军港"	月亮湾	尚未公布为文物				
	4	东江纵队的战略后方旧址	西涌社区鹤薮村	尚未公布为文物				
	5	中共广东临委驻地旧址	西涌社区鹅公村	尚未公布为文物				
	6	东江纵队领导机关和电台、报社等机构驻地旧址	南隆社区半天云村	尚未公布为文物				
	7	东江纵队机关报《前进报》社旧址	西涌社区西涌小学	尚未公布为文物				

续表

所属办事处	序号	红色史迹遗址名称	地址	级别（省保、市保、区保、未定级）	类型			
					爱国主义教育基地类	党史教育基地类	文物保护单位类	纪念设施
	8	东江纵队《前进报》印刷厂旧址	西涌社区西贡村	尚未公布为文物				
	9	水头沙海战旧址	水头沙社区附近海域	尚未公布为文物				
	10	解放三门岛的炮兵阵地和渡海作战出发地旧址	东涌社区鹿咀/东涌海滩	尚未公布为文物				
	11	曾生旧居	西涌社区格田村	尚未公布为文物